Friderici Jacobs

Epigrammata Anthologiae Graecae

Friderici Jacobs

Epigrammata Anthologiae Graecae

ISBN/EAN: 9783743313019

Manufactured in Europe, USA, Canada, Australia, Japa

Cover: Foto ©berggeist007 / pixelio.de

Manufactured and distributed by brebook publishing software
(www.brebook.com)

Friderici Jacobs

Epigrammata Anthologiae Graecae

FRIDERICI JACOBS

ANIMADVERSIONES

IN

EPIGRAMMATA

ANTHOLOGIAE

GRAECAE.

SECUNDUM ORDINEM ANALECTORUM

BRUNCKII.

VOLUMINIS SECUNDI

PARS PRIMA.

———

LIPSIAE

IN BIBLIOPOLIO DYCKIO

MDCCXCIX.

ANTHOLOGIA GRAECA.

TOM. VIII.

———————

COMMENTARII

VOLUMINIS SECUNDI PARS PRIMA.

POLYSTRATI EPIGRAMMATA.

¶. 1.] I. Vat. Cod. p. 582. Primus edidit *Wolfius* in Fragm. Sapph. p. 234. unde idem repetivit *Toup.* in Emend. in Hefych. P. I. p. 308. Ex fchedis Vinarienfibus protulit *Klotz* in Mufa puer. nr. XXXIX. Varietatem lectionis enotavit *Schneiderus* in Per. crit. p. 64. Duplici amore incenfus poëta oculos accufat, qui tam gravem ipfi perniciem attulerint. Conf. *Meleagri* Ep. IV. quod hinc expreffum videtur. — V. 2. ὀφθαλμὸς κατοσσόμενος. *Wolf.* κατασσόμενοι ap. *Toupium* vitiofe. — V. 3. εἴδετε. primum Antiochum fpectaftis, formofum puerum; deinde Staficratem; unde duplex in animum amor defluxit. Hunc verf. laudat *Alberti* ad Hefych. v. περισκέπτῳ. Puer venuftate *conſpicuus*, utrum περίσκεπτος appelletur, an περίβλεπτος, ut hoc loco quidam conjecit ap. *Albertum*, utque legitur in apogr. Lipf. parum intereft; fed non eft cur Codicis lectionem relinquendam exiftimes. — Pro χρυσίαισιν idem Apogr. χρυσίοισιν exhibet. — V. 4. ὁ θέων. *Klotz.* quod correxit *Koehlerus* ad Theocr. p. 16. = ἄνθεμον *fplendidorum juvenum florem.* παίδων ἄνθος *Meleager* Ep. II. Formam ἄνθεμον attigit *Dorvill.* ad Cait. p. 717. — V. 5. ἐπηγάσασθε. Sched. Tryll. In ἐπηγάσασθε duplicandum effe τὸ σ judicat *Brunckius*, metri auſa. Antepenultima enim corripitur, ut ap. *Antip.* id. LIX. σχολίων ψελίους πλείονας ηὐγάσατο. Perperam *Volfius* vertit *illuminaftis*, cum fit: *Quid adſpexiftis —*

In fine diftichi interrogandi nota poni debet. — V. 6.
edidit *Warton* ad Theocr. T. II. p. 83. πατρίης Sched.
Tryll. — V. 7. Similiter *Meleager* l. c. ὀπτᾶσϑ᾽ ἐν κάλλει,
τύφεσϑ᾽ ὑποκαιόμενοι νῦν. — Fro ἔλοιτο, quod ex conjeftu-
ra, ipfius fortaffe| *Brunckii*, fluxit, Cod. Vat. ἔληται legit.
Et fic habet apogr. Voff. ubi corrigitur &:ἔλοιτε. Alia
Apogr. ἔλοιτο, ἔλοιτε et ἔλοισϑε exhibent. *Toupius* corrigere tentat: τὰ δύο γὰρ ψυχὴ οὐκ ἂν ἔλοιτο μία. utrumque enim amorem una anima non ceperit. Huic conjeftu-
rae patrocinatur locus *Theophyl. Simoc.* Ep. XXXVIII.
ὁ; γὰρ ἡ γῆ δύο ἡλίοις οὐ δύναται ϑάλπεσϑαι, οὕτω μία ψυχὴ
δυάδος πυρσῶν ἐρωτικῶν οὐκ ἀνέχεται.

   II. Cod. Vat. p. 250. fq. Planud. p. 203. St.
296. W. Scriptum in expugnationem Corinthi; quae.
urbs a L. Mummio everfa eft Ol. CLIX, 4. anno V. C.
609. — V. I. ᾽Ακροκόρινϑον. arx *Corinthi.* *Livius*
L. XLV. 28. *Urbs erat tunc praeclara ante excidium.*
Arx quoque et Ifthmus praebuere fpectaculum: arx inter
omnia in immanem altitudinem edita, fcatens fontibus:
Ifthmus duo maria, ab occafu et ortu folis finitima arctis
faucibus dirimens. Corinthi fitum ad duo maria paffim
commemorant, qui amoenitatis loci mentionem faciunt.
Alciphron L. III. p. 426. Πελοποννήσου προπύλαια καὶ ἡ
δυοῖν ϑαλάσσαιν ἐν μέσῳ κειμένη πόλις χαρίεσσα ἰδεῖν καὶ ἀμφι-
λαφῶς ἔχουσα τρυφημάτων. *Horatii Corinthus bimaris* expreffit *Rutilius* in Itin. I. 319. *Ephyreïus Ifthmos Ioniäs*
bimari litore findis aquas. — Ut hic Corinthus Ἑλλάδος
ἄστρον, fic in Epigr. &ἔεσπ. CDLXXXVII. Κολοφὼν τρυφερῆς
ἄστρον Ἰηονίης. — σύνδρομον ἠϊόνα. Et haec verba circum-
criptionem Corinthi continent, quae in Ifthmo collo-
cata, eumque fere implens, utrumque litus quafi con-
jungere et connectere videbatur: *litora concurrentia,*
urbe conjuncta. Pro σύνδρομον, quae Cod. Vat. eft lectio,
veteres editiones omnes σύντροφον habent. Illam tamen
et Aldus in Cod. quodam invenit. — V. 3. ἐστυφέλιξα.

Plan. In Vat. Cod. α fuperfcriptum eſt τῷ ε finali.
Non quidem inepta eſt vulgata leĉio; nec tamen fatis
eſt caufae, cur Mummius hic loqui 'exiſtimetur. —
σκόπελος acervum h. l. fignificare videtur, in quem de-
viĉtorum offa coacervata funt. — V. 5. Mummii crude-
litatem ita excufat poëta, ut Romanos ab Achaeis Trojae everfae poenas fumfiſſe dicat. — ἀκλαύστους. fupre-
mo honore orbatos. ἄκλαυτον καὶ ἄθαπτον Homer. Od. λ.
54. unde Sophocl. in Antig. 29. ἐᾶν ἄκλαυτον, ἄταφον,
οἰωνοῖς γλυκὺν θησαυρόν. Ovidius Triſt. III. 3. 54. Sed fine
funeribus caput hoc, fine honore fepulcri, Indeploratum
barbara terra teget?

NICANDRI. COLOPHONII
EPIGRAMMATA.

ʃ. 2.] I. „In Planudea p. 172. St. 250. W. Ni-
ncarcho tribuitur et quidem verifimiliter. Sed Vatic.
„Codicem in Epigrammatum titulis femper fequor."
Brunck. In Cod. Vat. eſt p. 507. In Venere omnes
varietatem amare ait. — V. 2. αἰνεῖν Planud. quod mo-
nachum prodit. κινεῖ Vat. praebuit. ἐκ ψυχῆς. Theophraſt.
in Char. XVII. θαυμάζω, εἰ καὶ ἀπὸ ψυχῆς σύ με φιλεῖς. Ariſtoph. Nub. v. 26. ἀλλ' εἴπερ ἐκ τῆς καρδίας ὄντως φιλεῖς.
Similia collegit Valcken. ad Theocrit. Eid. II. 61. p. 52.
Weſten. ad N. T. I. p. 478. — V. 3. ἡ φύσις Vat. Cod.
vitiofe. — φιλόκνισος. i. e. φιλοῦσα τὸ κνίζεσθαι. hoc enim
libidinofo amori proprium ab honeſto cum matrona con-
nubio abeſt. — ἀλλότριος χρώς. Cod. Vat. et Plan. Hoc
emendavit Toup. in Emend. in Suid. P. II. p. 268.
Epiſt. crit. p. 16. — In feq. verf. τὴν ξενοκυστακάτην
recte vertit Brodaeus alienae uxoris congreſſum, fed male
derivat a πατεῖν, cum ab ἀπάτη deducendum fit. Tou-

pius comparavit *Agathiae* Ep. LIII. ἡ δὲ τόου βρώματος
ἐξαπάτη, ubi *Brunckius* rectius fcripfit βρωματομιξαπάτη,
quod ad analogiam vocis Nicandreae ξενοκυσταπάτην formatum effe nullus dubito. In eiusmodi compofitionibus
ἀπάτη *voluptatem* fignificat. Vide ad *Meleagr.* Ep. II. —
τὸ ξένον hoc fenfu ufurpavit *Theophyl. Simoc.* Ep. IX. ubi
meretrix ad amatorem, καί σοι, ait, τὸ ξένον ἀεὶ τιμιώτε-
ρον, — Ut κύστην Graeci (vid. *Ariftoph.* Lyfiftr. 956.),
fic Latini *veficam* pro parte muliebri dixerunt. *Juvenal.*
VI. Sat. 64.

II. Cod. Vat. p. 290. Planud. p. 205. St. 299. W.
In Othryadem, qui poft pugnam cum Argivis et tropaeo
de hoftibus erecto, fibi ipfe manum intulit, ut narrat
Herodotus L. I. 82. p. 41. τὸν δὲ ἕνα λέγουσι τὸν περι-
λειφθέντα τῶν τριηκοσίων, Ὀθρυάδην, αἰσχυνόμενον ἀπονοστέειν
εἰς Σπάρτην τῶν οἱ συλλογιτέων διεφθαρμένων, αὐτοῦ μιν ἐν
τῇσι Θυρέῃσι καταχρήσασθαι ἑωυτόν — diffentiente *Paufa-
nia* L. II, 20. p. 156. qui eum Perilai manu periiffe
narrat. Vide de Othryade not. ad *Simonidis* Ep. XXVI.
et *Dioscorid.* Ep. XIII. — V. 3. πλευρῶν vulgo. —
V. 4. In Cod. Gottingenfi *Nicandri* (de quo vid. *Schneider.* in Praef. ad Nicandri Alexiph. p. XIII. fq.), ubi hoc
Epigr. exftat, κατατρίψας legitur. Proba eft vulgata:
Othryades Argivorum fpolia fanguine fuo infcripfit verbis, quae Spartanorum victoriam, Argivorum dedecus
et contumeliam fignificarent. Hoc eft γράψας σκῦλα κατ'
Ἰναχιδᾶν, ut ap. *Pfeudo-Plutarch.* T. II. p. 306. C.
ἔστησε τρόπαιον ἐπιγράψας, Ῥωμαῖοι κατὰ Σαμνιτῶν Διὶ τροπαιούχῳ.
Vide quae notavimus ad *Meleagr.* Ep. XXXVI. p. 56.

III. Cod. Vat. p. 274. Edidit *Dorville* ad Charit.
p. 421. In fex filios Iphicratidis Spartani, qui cum in
Meffenae oppugnatione occubuiffent, a Gylippo, fratre
fuperftite, concremati funt. — V. 1. Εὐτυλίδας. in Cod.
fuperfcriptum Εξτυλίδας. — V. 3. ἄμμι Cod. et Dorv. —
V. 2. μεγάλων σποδιάν, fortaffe pro πολλὴν pofitum; for-

taffe majore cum vi pro fortium virorum cinere. *Sápbocl.* Eleɗr. 759. καὶ νῦν πυρᾷ κείαντες εὐθὺς, ἐν βραχεῖ Χαλκῷ μέγιστον σῶμα δειλαίας σποδοῦ φέρουσιν. quem locum *Burmannus* comparavit ad *Propertium* L. II. 51. *Et ranti corpus Achillei, Maximaque in parva fuflulit offa manu.*

CRATETIS GRAMMATICI
EPIGRAMMA.

¶. 3.] Vat. Cod. p. 537. Primus protulit *Salmafius* in Scr. Hiftor. Aug. T. I. p. 154. unde *Toupius* fumfit Epift. crit. p. 134. fq. qui fenfum carminis praeclare vidit. Difertius eundem expofuit doɗiffimus *Moneta* in Epift. ad Buherium, a *Brunckio* edita ad calcem Leɗionum p. 316. et in Menagianis Tom. IV. p. 290. fq. Totum hoc carmen obfcoenum eft et aenigmaticum, rem foedam verbis a re grammatica petitis teɗe fignificans. *Euphorion* Chalcidenfis, de quo inprimis *Heynius* confulendus eft in Excurf. ad Bucol. III. p. 170. obfcurus erat poëta et gloffarum plenus, quod teftatur *Cicero* de Divin. II. 64. *Quid? poëta nemo, nemo phyficus obfcurus? Illi vero.* Nimis etiam obfcurus *Euphorio.* ut h. l. poft *Lambinum Hottingerus* reftituit. Hanc ob caufam a Grammatico noftro dicitur κατάγλωττα ποιήματα ποιεῖν, quo et carmina gloffarum plena fcribere fignificat, et flagitiofa facinora lingua patrare. Eodem ambiguitatis genere, fed foede, lufit *Aufonius* Epigr. CXXVII. Poffis quoque ποιήματα κατάγλωττα de carminibus eleganter et ftudiofe expolitis accipere. (*Ariftoph.* Thefmoph. 138. ἡδὺ μέλος ϙ Καὶ θηλυδριῶδες κχὶ κατεγλωττισμένου — ubi refpicitur libidinofum ofculandi genus, de quo *Pollux* II. 109.

A 4

Οἱ κωμικοὶ καταγλωττίζειν ἐν φιλήματι, καὶ καταγλωττισμός, καὶ κατεγλωττισμένον.) — Sed prior explicatio videtur yerior. Hinc intelligitur, cur Euphorion Choerilum dicatur διὰ στόματος ἔχειν, quo aperte quidem critici ejus judicii perverſitas, te&e autem flagitioſa ejusdem conſuetudo indicatur. Choerili enim nomen ambiguum eſt, quippe a χοῖρος derivandum. χοῖρος, τὸ γυναικεῖον μόριον. SchoL Ariſtoph. in Acharn. 781. Fuit autem, quod bene monuit Moneta, duplex Grammaticorum familia, quorum hi Homero, illi Antimacho omnia ſumma tribuerent. Homerum cum Antimacho compoſuit Propertius II. 25. 45. _Tu non Antimacho, non tutior ibis Homero._ ubi vide quos laudavit Burmannus p. 471. Euphorion autem Ὁμηρικὸς ὤν, Choerilum, qui ſe totum ad Homeri imitationem dederat, unice admirabatur. De Choerilo et Antimacho veteres dispu**t**aſſe, uter alteri praeferendus ſit, appa**r**et ex Procli Comm. in Platon. Tim. p. 28. Ἡρακλείδης γοῦν ὁ Ποντικός φησιν, ὅτι τῶν Χοιρίλου τότε εὐδοκιμούντων, Πλάτων τὰ Ἀντιμάχου προὐτίμησεν, καὶ αὐτὸν ἔπεισε τὸν Ἡρακλείδην εἰς Κολοφῶνα ἐλθόντα, τὰ ποιήματα συλλέξαι τοῦ ἀνδρός. De Platonis erga Antimachum ſtudio teſtatur quoque Plutarchus in Vita Lyſandri Tom. I. p. 443. C. Non autem ſolum propter Homeri ſtudium Ὁμηρικὸς appellatur Euphorion, ſed multo magis, quia τοῖς μηροῖς incumbebat. Plane eadem ratione in verbo ὁμηρίζειν luſit Achilles Tatius VIII. 9. p. 336. ubi Dianae ſacerdos Therſandri flagitia his verbis falſe infe&atur: ὀλίγον ἑαυτῷ μισθωσάμενος στενάκτιον, εἶχεν ἐνταῦθα τὸ οἴκημα, ὁμηρίζων μὲν τὰ πολλά, πάντας δὲ τοὺς χρηςίμους (fortes et in Veneris palaeſtra probe exercitatos viros) πρὸς ἅπερ ἤθελεν (fort. ἤθελον. Therſander enim illorum libidini morem geſſiſſe dicitur) προςιταιρίζετο δεχόμενος —. Quem locum he a Salmaſio quidem re&e acceptum eſſe miror. Mox in eadem oratione p. 337. in verbis μόνην δὲ τὴν γλῶτταν εἰς ἀσέλγειαν ἀκονᾷ

turpis, flagitii significationem inesse, post ea, quae de
καταγλώττοις ποιήμασι notavimus, nemo dubitabit. —
V. 3. κατάγλωσσ' ὅπόσι τὰ ποήματα legit Cod. Vat. —
Idem φίλιτρα exhibet. φίλητρον *Toupius* nunc de *amore*,
nunc de *plagio* acceptum esse, ait.   *Suidas*: φιλητής. ἐρα-
στής. φιλήτης δὲ ὁ κλέπτης. Vide *Albertum* ad Hesychium
in φιλήτης. — Vereor, ut in hac voce veram lectionem
teneamus.   Quodsi tamen recte sic legitur, Crates Euphorionem ait artem Homerum compilandi, nec minus
impudica basia figendi calluisse.

CALLIAE ARGIVI

EPIGRAMMA.

In Cod. Vat. p. 538. ut Καλλίου prostat.   Καλλίου
rectius legitur in Planud. p. 167. St. 243. W.   In
Polycritum quendam, qui cum antea vir bonus esset
visus, repente, vino poto, improbus et rabiosus exstitit;
Hinc poëta colligit, eum nec antea bonum virum fuisse.
Hic sensus Epigrammatis, quem Planudes minus per-
spectum habuit, cum v. 1. pro χρυσίον, quae Vat. Cod.
est lectio, θηρίον ederet.   Veram lectionem ex Cod. revocavit *Salmas.* ad Scr. Hist. Aug. T. II. p. 361.   Ad
hoc Epigramma respexit idem ad Solinum in Proleg.
p. 5. — χρύσεος in laudem dicitur de iis, qui morum
elegantia et suavitate sunt conspicui. *Antiphil.* Ep. XXIV.
ἣν ὄντως μερόπων χρύσεον γένος. *Theocrit.* Eid. XII. 15. ἤ
μά ποτ' ἦσαν Χρύσεοι οἱ πάλαι ἄνδρες. ut recte emendavit
Waffenbergius. Vide *Bergler.* ad Alciphr. III. 17.
p. 314. — Polycritus autem non tantum χρύσεος, sed
χρυσίον, *merum aurum*, fuerat visus. — V. 2. λυσσομανές.
Eadem compositione utitur *Antip. Sid.* XXVII. βομβητάς
λυσσομανεῖς πλεκάμους. — V. 3. οἶνος ἐλέγχει τὸν τρόπον.
Vinum, qualis quisque sit, ostendit; quae *Chaeremonis*

A 5

fuit fententia, cum diceret: ὁ οἶνος τοῖς τρόποις κεφάννυται
τῶν πινόντων. ap. *Plutarch.* T. II. p. 406. B.   Similia
dedimus ad *Ionis* Fragm. I. 12. p. 314.

PERSAE THEBANI

EPIGRAMMATA.

———————

T. 4.] *I.* Cod. Vat. p. 162. Ἀνάθημα τῷ Ἀπόλλωνι
παρὰ Χαιρεδαϊλόχου καὶ Προμένους. Edidit *Reiske* in Anthol.
p. 9. nr. 414. — V. 1. 2. laudat *Suidas* in ἔφατοι T. I.
p. 391. ubi Μαιναλίαν perperam legitur.   Depravatum
Apollinis nomen in apogr. Lipf. in ἀπαλλον, quod nefcio
quis corrigere conatus ἀπ᾽ ἄλλων in margine notavit. Nihil ineptius. ἐπ᾽ αἰθούσαις *Reiske.* ὑπ᾽ tuetur *Suidas* et
Cod. Vat. — V. 2. ἔγκεινται Vat. Cod. ἄγκεινται *Suid.*
l. c. et in Μαιναλίᾳ T. II. p. 512. *Antip. Sidon.* XI. ἄγκειμαι, Φερένικε, τεὸν Τριτωνίδι κόυρᾳ, Ἄγκειμαι. More receptum fuiſſe ap. veteres, ut venatores ferarum crania
diis dicarent, apparet cum ex aliis locis, tum ex hoc
Libanii Or. V. p. 225. Tom. I. ed. *Reisk.* ubi orator
varia anathematum genera recenſens, ὁ δὲ εὐόφανον, inquit, ποιμὴν δὲ αὐλὸν, καὶ θηρατὴς θηρίου κεφαλήν.   Vide
Miſcellan. Obſſ. Tom. I. p. 107. — V. 3. ἐξ ἵππων
(ἐξυππων apogr. Lipſ.) γυγερῷ χερι δαίλοχος τε. Cod. Vat.
Salmaſius emendabat εθεναρῷ χερι. *Reiskius* varia commi-
niſcitur: ἐξαίτω φοβερᾷ vel εθεναρᾷ, vel νεαρᾷ, vel ετυγερῷ
χερι. In contextu dedit ἐξ ἵππων βριαρᾷ χερι. quod *Brun-*
ckius recepit.   At ſi hoc voluit poëta, propius ad de-
pravatae ſcripturae ductus accederet κρατερῷ χερι. Sed
nec hoc verum puto. *Tres,* ni fallor, fratres, ſtrenui
in Arcadia venatores, *tria* cervorum capita Apollini
dono afferunt. Sed tertii fratris nomen latet in cor-

ruptis fyllabis γυγτεωχεςε. Hoc quale fuerit, non tam
facile fit conjectura affequi. Sed fac, fcriptum fuiffe:

ἀς ἕλον ἐξ Ἵππων Ἱεράρχης Δαίλοχός τε

et longe facilius verfum et fententiam defluere fenties,
quam in Reiskiana lectione βριαρω χεςε.

II. Cod. Vat. p. 194. Edidit *Pierfon* ad Moer.
p. 234. *Reiske* in Anthol. p. 54. nr. 520. Tifis mater
facta Lucinae munera quaedam dedicat. — V. I. κούρος
ὃ τχύταν ἐπὶ πονείδα v. Cod. Vat. quod fic correxit *Reiskius:* κουροσδα, τ. ἑλικώπιδα. Prius, ad dialecti rationem nonnihil immutatum, recte recepit *Brunckius.* βροτῶν κουρο-
τρόφε δαίμον vocatur Artemis ap. *Orpheum* Hymn. XXXV.
8. — Pro ἐπὶ, quod in Cod. feparatim habetur, Vir
doctus in Cod. Parif. ἔχε conjecit. *Toupius* in Em. ad
Suid. P. III. p. 405. junctis vocabulis ἐπιπονείδα fcripfit,
pupam five *nympbam marinam* fignificari pronuntians.
Eandem emendationem iterum profert in Epift. crit.
p. 130. ubi per *pupam corallinam* five *ex corallio factam*
interpretatur. Mihi *Perfes* fcripfiffe videtur:

πότνια κωροσέα, ταύταν ἐπὶ πασπάλι νόμφαν,

quae cum φύλασσε jungenda funt: *Serva, veneranda dea*,
banc pupam in templi tui veftibulo pofitam. In πασπάσι
enim munera dedicatoria frequenter collocantur. *Leonidas Tar.* Ep. V. variis ejusmodi muneribus recenfitis,
ὧν ἤθελεν τυχοῦσ' Ἀλησιὰς Κύπρις, Ἐν σοῖς τίθησι Καλλίκλεια
πασπάσι. Parma Herculi dicatur, ὄφρα ποτ' στιπτὰν πασπάδα
κεκλιμένα Γυραλέα τελέθοιμι. *Hegefipp.* Ep. I. p. 254. *Damaget.* Ep. II. ad Dianam: σοὶ πλόκον οἰκείας τόνδε λέλοιπα
νέμηψε Ἀρσινόη θυΐεν παρ' ἀνάκτορον. — νύμφη, *pupula*, (*Julian.* in Caefar. p. 28. ἤ γὰρ οὐκ ἔπλαττες ἡμῖν, ὥσπερ ἐκεῖνοι
(οἱ κοροπλάσται) τὰς νύμφας. Cf. *Schol.* Theocrit. Eid. II.
110.) inter pueritiae oblectamenta, a virginibus, cum
nubiles factae effent, düs, Veneri inprimis, dedicari
folebat. *Sappbo* ap. Athen. L. IX. p. 410. E. πρὸς τὴν

Ἀφροδίτην· χειρόμακτρα (velamentum). πλαγγόνων πορφυρό-
βαπτα μὴ ἀτιμάσῃς, μᾷ πέμψα παρθενείας δῶρα τίμια. Sic
hunc locum conftituere libet, qui vulgo deprayatiffimus
eft. Morem illum illuftrat *Cafaubonus* ad *Atben.* L. VII,
p. 553. ad *Perfium* II. 70. — V. 2. λιπαρῶν τ' ἐκ Cod.
Vat. In marg. apogr. Lipf. λιπαρόν τ' ἐκ κ. πλόκαμον. —
στεφάνων. Dubito, utrum de velamento accipiendum fit
hoc vocabulum, (*Hefycb.* στεφάνη. εἶδος περικεφαλαίας, ἐξο-
χὰς ἐχούσης, καὶ κόσμος γυναικεῖος. Cf. *Schol. Homer.* Il. η.
12.) an de ipfis crinibus, in divae honorem detonfis.
Puellas enim nupturas crines Dianae depofuiffe, cum
ex aliis locis intelligitur, tum ex *Antip. Sid.* Ep. XXV.
Coma autem, verticem ambiens, στεφάνη vocatur. Conf.

Polluc. I. 40. IV. 144. — V. 3. Εἰληθυῖα. Vat. Cod.—
Reiskius haerebat in nomine τίσις, quod mulieris effe
dubitabat. Corruptelae fufpicionem auget *Suidas*, qui
h. verfum proferens in ῥυτῆρα T. III. p. 272. τὸ εἶδος
habet pro τίσιθος, quamvis hoc facile in illud abire potuit. — ῥύσια ὠδίνων munera vocantur, quae pro ope in
partu lata deae offeruntur. τὸ ῥύσιον enim pro ἀμοιβῇ
paffim ponitur. *Sopbocl.* Philoct. 959. φόνον φόνου δὲ ῥύσιον
τίσω τάλας. *Schol.* ἐνέχυρον, ἀμοιβὴν ἐκτίσω. Loca veterum,
qui hoc vocabulo ufi funt, laudat *Pierfon* ad Moer.
p. 338.

III. Cod. Vat. p. 412. Exftat in Planudea p. 345,
St. 484, W. parum emendate fcriptum. *Jenfius* ut ineditum exhibuit nr. 150. Hinc *Reiskius* repetivit in
Anthol. p. 175. nr. 801. Tychon, deus inferioris or-
dinis, illis, qui ipfum res parvas et factu faciles rogaturi
fint, fe propitium fore promittit. — „Τύχων eft nomen
„Priapi. Vide Hefychii interpp. in τυχόον. Diodor. Sic.
„IV. p. 252. περὶ μὲν οὖν τῆς γενέσεως τοῦ Πριάπου καὶ τῆς
„τιμῆς τοιαῦτα μυθολογεῖται περὶ τοῖς παλαιοῖς τῶν Αἰγυπτίων.
„τοῦτον δὲ τὸν θεὸν τινὲς μὲν Ἰθύφαλλον ὀνομάζουσι, τινὲς δὲ

„Τύχωνα. Alii a Priapo diverſum faciunt. Strabo p. 587.

„ἀπεδείχθη δὲ Θεὸς οὗτος ὑπὸ τῶν νεωτέρων· οὐδὲ γὰρ Ἡσίοδος
„οἶδε Πρίαπον, ἀλλ᾽ ἔοικε τοῖς Ἀττικοῖς Ὀρθάνῃ, καὶ Κονισσάλῳ,
„καὶ Τύχωνι, καὶ τοῖς τοιούτοις." *Brunck.* His locis adde
Plutarchum T. II. p. 232. ed. Bry. et *Athen.* L. IX.
p. 397. A. ubi ex *Antiphanis* Comoedia Στρατιώτης ἢ
Τύχων duo tetrametri laudantur, quos *Caſaubonus* perperam in ſenarios mutare conatus eſt. — V. 1. ἐπιβάσῃ.
Plan. commate in fine hujus verſiculi poſito. — ἐν ἐμι-
κροῖς, Θεοῖς ſcil. ne cum *Brodaeo* πράγμασι ſubaudias. —
V. 2. μεγάλῳ Cod. Vat. — V. 3. ὡς ὅτι Plan. et Cod.
Vat. Aliam lectionem, ὧν ὅτι, notavit *Brodaeus*. Stepha-
nus ὅτι conjicit, τούτων, ὅτι; pro ἅ, jungens. Quod nihili.
Fortaſſe ὅσα γε ſcribendum eſt. — δημογέρων Θεός. inter
deos minorum gentium ſive plebejos honoratus; niſi
fortaſſe ſimpliciter pro plebejo, δημοτικῷ accipiendum
eſt. — In fine verſus Plan. πένητι legit. — V. 4. κύριός
εἰμι. ſic ex Plan. et Vat. Cod. legendum, quod *Br.* in
Lect. monuit, cum in contextu κύριός ἐστι dediſſet. —
Τυχόν. Planud. In Jenſianis τυχὼν habebatur, unde
Reiskius veram lectionem acute perſpexit.

IV. Cod. Vat. p. 322. ſq. *Reiskius* in Jenſian. nr.
689. p. 130. Scriptum carmen in imaginem ſepulcro
impoſitam, in qua Neotima conſpiciebatur, in matris
Mnaſyllae ulnis animam agens, et Ariſtoteles, Neoti-
mae pater, filiae caput tenens. — V. 1. Μνάσιλλα. Jenſ.
— V. 2. μυρομένα κούρα. Cod. quod *Reisk.* emendavit. —
γραπτὸν τόπον idem de ſculpta imagine accipit. Certe
γραπτὸς hanc interpretationem non reſpuit. Vide *Wolfium* in Prolegg. ad Homer. p. XLV. Nihil tamen eſt,
quod nos h vulgari ſignificatione recedere cogat, cum
veteres ſepulcra pictis tabulis ornaſſe ſatis conſtet. —
κεῖται. hic ut mortua jacet; mortis caligine ejus oculos
obducente. — V. 5. μητρὸς Cod. — ἀπὸ Jenſ. — V. 5.]
V. 7. ἐπεμάξατο ex *Reiskii* emendatione, pro ἐπεμάσσατο.

Cum πιῖτὴ praecesserit, et omnino de re praefente agatur, corrigendum fufpicor:

δεξιτερᾷ κεφαλὰν ἐπιμάσσεται. ὦ μέγα δειλοί —

V. 8. εὐλὲ θανόντες. Imago enim, longum tempus dura-
tura, mortuorum doloribus perpetuitatem tribuere videtur. Similia paffim occurrunt. Vide Glaucum Ep. V.
T. II. p. 348.

V. Cod. Vat. p. 292. Planud. p. 257. St. 372. W.
ubi *Theophani* tribuitur, quod nomen inter Epigrammatarios poëtas alibi non occurrit. In Theotimi, Eupolis et Ariftodicae filii, qui naufragio perierat, cenotaphium.

VI. Cod. Vat. p. 284. Πέρσου Μακεδόνος. Gentile
omiffum in Planud. p. 283². St. 416. W. In Philaenii,
quatuordecim annorum puellae, tumulum. Confer Ep.
Anytes XIX. — V. 2. ὡραίους. Proprie ipfa puella dicitur ὡραῖος, *viro matura.* Vide *Trilleri* Obff. p. 117.
Julianus Aegypt. Ep. LVI. ὥριος εἶλέ σε πασᾶς, ἀώριος
εἶλέ σε τύμβος. *Antiphanes* Ep. I. ἐς Παφίης θαλάμους ὥρια
καλλοσύνη. — V. 3. κατὰ δρύψασα. Vat. Conf. not. ad
Mnafalcae Ep. XVII. — V. 4. τεσσερεκαιδεκέτιν. Vat. Cod.

VII. „Lemma in Vat. Cod. (p. 275.); cujus lectiones exhibui, Εἰς Μαντιάδην καὶ Εὔστρατον τοὺς Δυμαίους ἐπι-
τύμβιον.“ *Brunck.* Planud. p. 214. St. 312. W. ubi
v. I. Μαντιάδης et Ἀχέλλον legitur: Pofterius *Cafaubonus*
in ἀτελλᾶ 'mutandum cenfebat. — V. 2. δυσμαίῃ Plan.
Opfopoeus δυμαίῃ tentabat. Fratres, quorum cippo haec
inscripta funt, Achaei ex urbe Dyme, Δυμαῖοι fuerant.
Vide *Steph. Byz.* p. 248. *Strabo* L. VIII. p. 387. *Paufan.* VII. 17. p. 565. — ἐπὶ ξυλόχῳ Aldina pr. et
Afcenf. — V. 3. ἀγλαυρον. Aldina tert. — ὁροιτόποι
Vat. Cod. — V. 4. μήνοται τέχνης Cod. Vat. — Secures
lignariorum cippo insculptas fuisse putat.

VIII. Cod. Vat. p. 286. Planud. p. 249. St. 361. W.
In naufragum, in Lesbi litus ejeꞔtum. — V. I. Εβρου.
Flor. Εὕρου Ald. pr. et deinde ómnes editt. veteres. —
κατ᾽ αἰγίδες. Vat. — „Scribe ἐξεκύλισαν, ut reꞔte legitur
„in veteribus editionibus omnibus. ἐξεκύλισσαν e prava
„Stephani emendatione eſt.“ *Brunck.* Duplex σ tamen
Vat. quoque Cod. exhibet. — V. 3. οἰνηρῆς Λέσβου.
Hermesianax in Eleg. 54. οἰνηρὴν δουρὶ κεκλιμένην πατρίδα
Λέσβον εἰς εὔοινον. *Callimach.* fragm. CXV. ἀπ᾽ οἰνηρῆς Χίου.
— αἰγίλιπος πέτρου. Homericum. Il. π. 4.
Ceterum Perſae in Cod. Vat. tribuitur Ep. Incert.
CXIV.

ANTIPATRI SIDONII

EPIGRAMMATA.

ꞇ. 6.] *I.* „Quae aſterisco notáta ſurit, ea in codi-
„ce adpoſitum non habent gentile, et ſic incertum eſt,
„utrius ſint Antipatri. Pleraque tamen Theſſalonicenſi
„tribuenda videntur.“ *Brunck.* Cod. Vat. p. 510.
Ἀντιπάτρου. In Planud. p. 179. St. 263. W. ἄδηλον eſt.
Poëta, vitae brevitatis memor, ſe ad potandum exhortatur. Ad Seleucum orationem dirigit, fortaſſe eum,
qui poſt Antiochum M. in Syria regnavit. — V. 3. μία
καταίβασις. Vide ad *Tymn.* Ep. V. ἔστι γὰρ ἴση Πάντοθεν
εἰς Ἀίδην ἐρχομένοισιν ὁδός. quamvis hujus loci paulo diverſa eſt ratio. In Planud. legitur εἰς Ἀ. πάντεσσι κατ. —
Pro τάχιον Cod. Vat. τάχειόν. et mox Μήνω pro Μίνω,
quod pro Μίνωα ſive Μίνων ex Atticorum conſuetudine
poſitum, illuſtrat *Wyttemb.* ad Plut. de S. N. V. p. 24. —
Omnes, Antipater ait, Orco debemur; ſi quis habet,
quod ad curſum accelerandum valeat, is Minoa citius
videbit. Potantes vero hoc aſſequuntur, ut celerius vi-

vant, nec, ut reliqui; pedibus, fed quaſi equo vecti,
viam conficiant. — V. 5. πίνομεν et καὶ δὴ γὰρ Cod. Vat.
Poſteriùs, quo hiatus vitatur, veriſſimum.. Nam illo
quoque ordine hae particulae collocantur. *Ariſtoph.*
Veſp. 1224. καὶ δὴ γὰρ εἰμ' ἐγὼ Κλέων. — ἵππος οἶνος.
Cratini dictum. Vide *Nicaenet.* Ep. IV. οἶνός τοι χαρίεντι
πέλει ταχὺς ἵππος ἀοιδῷ.

II. Cod. Vat. p. 395. Ἀντιπάτρου. Planud. p. 62. St.
90. W. In Euagoram quendam, bene nummatum virum, qui pecunia tantum in amore valebat, quantum
ſummi dii fraude et potentia. — V. 1. καββάλλης. Superſcriptum in Vat. Cod. ἱππόφορβος, ineptum -gloſſema.
Neptunus in equum mutatus ad Cererem acceſſit; unde
natus Arion, equus nobiliſſimus. *Pauſan.* p. 650. —
V. 2. ἀμφιβόητος. *Heſych.* Ἀμφιβώτης. περιβόητος. Ἴων
Τεύκρῳ. Vide *Bentleii* Epiſt. ad Mill. p. 55. — V. 3.
Vulgo παιδικὸς, quod variis interpretum erroribus locum
fecit. Recte *Brunckius* monuit, de Apolline agi, quem
Admeti amore incenſum greges apud Theſſalos paviſſe
exiſtimabant. *Callimach.* H. in Apoll. 48. Ἐξότ' ἐπ' Ἀμ-
φρυσῷ ζευγήτιδας ἔτρεφεν ἵππους, Ἡϊθέου ὑπ' ἔρωτι κεκαυμέ-
νος Ἀδμήτοιο. Eandem fabulam apud *Rhianum* fuiſſe,
intelligitur ex *Schol.* in Eurip. Alceſt. 1. Ῥιανὸς δέ φησιν,
ὅτι ἑκὼν ἐδούλευσεν αὐτῷ δι' ἔρωτα Ἀδμήτου. — V. 4. οὐ
πειθοῦς εὐνέτῃ, ἀλλὰ βίης. Haec in eadem re ſaepius ſibi
opponuntur. Amor in *Simmiae* Alis v. 10. οὔτι γὰρ ἔκερνα
βίᾳ, πᾶν δ' ἐπραΰνα πειθοῖ. *Pindar.* Pyth. Θ. 69. κρυπταὶ
κλαΐδες ἐντὶ σοφᾶς Πειθοῦς ἱερᾶν φιλοτάτων. Poëta dramati-
cus neſcio quis ap. *Plutarch.* T. II. p. 751. D. ὁ δὲ Ἡρα-
κλῆς ὑπό τινος ἐρωτᾶται·

Βίᾳ δὲ πράξας (l. δ' ἔπραξας) χάριτας ἢ πείσας κόρην;

Idem dicere voluit *Philoſtratus* Jun. Imag. IV. p. 868.
ubi Achelous Deïanirae τὸν γάμον σπεύδει, καὶ πειθὼ μὲν
ἄπεστι τῶν δρωμένων. quae inepte vertuntur vulgo. *Plato*
                                                            de

de Rep. VIII. T. II. p. 548. B. ·λάϑεα τὰς ἡδονὰς καρποὸ·
μένοι, ὥσπερ παῖδες πατέρα τὸν νόμον ἀποδιδράσκοντες ' οὐχ ὑπὸ
πειϑοῦς, ἀλλ' ὑπὸ βίας πεπαιδευμένοι. Vide *Wyttenbach.* ad
Juliani Orat. I. p. 36. ſq. — V. 5. „Veterum editio-
„num omnium et Mſſ. lectionem revocavi ὧν χαλκός.
„Praedives Euagoras non formas alias induit, ſed oblato
„aere pueris et virginibus potitur. Elegans eſt Vat.
„Cod. lectio ἅτερ δόλου αὐτὸς ἐναργὴς πάντας — ſuppreſſo
„verbo, quod facile ſuppletur. Hanc genuinam eſſe
„lectionem credo.“ *Brunck.* Recte. Planudes procul
dubio apoſiopeſin, in qua verbum nequam ſubaudiendum eſt, vitaturus ἀλίσκει ex ſuo ingenio ſcripſit. ·ὧν
χαλκὸς, quaſi in nummos mutatus, ut dii in beſtiarum
formas. Vulgo ὧν καλὸς ex *Brodaei* conjectura legitur.
    III. Cod. Vat. p. 584. Ἀντιπάτρου. Edidit *Schneider*
in Peric. crit. p. 105. Tractavit *Toup.* in Cur. nov.
p. 255. Scriptum in Eupalamum, (vitioſe apogr. Lipſ.
Εὖ πάλαμος) puerum, cujus pedes totaque pars inferior
ſuperiore minus formoſa erat. Eſt hoc carmen ex eo
genere, ubi res nequam grammatico acumine tecte et
obſcure ſignificantur. Eupalamum pulchro colore con-
ſpicuum eſſe ait μέσῳ ἐπὶ Μηριόνην, i. e. μηροῦς. Hinc *Ru-*
finus Ep. III. tres puellas ait certaſſe, τῶν τρισσῶν τὶς
ἔχει κρείσσονα Μηριόνην. Lucem his affundit *Sextus Empir.*
Pyrrh. Hypot. III. 24. p. 177. καὶ τὸν Μηριόνην τὸν Κρῆτα
οὕτω κεκλῆσϑαί φασιν δι' ἔμφασιν. τοῦ Κρητῶν ἔϑους. Mos
Cretenſium erat pueros amare. *Servius* ad Aen. X. 325.
De Cretenſibus accepimus, quod in puerorum amores in-
temperantes fuerunt. Vide quae congeſſit *Wetſten.* in
N. T. II. p. 26. — Ex ea inde parte, quam poëta Me-
rionae nomine indicat, Eupalamus Ποδαλείριος erat, quod
item herois ap. Graecos nomen, etiam eum ſignificat,
qui infirmis eſt pedibus. Λαιρός, ὁ ἰσχνός· καὶ αἰχρός· καὶ
Ληρᾶς λέγουσι κύνας τὰς κατισχναμένας καὶ ἀποβαλούσας τρίχας.
Ι͂ Ηαεε autem pars in Eupalamo ſi ſuperiori reſponderet,

Achille foret praeſtantior, qui pedum pernicitate valebat ſcilicet.   Hic ſenſus·Epigrammatis, quém *Toupius*
primus perſpectum habuit. — V. 1. ξανθὸν eſt in Codice, nec cum *Toupio* in ξανθῷ mutandum videtur. ξανθὸν ἐρευθεσθαι dictum, ut ἀπαλὸν γελᾶν et ſimilia. — Pro
ἴσον Cod. Vat. εἶσον. vulgari errore. — V. 2. Cod. μεσφ'
ἀπὸ Κρ. Brunckiana lectio eſt in margine apographi Lipſ.
fortaſſe ex *Salmaſii* emendatione. — V. 3. Ad Ποδα-
λείριον *Brunckius* τις ſubaudiendum eſſe monet. *Toupius*
Ποδαλείριος corrigit, quod ſenſum faciliorem fundit. Idem
οὐκέτ' ἐς ἠῶ νεῖται (in edit. Lipſ. vitioſe κεῖται excuſum
eſt) perperam ex *Theocrito* deſumta exiſtimat, Eid.
XVIII. 55. νεύμεθα κάμμες ἐς ὄρθρον, quae cum noſtro
loco nihil commune habent.   Obſcura verba fortaſſe in
hunc ſenſum accipi debent: Superior pars Eupalami
ξανθὸν ἐρεύθεται; inferior non eodem colore ſplendet; hinc
poëta eam non ad Auroram accedere ait, quae ξανθὴ
καὶ ἐρευθομένη ſcilicet.   Fortaſſe verba οὐκέτ' ἐς ἠῶ νεῖται
ſimpliciter ſic accipienda, ut inferiores pueri partes ſere
exſtinctae et mortuae eſſe dicantur. ἠὼς pro ἡμέρα, φῶς,
βίος ponitur.   Infra Ep. LXII. μίχλα; θαλερὸν δέμας ἐς φάος .
'Ηοῦς Οὐκέτ' ἀπὸ πλεκτᾶς ἦκε θεραιοπέδας. — V. 5. τά τ'
ἐψόθι ap. *Schneiderum.* — V. 6. Idem 'Αχιλλη; et Αιακι-
δεω. In Cod. Vat. eſt Αιακίδαο. In apogr. Lipſ. Αιακίδας. —
Comparat *Br.* Epigr. κλίσε. XXXVI. p. 158.

¶. 7.] *IV.* Cod. Vat. p. 538. 'Αντιπάτρου. Plan.
p. 130. St. 188. W. Priapus Cimonem bene vaſatum
conſpicatus, ſe a mortali ſuperari conqueritur. — V. 1.
ἐστηκός. Plan. et Cod. Vat. — Κύμωνος. Ed. Flor. et Ald.
pr. — *Juvenal.* Sat. VI. 375. *Conſpicuus longe cunctis-
que notabilis intrat Balnea, nec dubie cuſtodem vitis et
horti Provocat.*

V. Cod. Vat. p. 430. 'Αντιπάτρου εἰς ἐρῶντα πρὸς
Κλεόμβροτον. Planud. p. 36. St. 53. W. Hinc a *Geszero,*

ni fallor, relatum in Stobaei Florileg. T. LXI. p. 389.
15. Gesn. p. 253. Grot. fine lectionis varietate. Amor
injundis natus lacrymis exftingui nequit, fed auro mol-
liendus eft. — V. 1. Τελέμβρ. Vat. Cod. — ὔδατι πῦρ.
Zenodot. Ephef. Ep. I. T. II p. 61. — ἀπνεῖς. intendit
τὸ α. ignis vehementer fpirans. Cafaubonus incidit in
ἀφανές. — V. 4. τικτόμενος. Qui inter veteres Amorem
in undis natum dixerit, novi neminem; nec tamen id-
circo hunc verfum depravatum exiftimem. Huetius conjecit τιγγόμενος. Quo admiffo, non fatis video, quo τότε
referendum fit.

VI. Cod. Vat. p. 103. Ἀντιπάτρου. Edidit Leichius
in Not. ad Carm. Sepulcr. p. 17. Reiske in Mifc. Lipf.
IX. p. 135. nr. 314. — In Europam quandam, me-
retriculam perquam humanam et facilem. — V. 1.
μῆτε (apogr. nonnulla μηδὲ) φοβηθῇς. Cod. Vat. φοβηθεὶς
corrigendum effe vidit Valcken. in Diatr. p. 286. B. ubi
prius diftichon exhibet. Europam, drachma foluta, fub-
agites licet, neque quenquam metuens, nec ipfam re-
nuentem experturus. Huc facit Horatius I. Serm. II.
119. *Parabilem amo Venerem facilemque; Illam: Poft
paulo; fed pluris; fi exierit vir; Gallis hanc, Philodemus ait: fibi, quae neque magno ftet pretio, neque cunctetur, cum eft juffa, venire.* — Haec ubi fuppofuit dextro
corpus mihi laevum, Ilia et Egeria eft: — Nec vereor,
ne, dum futuo, vir rure recurrat.

VII. Cod. Vat. p. 407. Planud. p. 82. St. 120. W.
Ἀντιπάτρου. Bacchum fibi per quietem vifum effe ait,
qui ipfi mala minaretur, fi aquam potare pergeret. Ab
eo inde tempore aquam fibi invifam effe. — V. 1.
ἀκρίτου. Cod. Vat. Ὅτι καὶ ἐπὶ τοῦ ὕδατος ἔταττον οἱ παλαιοὶ
τὸ ἄκρατον. Σώφρων. ὕδωρ ἄκρατον εἰς τὴν κύλικα. Athen. L. II.
p. 44. B. — V. 2. ἐμοὶ λεχίων Vat. Cod. Veriorem hanc
lectionem penitus ignoravit Brunckius. ἄγχι λεχίων παρα-

στὰς ἐμοί. Similiter poëtam increpat Apollo ' ap. *Virgil.*
Eclog. VI. 3. *Horat.* IV. Carm. XV. — V. 3. ἀπεχθο-
μένην 'Αφροδίτην. Cod. Vat. Sinceram lectionem *Planudes* fervavit. Aquae potorum fomnum Veneri invifum
esse ait, fecundum paroemiam, quae fine Baccho Venerem ait frigere. Fateor tamen, Veneris mentionem
mihi ab hoc loco alienam videri. An fuit: ἀπεχθομένων
Διονύσῳ? librario 'Αφροδίτην Baccho fubftituénte, propter
Hippolyti commemorationem. — V. 4. πεύθεσθαι, Vat.
Cod. — V. 6. ἀπὸ τῆς, τότε νυκτὸς fubaudi.

VIII. Cod. Vat. p. 511. 'Αντιπάτρου. Planud. p. 174.
St. 253. W. Se improbos et aquae potores deteftari
ait. — V. 2. ἄρυμον Cod. Vat. unde profluxit vitiofa
Planudeae lectio ὀρνύμενον. Vera eft lectio Ilrunckiana,
cujus tamen auctoritatem ignoramus. ὠρύειν et ὠρύεσθαι
de quavis lugubri voce, de ferarum rugitu, terraeque
fremitu ufurpatur. Vide *Triller.* Obff. p. 304. Hinc
defcendit ὠρυγὴ et ὤρυγμα. Pofterius de fluctuum ftrepitu
adhibuit *Qu. Maecius* Ep. VI. Neptune, διπλοῖς ἠϊόνων
ὠρύγμασι τερφθείς. — V. 3. ἀστράπτῃ primus *Stephanus*
dedit; omnes editt. veteres ἀστράπτει. — V. 4. μύθων
μνήμονας ὑδροπότας. Huc egregie facit *Philoftratus* in Vit.
Soph. L. I. p. 507. 'Ο μὲν Αἰσχίνης φιλοπότης ἐδόκει καὶ ἡδὺς
καὶ ἀνειμένος καὶ πᾶν τὸ ἐπίχαρι ἐκ Διονύσου ῥεηκώς. — ὁ δ' αὖ
(Demofthenes) νενηφώς τε ἐφαίνετο, καὶ βαρὺς τὴν ὀφρὺν καὶ
ὕδωρ πίνων, ὅθεν ἐν δυσκόλοις καὶ δυστρόπεις ἐγράφετο. — De
paroemia, ad quam *Antipater* h. v. refpexit, μισέω μνή-
μονα συμπόταν, disputavit *Plutarch.* T. II. p, 612. Conf.
Lucian. T. III. p. 419. fq. et *Martialem* L. I. Ep. XXVIII.

¶. 8.] *IX.* Cod. Vat. p. 149. 'Αντιπάτρου Σιδωνίου.
Planud. p. 422. St. 556. W. Bitto, mulier fere quadra-
genaria, ex Minervae caftris ad Venerem transiens, tex-
tricum deae radium textorium dedicat. Hinc fortaffe
expreffam, geminum certe germanum Epigr. κότ.

CXVI. Conf. etiam *Nicarchi* Ep. X. — V. 2. 3. laudat
Suidas v. λιμηρὴς T. II. p. 448. — χήρη ἐγὼ γάρ. Nefcio,
quid alii fentiant; mihi quidem *viduitatis* mentio ab
hoc loco aliena videtur. Nec in Epigrammate, huic
noftro fimillimo, ejus rei veftigium. Fortaſſe igitur pro
χήρη aliud quid lectum fuit. Sufpiceris:

καὶ τήνδ᾽ ἔχε κερκίῦ᾽· ἐγὼ γὰρ —

quo fimul hiatus tollitur. Neque tamen huic conjecturae multum tribuerim, praefertim cum ad τήνδε fubftantivum κερκίδα elegantius fubaudiatur. Videant alii. —
V. 5. δῶρα. Minervae munera funt lanificium. — V. 6.
ὦρας. Cupiditatem plus valere quam aetatem, jam ad
fenium inclinantem. θέλειν proprium verbum in re ve-
nerea. Vide *Alc. Meſſen.* Ep. I. *Rufin.* Ep. XXXV. ἡ μὲν
γὰρ βραδέως, ἡ δὲ θέλει ταχέως.

X. Cod. Vat. p. 149. Ἀντιπάτρου Σιδωνίου: Planud.
p. 442. St. 575. W. Pherenicus Minervae tubam ponit.
Expreſſum ex *Tymn.* Ep. I. — V. 1. ὑποφᾶτιν. et pacis
et belli interpretem. — V. 2. βάρβαρον. Tyrrhenorum
inventum tuba. — V. 4. πολέμου καὶ θυμέλας. *Pollux* IV.
85. — Pofterius diftichon laudat *Suidas* in θυμέλη
Tom. II. p. 211.

XI. Cod. Vat. p. 168. fq. Ἀντίπ. Σιδ. Prius diftichon
excitat *Suid.* v. ὑαὶ Tom. I. p. 504. ubi *Kuſterus* totum
Epigr. edidit. Pofterius id. v. κελαδοῦσιν T. II. p. 292.
Ex Cod. Bodl. produxit *Bentlej.* ad Callim. p. 231.
Reisk. in Anth. p. 16. nr. 442. — V. 1. μέλος. *Suid.*
et Cod. Vat. Quaedam apogr. μένος. — V. 2. ἐκτροχ.
μέλος *Kuſter.* errante calamo. — V. 3. ἔγκειμαι. Codd.
Suidae praeter Pariſinum; et in Vat. Cod. quoque,
quamvis ductus paulo obſcurier, ἔγκειμαι tamen potius
quam ἄγκειμαι feriptum fuiſſe videtur. Sed vide *Bentl.*
l. c. et ad *Perſ. Theb.* Ep. I. 2. — Τριτωνίδα. apogr.
Lipf. vitiofe.

XII. Cod. Vat. p. 142. Ἀντιπάτρου, gentili non addito. Edidit *Kuſterus* ad *Suid.* T. II. p. 642. *Reiske* in Anth. p. 2. nr. 398. In aram Minervae a Seleuco poſitam. — V. 1. laud. *Suid.* v. φυγοδέμνιος. — Σωτείρας cognomen pluribus deabus commune. Vid. *Hefych.* v. — V. 3. βωμὸν κεραούχον. *Reiskius* cogitabat de ara e ferarum cornibus exſtructa, (*cornibus ara frequens* ap. *Martial.* I. Ep. I. 4.) qualis fuit Apollinis ara in Delo, de qua *Plutarch.* T. II. p. 983. E. et in Vita Thef. c. XXI. Conf. *Spanhem.* ad Callim. H. in Apoll. 60. p. 116. At recte hoc fieri propter linguae analogiam dubitabat *Erneſtus* ad Callim. l. c. qui aram cornibus inſtructam, quales fuerunt, qui in libris facris crebro commemorantur, intelligendam exiſſimat. — Σέλευκος. Vide Ep. I. Probabile eſt, Seleucum regem cum *Reiskio* intelligendum eſſe. — V. 4- „Perſpicuus non eſt ultimi penta- „metri fenſus. An oraculi juſſu aram hanc exſtruxerat „Seleucus? Sic legendum eſſet Φοιβείου λαχὼν φθεγξαμένου „στόματος. Φοιβείου reponebat Salmaſius. An Seleucus „ipfe, Apollinis antiſtes, oraculorum ὑποφήτης erat? „tum legendum erit Φοιβείαν λαχὼν φθεγγόμενος στόματι.“ *Brunck.*

XIII. Cod. Vat. p. 158. Ἀντιπ. Σιδ. Edidit *Reiske* Anth. p. 5. nr. 406. *Toup.* ad Suid. P. III. p. 414. Harpalion piſcator, fenex factus, Herculi haſtam dedi-
πιλινευτης·
cat. — V. 1. Cod. Vat. ῥυτιςουλινευτης· Noſtram lectionem *Reiskius* in marg. apogr. Lipf. repertam in textu pofuit. Pro meo tamen fenfu ὧν elegantius abeſſet. Vide an fcriptum fuerit:

ὁ πᾶς ῥυτὶς, ὁ ʼσπαλιευτής,

i. e. ὁ ἑσπαλιευτής. quod a codicis lectione proxime abeſt. Vide *Abrefch.* ad Hefych. v. — V. 2. „Scribe uti „in Cod. eſt τόνδε παρʼ Ἡρακλεῖ θῆκέ με τὸν ειρύνην. [in „Anal. *Br.* dedit τήνδε — τὴν σιγύνην] Graecis perinde eſt

„δ σιβύνης, ου: et ἡ σιβύνη, ης. Male in Suida Kuſterus
„edidit τόνδε — τὴν σιγύνην. In edit. Mediolanenſi recte
„τόνδε τὸν σιγύνην. Sed alieno loco hoc exemplum poſuit
„Suidas, et omnino ſcribendum σιβύνην. In hac voce
„media corripitur, at in σιγύνη producitur. Oppian.
„Cyneg. I. 152. αἰχμὴν τριγλώχινα, σιγύνην εὐρυκάρηνον.
„Poëta ap. Suidam in hac voce: τὸν κύνα, τὰν πήραν τε
„καὶ ἀγκυλόεντα σίγυνον. Sigynorum Thraciae populi no-
„men Σίγυνοι ſic unico ν in veteribus libris ſcriptum
„conſpicitur, producta media. Apollonii Rhodii codd.
„L. IV. 320. οὔτ' οὖν Θρήϊξι μιγάδες Σκύθαι, οὔτε Σίγυνοι.“
Brunck. Vide de hoc inſtrumento ad Meleagr. Ep.
CXXVIII. p. 123. Laudat h. v. Suidas in σιγύνη T. III.
p. 311. — ¶. 9.] πλείωνος. Reisk. Accentus male poſi-
tus Reiskium in errorem induxit. πλειὼν eſt annus. Reſpexit hunc verſ. Suid. in πλειών. πλειῶνος. ἐνιαυτός. Ἐκ
πολλοῦ πλειῶνος. ἤγουν ἐκ πολλοῦ χρόνου T. III. p. 129.
Conf. Euſtath. ad Il. p. 118. 3. Callim. H. in Jov. 89.
οἱ δὲ τὰ μὲν πλειῶνι, τὰ δ' οὐχ ἑνί. Heinſius ad Heſiodi 'E. κ.
'H. 617. — V. 4. ἔσθενον Cod. Vat. ἔστεγον eſt exemen-
datione Salmaſii. Heſych. στέγει. βαστάζει. ὑπομένει.

XIV. Vat. Cod. p. 182. Ἀντιπάτρου. Edidit Kuſterus
ad Suid. T. I. p. 151. Reiske in Anth. p. 30. nr. 473.
In ſcolopendrae fruſtum à piſcatore Ino et Palaemoni
dedicatum. Conf. Ep. Theodoridae I. T. II. p. 41. —
V. 1. excitat Suid. in ἀμφίκλαστον. ubi σκολοπένδρης legitur, plane ut in Cod. Vat. Ceterum haec ſcolopendra,
cujus λείψανεν quadraginta octo cubitorum erat, qualis
bellua fuerit, ne Schneiderus quidem deſinire auſus eſt
ad Aelian. H. A. XIII. 23. ubi haec habentur: πέπυσμαι
καὶ σκολοπένδραν εἶναί τι θαλάττιον κῆτος, μέγιστόν κητῶν καὶ
τοῦτο, καὶ ἐκβρασθεῖσαν μὲν θεάσασθαι οὐκ ἄν τις θρασύνοιτο.
— ἤδη δ' ἄρα αὐτῆς τὸ λοιπὸν σῶμα ἐπικυλίζον τοῖς κύμασιν
ὁρᾶται, ὅσον ἀντικρίναι τριήρους τελείας αὐτὸ μεγέθει· νήχονται
δὲ ἄρα πολλοῖς τοῖς ποσί. Longe diverſa eſt ſcolopendra,

quam *Aristoteles* descripsit H. A. II. 14. nec non ea,
cujus calliditatem narrat *Plinius* H. N. IX. 67. p. 528.—
V. 2. 3. laudat *Suid.* in ὀργυιὰ T. II. p. 709. et v. 3.
iterum in πεφορυγμένον T. III. p. 104. ùbi πολλῶ π. ἀφρῷ
legitur. In Cod. Vat. eſt ὑπό. In apogr. Lipſ. et Bigot.
ὑπαὶ, unde *Kuſterus* ἄπαν emendavit. Facile adducar, ut
gravius mendum ſubeſſe exiſtimem, veramque lectionem, cujus veſtigia ſunt apud *Suidam,* fuiſſe :

δὶς τετρόργυιον, πολιῷ πεφορυγμένον ἀφρῷ.

— V. 4. ap. *Suid.* in ξαίνω T. II. p. 642. — Similiter Ep. ἀδέσπ. CXXVIII. λίνου λείψανον αὐχμηρῶν ξανθὸν ὑπ'
ἠιόνων. *Oppian.* Hal. III. 23. κρᾶθ' ἑκατὸν πέτρῃσι Ξαινόμε-
νος. — V. 5. 6. *Suidas* v. γριπεύς Tom. I. p. 498. et
iterum in Ἑρμώναξ T. I. p. 861. Utroque loco ante
ἐκίχανεν inferitur δ', ut etiam in Vat. Cod. — V. 6. πελάγους, *Reisk.* — V. 7. εὑρὼν δ' ᾔρτησεν. ut *Theodorid.*
Ep. II. τίς σ' ἀνέθηκεν, ἀγρέμιον πολιᾶς ἐξ ἁλὸς εὑράμενος.

XV. Cod. Vat. p. 143. Ἀντιπ. Σιδ. Planud. p. 431.
St. 565. W. ſine diverſitate lectionis, niſi quod verſu 4.
doriſmus neglectus eſt. Conf. *Leonidae Tar.* Ep. XIX.
Verſ. 1. laudat *Suid.* v. ἅρμενα T. I. p. 333. et in
αὐθαιμοι p. 378. V. 1. et 2. in ὀρειονόμων T. II.
p. 711. — V. 3. πετεηνῶν Cod. Vat. πετεινῶν *Suid.* in
θεραιοπίδη T. I. p. 526. ubi τάνδε θεραιοπίδην habet, ut eſt
in Vat. τήνδε δ. Planud.— V. 5. λιμνῆς. Vat. Cod.

XVI. Vat. Cod. p. 143. τοῦ αὐτοῦ, οἱ δὲ Ζωσίμου. In
Planud. p. 431. St. 565. W. *Zoſimo* ſoli inſcribitur.
Hujus eſſe, veriſimile videbitur *Zoſimi* Epigrammata
comparantibus, inter quae tres ſunt in eodem argumento luſus. — V. 2. ὑπ' ᾑερίων. Vat. Cod. et omnes
Planud. editt. vett. praeter Stephan. In Edit. Lipſ. vitioſe Πίγεσς pro Πίγεης excuſum. — V. 4. Vulgatam ᾑερίην

σύντη emendavit *Pierson*, in Verisim. p. 88. cujus emendationem Cod. Vat. confirmat.

XVII. Cod. Vat. p. 161. ἀνάθημα τῷ Πανὶ περὶ Κραίβιδος. Ἀντιπάτρου. ubi gentile non magis additur, quam in Planud. p. 434. St. 568. W. Craubis, venator, auceps et piscator, l'ani atma venatoria ponit. Hoc carmen expressit *Philipp. Thess.* Ep. VIII. — V. 2. „ἰχνοπέδαν. Sic „legendum e Cod. Vat. et ita exhibent edit. Flor. et „Planudeae codd. plerique: vestigii seu pedis vinculum, „ut infra λαιμοπέδαν colli vinculum." *Brunck.* Vulgo ἰσχνοπέδαν. *Philippus* νευροπλεκεῖς κυνδάλων ἐπισφόρους vocat. *Pedica* esse videtur, quam vulgo ποδάγρην vocant. τριάλικτος. *Pollux* V. 27. de ἄρκυσι agens, δεῖ δὲ, inquit, αὐτὰς εἶναι κατὰ τὸν τοῦ Ξενοφῶντος λόγον (de Venat. X. 2.) ἐννεαλίνους, ἐκ τριῶν τόνων συμπεπλεγμένας. — πέπλεκται δὲ ὁ τόνος ἐκ λίνων τριῶν. — .¶. 10.] V. 3. κλωβούς. Ap. *Philipp.* τραχηλοδεσμόρτας Κλοιοὺς κυνούχους. Idem, quas *Antipater* διεράγχας appellat, δεραγχέας πάγας vocat. Voce κλωβὸς usus est Paraphrastes *Oppiani* in Ixeut. III. 14. ubi *caveam* significat, avibus captandis aptam. Sed h. l. de ferarum captura agitur. Quare vide an scribendum sit:

κλωοὺς ἀμφιρρῶγας,

quae est Atticorum forma pro κλοιούς. Vide *Schol.* in Aristoph. Vesp. 892. τὸ κολλάριον τὸ παρ' ὑμῖν λεγόμενον, ᾧ εἰώθασι τοὺς κύνας δεσμεύειν, κλοιὸς pro *torque* occurrit ap. *Eurip.* in Cyclop. 184. ubi vide *Musgrav.* — In fine vers. δέ τε ῥάγχας Planud. Veram lectionem perspexit *Brodaeus* et *Jos. Scaliger* in not. mst. — V. 4. πυρὶ θηγαλέους στάλικας. pali in inferiore sua parte praeusti et acuti, quibus retia sustinentur. Vide *Polluc.* V. 31. — V. 5. 6. Sequuntur instrumenta aucupii. — δρυὸς ἰκμάδα. viscum. — τῶν δὲ πετηνῶν. Cod. Vat. — ἰξῷ μυδαλέον. visco inunctum. — V. 7. καὶ τρυφίου. Cod. Vat. ἐπισπαστῆρα explicat *Schneiderus* ad Eutecnium de

B 5

Aucup. L. III. 12. Eſt funis, quo orbes lignei ſemicir-
culares adducuntur, ut praedá intra illos includatur. —
V. 8. „καὶ λαιμοπέδαν, ἥ ἐστιν ἀρὴ, ἤγουν λοιγὸς τῶν κλαγε-
„ρῶν γεράνων. In Vat. Cod. prius ſcriptum fuit ἄρην, ſed
„correctum ἤρκεν. Hoc autem male ſcriptum pro ἄρκυν,
„quod habet Suidas in γλάγος (T. I. p. 482.), ubi hunc
„verſum ſic profert: γλάγος. γάλα. καὶ γλαγερὸν, ἀντὶ τοῦ
„λευκόν, ἐν ἐπιγράμματι‧ ἄρκυν τε γλαγερῶν λαιμοπέδαν γερά-
„νων. Hinc ἄρκυν ſumendum, quod pro vera lectione habeo;
„ſed γλαγερῶν Suidae relinquendum, licet id in ſuo co-
„dice inveniſſe videatur Aldus, a cujus editionibus in
„ceteras propagatum eſt. Lectionem Florentinae κλα-
„γερῶν revocavit H. Stephanus. κλαγερὸς ſtridulus, vox
„optimi commatis addenda eſt Lexicis, derivata a κλάζω,
„clango, quod verbum gruibus fere proprium. Homer.
„Il. γ. 3. ἠΰτε περ κλαγγὴ γεράνων πέλει οὐρανόθι πρό. De
„iisdem, χηνῶν ἢ γεράνων — κλαγγηδὸν προκαθιζόντων. Vide
„infra Epigr. LXXVIII. 6." Brunck. κλαγερῶν Aſcenſius
quoque ſervavit, et Scaliger aſſenſu ſuo comprobavit.
Quod autem Brunckius ait, in Vat. Cod. ἄρην eſſe a prima
manu, idque in ἤρκεν poſtea mutatum videri, ejus rei
nullum eſt veſtigium in apogr. Spallet. quod ἄρκυν τε
κλαγερῶν exhibet. Vocabulum λαιμοπέδαν Antipater debet
Leonidae Tar. Ep. XXXIV. καὶ τῶν εὐρίνων λαιμοπέδαν σκυ-
λάκων. — V. 9. „Scr. Νεολάδα. Νεολαΐδας nomen Arcadi-
„cum ap. Pauſaniam p. 452. Idem p. 698. [et 706.]
„habet nomen Arcadicum Κραῦγις, quod hic etiam re-
„ponendum eſt. Κραῦβις eſt in Cod. Vat. Planudea
„Κράμβις." Brunck. Vide ad Epigr. Simonid. LXXV. 2.
p. 249. In Analectis Br. Νεολάδα dederat, ut eſt in Cod.
Vat. et Plan.

XVIII. Cod. Vat. p. 162. ubi gentile non magis
comparet, quam in Planud. p. 435. St. 569. W. De
tauro in Orbelo monte a Philippo Macedone occiſo.
Conf. Samii Ep. I. et II. — V. I. laudat Suidas in

δειρὰ T. I. p. 534. et in Ὀρβηλοῖο T. II. p. 707. —
V. 2. idem in ἐρημωτὴς T. I. p. 853. ubi vulgo Θήραμα
Μακηδονικὸν legitur; in Cod. Parif. autem Θήρα Μακηδονι-
κόν. quod *Kufterus* fincerum putabat. — V. 3. Recte
Br. ὀλετῆρα, quae omnium librorum lectio eft, in ὀλετὴρ
mutandum efte vidit. Philippus Dardanos, perpetuos
Macedonum hoftes, fuperavit Olymp. CXLIX. 1. *Livius*
L. XXXI. 42. Conf. Epigr, κδέστ. CLXIII. et *Polyb.*
XXIV. 6. Nihil aptius epitheto ὀλετὴρ, quo in fimili re
utitur auctor incert. Epigr. CCCLXI. ἠνορέης ὀλετῆρα
ὑπερφιάλου Βαβυλῶνος. *Nonnus* Dionyf. XX. p. 532. Τιτή-
νων δ' ὀλετῆρα, προασπιστῆρα τοκῆος. — V. 5. βριαρᾶς βόρ-
εας. *Plinius* L. VIII. 30. de tauris filveftribus: *tergori*
duritia filicis, omne vulnus refpuens. — V. 6. ἔρνεμα,
ἀσφάλισμα. κραταίωμα. *Schola Sophocl.* Oedip. Col. 59.
cornua, quibus tauri caput munitur. Superfedere poffumus itaque conjectura viri docti ap. *Huetium* p. 41.
ἔρυμα, quam *Br.* ad h. l. p. 123. pro vera habuit, meliora poftea edoctus p. 317. ἔρυμα enim mediam necefta-
rio corripit. Vide *Valcken.* ad Eurip. Phoen. p. 360. —
V. 7. ἐκ ῥίζας. Reges Macedoniae generis originem ad
Herculem referebant, quare etiam in nummis leonis
exuviis ornati confpiciuntur. Vide inprimis *Spanhem.* de
Ufu et Praeft. Num. Diff. VII. p. 371. fqq. — V. 8.
πατρῷον Cod. Vat. Referenda funt haec ad bovem Cre-
tenfem, quem Hercules perdomuit.

XIX. Cod. Vat. p. 162. Ἀντιπάτρου. gentili omiffo,
ut etiam in Planud. p. 435. St. 568. W. Lycormas
exuvias et cornua cervi Dianae dicat. — V. 1. τὸν ἔλα-
φον. Cervae h. l. cornua tribui, nemo mirabitur poft ite-
ratam doctorum virorum obfervationem de poëtarum in
hoc genere licentia. Vide inprimis *Garacker.* Mifc. Adverf.
II. 9. p. 312. et *Fifcher.* ad Anacr. p. 353. — (In edit.
Lipf. pro Λάδωνα perperam Ἀάδωνα excufum.) — V. 2.
Φιλόης. Plan. — Θεαρίδεω. nomen Thearidae Spartani

occurrit ap. *Plutarch.* T. II. p. 221. C. Alium, Achaeorum legatum, commemorat *Polyb.* XXXII. Tom. IV.
p. 577. et p. 685. Hic legatione apud Romanos fun-
ctus eſt Ol. CLV. 1. et CLVIII. 1. quo tempore *Antipater* vixiſſe videtur. — De urbe Laſione vide *Schneiderum* ad Xenoph. Hellen. VII. 4. p. 447. — V. 4.
laudat *Suidas* in ρομβεῖν T. III. p. 264. — V. 5. 6.
idem in διχέρχιον T. I. p. 587. — διχέραιον στόρθυγγα.
bina cornua. Quicquid in apicem faſtigiatum erat, στόρθυγγα vocabant. κορύναν ἐϋστόρθυγγα. *Leonidas Tar.*
XXXIV. ἰϋστόρθυγγι Πρηχᾳ. *Crinag.* Ep. VI. Conf. *Diodor. Zon.* Ep. III.

XX. Cod. Vat. p. 163. Ἀντιπάτρου. Planud. p. 436.
St. 569. W. Soſis, ſagittarius, Apollini arcum; Phila,
citharoeda, teſtudinem; Polycrates, venator, retia dedicat. — ¶. 11.] V. 4. ἀ'γρευτής. Vat. Cod. — V. 5.
κράτος ἴδν. Cod. Vat. ſed error emendatus. — πρῶτα κυν.
praemia ſummae in venando praeſtantiae. Vide ad *Leonid. Tar.* XXXI. 6.

XXI. „Epigramma hoc olim in Planudea legebatur,
„quod ut quaedam alia, neſcio quo caſu a librariis omiſ-
„ſum, quum non repertum fuerit in Codice, ex quo
„Anthologia primum Florentiae excuſa eſt, diu latuit.
„Exſtat in Planudeae optimo codice Bibl. regiae, ſcri-
„ptum poſt Epigr. quod ſequitur, Παλλάδι τὰ τρίσσαι."
Brunck. Eſt in Vat. Cod. p. 178. Ἀντιπάτρου Σιδ. Edidit
Kuſterus ad Suidam T. II. p. 292. *Reiske* in Anthol.
nr. 460. p. 24. Quinque Ariſtotelis filiae Veneri Ura-
niae dona offerunt. In eodem argumento verſatur
Archias Ep. V. — V. 1. Βίτυννα diſerte legitur in Cod.
Vat. et ap. *Suid.* qui h. v. laudat in θαλπτήρια T. II.
p. 163. et in Βίτυννα T. I. p 435. *Kuſterus* Βίτυννα dedit et vertit *ſandalia Bithynica.* — V. 2. ἰρατῶν σκυτο-
τόμων καμάτων. Cod. Vat. Noſtram lectionem exhibuit

Kuſterus et *Reiskius.* — V. 3. φιλοπέκτοιο. *Reisk.* Codicis
lectionem tuetur *Suidas* in κικρύφαλος, ubi laudat v. 2. 3.
T. II. p. 292. Linteum illud capitis ornamentum,
quod Philaenis Veneri dicabat, erat βακτὸν ἄνθισιν ἁλός.
i. e. *purpura*, ut *Reiskius* interpretatur. *Archias* l. c.
πολυπλέκτου δὲ Φιλαινὶς Πορφύρεον χαίτας ῥύτορα κεκρύφαλον.
Paulus Silent. Ep. XXII. ἢ τί δὲ κοσμήσεις ἀλιανθεῖ φάρεα
κόχλῳ. ἀλιπόρφυρεν ῥέγος ex *Anacreonte* fervavit *Etymol. M.*
in ῥῆγος. *Hefych.* ἀλιπόρφυρα. ἀλευργῆ, τουτέστιν ἐκ τῆς θα-
λασσίας πορφύρας. *Alcman* ap. Athen. L. IX. p. 374. ἀλι-
πόρφυρος ἴαρος ἔρνις. ἄνθος autem cum omnino de coloribus, tum de purpura potiſſimum uſurpatur. — V. 5.
τ' Ἀντικλ. pro δ' Vat. Cod. — V. 6. ἀραχναίοις νήμασι.
Achilles Tat. L. III. 7. p. 118. τὸ δὲ ὕφασμα λεπτὸν,
ἀραχνίων ἐοικὸς πλοκῇ. Ejusmodi quid fortaſſe olim legebatur ap. *Callimachum*, ex quo verba ἔργον ἀράχνα laudat
Suidas in ἀράχνη. Apud eundem ex *Sophoclis* Inacho
commemorantur *telam texentes araneae*, ἐριθοι ἀράχναι.
quod expreſſit *Philoſtrat.* II. 29. p. 854. araneae telam
deſcribens: αἱ δὲ ἐριθοι δι' αὐτῶν βαδίζουσι. — V. 7. 8.
laudat *Suidas* in εὔσπειρῃ T. I. p. 910. δράκοντα εὔσπειρῇ
Brunckius de faſciis cruralibus, forte e ſerpentum pellibus factis, accipit, laudans *Herodotum* p. 359. qui populum quendam Libyae memorat, τῶν αἱ γυναῖκες περισφύρια
διρμάτων πολλὰ ἑκάστη φορεῖ. Longius petita interpretatio.
Aureum annulum ſive catellam ex auro factam, brachia
crurave ambientem, δράκοντα appellatam eſſe, nihil habet quod miremur. Ad formam fortaſſe reſpicitur in hoc
nomine, fortaſſe etiam nonniſi ad flexus. Vide ad *Meleagri* Ep. CXXIX. 7. p. 147. Commentum de pellibus
ſerpentum penitus evertit *Lucian.* in Amor. c. 41.
Tom. V. p. 304. ed. Bip. inter ceterum muliebrem ornatum τοὺς περὶ καρποῖς καὶ βραχίοσι δράκοντας commemo-
rans, addita imprecatione, ὡς ἄφελον ὄντως ἀντὶ χρυσίου
δράκοντες εἶναι, *Philoſtrat.* Epiſt. XL. p. 931. τὸ φυσίον, καὶ

ὁ κηρὸς, καὶ τὸ Ταραντινὸν, καὶ οἱ ἐπικάρπιοι ὄφεις, καὶ αἱ
χρυσαῖ πέδαι. *Clemens Alex.* in Paedag. II. 12. ὡς γὰρ τὴν
Εὐὰν ὁ ὄφις ἠπάτησεν, οὕτω καὶ τὰς ἄλλας γυναῖκας ὁ κόσμος ὁ
χρυσοῦς, δελέατι προσχρώμενος τοῦ ὄφεως τῷ σχήματι, ἐξέμηνεν
εἰς ὕβρεις, μυραίνας τινὰς καὶ ὄφεις ἀποπλαττόμενος εἰς εὐπρέ-
πειαν. Hinc armillas revera quandam cum serpentibus
habuiffe fimilitudinem, colligi poffe videtur. Adde
Hefych. in ὄφεις. τὰ δρακοντώδη γινόμενα ψέλλια. Vide inprimis *Trilleri* Obff. p. 411. — V. 9. πατρὸς. *Kufterus*
Ἀριστοτέλεια ἐπώνυμος citra neceffitatem corrigere tentat.
Archias l. c. οὔνομ᾽ Ἀριστοτέλεω πατρὸς ἐνεγκαμένα.

XXII. Cod. Vat. p. 171. Ἀντιπάτρου. Planud. p. 424.
St. 558. W. gentile *Sidonii* addit. Hoc fortaffe Epigr.
expreffit *Archias* Ep. XI. Conf. et *Philipp.* Ep. XVIII.
Tres puellae Palladi lanificii inftrumenta dicant. —
V. 1. 2. excitat *Suidas* in ἀράχνη T. I. p. 310. ubi μίτον,
legitur pro στήμον᾽, ut eft ap. Plan., five στάμον᾽, quod in
Vat. Cod. habetur. *Suidae* lectionem metrum refpuit.
Archias l. c. ἀραχναίοιο μίτου πολυδινέα λάτριν. — V. 3.
Suid. in τάλαρος T. III. p. 426. εὔπλοκο;. Cod. Vat. et
Ἀρσινόᾳ. — V. 4. ἐργάτην — ἠλακάτην. Edit. pr. εὐκλώστου.
fili *bene deducti*, ut interpretatur *Schneiderus* in Indice
Script. R. R. voce *Tela* p. 361. — V. 5. *Suid.* in κερκὶς
T. II. p. 300. et iterum cum v. 6. in μίτος T. II. p. 567.
Radium textorium poëta ἀηόνα vocat ab arguto, quem
edit, ftrepitu. Vide *Leonid. Tar.* Ep. VIII. 5. Huc referenda ἡ τῆς κερκίδος φωνή, ex *Sophoclis* Tereo comme-
morata ap. *Ariftotel.* in Poët. IX. 7. de qua interpretes
mira comminifcuntur. Conf. *Twining.* in Notis ad Poët.
p. 362. κερκίδος ἀοιδοῦ μελέτας. *Eurip.* in Meleagr. ap.
Schol. Ariftoph. Ran. 1351. Tarfenfibus, rhonchos inter
loquendum per nares edentibus, vicini nomen κερκίων
impofuerant. *Dio Chryfoft.* Or. XXXIII. p. 405. 18.
ubi vulgatam lectionem temere follicitant. — V. 6.
»εὐκρέκτου;. Sic optimus Planudeae Cod. et Vat. membr.

„In aliis Planudeae Codd. εὔκριτους, quod ultimum ha-
„bet ed. Flor. et Suid. in μίτος; peſſime a Brodaeo emen-
„datum εὔκριτους, tam quoad ſententiam, quum ſequa-
„tur διέκρινε, quam quoad metrum; εὔκριτος enim me-
„diam corripit." *Brunck.* εὐκρέκτους legendum eſſe,
vidit etiam *Joſ. Scaliger* in not. mſtis. Pro ᾷ Cod. Vat.
vitioſe ιῦ. Ducta ſunt haec ex *Leonid. Tar.* Ep. VIII.
καὶ τὰν ἄτρια 'κρινχμέναν Κερκίδα, τὰν ἱστῶν μολπάτιδα. —
V. 7. 8. excitat *Suid.* in κρινομέναν T. I. p. 335. et in
ὀνειίδες T. II. p. 696. Utroque loco ἤθελ' ἕκαστα exhibet,
ut etiam Vat. Cod. legit.

XXIII. Cod. Vat. p. 196. Ἀντιπάτρου. ſine gentili,
ut in Plan. p. 425. St. 559. W. Expreſſum hoc carmen
ex *Leon. Tar.* Ep. XX. — V. 1. 2. laudat *Suidas* in
πέζα T. III. p. 70. — §. 12.] V. 4. πολυπλανέος. Plah.
et Vat. Cod. ſed ſuperſcr. γρ. παλιμπλ. — V. 5. Quae
in ſiniſtra Maeandri parte erant ornamenta, ea Anti-
clea, in dextra, Bittium texuerat. — Pro μήσατο, quod
vulgo legitur, *Brunck* ex Ed. pr. et Cod. Planudeae Ja.
Laſcaris νήσατο recepit, a νέω, νήθω. Infra Ep. LXX. ἄφθιτα
νησκμένα ἑῷ' Ἑλικωνιάσι. At hujus loci diverſa eſt ratio.
Sappho, quae carmina *tenui deduxit filo*, probe dici
poterat νήθεσθαι ὥρα. At in noſtro Epigrammate de
opere textorio agitur. Praefero itaque vulgatum μήσατο,
quod Vat. quoque Cod. tuetur, et fere dictum eſt, ut
ἐβούλευσεν ap. *Anacreont.* Ep. LXXL Πρηξιδίκη μὲν ἔρεξεν,
ἐβούλευσεν δὲ Δυσηρις Εἶμα τόδε. — Pro Ἀντιάνειρα Ed. pr.
vitioſe Ἀτιάνειρα. — V. 7. τὸν δὲ νῦν. Cod. Vat. et ἰσοτά-
λαστον. — V. 8. σπιθαμήν. Cod. Vat.

XXIV. Cod. Vat. p. 179. τοῦ αὐτοῦ. Praecedit Ep.
Ἀντιπάτρου (ſine gentili) quod *Br.* Antipatro Theſſalonicenſi tribuit nr. XXII. nec immerito; nam idem carmen
iterum legitur in Vat. Cod. p. 419. cum lemmate Ἀντιπ.
Θεσς. Hinc ſequitur, noſtrum quoque carmen *Theſſa-*

Ionicenſi poëtae tribuendum eſſe. — Edidit *Reisk.* Anth.
nr. 462. p. 25. et *Valcken.* ad Theocr. Adon. p. 350. A.
Scriptum eſt in Veneris ſtatuam a Cythera, Bithynæ
muliere, dicatam. — V. I'. Διθυννίς. *Reisk.* qui dubitat,
utrum ſit gentile mulieris nomen, an appellativum. Si
prius, illa *Cythera* appellabatur; ſin poſterius, Κυθέρη
pro Veneris epitheto habendum, Κύπρι Κυθέρη, l. e. Κυθέρεια.
Illud probabilius.— V. 2. μορφᾶς – εὐξαμένα, et in
fine Ἰμορφοσύνᾳ Cod. Vat. — Mulier noſtra ex voto (εὐξαμένη)
ponit ſtatuam ex marmore Pario, λύγδινον εἴδωλον.
Vide *Schol. Pindari* Nem. IV. 131. et *Fiſcher.* ad Anacr.
XXVIII. p. 109. — Praxitelis opera λύγδινα πάντα καὶ
ἄκρα, in Epigr. ἀδέσπ. CCCXV. — V. 3. In marg. apogr.
Lipſ. ubi μεγάλην exaratum, neſcio quis conjecit μὲν ὀλίην,
inepte. *Valckenarius* comparat verſum *Callimachi* ap.
Stob. p. 517. Gesn. emendatum a *Cantero:* αἰεὶ τοῖς μικροῖς
μίκρα διδοῦσι θεοί. — V. 4. ὡς ἔθος, ut dii ſolent parvis mortalium donis magna retribuere. *Reiskius* laudat
Horat. II. Serm. VI. 14. *Hac prece te oro, Pingue pecus
domino facias et cetera, praeter Ingenium, utque ſoles,
cuſtos mihi maximus adſis.* Magna autem illa gratia, quam
Cythera Venerem rogat, haec eſt, ut concordi cum
marito ſit animo. Hoc praeclarum!

XXV. „Integrum legitur hoc Epigr. infra p. 527.
„Tertium diſtichon in Cod. a praecedentibus avulſum,
„tanquam novum Epigramma praefixum habet nomen
„Damagetae, et ibi corrupte legitur, uti id exhibui
„infra p. 38. Re attentius conſiderata, et obſervato
„ap. Suidam in Ἰότητι et in Λυκομήδεος hoc diſticho, vidi
„ad praecedentia duo pertinere. Hoc etiam in apogra-
„pho Buheriano, quod nondum habebam, cum haec
„excuderentur, exilibus charactéribus, litura poſt ob-
„ductis, ita tamen ut qui oculorum acie valet ſcriptu-
„ram adhuc legere poſſit, notatum his verbis: *Suhjun-
„gendum hoc diſtichon ſuperiori tetraſticho, ut fiat hexaſti-
„chum.*

„chum. Δαμαγήτου nomen sequenti Epigrammati praefigen-
„dum. Sequitur in Cod. Damagetae Epigramma Ἄρτεμι
„τόξα λαχοῦσα, sed cui nullum nomen praefixum. De-
„scriptoris est error inde ortus, quod duo disticha ab
„eadem voce ˙Ἄρτεμις incipiunt. Scriptum autem in Cod.
„Δηϊότητι, ad quod refertur marginalis nota Salmasii,
„κύριος. Falso. Puellae nomen Ἵππη, quae fuit filia Λυ-
„κομήδους, unde dicitur Λυκομήδειος παῖς." Brunck. Quae
in hac nota de lectionibus Vat. Cod. dicuntur, falsissima
sunt. Nullum est in eo erroris vestigium, sed tria illa
disticha junctim sub Antipatri nomine leguntur p. 192.
tum sequitur tetrastichon Damagetae, cui ejus nomen
praefixum est. Nec v. 5. Δηϊότητι in Cod. exhibetur, sed
ἐῇ δ' ἰότητι. Quatuor priores versus edidit Reisk. Anth.
nr. 522. p. 55. Hippe, Lycomedis filia, viro nuptura,
Dianae comam suam dicat, precibus de futuro matrimonio additis. — V. 1. ἀνεδήσατο. Cod. Vat. In Schedis
Dorvill. Vir doct. ἀνεθήκατο conjecit. Num fuit olim

　　　　ἀπεδύσατο

exuit, deposuit comam. — V. 2. εὐώδεις τ. κρόταφον (κροτάφων apogr. Lips.) Cod. Vat. εὐώδη Reisk. restituit ex
Sched. Dorv. σμηχομένα sic interpretatur: inuncta smegmate quoad tempora, i. e. rasa. Nam ubi capillus
demendus est novacula, debet cutis prius smegmate il-
lini. Vide Hadrian. Junium de Coma IX. p. 398.
Smegma de unguento manibus purgandis inungendisque
proprio dixit Philoxenus ap. Athen. IX. p. 409. Ἔ ἔπειτα
δὲ παῖδες νίπτρ' ἔδοσαν κατὰ χειρῶν σμήγμασιν ἰρινομίκτοις,
χαιροθαλπὲς (fort. πυριθαλπὲς) ὕδωρ ἐπεγχέοντες. — V. 3.
γάμου τέλος. De nuptiarum mysteriis explicat Reiskius,
quae marem feminamque velut novae vitae initiatos
conjungunt, ut verbis utar Ruhnkenii ad Tim. p. 225.
qui inprimis consulendus est. Hoc sensu serioris aevi
poëtas formulam γάμου τέλος accepisse, nullus dubito;
sed apud Homerum, qui ejus auctor est (Odyss. υ. 74.

κούρης' αἰτήσουσα τέλος θαλεροῖο γάμοιο) vocabulum τέλος
nonnisi periphrasi inservire videtur, plane ut in verbis
θανάτου τέλος. Quod *Antipater* dixit οἱ ἐπῆλθε γάμου τέλος,
ap. *Callimachum* est τελέων γάμον, Hymn. in Apollin. 14.
— Pro γὰρ οἱ in Cod. Vat. γάρ τοι. quod *R.* correxit.
Idem v. 4. pro αἰτέομεν, quod est in Vat. et in Apogr.
αἰνέομεν dedit. — παρθενίας, i. e. παρθένου, χάριτας, puellae, cujus olim fuimus, amabilitatem et gratiam lauda-
mus. — V. 5. 6. laudat *Suidas* T. II. p. 122. et in
Λυκομήδειος T. II. p. 468. τῇ τοῦ Λυκομήδους παιδὶ φιλο-
στοραγέλῃ. In Cod. Vat. τῇ Λυκομηδείου π. φιλαστοραγέλῃ.
Epitheton puellae nostrae in hac praesertim dedicatione
tributum non dubito, quin aliis quoque displiciturum
sit. Quid enim attinebat dicere, Hippen *talorum amantem* esse? et quam decorum, ejusmodi rei studium in
virgine, nuptiis cum maxime initianda, commemorari?
Corruptelae suspicionem auget Codicis lectio. Vide, an
corrigendum sit:

τῇ Λυκομηδείῳ παιδὶ φίλας θ' ἀπαλῇ.

sive:

φίλας τε καλῇ.

Nomen patris fuit Lycomedes; mater *Phila* vocabatur.
Vide supra Ep. XX. 2. *Theaetetus* Ep. I. 5. In Λυκομηδείῳ genitivus latet. Vulgaris ratio tulisset: Λυκομήδους
καὶ φίλας παιδί.

XXVI. Cod. Vat. p. 169. Ἀντιπάτρου Σιδ. Planud.
p. 424. St. 558. W. Expressit *Philipp. Thess.* Ep. XVIII.
— V. 1. metro graviter laborante Planud. ὀρθρινὰ χελι-
δόνων. Emendavit *Huetius* p. 40. et *Dorvill.* ad Charit.
p. 253. *Aratus* in Phaen. 948. ἢ τρέζει ὀρθρινὸν δερημαίη
ὀλολυγών. Vide *Brunck.* ad *Aristoph.* Pac. 800. T. III.
p. 141. Telesillae in texendo assiduitas laudatur, quae
inde a primo diluculo ad opus suum incumbere solebat.
— κερκίδα — ἀλκυόνα. *quia pecten sive radius in agitando*

ſonum edit, et eum quaſi querulum. Dorvillii ſunt verba.
— V. 3. πολυῤῥοίβητον. Plan. et Vat. Cod. Veram lectionem ſervavit ed. Mediolanenſis *Suidae,* qui hoc diſtichon
laudat in ἄτρακτος T. I. p. 373. Idem absque *Suida* intellexerat *Huetius* p. 40. — καρηβαρέοντα ob perpetuam
convolutionem, quaſi vertigine laborantem interpr. *Brodaeus.* Sed eſt potius fuſus in ſuperiore ſua parte lande
globo gravatus. De papillis *Paul. Silent.* Ep. VIII, μηλα
καρηβαρέοντα κορύμβοις. *Schneiderus* in Ind. Script. R. R.
voce *Tela* p. 361. hoc epitheton refert ad *verticillum*
capiti fuſi additum. — V. 5. πήνιας. Vat. Cod. Saltem
πηνία ſcribendum erat. — τολύπας φύλακα. Sic *Catull.*
LXIV. 320. *Ante pedes autem candentis mollia lanae Vel-
lera virgati cuſtodibant calathifci.* — V. 7. φιλαεργός. Vat. — V. 8. in Analectis vitioſe excuſum Κούρα
pro κούρα. Minerva virgo intelligitur.

     ¶. 13.] *XXVII.* Cod. Vat. p. 180. Ἀντιπάτρου. Pla-
nud. p. 426. St. 561. W. Notam de Gallo hiſtoriam,
ſed fuſius narrat, quam *Simonid.* CXII. et reliqui, qui
eandem dederunt. — V. 1. – 5. in Galli deſcriptione
verſatur. V. 1. laudat *Suidas* v. σηκασθῇ T. III. p. 306.
ſed exemplum pertinet ad σεσοβημένος. — V. 2. idem
T. II. p. 476. λυσσομανεῖς. ὑπὸ μανίας λελυσσηκότας. *Appul.*
Metam. L. VIII. p. 581. de ſacerdotibus Iſidis: *Cervicet
lubricis intorquentes motibus, crinesque pendulos in circu-
lum rotantes.* — V. 3. Suid. in ἀσκητὸς T. I. p. 351.
εὐπλέκοισι κορύμβοις. De capillis in capitis vertice intortis
accipiendum videtur. — V. 4. *Suidas* in ἤμματα T. I.
p. 134. ἁβρὸν καὶ στρ. legit. ἁβρῶν agnoſcit etiam Vat.
Cod. et Plan. — V. 5. „ἡμιόνους e conjectura eſt, quae
„mihi jam non probatur. Libri omnes habent, ut et
„Suidas (in κοιλῶπις T. II. p. 384.) Ἴρις ἀνὴρ, quod cor-
„ruptum videtur. Scribendum cenſeo ἁβρὸς ἀνὴρ et ſu-
„periori verſu χρυσέῃ τε στρεπτῶν. E Suida ſcribendum
„ἤτρεαν.“ *Brunck.*   Altera conjectura priore non pro-

        C 2

babilior.   Praeclare rem expedivit doctissimus *Huschke,*
qui corrigit:

ἴθρις ἀνὴρ — —

Hesychius: ἴθρις. σκάθων. τομίας. εὐνοῦχος. Vide *Albertum.*
Qui plurimas eunuchorum appellationes recenset, *Sui-*
das in ἄρρεν, nec hanc omisit: ἴθρις. οὖ ἰσχὺς τεθέρισται. —
πέτρην superscripto α Cod. Vat. — V. 6. ἱλαστρηθείς.
forma Ionica.   Vide *Eustath.* Il. Σ. p. 1219. 24. et
Valckenar. ad *Herodot.* L. II. p. 181. 22.   Laudat h. v.
Suid. T. I. p. 708. — V. 7. τῷ δέ κιν. Plan. τὸν δὲ κιν
ἀρρήγητος ἐπεισθόρε. Vat. Cod.   Fortasse fuit:

τὴν δὲ καὶ ἀρρήγητος ἐπεισθόρε.

in boc antrum etiam leo irruis. Conf. *Dioscorid.* Ep. XI. 7.
τοῦ δὲ λέων ἄρουσε κατὰ στίβον. Sic omnia recto ordine pro-
cedunt: Gallus antrum subit; leo ejus vestigia sequitur, virum adspicit (v. 9.) et posterioribus insurgens
pedibus impetum parat.   In vulgata lectione ordo in-
versus. — V. 8. προμολῶν. Cod. Vat. — V. 11. 12. ap.
Suidam in σφεδανῶν. στείβων. ἰσχυρῶν. T. III. p. 416. —
Cod. Vat. σφεδανόν. — Mox Plan. et Vat. Cod. ὄβριμον.
Suid. ὄμβριμον. — V. 13. ὑλάης Vat. Cod. sed error
emendatus.   Initio versus ed. princ. ἤχει. — V. 15.
Junge ἐνεάγη θυμὸν ἐν στέρνοις. Sed fateor, nihil mihi videri inficetius voculis ἐν μέν. Aliud quid lectum fuisse
suspicor.   Fortasse: αὐτίχ' ἅπαντα. Sive paulo audaciori
conjectura:

αὐτὰρ ὁ θαμβήσας φθόγγον βαρὺν, ὄμμα τ' ἀπαντῶν.

Gravem illum rugitum cum stupore exaudiens, et leonis
oculos conspicatus, graviter animo commotus est. Sic haec
verba ad amussim respondent verbis v. 11. ὄμμα δ' ἔλιξας
βρυχᾶτο. — V. 18. ἰδίνησεν. Plan. et Vat. Cod.   Hic
quoque versus est ex iis, ubi pentametri caesura in brevem syllabam cadit.   Vid. ad *Platon.* Ep. XXX. p. 358.
— V. 21. ἐπ' ἀρωγόν. Vat. Cod. — Mox βύρσας corrigit
Br. — V. 23. laudat *Suidas* in ἀνάγκη T. I. p. 160.

XXVIII. Cod. Vat. p. 368. cum lemmate: Ἀντιπάτρου. ὅτι ἡ πρὸς Ἑρμῆν θυσία εὔκολος, ἡ δὲ πρὸς Ἡρακλέα
δύςκολος. βουφάγος γὰρ καὶ γαστρίμαργος. Planud. p. 56. St.
80. W.   Mercurium loquentem tibi finge, parvo mellis
lactisve munere contentum deum; cum contra Hercules, qui frequenter in eadem cum Mercurio ara colebatur, agnos haedosque fibi expofceret. Conf. *Leonid.*
Tar. Ep. XXIX. — V. 1. εὔχολος vett. quaedam editt.
Hefych. εὔκολος. εὐχερής. καὶ ὁ ἐναντίος τῷ δυςκόλῳ. καὶ Ἑρμῆς
παρὰ Μεταποντίοις.   Priori fignificatu hoc epitheton Mercurio tribuitur tanquam palaeftrae praefidi.   Hoc loco
altera fignificatio locum habet.   Vide *Rubnken.* Epift.
crit. II. p. 181. — ἐν δὲ γαλ. Cod. Vat. et Plan. —
V. 2. δρυΐνῳ μέλιτι. ex arboribus collecto melle, quod
vilius eft eo, quod in alvearibus fervatur; mel fylveftre,
ἄγριον, vocant.   Vide *Wetften.* ad N. T. I. p. 258. De
diis, quibus mel libari folebat, conf. *Bochart.* Hieroz.
T. II. p. 529. —   ʃ. 14.] V. 4. ἐν θύος. Non valde
placet repetitio τοῦ ἐν, quod nullam h. l. vim habet. An
fuit: καὶ πέςτας οἱ θύος ἰ.? —. V. 5. At, dixeris, lupos
tamen abigit. — Quid intereft, grex utrum per lupos
an per cuftodem pereat? — Pro λύκων in Cod. Vat.
λύκος, in Planud. λύκοις legitur. Haec lectio non fper-
nenda.

XXIX. Cod. Vat. p. 410. Ἀντιπάτρου. Plan. p. 3. St.
7. W. Expreffum carmen ex *Leonid. Tar.* Ep. XLVII.
Conf. *Meleagr.* Ep. CXV. Mars nova fibi et fplendida
arma dicata effe conqueritur. — V. 1. βοάγρια. fcuta.
Euftatb. ad Il. p. 844. 45. — ἀφόρυκτα, fanguine non
maculata. Formatum verbum ad fimilitudinem τοῦ αἱμο-
φόρυκτος ap. *Homer.* Od. υ. 348. — V. 5. τέρθμνοις. in
cubiculis, ubi epulae et convivia habentur. εἰνόπληξ idem,
quod μεθύπληξ, hominum epitheto ad locum translato.
Quare fuperfedere poffumus conjectura V. D. in Mifc.
Obff. T. V. p. 279. οἰνόπληξι, vinum fpirantibus —

C 3

V. 6. „πλάθειν. Haec est codicum lectio, quam revocavi.
„Cum verbo conjungenda est praepositio per tmesin di-
„vulsa : τᾶδ᾽ ἔοικεν ἐμπλάθειν i. e. ἐμπιλάζειν οἰνοπλῆξι τε-
„ρέμνοις ἀπτολέμων. Deest πλάθειν in Florentina, vacuo
„relicto spatio; reposuit Aldus in prima editione: at in
„secunda, nescio unde, dedit κεῖσθαι, quod in ceteras
„propagatum est. Emendatio est, quae necessaria vide-
„batur, quum non intelligeret, qui eam invexit, quo-
„modo construenda esset praepositio.“ Br. — In Vat.
Cod. πλάθειν. — V. 7. ὅδε pro ὅδε. Vat. Cod.

XXX. Cod. Vat. p. 395. Ἀντιπάτρου. Planud. p. 322.
St. 462. W. Argutum Epigramma in statuam Apollinis
pueri ex aere, Onatae opus. Hanc statuam apud Perga-
menos fuisse, ex Pausan. L. VIII. 42. p. 687. tradit
Schol. ad h. l. — V. 1. Βούπαις. qui pubertatis annis
proximus est. Eustath. in Il. p. 944. 17. Phurnutus de
Nat. Deor. p. 70. Βούπαιδος ἡλικίαν ὁ Ἀπόλλων ἔχει, καθ᾽
ἣν καὶ οἱ ἄνθρωποι εὐειδέστεροι ἑαυτῶν φαίνονται. κάλλιστος γὰρ
ὀφθῆναι, καθαρὸς ὢν καὶ λαμπρός. In Cod. Vat. ἀπόλλων et
in fine vers. ἰνάτα legitur. — Illustre Onatae Aeginetae
nomen, de quo vide Junium in Catal. — V. 2. ἀγλαΐης.
Filii pulcritudo patris dignitatem matrisque venustatem
arguit. — V. 3. οὐ μάταν. non indigna fuit Latona,
quam summus Jupiter amaret; nec falsum est, quod
ajunt, Jovem et capite et oculis praestitisse. κατ᾽ αἶνον.
Respicitur locus Homeri Il. β. ὄμματα καὶ κεφαλὴν ἴκελος
Διὶ τερπικεραύνῳ. — V. 5. Ex operis praestantia poëta
colligit, ipsam Lucinam Onatae in eo edendo et pro-
gignendo tulisse opem; unde sequitur, Junonem scul-
ptori Apollinem privignum edenti non succensuisse.
Hoc argute magis quam bene et probabiliter dictum.
Vide Heynium in Comm. T. X. p. 82. — Nata est
ἔννοια hinc, quod artifices opus ad naturae similitudi-
nem prope accedens fingentes, illud τεκεῖν dicuntur.
Epigr. ἄλλον. CCXXIV. ἁ βοῦς, ἃ τίκτουσ᾽ ἐκ γαστέρος

ὅπλασε τὰν βοῦν. Ἁ δὲ Μύρωνος χεὶρ οὐ πλάσεν, ἀλλ' ἔτεκε. —
V. 6. Εἰλειθυίης· omnes libri. Metri caula 'Ελειθυίης correxit *Huetius* p. 31. Haec forma paſſim obvia apud
Pindarum. Vide *Maittaire* D. D. p. 158. B. Brunckiana 'Ελιθυΐη quam auctoritatem habeat, ignoro.

XXXI. Planud. p. 324. St. 463. W. 'Αντιπ. Σιδ. In
Praxitelis Venerem Cnidiam et Amorem Theſpienſem,
quae numina poëta tantam vim habere ait, ut in uno
loco poſita omnia igne conſumtura eſſent. — V. 2. „Sic
„in omnibus libris legitur hic verſus, cujus ſcriptura
„forte ſollicitanda non eſt, ob ſequens οὐχ ὅτι πέτρον.
„Sed mallem ι ἅδε που ὡς φλέξει καὶ θεὸν οὖσα λίθος.“ *Br.*
Non magni pretii conjectura, qua elegans oppoſitio
et membrorum concinnitas penitus tollitur. Noli tamen
dubitare, quin depravata ſit vulgata lectio. Senſus eſt:
Haec vel lapidem incendat, *cum dea ſit*, καὶ λίθον, θεὸς
οὖσα; ſive: licet dea ſit, καίπερ θεὸς οὖσα. Sive hanc, ſive
illam interpretationem admiſeris, ſenſus evadet ſubabſurdus. Scribendum videtur:

ἅδε που ὡς φλέξει καὶ λίθος οὖσα λίθον.

Haec quamvis lapidea, tamen vel ſaxum amore incendat.
Cauſa erroris in aperto eſt. Scribebatur: ΚΑΙΛΙΘΟΣ —
ubi cum ΛΙ a praecedente ΑΙ abſorptum eſſet, orta eſt
lectio ΚΑΙ ΘΟΣ. Nihil magis in artium operibus mirari
ſolent poëtae et ſophiſtae, quam vitae et ſenſus ſpeciem, inanimis rebus tributam. Plena eſt exemplorum
Anthologia, plenus *Calliſtratus.* Quare duo loca hic
laudaſſe ſuffecerit. Epigr. ἀδέσπ. CCCII. Μαίνη καὶ λίθος
οὖσα. *Calliſtr.* Stat. IX. p. 901. ἀλλὰ καὶ λίθος ἂν εἶχεν
ἐξουσίαν φωνῆς. Gravium autem animi ſenſuum vim ita
ſignificare ſolent poëtae, ut eos vel ad inanimas res per-
manare dicant. Epigr. ἀδέσπ. DCLVI. Τίς λίθος οὐκ ἐδά-
κρυσε, σέθεν φθιμένοιο, Κάσανδρε; Τίς πέτρος, ὃς τῆς σῆς ἀμ-
φεται ἀγλαΐης; — V. 3. De Amoris ap. Theſpienſes ſta-

C. 4

tua vid. ad *Leonid. Tar.* Ep. XL. — V. 4. κὴν ψυχῷ
πῦρ ἀδάμαντι, Color fortaffe duɑus ex nobili *Pindari* loco
ap. *Atben.* L. XIII. p. 601. in Pindari Fragm. p. 22.
ed. *Heyn.* τὰς δὲ Θεοξένου ἀκτῖνας ὅσσων μαρμαρίζοισας Δρακεὶς,
ὃς μὴ πόθῳ κυμαίνεται, Ἐξ ἀδάμαντος ἢ σιδάρου κεχάλκευται
Μέλαιναν καρδίαν. Conf. *Wyttenb.* ad Plutarch. de S. N. V.
p. 69. — V. 6. Ἵνα μή. Non valde dispari acumine Pom-
pejorum fepulcra divifa effe dicuntur: *jacere Uno non
posuit tanta ruina loco*, ap. *Martialem* L. V. 75. et ap.
Petron. c. 120. *Et quafi non poffet sat tellus ferre fepulcra, Divifit cineres.*

    V. 15.] *XXXII.* Planud. p. 326. St. 465. W. Ἀντίπ.
Σιδ. Duɑa ἔννοια ex *Leonid. Tar.* XLI. Noftrum carmen
imitando expreffit *Julian. Aegypt.* Ep. XXXII. Vertit
Aufonius Ep. CVI. hunc in modum:

    Emerfam pelagi nuper genitalibus undis
       Cyprin Apellei cerne laboris opus:
    Ut complexa manu madidos falis aequore crines
       Humidulis fpumas ftringit utraque comis.
    Jam tibi nos, Cypri, Juno inquit, et innuba Pallas,
       Cedimus, et formae praemia deferimus.

Comparavit hoc noftrum carmen cum Epigrammate
Leonidae, ita ut archetypo praemium decerneret, *Ilgen*
in Opufc. phil. Tom. I. p. 35. fqq. — V. 3. χειρί. Veneris imago obverfabatur *Ovidio*, cum puellae comas
comparat cum illis, *quas quondam nuda Dione Pingitur
humenti fuftinuiffe manu*, I. Amor. XIV. 33. Nymphae
ap. *Himer.* Eclog. XIII. 21. p. 222. ὅτι λευκὸν ἐκ τῆς θα-
λάττης ἀφρὸν ἐξ ἄκρων πλοκάμων στάζουσαι. — V. 6. Hunc
verfum in parodiam fuam transfumfit *Philippus* Ep.
XXXVI. οὐκέτι σοὶ χειρῶν εἰς ἔριν ἐρχόμεθα, monente etiam
Valckenario ad Theocr. Adon. p. 301. A.

    XXXIII. Planud. p. 325. St. 464. W. Ἀντιπάτρου.
Verba hujus diftichi fatis quidem expedita; fed in fenfu

haeremus. Saltem fcribendum: Ἡ λίθος — —. Sive
hoc marmor Veneris formàm et arma affumfit; five Venus, hanç ftatuam confpicata, dixit: Sic effe volui. Quibus verbis dea ftatuae ejusmodi praeftahtiam videtur
tribuere, qualem ipfa voluerit. *Brodaeus* ad εἶναι fubau-
dit θωρηχθεῖσα. Fortaffe recte. Sed, ut dixi, fenfus carminis mihi non fatis expeditus effe videtur.

XXXIV. Planud. p. 325. St. 465. W. Ἀντιπάτρου.
Venerem Spartae armatam effe ait, ut Spartanam et
Martis conjugem. Conf. ad *Leonid. Tar.* Ep. L. —
V. 1. Vulgo verba hujus diftichi contiuua ferie, fine
diftinctione leguntur. Recte quidem *Br.* poft Σπάρτας
diftinxit; fed in fequentibus aliquid deeffe paffus eft,
quod ad cola melius connectenda requiri videtur.
Scripferim:

οὐκ ἔστιει Δ' οἷον ἐν ἄλλοις.

—V. 2. στολίδας. tunicas, ut ap. *Euripid.* in Helen. 1379.
Phoen. 1498. ubi vide *Musgrav.* Ex hoc loco colligit
cl. *Vifconti* in Mufeo Pio-Clem. T. III. p. 9. Venerem
plerumque tunicis στολιδωτοῖς indutam fuiffe in veteribus
ftatuis. Cnidiae certeVeneris nuditatem turpem nonnullis
fuiffe vifam, idem notavit ad Tom. I. Tab. IX. not. f. —
V. 3. καλύπτρας. quas vulgo gerit. *Paufanias* tamen
L. III. 15. p. 246. Veneris armatae apud Spartanos
fignum commemorat, καλύπτραν ἐχούσης καὶ πέδας περὶ τοῖς
ποσί. — V. 4. χρυσείαν κύρεια. *Aureus* ramus, quo poëta
Venerem vulgo inftructam effe ait, fortaffe pro *pulchro*
accipiendus eft; quo fenfu χρύσεαν μῆθος dixit *Rhian.*
Ep. IV. et puella χρυσοτέρη Κύπριδος in Ep. λίσετ. 732.
Florem, liliam inprimis, Venus manu tenet in veteribus
monimentis. Vide *Winkelmann.* Monim. inediti c. XII.
p. 36. Fortaffe frons myrti intelligitur, quam Veneri
facram fuiffe conftat ex *Paufan.* VI. 24. p. 540.

XXXV. Planud. p. 334. St. 473. W. Ἀντιπάτρου.
In tres Mufarum ftatuas, trium fculptorum opera. Dedit

nonnulla de hoc carmine *Winkelmann*. Mon. Ined. T. I.
in Tratt. Prelim. p. LXVII. — V. 1. τρίζυγες. Nonnifi
tres Mufae vetuſtiſſimis temporibus colebantur, Μελέτη,
Μνήμη et Ἀοιδή, docente *Paufan*. L. IX. 29. p. 765.
Vide *Davifium* ad Cicer. de N. D. L. III. 21. Tres effe
volebant nonnulli propter tria τῶν μελῳδουμένων genera,
τὸ διάτονον καὶ τὸ χρωματικὸν καὶ τὸ ἐναρμόνιον, fecundum
Plutarch. T. II. p. 744. C. Hinc ultimum carminis
noſtri diſtichon explicandum venit. Prima illarum Mufarum eſt ἡ κρείττερα τόνου, diatonicum moderatur genus; altera, μελῳδὸς χρώματος, chromatici generis auctor;
tertia, εὑρέτις ἁρμονίας, enharmonici inventrix. — Pro
τῷδ' Ed. pr. τῇδ. — V. 4. Καναχά editt. vett. omnes
usque ad Stephan. Canaches, Onatae aequalis, fecundum *Paufan*. p. 688. De ejus arte judicat *Cicero* in
Brut. c. XVIII. Frater ei fuit, arte non multum inferior
ipfo, *Ariftocles*. *Paufan*. VI. 9. p. 472. De *Ageladae* Ar-
givo, eodemque Onatae aequali vide *Paufan*. VIII. 42.
p. 688.

    ¶. 16.] *XXXVI.* Cod. Vat. p. 484. Ἀντιπάτρου.
Planud. p. 357. St. 496. W. ubi ἄδηλον. Scriptum in
templum Dianae Ephefiae, quod eam Olympo et deorum contubernio praeferre ait Antipater. — V. 1. παρ-
θενεῶνα. illum Dianae virginis thalamum, qui ei, ut reliquis diis deabusque, in Olympo exſtructus fuit. ἐμβε-
βαῶτα. exſtructum, collocatum. Verbo fimplici βαίνειν fic
utitur *Paufan*. L. III. 7. p. 222. καὶ ὁ πόλεμος οὗτος ἐς
τὴν Ἑλλάδα ἤδη βεβηκυῖαν διέτεινεν ἐκ βάθρων. Ex *Xenophonte*
βεβηκυίας τῆς οἰκίας ἐν δαπέδῳ laudat *Bud*. in Comm. L.
Gr. p. 120. Quaedam huc facientia vide ap. *Intpp*. *Herodoti* L. VII. p. 581. *Schweigh*. ad Polyb. T. VI.
p. 445. — V. 3. πόλις Ἀνδροκλοίο, Ephefus ab Androclo,
Codri filio, condita. *Strabo* L. XIV. p. 633. et 640.
Paufanias L. VII. 2. p. 526. — V. 6. τὰν τροφόν. Ephefi
enim nata putabatur Diana. Vide ad *Noffidis* Ep. III.

p. 414. — Pro ἐνταυθοῖ Cod. Vat. elegantius ἐν ταύτη. — Τετυοκτόνε. *Callimachus* H. in Dian. 110.

XXXVII. Cod. Vat. p. 489. Ἀντιπ. Σιδ. Planud. p. 75. St. 110. W. Conf. *Leonid. Tar.* Ep. LVII. Vere ineunte Priapus nautas hortatur, ut navigationem susci- piant. Nostrum carmen expressit *Agathias* Ep. LVII. — V. 1. ῥοθίῳ νηΐ. celeriter et cum strepitu undas secanti navi. *Schol. Apollon.* L. II. 1110. et *Hesych.* ῥόθιον, ῥεῦ- μα. κῦμα. τὸ μετὰ ψόφου γινόμενον. Vide *Musgr.* ad Euripid. Iph. Taur. 407. et *Ducker.* ad Thucyd. L. IV. 10. p. 17. ed. Bip. — V. 2. φρικί. *Homer.* Il. η. 63. οἵη δὲ Ζεφύροιο ἐχεύατο πόντον ἔπι φρὶξ Ὀρνυμένοιο νέον, μελάνει δέ τε πόντος ὑπ' αὐτῆς. — V. 5. Hinc *Satyrus Thyill.* Ep. V. σχοίνους μηρύσσθε, ἐφ' ὁλκάδα φορτίζεσθε ἀγκύρας. — V. 6. φωλάδος. Vat. Cod. Quod de bestiis, reptilibus praesertim, usurpatur vocabulum φωλάς, in anchoram transtulit poëta, in arena latentem. φωλάδος ὕδρης *Nonn.* Dion. II. p. 48. φωλεύειν dicuntur ursi, araneae, reptilia, quae in antris et speluncis degunt. Vide *Salmas.* ad Solin. p. 223. *Wetsten.* ad N. T. I. p. 351. — V. 8. ἀνορμήτας. Vat. Cod. ἀνορμίτας. Plan. Vera lectio non fugit *Jos. Scaligerum.*

XXXVIII. Cod. Vat. p. 393. Planud. p. 10. St. 19. W. Ἀντιπάτρου. Gentile *Sidonii* nomen membranae Vat. addunt. Platanus, quae longa senectute exaruit, felicitatem suam praedicat, quod vitis ipsam viridantibus pampinis ambiat. Suave carmen. — Vitem platano junctam commemorat etiam *Thall. Miles.* Ep. IV. — V. 3. ἀρσάμενος. Vat. vitiose. Ego, quae olim inter viri- dantes meas frondes hujus vitis nutrivi uvas. — V. 4. ἀποτελευτέῃ. Vat. — V. 5. Tales sibi quisque amicos alat, qui ei vel mortuo gratiam referant. — μόνη. Exi- miam passim praestantiam significat μόνος. Exempla vide ap. *Wetsten.* in N. T. I. p. 942.

XXXIX. Cod. Vat. p. 451. Ἀντιπάτρου. Plan. p. 1.
St. 3. W. Ariae ſtadiodromi celeritas laudatur et cum
Perſei pernicitate comparatur. — V. 1. οὐ κατελέγχει.
οὐ κατκισχύνει. *Schol.* Sic hoc vocabulo uſus eſt *Pindar.*
Pyth. VIII. 50. Perſeo poëtae pedes alatos tribuunt.
pennipes Perſeus ap. *Catull.* LV. 24. ubi vide *Doeringium.*
Tarſum (*Perſea Tarſos* ap. *Lucan.* L. III. 225.) Ariae
patriam fuiſſe, licet diſerte non dicatur, dubitari tamen
non poteſt. — εὐν κτίστην. *Dionyſ.* Perieg. 868. Τάρσον
εὐκτιμένην, ὅθι δή ποτε Πήγασος ἵππος Ταρσὸν ἀφεὶς χώρῳ
λῖπεν οὔνομα. *Ammian.* Marc. L. XIV. p. 39. *Ciliciam vero,
quae Cydno amne exultat, Tarſus nobilitat, urbs perſpi-
cabilis, quam condidiſſe Perſeus memoratur, Jovis filius
et Danaës.* ubi vide *Valeſium.* — ¶. 17.] V. 3. Hunc
ne Perſeus quidem currendo praevertiſſet, νῶτον ἔδειξε,
quod in curſus certamine victoribus proprium. — V. 5.
ἀσπλήγγων. Plan. — Summam Ariae celeritatem ita deſcribit poëta, ut eum aut ad carceres aut ad metam
viſum eſſe dicat, nunquam in medio ſtadio. Sic Oreſtes
ap. *Sophoclem* in Electra v. 686. δρόμον δ᾽ ἰσώσας τῇ ᾽φύσει
τὰ τέρματα Νίκης ἔχων ἐξῆλθε πάντιμον γέρας. Plutus ap.
Lucian. in Timon. 20. T. I. p. 90. Bip. ὁπόταν ἀπαλλάτ-
τεσθαι δέῃ, πτηνὸν ὄψει, πολὺ τῶν ὀρνέων ὠκύτερον· ἅμα γοῦν
ἔπεσεν ἡ ὕσπληγξ, κἀγὼ ἤδη ἀνακηρύττομαι νενικηκὼς, ὑπερπηδήσας
τὸ στάδιον, οὐδὲ ἰδόντων ἐνίοτε τῶν θεατῶν. In quibus verbis
color ductus e.: Epigr. ἀδεσπ. 312. quod nunc mutilum,
aliquando integritati reſtituere conabimur. — In Schedis
Krohnianis v. 1. Ἀρίας, v. 3. οὐκ ἂν legitur.

XL. Legitur in Cod. Vat. poſt titulum, et iterum
p. 191. Ἀντιπάτρου. Planud. p. 2. St. 3. W. In Nico-
phontem Mileſium, pugilem, quem Olympiae vincen-
tem ne Jupiter quidem ſine metu videre potuit. Partem
hujus carminis expreſſit *Philipp.* Ep. XLVI. — V. 1.
excitat *Suidas* in τίνοντας T. III. p. 447. et iterum cum
v. 2. in Ἄτλας T. I. p. 372. ubi εἰδήεσους legitur. —

ταύρου βαθὺν τένοντα. Defcribitur Nicophontis, quem Milefium gigantem appellat poëta, robur. τένων cervix eft,
fecundum Homericum dicendi ufum. Vide *Foefium* in
Oec. Hipp. v. τένοντες p. 370. In tauro cervix pars vali-
diffima; unde qui Herculem finxerunt ftatuarii, cervicem inprimis ad tauri fimilitudinem finxiffe exiftiman-
tur; quae *Winkelmanni* eft fententia in Mon. Ined.
Tratt. prelim. T. I. p. XLIII. exornata a viro illuftri
Ramdohr über Mahlerei und Bildh. zu Rom T. I. p. 9.
Talem cervicem labor palaeftricus efficiebat. *Philoftr.*
Vit. Soph. II. p. 552. εὐτραφῶς ἔχοντα τοῦ αὐχένος· τουτὶ
δὲ ἐκ πόνων ἥκειν αὐτῷ. De Patroclo idem in Heroic.
p. 736. IX. ἡ κεφαλὴ δὲ ἐβεβήκει ἐπ᾽ αὐχένος, οἷον αἱ πα-
λαίστραι λικοῦσιν. *Heliodor.* L. VII. p. 368. εὐρύς τις ἦν
τὰ στέρνα καὶ τοὺς ὤμους καὶ τὸν αὐχένα ὄρθιον καὶ ἐλεύθερον
ὑπὲρ τοὺς ἄλλους αἴρων. — σιδαρέους ὤμους. Amyclus ap.
Theocritum Eid. XXII. 46. στήθεα δ᾽ ἐσφαίρωτο πελώρια καὶ
πλατὺ νῶτον Σαρκὶ σιδαρείῃ. *Artemidor.* Oneir. I. 52. σιδη-
ρέους λέγομεν τοὺς πολλὰ κακὰ ὑπομένοντας. Cum Atlante
cur in hac parte comparetur Nicophon, apparet ex *Eurip.*
Ion. init. Ἄτλας ὁ χαλκέοισι νώτοις οὐρανὸν Θεὸν παλαιὸν
οἶκον ἐκτρίβων. Conf. *Aefchyl.* in Prom. 428. quem locum
nuper praeclare emendavit *Herrmann.* in Obff. crit.
p. 14. fq. *Barth.* ad Stat. Theb. L. I. 489. Tom. I.
p. 168. — V. 2. κόμαν Ἡρακλέους. Quid fit, quod Herculis comam ab aliorum diftinguat coma, docuit *Winkelmann* in Hiftor. Artis p. 46. et 56. et in Tratt. Prelim.
p. LVIII. fq. Ad hanc in Herculis comá proprietatem
refpicit *Ovid.* in Heroid. IX. 63. *Aufus es hirfutos mitra
redimire capillos.* — V. 3. λέοντος ὄμματα. *Philoftrat.*
Her. XI. p. 718. de Ajace Telamonio: βλέποντός τε χαροποῖς τοῖς ὀφθαλμοῖς ὑπὸ τὴν κόρυν, οἷον οἱ λέοντες ἐν ἀναβολῇ
τοῦ ὁρμῆσαι. *Callim.* H. in Cer. 51. Τὰν δ᾽ ἄρ᾽ ὑποβλέψας
χαλεπώτερον ἢ κυναγὸν Ὤρεσιν ἐν Τμαρίοισιν ὑποβλέπει ἄνδρα
λέαινα. — V. 5. Jupiter Gigantem fe videre putans,

nova fibi bella excitatum iri fortaffe exiftimabat. —
V. 6. *ευγμὴν* Plan.

XLI. Planud. p. 329. St. 468. W. 'Αντιπάτρου. Plures exftant lufus in Amoris vincti imaginem. Vide *Alc.*
Meff. Ep. XI. *Satyr. Thyill.* Ep. IV. *Quint. Maec.* IX. *Crinagor.* I. — V. 2. *πῦρ πυρί.* Hinc *Meleager* Ep. LXXVI.
φλέγεται πῦρ πυρί καιόμενον. — V. 3. Ne lacrymas fundas;
merito enim haec tibi contigerunt, cum aliorum lacrymis gaudeas.

XLII. Planud. p. 316. St. 456. W. 'Αντιπάτρου. De
Niobe, Dianae et Apollinis ira bis feptem liberis orbata.
— V. 1. *Jof. Scaliger* eleganter corrigit: *δὶς ἑπτάκι
τέκνα.* idem v. 3. *κόρκις,* ubi vulgo *κούραις* habetur. —
κοῦρα. Diana. *ἔρεην.* Apollo. In Analectis pro *ἄρσιες*
vitiofe *ἄρσινι* excufum eft. — V. 6. Planudeae Codd.
tefte *Brunckio,* ut libri excufi, *λείπεται γηροκόμῳ.* In uno
λείπετο, fuperfcripto *αι.* Hanc lectionem finceram effe,
cum metri ratio, tum fequens *ἄγοντο* arguit. — *ἐφ' ἐνὶ
λείπεσθαι.* *Aelian.* V. H. VI. 10. *κατελείφθη δὲ Περικλῆς
ἐπὶ τοῖς νέθοις.* et fic paffim. Vide *T. H.* ad *Lucian.* T. II.
p. 436. Bip. De *γηροκόμος* et *γηροκομεῖν* dixit *Euftath.* ad
Od. p. 840. 6. *γηροβοσκὸς* pro eo ufurpavit *Sophocl.* Aj.
570. *Eurip.* in Phoen. 1445. — ¶. 18.] V. 10. *δεῖμα
λίθος.* De lapide Tantali capiti imminente vide ad *Archilochi* fragm. XLIII. p. 177. Adde *Heynium* ad *Pindar.* I.
Olymp. 89. p. 13.

XLIII. Planud. p. 316. St. 456. W. 'Αντιπάτρου.
Hoc carmen expreffit *Meleager* Ep. CXVII. Ipfam nobis
Nioben poëta exhibet poft liberorum mortem externa-
tam, manibus ad coelum fublatis, tanquam minabun-
dam. *χοῦρα νένωκας.* Vide *Wakefield.* in Silv. crit. V.
p. 64. — V. 2. *ἔνθεον κόμαν* crinibus paffis, ut Baccha
externata. Ariadne ap. *Ovid.* in Heroid. X. 47. *Aut ego
diffufis erravi fola capillis; Qualis ab Ogygio concita*

Baccha deo. XV. 139. *Illuc mentis inops, ut quam furia-*
lis Ericbtho Impulit, in collo crine jacente, feror. I. Amor.
IX. 37. *Atrides, vifa Priameïde fertur Mgenadis effufis*
obftupuiffe comis. Vide *Valcken.* ad Phoen. p. 293. —
V. 10. „In uno Planudeorum κάλλι τειρομένα. fuper-
„fcripto τ. Neutrum verum effe credo. Corruptus lo-
„cus." *Brunck.* Merito vir perfpicaciffimus de noviffimi
verfus finceritate dubitat, cum Niobe in Sipyli monte
in lapidem converfa non dici poffit *apud Plutonem* affligi.
Aliter res fe habet ap. *Theocrit.* Eid. ω. 103. Δέφνις κίν
κίθα κακόν έσειται άλγος έρωτι. Nullus dubito, quin *Anti-*
pater exprefferit locum Homericum de Niobe Il. ω. 617.
ένθα λίθος περ ίοῦσα θεῶν ἐκ κήδεα πέσσει. Quare minima
mutatione lego:

πέτρη ίκη Νιόβα ΚΑΛΕΪ τειρομένα.

Epigr. kλέσπ. DCLVI. τοκήας γηραλέους, στυγερῇ πίνθά
τειρομένους. *Paul. Silent.* Ep. LXXXII. δυςτλήτῳ πίνθεῖ
λαπτομένων. Conf. *Merrick* ad Tryphiodor. 185. *Ovid.*
Metam. VI. 301. *orba refedit Exanimes inter natos na-*
tasque virumque Diriguitque malis. Forma κᾶδος aeoli-
cae dialecto propria, (vide *Valcken.* ad Adon. p. 204.
B. C.) nec Dorienfibus tamen plane incognita fuit.
Hipparcbus quidem ap. Stobaeum T. CVI. p. 572. 48.
τὰ ίδια κάδεα.

XLIV. Planud. p. 366. St. 505. W. Sine auctoris
nomine. In nonnullis tamen codicibus hoc Epigr. *Anti-*
patro Sidonio tribuí monuit *Leo Allatius* de Patr. Homeri p. 116. Satis noti diftichi in eum poëtam, *patriam*
cui Graecia, feptem dum dabat, eripuit (quae *Manilii*
verba funt L. II. 7.) lectionem diverfam vide inter Ep.
kλέσπ. CDLXXXVI.

XLV. Planud. p. 366. St. 505. W. 'Αντιπάτρου. Veram Homeri patriam coelum effe, nec eum ex mortali
matre, fed ex Calliope natum videri. Hinc expreffum.

Ep. ἀδέσπ. CCCCLXXXVII. — V. 3. εὔκλαρον. ἡ e. εὔτυ-
χῆ, εὐήμερον. Vide *Hefych.* in εὐκληρία. — V. 4. Λαπιθᾶων
eſt in Edit. pr. et Ald. pr. Seriores Λαπιθῶν. — V. 6. τι-
νυτᾶς omnes vett. editt. et ἄνδιχα. In marg. Wechel.
γ.ρ. καὶ ἀμφαδά. Poëta deorum interpretem agens, veram
Homeri patriam indicat. Apollinis opus carmina Homerica eſſe, fuſpicatur *Philoſtratus* in Heroic. XVIII.p.726.
cujus verba dabimus ad Ep. Heroic. XIX. T. III. p. 146.

¶. 19.] *XLVI.* Cod. Vat. p. 367. Ἀντιπ. Σιδ. Planud. p. 92. St. 134. W. ubi μνημοσύναν habetur. — V. 2.
μοῦσαν. Vat. Cod. — Sappho Muſarum decima ap. *Platon.*
Ep. XII.

XLVII. Cod. Vat. p. 320. Ἀντιπάτρου. Planud.
p. 280. St. 405. W. Pauca Erinnae carmina, Muſis
faventibus fcripta, multis multorum verſibus anteponen-
da. Obverſabatur poëtae *Afclepiadis* Ep. XXXV. —
V. I. παυροεπής. Erinnae enim Ἠλακάτη, quod folum
poëma paulo longius reliquit, non ultra trecentos verfus excurrebat. — τοῦτο τὸ βαιὸν ἔπος. Fere ut *Meleagr.*
Ep. I. 6. Σαπφοῦς βαιὰ μὲν, ἀλλὰ ῥόδα. — V. 3. Hinc
gloria puellam fequitur, nec Orci premitur tenebris.
Tullius Laur. Ep. III. γνώσεαι, ὡς Ἀίδεω σκότος ἔκφυγον·
οὐδέ τις ἔσται τῆς λυρικῆς Σαπφοῦς νώνυμος ἠέλιος. — κωλύε-
ται. mors non impedit, quominus clara fit et illuſtris
Erinna. Refpondet verbum Latinorum *premere*, quod
illuſtravit *Mitfcherlich* ad Horat. I. Od. IV. 16. Contra
Sappho in illuſtri fragmento de puella ingloria in Anal. I.
p. 57. XI. ἀφανὴς κἠν Ἀίδα δόμοις φοιτάσεις ... οὐδέ σε
βλέψει παῖς ποτ' ἐμαυρῶν νεκύων ἐκπεποταμέναν. — Nocti
tribuuntur alae ap. *Ariſtoph.* in Avibus 694. νὺξ ἡ με-
λανόπτερος. Conf. *Winkelm.* in Monim. ined. Nr. XXVII.
Heynium ad Tibull. II. I. 89. — V. 5. Recentiorum
poëtarum carmina in oblivionem abeunt. Tempus, quod
omnia exſtinguere et in oblivionem adducere videtur

ap.

ap. *Diodor.* in Exc. p. 556. 96. ὁ χρόνος, ὁ πάντα μα-
ραίνων τἆλλα, ταύτας (τὰς ἀρετὰς) ἀθανάτους φυλάττει, καὶ
πρεσβύτερος γινόμενος αὐτὰς ταύτας ποιεῖ νεωτέρας. Dicit
μαραινόμεθα, ſe ipſum cum ceteris ſui aevi poëtis com-
prehendens; ut adeo non neceſſarium ſit, cum *Sonn-
tagio* in Hiſt. Poëſ. brev. p. 21. ſtatuere dialogum inter

recentiores poëtas et *Antipatrum.* — ἀναρίθμητοι. Cod.
Vat. — μαραινόμεθα. evaneſcimus. — V. 7. Hoc diſtichon laudat *Suid.* in λώϊον T. II. p. 462. — κύκνου.
Poëtae eximii imago cycnus, ut notum, (vide *Böttigerus*
in not. ad Horat. p. 158.) hoc loco tanto aptior, quo
brevior ejus cantus eſſe putabatur. Ex noſtro fortaſſe
loco profecit Auctor Carm. ἄδεσπ. DXXIV. in Erinnam
κυκνείῳ φθεγγομένην στόματι. — κρωγμός. ὁ τῆς κορώνης ἦχος.
Euſtath. ad Od. Δ. p. 179. 33.   De barbarorum cantibus
Julian. in Miſop. p. 337. C. ἄγρια μέλη, παραπλήσια
τοῖς κρωγμοῖς τῶν τραχὺ βοώντων ὀρνίθων. — Pro ἠὲ Cod.
Vat. ἠδέ. — Eandem ſententiam iisdem ſere verbis expreſſit *Lucret.* L. IV. 182. *Parvus ut eſt cycni melior canor,
ille gruum quam Clamor, in aetheriis diſperſus nubibus
auſtri.*

XLVIII. Planud. p. 367. St. 506. W. Ἀντιπάτρου. —
In Pindarum, reliquos omnes poëtas, ipſo Pane teſte,
ſuperantem. — V. 1. νέβρειοι αὐλοί, ex hinnulorum oſſibus factae tibiae, quas etiam ὀστίνους appellant. (vide
Ariſtoph. in Acharn. v. 863.) Thebanorum inventum
ex *Ioba* tradit *Athen.* L. IV. p. 182. *Pollux* L. IV. 75.
Vide quae collegit *Spanhem.* ad Callim. H. in Dian. 244.
et *Beckmann.* ad Antig. Caryſt. c. VIII. p. 16. Hinnu-
leorum oſſibus poſtea aſinorum oſſa ſubſtitui coeperunt,
ut docet *Plutarch.* T. II. p. 150. E. quem locum adſcribam, ut conjecturam expromam de *Cleobulines* loco longe corruptiſſimo: Εἶτα εἰδεῖψε, ὦ ξένε, τοὺς νῦν αὐλοποιούς,
ὡς προέμενοι τὰ νέβρεια, χρώμενοι τοῖς ὀνείοις, βέλτιον ἠχεῖν

λέγουσιν. Διὸ καὶ Κλεόβουλον ἡ πρὸς τὸν Φρύγιον αὐλὸν νεβρο
γόνος κνήμη κεραςφόρον οὖας ἔξε θαυμάζειν ἕκατι κρούσεις·
ὥστε θαυμάζειν κ. τ. λ. *Wyttenbachii* Codd. ſic legunt:
πρ. τ. Φ. αὐλὸν ἤρξατο κνήμη νεκρογόνος αἷμα κεραςφόρῳ οὖας
ἐκ τε κρούσεως. Mihi perſuaſum habeo, poſtrémo vocabulo
ως adhaeſiſſe ex ſequenti ὥστε. Vide, an totus locus ſic
poſſit probabiliter refingi: διὸ καὶ Κλεοβουλίνη· ὑπὲρ τὸν
Φρύγιον αὐλὸν ἦιξε τὸ κνήμης νεβρογόνου ἄημα, κεραςβόλον οὖας
ἐκ τ' ἔκρουσε. *Tibiae binnulcae ſanitus ſuper Phrygiam ſeſe
extulit tibiam, et duras aures ſtupore quodam affecit.*
Junge οὖάς τε κ. ἐξίκρουσε. — Ut ad *Antipatrum* redeam,
ſimili comparatione utitur vanus ille ap. *Lucianum* rhetor T. III. p. 14. ἐμὲ, dicens, τούς γε ἄλλους τοσοῦτον ὑπερ
φωνοῦντα εὑρήσεις, ὁπόσον ἡ σάλπιγξ τοὺς αὐλοὺς, καὶ οἱ τέτ
τιγες τὰς μελίττας καὶ οἱ χοροὶ τοὺς ἐνδιδόντας. Conf. T. III.
p. 92. 25. et 199. 90. — V. 3. Conf. not. ad *Platon.*
Ep. XXIX. 6. p. 357. In Pindari pueri labiis apes con
ſediſſe, elegans poëtarum commentum, quo futuram
pueri in canendo dulcedinem ſignificarent. *Pauſan.*
L. IX. 23. qui egregie huc facit: μέλισσαι δὲ αὐτῷ
καθεύδοντι προςεπέτοντό τε καὶ ἔπλασσον πρὸς τὰ χείλη τοῦ
κηροῦ. Conf. *Aelian.* V. H. XII. 45. et *Philoſtrat.* II.
Imag. 12. p. 829. — V. 5. Μαινάλιος. Pan, qui ſacellum
habebat prope Pindari domum, (Pyth. III. 137. ſqq.)
poëtae hymnos ceciniſſe fertur. Ut noſter, *Philoſtrat.*
l. c. φαςὶ δὲ τὸν Πᾶνα, ὅτε Πίνδαρος ἐς τὸ ποιεῖν ἀφίκετο, ἀμε
λήσαντα τοῦ σκιρτᾶν, ἄδειν τὰ τοῦ Πινδάρου. — Pro τὸν ετ
Sonntag in Hiſt. Poëſ. brev. p. 19. τῶν corrigit, ut Pan
non unum ſolum, ſed omnino hymnos Pindari ceciniſſe
dicatur. Comparat *Plutarch.* T. II. p. 1103. Πίνδαρος
ἀκούων ἄδεσθαι (Πᾶνα) τι μέλος, ὧν αὐτὸς ἐποίησε. — Ad
hunc verſum reſpexit *Euſtath.* p. 1917. ed. Rom. ὡς
δηλοῖ ὁ γράψας ἐν Ἐπιγράμματι Πινδάρου περὶ τοῦ Πανὸς τὰ νε
μίαν λησάμενος δονάκων, ἤγουν ἐκλαθόμενος τῆς σύριγγος.

XLIX. In Planud. p. 66. St. 96. W. *Antipatro* tribuitur. In Vat. Cod. p. 362. *Leonidae Tarentini* nomen prae se fert. Ut *Leonidae* et ut ineditum huc carmen ex *Grotii* mantissa expromsit *Burmann.* in Add. ad Anth. Lat. T. II. p. 729. Temporum ratio non obstat, quominus *Leonidae* sit. Hic enim poëta et Aratus Antigono Gonata regnante, circa Olymp. CXXV. floruerunt. — V. 1. In *Arati* de astris carmen. — δηναιούς. πολυχρονίους. *Euftath.* ad Il. α. p. 96. 4. In hoc epitheto, sed sine caufa idonea, haesit *Cafaubon.* quem hic aliquid conjecisse ex Schedis Bibl. Bodl. apparet, sed ductus obscuri funt. — V. 4. „ιλλόμενος, quod e Scaligeri cod. no- „tatum probat *Huetius,* habet unus Planud. codicum ex „correctione ab eadem manu, ι scripto supra α. Editio- „nes aliae άλλόμενος.“ *Br.* *Cafaubonus* adscripsit ὡς ἅλως κυκλόεις. In Vat. autem Cod. ἰλλόμενος habetur. In vulgata acquievisse videtur *Grotius,* qui vertit: *Seu vaga fint feu fixa, quibus pulfatur Olympi Regia, tam multis orbibus implicita.* Stellas quidem novi faltantes et choros ducentes, (vide ad *Dionyf.* II. 17. T. II. p. 254.) sed ουρανὸ; άλλόμενος nimis abfone dictum. Quare probabilis *Brunckii* emendatio: ουρανὸς κύκλοις ιλλόμενος, *coelum viis circumdatum*, per quas stellae curfum conficiunt. ιλλόμενος, συνεχόμενος, εφιγγόμενος, interprete *Proclo* ad *Platonis* Tim. p. 281. Vide *Rubnken.* ad Tim. p. 69. ubi haec glossa habetur: γῆν ιλλομένην. συγκεκλεισμένην καὶ περιειλημμένην. ιλλάδες γὰρ οἱ δεσμοί. Fortasse tamen κύκλοις pro κύκλῳ positum, ἴλλεσθαι autem *vertendi volvendique* sensu accipiendum est: *coelum in orbe circumactum.* — δ̓δέεται. *ftellis coelum aptum*; ut *Ennius* dixit ap. *Macrob.* in Saturn. VI. 1. eumque secutus *Virgil.* Aen. IV. 482. — V. 5. εἶναι, λεγέσθω fcil. *Secundus* a Jove esse putetur is, qui stellas splendidiores et illustriores reddidit, carmine eas describendo et illustrando fcil.

¶. 20.] *L.* Cod. Vat. p. 380. Ἀντιπάτρου. Plan.
p. 100. St. 147. W. Nereïdes Corinthi, a Romanis
everfae, fata lugent. Hoc carmen obverfatum effe videtur *Agatbiae* Ep. LXI. — V. 3. δάμαρτες Σισύφιαι. nobiles Corinthi matronae, a Sifypho, prifco Corinthi rege.
— V. 5. οὐδ'-ἴχνος. *Seneca* Epift. XCI. *Omnium iftarum
civitatum, quas nunc magnificas et nobiles audis, veftigia
quoque tempus eradet.* *Non vides, quemadmodum in
Acbaïa clariffimarum urbium jam fundamenta confumta
fint', nec quidquam exftet, ex quo appareat, illas faltem
fuiffe.* — V. 6. ἐξέφαγε πόλεμος *Br.* dedit in Analectis,
cujus eum poftea poenituit. Scr. cum Plan. πτόλεμος.
In Vat. Cod. ἐξέφαγεν πόλεμος. — Tempus, quae pereunt, comedere dicitur, ut in Anth. Lat. II. p. 445.
vel maxima monimenta *Concutiet fternesque dies, quoque
altius exftat Quodque opus, hoc illud carpet edetque magis.* — V. 8. ἀλκυόνες. calamitatem tuam lugemus.
Halcyon triftis et querula. Vide *Bochartum,* qui veterum
loca diligenter collegit, in Hieroz. T. II. p. 219.

LI. Cod. Vat. p. 326. Ἀντιπάτρου. Plan. p. 372. St.
511. W. ubi ultimum diftichon deeft. Lemma acceffit
ex Vat. Non fatis conftat, hoc carmen in urbem compofitum effe. Aggeris moli aut caftello alicui verba
poëtae non minus convenirent. Hoc apparet, de magno
aliquo, ingentis altitudinis roborisque aedificio agi. Reliqua incerta funt. — V. 1. ἄταν fi fincerum eft, conjungi
debet cum λάϊνον, totum ex lapidibus exftructum. —
Ἀσσυρίης Σεμιράμιος. (Σεμιράμεις Cod. Vat.) Hacc non pro
circumfcriptione ipfius Babyloniae, fed comparative accipienda funt: molem haud diffimilem ei, quam Semi-
ramis exftruxit, Babyloniam altiffimis cingens moenibus. — Κύκλωψ. Ad fabulam de muris urbium Mycenarum et Tirynthis a Cyclopibus aedificatis refpicitur.
Paufan. L. VII. 25. p. 589. *Alpheus* Ep. VIII. ubi My-
senae Κυκλώπων vocantur πόλις. *Statins* Sylv. V. 3. 47.

*Atque utinam fortuna dares mibi Manibus aras, Par
templis opus, aëriamque educere molem, Cyclopum fcopulos ultra, atque audacia faxa Pyramidum.* — V. 4. ἀγχ-
τια. *Propert.* L. III. El. I. 57. *Pyramidum fumtus ad
fidera ducti.* Anthol. Lat. II. p. 449. CCLXII. *Tu licet
extollas magnos ad fidera montes, Et calidas aeques* (f. Et
coelo exaeques) *marmore pyramidas.* — V. 6. φυρηθέν.
Schol. qui totum hoc carmen de Semiramidis aedificiis
interpretatur, huic vocabulo adfcripfit, οὕτως εἶπεν διὰ
τὴν ἄσβυστον. Aut fcripfit aut fcribere voluit: τὴν ἄσφαλ-
τον. Si recte fcribitur φυρηθέν, de calce macerata et fub-
acta accipiendum. Sed fortaffe fcribendum:

πυργωθὲν γαίης εὐρυπέδοιο βάρος.

— V. 7. „Lemma et ultimum diftichon fuppeditavit
„Cod. Vat. Spatium vacuum in pentametro repletum a
„recentiori manu, fed inepte, his verbis, νεφέων τεῦξεν
„ἰχ' — probabilius effet οὐρανίων νεφέων νάσσατο πρὸς γυά-
„λοις. Sed hoc conjecturis tentare, idem eft ας-κοσκίνῳ
„ὕδωρ ἐπιφέρειν, quum ex addito lemmate, cujus veritas
„admodum fufpecta, de ipfo Epigrammatis argumento
„minime conftet. Ἡράκλεια commune pluribus urbibus
„nomen. De qua hic agatur, fi modo in urbem ali-
„quam facti hi verfus, ego non divinarim." *Brunck.* In
Codic. Medic. ap. Bandin. p. 102. verfus feptimus fic
legitur, ut in Vat. Poftremi autem verfus nonnifi primum vocabulum οὐρανίων ibi confpicitur. In Vat. eft

Ἡρακλείης.

    LII. Cod. Vat. p. 366. Ἀντιπάτρου. Planud. p. 71.
St. 103. W. Ex omnibus in orbe terrarum mirabilibus
nihil fibi majus et admiratione dignius fuiffe vifum
templo Dianae Ephefiae. Idem color in Epigr. I. *Martial.* L. I. — V. 2. ζῶα. Plan. Jovis Olympii ftatua,
Phidiae opus. — V. 3. Mira lectio in Vat. Cod. πόντου
τ' ἐλόερμα. — V. 6. De eodem Dianae templo *Callim.*

D 3

H. in Dian. 249. τοῦδ' οὔτι θεώτερον ἔψεται ἠὼς Οὐδ' ἀφνειό-
τερον· βία κεν Πυθῶνα παρέλθοι. *Plin.* L. XXXVI. 14. *Magnificentiae vero admiratio exſtat templum Epheſiae Dianae
ducensis viginti annis factum a tota Aſia.* — V. 7. κὴν
ᾖσι. Vulgo, commate poſt ἅλιος poſito. Hoc fruſtra tuetur *Huetius* p. 9. ubi profert conj. *Joſ. Scaligeri:* καὶ
ἠνίδε. Nec tamen in Brunckiana lectione acquieſcam.
Nihil eſſet difficultatis, ſi legeretur:

   κεῖνα μὲν ἠμαύρωτο κεκρυμμένα, νέφρι δ' Ὀλύμπου —
ſed hoc hariolari eſt. — V. 8. ἐπαυγάσατο. Cod. Vat.
et Plan.

   ¶. 21.] *LIII.* Vat. Cod. p. 378. Ἀντιπάτρου. Planud.
p. 56. St. 80. W. In ſacellum Veneris marinae. Dea
et nautis et amantibus opem pollicetur ſuam. Expreſſum viderur ex Epigr. *Anytes* V. — V. 1. κύματι πηγῷ.
Homericum. Odyſſ. ε. 388. ψ. 235. — V. 3. δειμαίνοντι.
Vide notas ad *Anyten* l. c. p. 425. — V. 4. εἰς ἐμέ.
nautis mea ope ſalvis. — V. 6. οὔριος πνεύσομαι. tibi aut
naviganti aut amanti placida afflabo. Ambiguo ſenſu
adhibitum verbum πνεύσομαι, altero proprio, altero figurato. Vide *Heyne* ad Tibull. II. El. I. 80.

   T. II. p. 528.] *LIIIᵃ.* Cod. Vat. p. 485. Ἀντιπάτρου. Alterum diſtichon laudat *Alberti* ad Heſych. T. I.
p. 148. — In Niciae tabulam, quae Ulyſſis ad inferos
deſcenſum, ad Homericum archetypum adumbratum,
repraeſentabat. In Cod. eſt Νίκεω. Sed de veritate emendationis *Brunckianae* dubitare non patitur locus *Plutarchi*
T. II. p. 1093. E. ὅπου γὰρ οἱ φιλογραφοῦντες οὕτως ἄγονται
τῇ πιθανότητι τῶν ἔργων, ὥστε Νικίαν γράφοντα τὴν νεκυίαν,
ἐρωτᾶν πολλάκις τοὺς οἰκέτας, εἰ ἠρίστηκε· Πτολεμαίου δὲ τοῦ
βασιλέως ἑξήκοντα τάλαντα τῆς γραφῆς συντελεσθείσης πέμψαντος
αὐτῷ, μὴ λαβεῖν. Non Ptolemaeum, ſed Attalum tantam
Niciae pecuniam obtuliſſe, narrat *Plinius* H. N. XXXV.
p. 704. 16. *Athenis* (eſt) *Necromantia Homeri. Hanc*

vendere noluit Attalo regi talentis LX, potiusque patriae donavit, opibus abundans. — Pro κειζώοισ Vat. Cod. κειζώαιος. — πάσης ήρ͂ιον ἡλικίης. monimentum omnis futurae aetatis. — V. 3. Scribe Ἀϊδωνῆος. — Ὁμήρου. Homerus enim, ut Ulyſſis deſcenſum deſcriberet, Orcum peragravit.

LIV. Cod. Vat. p. 477. Ἀντιπάτρου. Planud. p. 303. St. 443. W. — ἢν βραδύνῃ. Si mugire ceſſat, aeris natura in culpa eſt, non Myronis ars. Sculptoris igitur artem ait, cum ſpiritum vaccae inſpiraſſet, aeris naturam tamen penitus vincere non potuiſſe. Luſus, pro meo quidem ſenſu, ſatis frigidus.

LV. Cod. Vat. p. 476. Ἀντιπ. Σιδωνίου. Plan. p. 303. St. 443. W. — ἢ β' ὁ Προμηθεύς. Vide ad Epigr. *Erinnae* I. p. 186. — Poſt μόνος comma ponendum, quod typothetae in edit. Lipſ. omiſerunt.

LVI. Cod. Vat. p. 477. Ἀντιπάτρου. Plan. p. 304. St. 444. W. — εἵνεκα τέχνας. Tua enim ars effecit, ut vel verae et ſpirantis vaccae vices implere poſſim. Hoc fortaſſe diſtichon obverſabatur *Gemino* Ep. VI. μυκᾶται γὰρ ὁ χαλκός· ἴδ' ὡς ἔμπνουν ὁ τεχνίτας Θῆκατο, κἂν ζεύξῃς ἄλλον, ἴσως ἀρόσει. *Aemilianus* Ep. II. T. II. p. 275. Τέχνας εἵνεκα σεῖο καὶ ἁ λίθος αἴθε βρυάζειν.

LVII. Cod. Vat. p. 476. Ἀντιπάτρου Σιδ. Planud. p. 303. St. 443. W. Color, ut in Ep. *Leonidae Tar.* XLII.

LVIII. Cod. Vat. p. 476. Ἀντιπ. Σιδ. Plan. p. 303. St. 443. W. Vertit *Auſonius* Ep. LXI. *Erraſti attendens haec ilia noſtra, juvence. Non manus artificis lac dedit uberibus.* Similiter idem Ep. LIX. *Ubera quid pulſas frigentia matris ahenae, O vitule, et ſuccum lactis ab aere petis? Hunc quoque praeſtarem, ſi me pro parte paraſſet Exteriore Myron, interiore deus.*

¶. 22.] *LIX.* Bis in membranis legitur p. 197. Ἀντιπάτρου. et p. 383. ubi ἀδέσποτον. Sic quoque in Plan. p. 160. St. 232. W. auctoris nomine caret. — Sidonii

esse dubito. Narratur vinosae fraus mulieris, quae, cum
votorum damnata esset, invenit, quomodo votorum so-
lutionem eluderet. — V. I. excitat *Suidas* v. σκυδὰς
T. III. p. 364. Βακχυλὶς ἡ Βάκχου κυλίκων σκυδὸς ἐν ποτε
νούσῳ Κεκλιμένῃ. In Vat. Cod. loco pr. sic legitur, ut
Br. dedit: Βακχυλὶς (non Βακκυλὶς, ut ille ait in Lect.
p. 126.) ἡ Βάκχου. loco altero ἡ γραῦς ἡ Β. — ἐν ποτε
νούσῳ. Mulierem siccantem calices, κυλίκων σκυδὸν, *Antipater* duxit ex *Leonid.* Tar. Ep. LXXXVII. — V. 2. „In
„Planudea Ζηνὶ τοῖσν. Illud Ζηνὶ in nullo Cod. inveni.
„Omnes habent Διί, quod ob pravam pronuntiationem
„corruptum est e sincero Δηοῖ, quod exhibet Vat. membr.
„[loco pr. altero enim etiam διὶ] Διὶ cum metro re-
„pugnaret, mutaverunt editores in Ζηνί." *Br.* Vat.
membr. loco sec. κεκλιμένη, διὶ τοῖον ἔλεξεν ἔπος. Prius verbum et tria postrema sic etiam Plan. habet. — Cereri
vetula nostra hoc votum facit, cui divae solemnia insti-
tuebantur jejunia. — V. 3. διάκαυμα. Plan. In Vat.
utroque loco διὰ κῦμα. Hoc fortasse verum. *Febris undas*,
i. e.-*periculum*, effugere, ab hujusmodi poëtarum dicendi
genere non omnino abhorret. Sic fere *Lucian.* Ep. XXX.
ἀμφεκάλυψεν Οὐλομένης πενίης κῦμα παλιμβόθιον. De omni
vero malorum genere, quae in homines redundant, poëtae κυμάτων, πελάγους, χειμῶνος imaginem usurpant. Etiam
ap. *Suidam*, qui laudat v. 3. 4. cum parte quinti in
ἀβρόμιος T. I. p. 13. veteres editt. κῦμα exhibent. —
V. 4. δροσερὰν π. ἐκ λιβάδων. Vat. Cod. loco pr. δροσερᾶς
λιβάδος locu sec. ut Plan. Nostra lectio est ap. *Suidam.* —
ἡκίλους. Vota faciens mulier, se centum dies nihil praeter aquam potaturam esse significare volebat; postea
mentem immutavit, et fallaciam struxit, quam ei sup-
peditabat ambiguitas vocis, ἥλιος. — V. 5. ὑπ' ἔλυξεν.
ἀνίην. Vat. loco pr. Planud. et Vat. loco sec. nostrum
habet. — V. 6 — 8. *Suidas* in μῆκος Tom. II. p. 557.
— „Vat. Cod. λεπτὸν γὰρ — τρητὸν habet etiam Suidas.

„Prius unice verum eſt. λεπτὸν κόσκινον, uz ſamis ſii. te-
„nue cribrum. πυκνοὺς σχοίνους ridicule explicat Bro-
„daeus." *Br.* In Vat. Cod. loco pr. τρητόν. loco ſec.
λεπτοῦ et in fine πυκνὴν habetur. σχοῖνοι ſunt funiculi,
ex quibus cribrum contextum.

LX. Cod. Vat. p. 219. Ἀντιπάτρου. Ab alia, antiqua tamen manu Σιδωνίου additum. Plan. p. 285ᵇ. St.
421. W. Septem Sapientum nomina et patria recenſen-
tur. Conf. Ep. ἐδέσπ. ἡρ. XXX. T. III. p. 149. — V. 2.
φατὶ δὲ – ἔχειν. Vat. Cod. quod elegantius vulgata. —
V. 4. Θαλῆα. Cod. Vat. — ἔρεισμα Δίκης. Virum eximie
juſtum ſignificat, quo civitatis ſalus nititur. Viros exi-
mios civitatum columina, ἐρείσματα, crebro vocant poëtae et ſophiſtae. Videatur, qui nec noſtrum locum prae-
termiſit, *Rittersbuſ.* ad Oppian. I. Cyneg. I. et *T. H.*
in *Lucian.* T. I. p. 422. Bip. — V. 6. φύλακας. *Horat.* I.
Serm. I. 17. *Virtutis verae cuſtos rigidusque ſatelles.*

LXI. Vat. Cod. p. 530. Ἀντιπάτρου. Plan. p. 188.
St. 274. W. In hominem nequam, cynico habitu in-
cedentem, quo nemo ipſo indignior. Quare indignan-
tem facit peram, clavam, et quae cetera ſunt Cynicorum
inſignia, ab illo geſtata. — V. I. ἄριστον. clava Hercu-
lea *eximium* Diogenis geſtamen. Herculem cynicos imi-
tatos eſſe, conſtat vel ex *Luciani* Vit. Auθ. §. 8. T. III.
p. 89. Bip. Vide *Caſaubon.* ad Diog. Laërt. VI. 13.
p. 322. Diogenis ῤόπαλον vocat *Antipater,* quia Cynicorum longe celeberrimus fuit. *Diocles* enim ap. *Diogen.*
Laërt. l. c. Antiſtheni hoc tribuit, ὅτι πρῶτος ἐδίπλωσε τὸν
τρίβωνα καὶ μόνῳ αὐτῷ ἐχρῆτο, καὶ βάκτρον ἀνέλαβε καὶ πήραν.
Alii tamen hoc inventum ipſi Diogeni tribuiſſe videntur. L. VI. 23. De baculi geſtatione ap. veteres nuper
quaedam doθe monuit *Boettiger in den Vaſengemälden,*
Faſc. II. p. 61. ſq. — Σινωπίου Διογένους Vat. Cod. Vulgo junθim βριθοσινωπίτου. *Brodaeus* interpretatur, ac ſi

eſſet βριθυειναπίθου. — Ipſe Hercules βαρυεκίτων vocatur
ap. *Callim.* fr. CXX. p. 488. — V. 3. πεπαλαγμένον.
Dictum ad imitationem *Homeri* αἵματι καὶ λύθρῳ πεπαλαγμένον Il. ζ. 268. unde *Theocrit.* Eid. XXV. 224. ἀμφὶ
δὲ χαίτας Αὐχμηρὰς πεπάλακτο φόνῳ. *Callimach.* H. in Pall. 8.
λύθρῳ πεπαλαγμένα τεύχεα. Gloriabatur autem ſqualore
ineptus Cynicorum grex, quem reſpicere videtur *Plutarch.* T. II. p. 82. B. ἄχρι δὲ οὗ τις ἐπιδεικνύμενος ῥύπον ἢ
κηλῖδα χιτῶνος, ἢ διεῤῥωγὸς ὑπόδημα, καλλωπίζεται πρὸς τοὺς
ἐκτὸς — ὀλίγον αὐτῷ προκοπῆς μέτεστι, μᾶλλον δὲ οὐθέν. —
In Planudea ῥυπόωντι legitur; pro πεπαλαγμένον autem,
quod *H. Stephanus* primus ex Lectionibus Aldinae pr.
recepit, ed. Flor. et Ald. pr. πετλασμένον. Ald. ſec. πεε-
πλαγμένον (quod Brod. interpretatur). πεπλαμένον Ald.
tertia. *Scaliger* notavit, ut quidem in Schedis Bibl.
Gotting. exaratum eſt, πεπαλμένον. — V. 4. διπλάειον
vulgo. Veram tamen lectionem jam *Aldus* e codd.
enotavit; eamque *Brod.* interpretatur. Diogenem de-
ſignans *Horatius* L. I. Ep. XVI. 25. *quem duplici panno
ſapientia uelat.* Conf. *Diogen.* Laërt. loco ſupra laudato.
Noſter Ep. LXXX. de eodem Cynico: ᾧ μία τις πήρα, μία
διπλοΐς. et qui eum expreſſit *Archias* Ep. XXXIV. ὕλην
καὶ σκίπωνα καὶ διπλόον εἷμα. — Hoc Cynicorum pallium
poëta appellat ἀντίπαλον νιφάδων, quod fortaſſe ex *Callimacho* ductum eſt, qui, ni fallor, de Herculis tegumen-
to, τὸ δὲ σκύλον ἀνδρὶ καλύπτρη Γιγνόμενον, νιφετοῦ καὶ βελέων
ἔρυμα. ap. *Schol. Sophocl.* ad Aj. 26. De munimento et
praeſidio ἀντίπαλος ponitur in Ep. *Alphei* XII. ἡ γὰρ ἔμεινεν
Αἰθέρος ἠδ' ἀνέων ἀντίπαλος νεφέων. — V. 5. ᾗ tres Aldinae
et Vat. ἦν Aſcenſ. et Steph. — V. 6. οὐράνιος. ille inter ſidera capis. Laudat *Brod.* verba ex ſuppoſititia *Diogenis* Epiſtola: καλοῦμαι γὰρ ὁ κύων ὁ οὐρανοῦ, οὐχ ὁ γῆς, ὅτι
ἐκείνῳ εἰκάζω ἐμαυτόν. — οὖν σποδίζει. qui in coeno et
ſordibus volutatur. — V. 8. τράγων. Hircis comparantur philoſophi propter-barbam. *Lucian.* Ep. XXIII. *Ju-*

lianus in Mifopogon. p. 339. A.. δίδωμι γὰρ αὐτὸς τὴν αἰτίαν, ὥσπερ οἱ τράγοι τὸ γένειον ἔχων.

¶. 23.] LXII. Cod. Vat. p. 368. Ἀντιπάτρου. Planud. p. 85. St. 126. W. Hiftoria de merula una cum turdo laqueis capta, fed, quia cantorum genus facrum, incolumi dimiffa. Conf. *Archiam* Ep. XXIII. *Paul. Silent.* Ep. LXXII. — κίχλη et κόσσυφος paffim junguntur. Vide *Rhian.* Ep. VI. — V. 1. διεσάν. Vat. — V. 2. ἱππεία - πάγα. Vat. quod et ipfum locum habet. Laquei, quibus aviculae capiuntur, ex pilis equinis fieri folent. — V. 3. ἀλλὰ μὲν κίχλης. Vat. — V. 4. δερειοπέδας. Vat. — Veteres quaedam editt. πλεκτὰς, vitiofe. — V. 5. τὸν Ιερόν. Ap. *Rhianum* quoque l. c. ἱερὸς ὄρνις vocatur merula. — ἥν ἄρ' ἀοιδῶν. vulgo. idque verius puto, propter imitationem *Archiae* l. c. ἥ ἄρα πολλὴν Καὶ κωφαὶ πτανῶν φροντίδ' ἔχουσι πάγαι.

* LXIII. Cod. Vat. p. 238. Ἀντιπάτρου. In Planud. p. 266. St. 384. W. ἀδέσποτον eft. De ferpente, quae, cum hirundinis pullis devoratis ipfam matrem appeteret, in flammam incidens combufta eft. Ductum videtur ex *Homer.* Il. β. 315. fq. — V. 1. „Planudea in- „code formatum verfum cum meliore commutavi, quem „dedit Vat. Cod.“ *Br.* Vulgo habetur: Ἀρτιγενῶν σε χελιδὼν οὖσαν μητέρα τ. quod emendare conatus *Jofeph.* Scaliger, verba transpofuit: ἀρτιγ. οὖσαν σε χελιδάν. fruftra. Cod. Vat. fic habet, ut *Br.* nifi quod ibi χελιδόνι legitur; quam lectionem accentu mutato fervandam cenfet *Hufchkius.* Eft enim forma paulo rarior χελιδονὶς, qua utitur auctor Ep. ἀδεσπ. DCCXXXII. ἡ φαιδρὴ λαλίη τε χελιδονίς. — V. 3. 4. laudat *Suidas* v. ἄιξας T. I. p. 67. Comparandus *Theocrit.* Eid. XXIX. 12. ποιήσαι ὑωλιὰν μίαν εἰν ἐνὶ δενδρέῳ, Ὅπφα μηδὲν ἀπίξεται ἄγριον ἕρπετον. — ὠδῖνες h. l. pulli, quibus ferpens hirundinem privavit. Vide *Spanh.* ad Callim. H. in Jov. 29. — τετραέλικτος.

Nonnus Dion. L. IX. 256. αὐχμηραῖς τριέλικτον ὄφιν στειρῇ·
δὸν ἐθείραις Ἕρπασι. Recte igitur *Wesselingius* defendit
lectionem vulgatam in *Herodot.* L. VI. p. 474. 3. δεινὸς
ὄφις τριέλικτος ἀπώλετο. — V. 5. 6. laudat *Suid.* in κινυρο-
μένη T. II. p. 318. ubi δαίζων legitur, ut in Plan. et Cod.
Vat. a pr. manu. *Homerus* l. c. τὴν δ' ἐλελιξάμενος πτέρυγος
λάβεν ἀμφιαχυῖαν. — ἀθρόος. ut ap. *Theocrit.* Eid. XXV.
252. ὡς ἐπ' ἐμοὶ λῖς αἰνὸς ἀπόπροθεν ἀθρόος ἆλτο. — ἐπ'
ἄσθμα πυρός. quam etiam κῦρμὴν, Latini *auram* vocant.
Epigr. ineditum : ἐνδίον δὲ φυγόντες ὀπωρινοῦ κυνὸς ἄσθμα.—
ἐσχαρίου πυρός, τοῦ ἐπὶ τῆς ἐσχάρας, ap. *Suid.* qui laudat
v. 6. T. I. p. 874. et iterum in ἥρπε T. II. p. 76. —
V. 7. *Suidas* v. ἠλιτοεργός. ὁ τοῦ ἔργου ἀποτυχών. ὡς θάνεν
λιτοεργός. T. II. p. 56. In Plan. est καὶ θάνεν. Vide an
corrigendum fit :

　　　ὡς θάνεν ἢ 'λιτοεργός.

i. e. ἡ κλιτοεργός. *fcelefta.* — V. 7. Ἥφαιστος. Vulcanus
fervavit hirundinem fimulque punivit ferpentem, quae
fcelus in Erichthonii prolem commiferat. Vulcanus pater Erichthonii, qui ipfe Procnes et Philomelae avus
fuit.

LXIV. Cod. Vat. p. 429. Ἀντιπάτρου. Planud. p. 45.
St. 65. W. In canem, qui, cum fiti laborans fontem
pedibus effodere fruftra conatus effet, mortuus cecidit;
quo facto aqua fcaturire coepit. Nulla difficultate implicatum cenfebat *Opfopoeus* hoc carmen, quod tamen in
Planudea graviffimis mendis fcatet. — V. I. Λάμπανα.
canis nomen. — V. 3. Scribendum ἄρυσε, monente *Br.*
— τὸ νωθὲς ὕδωρ. Aqua tarda ex occulto fonte non celeriter profiluit. ταχύνειν h. l. vi neutra accipiendum,
qua faepiffime gaudet, propter id, quod fequitur : εἶτ'
ἔβλυσεν, ὕδωρ fcil. — V. 5. πίπτεν Cod. Vat. Deinde
idem, plane ut Planudea : αἶθ' ἔβλυσαν παρὰ N. et verf. feq.
κταμένη. Parum aut nihil juvant interpretes; nifi quod
H. Stephanus κταμένην commodiorem lectionem effe pro-

nuntiat, et *Jof. Scaliger* in marg. Ald. κταμένων μήνιν
ἔθεντ' corrigit. *Brunckius* fuae lectionis auctoritatem
non indicavit; ipfe igitur eam invenifle videtur. ἢ ἄρα
probum eft, quippe quod proxime accedit ad vulgatum
παρα' alias enim et ἤ,τάχα legere poffis. Pro αἰδ' ἔβλυσεν
autem ἠδ' ἔβλυσεν corrigo. Subaudiendum ex praecedentibus, ἡ τίδαξ. — Pro ἔθισθ' tres Aldinae et Afc. ἔθιστ'
legunt.

LXV. Cod. Vat. p. 227. Ἀντιπάτρου Σιδ. Planud.
p. 237. St. 344. W. ubi gentile non additur.   Virtus
ad Ajacis tumulum fedens de hominum injuftitia conqueritur.   Conf. *Ariftotel.* in Peplo nr. 6. p. 179. —
V. 1. 2. excitat *Suidas* v. θυμοβαρὴς T. II. p. 211. V. 2.
— 4. in πινύσσω T. III. p, 117. — ἐπιββοιτηΐσιν. Vat.
Ajax fepultus in promontorio Rhoeteo. *Quintus Cal.*
L. V. 654. περὶ δὲ σφισι γαῖαν Χεῦαν ἀπειρεσίην Ῥοιτηΐδος οὐχ
ἱκὰς ἀκτῆς. Vide *T. H.* ad *Lucian.* T. III. p. 407. Bip.
Waffe ad *Thucyd.* L. IV. p. 433. Bip. — ৭. 24.] V. 3.
ἄπλοκ. Comis detonfis et luctu fqualida, ut moerentes
folent.   Melior hujus verficuli diftinctio debetur *Pierfo-
no* ad Moer. p. 66.   Vulgo enim comma poft κρίσιν ponitur. — V. 5. Ipfa Achillis arma Ajacis effe mallent,
quam Ulyffis.   μῦθοι σκολιοὶ fophifticam et fraudulentam
Ulyffis eloquentiam defignant.   σκολιὰ φρονεῖν dicitur, qui
fraudem molitur, in Scol. XIV. Tom. I. p. 157. σκολιαὶ
δίκαι de iniquitate *Callimach.* H. in Jov. 83.

LXVI. Cod. Vat. p. 226. Ἀντιπάτρου. Plan. p. 238.
St. 346. W. In Priami tumulum, parvum, ut ab hoftibus factum.   Ex hoc difticho ductum eft illud, quod in
nonnullis codd. annectitur Ep. ἄδεσπ. DCXIX. in Hectoris tumulum: εἰ δ' ὀλίγην ἀθρεῖς ἐπ' ἐμοὶ κόνιν, οὐκ ἐμὸν
αἶσχος. Ἑλλήνων ἐχθραῖς χερσὶν ἐχωννύμεθα.

LXVII. Cod. Vat. p. 280. Ἀντιπ. Σιδ. Planud. p. 269.
St. 388. W. ubi gentile non additur.   Orphei mortem
poëta luget; — V. 1. *Suidas* excitat in ὀρφὺς T. I. p. 630.

— 9ελγομένης δρόας. Hinc in Ep. ἀδεσπ. CDLXXXII.
ἐπωδύραντο ἰὰ πέτρη Καὶ δρύες, ἃς ἱερατῇ τοπρὶν ἔθελγε λύρη.
Conf. Philostrat. Jun. Imag. VI. p. 870. Callistrati
Stat. VII. p. 898. Fabulam de Orpheo interpretari
suscepit Maxim. Tyr. Diff. XXXVII. 6. — V. 3. Suid.
in βρόμος T. I. p. 457. fimul cum v. quarto in συρμὸς
T. III. p. 411. Loco priore exhibetur κοιμάσαι, et χα-
λάζης. Ductus color ex Ep. Leonidae Tarent. quod Br.
male retulit inter Epigr. Alexandrini hujus nominis
poëtae nr. XII. — Tempeſtates igitur, grandinem,
nives avertere docuit Orpheus, fortaſſe iu phyſicis, qui
ipſi tribuebantur, libris. — V. 4. παγεῦσαν Vat. Cod.—
V. 7. Ipſae Muſae Orpheum ſepeliviſſe et planxiſſe dicuntur Ep. ἀδεσπ. CDLXXXIII. et paſſim in locis ſupra
laudatis. — V. 7. 8. profert Suidas in κλαλκεῖν T. I.
p. 98. Expreſſum fortaſſe hoc diſtichon ex Simonidis
Melicis Fragm. I. vid. not. p. 203. Martialis L. IX.
Ep. 88. de diis agens, qui liberos morte perdiderunt,
*Numina cum videas duris obnoxia fatis, Invidia poſſit
exonerare deos.*

LXVIII. Cod. Vat. p. 208. Ἀντιπάτρου. Planud.
p. 269. St. 388. W. De Homeri tumulo in litoris arena exſtructo. Exſtat hoc carmen, una cum Epigr. ἀδ.
CCCXCVIII. ſq. Romae in Mauſoleo Auguſti, in-
ſculptum Termino, cui olim Homeri caput impoſitum
fuit. Hinc editum a Lipſio in Append. ad Smet. p. 58.
ap. Gruterum pag. CCCCXIX. 1. et alios. — V. 1.
κήρυκα ἀφ. Marmor. Philiſcus in Epigr. in Lyſiam T. I.
p. 184. ἀρετῆς κήρυκα ὕμνον. Themiſtocles apud Pluter-
chum T. II. p. 185. A. heroas victoribus in Olympicis,
Homerum praeconi comparat. Alexander ap. eund. Vit.
Al. c. 15. Achillem felicem praedicabat, ὅτι τελευτήσας
μεγάλου κήρυκος ἔτυχεν. — V. 2. Ἐ. δόξης δεύτερον. Marm.
βιοτῇ Vat. et Suidas in βιοτῇ T. I. p. 434. qui et ἥλιον
legit. De viro ſapientiae eximiae Paul. Silent. Ep.

LXXVIII. ἀλλ' ἐπὶ δηρὸν Ἥλιος σοφίης μιμνέτω ἠελίῳ. Vide
not. ad *Melagri* Ep. XXXV. p. 55. — V. 3. „ἀγήραν-
„τον. In Vat. Cod. fcriptum ἀγήρατον. Sic etiam in
„marmore antiquo Romae . . . . errore, quo plus femel
„peccarunt librarii. In *Simonidis* Ep. XXXII. ubi in
„typis expreffis libris legitur κείμεθ' ἀγηράντῳ χρώμενοι
„εὐλογίῃ, Vat. Cod. et tres regii Planudeae habent ἀγη-
„ράτῳ. Vide *Rubnk.* ad Tim. Lex. p. 12. (p. 17. ed.
„nov.) Sibi fuam emendationem placere ait *Toup.* ad
„Suidam I. 17. (p. 20. ed. Lipf.) cui judicium fuum
„relinquo; at mihi certiffimum eft, ἀγήραντον hic fince-
„rum et genuinum effe." *Br.* *Suidas* in ἀλίῤῥόθιον T. I.
p. 114. ἀλίῤῥόθιον κῦμα θαλάσσης. ἀκήρατον στόμα κόσμου
παντὸς, ἀλίῤῥόθιος, ξεῖνε, κέκευθε κόνις. ubi ἀκηράσιον legendum effe contendit *Toupius.* Eadem eft lectionis diverfitas in fragm. *Hyperidae* ap. Stob. Tit. CXXIV. p. 616.
ubi εὐδοξίαν ἀγήραντον fcribendum effe, contextus docet.
ἀκηρότατον in noftro Epigr. corrigebat olim *Schneiderus*
in Per. crit. p. 112. *Wakefield,* offenfus fubita figura-
rum commutatione, proponit in Sylv. crit. T. I. p. 128.
Μ. Φέγγος Ὅμηρον ἀκήρατον, ὄμμα δὲ κόσμου παντός. ὄμμα
κόσμου folem fignificat. *Orpbei* H. in Solem: κόσμου τὸ
περίδρομον ὄμμα. *Sophocl.* Antig. 104. *Ovid.* Metam. IV.
226. *Suidas* in ὄμμα. Ingeniofum hoc. Vulgata tamen
mutatione non eget. ἀγήραντον στόμα immortalem poëtam fignificat, cujus carmina per totum mundum quovis tempore floruerunt femperque florebunt. — V. 4.
ἀλίῤῥόθιος ex *Suida* ductum. Vulgo enim et in Cod. Vat.
ἀλίῤῥοθία legitur. In Marmore totus verfus mutatus eft
fic: παντὸς ὁρᾷς τοῦτον δαίδαλον ἀρχέτυτον.

LXIX. Cod. Vat. p. 207. Ἀντιπ. Σιδων. Planud.
p. 268. St. 386. W. Hoc quoque Epigramma confcri-
ptum in Homeri tumulum in infula Io. Conf. *Alc.*
Meffen. Ep. VII. — V. 1. 2. laudat *Suidas* v. Μαιονίδης
T. II. p. 512. — τὸ μέγα στόμα. os profundum es alto

fonans. Horat. I. Sat. IV. 43. — φθεγξαμένην Cod. Vat.
— V. 3. νσσίτης. Vat. Cod. σπιλές. infula faxofa Ios. —
¶. 25.] V. 5. νεῦμα. Refpicitur locus nobiliſſimus Il. α.
528. Pro ᾧ Ed. pr. ὅς legit. — V. 6. Αἴαντ. Ajacem
naves contra Hectorem defendentem, praecipue Il. XV. —
V. 8. ὀρυπτόμενον. fecundum Il. ω. 20. ubi Apollo Hectoris
cadaver fervaturus αἰγίδι πάντα κάκυπτε, χρυσείῃ, ἵνα μή
μιν ἀποδρύφοι ἑλκυστάζων. — V. 9. τηλίκον. Vulgo. Veteres autem Planud. edd. ita ut Vat. Cod. ταλίκον. Color
fere, ut in Ep. *Zenodoti* T. II. p. 78. *Valckenar.* ad Phoeniſſ.
p. 491. comparavit Horatiana I. Carm. XXVIII. *Te cohi-
bent, Archytas, Pulveris exigui prope litus parva Matinum
Munera.* — Peleus in infula Ico fepultus eſſe dicitur.
Schol. Pindari Pyth. III. 167. ῾Ο δὲ Πηλεὺς ἐν Κῷ τῇ νήσῳ
ἀτυχήσας τὸν βίον, οἰκτρῶς καὶ ἐπωδύνως ἀπέθανεν· ὡς καὶ Καλ-
λίμαχος μαρτυρεῖ. ubi *Brodaeus* ἐν Ἴκῳ τῇ νήσῳ correxit,
quod non animadvertit *Bentlej.* ad *Callim.* fragm.
CCCLXXII. Icus una ex Cycladibus. Inter Sciathum et
Scyrum pofitam eſſe, docet *Strabo* L. IX. p. 436. quod
etiam apparet ex *Livio* XXXI. 45. med.

     LXX. Cod. Vat. p. 209. fq. Ἀντιπ. Σιδ. Edidit *Da-
niel Heinfius* in Carm. gr. p. 144. *Wolf.* in Fragm.
Sapph. p. 160. et *Burm.* in Addend. ad Anthol. Lat.
T. II. p. 727. *Reiske* Anth. nr. 556. p. 70. Sappho
poëtriam laudans Parcas accufat, quod ei non immortalem vitam tribuerint. — V. 1. 2. ut ineditos profert
N. Heinfius ad Ovid. II. Amor. XVIII. 26. „μετὰ Μουσᾶν
„κθανάταν. Sic apogr. Buher. In marg. notatum: *Alii*
„Μούσας κθανάτας. Hoc ad aliam eamque veram lectio-
„nem ducit, quam Vat. Cod. eſſe teſtatur Dorvill. ap.
„Wolfium in fr. Sapph. p. 161. μετὰ Μούσαις κθανάταις.
„Sic fcribendum, tum quia haec praepofitionis conſtructio
„magis poëtica, tum ad vitandum ejusdem foni toties
„repetiti concurfum.“ *Br.* In contextu Cod. Vat. legitur Μούσαις κθανάταις. fupra fcriptum Μούσας κθανάτας.

                                             Hoc

Hoc probat *Markland.* ad *Statii* Sylv. p. 345. *Reiskius*
praeterea ἀθανάτους dedit; ut *Heinfius* Μούσαις, ἀθανάτοις.
— ἀοιδομέναν. Vat. Cod. — V. 3. σὺν ἄμ'. Vat. Cod.
In apogr. Lipf. ἔτρεφον. Sapphus, qua nemo amores fua-
vius cecinit, ingenium Venus et Amor nutriviffe dicuntur. De puero venufto *Afclepiad.* Ep. VI. παρὰ τὴν Κύπριν
ἔτι τρέφεται, ut mihi quidem emendandum videtur.
Ibycus ap. *Atben.* XIII. p. 564. F. εἰ μὲν Κύπρις ἅ τ' ἀγα-
νοβλέφαρος Πειθὼ ῥοδέοισιν ἐν ἄνθεσι θρέψαν. — V. 4. ἔμπλεκ'
apogr. Lipf. Apte Suadelae tribuitur τὸ πλέκειν στέφανον.
Πιιρθων, cum una fit Gratiarum, fecundum *Hermefian*
nactem ap. *Paufan.* L. IX. p. 781. Gratiae autem in
Mufarum comitatu funt. — στέφανον. Vide not. ad *Me-*
leagr. I. p. 2. — V. 7. ἐκλώσασθε. Homericum: ὡς γὰρ
ἐπεκλώσαντο θεοὶ δειλοῖσι βροτοῖσι, et fic paffim. — V 8.
μνησαμέναι δᾶς' Ἑλικωνιάδων. Vat. Cod. μνησαμένα dederunt
Heinf. et *Wolf.* μνησαμένα *Reisk.* dedit ex Cod. Lipf.
Nec temere damnanda lectio. Vide ad Ep. XXIII. 5.
Lectionis νησαμένα *Dorvill.* mentionem fecit ap. *Wolfium.*
νήθεσθαι ἀοιδὰς dictum, ut *carmina deducere* ap. Latinos.
Horat. II. Ep. I. 225. *Tenui deducta poemata filo;* unde
Columella L. X. 40. *Pierides tenui deducite carmina Mu-*
fae. et 225. *Me mea Calliope — Jam revocat parvoque*
jubet decurrere gyro, Et fecum gracili connectere carmina
filo. *Tibull.* IV. El. I. fin. *Incepris de re fubtexam carmina*
çbartis. — Hac igitur lectione recepta elegans oritur
et arguta antithefis. — Ἑλικωνιάδες omnes, quos vidi.
Fortaffe fic in Codice defcribendo emendaverat *Salmafius.*

　　LXXI. Cod. Vat. p. 210. Ἀντιπάτρου. In Planudea
p. 279. St. 404. W. ἄδηλον eft. *Antipatro* vindicavit
Burm. in Addend. ad Anth. Lat. T. II. p. 727. Ad verbum vertit nefcio quis in Anthol. II. 210. p. 405.

Tantum ego carminibus fuperavi Sappbo puellas,
　　Maeonides quantum vicerat ante viros.

— V. I. ἀοιδῶν θηλειῶν. Plan. Et fic legitur in lapide,

quém *Jo. Jucundus* Veronenſis Pergami in Aſia vidit,
Vide *Donium* p. 336. — In Vat. Cod. λοιδὰν ἀνδρῶν
θηλιᾶν. ſed error emendatus.

LXXII. Cod. Vat. p. 211. 'Αντιπ. Σιδων. In Planud.
p. 275. St. 399. W. hoc carmen in duo diviſum eſt,
ita ut prius in v. 6. terminetur. Jungenda haec eſſe
vidit *Huetius* p. 27. In Vatic. tamen ultimo diſticho novum lemma adſcriptum eſt: εἰς τὸν αὐτὸν 'Ανακρέοντα. Hic
fons erroris. Ceterum conſ. *Simonid.* Ep. LIV. LV.
Dioscorid. Ep. XXIV. — V. 1. excitavit *Suid.* in τετρα-
κόρυμβος T. III. p. 452. — V. 3. idem in ἀργινόεις T. I.
p. 312. Expreſſi verſus ex *Dioscorid.* l. c. αὐτόματαί τοι
κρῆναι ἀναβλύζοιεν ἄκρητον, Κήκ μακάρων προχοαὶ νέκταρος
ἀμβροσίου. — V. 4. 5. laudat *Suid.* in μέθυ T. II. p. 520.
et v. 6. in χρίμπτεται T. III. p. 688. Defuncti, quos
Plato loquentes facit in *Menexeno* p. 248. B. ἀλλ' εἴ τις
ἐστὶ τοῖς τετελευτηκόσιν αἴσθησις τῶν ζώντων, οὕτως ἀχάριστοι
εἶεν ἂν μάλιστα κ.τ.λ. *Propert.* IV. El. VI. 33. ſq. Anthol.
Lat. T. II. p. 21. *Si quid adhuc manes, cineres atque oſſa
ſepulta.* Ibid. p. 52. *Si cineres vitae ſpecimen poſt fata
reſervant.* Plura hujus generis collegit *Burmannus* p. 101.
— V. 7. 8. habet *Suidas* in διαπλώσας T. I. p. 564.
Hoc diſtichon etiam *Scaliger* in not. mſtis jungebat cum
praecedentibus, ſed ita, ut illud primo diſticho praefi-
gendum cenſeret. Ingenioſa ſane conjectura, quam veram dicerem, niſi ſic hoc Epigramma paulo vividiore
ſpiritu inciperet, quam veteres in hoc carminum genere
ſolent facere. Ne quid tamen diſſimulem, cum praecedente diſticho (5. 6.) hoc noſtrum (7. 8.) non omnino
bene coire videtur. — διαπλώσας. Vide not. ad *Leonid.*
Tar. Ep. XII.

¶. 26.] *LXXIII.* Cod. Vat. p. 212. 'Αντιπ. Σιδ. Addidit auctor lemmatis:—θαυμαστὸν τὸ ὅλον ἐπίγραμμα. Planud. p. 277. St. 400. W.— V. 1. laudat *Suidas* v. "Ιυγος

T. II. p. 135. et cum v. 2. in ἄνδιχα T. I. p. 187. Pro
μήτ' ἱερᾶν in Vat. Cod. vitiofe μήτε ἄτερ κ. — Mox v. 3.
δὲ idem omittit. ὄμματα ὑγρὰ δερκόμενα frequenter amantibus tribuuntur, ut *putres oculi* ap. *Horat.* I. Carm.
XXXVI. 17. *Antipatro* obverſabantur verba *Leonidae*
Tar. XXXVII. ὁ γέρων λίχνοισιν ἐπ' (f. ἐν) ὄμμασιν ὑγρὰ δε-
δορκώς. ubi vide not. — οὖλον ἀείδοις. De cantu λιγυρῷ
fortaſſe dictum. Apud *Homerum* Il. ρ. 749. κολοιοὶ οὖλον
κεκλήγοντες. *Schol.* interpretatur ὀξύ, πυκνόν. Melius tamen de cantu molli et delicato, ἁπαλῷ καὶ μαλακῷ, acce-
peris. Vide *Hefych.* in οὖλος. — Pro ἀείδοις ed. Flor.
vitioſe κοίδοις. — V. 4. αἰθύσσων. Ed. Flor. et tres Ald.
αἰθύσσον. Aſcenſ. et Steph. Recte *Br.* lectionem vett.
editt. revocavit. Huc facit gloſſa *Hefychii:* αἰθύσσειν. ἀνα-
σείειν. Σοφοκλῆς Σίνων. Cf. eundem in ἀναιθύσσειν. In *Sophoclis* tragoedia hoc verbum de Sinone facem attol-
lente et vibrante (vide *Heynium* Exc. VIII. ad Aen. II.
p. 303.) uſurpatum eſſe fuſpicor; hoc autem loco poëta nihil dixiſſe videtur, niſi Anacreontem pulchros et
fplendentes flores in capite *geſſiſſe*. *Simonid.* l. c. κεφαλῆς
ἐφύπερθε φέροιτο Ἀγλαὸν ὡραίων βότρυν ἀπ' ἀκρεμόνων. Si quis
tamen ſic interpretari malit: ἀνθέιων στέφανον ὕπερθε
κόμης, nec hoc ineptum. — V. 5. „Μεγίστῃ contractum
„ex Μεγιστέα. Vide Simonid. Ep. LV. In Cod. Jani
„Laſcaris ſcriptum Μεγιστὴν, μεγίστην Brodaeus p. 400.
„pro adjectivo habuiſſe videtur. Haec ſcriptura nomi-
„nis proprii defendi poteſt et ad Aeolicam dialectum re-
„ferri. Vide Maittaire p. 183. Sed quod dedi non mu-
„to." *Br.* Μεγίστην vulgo et in Cod. Vat. — Εὐριπύλην.
Ed. Flor. — V. 6. πλόκαμον. Vide *Aelian.* V. H. IX. et
Maximum Tyr. in loco a nobis laudato ad *Simonid.* Ep.
LV. p. 235. — V. 7. habet *Suidas* in ἀμφίβροχος T. I.
p. 149. — V. 8. „Inepte Planudea νέκταρ ἀπὸ σταλίκων.
„Guietus ad oram libri ſui, qui e Bibliotheca Domus
„Profeſſae Jeſuitarum Pariſienſium in meam transmi-

„gravit, emendabat σταφυλῶν, quod profecto vulgata
„melius eft. Vat. membr. σταλίδων. E Suida in στόλιον
„(T. III. p. 377.) legendum στολίδων, quod absque
„Suida viderat Salmafius. στολίδες idem quod εἵματα v.
„praecedenti. Supra XXXII. Venus ἐκθλίβει νοτερῶν ἀφρὸν
„ἀπὸ πλοκάμων.“ *Br. Wakero* in Amoen. liter. c. 8.
p. 52. fq. *Suidae* lectio probe cognita nihil ad verum
intelligendum profuit: corrigit enim σταφυλῶν. Aliter
fenfit *Schneiderus* in Per. crit. p. 121. *Opfopoeus* de
κυλίκων cogitabat; *Reiskius* in not. mss. de στομάτων. *Ju-
lius Pollux* VIII. 54. Εἴη δ' ἄν τις καὶ στολιδωτὸς χιτών·
στολίδες δέ εἰσιν αἱ ἐπίτηδες ὑπὸ ὀσφύος γιγνόμεναι κατὰ τῆν τοῖς
χιτῶσιν ἐπιπτυχαί. Vide *Salmaf.* ad Tertull. de Pall. p.368.
et ad Scr. H. Aug. T. II. p. 146. — Eleganter dictum
κατεσπείσθη βίοτος, de vita Mufis, Baccho et Amori *facra.*

LXXIV. Cod. Vat. p. 212. ᾿Αντιπ. Σιδ. Plan. p.276.
St. 400. W. Ex hoc Epigrammate ductum Ep. ἀδέσπ.
DXXVI. :

᾿Ω ξένε, τόνδε τάφον τὸν ᾿Ανακρείοντος ἀμείβων,
   σπεῖσόν μοι παριών· εἰμὶ γὰρ οἰνοπότης.

— V. 4. ὀστέα νοτιζόμενα. Potator quidam in Anthol.
Lat. T. II. p. 34. *Offa merum fitiunt, vino confperge fe-
pulcrum, Et calice epoto, care viator, abi.* Lenae iratus
Propertius L. IV. 5. 2. inter graviffima quae ei impre-
catur mala, *Et tua,* ait, *quod non vis, Jentias umbra
fitim.* — V. 5. „In aliis libris legitur : ὡς ὁ Διωνύσου με-
„μελημένος οὔασι κῶμος. absque ullo fenfu: ipfius Ana-
„creontis perfona exprimi debet in hoc verfu, ut et in
„fequentibus. Ineptam lectionem in contextu relinque-
„re nolui, cujus facilis erat emendatio.“ *Br.* Facilem
effe hanc emendationem, apparet; certam et in textu ponendam, omnino nego. In μεμελημένος potius latet μεμνημένος. Quare haud inepte correxeris:

   ὡς ὁ Διωνύσου μεμνημένος ὄργια κώμων.

quandoquidem ego in *mysteria comissationum* Dionysi *in-*
isiatus, nec apud inferos Bacchi donis patienter carebo. Ut
hic μεμυημένος ἔργια, sic Achill. Tat. L. V. p. 313. μνησθῶ-
μεν οὖν, ὦ φίλτατε, τὰ τῆς Ἀφροδίτης μυστήρια. Verbum
μνεῖσθαι ab ipsa mysteriorum initiatione ad alias res, quibus quis imbuitur, eleganter transfertur. Vide notata
ad *Stratonis* Ep. LIII. — Ad nostrum locum inprimis
facit *Philodemus* Ep. XIX. κεκώμακα· τίς δ᾿ ἀμύητος Κώμων; — Nec ὄργια κώμων poëtae elegantia indignum videbitur. *Aristophan.* Lysistr. 832. τοῖς τῆς Ἀφροδίτης ὀρ-
γίοις εἰλημμένος. Vide *Dorvill.* ad Charit. p. 402. ὄργια
Μουσῶν. *Aristoph.* Ran. 355. unde *orgia Pieridum* Sta-
rius V. Sylv. V. 4. Cf. *Intpp. Propertii* III. El. 1. 4. —
Joseph. Scaliger huic versui adscripsit conjecturam κώμου,
qua vitium non tollitur. — V. 6. φιλακρήτου ἁρμονίης.
Carmina mero quodammodo imbuta significari videntur.
φιλακρήτοιο μέθης. *Nonn.* Dion. XVII. p. 463. — V. 7.
ὑποίσω. *habitare sustineam.* ὑπ᾿ οἴσω. Vat. Cod.

LXXV. Cod. Vat. p. 212. Ἀντιπ. Σιδ. Planud. p. 277.
St. 401. W. — V. 2. εὖσει. Ductum videtur ex *Simo-*
nide in Anacreontem Ep. LV. βάρβιτου οὐδὲ θανὼν εὔνασεν
εἰν ἅδη. — Ejus citharam (κιθάρη Vat. Cod.) νυκτίλαλον
vocat, qua pervigilia celebraverat; unde ap. *Dioscorid.*
Ep. XXIV. κώμου καὶ πάσης κοίρανε παννυχίδος. — V. 3.
Πόθων ἔαρ quasi decus et ornamentum Cupidinum. Hinc
Julian. Aegypt. LI. Χαρίτων ἐξαπόλωλεν ἔαρ. — V. 4. „ἀνε-
„κρούεν νέκταρ ἐναρμόνιον. Hinc Persius in prologo: *Can-*
„*tare credas Pegaseium nectar.* Quae ex nostris carmini-
„bus exempla profert *Casaubon.* ad tuendum *melos,* cor-
„rupta sunt et in hac editione emendata, ut mox in sq.
„videbis.“*Br.* Tanquam *Anacreontis* haec laudat *Sca-*
liger in A. P. II. 15. Χίε μοι νέκταρ ἄνυδρον Μελικόν. Vide
Fischer. p. 414. Dulcissimum et praestantissimum har-
moniae genus significari, neminem fugit. Sic *Appulejus*
Se philosophiae crateram unam inexplebilem, nectaream

bibiſſe ait, in Florid. IV. p. 363. — V. 5. „Mallem
„ἠΐθεου γὰρ Ἐρ. ⇾ et ſic ſcribendum cenſeo.“ *Br.* Amorem puerilem, ut videtur, intelligens cl. Editor, non
peritus perſuadet. Comparantibus *Poſidippi* Ep. I. ἐγὼ
σκοπὸς εἰς ἅμα πολλοῖς κεῖμαι — non improbabile videbitur, ejusmodi quid fuiſſe ſcriptum ab *Antipatro:*

Εἷς σύ, γέρον, γὰρ Ἔρωτος ἔφυς σκοπός.

quod bene reſpondet ſequentibus: εἰς δὲ σε μοῦνον. —
σκολιὰς ἐκηβολίας (ἐκηβολίδας Cod. Vat.) inepte interpretatur *Opſopoeus.* *Brodaeus* difficiles eſſe vult, aſperas,
in amore non reſpondentes. Simpliciſſimum fortaſſe
fuerit σκολιὰς ad τόξον σκολιὸν referre. *Hermeſianax* Eleg.
v. 63. Euripidem quoque Amoris ſagittis percuſſum
eſſe dicens, cum ὑπὸ σκολιοῖο τυχόντα τόξου, ait, νυκτερινὰς
οὐκ ἀποθεσθ᾽ ὀδύνας. *Reiskius* in not. mſtis σκοτίας tentavit, docente *Schneidero* in Per. crit. p. 71. qui ipſe δο-
λιχὰς corrigit, ex Ep. *Julian. Aegypt.* XXXI. Κυθέρεια
φέρειν δεδάηκε φαρέτρην Τόξα τε, καὶ δολιχῆς ἔργον ἐκηβολίης.

¶. 27.] *LXXVI.* Cod. Vat. p. 212. Ἀντιπ. Σιδ.
Planud. p. 277. St. 401. W. — V. 1. ἐνθάκει. Vat. Cod.
— μανίη παίδων. quo nemo puerorum fuit amantior.
μανίη ζωροτάτη, *merus furor*, ut in Epigr. ἄδεσπ. XXV.
ἄκρητον μανίην ἔπιον. Vide *Gataker* in Adverſ. Poſth.
c. V. p. 450. ſq. *Paul. Sil.* Ep. XXXVII. κάλλεος ἀκρήτου
ζωροπότη θρασέες. — V. 3. „In Planudea corruptiſſime
„legitur ἀκμὴν οἱ λυρόεν μελίζεται ἀμφὶ Βαθύλλῳ. Vir doctus
„in exemplari Florent. edit. quod habeo, emendabat
„ἀκμὴν ἱμερόεντι, quod nihili eſt, ob ſequens ἵμερα. Paulo
„melius Guietus λειρόεντα, quod accuſativus eſſet pen-
„dens a μελίζεται, quo jam refertur ἵμερα. Omnino ſcri-
„bendum λειρόεντι relatum ad Βαθύλλῳ. Pulcherrimi
„adoleſcentis mentio non ſine laude fieri debebat. ἀκμὴν
„adverbium eſt temporis. Heſych. ἀκμήν. ἔτι.“ *Br.* Mirum, viros doctos, neque *Brunckium* adeo, animadver-

-tiffe, jam *Brodaeum* reftituiffe λειριόεντι, cui lectioni patrocinatur *Salmaf.* in Epift. LXXXVII. contra *Cafaubo-*
num disputans, qui in Not. ad *Perfii* Prolog. v. 14. prio-
tem in μέλος produci poffe contenderat, noftro loco
prolato. *Jofeph. Scaliger* tentavit ἐλελίζεται &. B. ἠρέμα.
Huetius p. 27. ὁ λυρθεν τι μελ. — In Vat. Cod. legitur:
ἀκμὴν οἱ λυρθθεν μελίζεται. Aut multym fallor, aut fcripfit
Antipater:
ἀκμὴν οἱ λόγ' ἐνερθε μελίζεται – –
Haec bene cum feqq. coëunt: *Suaviter adhuc apud infe-*
ros ejus lyra Bathyllum canit, — *nec Orcus ejus amores*
exftinxit. Plane ut *Simonides* de Anacreonte: Μολπῆς δ'
οὐ λήθη μελιτερπέος, ἀλλ' ἔτ' ἐκεῖνο Βάρβιτον οὐδὲ θανὼν εὔνα-
εεν εἰν ἀΐδη. — V. 6. ὠδίνεις. Veneris aeftu laboras. *Ho-*
mer. Od. ι. 415. Κύκλωψ δὲ στενάχων τε καὶ ὠδίνων ὀδύνῃσι.
LXXVII. Cod. Vat. p. 219. Ἀντιπάτρου. Planud.
p. 279. St. 403. W. In Stefichorum, Catanae fepultum, Homeri animatum anima. — V. 1. 2. *Suidas* excitat in ζαπληθὲς T. II. p. 3. ubi Στησιχορον ζ. ἀμέτρητον,
habetur, ut et in Plan. et in Vat. Cod. ἀμετρήτου *Br.*
ex ingenio emendaffe videtur. Indicat hoc epitheton
multitudinem carminum Stefichori, quem *Suidas* XXVI.
libros reliquiffe narrat. — V. 2. ἐκτέρισεν. Plan. et Vat.
Cod. Catanae Stefichorum fepultum fuiffe; teftatur
Suidas v. Στησιχορος. — ἐλθεῖν εἰς Κατάνην, κἀκεῖ τελευτῆ-
σαι, καὶ ταφῆναι πρὸ τῆς πόλης, ἥτις ἐξ αὐτοῦ Στησιχόρειος
προσαγορεύεται. Contra Himerae five Thermis ejus fe-
pulcrum fuiffe ait *Pollux* L. IX. 100. *Euftath.* Il. ψ.
289. Eadem in urbe fuit *Stefichori poëtae ftatua fenilis,*
incurva, cum libro, fummo artificio facta, Cicerone tefte
in Verrin. II. 35. Etiam hodie Thermitani ftatuam
monftrant, quam pro vetere illa, a *Cicerone* defcripta,
haberi volunt, cum fit ftatua fenatoria, docente *Dor-*
villio in Sicul. T. I. p. 24. Epitaphium in Stefichorum
exftat in Anthol. Lat. T. I. p. 404.:

E 4

Ops ego Steſichori Aetnaeis hic pſſibur oſſa
Clauſa tego vatis, cetera mundus habet.

αιθαλφιν δετιδον. *Catane nimium ardenti vicina,* Typhoeo.
Sil. Ital. XIV. 196. Egregie hoc epitheton explicatur
loco *Strabonis* L. VI. p. 269. et, ubi Catanae ſolum cum
Myſia comparat, L. XIII. p. 932. — V. 3. Πυθαγόρου
φυσικαν Vat. Cod. In Plan. Πυθαγόρεω. Huc facit inprimis *Quintil.* L. X. 1. 62. *Steſichorum, quam ſit ingenio*
validus, materiae quoque ostendunt, maxima bella et cla-
riſſimos canentem duces et epici carminis onera lyra ſusti-
nentem. — *Si tenuiſſet modum, videtur aemulari proxi-*
mus Homerum potuiſſe. — V. 4. ἐπὶ στέρνοις δ. ὠκήσατο.
Vat. Cod. Verum videtur ἐν et reponendum.

LXXVIII. Cod. Vat. p. 325. Ἀντιπ. Σιδων. Plannd.
p. 278. St. 403. W. Duo poſtrema diſticha hujus Epigrammatis tanquam peculiare carmen edidit *Jenſius*
nr. XLIII. quem errorem notavit *Heringa* in ObſſĹ.
p. 264. In Ibycum a latronibus interfeĉum. Hiſtoriam,
cui hoc carmen ſuperſtruĉum eſt, narrat *Erasmus* in
Adagio *Ibyci Grues.* Chil. I. IX. 22. ex *Plutarcho* T. II.
p. 509. F. — V. 1. 2. Offendebant piratae Ibycum in
litore deſerto inſulae, neſcio cujus, in quod eſcende-
rant. — V. 3. ἀλλ᾽ ἐπιβωσαμένων Vat. Cod. vitioſe. *Vo-*
lucrum precator Ibycus ap. *Statium* Sylv. V. 3. 152. —
Reĉe Plan. πολλὰ, ut *Anton. Lib.* c. VII. p. 50. equi
τὸν Ἄνθον κατεβίβρωσκον πλεῖστα ἐπιβοώμενον ἀμῦναι τοὺς
θεούς. — Pro ἴκοντο *Joſ. Scaliger* ἴκοιντο corrigit, neſcio
quare. Hac quidem mutatione non efficitur, ut verba
αἰ — θάνατον Ibyci ſint; quae *Scaligeri* ſententia fuiſſe
videtur, per ſe minime inepta. *Suidas* in Ἴβυκος T. II.
p. 93. Συλληφθεὶς ὑπὸ λῃστῶν ἐρημίας, ἔφη, κἂν τὰς γεράνους,
ἃς ἔτυχεν ὑπερίπτασθαι, ἐκδίκους γενέσθαι. An igitur voluit:

ὡς οἱ Ἴκοιντο

μάρτυρες, ἄλγιστον ὀλλυμένῳ θάνατον.

— V. 5. ποινή τις vitiofa eſt lectio Aldinae fec. et tertiae,
quas ceterae editt. fecutae funt. Ed. pr. ποινῆτις, quod
et Vat. Cod. confirmat et *Plutarch.* l. c. ἐλεγχθέντες δὲ
οὕτως ἀπήχθησαν, οὐχ ὑπὸ τῶν γεφκνων· κολασθέντες, ἀλλ' ὑπὸ
τῆς αὐτῶν γλωσσαλγίας, ὥσπερ Ἐρινύος καὶ Ποινῆς, βιασθέντες
ἐξαγορεῦσαι τὸν φόνον. — V. 6. Latronibus enim Corinthi
(Σισυφίῃ· κατὰ γαῖαν) in foro, five, ut alii tradunt, in thea-
tro fedentibus, cum grues praetervolarent, unus eorum
ad proxime affidentem, En tibi, dixit, Ibyci vindices.
Quod cum et alii audiviffent, Ibyco jam diu defiderato,
fufpicio orta ipfaque res brevi tempore patefacta eſt. —
V. 8. πεφόβησε. Vat. Cod. — V. 9. κανών. Perperam
Brodaeus θανὼν caftigat. — λοιδῶν Cod. Vat. Agamemnon Clytaemneſtram vatis cujusdam fidei commiferat,
quem Aegiſthus, mulierem corrupturus, ἄγων ἐς νῆσον
ἐρήμην, Κάλλιπεν οἰωνοῖσιν ἕλωρ καὶ κῦρμα γενέσθαι. *Homer.*
Od. γ. 269. fq. ubi vide *Clark.* Hujus fceleris graves
poenas ab Aegiftho petiverunt Εὐμενίδες μελάμπεπλοι. *Euripid.* Alceſt. 843. ἔνακτα τὸν μελάμπεπλον νεκρῶν θάνατον.
ad quem locum olim nonnulla dedimus in Animadverff.
p. 34. fq. — Non praetereundum eſt, in Cod. Vat.
poſt v. 6. breve relinqui fpatium, novo lemmate ap-
picto: Εἰς τὸν αὐτόν. Εἰς Ἴβυκον τὸν ποιητὴν ὑπὸ λῃστῶν ἀναι-
ρεθέντα. In autographo fcilicet, unde Vat. Cod. de-
fcriptus eſt, in hoc verfu novae paginae initium fuiffe
puta.

LXXIX. Cod. Vat. p. 213. Ἀντιπ. Σιδ. Planud.
p. 272. St. 393. W. In Pindari tumulum. Prius diſtichon profert *Suidas* in εὐαγὴς T. I. p. 880. et in χαλκευ-
τὴς T. III. p. 650. Utroque loco εὐαγέων legitur, quod
etiam in Plan. et in Vat. Cod. habetur. Hanc lectionem, quam *Toupius* recte explicavit in Em. in Suid.
P. III. p. 559. idem tentavit in Epiſt. crit. p. 118.

E 5

εὐαχέων corrigens, ex *Pindari* Pyth. III. 25. εὐαχέα βασι‐
λεύειν ὑμνον. Falſis ratiunculis hanc conjecturam con‐
vellere ſuscepit *Koppiers* in Obſſ. philol. p. 89. cui re‐
ſpondet *Toupius* in Curis nov. p. 202. εὐαγέων et εὐαχέων
pronuntiandum τρισυλλάβως; in utroque enim vocabulo
α producitur, ut apparet ex *Leonid. Tar.* Ep. XXVIII.
Recte autem vulgatae patrocinatur *Brunckius*, docens,
verba a fabrili arte traducta eſſe − Pindarum enim
ὑμνων χαλκευτὰν dici −; ut igitur poëta in eadem perſiſtat
metaphora, verius et elegantius epitheton excogitari
non poſſe verbo εὐαγέων. Sunt autem ὑμνοι εὐαγέες *hymni*
bene tornati, ut eſt ap. *Horat.* A. P. 441. ubi vulgatae
lectioni, *Et male tornatos incudi reddere verſus*, ex noſtro
loco robur accedit contra *Bentleji* molimina. Noſtrum
ductum videri poteſt ex *Ariſtophan.* Eqq. 527. τέκτονες
εὐπαλάμων ὑμνων. Similiter locutus eſt *Euripid.* in Andr.
477. *Antip. Theſſ.* Ep. XXIV. Πιερίδων χαλκευτὰν ἐπ' ἀκμο‐
σιν. — Vitioſe vulgo βαροόμενον legitur. βαρὺν legendum
eſſe viderat *Joſ. Scaliger*, et habet *Suid.* loco ſec. et Vat.
Cod. — Ut hic *Antipater* Pindarum σάλπιγγα propter
gravem carminum ſonum, ſic Demoſthenem ſimili de
cauſa *Chriſtodorus* in Ecphr. v. 23. δημηγόρον σάλπιγγα
appellat. Quaedam hujus generis ex ſophiſtis vide ap.
Wernsdorf. ad Himer. XXII. 6. p. 759. — ¶. 28.]
V. 3. εἰς Δίαν. Cod. Vat. et Μουσῶν. In fine carminis ἀπε‐
σλέσατο Plan. et Vat. Cod. Quod *Brunckius* recepit, eſt
ex emendatione *Reiskii.* *Hesych.* ἐαβλίσαι. ἐκθλίψαι. ἐκπιέ‐
σαι. βλίζειν γὰρ τὰ κηρία ἐκθλίβειν. et iterum: βλίσαι. κατνί‐
σαι μελίσσας καὶ ἐξελάσαι τῶν σμηνῶν, ὑπὲρ τοῦ τὸ μέλι τρυ‐
γῆσαι. Hinc βλίττειν ſimpliciter pro τρυγᾶν, ſive, ut *Ti‐*
maeus interpretatur, ἀφαιρεῖν τὸ μέλι ἀπὸ τῶν κηρίων. ubi
vide *Rubnk.* p. 63. Pro *eripere* occurrit ap. *Ariſtoph.*
Av. 497. ἀπέβλισε θοιμάτιόν μου. Senſus igitur eſt: Pin‐
dari carmina audiens dices, Thebanos quoque poëtica
facultate excelluiſſe. Poëticam facultatem per σρῆνος ἀπὸ

ᵢₙ₄₄₄

Μουσῶν defignat; fic enim jungenda verba. Κάδμου Θάλια μοι, Thebae. Fortaffe praeterea corrigendum : κήν Κάδμον.

LXXX. Cod. Vat. p. 217. Ἀντιπ. Plan. p. 284 b. St. 419. W. Diogenis Cynici vita paucis contenta animusque malis infeftus laudatur. — V. 1. 2. excitat *Suidas* in γυμνήτη Tom. I. p. 502. — βίος γυμνήτης non tam *nuda vita*, ut vulgo vertitur, fed *frugalis* potius et pauciffimis rebus inftructa; quandoquidem Diogenes omnia abjecerat, quae ei ad vitam tolerandam non omnino neceffaria effe viderentur. — V. 3. μία ante δίπλοις in Cod. Vat. lineae foperfcriptum. — V. 6. φαῦλον. Malos et vitiofos, quos per omnem vitam allatravi, etiam apud inferos odio habeo.

LXXXI. Servavit *Diogen. Laërt.* VII. 29. Ἀθηναῖοι ἔθαψαν αὐτὸν ἐν τῷ Κεραμεικῷ καὶ ψηφίσμασι τοῖς προειρημένοις ἐτίμησαν, τὴν ἀρετὴν αὐτῷ προςμαρτυροῦντες· καὶ Ἀντίπατρος ὁ Σιδώνιος ἐποίησεν οὕτως· Τῆνος ὅδε.... Hinc receptum eft in Append. Planud. p. 523. St. *23. W. Zenonem defunctum ad Olympum properaffe ait, fola fibi fapientia et continentia via ad fuperos munita. — V. 1. Κιττίῳ. vulgo. Urbis, unde Zeno (Κιττιεὺς) originem ducebat, nomen fuit Κίτιον. — V. 2. ἀνθέμενος. Non, ut Aloeï filii, Pelion Offae imponentes. *Homer.* Odyff. λ. 314. Ὄσσαν ἐπ' Οὐλύμπῳ μέμασαν θέμεν, αὐτὰρ ἐπ' Ὄσσῃ Πήλιον εἰνοσίφυλλον, ἵν' οὐρανὸς ἄμβατος εἴη. Apte *Toup.* in Em. ad Suid. P. I. p. 161. comparat *Lucian.* T. III. p. 34. Bip. καὶ δυνησόμεθα, ὦ Ἑρμῆ, δύ᾽ ὄντες ἀναθέσθαι ἀράμενοι τὸ Πήλιον ἢ τὴν Ὄσσαν; — V. 3. ἄεθλα. vulgo. Duplex proftat *Meibomii* conjectura, οὐδ᾽ ἄρεθ᾽ Ἡ. et οὐδ᾽ ἴκασ᾽ Ἡ. Una litera mutata *Toupius* fcripfit: ἄεθλος. Neque Herculis labores exantlavit, quibus ille *nixus, arces attigis igneas. Horat.* III. Carm. III. 10. — V. 4. ἀτραπὸν-μοῦνος. vulgo. ἀτραπιτὸν, in quod *Huetius* incidit p. 81.

Meibomius recepit ex emend. *H. Stephani.* Hercules apud
Senecam in Herc. Oet. 1941. *Virsus mibi in aftra et*
ipfos fecit ad fuperos iter. De fuperbis *Rhian.* I. 15. ή
τιν' ἀτραπιτὸν τεκμαίρεται οὐλυμπόνδε. μοῦνος, quod ex *Mei-*
bomii conjectura mutatum eft, fortaffe confervari debebat. Metro non timendum poft tot exempla brevis fyllabae in caefura productae.

LXXXII. Cod. Vat. p. 269. hoc Epigr. *Antipatro*
Theffalonicenfi tribuit. In Planud. p. 234. St. 339. W.
gentile non additur. Scriptum eft in Hipparchiam, quae
abjectis muliebribus artibus, Cynicam vitam fectabatur.
Vide de ejus vita *Diogen. Laërt.* VI. 87. et 96. et *Me-*
nagium de Mul. phil. in Append. p. 497. — V. 2.
ἐλόμαν. Vat. Cod. — V. 3. πιρονήτιδας οὐδὲ βαθύπεπλος ε.
Vat. Cod. et optimus Planud. Cod. quo *Br.* ufus eft.
Vulgo οὐ βαθύπελος. Quod epitheton voci εὔμαρις, qua
calceamenti genus fignificatur, cum tribui nequeat,
Salmafius corrigit βαθύπελμος, idque *Toupius* quoque vidit ad Suid. p. 339. εὔμαρις. εἶδος ὑποδήματος, διὰ τὸ εὔ-
μαρῶς, ὅ ἐστιν εὐχερῶς βαδίζειν τοὺς ὑποδεδεμένους. Εὐριπίδης·
βαρβάροις ἐν εὐμαρίαιν. *Etymol. M.* Toupius praeterea laudat *Polluc.* IX. 2. *Schol. Apollon. Rh.* L. II. 102. Locus
Euripidis eft in Oreft. 1370. ubi vide *Musgrav.* πέλμα
calcei eft *folea;* hinc calceus μονόπελμος, *qui nonnifi unam*
foleam babet; ut ap. *Phaniam* Ep. II. βαθύπελμον autem
auctor emendationis de *calceo altifoleato* interpretatur,
quales delicatiorum et elegantiorum hominum erant.—
Quas poëta h. l. ἀμπεχόνας πιρονάτιδας vocat, hae veftes
etiam uno vocabulo ἀμπερονατρίδες vocabantur. Veftis
videtur fuiffe interior, quae fibulis adftringebatur. *Ca-*
faubon. Lect. Theocrit. p. 272. ἀμπεχόνη autem eft vox
latioris fignificationis, quae modo pallam defignat (ut
τὸ ἀμπέχονον ap. *Theocrit.* Eid. XV. 21.) modo quamlibet
veftem. De vefte interiore, quales Cynici non gerebant,

usurpavit *Agath. Schol.* Ep. V. ἐφεσσαμίνη δ᾽ ὑπὲρ ὥμων
ζτήθεῖ καλλεύκῳ τήνδε δὸς ἀμπεχόνην. — V. 4. λιπόων κε-
κρόφαλος. unguentum redolens velamen. Vide ad *Noſſi-
dis* Ep. V. p. 415. ſq. — V. 5. „Editi Οὐδὰς absque
„ullo ſenſu. Eadem doĉta manus, cujus paulo ante me-
„mini, in margine exemplaris Florentinae ſcripſit πήεν,
„ad ſenſum bene; ſed verum eſt Θυλᾶς. Leĉtio corrupta
„ex librarii oſcitantia, qui ad quadratarum literarum,
„quibus olim utebantur, formam et lineamenta non
„ſatis attendit: ΟΤΔΑΣ et ΘΤΛΑΣ facile confundi potue-
„runt. Hoc jam emendaveram ex Heſychi gloſſa Θυλάϑις,
„πήεαι, ϑόλακοι, ubi vide Intpp., antequam Toupii Em.
„in Suid. T. III. prodiret, quem vide p. 93. [p. 388.]*
Br. Toupius tamen ϑύλαξ corrigebat. Idem vitium *Ruhnkenius* exemit fragmento *Callimachi* 360. πτωχῶν ϑυλλε
ἀεὶ κενὴ, pro οὐλαὶ 4. κεναί. Vide Epiſt. crit. II. p. 188. —
Vat. Cod. σκήπωνι. Vide not. ad *Leonid. Tar.* Ep. X. —
ςυνέμπορον corrigebat *Joſ. Scaliger.* Hoc vocabulum ſenſu metaphorico uſurpavit *Macedon.* Ep. XII. de enſe,
οὗτος ἐμοὶ πεϑέοντι ξυνέμπορος. Navis ςυνέμπορος ἀνέρι κέρδους
ap. *Antiphil.* Ep. I. et XLII. — V. 6. βλῆμα κεῖται pro
circumſcriptione cubilis in terra poſiti habendum eſt:
huic habitui conveniens cubile, χαμαὶ βεβλημίνον, i. e. τε-
ϑειμένον. Proprie βλῆμα, quodcunque jacitur. *Herodot.*
L. III. p. 212. 47. *Eurip.* in Suppl. 330. — V. 7.
ἄμι δὲ M. κάῤῥων ἄμιν A. Cod. Vat. *Brunckii* leĉtio eſt in
Plan. ubi tamen non ἧς. ſed ἥν habetur, et κρέσσων. Κᾶϊ-
ϊον. βέλτιον. *Heſychius. Euſtath.* ad Odyſſ. p. 790. 28. —
V. 8. ςοφίη et ὀρειδρομίης. Vat. Cod. ὀριϑρομίας. Plan.
Hipparchia ſe cùm Atalanta comparat, ita tamen, ut
ſuam vitam Atalantae vita tanto praeſtantiorem judicet,
quanto ſapientia venationem ſuperet.

LXXXIII. Cod. Vat. p. 239. ſq. Ἀντιτ. Σιδων.
Planud. p. 225. St. 327. W. In membranis Vat. v. 3. 4.
leguntur ante v. 1. 2. Sequitur deinde alterum diſtichon

Ep. *Platon.* VI. Deinde integrum Epigramma a primo
versu ad postremum. — Elegans carmen in Laïdem Corinthiam, quae viva quaestum meretricium faciens novi
belli incendium prohibuisse videbatur, mortua a Venere et Cupidine defletur. — V. 1. 2. laudat *Suid.* in
Θρύπτεται T. II. p. 208. — ἀλευργίδι. Purpura et auro
meretrices publice utebantur. Θρυπτομένην. *Aelian.* V. H.
I. 19. Colophonii ἐσθῆτι πολυτελεῖ ἐθρύπτοντο καὶ τραπέζης
ἑαυτία. — ¶. 29.] V. 3. *Suidas* in ἀλιζώνου T. I. p. 112.
et iterum T. III. p. 140. simul cum v. 4. in Πειρήνη
T. III. p. 106. *Ephyreïa Laïs E gemino dotata mari. Clau-*
dian. in Eutrop. I. 90. Vide *Burmann.* ad Propert. II.
El. V. p. 249. 'Ex Hyccari tamen Siciliae oriunda pu-
tatur. In proximo versu poëta Pirenes fontis mentionem facit, unde Laïs olim aquam hausisse dicitur: 'Απελ-
λῆς ὁ ζωγράφος ὅτι παρθένον οὖσαν τὴν Λαΐδα θεασάμενος ἀπὸ
τῆς Πειρήνης ὑδροφοροῦσαν. *Athen.* L. XIII. p. 588. C. —
In contextu Vat. Cod. loco priore λευκῶν λευκοτέρην λιβάδος, vulgata lectione superscripta; altero loco nihil plane varietatis. λευκὸν ὕδωρ Homericum. Il. ψ. 282. *Calli-*
mach. H. in Jov. 18. 'Ερύμανθος Λευκότατος ποταμῶν. Vide
Spanhem. ad Juliani Caes. p. 42. — V. 5. 6. 7. *Suidas*
habet v. θρέπεται T. I. p. 628. ubi ἐφ' ἧς legitur. —
μνηστῆρες. *Propert.* II. 5. 1. *Non ita complebant Ephyreae*
Laïdos aedes, Ad cujus jacuit Graecia tota fores. Vide
notas ad *Platonis* Ep. VII. p. 343. — V. 8. *Suidas* in
ὕδωδε T. II. p. 657. Non viva tantum Laïs redoluit unguenta, sed ejus ossa adhuc suavissimum unguentorum
exhalant odorem. Crocus et crocinum unguentum in
conviviis, theatris et funeribus frequenter adhibebatur.
Vide *Salmas.* in Plin. p. 76. D. *T. Hemsterh.* ad Lucian.
T. I. p. 281. Bip. *Philodem.* Ep. XXII. κροκίνοις χρίσατε
γυῖα μύροις. In epitaphio pueri auctor Ep. ἀδέσπ. DCXCV.
optat, ut ossa suavem odorem spirent. Sed hujus rei
alia est ratio. Apud nostrum ad Laïdis luxuriem et ad

unguenta rogo infufa refpicitur. *Statius* in Sylv, II. 1.
157. *Quid ego exfequias et prodiga flammis Dona loquar,
moeftoque ardentia funera luxu?* — *Quod Cilicum flores,
quod munera graminis Indi, Quodque Arabes, Phariique
Palaeftinique liquores Arfuram lavere comam?* Cf. II. 6.
86. III. 3. 33. — Pro ἧς ἔτι *Suid.* ἧς αἱεί. qui v. 9.
10. laudat in κηώδης T. II. p. 308. et v. 10. iterum in
θυόεν T. II. p. 214. Priores ejus editiones pro ἀσθμῷ
vitiofe ἄσμα legunt. — V. 11. ἧς ἐπὶ Plan. et *Suid.* in
ἀμύξεις T. I. p. 147. Ipfa Venus Laïdis mortem luctu.
profecuta eft. βέθος h. l. πρόσωπον, παρειά· ut *Hefychius*
interpretatur. Vide *Schneider.* ad Nicandri Alex. 456.
p. 224. fq. — V. 12. *Suidas* in λόζει T. II. p. 466.
De voce λόζειν fufe egerunt *Sallier* ad Thom. M. p. 585.
T. Hemfterh. ad Lucian. T. I. p. 177. fq. Amoris fin-
gultim plorantis imaginem fortaffe duxit *Antipater* ex
Bionis Eid. α. 80. ἀμφὶ δὲ μιν κλαίοντες ἀναστενάχουσιν Ἔρω-
τες Κειράμενοι χαίτας ἐπ' Ἀδώνιδι. — V. 13. Laïs nifi con-
cubitum omnibus communem feciffet, novum de ea non
minus quam propter Helenam exarfiffet bellum.

LXXXIV. Vat. Cod. p. 285. *Antipatro Theffalonicenfi* tribuit; quod perperam fieri cenfet *Brunckius*, caufam fententiae nullam reddens. In Planud. p. 263. St.
380. W. gentile non additur. Scriptum eft carmen in
matrem et filiam Corinthias, quae, urbe a Romanis ex-
pugnata, fefe mutuo peremerant. Similia complura in
nobiliffima illa Corinthi clade facta effe, probabile fit.
Notum illud Diaei, Achaeorum praetoris, facinus, qui
victo a Romanis exercitu, domum properavit, eam in-
cendit conjugemque peremtam in flammas praecipitavit.
Paufan. L. VII. 16. p. 561. *Aurel. Vict.* de Vir. Ill.

c. LX. — V. 1. Ῥεδότα et Βοίσκη. Vat. Cod. — V. 2.
κεκλίμεθα. non fuccubuimus hoftium violentiae. *Hermefianax* El. 54. οἰνηρὴν δουρὶ κεκλιμένην πατρίδα. Vide not.

ad *Mnafalc.* Ep. XVIII. p. 411. — V. 4. ἄλκιμον. Nobis
ipfae mortem fortiter confcivimus. — V. 5. διὰ σφακτῆρι.
Vat. Cod. — σιδήρῳ. Ed. pr. — V. 6. φειδὼ βίου, quod
ignavorum eft. *Solon* El. V. 45. φειδωλὴν ψυχῆς οὐδεμίην
θέμενος. *Tyrtaeus* El. I. 14., θνήσκωμεν ψυχῶν μηκέτι φειδό-
μενοι. Vide quae collegit *Wetften.* ad. N. T. II. p. 29c. —
V. 7. διερὰν βρόχῳ. Vat. Cod. quod fortaffe verum, modo
ἀναυχενίῳ fcripferis:

ἄψε δ' ἀναυχενίῳ διερὰν βρόχῳ.

Euripid. Hel. 135. βρόχῳ γ' ἄψασαν εὐγενῆ δέρην. *Alcef.* 229.
βρόχῳ δέρην οὐρανίῳ πελάσαι. *Sophocl.* Antig. 1221. τὴν μὲν,
κρεμαστὴν αὐχένος, κατείδομεν Βρόχῳ μιτώδει σινδόνος καθημ-
μένην. — In fine verf. Cod. Vat. ἐμείνω. — V. 8. ἄμμιν
Plan. quae et verf. praec. ἥν legit. ' Mortem liberam
generofi fervitutis contumeliae nunquam non praetule-
runt. Polyxena in *Euripidis* Hec. 550. ἐλευθέραν δ' ἐμ',
ὡς ἐλευθέρα θάνω, Πρὸς θεῶν, μεθέντες, κτείνατ' · ἐν νεκροῖσι γὰρ
Δούλη κεκλῆσθαι, βασιλὶς οὖσ', αἰσχύνομαι.

LXXXV. Cod. Vat. p. 230. Ἀντιπ. Σιδ. Edidit *Majus* in Catal. Bibl. Uffenb. p. 579. *Leichius* in Sepulcr.
p. 22. *Wolf.* ad Fragm. Erinnae p. 21. *Reisk.* Anth.
nr. 569. p. 74. Expreffum ex Epigr. *Leonid. Tar.*
LXXI. — V. 3. ἴχνει. In marg. γρ. ἴδειμι. Vat. Cod. —
V. 4. παρθενίης. Vat. Cod. — ἄμματα. zonam virginalem.
Hoc diftichon protulit V. D. in Mifcell. Obff. I. 3.
p. 130. ὃς πρὶν ἄτικτα vitiofe exhibens. — V. 5. λοχίοις.
Vat. Cod. — ¶. 30.] V. 9. υἱεῖαν τρίχα. In codicis
„margine γρ. πολιήν. Sitne hoc varians lectio, an gloffa,
„an emendatio, nefcio. Sed πολιὴν verum credo. Expref-
„fum eft hoc Ep. e Leonidae LXXI. ubi καὶ ἐς βαθὺ γήρας
„ἵκοιτο, quod his verbis reddere debuit Antipater: ἔλθοι
„ἐς ὀλβίστην πολιὴν τρίχα." *Br.* Poft ἔλθοι in Vat. Cod.
lineae fuperfcriptum δ'. *Reiskius* vertit: *Veniat ille opto
ad feliciffimam pubertatem (aut feneƈtutem)*;, graeca verba
utram-

utramque interpretationem admittere docens. Quum *legis* ponatur pro *σεμνὸς*, *σεμνὴν τρίχα* autem pro *canis* recte pofueris, emendandi neceffitatem non video. *Sanctam parentis canitiem* dixit *Statius* Silv. III. 3. 18. — V. 10. *οὔριον βίοτον*. Metaphora a navigatione ducta, cui Fortuna praeeft. Vide ad *Bacchylid* Fr. l. p. 259.

' *LXXXVI*. Cod. Vat. p. 230. 'Αντιπ. Σιδ. οἱ δὲ 'Αρχίου. *Leichius* in Sepulcr. nr. XV. p. 20. *Reiskius*, quia parum a praecedente differt, repetere noluit. — V. 2. *Leich.* Καλλιτέλους et v. 6. Καλλιτέλην, ut eft in Vat. Cod. — V. 7. *ἐνδράσι*. Cod. Vat. recte.

. *LXXXVII*. Cod. Vat. p. 271. 'Αντιπάτρου. Primum diftichon et duo poftrema protulit *Salmaf.* in Plin. p. 859. F. Integrum carmen edidit *Leich.* in Sepulcr. p. 18. *Reisk.* nr. 616. p. 93. Continet defcriptionem et explicationem cippi aenigmaticis figuris exornati. — V. 1. „In Cod. fcriptum μαστεύω τίς ἐναγὶς ἐπὶ σταλατίδι „πέτρη. Quae corrupta a Salmafio ita, ut exhibui, emen„data funt, et profecto Salmafiana haec lectio multo „melior barbarie, quam invexerunt quidam, qui hoc „epigramma ediderunt. Non mihi tamen omnino fatis„facit. Viator, qui hic loquitur, non quaerit, *quis* fym„bola illa tumulo impofuit, fed *quare* ea aliquis impo„fuerit. Huic quaeftioni, non illi, refponfio congrua. „Scribendum τί τεᾷ τις ἐπὶ — Εx τιτεαιτις facile corrupta „lectio τιεευαγις oriri potuit. τί, i. e. διὰ τί quare?" *Br.* Non accurate Cod. lectionem indicavit *Brunckius*, quae haec eft: τίς εὐαγὴς ἐπὶ σταλήτιδι πέτρη. *Reiskius* dedit τί σευ, ἔστις, vertens: *quamobrem tuo in cippo, quisquis id feceris, inciderit fculptam hanc fententiam.* — Cum reputaveris, quanta fit in codd. fimilitudo literae α et ευ, γ et ν, et proinde Codicis noftri lectionem fic tibi finxeris in autographo, unde Vat. fluxerit, fcriptam; τιςευευνης, facile mihi concedes, corrigendum effe:

Μαστεύω, τί σύνευνος ἐπὶ — —

Quaero, cur maritus tuus cippo hanc fententiam, fub
aenigmaticis figuris reconditam, inciderit? Sic plane
Epigr. feq. τοιοῖ;ὸ' ἀμφ' ἔργοισιν ἐγάθεον, ἔνθεν ὀμευνος
Τοιάυ' ἐμᾳ̃ στάλᾳ σύμβολα ᾿τεῦξε Βίτων. — V. 3. Perperam
in fine hujus diftichi major diftinctio pofita; fententia
continuatur. Sculpta autem fuerunt in hoc cippo lora,
fifcella five capiftrum, quo equorum ora continebantur,
et gallus gallinaceus. Haec omnia ad matronam pertinere poëta negat. De voce κημὸς vide ad *Philodemi* Ep.
XXVII. I. — οἰωνὸς Τανάγρᾳ βλάστῶν. Nihil illuftrius
gallis Tanagraeis, de quibus nonnulla dedit *Paufan.*
L. IX. 22. p. 753. *Suidas:* 'Αλεκτρυόνα ἐθλητὴν Ταναγραῖον.
οὗτοι γὰρ ὡς εὐγενεῖς ᾄδοντοι. *Columella* L. VIII. 2. 4. ibique *Schneiderus.* — V. 5. laudat *Alberti* ad Hefych. in
ὑπωρόφιον, ubi ὑπωροφίαισι exhibet, quae eft Vat. Cod.
lectio. παρθένος ὑπωρόφιος *Apollon.* Argon. L. IV. 168.
— V. 6. τάς' ἱστον. Vat. Cod. recte. Nec aliter *Reisk.*
et *Leich.* Comparandus *Theocrit.*Eid. XXVIII. I.ᾧ φιλέριθ'
ἀλακάτα, δῶρον 'Αθανάας, Γυναιξὶ νόος οἰκωφελέσσιν ἐὸς ἐπηβό-
λος. *Liban.* Orat. V. Tom. I. p. 227. de Diana: οὐ μὴν
οὐδὲ ἱστὸν καὶ ἔρια καὶ ταλασίαν καὶ ἔργα γυναικῶν ἠξίωσεν
ἀφορᾷν — ἀλλ' ἀφῆκεν αὐτὴν ἐπὶ τὰ θηρία.— V. 7. Sequitur interpretatio fignorum. Gallus mulierem indicat
mane ad opus furgentem. Iis, quae dedimus ad *Meleagri* Ep. CXXIII. 7. p. 136. adde *Artemidor.* Oneirocr.
II. 47. ἀλεκτρυὼν ἐν μὲν πένητος οἰκίᾳ τὸν οἰκοδεσπότην, ἐν δὲ
πλουσίου τὸν οἰκονόμον σημαίνει, διὰ τὸ ἀνιστᾶν τοὺς ἔνδον ἐπὶ
τὰ ἔργα. — V. 10.ἡσυχίης Vat. Cod. ἡσυχίας *Werften.* qui
hoc diftichon profert ad N. T. II. p. 164. Laudatur in mulieribus filentium et linguae continentia. *Sophocl.* Aj.
294. *Euripid.* Heracl. 477.

LXXXVIII. Cod. Vat. p. 271. 'Αντιπ. Σιδ. Primum
diftichon protulit *Salmaf.* in Plin. p. 859. G. Totum
carmen *Leichius* in Sepulcr. p. 20. *Reisk.* in Anth. nr.
617. p. 94. — V. 1. In cippo Myrus infculpta erant

figna: flagellum, bubo, arcus, anfer et canis. In pentametro *Brunckius* voces transpofitas putat, et hoc ordine ponendas: χᾶνα, βιὸν, χαροπὸν γλαῦκα. nam epitheton χαροπὸν non anferibus, fed buboni convenire. In
Cod. Vat. eft χαροπὰν, quod reponendum, quamvis et
χαροπὸν ferri poffit. Lineae fuperfcriptum γρ. τάνδε θοὰν
σκύλακα. — V. 31.] V. 3. εὔτονον. Cod. Vat. quod mutatione non indiget: εὔτονος enim *intentam* rei fami-
liari matronam non minus fignificat, quam ἔντονος. Eadem eft lectionis diverfitas in *Polyb.* Hift. L. VIII. 7. 2,
εὐτονωτέροις καὶ μείζοσι λιθοβόλοις καὶ βέλεσι τιτρώσκων.
Quaedam de hoc verbo notavimus in Exercitt. crit.
T. II. p. 95. fq. — V. 4. κηδομέναν. *Reisk.* contra codicis fidem. — V. 5. ἀλλ' ἀγέρωχον. τὸ ἀγέρωχον εἶναι de
viris, militibus praefertim, in bonam partem paffim
ufurpatum, in mulieris tamen laudem dictum miror.
Quare mihi quidem veriffima videtur *Reiskii* emendatio:
οὐδ' ἀγέρωχον Δμωεῖ. neque in fervos ferocem. — Apodofis
continetur verbis κολάετειραν ἑ. ἃ. peccatorum juftas ab
iis fumebat poenas. — V. 7. In Cod. Vat. verfus non
integer: τὰν δὲ δόμων φύλακα μ. τάνδ'. ἃ .... : In marg.
apogr. Lipf. fuppletum et emendatum χανὸς ἄγαλμα.
Reiskius conjecit χὰν ἀγορεύει, quam *Salmafii* quoque
conjecturam effe *Br.* monuit. Structura orationis fenten-
tiarumque nexus poftulare videtur, ut fcribatur:

χὰν δὲ δόμων φυλακᾶς μελεδήμονα τάνδ' ἀγορεύει.
τάνδε ad Myro, fub tumulo fepultam, referri debet. —
V. 8. γλαὺξ ἅδε γλαυκᾶς. Vat. Cod. quod *Reiskius* verbis
transpofitis emendavit. Facilis emendatio, qua tamen
admiffa verfus paulo durius ad aures accidit. Fortaffe
legendum:

γλαὺξ δ' ἄεει γλαυκᾶς Παλλάδος ἀμφίπολον.
ut Epigr. praec. Ἰακχατὴρ δ' ὅδε κημὸς λείεεται οὐ πολύμυ-
θον. — Palladis miniftra Myro dicitur propter lanificium.

LXXXIX. Vat. Cod. p. 271. Ἀντιπ. Σιδ. εἰς Βιττίδα
τὴν Κρήσσαν αἰνιγματῶδες, εὔληπτον δέ. Planud. p. 227. St.
331. W. — V. 1. Bis legitur in Vat. Cod. ubi κίσσαν
et κίσσα legitur. In Plan. ἀεὶ λάλος ὦ ξ. κίσσα. Pica mulieris loquacitatem significabat. Sycophantam quendam
loquacissimum Athenis κίτταν fuisse appellatum, narrat
Ariftoph. in Av. 1297. ubi vide *Schol.* — V. 2. φράσσι.
Vat. Cod. quod metrum refpuit. — κύλιξ. Poculum
cippo infculptum vinofam indicabat. Vide Ep. fq. et
Leonid. Tar. Ep. LXXXVII. — σύντροφος dicitur, qui
familiaritatem cum aliquo contraxit, tum ad res transfertur, quibus quis adfueverit. Hinc fortaffe *Antiphilus*
Ep. VII. Ἀμμήτηρ δὲ μέθην σύντροφον οὐ δέχεται. De Anacreonte nofter fupra Ep. LXXIV. ὁ φιλακρήτου σύντροφος
ἁρμονίης. — V. 4. ἄνδεμα μίτρας. Forma rarior, nec fortaffe alibi obvia, pro κνόδημα five ἀναδέσμη ponitur. Homer. Il. χ. 468. varia capitis ornamenta complexus:
τῆλε δ᾽ ἀπὸ κρατὸς χέε δέσματα σιγαλόεντα, Ἄμπυκα, κεκρύφα-
λόν τ᾽, ἠδὲ πλεκτὴν ἀναδέσμην, Κρήδεμνόν θ᾽ — . *Mitra* inter
vetularum ornamenta inprimis commemoratur, ut ap.
Ovid. Faft. IV. 517. *Simularat anum, mitraque capillos
Prefferat.* Vide *Burmann.* ad Propert. IV. El. V. 7.
p. 804. Nec tamen vetulis folis propriam fuiffe mitram,
id quod *Scaliger* videtur putaffe ad *Virgilii* Copam v. 1.
p. 93. docuit *Barthius* in Adverff. L. XXXIII. 22. et
Burm. ad Anth. Lat. T. I. p. 708. — V. 5. σταλουργὸς
τύμβος ex hoc loco in Lexicis explicatur de tumulo, cui
cippus impofitus eft; nefcio quo jure. Analogiae enim
leges σταλουργὸν de fculptore, qui cippos facit, explicare
fuadent. Legeris fortaffe:

  τοιάνδε σταλοῦχος θ᾽ ὅδ᾽ ἔκρυψε Βιττίδα τύμβος.

*talis fuit Bittis, quam hic tumulus, ftela inftruflus, con-
finet.* Eadem analogia λυχνοῦχος vocatur, qui lychnum,
πυργοῦχος, qui turrim fuftinet, ut ap. *Polluc.* I. 92. Vide
Schweigh. ad *Polyb.* T. VII. p. 243. Sed haec mox ex-

pedire conabimur. — V. 6. „Τιμέλου ἄχραντον. Hoc ex
„conjectura dedi. Planudeae Codd. et veteres edd. ha-
„bent τὰν τιμελάχραντον, quod in recentioribus mutatum,
„qua de caufa nefcio, in θυμελάχραντον. Vat. Cod. τιμε-
„λάχραντον, omiffo τάν. Ex fcripturae compendio ortum
„mihi hoc videtur. ου fuper λ pofitum, omiffum fuit a
„defcriptore, qui duas voces in unam conjunxit. Nomen
„Τίμελος alicubi vidi, ubi vero, nunc non fuccurrit." *Br.*
Scaliger in not. mftis conjecit τάν τε Μελαγχράντον, quod
ferri nequit propter τε plane otiofum. *Brodaeus* vocibus
fejunctis τάν τε μελάγχραντον, μελαγχραίναν ἢ μελαγκραίραν
inepte legit. Viri nomen latere, dubitari nequit; fed
hoc quale fuerit, fine codd. ope nemo dixerit. In ταντι-
μελαχράντου latere fufpiceris:

'Αντιμένου Κράντου (υἱὸν fcil.) —

fed hoc verum effe nemo, nifi vanus et ftolidus, fpo-
ponderit. — V. 7. οιχομένοισιν. Si recte intelligo hujus
diftichi fenfum, pluralis pro fingulari eft pofitus, οιχό-
μένη, mihi apud inferos degenti eandem fermonis gratiam et voluptatem praebeas. Ad loquacitatem mulieris
refpicitur. Nec fic tamen fenfus fatis expeditus. Putabam olim, verba fic accipienda effe: Et tu falve, et me
viciffim falvam effe jube. Sed fic αὖθις abundat et μόθων.
Tertia igitur fupereft interpretandi via, eaque omnium
veriffima. Bittis, quae hic loquitur, viro, qui fculptor
fuiffe videtur, gratias agit, eumque hortatur, ut etiam
in pofterum defunctis ejusmodi cippos ponat, qui ipfis
quafi facultatem loquendi et fe praetereuntibus indican-
di tribuant: τὰν αὐτὰν χάριν, *eandem*, quam mihi tribuifti,
facultatem, μόθων, *loquendi*. Sed fic praecedentia quoque nonnihil immutanda videntur. Videtur igitur *Antipater* fcripfiffe:

τοιάνδε σταλουργὸς ἴδ' ἔκρυφε Βιττίδα τύμβω
['Αντιμένης Κράντου] νυμφιδίαν ἄλοχον.

XC. Vat. Cod. p. 258. 'Αντιπ. Σιδ. Plan. p. 243.St.
353.W. Maronis, vetula vinosa, calicem in tumulo habens,
nec de liberis, nec de marito, quos egenos reliquit, sed de
ficco calice dolet. Expreffum carmen ex *Leonid. Tar.*
Ep. LXXXVII. —— V. 5. Vulgo ὕττι τὸ Βάκχῳ ἄρμενον.
Veram lectionem *Br.* ex Vat. Cod. restituit, olim Βάκχω
fcriptum fuiffe exiftimans, terminatione dorica, cujus
dialecti veftigium remanfit in ὀρῆς v. fecundo. Ad ἄρμενον *Cafaubonus* adfcripfit ὄργανον, interpretandi caufa, ut
videtur. Pro οὐ, cum in Ald. fec. ἐν legatur, *Jof. Scaliger* ἐν conjecit. Color in ultimo hoc difticho fere, ut in
Simonid. Ep. LV. 5. - 8.

XCI. Vat. Cod. p. 271. 'Αντιπ. Σιδ. Εἰς τινα υἱὸν Θεο-
δώρου, οὗτινος ἐπὶ τῷ τάφῳ σύμβολον ἵστατο λέων. Edidit *Leich.*
in Sepulcr. p. 12. *Reisk.* Anth. nr. 618. p. 95. ——
V. 1. τί πρός. *Reiskius* pro πρὸς τί metri caufa opinabatur
pofitum, et ἀμφιβέβηκας vertit : *ftas divaricatis pedibus.*
Inepte. Jam ad *Homeri* Il. α. 37. ὃς χρύσεῳ ἀμφιβέβηκας
Intpp. monuerunt de vero hujus vocabuli fenfu.
Aefchyl. VII. c. Th. 176. δαίμονες Λυτήριοι ἀμφιβάντες πόλιν,
hoc eft, σκέποντες. —— τί πρός mihi depravatum videtur.
In Cod. Vat. τι lineae fuperfcriptum. Legerim :

Εἰπὲ, λέων, φθιμένοιο τίνος τάφον ἀμφιβέβηκας;

Nihil in Codd. inter fe fimilius voculis πρὸς et τίνος. ——
V. 2. Cod. Vat. βουφάγε, quod a *Br.* inconfiderate mutatum eft. *Simonid.* Ep. CXII. βουφάγος ἐς κοίλην ἐτραπὸν
Ικτο λέων. —— τίς. Quis dignus fuit, cujus tumulo leo,
fortitudinis index, imponeretur? Leonum in fortium
virorum tumulis exempla quaedam laudavimus ad *Simonid.* Ep. XXXV. p. 222. fq. —— ¶. 32.] V. 3. Τελευ-
ται. Vat. Cod. quod jam apud *Reiskium* emendatum eft,
qui monet, hunc Teleutiam certe diverfum effe ab Agefilai fratre, quem memoravit *Diodor. Sic.* XV. 21. Fuit
nimirum Agefilaus Archidami filius, cum contra Teleu-

.tias nofter Theodori vocetur filius. Quod fi igitur. *germa-*
nus Agefilai frater fuit, recte judicavit *Reiskius*. Sed
.res. fe aliter habet.   Fuit Teleutias ὁμομήτριος ἀδιλφὸς
- 'Αγησιλάου, id quod *Diodorus* fignificare voluit, *Plutar-*
.*abus* diferte dicit T. III. p. 391. ed. Bry.   Tenemus.
igitur nomen patris ·Teleutiae, aliunde non cognitum.
Is autem ad Olynthum fortiter pugnans occubuit Ol.
XCIX. 3.   Vide *Xenoph.* Hift. 'Gr. L. V. 3. 6. p. 291.
ed. *Schneider*. — V. 5. μάτην. apogr. Lipf. — φέρω ὃ'
ἔτι. Cod. Vat. — V. 6. ὃς temere omifit *Leich*. — *Dio-*
simus Ep. IX. οὐδὲ λέων ὡς δεινὸς ἐν οὔρεσιν, ὡς ὁ Μίκωνος
Τῖος Κριναγόρης ἐν σακέων πατάγῳ.

XCII. Vat. Cod. p. 229. fq. 'Αντιπ. Σιδ.   Planud.
p. 197. St. 286. W.   Aquila, Ariftomenis Meffenii tu-
.mulo impofita, fe praeftantem Ariftomenis fortitudinem
fignificare ait.   An revera fortiffimi hujus Meffeniorum
ducis tumulus aquila infidente ornatus fuerit, ignoro;
.non tamen improbabile.   Qui ejus res geftas poëticis
.coloribus illuftraverunt, *Rhianus* inprimis, ni fallor, .
(vide *Paufan.* L. IV. 24. p. 338.) eum, quum a Lacedaemoniis in Ceadam effet injectus, ab aquila fervatum
tradiderunt. *Paufan.* L. IV. 18. p. 324.   In fcuto eum
.aquilam, utramque alam usque ad fcuti ambitum panden-
.tem, geffiffe teftatur idem L. IV. 16. p. 319.   Sepultus
eft Rhodi, ubi ei Rhodiorum rex, monimento exftructo,
infignes honores tribuit. Id. L. IV. 24. p. 338.   Poftea
.tamen Meffenii in patriam reducti fe ejus offa, a Rho-
denfibus accepta, in patrio folo.condidiffe, gloriabantur.
L. IV. 32. p. 359. — V. I. διάκτορι. *Sed leporem aut*
capream famulae Jovis *et generofae In fylvis venantur*
aves. Juven. Sat. XIV. 81. — V. 4. ἡμιθέων. Ed. Flor.
et Ald. pr. — V. 5. Ignavorum tumulis pavidae infi-
deant columbae.   Hic igitur non ad confuetudinem ali-
quam columbas in tumulis collocandi, fed ad colum-
barum. naturam et indolem, quae aquilarum indoli

prorsus opposita est, respicitur.   Passim tamen aves cippis insculptas esse constat.   Corvus lapideus, a Marcello tumulo magistri impositus, facete dicto Ciceronis locum fecit, ap. *Plutarch.* T. I. p. 874. B., T. II. p. 295. A. — Excitavit hoc distichon *Suidas* in πολιιδ-δες T. III. p. 72. additis verbis, φησὶν ἀετός· unde editores hos versus ex fabula quadam desumtos esse arbitrati sunt.   Vide *Fabricii* Bibl. Gr. T. IX. p. 837. in *Fabulae;* quod notavit *Brunck.* Lectt. p. 318. ubi lectionem *Suidae* ἰφεδρεύουσιν vulgatae praefert.   Mihi tamen futurum tempus, a forma insolentiore ἰφεδρεύω, in hac verborum continuatione non ineptum videtur.

.   *XCIII.* Cod. Vat. p. 272. Τοῦ αὐτοῦ Ἀντιπάτρου (Σιδ.) εἴς τινα τάφον, ἐν ᾧ σύμβολον ἐνία ἀστράγαλοι ἐκεχάρακτο· ἦν δὲ τι οὗτος ὁ τάφος Ἀλεξάνδρου τινὸς Χίου. ἔστι δὲ καὶ αὐτὸ αἰνιγματῶδες. Ultimum distichon protulit *Salmas.* ad Solin. p. 859. A.   Integrum primus dedit *Pauw* in Diatribe de Aleae Lusu et *Dorville* in Vann. crit. p. 167. *Leich.* in Sepulcr. p. 14. *Reisk.* in Anthol. nr. 619. p. 96. Expressum est ex nostro Ep. *Meleagri* CXXIII. — V. 2. ηδμαθέν. Cod. Vat. mallem γλυφθέν. Sed post viros doctissimos *Dorvillium* et *Reiskium,* qui de hoc carmine optime meriti sunt, aliquid mutare veritus sum. *"Br.* τμαθὲν ex conjectura *Guieti* fluxit. *Herodot.* L. VIII. 22. p. 629. ἐντέμνων ἐν τοῖσι λίθοισι γράμματα. Ap. eundem L. IV. 87. p. 321. Darius ad Bosporum στήλας ἔστησε δύο λίθου λευκοῦ, ἐνταμὼν γράμματα. — V. 3. Falsum est, quod *Dorvill.* ait, in omnibus libris πεπτηότας haberi; in Vat. Cod. πεπτηότας legitur, quamvis vitiose. πίπτειν proprie de talis, quando jaciuntur. — Novem tali cippo insculpti erant; quorum quatuor efficiebant eum jactum, qui Ἀλέξανδρος vocabatur. *Hesych.* Ἀλέξανδρος. ὄνομα βόλου. καὶ κύριον. —. V. 5. Quatuor alii monstrabant τὸν ἔφηβον. Vide *Salmas.* l. c. ἔφηβον perperam exhibuit *Leich.* Hunc jactum poëta circumscri-

bens, ipfum juventutis florem vocat, in quem fcilicet
epheborum incidit aetas. — V. 6. Qui fupererat talus,
Chium ostendebat jactum. χῖος legit Cod. Vat. 'χίον *Dor-*
villius correxit cum *Pauwio*, laudans *Euftathium* p. 1289.
Vide not. ad *Leonid. Tar.* Ep. LXXXIV. unde, cur hic
jactus ἀφαυρότερος vocetur, intelliges. — V. 7. Jam interpretationem periclitatur *Antipater:* fenfum fortaffe
effe hunc, nec regiam dignitatem, nec juventutem im-
pedire, quominus, qui utraque inftructi fint, morte fu-
perentur. Alexandri nomen viri σκηπτροφόρου effe poffe
σύμβολον, Chium jactum mortis. — Sed hanc explicationem, quamvis fpeciofam, ipfe tamen ftatim rejicit. — In
Vat. Cod. καὶ δσκατροισι junctim, non ὃς κάπτροισι, ut quidam putarunt. — V. 9. ποτὶ σκοπόν. *Meleager* l. c. νῦν δὲ
τάυτρικὸς ἰφρακάμαν. Vide not. p. 136. — Mox Cod. Vat.
ἰὼν legit, et ἆτος pro ὅς τις. In apogr. Lipf. οὗτος. *Dor-*
villius fe Vatic. Cod. lectionem germanam dare putavit,
cum ederet: ἰὼν Κρηταιεὺς ἑὸτὸς ὀιστοβόλος — in verbis
ἰὼν ὀιστοβόλος eam linguae abundantiam effe ftatuens,
quae habetur in locutionibus ἄπαις τέκνων, ἄχαλκος ἀσπίδων
et fimilibus; ἑὸτὸς autem vertit *ego ipfe*; quod tamen
in hoc verfu perperam abundare videtur. Recte igitur
Br. recepit conjecturam *Reiskii:* ἰὸν, κ. ὅς τις ὅ. quae
facillima eft, et fenfum fundit longe expeditiffimum. —
ἰὸν ἱλάσειν ποτὶ σκοπὸν conjectator dicitur, qui animum
alicui rei, quae ipfi metae eft loco, intendit. *Pindar.*
Ol. β. 160. ἔπεχε νῦν σκοπῷ τόξον, Ἄγε, θυμέ. Τίνα βάλλομεν
— εὐκλέας ὀιστοὺς Ἱέντες. — V. 12. ἐφ' ᾗ βίην θ' ἅλετ' ἐν ἄλ-
Vat. Cod. *Brunck.* exhibuit lectionem *Dorvillii*, qui tamen τ' ante ἅλετ' pofuit; δ' fcribendum effe vidit *Reisk.*
— V. 13. ἄκριτα. *Pauw* reddit *obfcurius, ambigue, ae-*
nigmatice; cui interpretationi vocula εὖ videtur adver-
fari; quare *Dorvill.* vertit: *fimul, una, mixtim, indiscre-*
fim. Poëta fimul Alexandrum jactum et juvenem Alexandrum; fimul jactum Ephebum et fimul aetatem

ephebi; jactum Chium et natione ʼChium talis indica-
rat. Mihi tamen, ne quid dissimulem, haec interpretatio
Pauwiana illa non verior esse videtur. Junge: ὡς οὖ εἶκε
τὸν ἄκριτα φθίμενον νέον. Quem Parca, nulla tenerae aetatis ratione habita, trucidat, is ἄκριτα φθίνεσθαι νέος dici
posse videtur *). Hanc ob causam *Theoderid*. Ep. XI.
Parcam ipsam ἄκριτον appellat: Οὕτω δὴ Πόλιον τὸν ʼΑγή-
νορος, ἄκριτα Μοῖρα, Πρώιον ἐξ ἥβας ἔθρισας Αἰολέων. Hoc
sensu τὸ ἄκριτον passim copulatur cum τῷ ἀλογίστῳ. Vide
Lennep. ad Phal. p. 207. Fortasse igitur poeta significare voluit, Alexandrum illum temere projecisse vitam,
ἀκρίτως καὶ ἀλογίστως, ut ap. *Polyb.* XXVII. p. 381. προ-
εσθαι φῶς αὑτοὺς ἀκρίτως. Hanc explicationem quodammodo firmant sequentia: καὶ τὸ κυβευθὲν πνεῦμα, in quibus verbis inconsiderantiae fuisse videtur significatio.
Polybius ap. *Suidam* κυβεύειν ἐν τῷ βίῳ dixit pro caput
temere periculis objicere. Vide inprimis *Gatackerum* ad
M. Anton. I. §. p. 9. *Elsner.* in Obss. Sacr. T. II. p. 215.
Nec tamen scio, an scribendum sit:

ἔκ τε κυβευθὲν

πνεῦμα.

Onosander c. XXXII. στρατεύματι δὲ παντὶ τὴν ἄδηλον ἐκκυ-
βεύειν τύχην οὐ δοκιμάζω. Loca veterum, ubi vita hominum tesserarum ludo comparatur, quaedam collegit
Leichius. — πνεῦμα *Dorvill.* sine causa, nonnisi studio
Pauwium carpendi ductus, repudiavit, et πτῶμα scripsit.
— διὰ φθεγκτῶν edebatur ante *Reiskium*, cujus emendationem δι' ἀφθέγκτων *Dorvillius* assensu suo probavit ad
Charit. p. 410. ubi similia ex Anthologia laudavit. His
adjice *Antiphil.* Ep. XVII. de horologio: σῆμα — τρισσά-
κις ἀγλώσσῳ φθεγγόμενον στόματι. Est in his jucundum
oxymoron. Sculptor per mutos talos locutus est, i. e.
quid vellet, indicavit.

*) Hanc ipsam interpretationem *Reiskio* quoque placuisse, nunc
demum video.

¶. 33.] *XCIV.* Bis legitur in membranis Vat.
p. 380. ubi *Antipatro*, et p. 398. ubi *Philippo Theſſa-*
lonicenſi inſcribitur. Sic quoque in Plan. p. 31. St. 48. W.
bis legitur, mutato tantum priore diſticho, quod *Phi-*
lippo tribuitur. Hoc ſe ſic habet:

Ἠρίθμει πολὺν ὄλβον Ἀριστείδης ὁ πενιχρὸς
     τὴν ὄιν ὡς ποίμην (ποίμνην Plan.), τὴν βόα δ' ὡς ἀγέλην.

Hoc diſtichon alteri praeferendum et totum Epigramma
Philippo adſcribendum ſuſpicatur *Brunck.* Scriptum eſt
in Ariſtidem, qui, cum unam bovem, unamque ovem,
quae ejus omnis erat poſſeſſio, perdidiſſet, vitam ſuspen-
dio finivit. — V. 2. ἤλαυνε edd. quaedam. — V. 3.
ἀμνὴν λύκος ἔκτανεν, ὧδε τὴν δαμ. Plan. et Vat. Cod. loco
pr. — V. 4. δ' ὤλετο. Plan. et Vat. Cod. loco ſec. —
V. 5. πηροδέτῳ δ' ἱμάντι. Vat. Cod. loco ſec. Pro λυγώσαις
autem idem loco ſec. πεδήσας legit.

     XCV. Cod. Vat. p. 380. Ἀντιπάτρου. Planud. p. 31.
St. 47. W. In eodem cum praecedente argumento verſatur. — V. 1. „ὁ βοκέρριος. quid hoc ſit neſcio. De
„hujus vocis natura et ſignificatione altum apud inter-
„pretes ſilentium. — Adjectivum πενιχρὸς in diſticho
„ſupra laudato ſimile quid hic deſiderari et olim lectum
„fuiſſe, e quo depravatum βοκέρριος, ſuſpicionem movet:
„aut ſi hoc rectum eſt, nomen proprium fuerit Βόκερρις,
„et Ἀριστείδης ὁ Βοκέρριος, eſt Ariſtides Bocerris filius,
„quod mihi admodum frigere videtur.“ *Brunck.* Pro
proprio nomine habuit *Grotius*, qui vertit:

     Paſtor Ariſtides habuit non multa Bocerrae,
       Res ovis una viro, bosque, ſed una, fuit.

— V. 4. θῆρες ὄιν. Plan. et Vat. Cod. Noſtra lectio igitur ex *Brunckii* conjectura videtur profecta, cujus nos
auctori gratiam facimus. Nihil vetat, quominus |plures
lupi unam ovem laniaverint; ſed ſi vel unius hoc fuerit facinus, licuit tamen poëtae plurali numero uti. —

V. 5. εὐληχὲς Ald. fec. ex Lectt. Ald. pr. temere affumfit. — V. 6. ἐκρέμασεν. Plan. et Vat. Cod.

   XCVI. Vat. Cod. p. 307. Ἀντιπάτρου. Plan. p. 80.
St. 117. W. Pyrrhi pifcatoris, fulmine in mari percuffi,
cymba•fponte ad litus rediens, fulfure et fuligine indicium fecit, quo mortis genere dominus perierit. —
V. I. μουνογέτης. Vat. Cod. Pro νῂ Jofeph. Scaliger vel
emendavit, quae dativi forma alibi non occurrit. —
φυκία, pifcis genus, quod alii φυκίδιον vocant. Vide
Afclepiad. Ep. XXVIII. φυκίδας καὶ μαινίδας jungit Aelian.
Hift. An. XII. 28. — τριχίνη κάθετος. linea pifcatoria ex feta
equina. In Vat. Cod. καθέτης legitur. Eadem eft lectionis diverfitas ap. Oppian. Hal. L. III. 77. ubi vide Schneiderum. p. 405. et Intpp. Hefych. in καθεετός. — V. 5.
λιγγοῖ. Apollon. Rhod. L. I. 389. περὶ δὲ σφιν κιδνὴ κήκε
λιγνός. — V. 6. A. κοὖκ ἦν. Vat. Cod. Illum ut afferret nuntium, non opus ei erat ligno illo fatidico, Argo navi
inferto, quod navigantibus deorum voluntatem figni-
ficabat.

   XCVII. Vat. Cod. p. 305. Edidit Jenf. nr. 94.
Reisk. nr. 745. p. 152. In Diodorum Calligenis filium,
qui, multa maria emenfus, in portu, dum abundantem
cibum evomeret, e navi excuffus erat. — V. I. Ὀλύνθιον. Olynthum a Philippo Macedone funditus everfam
effe, fatis conftat. Jam cum Antipater Sidonius, Philippo
duobus perte feculis pofterior, memoret Olynthium hominem, Reiskius colligit, Olynthum e ruinis fuis refur-
rexiffe, idque, quamvis Hiftoricis et Geographis tacen-
tibus, ex hoc Epigrammate effici putat. Sed haec ratio
admodum fallax eft. Nunquam enim certis argumentis
probari poterit, Antipatrum hoc carmine rem fua aetate.
factam narrare. Vetuftioris potius poëtae carmen, ut in
plurimis aliis, fic in hoc quoque Epigrammate expref-
fiffe videri debet. — V. 3. ἐτ᾽ ἤμεσιν Cod. Vat. quod

Reiskius probabiliter emendavit: ἀπήμειν. Fortaffe tamen fuit: δαιτὸς ἐκεῖ τὸ π. ὅτ' ἤμειν, *cum ibi*, in prora
fcil., *abundantem cibum ejiceret*, — ἃ πόσον. Quantillum
aquae perdidit virum tanto pelago fpectatum! κρίνεσθαι,
cerni. *Leonid. Alex.* Ep. XV. ἑσπίδα δ' ἔσχον Σωθεὶς κεκρι-
μένην ὕδατι καὶ πολέμῳ. Vide *Gronov.* ad *Cebet.* p. 163. —
Poftremo hujus Epigrammatis verfu lecto, nonne aliquid
ad fententiae integritatem in hoc carmine deeffe fentis?
Nonne verba τόσσῳ πελάγει lectores videntur ad aliquid'
in praecedentibus remittere, quod tamen defideratur?
Cum enim dicit poëta, Tantillum aquae *tanto pelago*
fpectatum virum perimere potuit! aperte fignificat, nobis de illius viri itineribus conftare. Sed unde, quaefo,
conftare poteft, cum ipfe nihil ejusmodi praemiferit?
Hinc, ni fallor, fponte apparet, initio carminis aliquid
intercidiffe, quod tibi jam, optimi Vat. Cod. ope, re-
ftituemus. In hoc Cod. noftrum carmen praecedit Epigr.
Diodori Sard. XVI. quod vulgo definit in verbis πάσῃ
βρύξας ἀλιρρόθιη. In Cod. Vat. diftichon additur hoc:

Εἰδότα κἠπάτλαντα τεμεῖν πόρον, εἰδότα Κρήτης
κύματα, καὶ πόντου ναυτιλίην μέλανος,

quod cum illo *Diodori* carmine nihil commune habet,
fed ad noftrum pertinet, a quo librarii vel imperitia,
vel negligentia, cum lemma non fuo loco in margine
collocaret, avulfum eft. Jam totum Epigramma fic legi
debet:

Εἰδότα κἠπ' Ἄτλαντα τεμεῖν πόρον, εἰδότα Κρήτης
κύματα, καὶ πόντον ναυτιλίην μέλανος,
Καλλιγένευς Διόδωρον Ὀλύνθιον ἴσθι θανόντα
ἐν λιμένι, πρώρης νύκτερον ἐκχύμενον,
δαιτὸς ἐκεῖ τὸ περισσὸν ὅτ' ἤμειν. ἃ πόσον ὕδωρ
ἄλεσε τὸν τόσσῳ κεκριμένον πελάγει!

¶. 34.] XCVIII. Cod. Vat. p. 319. Ἀντιπάτρου. Ex
Jenfio nr. 24. repetivit *Heringa* in Obff. p. 195. fq.

Reisk. in Anth. nr. 675. p. 122. In Clinaretam, Ni-
cippi et Damus filiam, inter ipfum nuptiarum apparatum exftinctam. Vide not. ad *Meleagr.* CXXV. p. 139.
— V. 1. Πιτανάτιδι νύμφᾳ. Haec verba, quod *Heringa*
monuit, refpexiffe videtur *Stephan. Byz.* v. Πιτάνη. πόλις
Αἰολίδος. ὁ πολίτης Πιτανάιος, καὶ Πιτανίτις χώρα καὶ Πιτανίτις
νύμφῃ καὶ Πιτανάια. Non tamen propterea Πιτανάτιδι mutandum videtur, quam formam tuetur *Hefychius* in Πιτα-
νάτης, et alii. — παστός torus eft nuptialis, quem jam
in Cleariftae thalamo ftratum fuiffe ait *Antipater.* Junguntur παστοὶ καὶ θάλαμοι in Epigr. ἀδεσπ. DCCX. ἐκ δ'
ἐμὰ παστῶν Νόμφην κἀκ θαλάμων ἥρπασ' ἀφνως Ἀίδας. et in
alio, quod *Br.* inferuit Lect. p. 303. οὕτω νυμφείου θαλά-
μου καὶ παστάδος ὥρης Γευσαμένην. *Philodem.* Ep. XXIV. τὸν
ἡμίπαστον ἀπὸ κροκέων ἐμὰ παστῶν. Vide notas ad *Philippi*
Theff. Ep. LIV. ubi corrigo:

σοὶ παστὸς φίλος ἦν καὶ ὁ χρυσοκόμης Ὑμέναιος
καὶ λιγυρῶν αὐλῶν ἡδυμελεῖς χάριτες.

ubi vulgo σοὶ παιὰν non fatis apte legitur. — V. 3. δι'
αἰώνιον. *Jenf.* quod *Heringa* in διωλόγιον mutare conaba-
tur. *Reiskius* voculas temere difcerptas conjunxit, δια-
λένιον, ipfe tamen interpretationem fuam parum diferte
interpretatus. διωλένιος is dicitur, qui brachia fublata
gerit, quales multos videre licet in prifcis monimentis
λαμπαδοφόρους. Epitheton ab iis, qui faces geftabant, ad
ipfas faces translatum eft, ita ut fax protenfa, fublata
fignificetur. *Schneiderus* tamen διωλένιοι legendum fufpicabatur, comparans *Arati* Phaen. v. 202. ἀλλ' ἔμπης
κἀκεῖθι διωλενίη τετάνυσται. *Schol.*: διωλενίη. ἐκτεταμένας
ἔχουσα τὰς χεῖρας. — V. 5. Δημὼ et ἐφ' ἁρπάξασα Codr.
Vat. — V. 7. ἐκάμαντο. Vat. Cod. — In fine carminis
membranae θάλαμον praebent; quod variis conjecturis
locum fecit. *Heringa* dure et contorte: σ. ἄγχι θυρέτρων
Ἄλλαστον ἀίδω στερνοτυπεῖς θάλαμον. Longe melius quoad
fenfum Lipfienfis editor: οὐχὶ χορείαν, Ἀλλὰ τ. κ. στερνοτυπῆ

κάλαμον. Metri difficultates non curabat vir doctiffimus.
Merito *Brunckius* his conatibus praeferebat conjecturam
Musgravii ad Eurip. Suppl. v. 603. πάταγον corrigentis,
quod huic loco unice convenit. Exprimit hoc vocabulum
non minus ſtrepitum ſaltantium et plaudentium in thalami limine, quam planctum lugentium et pectora
ferientium. χειροτυπὴς πάταγος. *Meleager* Ep. LX. 3α-
λάμων ἐπλαταγεῦντο 3ύραι. Id. Ep. CXXV. ἄμφω καταπα-
ταγοῦσαι τὰ στέρνα. *Euſtath.* in Amor. H. et H. p. 448.
. XCIX. Cod. Vat. p. 243. Ἀντιπ. Σιδων. Planud.
p. 219. St. 319. W. In Ptolemaeum, regis Aegyptii
filium, qui ante regnum initum peſtilentiae contagio ab-
reptus periit. *Reiskius* in Not. poët. p. 186. fuſpicatur,
hunc Ptolemaeum filium fuiſſe Ptolemaei Epiphanis, et
fratrem Ptolemaeorum Philometoris et Phyſconis. Nititur haec conjectura nomine Andromachi, quem *Anti-*
pater Ptolemaei noſtri nutritorem vocat. Jam Andro-
machum et Nicolaïdam legatos a Phyſcone Romam miſ-
ſos legimus ap. *Polybium* L. XXXIII. 5. 4. Quum Andromachi nomen inter Graecos minime ſit infrequens,
ſponte apparet, hanc conjecturam non multum habere
ponderis; hec tamen in hac incertitudine ulterius pro-
gredi lícet. — V. I. ἐπὶ μύρια habet Plan. Vat. Cod. et
Suid. qui hoc diſtichon laudat in τείρει T. III. p. 457. —
Stephanus notavit etiam pro πλοκάμους ap. *Suidam* μαστοὺς
legi; ubi, non indicans. — Vulgata lectio ſervanda
videtur: μυρία σοὶ ἐπὶ πατὴρ, μυρία μάτηρ τειρομένα. Comma poſt πατὴρ ponendum. — V. 3. 4. laudat *Suid.* in
τιθηνὰς T. III. p. 467. τιθηνήτειρα' — πολλὰ τιθηνήτειρ'
ἀλοφύρατο χ. ἀμύσασ' Ἀνδρομάχης δ. quae lectio orta videtur ex ea, quam Planud. et Vat. Cod. habent, Ἀνδρομάχοις;
quaeque ap. ipſum *Suidam* reperitur v. δυσφερὸν T. I.
p. 612. ubi ἀμύσασ legitur, terminatione maſcula et
forma vulgari, quam Vat. quoque Codex et Planud.
tuentur. — V. 5. Inveteratum hujus verſiculi vitium ἐανᾷ

δέψατο χ. in quo cum Planud. confpirat Vat. Cod. qui
conjunctim ἐανῶιδέψατο legit, et *Suidas* v. δέψατο T. I.
p. 513. et v. δανῷ T. I. p. 665. nemini interpretum
fufpectum fuit ante *Scaligerum*, qui in notis mſtis ἰαυ
ἀλόψατε (voluit ἀλόψατο) praeclare reſtituit. Hanc *Scaligeri* emendationem ignoravit *Huetius*, qui p. 22. ἐαν
μετεδέψατο correxit, partem certe veri probe intelligens.
Plane ſic, ut *Scaliger*, hunc locum emendandum vidit
Bentlejus, cujus correctionem *Kuſterus* laudat ad *Suid.*
v. δέψατο, unde *Br.* eam accepit. *Hefych.* ὀλόπτειν. τίλλειν. λεπτίζειν. κολάπτειν. Sed emendationis veritas inprimis apparet ex *Callim.* H. in Dian. 76. στίθεος ἐκ μεγάλου λαοίης ἐθράξαο χαίτης, ‘Ωλοψας δὲ βίηφι. Quod ante oculos habuit *Nonnus* Dion. XXI. p. 558. κνθρὸς ἀμαιμακέτοιο
μόμην ἀλοψε Πολυξώ. Vide *Rubnken.* Epiſt. crit. p. 145. —
V. 6. Εὐρώπας δόμος. *Propert.* L. I. El. 6. 4. Ulteriusque
domos vadere Memnonias. L. II. El. 8. 20. *Et domus in-
tactae se tremit Arabiae.* ubi vide *Burmannum.* — V. 7.
8. Hoc ante oculos habuit *Crinagoras* Ep. XXXVIII.
ubi ſcribendum videtur:

Καὐτὴ δή β' ἤχλυσεν ἀκρέσπερος ἐντέλλουσα
Μήνη, φέγγος ἑὸν νυκτὶ καλυψαμένη.

Vulgo πένθος legitur. Apud noſtrum correxerim:

καὶ β' αὐτά — —

— V. 8. 9. Vat. Cod. in contextu omittit; adſcripti
ſunt margini. — V. 9. 10. excitat *Suid.* v. θοινήτωρ
T. II. p. 209. neglecto Doriſmo. λοιμὸς θοινάτωρ, quia
peſtis contagione ſerpit; de quali morborum genere
θοινᾶεθαι uſurpant. *Eurip.* in Phil. ap. *Ariſtot.* Poët. 12.
φαγέδαινα, ἥ μου σάρκα θοινᾶται ποδός. Simili metaphora
Philoctetis morbus διάβορος et ἀδδηφάγος νόσος vocatur in
Sophocl. Phil. v. 7. et 313. Idem in Trach. 770. εἶτα
φοίνιος Ἐχθρᾶς ἐχίδνης ἰὸς ὡς ἐδαίνυτο. Veſtimentum vene-
natum πλευραῖσι προσμαχθὲν ἐκ μὲν ἐσχάτας Βέβρωκε σάρκας.
— V. 10.

— V. 10. σκηπτρον. Vat. Cod. — V. 11. Te poſt mortis tenebras non Orci receperunt tenebrae; tales enim
reges non Orcus ſibi vindicat, ſed Jupiter ipſe in Olympo collocat. Similia de Chriſtianis praeſertim paſſim in
Epitaphiis. Conf. Ep. κίσσ. DCLXXXIII. et ſq. quod
Gregorii eſt *Theologi* Conf. not. ad Scolion VII. p. 297.
et ad *Simonid.* Ep. XXXIII. p. 221. Inprimis comparandus *Theocrit.* Eid. XVII. 45. πότν' Ἀφροδίτα, Σοὶ τήνα
μεμέλητο· σέθεν δ' ἕνεκεν Βερενίκα Εὐειδὴς Ἀχέροντα πολύστο-
νον οὐκ ἐπέρασεν κ. τ. λ. quem locum ante oculos habuit
Nonnus Dion. XII. p. 334. Ζώει τοι, Διόνυσε, τεὸς νέος·
οὐδὲ περήσει Πικρὸν ὕδωρ Ἀχέροντος.

C. Vat. Cod. p. 244. Ἀντιπάτρου. In Planud. p. 203.
St. 295. W. ἄδηλον eſt. Dicitur ſcriptum eſſe in eos, qui
cum Leonida ad Thermopylas occubuerint. Mirum eſt,
quod illi dicuntur adamaſſe λίθαν ἐνύπνιον), mortem
ſomnium, ſeu, ut ſomnium, *Brodaeo* interprete. Aliud
quid olim ſcriptum fuiſſe, probabile eſt. Putabam:

> οἶδ' λίθαν στέρξαντες ἐνόπλιον — —

mortem in pugna et armis. Supra Epigr. LXXXIV. λίθαν
ἄλκιμον εἱλόμεθα. ἐνόπλια παίγνια dixit *Plato* de LL. VII.
p. 796. Hac lectione totius diſtichi ſenſus valde erigi-
tur. Hi, quod mortem appetiverunt fortium virorum,
non, ut ceteri, columnam, ſed ipſam virtutem virtutis
ſuae monimentum acceperunt. Huic autem conjecturae
merito confido, cum *Caſaubonum* in eandem incidiſſe
videam. — Pro ἄτερ ἄλλοι Vat. Cod. ἄτερ ἄλλος. ἄλλος
etiam Aldina pr. et Aſcenſ. legit. In altero verſu
malim:

> ἀλλ' ἀρετὰν μνᾶμ' ἀρετᾶς ἔλαχον.

Haec uncialibus ſcripta APETANMNAM quomodo in
APETAN ANT abire potuerint, ſponte apparet. *Simoni-
des* Ep. XLVII. κάλλιστον δ' ἀρετῆς μνῆμ' ἔλιπον φθίμενοι.
Idem Ep. XL. κητ' εὐεργεσίας μνᾶμ' ἐπέθηκε τόδε.

¶. 35.] *CI.* Cod. Vat. p. 244. Ἀντιπ. Σιδ. Εἰς τοὺς ἐν Ἰσσῷ Περσῶν πεπτωκότας ἐν τῇ πρὸς Ἀλέξανδρον τὸν Μακεδόνα μάχῃ. Plan. p. 200. St. 291. W. — V. I. προβολᾶσιν Plan. προβολὰς, quae vox de murorum munimentis proprie ufurpatur, de rupibus et faxis prominentibus explicat *Salmaf.* ad Solin. p. 604. fq. nixus praefertim loco *Harpocr.*: πρόβολοι. αἱ εἰς θάλασσαν ἐγκείμεναι πέτραι, καὶ οἷον ἀκταί τινες Loca *Demoſthenis*, ad quae *Harpocration* refpexit, laudat *Valeſius* p. 65. qui *Polybii* quoque locum excitat, L. l. 53. ubi προβολὴ eodem fenfu occurrit. Vide *Schweigh.* T. V. p. 285. Nihil igitur eſt in hac lectione, quod merito vitupores. Cum tamen Vat. Cod. προμολῆσιν praebeat, hanc lectionem *Br.* praetulit. *Suidas*: προμολῆσιν. ἐξοχαῖς. ἀκρωρείαις. ‑ *Damaget.* Ep. V. παρὰ προμολῆσιν Ὀλύμπου. — V. 3. 4. laudat *Suidas* in οἶμος T. II. p. 666. — ἰφ᾽ ἐσπόμεθα. Vat. Cod.

CII. Cod. Vat. p. 251. Ἀντιπ. Σιδ. Plan. p. 221. St. 322. W. In puerum, venti impetu de navis tabulato deturbatum. — V. 2. ἐρεισάμενος. Vat. Cod. — V. 3. ὁ Θρῆιξ ἐτύμως. Boreas vere Thracius, i. e. ferus, faevus, humanitatis expers. *Thrace* ap. *Statium* Theb. V. 84. *faeva* vocatur. *Impia Thracum pectora* ex *Horatio* nota Epod. V. 14. — De Borea Thraciae vide not. ad *Simonid.* Ep. CV. p. 266. — V. 5. ἀνοικτείρμων omnes eddi vett. usque ad *Stephanum.* Crudelitatis poëta accufat Ino, Melicertae matrem, quae, fui filii a Nereïdibus fervati immemor, puerum, Melicertae aequalem, non fervaverit. Ino navigantibus opitulari putabatur. *Orpheus* H. in Leucoth. LXXIII.

CIII. Cod. Vat. p. 427. Ἀντιπ. Σιδ. Plan. p. 19. St. 30. W. In vernam puerum, qui in mare delapfus perierat. — V. 3. ἐπεί. Omittit poëta commemorationem rei, quam eventus docet. Puer cum ad maris litus proreptifet, fluctibus abforptus eſt; quo facto πλεῖον ἔτι ποτὸν

μαζὸν, paulo plus bibit, quam materna ipſi mamma ſolebat porrigere. — Frigidum carmen.
CIV. Cod. Vat. p. 28Ο. Ἀντιπάτρου. Εἰς ἀρετιμίαν τὴν
Κνιδίαν ᾽μετὰ τὸ τεκεῖν τελευτήσασαν. Planud. p. 234. St.
340. W. Hoc carmen expreſſit *Heraclides* Ep. I. p. 261.
— V. 1. ἀρετιμίας, Vat. Cod. et ἐκάτοιο vitioſe. — V. 2.
Θεμένην. Vat. Cod. ἠϊόνι Planud. — V. 3. Vat. Cod. νέω
a pr. man. Superſcriptum νέον, quod fortaſſe verum.
Tymn. Ep. VI. ὤλετο δαιμονίη Ἀρτιτόκος· τὸ δὲ Μοῖρα κατῆγε
νέον βρέφος ἀδην. ut nos quidem hunc locum corrigendum
putamus. *Wakefield* in Sylv. crit. T. II. p. 13. conjicit:
ἄρτι τεῷ φ. quod vulgata deterius eſt. — V. 4. Δωρίδες.
Mulieres Cnidiae. De Rhodiis agens *Strabo* L. XIV.
p. 965. C. Δωριεῖς δ᾽ εἰσὶν, ὥσπερ καὶ Ἁλικαρνασσεῖς καὶ Κνίδιοι
καὶ Κῷοι. Ut hic *Antipater* mulieres Cnidias Aretemiadi
in Orco obviam venientes fingit, ſic *Statius* de Priſcil-
lae apud inferos adventu in Sylv. L. V. 1.253. *ſi quando
pio laudata marito Umbra venit, jubet ire faces Proſer-
pina laetas, Egreſſasque ſacris veteres Heroïdas antris Lumine purpureo triſtes laxare tenebras, Sertaque et Elyſios
animae praeſternere flores.* — V. 5. ξαίνουσα. Proprie qui
unguibus genas radunt, ξαίνειν dicuntur παρειάς. Hoc
loco paulo generaliori ſignificatione accipitur, ut ap.
Euripidem in Troad. 509. δακρύοις· καταξανθεῖσα. quae verba idem plane ſigniſicant ac δακρύοις ἐκτήκειν χρόα ap. eund.
in Helena 1435. Vide *Abreſch.* in Aeſchyl. L. II. p. 264.
Non igitur opus eſt emendatione *Gilberti Wakefield* l. c.
ξαίνουσα corrigentis. — V. 6. ἄγγειλας κεῖν᾽ ἀνιαρὸν ἔπος
Vat. Cod. quod vulgatae praeferendum. ἀγγέλλειν h. l.
pro λέγειν ſimpliciter. — V. 7. ὠδίνουσα. Vat. Cod. Pro
τέκος Aldina ſoa. τέκνον. In marg. Plan. εὑρίσκεται καὶ ὦ
φίλαι. unde *Brunckius* eleganter corrigit:

διπλόον ὠδίνασα, φίλαι, τέκος — —

quam correctionem non improbare debebat doctiſſimus
Wakefield. Comparandus *Auſonius* in Parent. XXIII. 17.

Quatuor ediderat nunc facta puerpera partus: Funera sed
tumulis jam geminata dedit. Sit satis hoc, Pauline pater;
divisio facta est. Debetur *matri cetera progenies.* Conf.
Epigr. 앗앗앗. DCCXXX. Similia collegit *Burmann.* ad
Anthol Lat. T. II. p. 51. — V. 8. Ἔκφρονι tentat *Scaliger;*
male. Εὐφρῳν tuetur *Heraclid.* l. c. Εὔφρονος ἦλθον εἰς
λέχος. — Si tamen pro φθιμένοις alicubi reperiretur
φθιμένη, id lubenter amplecterer.

¶. 36.] *CV.* Vat. Cod. p. 232. 'Αντιπ. Σιδων. Planud.
p. 240. St. 349. W. In aucupem, quem, dum avibus
struebat insidias, vipera mordens occiderat. — V. 1. 2.
laudat *Suidas* in Βιστονία T. I. p. 435. et in ψῆρα; T. III.
p. 704. Loco priore ὑψιπέτην legitur. Βιστονία vocatur
grus, quae in Thracia praecipue nasci putabatur. Dis-
cessurae dicebantur ad Hebrum congregari indeque in
Aegyptum pergere. Vide *Bochartum* in Hieroz. T. II.
p. 70. sq. Sementem sequuntur, terrasque, cum grana
deficere vident, relinquunt. Hinc σπέρματος ἁρπάκτειρα.
Grues autem fundis dejiciebantur. *Virgil.* Aen. L. XI.
578. *Tela manu tenera jam tum puerilia torsit, Et fun-*
dam tereti circum caput egit habena; Strymoniamque
gruem, aut album dejecit olorem. — κῶλα ἰύστροφα ῥινοῦ
fundam circumscribunt. — V. 3. 4. *Suidas* in ἄποθεν
T. I. p. 274. et in κῶλα T. II. p. 361. tandem in ῥινὸν
T. III. p. 260. Tertium versum solum in χερμαστὴρ
T. III. p. 664. Idem laudat v. 5. 6. in εὐτήτειρα T. II.
p. 743. et v. 6. in ἐνεῖσα T. I. p. 744. De dipsade videndus *Aelianus* H. A. VI. 51. — V. 7. ἰδ' in Vat. Cod.
ε lineae superscriptum, ἴδε; ibidem λεύσων legitur. —
V. 8. τούμπεσιν. Vat. Cod. — Veteres edd. et duo regii
Planudeae πῆμα exhibent. Ap. *Stephanus* κῦμα. Ducta
sunt verba ex *Homer.* Il. λ. 347. νῶϊν δὴ τόδε πῆμα κυλίν-
δεται ὄβριμος Ἕκτωρ. +

CVI. Cod. Vat. p. 286. 'Αντιπ. εἰς Δάμιδα τὸν Νι-
καίεα ναυηγὸν ὑπὸ ψύχους τελευτήσαντα. Planud. p. 255. St.

369. W. — In Damidem nautam, qui in ipſo portu nive crebro cadente perierat. — V. I. Δᾶμις ὁ Νησαεὺς Vat. Cod. In Planud. regio optimo ὁ Νησαιεύς. In cod. *Jani Laſcaris* ὁ Νικαεὺς et ſupraſcriptum Νικαιεύς. Vide de hac forma Stephanum Byz. in Νικαια. Sed hanc leḋionem emendanti librario deberi ſuſpicor. Vaticani aliorumque Coḋḋ. leḋio eo ducit, ut corrigendum dicas:

Δᾶμις ὁ Νυσεαιεύς — — —

Vide *Steph. Byz.* in Νύσεα. Similiter peccatum eſt in Epigr. *Antiphili* XLI. ' ubi leḋio Vat. Cod. Γλαῦκος ὁ νησαίοιο in Νισεαίοιο mutanda et de freto Neſſaeo explicanda eſt. — V. 5. Navem ſimul cum hominibus et omni onere ſalvam in portum perduxit. ἀσκηθεὶς omnes vett. edd. praeter *Stephan.* qui tamen ipſe in notis intellexit, melius ſcribi ἀσκηθεῖς. Hoc verum. — V. 6. ἤ μύσας. Plan. Junḋim ἤμυσαε legendum cenſebat *Stephanus*, apoſtrophen eſſe putans. Huic opinioni nonnihil patrocinatur verſu ſequ. ἴδυς, ut in Cod. Vat. ed. Flor. Ald. pr. et Aſcenſ. legitur. Sed vel ſic apoſtrophe locum non habet poſt κάτθανεν. ἠμύσας, non ἤμυσας, legebat *Brodaeus*, qui vertit: fleḋo, inclino, cado; et *Opſopoeus:* cum inclinaſſet, ſe ſcil. Hanc leḋionem *Brunckius* inconſiderate mutavit, μύσας corrigens, quo recepto non ſatis video, ' quomodo metrum ſalvum eſſe poſſit: ' μυσας | ὁ πρεα | βῦς ἴδ' | ὡς λιμυ | να — cum ἠμύσας et metro et ſenſui ſatisfaciat. ἠμύειν dici poteſt is, qui ſedens ſomnum capit, inclinato capite. *Apollon. Rhod.* L. II. 581. οἱ δ' εἰδόντες ῾Ημυσαν λοξοῖσι καρήασιν. *Homer.* Il. Θ. 306. Μήκων δ' ὡς ἐτέρωσε κάρη βάλεν, ἥτ' ἐνὶ κήπῳ Καρπῷ βριθομένη, νοτίησί τε εἰαρινῇσιν· ῝Ως ἑτέρωσ' ἤμυσε κάρη πήληκι βαρυνθέν. Id. Il. τ. 405. ἄφαρ δ' ἤμυσε καρήατι. — In Cod. Vat. vitioſe ἤμίας ὁ πρ. — Pro ἴδυ, quod Aldus in ſuis Codd. invenit, ἴβυ exhibet Ed. Ald. filior.; quod pro mero typographorum errore habendum eſt. ἴβη tamen huic loco etiam conveniret.

G 3

CVII. Cod. Vat. p. 265. fq. Ἀντιπάτρου. Plan. p. 243.
St. 354. W. In Polyxenum quendam, qui, cum a coena
per noctis tenebras domum rediret, de lubrica via plb-
lapfus periit. Expreffum videtur ex *Leonid. Tar.* Ep.
LXXV. — V. 1. Διὸνυσέον. Cod. Vat. — V. 5. Hinc
Polyxenum Smyrnaeum fuiffe intelligitur. Quo loco
autem perierit, non dicitur. Certe non in loco patriae
propinquo, ut apparet ex verbis ἐκὰς Σμύρνης, et ex Archetypo: ἀντὶ δὲ γαίης Πατρίδος ὀθνείην κείμαι ἐφεσσάμενος.
An v. 3. pro ἀγρόθι (Ed. Flor. ἀγρόθι) olim Ἀργόθι fuit?

ꟊ. 37.] *CVIII.* Cod. Vat. p. 308."Ἀντιπάτρου. Planud. p. 252. St. 365. W. Ariftagoras, poftquam famo-
fiffima quaeque maris loca falvus praeternavigaverat, in
ipfo portu naufragium fecit. — V. 1. θάλαττα bis, vulgo.
Mare ubique mare, ubique ferox et perfidum. Similiter
Petronius c. XLII. *Sed mulier eft mulier! milvinum genut.*
fi recte emendavimus. — V. 2. ὀξείας. Cafaubonus adfcripfit: *caures vel infulae.* Proprie ὀξεῖαι funt rupes afpe-
rae in mari exftantes. *Lucian.* T. VIII. p. 162. Bip.
ἀπόξυροι δέ εἰσι πέτραι καὶ ὀξεῖαι, παραθηγόμεναι τῷ κλύσματι.
Pollux L. I. 115. χοιράδες, ἄκραι χειμέριοι, ὀξεῖαι. Sed hoc
loco nomen proprium regionis cujusdam naufragiis in-
famis requiritur. Nec dubites, quin fcribendum fit:

καὶ Ὀξείας ἠλεὰ μεμφόμεθα.

Sunt enim Oxiae infulae in mari Ionio, prope Echina-
das. Vide *Strabon.* L. X. p. 458. *Stephanus Byz.* in Ἀρτέμιτα. — ἔστι δὲ πλησίον τῶν Ὀξειῶν νήσων νῆσος Ἀρτέμιτα.
Ῥιανὸς' αἱ Θεσσαλικῶν (fort. Ῥιανὸς ἐν Θεσσαλικῶν δ. vide
Fabric. Bibl. Gr. IV. p. 658.) Νήσοις Ὀξείησι καὶ Ἀρτεμίῃ
ἐπέβαλλον. ubi *Pincdo* Ἀρτεμίτῃ corrigit. — Has igitur
regiones *remere* prae aliis incufari ait. ἠλεά. *Callimacb.*
ap. *Etym. M.* ἠλεὸς, μάταιος. — ἠλεὰ μὲν ῥέξας, ἰχθρὰ δὲ
πεισόμενος. — V. 3. τοὔνομ' ἔχουσι. ὄνομα in talibus prae-
textus eft. ὄνομα καὶ πρόσχημα jungitur ap. *Polyb.* L. XI.

6. 4. μετ᾽ ὀνομάτων καλῶν *Thucyd.* L. V. 89. Vide *Dorvill.* ad Charit. p. 82. — ἐπεί. Quod nisi ita se haberet, quomodo, quaeso, factum esset, ut me, his omnibus vitatis, portus Scarphaeus obrueret? — V. 5. νόςτιμον. Jam totam rem concludit poëta: Secunda fortuna est, quae reditum efficit; hanc sibi quisque precator. εὐπλοίη νόςτιμος, secunda navigatio, quae in locum destinatum ducit, πατήριος, ἀνακομιστικὸς, ut *Hesych.* interpretatur v. νόστιμον ἦμαρ. Passim ὥριος est *salutaris, secundus* simpliciter, nullo ad vocis originem respectu habito. Vide *Spanhem.* ad Callim. H. in Cer. 134. — ὡς τά γε πόντου πόντος. Nam mare quidem ubique sui simile esse, mea experientia edoctus scio. *Propert.* L. II. El. XIX. 64. *An quisquam in mediis persolvat vota procellis, Cum saepe in portu fracta carina natet.* L. III. 5. 50. *Ventorum est, quodcunque paras: haud ulla carina Consenuit: fallit portus et ipse fidem.* — In Edit. Lips. vitiose εὐπλωίην excusum.

CIX. Cod. Vat. p. 408. Plan. p. 21. St. 33. W. Gorgo vetula gravi tonitru perterrefacta ad focum mortua concidit. — V. 1. χειμέριον. Plan. et Vat. Cod. In edit. *Hieronymi de Bosch* χειμέριην video excusum, quod consulto factum esse non puto. — ἄνθρακι Vat. Cod. — V. 2. ἐξετάταξε. terrore percussit, attonitam reddidit. *Homer.* Od. ς. 326. εἴ γε τις φρένας ἐκπεπαταγμένος ἐστί. ἐκπεπληγμένος. ἔκφρων. *Hesych.* — V. 3. κατήμυσε. exstincta est, oculos clausit. *Callimach.* Ep. XLV. κήπέμυσ᾽ ἐκείνων Εὐγέρας ἐν χερσίν. Plene Auctor Ep. ἀδεσπ. DCLX* κανθοὺς τοὺς γλυκεροὺς ἔμυσας. *Philo* Tom. I. p. 645. 31. καμμύσαντες τὸ τῆς ψυχῆς ὄμμα. Vide *Merrick* ad Tryph. v. 15. *Interpp. Thomae M.* p. 175. — πνεύμονα ψυχθεῖσα. pulmonibus subito contactis frigore. Laudat *Brodaeus* Galenum περὶ αἰτίων συμπτ. Καὶ ἀπέθανον ἤδη τινὲς ἐπὶ φόβοις ἐξαιφνιδίοις, ὅταν ἀσθενὲς φύσει ψυχάριον ἰσχυρῶ πάθει κατασχεθὲν καταβιωσθῇ τε καὶ καταπνιγῇ. — V. 4. πρόφρις. Se-

cundum *Trypbonem* T. II. p. 451. προφάσεων οὐκ ἀπορεῖ
θάνατος. Senis, cafu exftincti, hiftoriam narrans *Antiphil.*
Ep. XXXV. ἦν γὰρ ἕτοιμος Εἰς ᾅδην, ἐκάλει δ᾽ ἡ πολλὴ
πρόφασιν.

CX. Cod. Vat. p. 280. 'Αντιπάτρου. Planud. p. 287ª.
St. 415. W. In·Artemidorum, duodecim annorum puerum, praematura morte matri ereptum. — V. 1. σήματι.
Vat. Cod. — V. 2. δωδεκέτην. Vat. Cod. ita tamen, ut
ν lineae fuperfcriptum fit. — γοάωσα, Idem. — V. 3.
εἰς ante πῦρ omittit Vat. Inepta lectio πόνος εἰς πόνον,
quam corrigens *Guil. Canter.* Nov. Lectr. II. 1. εἰς σποδὸν
reponendum judicavit, probante *Brunckio.* Idem *Jof.*
Scaliger adfcripfit margini. —' V. 4. ἄλισθ᾽ ὁ Παμμέλιος
γεινομένου κάματος. Cod. Vat. In his faltem verum ἄλισθ᾽
ὁ –. — V. 5. ἄλισ᾽ ἀπευθής. Si fincerum, idem eft ac
ἄφαντος ἔχετο, ἠφανίσθη. Sed de finceritate lectionis dubitare nos cogit et verfus inconcinnitas et Vatic. Cod.
fcriptura: ἄλετο ἀποθανὰ τέρψις — unde facili opera elici-
mus lectionem vulgata et doctiorem et elegantiorem :

ἄλετό θ᾽ ἃ ποθενὰ τέρψις σέθεν.

ποθεινὸς pro ποθεινὸς ufurpavit *M. Argentar.* Ep. XXXII.
ὁ τὰς ποθεινὰς ἐπιμισθίδας αἰὲν ἑταίρας πέμπων. — ἀκαμπτον
non vulgari fignificatione accipiendum eft, quo durum
et inflexibilem notat, fed de loco dicitur, unde nemo
revertitur. Ducta metaphora ab equis curforiis, qui in
fine curriculi dicuntur κάμπτεσθαι· et auriga equos circa
metam flectens κάμπτει. *Theocrit.* Eid. XXIV. 118.· καὶ
περὶ νόσσαν ἀσφαλέως κάμπτοντα τροχῷ σύριγγα φυλάξαι. Vulgaris circumfcriptio viae ad inferos. ἀνόστητος χῶρος. Nonnus Dion. XXX. p. 772.· εἰ πέλε νόστιμος οἶμος ἀνοστήτοιο
βερέθρου. *Catull.* III. 10. *Qui nunc it per iter tenebrico-*
fum Illuc, unde negant redire quenquam. Philetas ap. Stob.
p. 599. ἀτραπὸν εἰς ᾅδεω Ἥνυσα, τὴν οὔπω τις ἐναντίον ἦλθεν
ὁδίτης. Eodem fenfu *Hermefianax* ap. *Athen.* XIII. p. 597.

ἔπλευες δὲ κακὸν καὶ ἀπειθέα χῶρον. — V. 7. ἐφηβείην vulgo et Vat. Cod. Deinde tres Aldinae ἐλθὸν legunt, cum τέκος jungendum; Afcenſ. et Steph. revocaverunt lectionem Ed. Fl. ἐλθών. — Vat. Cod. ἦλθες legit, quod vulgatae fortaſſe praeferendum. — κωφὰ κόνις Catull. CII. *Ut te poſtremo donarem munere mortis, Et mutum nequidquam alloquerer cinerem.*

CXI. Cod. Vat. p. 238. Ἀντιπ. In Anth. Planud. p. 266. St. 383. W. ἄδηλον eſt. In formicae tumulum, prope aream exſtructum. Prius diſtichon laudat *Suid.* in ἁλωὰς T. I. p. 124. et in δυηπαθὴς T. I. p. 631. — Verſum 2. 3. 4. idem in ἡρία T. II. p. 75. — δυηπ. *ἐργάτα. parva magni formica laboris. Horat.* I. Serm. L. 33. — V. 3. Vulgo σταχυηφόρος. Ap. *Suidam* σταχυετρόφος. Noſtrum eſt in Cod. Vat. Ad ſententiam conf. notas ad *Meleagr.* Ep. CXX. p. 133. — Pro ἀρουραίη *Schneiderus* mallet ἀρουραίη. θαλάμη eſt μυχὸς, ὀπή, ipſum ſepulcrum, in agro.

Praeter haec Epigrammata in Cod. Vat. *Antipatro Sidonio* tribuitur Epigr. *Anytes* XX. *Cerealii* III. ἀδέσπ. CCXXVII. CCXXVIII.

DAPHITAE GRAMMATICI

EPIGRAMMA.

T. III. p. 330.] De Magneſia agens *Strabo* L. XIV. p. 958. A. κεῖται ἐν πεδίῳ, ait, πρὸς ὄρει καλουμένῳ Θώρακι ἡ πόλις· ἐφ᾽ ᾧ σταυρωθῆναί φασι Δαφίταν τὸν γραμματικὸν, λοιδορήσαντα τοὺς βασιλέας διὰ στίχου· Πορφύριος — — καὶ λόγιον δ᾽ ἐκπεσεῖν αὐτῷ λέγεται, φυλάττεσθαι τὸν Θώρακα. Alii hiſtoriam paulo aliter narrant; de qua diverſitate dicemus in Hiſtoria Poët. Anthol. Rex, quem Daphitas contumeliis laceſſiſſe dicitur, fuit Attalus, is, ut videtur,

qui fibi primus regium nomen arrogavit. Hunc cum
cetera regia familia appellat πορφυρέους μάλωπας, i. e. fervos flagellorum vibicibus terga fignata habentes, propter
Philetaerum, Lyfimachi eunuchum, qui primus Perga-
mum a Lyfimacho avertit, fibique fubjecit, ingenti gaza,
quae ipfius fidei a Lyfimacho commiffa erat, occupata.
Propter hanc caufam poëta ejus fucceffores ἀποῤῥινήματα
γάζης Λ. vocat, quafi fcobem et purgamenta dixetis.
In πορφύρεοι ludicra eft ambiguitas. Simul enim ad vibi-
cum colorem, fimul ad purpuram regiam refpicitur.
De Philetaero ejusque familia diferte tradidit *Strabo*
L. XIII. p. 925.

DAMAGETAE EPIGRAMMATA.

¶. 38.] *I.* Inducendum eft hoc diftichon, quod librarii errore *Damagetae* tributum eft, cum pars fit Epigrammatis *Antipatri Sid.* XXV. ubi vide notas.

II. Cod. Vat. p. 194. Primus, quod fciam, edidit
Reiskius in Anth. nr. 495. p. 42. Repetivit *Toup.* in
Cur. nov. p. 165. Arfinoë, Ptolemaei filia, Dianae comae fuae cincinnum dedicat. Plures tamen fuerunt
hujus nominis puellae in Ptolemaeorum familia, inter
quas illa, quam Philadelphus in matrimonium duxit,
notiffima. — V. 1. laudat *Suidas* in ἀκκίζοντας T. I. p. 117.
unde veram lectionem recepit *Reiskius.* Nam in Cod.
Vat. ἀκκίζοντας habetur, quod *Br.* in Analect. in ἀκκίζοντας
mutavit; in Lect. ἀκκίζοντας reftituendum cenfet. —
V. 2. 4. ap. *Suid.* in πλόκον T. III. p. 132. cujus lectionem τόνδ᾽ ἀνέθηκε κόμης a *Toupio* lectioni Vat. Cod. non
fine caufa idonea praelatam effe cenfet *Brunckius.* —
V. 4. „ἱμερτοῦ πλοκάμου Sic cod. nofter et Suidas: fubauditur ἀπὸ vel μέρος. Emendabat Salmafius ἱμερτὴν

„πλόκαμον, quod minime neceſſarium eſt.“ *Br.* *Toupius*
ἱμερτοὺς πλοκάμου; corrigebat.   Idem vir doĉt. in marg.
apogr. Lipſ. notavit.

   III. Anth. Plan. p. 2. St. 4. W. Spartanus luĉtator,
neſcio quis, gloriatur, ſe non arte, ut Meſſenios et Argivos, ſed corporis vi et robore pollere.   Praeclare ad
hoc carmen illuſtrandum facit locus *Plutarchi,* a *Brodaeo*
excitatus, T. II. p. 233. E. τοῖς παλαίουσι παιδοτρίβας οὐκ
ἐφίστανον οἱ Λακεδαιμόνιοι, ἵνα μὴ τέχνης, ἀλλ' ἀρετῆς ἡ φιλο-
τιμία γένηται. Apud Argivos autem ars palaeſtrica inprimis floruit. *Diotim.* Ep. V. Ἀργείων ἀ πάλα, οὐ Λιβύων.
Cf. *Theocrit.* Eid. XXIV. 109. — ἀπὸ Μεσσάνας. *Bro-*
daeum impugnat *Burmannus Scc.* ad Numiſm. Sic. in
Dorvillii Sicul. T. II. p. 300. quod hunc locum de Meſ-
ſeniis, Peloponneſi incolis, acceperit. Meſſenen Peloponneſi nunquam a veteribus Μεσσάναν appellari, quod
nomen Meſſanae Siciliae proprium fuerit. Quod ſi verum eſt, Μεσσήνης ſcribendum; Siculos enim arte luĉtan-
di excelluiſſe, nemo tradidit. Sed apud *Nicandrum* quoque *Colophonium* Ep. III. Μεσσάνα ſcribitur, ubi, niſi
omnia fallunt, de Meſſene Peloponneſi agitur.

   Ex Tom. III. p. 331.] *III*ᵃ. „Planud. p. 309. St.
„449. W. Damagetae tribuitur hoc Epigr. quod multo
„recentioris peſſimique poëtae eſſe videtur. μεῖζων in
„2. verſ. (ſic enim in Flor. edit.) contra metrum; quod
„autem repoſuerunt μεῖζον, contra ſyntaxin eſt. Inepta
„eſt ταυτολογία in 4. verſ. ὑπὲρ ζωᾶς καὶ βιοτᾶς, cujus
„vitium paulisper minueretur, ſcribendo ὑπὲρ ψυχᾶς καὶ
„βιοτᾶς. Nihil in toto carmine, quod non ex aliis emen-
„dicatum. Cura, qua v. 2. emendavi, ſuperſedere po-
„tuiſſem.“ *Br.* Scriptum eſt, cujuscunque tandem auĉto-
ris fuerit, in Herculem cum leone Nemaeo pugnantem;
in quo argumento verſatur etiam *Archias* Ep. XXVII.
Praeter tautologiam verſus quarti non video, quid nos

in hoc carmine tantopere offendere debeat, ut illud ex
Damagetae carminibus eximendum effe ftatuamus. Interpolatum tamen videtur et depravatum.— V. 2. πολλὸν ὁ μὲν Θηρῶν μείζων. Vulgo. Metri vitium tollere co-
nantes μεῖζον nonnulli dederunt. Hic defideramus melioris codicis opem. Noftra lectio audax eft et mire vi-
tiofum *Brunckii* commentum, cui talem verfum excidere potuiffe miror. Nihil in talibus mutavi tutius. —
V. 3. ὄμμα λοξόν. *Gregor. Nazianz.* in Vita fua p. 28. D.
κάπροι — λοξὸν βλέποντες ἐμπύροις τοῖς ὄμμασιν συνῆπτον.
Theocrit. in Hercule λεοντοφόνῳ v. 241. ὁ δέ μ' εἶδε περι-
γληνώμενον ὅσσοις Θὴρ ἄμοτος. — V. 4. Non dubito, quin
interpolatus fit hic verfus. Fortaffe fcribendum:

— ὑπὲρ ζωᾶς αἰνόβιαι σφετέρας.

five:

— — — αἰνολέται σφετέρας.

Leonèm Nemaeum αἰνολέοντα vocat *Theocrit.* Eid. XXV.
168. et Θηρίον αἰνὸν 205. — V. 6. Omnem circa Ne-
meam regionem leonis illius timor defertam reddiderat.
Theocrit. l. c. 218. οὐδὲ μὰν ἀνθρώπων τις ἔην ἐπὶ βουσὶ καὶ
ἔργοις Φαινόμενος στορίμοιο δι' αὐλακος, ὄντιν' ἐροίμην · Ἀλλὰ
κατὰ σταθμοὺς χλωρὸν δέος εἶχεν ἕκαστον. — Pro Νεμέα tres
Aldinae Νεμία legunt.

  IV. Cod. Vat. p. 286. Edidit *Jenfius* nr. 54.
Reisk. in Anth. nr. 704. p. 134. Thymodes filio Lyco,
qui in fluctibus perierat, cenotaphium exftruit. —
V. 1. Θυμώλης *Jenf.* unde *Reisk.* Θυμοκλῆς. — V. 3. οὐδὲ
γὰρ ὀθνείην ἔλαχεν κόνιν. Hoc tam indubitanter pronuntia-
ri miror. Verifimile erat, naufragi corpus in litore alicubi putrefcere; certum non erat. Quare recte v. 5.
ἔνθ' ὅγε που, ubi ille *fortaffe* infepultus jacet. Haec
efficiunt, ut fcribendum cenfeam:

οὐδὲ τάχ' ὀθνείην ἔλαχε κόνιν.

Trifte eft et parvum fortunae munus, in terra peregri-

na humari; fed ne hoc quidem Lyco contigiffe probabile eft. — V. 4. νήιας ἢ γήσων πουτιάδος τις ἔχει. *Jenfius.*
unde *Bernardus* in Epift. ad Reisk. p. 507. infeliciter
corrigit: ἢ γεῖσσος πουτίας ὅστις ἔχει.   Veram lectionem,
quam *Br.* ex codice dedit (ubi νᾶς legitur) absque codice perfpexerunt *Lennep.* et *Rubnkenius* in Ep. crit.
p. 121. *Reiskius,* reliqua recte corrigens, ἀκτῇ νηπίας
(Bithyniae aut Phrygiae litus. *Schol. Apoll. Rb. L. I.*
1116.) perperam fcripfit. Codicis tamen lectionem
idem retineri poffe putans, de monte Ithacae Νήιον cogitabat. *Brunckius* verba ἀκτῇ νηίας interpretatur ἀκτὴν
νηῶν δεκτικὴν, litus, ubi naves ftationem habent. , Sed
tum prorfus inepte fufpicatur poëta, naufragi corpus in-
fepultum jacere in litore navibus frequentato. Adde,
quod omnino ad miferationem faciendam non ejusmodi
litus, fed potius faxofa aliqua et deferta regio fingi debebat. Et fic in hoc argumento paffim fieri video.
Antip. Theff. Ep. LXVI. κεῖσαι δὴ ξείνῃ γυμνὸς ἐπ᾽ ἠιόνι ᾿Η
σύ γε πρὸς πέτρῃσι. *Zonas* Ep. IX. ἀλλά σ᾽ ἐρημαῖοί τε καὶ
ἄξεινοι πλαταμῶνες Δέξοντ᾽ Αἰγαίης γείτονες ἠιόνες. *Archias*
Ep. XXXIII. ἢ γὰρ ἁλιρρήκτοις ὑπὸ δειράσιν, ἀγχόθι πόντου
Δυσμενέος, ξείνων χερσὶν ἔκυρσα τάφου. Quae cum ita fe habeant, veram lectionem in νηίας latere fufpicor. Alii
eptius epitheton circumfpiciant. — Ποντιάδων *Rubnkenius*
et *Reiskius* de nomine proprio infularum Ponti Euxini
acceperunt; *Brunckius,* ut videtur, de appellativo. Hoc
melius. Non multum quidem ponderis hoc epitheton
habet; fed multa occurrunt hujus generis et hoc ipfum
vocabulum ap. *Euripid. Iph. Aul.* 253. ποντίας νῆας. —
V. 5. πάντων κτερίων. ne parvo quidem pulveris munere
accepto. — ἀξείνου. in litore inhofpitali, ubi nemo de
humando naufrago cogitaverit. Si Ποντιάδων recte fcribitur, verba ἐξείνου αἰγιαλοῦ ad maris Euxini, quod etiam
᾿Αξεινον vocatur, litora referenda funt.

¶. 39.] *V.* Cod. Vat. p. 209. Planud. p. 269. St.
38ŷ. W. fine auctoris nominè. Comparandum Epigr.
Antip. Sidon. LXVII. et Epigr. *Palladii* in Anth. Lat.
T. I. p. 99. — V. 1. 2. *Suidas* laudat in προμολησιν
T. III. p. 190. Ut de omni Orphei vita, fic etiam de
ejus fepulcro diverfa traduntur. Fuerunt, qui eum Dii
in Macedonia fepultum dicerent. *Diogen. Laert.* Prooem.
§. 5. *Paufan.* L. IX. p. 769. ᾽Ιόντι ἐκ Δίου τὴν ἐπὶ τὸ ὄρος,
καὶ στάδια προελη͡λυθότι εἴκοσι, κίων τέ ἐστι ἐν δεξιᾷ, καὶ ἐπί-
θημα ἐπὶ τῷ κίονι, ὑδρία λίθου. ῎Εχει δὲ τὰ ὀστᾶ τοῦ Ὀρφέως
ἡ ὑδρία, καθὰ οἱ ἐπιχώριοι λέγουσι. — V. 3. *Suidas* v. ἀπει-
θῶ T. I. p. 261. In Cod. Vat. σὺν ἁμ' divifim. — V. 4.
ὑλανόμων ἀγέλα. Vat. Cod. ἐγέλη. Planud. — V. 5. ὁππότε.
Cod. Vat. μυστηρίδας Βάκχου. Erat in Helicone Orphei
ftatua, adftante Τελετῇ. πεποίηται δὲ περὶ αὐτὸν λίθου τε καὶ
χαλκοῦ θηρία ἀκούοντα ᾄδοντος. *Paufan.* l. c. p. 768. *Da-
magetes* nofter myfteria Orphica cum Bacchicis confun-
dit, quae illis recentiora fuiffe, dubitari non poteft. —
V. 6. ἡρώῳ ποδί. heroico metro primus aptavit verba.
Fuerunt igitur, qui Orpheum-pro hexametri inventore
haberent. Primos verfus heroïcos a vatibus Delphicis
concinnatos effe, tradit *Plin.* H. N. VII. 57. Haec res
ejusmodi eft, ut vel vetuftiffimi Graecorum fcriptores
nihil certi de ea pronuntiare potuerint. — V. 7. 8.
Suidas in ἀκήλητον T. I. p. 83. et in Κλύμενος T. II. p. 333.
οὕτω λέγεται ὁ ῞Αιδης, ἢ ὅτι πάντας προσκαλεῖται εἰς ἑαυτὸν, ἢ
ὁ ὑπὸ πάντων ἀκουόμενος. *Paufan.* L. II. 35. p. 195. Apud
Hermionenfes e regione templi Χθονίας templum Κλυμένου
effe narrat: Κλύμενον δὲ οὐκ ἄνδρα Ἀργεῖον ἐλθεῖν ἔγωγε ἐς
῾Ερμιόνα ἡγοῦμαι· τοῦ θεοῦ δὲ ἐστιν ἐπίκλησις, ὄντινα ἔχει λόγος
βασιλέα ὑπὸ γῆν εἶναι. *Ariftodic.* Epigr. II. p. 260. ῞Ηδη
γὰρ λειμῶνος ἐπὶ Κλυμένου πεπότησαι, Καὶ δροσερὰ χρυσέας ἄνθεα Φερσεφόνας. Veterum loca de Clymeno collegit *N.
Heinfius* ad Ovid. Faft. VI. 757. — βαρὺ νόημα καὶ ἀκήλητον θυμὸν Plutoni fimiliter tribuit *Virgil.* Georg. IV. 469.

regemque tremendum Nefciaque humanis precibus manfuefce-
re corda. Non fatis apparet, quid in vulgata lectione offenderit *Pierfonum*, qui in Verifim. p. 87. τὸν ἀκήλητον
κυθμὸν corrigere tentavit. Non valde quidem elegans eſt
vulgata, nec tamen propterea correctione indiget. Minime enim *Damogetes* melioribus Anthologiae poëtis ac-
cenfendus eſt.

VI. Bis legitur in membranis p. 242. et p. 274.
Anth. Plan. p 199. St. 289. W. In Ariſtagoram, Theo-
pompi filium, qui, pugna pro urbe Ambracia fuscepta,
perierat. Ad quod aevum haec hiſtoria referenda fit,
ignoramus. *Schneidero* tamen judice ad illud tempus
pertinet, quo Philippus, Demetrii filius, cum Epirotis
urbem Ambraciam vi expugnavit, narrante *Polybio* L. IV.
61. T. II. p. 144. fq. Si hoc Epigramma ex antiquiore
poëta expreſſum eſt, putaveris, fcriptum eſſe in Lacedaemonium (Δωρικὸν ἄνδρα) aliquem ex iis, qui anno
feptimo belli Peloponnefiaci Ol. LXXXVIII. 4. ab Am-
braciae civibus praefidii caufa arceſſiti fuerant, ut eſt
ap. *Diodor. Sic.* XII. 63. Tom. I. p. 520. — βοηδρόμος.
i. e. βοηθός. ut *Suidas* interpretatur, hunc verſum laudans
Tom. I. p. 439. ubi φεύγειν ἤθελεν legit. Eadem eſt
lectionis diverfitas ap. *Antip. Sidon.* Ep. XXII. 7. —
V. 2. fic ut hic et in Planudea legitur in Vat Cod. loco
pr. Longe diverfo modo ibid. loco fec. τεθνάμεν ἢ τὸ
φυγεῖν εἶλετ᾽ Ἀρηϊμένης. — Omiſſum eſt μᾶλλον ante ἤ,
cujus ellipfios exempla dedit *Abrefch.* in Animadv. in
Aefch. T. II. p. 19. Vide not. ad *Melengri* Ep. CVI.
p. 147. — V. 3. υἱός τ᾽ εὐπόμπου. Vat. Cod. loc. pr.
υἱὸς ὁ Θευπ. loco fec. Noſtrum eſt in Planud. — V. 4.
Pro οὐ ζωᾶς Vat. Cod. loco fec. οὐχ ἥβας, quod elegantius.

VII. Cod. Vat. p. 273. Planud. p. 201. St. 293. W.
Scriptum in Gyllin, Lacedaemonium, qui, tribus Argivis
interfectis, ipfe periit. Hunc Gyllin eundem eſſe putant,

qui vulgo Othryades appellatur. Sed fi nobilem illam
Argivorum Spartanorumque de Thyrea pugnam refpexit
nofter, traditionem a vulgata longe diverfam fecutus
effe videri debet. Vide ad *Simonid.* Ep. XXVI. — V. 1.
ὕμμιν. Vat. Cod. ὕμιν. ed. Flor. — V. 3. ἄνδρα δ' ὅς 'Α.
Vat. Cod. et in fine verfus εἶπεν. Miror, *Brunckium* tam
patienter tuliffe inutile fulcrum, inter τόδε et εἶπε intru-
fum. Scribendum videtur:

ἄνδρας ὅς 'Αργείων τρεῖς ἔκτανε, καὶ τόδ' ἔειπε.

Pofteriorem hanc emendationem confirmat conjectura
Jof. Scaligeri, qui etiam in capite verfus ἀνέρ', ὅς emendandum cenfebat. ἄνδρας mihi quidem videtur verius.

VIII. Cod. Vat. p. 274. Planud. p. 202. St. 294. W.
In Machatam, Achaeum, qui in pugna contra Aetolos
périerat. Viri nomen vulgo μαχητά, ut adjectivum, fcribitur; quod emendavit *Scaliger.* Planudeae interpretes
tamen hoc carmen referunt ad Machatam illum, de quo
Polybius multa narrat Libro IV. In qua conjectura egre-
giè falfi funt. Nofter enim Machatas 'Αχαϊκὸς ἀνὴρ diferte vocatur; ille, quem *Polybius* commemorat, Aetolus
fuit. Vide L. IV. 34. et 36. Paffim hoc nomen occurrit. Μαχάτα cujusdam fororem Philippus, Amyntae fil.,
in matrimonio habuit, narrante *Athen.* L. XIII. p. 557. C.
Machatam πρωτεύοντα τῶν 'Ηπειρωτῶν, qui Tito Flaminio
viam monftravit, qua hoftes circumveniret, commemorat *Plutarch.* Vit. T. II. p. 405. — Ceterum Achaei
cum Aetolis bellum gefferunt Ol. CXXXIX. 4. anno
U. C. 534. — V. 1. Docte *Jof. Scaliger* legendum
fufpicatur: Πατρέων περὶ ληίδα. Fuit enim *Patrae* urbs
Achaïae. Vide *Berkel.* ad *Steph. Byz.* p. 632. L. *Holften.*
p. 247. Probabilitatem huic conjecturae conciliat, quod
ex *Polybio* difcimus L. IV. 6. 9. Aetolos eodem, quod
fupra defignavimus, anno Patrenfium agros populatos
effe. Tum ληῖς accipiendum de praeda, quam Aetoli
conati

conati fuerant abigere, Machata aliisque prohibentibus.
Mihi etiam olim fcribendum videbatur:

ἄλσε δὴ πατέρων παρὰ λήϊα — —

periifti majorum tuorum agros et poffeffiones defendens. —
V. 3. τρωθ' ἥβης. Vat. Cod. — χαλυτόν. Color eft, ut ap.
Phalaecum Ep. IV. εἶν ἄλ δ' οὐ πως Εὐμαρὲς εἰς πολιὴν ἀνδρὸς
ἰδεῖν κεφαλήν.

¶. 40.] IX. Cod. Vat. p. 292. Plan. p. 202. St.
294. W. In Chaeronidam, qui pro foffa, nefcio qua,
in Achaeorum agro propugnans, ab hoftibus interemtus
fuit. — V. 2. μέρον. Miror Cafaubonum, qui adfcripfit
νέκυν, quod hic certe locum non habet. — V. 3. τάφον.
Vat. Cod. — τῇ τότε νυκτί. noĉte, qua periifti. — V. 5.
„ἄλις κείθει. Quin haec verba corrupta fint, dubitare non
„finit prima in ἄλις produĉta. Scribendum Ἆλις, i. e. Elis,
„Peloponnefi regio. Dorifmum, qui olim hic obtinebat,
„mutarunt, pro more fuo, librarii. Scripferat poëta:
       „νυὴ μὴν ἀλλ' ἀρετᾶς σε διακριδὸν Ἆλις κείθει.
„In ἀρετᾶς fubauditur ἕνεκα.“ Br. In eandem conjeĉtu-
ram incidit Jofeph. Scaliger in not. mftis; eamque expreffit Grotius: Aeternum meritis Elide nomen habes.
Elis virtutem tuam, quam in fuam civiumque fuorum
perniciem experta eft, celebrabit. Elei in bello contra
Achaeos ab Aetolorum partibus ftabant. Ad quam
vero pugnam referendum fit carmen, non facile diĉtu
eft. Opfopoeus quidem Chaeronidam pro Aetolo habens,
de Aetolorum circa Aegiram pugna agi exiftimavit; de
qua vide Polyb. IV. 58. T. II. p. 137. fq. Sed ifta
pugna non fuit circa foffam, fed circa acropolin; nec
Eleorum in ea partes fuiffe videntur. Equidem non
dubito, quin refpiciatur pugna quaedam, aliunde fortaffe non cognita, circa eam regionem, quae proprie
τέφρος et Τάφρος μεγάλη vocabatur, illuftris clade Meffeniorum a Lacedaemoniis ibi accepta. Vide Paufan. IV,

17. p. 321. et 323. *Polyb.* L. IV. 31. — Pro κειϑει
Cod. Vat. κειϑη. — V. 6. ξεινην. In peregrina igitur terra Chaeronidas obiit. *Lycophr.* 296. πυκνοι κυβιστητηρες
εξ εδωλιων Πηδωντες αιμαξουσιν οϑνειαν κονιν. quod expreffum ex *Euripid.* Phoen. 1162. fqq. ubi cum legatur:
ξηραν δ' εδευον γαιαν αιματος ροαις — apud noftrum quoque
ξηρην κονιν non incommode legi poffe putabam ad *Anytes*
Ep. XV. p. 432. Licet tamen in vulgata acquiefcere.—
Non omittendum, quod *Cafaubonus* verf. quintum fic
legendum cenfebat: ναι μην αλλ' αρετη σε διακριϑον ειϑν
κειϑει. *Scaligeri* inventum melioris eft commatis.

X. Cod. Vat. p. 292. Plan. p. 209. St. 305. W.
Duo Charini filii, Thebani, a Thracibus interemti, rogant praetereuntes, ut patri nuntium de morte fua ferre
velint. — V. I. Πρὸς Ζηνὸς vulgo. quod ex Lect. Aldinae pr. in fequentes edd. venit. Ed. pr. enim, Ald. pr.
et Afcenf. πρὸς διὸς legunt, quae eft etiam Cod. Vat.
lectio. *Salmafius* emendavit πρὸς σε Δ. — V. 3. Πολύνικον.
Vat. Cod. et Plan. — V. 4. ,,αμμι. nihil mutant Codd.
,,nec neceffe eft reponere κμφι, quod volebat Reisk.''
Br. αμμι conjecit *Jof. Scaliger*; nec *Brodaeus* aliter legit. Sed tum profecto mallem αμφι, quod etiam *Schneidero* in mentem venit. — V. 5. ,,υπὸ Θρηκων. Sic Vat. Cod.
,,Planud, υπὸ ϑνητων, quod alii in υπὸ ϑητων, alii in υπ'
,,οϑνειων mutabant, quia manifefto corrupta erat vulgata
,,lectio. Sed absque codice difficile erat genuinam affe-
,,qui.'' *Br.* υπὸ Θρηκων tamen praeclare affecutus eft
Brodaeus; fortaffe etiam *Cafaubonus*, ex cujus fchedis
enotatum reperio Θρενων five Θρενων. — αλλα τὸ κ. Praeclara εννοια. Non noftram mortem, fed orbam ipfius fenectutem lugemus. ορφανιη. *Eurip.* Ion. 790. τὸ δ' εμὸν
ατεκνον ελαβεν Αρα βιοτόν· ερημιᾳ δ' ορφανοὺς δόμους οικηϲω.

XI. Cod. Vat. p. 325. Planud. p. 231. St. 336. W.
In vett. edd. εδηλον eft. Ap. Stephan. αδηλον, ει δε Δημακν.

τ̔ου. Auctoris nomen recte legitur scriptum in membranis Vat. — Theano Appellichi conjux moribunda ab-
ſentem maritum deſiderat. — V. L. ὕςτατον Φ. Vat. Cod.
omiſſo ὦ, quod *Br.* inſeruit. Vulgo ὑςτάτιον, Φώκαια ➛
quod verum videtur, ita tamen, ut ſcribatur:

ὑςτάτιον, Φώκαια, κλυτὴ πόλις, τοῦτο Θεανὼ
εἶπ' ἔπος, ἀτρύγετον νύκτα κατερχομένη.

Color ductus ex Epigr. *Simmiae* III. ὕςτατα δὴ τάδ' ἔειπε
φίλαν ποτὶ ματέρα Γόργω Δακρυόεςςα. Recte autem mihi
ſcripſiſſe videor: τοῦτο Θ. εἶπ' ἔπος. *Leonid. Tar.* Ep. LXI.
τῷ δ' ἔπος ἐκ γαίης τόςον ἄπυε. *Apollonid.* Ep. XX. τοῦτο δ'
ἔπος τότ' ἔλεξαν. — V. 2. εἶπες Vat. Cod. ἀτρύγετος νύξ.
Orci tenebrae. *Homer.* Il. ς. 425. δι' αἰθέρος ἀτρυγέτοιο.—
V. 4. οἰκείη et περιες Cod. Vat. Prius, in hoc praeſertim
poëta, non omnino ſpreverim. — V. 5. μόνος. Membr.
Vat. — V. 6. Vulgo βαλοῦσα. In marg. Wechel. λαβοῦσα,
quod Vat. Cod. confirmat. *Tibull.* I. El. I. 60. *Te ſpe-*
ctem, ſuprema mihi cum venerit hora, Te teneam moriens
deficiente manu.

XII. Hoc carmen, quod ἄδηλον eſt in Plan. p. 244.
St. 354. W. in Vat. Cod. p. 258. noſtro poëtae vindi-
catur, ubi lemma: Εἰς Πραξιτέλην τὸν ἀγαλματοποιὸν τὸν ἐκ
τῆς Ἄνθρου. Huic lemmati ſi fides habenda eſt, tenemus
Praxitelis patriam, de qua aliunde nihil commemorari
video. Mihi tamen hic teſtis non valde idoneus videtur;
nec in ipſo Epigrammate eſt, quod ejus ſententiam con-
firmet. — V. 3. ἱκανὴ μερίς. muſicae facultatis eximie
particeps. De voce μερίς vide ad *Tymn.* Ep. IV. ἱκανὸς
ἀνὴρ, qui operi ſuscepto ſufficiat; ut ap. *Longin.* π. Ὑ.
p. 13. Timaeus ἀνὴρ τὰ μὲν ἄλλα ἱκανός, ap. *Platonem* in
Gorg. p. 514. D. ἱκανοὶ ἰατροὶ, medici nomine ſuo digni,
quos ἱκανοὺς τὴν ἰατρικὴν τέχνην ἄνδρας vocat *Xenoph.* κ. π. I.
6. 15. ἱππεῖς ἱκανοὶ ap. eund. IV. 3. 14. — V. 4. ἐρεύ-
γνος. bonus et verax. *Theocrit.* Ep. XX. εἰ δ' ἐςὶ κρήγυος.

H 2

τε καὶ πέρα χρηστῶν. Id. Eid. XX. 19. εἴκατί μοι τὸ
κρήγυον.

THEODORIDAE EPIGRAMMATA.

¶. 41.] *l.* Cod. Vat. p. 182. Θεωρίδα. Edidit *Ku-*
ster. ad Suid. Tom. I. p. 666. *Reisk.* in Anthol. nr. 472.
p. 30. Nautae ingens fcolopendrae fruftum, a fluctibus
in litus ejectum, diis dicant. — V. 1. 2. laudat *Suidas*
in ἔβρασε. et in κυκᾷ T. II. p. 391. Male in apogr. Lipf.
μυρισπύλουν legitur. — κυκηθεὶς eleganter de mari turbato.
Alciphron L. I. 10. p. 36. ἄνεμοι ὅσον οὔπω κυκήσειν τὸ πέ-
λαγος ἐπαγγέλλονται. Hinc translatum ad pericula gymnici
certaminis ap. *Sophocl.* in Electr. 732. παρεὶς Κλύδων'
ἔφιππον ἐν μέσῳ κυκώμενον. — V. 2. „Minime neceffe eft
„cum Kuftero fcribere Ἰαπυγίου;. In hac voce, ut fere
„in nominibus propriis omnibus, υ modo longum, modo
„breve. *Dionyf.* in Perieg. 379. φῦλα Ἰηπύγων τετα-
„νύσμενα μεσ'' Τρίοισ. Sic ap. *Apollon. Rhod.* Βέβρυκες me-
„diam modo corripit, modo producit. In Cod. fcriptum
„ἐπὶ σκοπέλοις, quod relinqui poterat, licet conftructio
„cum quarto cafu fit ufitatior. α *Br.* Apud *Suidam* σκο-
πέλους habetur, nec aliter lego in apogr. Spallett. —
V. 5. 4. *Suidas* in βουφόρτων T. I. p. 450. ubi recte habetur σελάχευς, cum in membranis Vat. σελάγευς legatur.
Vitiofe in apogr. Lipf. ης τόδ' ἄ. β. πελάγευς, quod etiam
Reiskium in errorem induxit. In eodem apogt. κνίψεν
et κολρανος legitur. —. σελάχη primus Ariftoteles vocavit
pifces, qui pro fpina cartilaginem habent et animal pa-
riunt, fecundum *Plin.* H. N. IX. 24. Etymologia vocabuli eft ap. *Galenum* de Alim. 3. Cf. *Suidam* in σελάχιον
et *Foefium* in Oecon. Hipp. p. 338. — V. 4. δαίμοσιν.
diis marinis, Ino praefertim et Palaemoni, ut apparet

ex *Antip. Sid.* XIV. quod carmen *Theffalonicenfis Anti-*
patri et ex noftro expreffum puto. — βούφερτοι εἰκότοροι.
naves onerariae; nihil amplius. *Reiskius* de alia hujus
vocabuli interpretatione non cogitare debebat.
II. Cod. Vat. p. 182. Θεοδωρίδα. ἐπὶ κοχλίᾳ θαλασσίᾳ.
Hoc quoque carmen primus edidit *Kufter.* ad Suid T. II,
p. 407. *Dorvillius* in Sicul. T. I. p. 13. *Reisk.* in Anth.
nr. 474. p. 31. Dionyfius, Protarchi filius, Nymphis
cochleam marinam dono affert. — V. I. *Suidas* in λα-
βύρινθος. κοχλιοειδὴς τόπος. — σημαίνει δὲ καὶ τὸ τῶν ἐντριά-
δων Νυμφῶν ἀνάθημα. Pofteriora haec etiam in Lex. Coislin.
leguntur p. 235. — In Cod. Vat. legitur εἰν ἁλὶ, ut ap.
Suidam, ubi *Kufter.* εἰνάλιος corrigit, idque in Cod. haberi affirmat. In apogr. Lipf. εἰνάλιε item ex emendatione legitur. Metro timens *Dorvill.* εἰνάλι' ὦ λ. Parum
jucunda tautologia in verbis εἰνάλιε (cf. *Antip. Sid.* Ep.
XIV. 8.) et ἐξ ἁλός; Vix tamen quidquam novandum
effe putaverim, cum nec verf. 3. et 6. a putida repetitio-
ne eorundem verborum immunes fint. — V. 2. *Suid.*
T. I. p. 37. in ἀγρέμιον. ὁ ἀπὸ τῆς ἄγρας; idem, quod
ἀγρευμα, vocabulum aliunde non cognitum. — Pro
ἀνερέμενος, quod *Suidae* acceptum ferimus, membranae
εὐρέμενος exhibent. — V. 3. Nymphae Naïades in antris
praecipue colebantur, ut docet *Goeus* ad Porphyr.
p. XXIV. ubi duo pofteriora hujus carminis difticha excitavit. *Suidas:* ἀντριάσι. ταῖς τοῖς ἄντροις φιλοχωρούσαις.
Ejusmodi antri, Nymphis facri, (νυμφαῖον vocant) defcriptionem fatis illuftrem dedit *Longus* L. I. p. 5. —
V. 4. Πελωριάδος. Inventa erat illa cochlea ad Pelorum
five Pelorida, Siciliae promontorium. Cochlearum
Peloritanarum carnes in deliciis fuiffe, teftas vero a
ludentibus ufurpatas, docet *Dorvill.* in Sicul. p. 13.
Earum carnes alvum emollire, narrat *Plin.* H. N. XXXII.
31. — V. 4. laudatur ap. *Suid.* in πελώριον T. III. p. 73.
V. 6. in ἀντριάσι T. I. p. 235. — σκολιὸς πορθμός.

Apollon. Rhod. L. II. 549. σκολιοῖο πόρου στεινωπὸν – τρη‑
χείης σπιλάδεσσιν ἐεργμένον. — Poſtremi hujus diſtichĭ
color duƈtus ex *Callim.* Ep. XXXĬ. de concha Arſinoae
dicata: ἐκ τ᾽ ἔπεσον παρὰ ϑῖνας Ἰουλίδος, ὄφρα γένωμαι Σοί τι
περίσκεπτον παίγνιον, Ἀρσινόη.

III. „In Cod. Vat. p. 195. tributum eſt hoc Epi‑
„gramma *Theodoro.* .Θεοδώρου ortum eſt ex compendio
„ſcripturae in nomine Θεοδωρίδα: aut ab oſcitante libra‑
„rio ſic ſcriptum pro Διοδώρου, quod probabilius eſt.
„Διόδωρος a Chriſtianis ſaepe in Θεόδωρος mutatum.“ *Br.*
Diodori Zonae ſtilum hoc carmen redolet. Eodem modo
nomina Θεοδώρου et Θεοδωρίδα confuſa ſunt in Ep. XI.
Argumentum his verbis indicat *Brunckius:* Poſtquam
Calliteles ex ephebis exceſſit et palaeſtram frequentaro
deſiit, gymnaſticam ſupelleƈtilem Mercurio dedicavit ob
peraƈtam ordinate et modeſte ἐφηβοσύνην, *juventutem.* —
V. 1. 2. *Suidas* laudat in πέταλον. T. III. p. 102. et in
πιληθέντα p. 115. Utroque loco πέταλον exhibet, (quae
Vat. quoque Codicis ſcriptura eſt) idque interpretatur
πίλημα ἐξ ἐρίου πιληθέν; quae non tam interpretatio quam
conjeƈtura vocanda eſt. πέτασον *Salmaſius* inter deſcri‑
bendum emendaſſe videtur; idque ex apogr. Lipſ. edi‑
dit *Reiskius* Anth. nr. 500. p. 44. Eadem eſt leƈtionis
varietas in *loco Dioscoridis*, prolato a *Bod. a Stapel* ad
Theophr. p. 441. ὁ πέτασος epheborum geſtamen. Vide
notata ad *Meleagri* Ep. IX. p. 24. ſq. — Ceterum Cod.
Vat. verſu praeced. πεγηθέντα habet, quod mutatum in
πεγηθέντα. Idem εὐξάνϑου. Lana bene carminata εὔξαντος.
εἴρια ξαίνειν eſt ap. *Homer.* Od χ. 423. Cf. *Euſtath.* ll. α.
p. 62. 16. Notandum, veteres pileos ex lana confeciſſe.
πῖλος ipſe nomen ducebat ἀπὸ τοῦ ἐρίου πεπιλημένου, ut
bene monuit *Schol. Homeri* Il. κ. 265. et *Etymol. Mag.*
πῖλος. τὸ ἐξ ἐρίων εἰργασμένον. Exquiſita de hoc vocabulo
dedit *Graev.* in Leƈt. Heſiod. XII. p. 60. ſq. — V. 3.
Suid. in περόνη T. III. p. 100. Fibula chlamydem, quod

item epheborum geſtamen, ut docuimus ad *Meleagr*.
Ep. IX. in humeris tenebat.   Egregie huc facit. locus
Luciani in Amor. Tom. V. p. 306. ed. Bip. ubi mulierum fuco ſimplices puerorum munditias opponit: ὄρθριος
ἀναστὰς ἐκ τῆς ἀζύγου κοίτης, τὸν ἐπὶ τῶν ὀμμάτων ἔτι λοιπὸν
ὕπνον ἀπονιψάμενος ὕδατι λιτῷ, τὴν ἱερὰν χλαμύδα (ſic lege
cum vett. editt. Chlamys vocatur ἱερὰ propter puerorum
ſanctitatem. *Graevius* et *Salanus* h. l. corruperunt.) ταῖς
ἐπωμίοις περόναις συῤῥάψας, ἀπὸ τῆς πατρῴας ἑστίας ἐξέρχεται.
— Poëta noſter fibulam vocat δίβολον, quia binis dentibus utramque chlamydis laciniam mordet. — Vat. Cod.
στιγγίδα habet, et *Suidas* quoque corrupte: περόνη. πόρπη.
(falſa interpretatio. Vide *Polluc.* VII. 54. et *Spanhem.*
ad Callim. H. in Apoll. p. 96. ſq.) καὶ δίβολον περόνην καὶ
στεγίδα, τανυσθὲν τόξον. — Strigilis ſive στλεγγίδος uſus
in gymnaſiis, quippe qua, antequam ingrederentur
balneum, ſordes in palaeſtra collectas deſtringebant.
Ferreae plerumque, apud Spartanos autem e calamis
factae, ut diſcimus ex *Plutarch*. T. II. p. 239. B. apud
Agrigentinos aureae, ſecundum *Aelian*. H. V. XII. 29.
Confer *Raderum* ad *Martial*. XIV. 51. p. 922. Sordes
deraſas γλοιὸν vocabant. *Heſych*. στλεγγίς. ξύστρα. στλέγ-
γισμα. ὁ ἀπὸ τῶν ἀποξυσμάτων γλοιός. Hinc ap. noſtrum
γλοιοτέτις χλαμύς. Inter inſtrumenta, ſervis, qui pueros
comitantur, portanda, ſtrigilem et ſphaeram recenſet
Ariſtophan. in Γήρᾳ ap. *Suid*. T. III. p. 377. εἰ παιδαρίοις
ἀκολουθεῖν δεῖ, σφαῖραν καὶ στλεγγίδ᾽ ἔχοντα. — Quod deinde
commemoratur τόξον τανυσθὲν, non eſt *arcus intendi natus*,
ut *Reiskius* vertit, ſed arcus cum nervo. τανύειν eſt ner-
vum arcui aptare. — τριβάκην. chlamydem attritam et
ſordidam. Utrumque cave ne in dei, cui haec chlamys
dicatur, contumeliam accipias. Gaudere deum volebat
puer, veſtimentum ei appendens, cui tam multa exer-
citationum palaeſtricarum veſtigia inhaerebant. — V. 5.
σχίζες *Reiskius* interpretatur de rudibus, quibus batuo-

bant, qui artes palaeſtricas excolerent. Proprie tamen
rudis, qua gladiatorés, (ad hos enim hoc exercitii genus
pertinebat) in illa pugnarum quaſi meditatione utebaη-
tur, ῥάβδος eſt. et ξίφος ξύλινον. ut ap. *Dion. Caſſ.* T. II.
p. 1219. 55. ubi vide *Reimarum.*. *Büttigerus* in literis
ad me datis σχίζης de *ſagittis* interpretabatur, quo ſenſu
hoc vocabulum paſſim occurrit in verſione τῶν 6. Vide
Bielii Lexicon ad Sept. Intpp. v. — V. 5. *Suidas* in
σφαῖρα T. III. p. 415. ubi epitheton ἀείβολον interpretatur τὴν ἀεὶ βαλλομένην. Non ſatis commodum hoc verbum videbatur *Reiskio*, qui in verſione expreſſit conjecturam ἐκήβολον, quod multo minus aptum. — V. 6.
δῶρα φιλευτάκτου δῶρον ἐφημοσύνας. Cod. Vat. Pro δῶρον
Reiskius emendavit δαῖμον, quod admiſit *Toupius* ad Suid.
P. III. p. 461. ubi praeterea φιλευτεύκτου corrigit. Secundum eum φιλεύτευκτος ἐφημοσύνη eſt *jaculatio, quae a
ſcopo aberrare non ſolet.* ἡμοσύνη βλῆσις, ἐκόντισις. *Hefych.*
Merito *Brunckius* in Lectt. p. 132. praetulit lectionem
apographi ſui φιλευτάκτου ἐφηβοσύνας, *juventutis modeſte-
peractae,* quam tamen perperam pro ipſa Cod. ſcriptura
habebat. Quanquam ἐφημοσύνη et ἐφηβοσύνη nonniſi puſillo
apice diſtant.

IV. Cod. Vat. p. 168. In Planud. p. 342. St.
481. W. ſine auctoris nomine proſtat. Gorgus Dianam
precatur, ut agrum ſuum a furibus defendat, votis additis. Eſt igitur ad Ἄρτεμιν σώτειραν, ut *Diotimi* Ep. II.
Φωσφόρος, ὦ σώτειρ᾽, ἐπὶ Παλλάδος ἵσταϑι κλήρῳ, Ἄρτεμι, καὶ
χαρίεν φῶς ἐὸν ἀνδρὶ δίδου. — V. 2. laudat *Suid.* in κλάψ
T. II. p. 332. — V. 3. in ἐπιρρέξει T. I. p. 826. et iterum in νομαία T. II. p. 629. — Pro σόον duae Ald. et
Aſcenſ. σάω — quod *Stephanus* praetulit. σάον eſt in Ed.
pr. Vat. Cod. et Suid. Utramque formam poëtae adhi-
bent, et σάω non apud Dorices tantum, ſed etiam ap.
Homerum occurrit II. π. 363. —. ¶. 42.] V. 3. ἐπὶ

βρέξει. Vat. Cod. νεμαιης. Id. *Theocrit.* Ep. IV. κεθθὺς ἱπιδιξεῖν χίμαρον καλόν.

V. Cod. Vat. p. 168. Plan. p. 439. St. 573. W. Puer Apollini facra facit, comam ponens. — V. 1. 2. laudaţ *Suidas* v. κρώβυλος T. II. p. 380. ἅλικες κόμη duḑtum et *Callimachi* H. in Del. 296.

"Ητοι Δηλιάδες μὲν, ὅτ᾽ εὐήχης ὑμέναιος
"Ηθεα κουράων μορμύσσετοη, ἥλικα χαίτην
Παρθενικαῖς; παῖδες δὲ θέρος τὸ πρῶτον ἰούλων
"Αρσενες ἠϊθέοισιν ἀπερχόμενοι φορέουσιν.

ut *Stephanus* hunc locum feliciter conſtituit, judice *Rubnkenio* Epiſt. crit. II. p. 163. ubi et noſtrum Epigr. comparat et *Nonn.* Dion. p. 356. — Ephebos comam et barbam Apollini aliisque numinibus totondiſſe, allatis exemplis docuit *Brodaeus*; et jam ſatis nota res. — ὁ κρώβυλος. Mirum in modum Intrpp. fluḑtuant, utrum ὁ κρώβυλος hoc loco nomen ſit proprium, an cincinnum ſignificet. Hoc Scholia fequuntur et *Brodaeus* primo quidem verſu, nam v. 5. Κρώβυλον de pueri nomine interpretatur. Illum olim *Brunckio* probabile viſum, qui in Analeḑtorum contextu Κρώβυλος, initiali majore, et verſu feq. κόρον exhibendum curavit; cujus faḑti cum eum poſtea poenituiſſet, Κόμος ex Codd. et *Suida* revocavit, idque pro pueri nomine habuit. *Suidas* tamen parum aut nihil opis affert, cujus verba et corrupta et confuſa ſunt: Κρώβυλος, ὁ μαλλὸς τῶν παιδίων. καὶ ὁ πλόκαμος, ὃν διέβαλον (fort. ὃν περόνῃ διέβαλον) οἱ τὸν χρυσοῦν τέττιγα φοροῦντες. ἀνάδημα. b. ἐκ τῶν τριχῶν πεπλεγμένος κόσμος. ἐν ἐπιγράμματι· ᾿Αλικος ..... Κρωβύλος κύριον. Vera hujus carminis interpretatio pendet a ſenſu poſtremi diſtichi, ubi *Br.* κρωβύλου corrigit vertitque: *Apollo, bunc puerum, qui pervenit ad finem crobyli,* i. e. *ejusmodi crinium plegmasis, quod tibi jam dedicat, ad virilem aetatem velis pervenire.* Quae quam dura quamque inepta ſint, nemo,

H 5

qui hunc locum rite perpenderit, non intelliget. Nihil
expeditius, nihil difertius verbis: Θελης τον Κρωβυλον ἐς
τέλος ἀνδρα, Crobylum ad virilem aetatem perducas; contra Brunckiana et emendatione et interpretatione nihil
contortius. Hinc mihi apparere videtur, Κρωβυλον etiam
verf. 1. pro nomine proprio habendum effe. Nec profecto tam infrequens tamque raro obvium. Erat Crobylus, pulcritudine confpicuus, Corinthi, Alexandro M.
regnante. Vide Plutarch. T. IV. p. 32. ed. Bry. Hege-
fippus quidam cognomine Crobylus ap. eund. T. II.
p. 187. E. ed. Fref. Crobylus ἀψοποιὸς occurrit ap. Cle-
ment. Alex. Strom. VII. p. 530. ed. Wirceb. Alius api
Aefchinem Or. c. Timarch. p. 86. Vide Schol. p. 733.
Reisk. ed. — Jam vero quid fiet vocabulo κωμος verfu
fecundo; quod Kufterus ad Suid. l. c. de juvenili lafcivia interpretatur; male. Inveteratum eft mendum,
quippe quod jam Suidas reperit, qui tamen, quod faepe
jam monuimus, in plerisque cum Vat. Cod. confpirat.
Recte Jof. Scaliger emendavit κωρος ὁ τετραετης. — Pro
πέξατο Cod. Vat. πζιξατο habet, in marg. γρ. πλιξατο.
Hoc etiam ap. Suidam reperitur. Verum videtur ἀπο-
πιξατο, quod cum proprium fit de tonfura ovium, non
fine fuavitate quadam ad comae tonfuram translatum
eft. — V. 3. αιχμητάν. Vat. Cod. Plan. et Suid. qui hoc
diftichon protulit in τυροφόρον T. III. p. 519. Ap. eundem v. πλακόεις T. III. p. 122. quaedam verba ex utroque verfu leguntur. — ἰκέθυσεν omnes vett. edd. In
Stephan. ἀπέθυσεν. Gallum gallinaceum Apollini pro deliciis fuis voverat Tull. Laurea Ep. L. Cf. Statyll. Flacc.
Ep. II. Soli enim five Apollini facer erat; quare Ido-
meneus, genus a Sole deducens, gallum gallinaceum
in fcuto gerebat. Paufan. L. V. p. 444. — πλακόεντά
τυροφόρον. In ed. pr. τόροφάγον. Eft placenta cafeo infper-
fa. Theocrit. Eid. I. 58. τυρόεντα μέγαν λευκοίο γάλακτος.
Hefych. τυρόεντα. πλακουντα. — V. 5. ἀς πέλος. i. e. τέλειον

ἀνέρα. Illuſtravit hanc locutionem *Gilb. Wakefield* in
Sylv. crit. T. II. p. 50.
VI. Cod. Vat. p. 168. Planud. p. 440. St. 573. W.
Brunckius lacunae indices aſteriscos initio carminis
poſuit. Quum enim verbum θῆκε non habear, quo ro-
gatur, aliquid intercidiſſe probabile eſt. Chariſthenis
coma deabus Amarynthiis dedicatur. — V. 1. 2. laudat
Suidas in κουρόσυνον T. II. p. 358. ubi χαρισθένεω legit.—
σὺν τέττιγι. Veteres Athenienſes cicadam auream in crinibus geſtaſſe, ſatis conſtat ex *Thucyd.* l. I. 6. p. 18.
ubi vide *Hudſon.* et *Perizon.* ad *Aelian.* V. H. IV. 22. —
V. 2. Ἀμαρυνθιάσι. *Pauſan.* L. I. 31. p. 78. ἐστιν Ἀμά-
ρυνθος ἐν Εὐβοίᾳ. καὶ γὰρ οἱ ταύτῃ τιμῶσιν Ἀμαρυσίαν Ἄρτεμιν.
ἑορτὴν δὲ καὶ Ἀθηναῖοι τῆς Ἀμαρυσίας ἄγουσιν, οὐδὲν τι Εὐ-
βοέων ἀφανέστερον. Templum Ἀρτέμιδος Ἀμαρυνθίας commemorat *Strabo* L. X. p. 687. C. et feſtum Ἀμαρύνθια
Schol. Pindari Ol. XIII. 159. Hinc colligo, κούρας Ἀμαρυν-
θιάδες Nymphas eſſe Dianae Amarynthiae. — V. 3. 4.
Suidas in πωλικῆς T. III. p. 164. primis hexametri verſibus omiſſis. κερνιφθέντα ſi ſincerum eſt, ad τέττιγα et
τρίχα referri debet. *Brodaeus* κερνιφθέντι legit. Is, qui illa
dona ponebat, ſimul taurum immolabat diis. κερνίττεσθαι
igitur ſenſu latiore accipiendum pro *dedicare*, reſpectu
tamen habito ad hoſtiam ſimul immolandam. — ἴσον
ἀστέρι. Homer. Il. ι. 5. ἀστέρ’ ὀπωρινῷ ἐναλίγκιον, ὅστε μάλιστα Λαμπρὸν παμφαίνῃσι λελουμένος Ὠκεανοῖο. Aſtyanax
ἀλίγκιος ἀστέρι καλῷ. Il. ζ. 401. Pallas ap. *Virgil.* Aen.
L. VIII. 589. *Qualis, ubi Oceani perfuſus Lucifer unda*
— *Extulit os ſacrum coelo.* Similiter *Marſialis* Polyti-
mum poſt crines detonſos ſplendentem laudat L. XII. 86.
Talis eras, modo tonſe Pelops, poſitisque nitebas Crinibus,
ut totum ſponſa videret ebur. — V. 4. ἀπος. πωλικὸν
χνοῦν. decuſſa puerili lanugine. πῶλοι et pueri et puellae
ap. poëtas. *Heſych.* πῶλος. — καὶ τοὺς νέους καὶ τὰς νέας καὶ
παρθένους. Sed ſic non video, quam vim habeat com-

paratio ὡς ἵππος. Putabam aliquando, haec verba ex
glossa voci πωλικὸν forte adscripta in textum irrepsisse.
Sed sic nodus inciditur potius, quam solvitur. Verba
etiam sic jungere licet: παῖς λάμπει ὡς ἵππος ἀποσεισάμενος
χνοῦν. At quid χνοῦς equi? An spuma circa os collecta?
ut ἅλὸς χνοῦς de maris spuma ap. Homer. Od. z. 226.
De coma enim circa humeros equi volitante χνοῦς vix
accipi potest. Boettigerus a me consultus χνοῦν πωλικὸν de
sordibus accipiendum censebat, quae aqua abluuntur.
Theodoridam fortasse respexisse Homerum Il. σ. 508. sqq.

VII. Planud. p. 316. St. 456. W. Describitur Niobes luctus de liberis ab Apolline et Diana interemtis.
Conf. not. ad Meleagr. Ep. CXVII. p. 127. sq. — V. 3.
Vulgo ἕτερως. Hoc recte emendavit Br. Idem vidit Vir
doctus in Schedis Bibl. Bodl. — δυωδεκέπαιδα. Alii non
duodecim, sed quatuordecim liberos numerant. Totidem, ut noster, numerat Pherecydes ap. Schol. Eurip. in
Phoen. 162. Vide cl. Sturz in Fragm. Pherec. p. 141.
Libanius Tom. I. p. 234. R. Νιόβη θρηνήσασα κόρας ἐξ
τετοξευμένας. — V. 5. μεμιγμένον. Pars corporis jam in
lapidem abierat; altera adhuc naturalem servabat colorem. Hinc Meleager l. c. μάτηρ σαρκοπαγὴς οἷα πέπηγε
λίθος. — V. 7. Has voces edere videtur Sipylus: Gravis
mortalium linguae morbus inest. Hoc ductum ex Eurip.
Orest. v. 10. de Tantalo: ἀκόλαστον ἔσχε γλῶσσαν, αἰσχί-
στην νόσον. — Mox vulgo ἀκχάλινος legitur. Lingua, quae
sibi temperare nequit, ἀχάλινος. Eurip. Bacch. 385.
ἀχαλίνων στομάτων Ἀνόμου τ᾽ ἀφροσύνας τὸ τέλος δυστυχία.
Hinc Theodoridam sententiam derivasse, nemo dubitabit.
Cf. Epigr. ἄλλ. CCLV. Joann. Laurent. 2. p. 2. χαλινῶσαι τὴν ψυχὴν θεσπίζει τὰ λόγια· Χρὴ δὲ χαλινῶσαι ψυχὴν
βροτὸν ὄντα νοητόν.

ꟻ. 43.] VIII. Cod. Vat. p. 611. Ἐπὶ τῷ ἀρτίῳ τρι-
μέτρῳ ἔμμετρον ἀπὸ τοῦ ὑπορχηματικοῦ μέτρου. Primus hoc

carmen edidit *Koenius* ad Gregor. de D. p. 119. poſt
eum *Toup.* in Addend. ad Theocr. p. 395. Scriptum in
Mnaſalcam, poëtam elegiacum, qui inflatus tumidusque
vocatur. Ad v. 1. reſpexit *Strabo*, quod *Brunckius* monuit, L. IX. p. 632. A. Ἔστι δὲ καὶ ἐν τῇ Σικυωνίᾳ δῆμος
Πλαταιαὶ, ὅθεν περ ἦν Μνασάλκης ὁ ποιητής· Μνασάλκεος τὸ
μνῆμα τοῦ Πλαταιάδα. unde metri cauſa reſtituendum τῶ
Πλαταιάδα ſive Πλαταιάδα. — V. 2. Cod. Vat. τῶ 'λεγηοποιῶ. —
V. 3. πλάθας Cod. Vat. Quaedam apogr. πλάτας. Hoc pro
genuino habet *Toupius*, et *Simonidis tabellam* interpretatur, laudans *Ariſtoph.* in Theſm. 777. οἶδ' ἐγὼ καὶ
δὴ πόρον Ἐκ τοῦ Παλαμήδους· ὡς ἐκεῖνος τὰς πλάτας Ῥίψω
γράφων. Idem poëtam captaſſe jocum cenſet ex allitera-
tione: *Plataeenſis* Mnaſalcas fuit, et idem ἀποσπάραγμα
πλάτας. At ſi hoc modo jocari voluit poëta, nihil ejus
joco frigidius. *Jo. Pierſon*, cujus conjecturas ex ſchedis
laudat *Koenius*, σπάθας legebat; interpretatione non addita. Vox σπάθη cum alias ſignificationes habet, tum
etiam de *palmae ramo* uſurpatur ap. *Herodot.* VII. 65.
p. 541. *Polluc.* I. 138. p. 94. ubi ſimili errore φοίνικος
πάθει. Nihil, ut mihi quidem videtur, hac lectione
aptius. Mnaſalcae poëſis nonniſi ramulus de Simonidis
procera palma decerptus; quo imitator Simonidis fuiſſe
ſignificatur. Jam vides, ſatis commode dici σπάθης ἀποσπάραγμα, cum nihil ſit durius quam ἀποσπάραγμα πλάτας.
Eadem ratione in *Meleagri* Prooemio Simonides οἰνάνθης
κλῆμα vocatur, et de Arato: οὐρανομάκευς Φοίνικος κείρας
πρωτογόνους ἕλικας. — Pro ἧς in nonnullis apogr. ἧς legitur. Errorem correxit *Koenius*. — V. 4. καίνα τε καὶ γὰν
καιπιλάνυθιστριαι. Cod. Vat. Pro γὰν apogr. nonnulla
γὰρ praebent. Peſſime corruptum locum *Jo. Pierſon* in
hunc modum tentabat: κενά τε κάργα κάπιλ. *Brunckii*
lectio ex *Toupii* correctione profluxit, qui haec notavit:
,,Κενὴ καὶ ἐπιληκυθίστρια finitima verba et ejusdem tumo-
ωris, bombi et inanitatis ſunt. Nam ληκυθος res comica

„et ridicula eſt. De qua viri doſti ad *Ariſtophanis* Ranas.
„*Ampullam* vocat *Horatius.* (A. P. 97. cf. I. Epiſt. III. 14.)
„Hinc λκκυθίζειν et Muſa λκκύθειος ap. *Hepbaeſtionem*, de
„qua *Bentl.* ad Callim. (Fragm. CCCXIX.) et κομπολακύθης
„ap. *Ariſtopb.* in Acharn. 589. ubi Schol.: ἀπὸ τοῦ λα-
„κεῖν ἐν παραγώγῳ γέγονε τὸ λκκύθιον. λκκυθίζειν γὰρ τὸ
„μεῖζον βοᾶν καὶ ψοφεῖν. ἤχον γὰρ ἀποτελεῖ καὶ ὁ λήκυθος, ἐπεὶ
„καὶ αὕτη πεφύσηται. πάντα γὰρ τὰ πεφυσημένα κόμπον ποιεῖ.
„Cf. etiam Etym. M. in Κομπολακύθης.“ Haec *Toupius.*
Vocem λκκυθιστὴς agnoſcit *Heſycb.* qui ποιλόφωνος interpretatur. — In *Toupii* leſtione diſplicet γὰρ, quod hic
locum non habet, nec in codice eſt. Nihil igitur vetat,
quominus in hoc verſiculo experiaris ingenium. Codicis
ſcripturam ΚΑΙΝΑ ΤΕ ΚΑΙΓΑΝ rimantibus non inepta
videbitur conjeſtura noſtra:

κενά τε ΚΛΑΙΓΑΝ κἠπιλακυθίστρια,

inanem ſtrepitum et clamorem edens. κλαγγὴ de inconditis
avium majorum, porcorum canumque vocibus uſurpatur.
γεράνων κλαγγὴ eſt ap. *Homer.* Il. γ. 3. Odyſſ. ξ. 412.
κλαγγὴ δ᾽ ἄσπετος ὦρτο συῶν αὐλιζομενάων. κλαγγὰ κυνῶν eſt
ap. *Leonid. Tarent.* Ep. VI. Mnaſalcae igitur Muſa κενὰ
κατὰ κλαγγὰν vocatur, quae alta voce verba fundit inania. — V. 6. διθυραμβοχανκ exhibet Cod. Vat. quod in-
taſtum reliquit *Koen.* et *Pierſon.* διθυραμβοχάνα *Toupii*
inventum eſt. χώνη eſt *infundibulum.* Vide *Foeſ.* Oecon.
Hipp. p. 413. Dicitur igitur Mnaſaleas dithyrambos
tanquam ex infundibulo (quod anguſtum collum habet)
ebullivisse. — V. 7. ζόειν Cod. ζόη emendavit *Pierſon,*
qui etiam ultimum verſum tentat τόμπανόν γ᾽ ἐ φαίην,
perperam, judice *Toupio.* Dici enim τόμπανον φυσᾶν, ut
ἄσκὸν φυσᾶν, λήκυθον φ. et ſimilia, quod hominis magnum
quid et inane ſpirantis. Diſertius ſic explicaveris: τόμπανον φυσᾶν is dicitur, qui tantum ſpiritum fundit, ut
tibi tympanum exaudire videaris. Eadem analogia Graeci cum, cujus obtutus Martis Gorgonisve ſpeciem re-

fert, Ἄρη, Γοργόνα βλέπειν dicunt. τύμπανον autem bene de.
κανεοφώνω. *Quintil.* Inft. Or. V. 12. 21. *nos, qui orato-*
rem ſtudemus effingere, non arma, fed tympana eloquen-
tiae demus? Cf. *Crefoll.* Theatr. Rhet. III. 27. Theſ.
Gron. X. p. 172. De muliere eloquentiam et eruditio-
nem ostentante *Juven.* Sat. VI. 440. *Verborum tanta*
cadit vis: Tot pariter pelves, tot tintinnabula dicas Pul-
fari, jam nemo tubas, nemo aera fatiget: Una laboranti
poterit fuccurrere lunae. Ad rhetores tumidos *Virgilius*
in Anth. Lat. T. I. p. 426. CCXLIII. 5. *Ite hinc inanis*
cymbalum juventutis. Nota paroemia ἐπὶ τῶν πολλὰ λαλού-
των, a *Menandro*, ut videtur, primo ufurpata, τὸ Δωδωναῖον
χαλκεῖον. Vide *Schottum* ad Zenob. VI. 5. p. 153.

IX. Cod. Vat. p. 267. Εἰς Εὐφορίωνος τάφον τοῦ μυστοῦ
τῶν. Ἑλληνικῶς μυθολογημάτων ἢ τελεσιουργημάτων. Primus
edidit *Holſten.* ad Steph. Byz. p. 248. *Majus* in Catal.
Bibl. Uffenb. p. 582. *Reiske* in Anth. nr. 608. p. 90.
In Euphorionem poëtam Chalcidenſem hoc carmen com-
poſitum eſſe, cenſebat *Reiskius.* Vide de eo *Toup.* in Ep-
erit. p. 132. ſq. et inprimis *Heynium* ad Virgil. Tom. II.
p. 298. — V. I. ποῆσαι. Vat. Cod. Haec verba vix aliter quam de eximia facultate poëtica, qua Euphorion
excelluerit; accipi poſſunt. — Πειραϊκοῖς σκέλεσι. In
apogr. Lipſ. vitioſe Πειραϊκοὺς legitur. Pro σκέλεσι *Majus*
σκελέτοις conjecit; quem errorem humane excuſat *Reis-*
kius. Diodor. Sic. T. I. p. 629. 5. ὥστε τὰ μακρὰ σκέλη
καὶ τὰ τείχη τοῦ Πειραιῶς περιελεῖν. ubi *Weſſelingius* hoc
diſtichon excitavit. — Difficultatem movet hoc, quod
Euphorion Chalcidenſis a *Suida* in Syriae urbe ſepultus
eſſe narratur. In noſtro igitur Epigrammate de ceno-
taphio, intra Piracei crura exſtructo, agi cenſebat *Schnei-*
derus in Anal. crit. p. 7. *Reiskius* Euphorionis oſſa fortaſſe ex Syria Athenas translata eſſe ſufpicatur. Euphorion enim τῇ θέσει Athenienſis fuit. — V. 3. ἀλλὰ τοι.
Cod. Vat. et Holſt. Myttae Euphorion malum ptulicum,

five aliud malum, five myrti ramum dari jubet. τῆς
ῥοιῆς ufum fuiffe in myfteriis, apparet cum ex celeberrima illa de granis mali punici, a Proferpina comefis, fabula, tum ex *Achill. Tat.* L. III. p. 65. ubi cum Jovem
Cafium ῥοιὴν manu tenere dixiffet, addit: τῆς δὲ ῥοιᾶς ὁ
λόγος μυστικός. *Paufan.* L. II. 17. p. 148. defcripta Ju-
none Polycleti, quae ipfa quoque malum punicum manu tenebat, τὰ μὲν οὖν, ait, ἐς τὴν ῥοιὰν (ἀπορρητότερος γάρ
ἐστιν ὁ λόγος) ἀφείσθων. — Myrtis vero initiati corona-
bantur. Ap. *Ariftoph.* in Ran. 329. chorus Iacchum
celebrat ἀμφὶ κρατὶ βρύοντα στέφανον μύρτων. gerentem.
Schol.: μυρσίνης στεφάνῳ ἐστεφανοῦντο οἱ μεμυημένοι. — ὁ
δὲ Ἀπολλόδωρος καὶ τοὺς θεσμοθέτας φησὶ διὰ τῆς μυρσίνης
στέφεσθαι· ὅτι οἰκεῖος ἔχει πρὸς τὸ φυτὸν ἡ θεός, καὶ ὅτι τοῖς
χθονίοις ἀνίερωτο. *Schol.* in *Sophocl.* Oedip. Colon. 713.
ὁ δὲ Ἴστρος τῆς Δήμητρος εἶναι στέμμα τὴν μυρρίνην καὶ τὴν
σμίλακα. — At *Reiskius* negat, μύρτην hoc loco vulgari
fua fignificatione accipiendum effe; *Mufarum* enim *fa-
cerdotem* fignificari. Hoc fi dicere voluit *Theodoridas*, miror, eum fententiam non paulo difertius explicuiffe,
addito Μουσῶν fimilive verbo. Equidem non dubito, quin
in muneribus, quae Euphorioni offerri jubet, ad myfteria proprie dicta refpexerit. Jam vero mala et myr-
tus in aliis quoque myfteriis, Veneris nimirum, ufum
habent, quod nemo ignorat. (Vide ad *Platon.* Ep. IV.
p. 340. De myrto *Kuhn.* ad *Paufau.* VI. 24. p. 514.)
Hinc καὶ γὰρ ζῶὸς ἐὼν ἐφίλει. nam, *dum viveret, indulgebat
amori.* Euphorionem ab Alexandri, Euboeae regis, conjuge amatum fuiffe, narrat *Suidas* in Εὐφορίων T. I.
p. 915.

    X. Cod. Vat. p. 323. ἔστι δυσνόητον διὰ τὰ σφάλματα.
Edidit *Pierfon* ad *Moer.* p. 409. *Jenfius* nr. 41. *Reisk.*
nr. 691. p. 131. Senfum optime expedivit *Toup.* ad
Suid. P. III. p. 452. Scriptum eft carmen in Cinefiam,
foeneratorem; qui cum membris integris obiiffet, juftus

                                          voca-

vocatur debitor, quippe qui morti omnia rite perfolve-
rit. — V. 1. ἔχεε τ᾽ ἀσκίπων. Cod. Vat. unde Pierſon
fecit: ἔχεν ἐτ᾽ ἀ. in quod etiam Reiskius incidit. Noſtrum
eſt ex emendatione Toupii. Idem in fine verſus λάτρις
acute correxit, cum in membranis eſſet ἄγρις. Quaedam
apogr. ἄγρις. Trapezita dicitur famulus Mercurii, rei
pecuniariae praeſidis. — V. 2. ἐκτίσων. Opportune comparavit Pierſon Aeſchinem Socraticum in Axioch. p. 1305.
D. εἶτα λαθὼν ὑπεισηλθε τὸ γῆρας, εἰς ὃ πᾶν συρρεῖ τὸ τῆς
φύσεως ἐπίκηρον καὶ δυσαλθές· κἂν μή τις θᾶττον ὡς χρέος
ἀποδιδῷ τὸ ζῆν, ὡς ὀβολοστάτις ἡ φύσις ἐπιστᾶσα ἐνεχυράζει
τοῦ μὲν ὄψιν, τοῦ δὲ ἀκοήν. Ex vetere philoſopho procul
dubio derivatus ſimilis Plutarchi locus T. II. p. 106. F.
διὰ καὶ μειρίδιον χρέος εἶναι λέγεται τὸ ζῆν, ὡς ἀποδοθηςόμενον,
ὃ ἐδανείσαντο ἡμῶν οἱ προτάτορες· ὃ ἐὴ καὶ εὐκόλως καταβλητέον
καὶ ἀστενάκτως, ὅταν ὁ δανείσας ἀπαιτῇ. Cum quibus comparanda ſunt, quae in eundem ſenſum dicuntur p. 116. B.
Anthol. Lat. T. II. p. 26. Reddere depoſitum lex eſt:
ideoque perenti Corpus humo, manes reſtituoque polo. —
V. 3. γήραι ἐτ᾽ Vat. Cod. (non, ut Br. ait, γήραι τ᾽) et ſic
Jenſius. Reiskius γήρα ἐτ᾽ recte emendavit, idque ipſi
Brunckio, cum Lectiones ſcriberet, veriſimilius videbatur commento Toupii γυῖα ἐτ᾽. Senectutis mentio obli-
teranda non erat. πάντα ἄρτια, corpore integro, nulla
ejus parte ſenectutis onere debilitata ad inferos deſcen-
derat. Philoſtrat. Vit. Soph. L. I. p. 494. λέγεται δὲ ὁ
Γοργίας μὴ καταλυθῆναι τὸ σῶμα ὑπὸ γήρως, ἀλλ᾽ ἄρτιος κατα-
βιῶναι, καὶ τὰς αἰσθήσεις ἡμῶν. Id. p. 515. διετέλεσε γὰρ
καὶ ἐς γῆρας βαθὺ ἀκέραιος καὶ ἄρτιος. Hieronymum narrat
Lucian. T. III. p. 224. 8y. ἄρτιον ὄντα ἐν ταῖς συνουσίαις,
καὶ πᾶσι τοῖς αἰσθητηρίοις μηδενὸς γενόμενον τῶν πρὸς ὑγίειαν
ἐλλιπῆ. — V. 4. Ἀχέρων. Recte dedit Reisk. et Pierſon;
cum in cod. ſit ἄχιων. παντοβίης Ἀχέρων exhibuit quoque
Albert. ad Heſych. in ναταρέκτης T. II. p. 183.

XI. Cod. Vat. p. 274. fq. Θεοδωρίδα. In Plan. p. 214:
St. 311. W. edit. Flor. Aldina pr. et ed. filior. Aldi Θεοδώρου habent. Θεοδωρίδου tamen in Cod: invenit Aldus.
Cf. ad Ep. III. — In Pylium, Agenoris filium, immá-
tura morte exſtinctum. ἄκριτε Μοῖρα, iniqua, nihil inter
ſenes juvenesque discriminis ſtatuens, ἀλόγιστε. Vid.
T. H. ad Lucian. T. I. p. 179. et ad Antip. Sidon.
Ep. XCIII. — πρωῒν ἔθρισας. veluti cum flos ſucciſus
aratro Languescit moriens. Virgil. Aen. IX. 435: Euripid. Hyplip. Fr. IV. ἀναγκαίως δ' ἔχει βίον θερίζειν, ἄστε
κάρπιμον στάχυν. Conf. Eichſtaedt de Dram. Sat. p. 148.
— Αἰολίων. Thebanus fortaſſe fuit. Cf. Damaget. Ep. X.
2. — Vulgo ἥβης legitur. — V. 3. βίου κύνας. quaſi
canes, qui vitam mordeant et lanient. Brodaeus. cujus
interpretationem improbat Ruhnkenius Epiſt. crit. I. p. 93.
ubi corrigit: Κῆρας ἐπισσεύσας', Ἀΐδου κύνας — comparato
inprimis Apollonio Rh. IV. 1665. θέλγε δὲ Κῆρας Θυμοβό-
ρους. Ἀΐδαο θοὰς κύνας, αἳ περὶ πᾶσαν Ἠέρα δινεύονται ἐπὶ
ζωοῖσιν ἄγονται. κύνας autem vocari miniſtros, qui deorum
mandata exſequantur, poſt Dan. Heinſium ad Heſiod.
p. 89. magna cum eruditionis copia demonſtrat. Alia
etiam exempla proferens Schneiderus Per. crit. p. 86.
Ruhnkenii tamen emendationem impugnat. κῆρας varias
eſſe mortis cauſas, quas fatum hominibus immittere dicatur. κῆρας βίου, ut ap. Hipparch. Stobaei in Flor. p. 574.
47. πολλαὶ κῆρες κατὰ πάντα τὸν βίον πεφύκαντι. et Demo-
crit. p. 534. 4. vitam dicit πολλῆσι κηρσὶ συμπεφορμένην
καὶ ἀναχανίγσι. Conf. Valckenar. ad Hippol. p. 283. C. —
Vulgo ἐπισσεύσασα legitur.

    ¶. 44.] XII Cod. Vat. p. 321. Θεοδωρίδα. In Bu-
heriano apogr. Dioscoridi tributum invenit hoc-diſti-
chon Br. Error deſcribentis inde ortus, quod Dioscoridis
Epigramma praecedit. Edidit Alberti ad Heſych. v. Δήκη
T. I. p. 935. Jenſius nr. 30. Reiske in Anth. nr. 681.
p. 125. — Cod. δηρίφαγον vitiose. ἀργιόφατοι. ἐν πολέμῳ

στεφανυμένοι. *Hefych.* — κλαίω *Jenf.* temere omifit, *Reiskius* κιόθω dedit, Cod.. lectionem non ignorans. Duriuſculum enim putabat, lapidem plorare cadaver ipſi fubjectum. Sed cippo haec verba tribui non plane neceſſarium effe videtur.

   XIII. Cod. Vat. p. 290. Planud. p. 205. St. 299. W. In Dorotheum, Sofandri filium, qui pro Phthia propugnans perierat. — V. I. τόλμα. Audacia et ad deos evehit et in Orcum detrudit mortales. *Euripid.* ap. Stob. Tit. XLIX. p. 355. οὐκ ἔνεστι στέφανος, οὐδ᾽ εὐανδρία, εἰ μή τι καὶ τολμῶσι κινδύνου μέτα· Οἱ γὰρ πόνοι τίκτουσι τὴν εὐανδρίαν. Lege εἰδοξίαν. ut eſt in alio ejusdem poëtae fragmento ex Archelao nr. VII. *Horat.* III. Od. II. 21. *Virtus recludens immeritis mori Coelum.* — V. 2. πυρῆς. Vat. Cod. — V. 4. „Σηκῶν μεσσόθι καὶ χιμάρας. Inepte „Opſopoeus, *in medio ſtabulorum et caprorum.* Dubium „non eſt, quin haec locorum ſint nomina, circa quae „commiſſum proelium, in quo fortiter dimicavit Doro„theus. Sed ubinam terrarum haec loca? Plinius L. IV. „initio: *In Epiri ora caſtellum in Acrocerauniis Chimae„ra.* Ab hoc caſtello longiori intervallo diſtat Sicum in „Dalmatia prope Salonam, ut ad Theodoridae Σηκοὺς „referri poſſit. In Vat. Cod. ſcriptum χιμέρας. Probabile „eſt, nomina effe ignobilium in Theſſalia vicorum." *Brunck.* *Cafauboxus* in notis mſtis tentavit μεσσόθι τὰς χημέρας. unde non multum lucramur. ἐβλαίσθη, interemtus eſt, ut ap. *Apollon. Rhod.* L. I. 617. οὐκ οἶον σὺν τῇσι δοὺς ἔβλαισαν ἀνοίτας.

   XIV. Cod. Vat. p. 290. Plan. p. 235. St. 340. W. ubi vulgo Θεοδωρίτου. Recte hoc nomen ſcribitur in Edit. pr. In Phaenaretam, Lariſſaeam, primo quem edidit partu exſtinctam. — V. I. εὐρύσορον, pro εὐρὺ ſimpliciter, refpectu habito ad τὴν κόρην, fub terra conditam. — V. 3. vitiofe excufum in edit. Lipſ. πρστσρόκεν. Corr. πρωτοτόκον. — In fine Ed. FL et Ald. pr. τοκήας.

XV. Cod. Vat. p. 324. integrum carmen fervavit, cum in Plan. p. 253. St. 366. W. nonnifi prius diftichon legatur. Ex Groterianis Excerptis protulit Burmann. ad Anth. Lat. T. II. p. 390. — In Timarchum naufragum. — V. I. Κληΐδες five Κλιΐδες infulae prope Cyprum, quarum fitum accurate defcripfit Strabo L. XIV. p. 1000. C. Ad Herodotum L. V. 108. p. 432. 79. ἐκ τῆς Κιλικίας ἔπλευν ἐπὶ τὴν Σαλαμῖνα πεζῇ· πρὸς δὲ νησοὶ οἱ Φοίνικες πρὸς ἀπλοων τὴν ἄκρην, αἱ καλέονται Κληΐδες τῆς Κύπρου — — Weſſelingius noftri loci non immemor fuit. — ἐσχατιαὶ Σαλαμῖνος. pro periphrafi urbis, in extrema Cypri ora (in ἐσχατιαῖς) pofitae, habenda funt. — V. 3. κεῖσαι δὲ οὐ. Cod. Vat. Ap. Burm. δ' οὐδ' ἀμφὶ μ. Praeferenda Brunckii lectio. Ne cineres quidem tuos parentes acceperunt fepeliendos.

XVI. Cod. Vat. p. 248. In Planud. p. 257. St. 371. W. Antipatro tribuitur. — ναυαγοῦ vulgo. In Ed. pr. ναυηγοῦ. — V. 2. ὀλλύμεθ' Plan. ὀλλύμεθ' Cod. Vat. — Quamvis hic naufragi vides tumulum, ne tamen idcircō a mari abftineas; alii enim nautarum fervantur, alii pereunt. Ego quidem cum naufragium facerem, ceteris navibus nihil mali accidebat. Hoc expreffit Leonid. Alex. Ep. XL.

XVII. Cod. Vat. p. 290. Planud. p. 262. St. 378. W. In Theodotum juvenem. — V. I. Planud. μηδεμόνας μ. δ. εἰς εἰ θανόντα Κάκυσαν. quod ne graecum quidem. In Vat. Cod. legitur κηδεμόνων μ. δ. ἐπιθανόντων. Pars igitur lectionis Brunckianae ex conjectura fluxit fatis probabili. Diodorus Ep. IX. Ἀστακίην δὲ μέγ' ἤκαχες, ᾗ σε μάλιστα ὀικτρὰ τὸν ἡβητὴν κάκυεν ἠϊθέον. — §. 45.] V. 3. διαόλιος. vett. edd. omnes, praeter Afcenf. quae δενάλιος legit, quod Stephanus recepit. Vat. Cod. αἰλάόλιος. Brunckius, unde fuam lectionem duxerit, non indicavit; fed fic Jof. Scaligerum in not. mſtis emendaffe vides.

XVIII. Cod. Vat. p. 283. Plan. p. 215. St. 313. W.
Θεοδωρίτου. De Heracliti philofophi fepulcro prope viam.
— V. 2. δ' ἴδων. Cod. Vat. quod fortaffe verum, fervato ἴχων, ut legitur in Planud. Vide Dorvill. ad Charit.
p. 643. — V. 3. Expreffa funt haec ex Leonid. Tar.
Ep. LXVII. μνῆμα δὲ καὶ τάφος σεῦ ἐμαξεύοντος ὁδίτεω,
Ἄξονι καὶ τροχιῇ λιτὰ παραξέεται. — In Cod. Vat. eft ἐτερῶυν
ἑαλαῖς ἴσον. Defidero in hoc difticho particulam, quae
illud priori difticho oppofitum effe fignificet. Fortaffe
fcribendum:

ἀλλ᾽ αἰὲν μ᾽ ἔτριψε κρόκαις ἴσον. —

κρόκη idem quod κροκάλη, παραθαλαττίος ψῆφος, ut eft ap.
Hefychium. — V. 4. τέταμαι pro κεῖμαι illuftrat Dorville
l. c. — εἰνοδίῃ vitiofe ed. Flor. Ald. pr. et Afc. — V. 5.
Quamvis cippo carens, tamen mortalibus nuntio, me
divinum illum populi latratorem tenere, i. e. Heraclitum. Vide not. ad Meleagr. CXVIII. p. 130. Male
Brodaeus: Heraclitum cynicum quendam philofophum;
cum de illuftri illo Ephefio agatur.

POSIDIPPI EPIGRAMMATA.

9. 46.] I. Cod. Vat. p. 575. Edidit Alberti ad
Hefych. v. ἰοδόχη T. II. p. 52. Klotz ad Tyrt. p. 62.
Warton ad Theocrit. T. II. p. 90. Brunckius in omnibus confpirat cum Schneidero in Per. crit. p. 70. Amores, non fine ironia quadam, ut mihi quidem videtur,
exhortatur, ut omnes ipfum fpiculis configant fuis. —
V. 1. βάλλεις pro πολλοῖς. Cod. Vat. Apographa etiam
depravatius εἰς ἅμα β. unde Guieto legendum videbatur:
εἰς ἐμὰ βάλλειν. i. e. ἐγὼ σκοπὸς ὑμῖν κεῖμαι, ἔκκειμαι. Warton corr.: εἰς κατὰ πολλῶν. Noftrum, quod a Salmafio
videtur profectum, reperitur in contextu apographi

Lipſ. — Lucian. Amor. §. 1. Tom. V. p. 257. Bip.
ἔχθομαί τι, νὴ τοὺς σοὺς Ἔρωτας, οἷς πλατὸ; εὑρέθης (ſic recte.
legit Geſnerus pro εὑρέθη) σκοπὸς, ὅτι πέπαυται διηγούμενος.
Conf. Antip. Sidon. Ep. LXXV. 5. — V. 2. φαίνητ'
Wart. — ἣν γὰρ Albert. — V. 3. ἐν ἀνθρώποισιν apogr.
Lipſ. Color eſt, ut ap. Virgil. Aen. IV. 93 Egregiam
vero laudem et ſpolia ampla refertis, Tuque puerque tuus:
magnum et memorabile numen, Una dolo Divum ſi femina.
victa duorum eſt, ὀνομαστὸν, illuſtres ac celebres, illuſtravit Elsner in Obſſ. ſacr. p. 90. — μεγάλ. Ἰοδόκ. Guietus
adſcripſit: ἐμοῦ τοῦ βελῶν πλήρους. Non aliter accepit
Schneiderus l. c. Videtur poëta ſe pharetram Amorum
dicere, quia omnia ſua tela in eum conſumſerant. Simile, ſed minus ineptum acumen eſt ap. Ovid. II. Amor.
IX. 35. Fige, puer: poſitis nudus tibi praebeor armis.
Hic tibi ſint vires, hic ſua dextra facit. Huc, tanquam
juſſae, veniunt jam ſponte ſagittae; Vix illis prae me,
nota pharetra ſua eſt. Huc facit Paul. Silent. Ep. XX.
μηκέτι τις πτήξειε πόθου βέλος· Ἰοδόκην γὰρ εἰς ἐμὰ λάβρος
Ἔρως ἐξεκένωσεν ὅλην.

II. Vat. Cod. p. 587. Nemo, quod ſciam, hoc carmen ante Br. edidit. — Poëta ſe, dum ſobrius ſit, ſatis
contra Amorem, quamvis mortalem contra deum, valere
ait. Pro εὔοπλον Vat. Cod. εὔοπλος legit; et προσεὶ junctim. — Deſideramus in his verſiculis juſtam verborum
antitheſin. Opponuntur ſibi θνητὸς ἐὼν et πρὸς σὲ, θεὸν ſcil.
Sed εὔοπλον in altero membro non habet, quod ipſi opponatur. Ex comparatione Fpigrammatis Rufini XXIII.
quod hinc expreſſum, ſuſpiceris, lectum fuiſſe:

Εἰς μοῦνον καὶ πρὸς σὲ μαχήσομαι.

Fortaſſe tamen alterum antitheſeos membrum in ſequi
diſticho quaerendum. Te armatum non timeo; nam
dum non ebrius ſum, Rationem mecum pugnantem habeo. — λογισμόν. Vide not. ad Meleagri Ep. LVI. p. 72.

III. Cod. Vat. p. 589. Edidit *Wolf* in Fragm;
Sapph. p. 242. *Weßeling.* in *Diodor. Sic.* T. I. p. 393.
Valcken. in Adon. p. 391. C. Calliftium meretricula
Venerem fibi propitiam precatur. — V. 1. *Spanbemius,*
qui hoc diftichon profert ad *Callim.* H. in Del. 21,
p. 338, ή, ότι et ἰςοιχνεῖς habet. ἰτοιχνεῖς, ut Homericum
ἀμφιβέβηκας, *colendi* fignificationem habet. *Catull.* Carm.
XXXVI. 12. *quae fanctum Idalium — colis, quaeque
Amathunta quaeque Golgos. Virgilius* Epigr. VI. *o Pa-
phos, o fedes quae colis Idalias.* — Μίλητον. Venus tute-
lare Mileti numen, ubi habebat templum ἐν καλάμοις.
Theocrit. Eid. XXVIII. 4. πόλιν ἐς Νείλεω ἀγλαὰν, Ὅππα
Κύπριδο; ἱρὸν καλάμω χλωρὸν ὑφ᾽ ἀπαλᾶ. ubi fortaffe metri
caufa ἰπακτία five ὑπαὶ καλᾶ legendum eft. De Venere
Milefia vide *Spanb.* ad Callim. in Dian. 225. p. 330.—
V. 2. καὶ καλόν. Inferto articulo fuaviores decurrent
numeri:

κὰι τὸ καλὸν Συρίης Ἱππουρότου δόπεδον.

Venus inter Syros infigni honore colebatur. *Paufan.* I.
14. p. 36. *Lucian.* T. IX. p. 86. Bip. Templum Veneris, quod Afcalone fuit, omnium antiquiffimum putabatur, fecundum *Herodotum* L. I. 105. p. 53. Vide,
quae de Venere Syria eleganter difputavit *Manfo* in
Differt. mythol. p. 5. fqq. et p. 156. fq. — V. 3. ή
τὸν —. Sic corr. in Ed. Lipf. pro ή τόν.

IV. Cod. Vat. p. 115. Edidit *Reiske* in Mifc. Lipf.
T. IX. p. 455. nr. 350. Lepidum carmen amatoris ad
Philaenidem meretricem, quae, quemcunque amatorem
amplexibus cum maxime fovebat, eum omnium maxi-
me fe amare profitebatur. — V. 1. πιθανός Cod quod
Reisk. correxit. — δάκρυσι, membr. δακρύεσσι. apogr.
Dresd. — V. 3. τοῦτον ὅςιν *Reisk.* ex Cod. Sed recte
Brunchius, τοῦτο γ᾽ ἴσον. Hoc loco particula γι neceffario
requiritur. — Vitiofe apogr. Lipf. παρ᾽ ἐμοῦ κέκλυκαιν
Vera lectio non latuit editorem Lipfienfem.

I 4

⁋. 47.] *V*. Cod. Vat. p. 119. Exhibuit *Reisk.* in Mifc. Lipf. IX. nr. 364. p. 472. Poëta, vino madens, per noctis tenebras Amore duce ad Pythiadem meretri‑ cem venit, eamque, ut fe in domum recipiat, precatur. Hoc certe argumentum *Brunckius* fibi finxiffe vide‑ tur. Sed res incerta, ut mox docebimus. — V. 3. ἐκ‑ κάλεσαι. Cod. Vat. quod *Reiskius* fervavit, vertens: *fine te, per Jovem, huc evocari*; e lecto tuo fcil. huc ad fo‑ res tuas. Hanc interpretationem vereor ut fermonis in‑ doles ferat. *Brunckium* recte emendaffe puto εἰςκάλεσον. — V. 3. „αἶψε δὲ σημεῖον. E Salmafii emendatione. In „cod. fcriptum eft εἶτε." *Br.* Sed haec lectio commodum fenfum non habet. Varia fruftra tentanti mihi vifum eft, fieri poffe, ut Codicis lectio fervetur: εἰπὲ δὲ σημεῖον. Carmen ab initio mutilum eft. Poëta, quod acute in‑ tellexit *Reiskius*, fervum fuum ad meretricem praemit‑ tere videtur, verbis, quae ille nuntiet, mandatis. Hoc mandatum priore continetur difticho. Deinde haec ad‑ dit εἰπὲ δὲ σημεῖον. plane ut *Afclepiad.* Ep. XXVII. 11. 12. Ede fignum, quo me agnofcat, hominem nimi‑ rum audacem et vini et amoris impotentiffimum. Pro ἦλθον Cod. Vat. ἦλθεν habet. διὰ κλωπῶν. *Reisk.* *Tibull.* I. El. II. 25. *Venus — non finit occurrat quisquam, qui corpora ferro Vulneres, aut rapta praemia vefte pefat.* *Propertius* media nocte ad puellam vocatus L. III. 14. 5. *Quid faciam? obductis committam mene tenebris? Ut ti‑ meant audaces in mea membra manus.* — Praeferenda ta‑ men Cod. lectio διακλωπῶν, i. e. κλωπώμενος, allant à rârons, ut *Br.* interpretatur. — Amore duce puella *pedibus praetentat iter, fuspenfa timore, Explorat coecas cui ma‑ nus ante vias.* ap. *Tibull.* II. 1. 77. — V. 4. Σεασῶ ἡγεμόνι. *Ovidius* I. Amor. VI. 9.

At quondam noctem fimulacraque vana timebam:
Mirabar, tenebris fi quis iturus erat.

Rifit, ut audirem, tenera cum matre Cupido,
Et leviter, fies tu quoque fortis, ait.
Nec mora, venit Amor, non umbras noëte volantes,
Non timeo ftriëtas in mea fata manus.

VI. Cod. Vat. p. 119. Ποσιδίππου ἢ Ἀσκληπιάδου.
Pofidippo foli infcribitur in Plan. p. 473. St. 614. W.
Afclepiadis tamen potius effe, facile crediderim propter
illius Ep. XIV. ubi Νικὼ occurrit. — Cleander Nicus
in mari natantis amore captus, votis ad Venerem fa&is
affecutus eft, ut puella potiretur. — V. 1. ἐν Παφίῃ K.
vulgo. *Opfopoeum* tamen Παφίη legiffe, ex ejus interpretatione apparet. Ceterum nihil hoc verfu ineptius, quo
Cleander nonnifi *unam Nicus genam* confpexiffe dicitur.
Scripturae depravationem praeclare oftendit Cod. Vat.
qui παρ' ἠιόνι legit, quod vel absque codice conjectura
affecutus eft Anonymus Bibl. Bodl. Sed hoc nondum ad
emaculandos hos verfus fufficit. Scribendum eft, nifi
me omnia fallunt:

Σὴν, Παφίη Κυθέρεια, παρ' ἠιόν' εἶδε Κλέανδρος
Νικὼ ἐνὶ χαροποῖς κύμασι νηχομένην.

Hujus emendationis veritatem arguit Epigr. finis: οὐκ
ἀτελεῖς γὰρ Εὐχαί, τὰς κείνης εὔξατ' ἐπ' ἠιόνος. Recte autem
dedimus Νικὼ νηχομένην, partim auctoritate Vat. membranarum nixi, in quibus perfpicue fcriptum νηχομένην.—
V. 3. καιόμενος libris invitis fcribendum effe cenfet Br.
Schneideri fententiam amplexus. In fine ἀνὴρ Plan. ἀν-
θρωπος de Veneris aestu iterum Ep. VIII. Fortaffe etiam
in Ep. ἰδεῖν. XXII. ubi legendum fufpicor:

Ἀνθρακιὴ διὰ παντός· ὅλαν κατέτηξ' Ἀρίβαζος
τὰν Κνίδον· ἃ πέτρα θρυπτομένα θέρεται.

Cod. ἄθρει μοι exhibet. Conf. *Afclepiad*. Ep. XIII. 4. —
V. 5. ἀνάγει. Hinc fortaffe *Macedon*. III. τὸν ναυηγὸν ἐπ'
ἠπείροιο φανέντα. Epigr. ἰδεῖν. LXVI. Κύπρι, ἐμὲ τὸν ἐν γῇ
Ναυηγὸν, φίλη, ἐσθόν ἀπολλύμενον. Non folum in re ama-

toria, fed in aliis quoque conditionibus 'naufragium dicuntur facere, quibus res male cedit. *Alciphron* L. I.
18. p. 69. Πέτευσο εἰς ταῦτα δαπανώμενος, μή σε ἀντὶ τῆς
θαλάττης· ἡ γῆ ναυηγὸν ἀποφήνῃ, ψιλώσα τῶν χρημάτων.
Philo Tom. I. p. 678. ἐξομιλλαντές τε καὶ ναυαγήσαντες ἢ
περὶ γλῶτταν ἄθυρον ἢ περὶ γαστέρα ἄπληστον. *Patrimonio*
naufragus eſt ap. *Ciceron.* pro, Sull. c. XIV. *Horat.* II.
Serm. III. 18. *Poſtquam omnis res mea Janum Ad me-*
dium fracta eſt. — V. 6. ,,εἴχοσαν Hujus flexionis uni-
,,cum e probato fcriptore exemplum affert Maittaire
,,p. 225. En tertium e Scymno Chio 694. — τηνικαῦτ'
,,δὲ τῆς Σάμου 'Εφεδιξάμινοί τινας εὐνοίκους εἴχοσαν.'' *Br.*
Similes verborum formas collegit *Reisk.* ad Conſtant.
Porphyr. Cerem. p. 48. — V. 7. οὐκ ἀτελεῖς εὐχαί.
Vota, quae ille in maris litore concepit, exitu non ca-
ruerunt. Comparat *Toup.* in Cur. nov. p. 262. *Sophocl.*
Philoct. 780. ἀλλ' οὖν δέδοικα, μὴ ἀτελὴς εὐχή. τέκνον. —
κείνης. Veneris in litore: quóniam Venus in litoribus
colitur. Vide not. ad *Anytes* Ep. V. p. 425.

VII. Hoc carmen in 'Vat. Cod. p. 116. ita ut in
Planud. p. 451, St. 586. W. titulum gerit: Ποσειδίππου
ἢ Ἀσκληπιάδου. Alterius tamen poëtae nomen in Ed. pr.
non confpicitur. In Irenen, puellam eximie formofam.
— V. I. εἶδον. Amores, ex Veneris thalamo prodeuntes,
Irenium viderunt, omnibus gratiis ornatiſſimam. Me in
his nonnihil haerere fateor. Caufae et temporis expreffam fignificationem defidero. Quid eſt enim, quod Amores ex Veneris thalamo prodeant? An forte fortuna
accidit, ut prodeuntes Irenium videant? An ejus vi-
dendae caufa prodeunt? Nonne dicendum erat, quo
tempore quave opportunitate hoc factum eſſet? Vide
igitur, an ἐρχομένην fcribendum fit. Irenium, ut altera
Pandora, in ipfis Veneris penetralibus omni venuſtate
ornata et dotata, inde procedens Amorum in fe conver-
fit oculos, quorum adfpectus et ipfe ad augendum puel

ζ 1

lae decus faciebat. — V. 3. 4. laudat *Suidas* in λύγδινᾳ
T. II. p. 465. qui fervavit lectionem βριθομένην χαρίτων,
in vett. edd. in θαλάμων depravatam. Una Afcenf. χαρίτων. unde *Stephanus* χαρίτων. — ἱερὸν θάλος. Vide ad
Meleagr. Ep. LXXXVIII. p. 102. — λυγδοῦ omnes edd.
vett. Non folum ad fplendorem cutis, fed etiam ad
perfectam omnibusque numeris exactam puellae pulcritudinem fignificandam faciunt verba οἷα λύγδου γλυπτήν.
Statuis formofi formofaeque comparari folent. *Euripid.*
Hecuba v. 560. Vide *Dorvill.* ad Charit. p. 12. fq. Ad
noftrum locum faciunt inprimis Horatiana, ex graeco
fonte derivata: *Glycerae nitor Splendentis Pario marmore*
purius. I. Carm. XIX. 6. Anthol. Lat. L. III. 171. *facie*
micat rubenti. Et vibrat Parium nitens colorem. — V. 5.
πολλαῖς χερςὶν vulgata lectione πολλοὺς elegantior eft. Sed
cum hanc non Planud. folum, fed Vat. quoque Cod. et
Suidas (qui hoc diftichon excitat in ἀρπεδόνες T. I. p. 336.)
tueatur, certae Critices leges eam in contextu fervari
jubent. — ἥκεν. *Suid.*

VIII. Cod. Vat. p. 119. Plan. p. 473. St. 615. W.
Conqueritur poëta, quod Venus et Amores nunquam
non graviffimis eum cruciatibus afficiant. — V. 1. τί μ'
ἐγείρετε. quid me, cum vix ex incendio evaferim, ité-
rum ad novos amoris cruciatus perpetiendos excitatis?
Cf. *Horat.* IV. Carm. I. 1. fq. — Sic haec commode
explicari poffunt. Nondum tamen me poenitet conjecturae, quam fimiles loci confirmant:

τί μ' ἐγείδετε, πρὶν πόδας ἄραι
ἐκ πυρός, εἰς ἑτέρην Κύπριδος ἀνθρακιήν;

Propert. L. III. El. IV. 39. *Me quoque confimili impe-*
fitum torquerier igni. Epigr. ἄδετ. III. Οὔ μοι θῆλυς
ἔρως ἐγκάρδιος, ἀλλ' ἐμὲ πυρςοὶ Ἄρρενες Ἀνθράτῳ θῆκαν ὑπ' ἀν-
θρακιῇ. quod geminum germanum eft. ἐγείδειν ponere,
imponere paffim. *Theocrit.* Eid. VII. 104. ἄκλητον τήμωσι

φίλας ἐς χεῖρας ἐρείσαις. *Euripid.* in Heracl. 603. λάβεσθε
αὐλὸς ἕδραν μ᾽ ἐρείσατε. — Ceterum Vat. Cod. poſt δάκρυα
inſerit μὲν, et in fine verſus αἰρῇ, cui ſuperſcr. γρ. ἀραίς
— V. 4. „In Vat. Cod. ut et in Plan. ἄλγος ὁ μὴ κρίνων.
„ſed ex correctione. Aliud quid fuit antea. Apparent
„voces ἄλγος et κρίνων, ſed media deleta a correctore re-
„poſitum ὁ μή. Legendum ὁ μὴ κρείνων. Ordo eſt: ἀεὶ
„δέ μοι ἐξ Ἀφροδίτης πόθος, ὁ μὴ κραίνων ἄλγος κοινὸν τῷ
„ἄγοντι. Epigramma eſt παιδικόν, quod non intellexit
„bonus Planudes." *Br.* At nec in Cephalae collectione
leguntur ἐν τοῖς παιδικοῖς; nec facile *Brunckius* pruden-
tibus de ſententiae ſuae veritate perſuadebit. Hic locus
multos exercuit. Scholia Wechel.: ἀεί μοι ἄλγος ἐστὶ λέγει, ἀντὶ τοῦ, ἀεί μοι λύπην προξενεῖ ὁ ἐξ Ἀφροδίτης πόθος.
ἤτοι Ἔρως ὁ μὴ κρίνων τὸ κοινόν. τὸ δὲ ἄγοντι, ἀντὶ τοῦ ἐμοὶ
τῷ ἄγοντι, τουτέστι φέροντι κατὰ μετάληψιν. τὸ δὲ κοινὸν κρίνων
διὰ τὸ μὴ ὑπὸ τῆς ἐρωμένης ἀντεράασθαι. Simili ratione Anonymus Bibl. Bodlej. hunc locum expedire conatus eſt:
ἔστι δέ μοι ἄλγος ὁ πόθος ὁ μὴ κρίνων κοινόν, τοῦτ᾽ ἔστιν, ὁ μὴ
ἐν κοινῶς, ἄγοντι, ἤγουν ἐμοὶ τῷ φέροντι, τὸν Ἔρωτα δηλαδή.
Scaligeranus codex ap. *Huetium* p. 47. correctionem
praebebat, hanc: ὁ μὴ κρινῶν κοινὸν ἄκοντι πόθος. Eandem
reperio in notis mſtis *Joſ. Scaligeri.* Quem ſenſum ſingulis
verbis ſubjecerit *Groſius*, non ſatis apparet ex ejus
verſione, quam *Burmannus* edidit ad Propert. p. 21.

> *Me Venus exercet ſemper, ſuccedis Amori*
>   *Ilicet ex cauſa qualibet ortus Amor.*

Schneiderus in notis mſtis ſuſpicabatur: κοινὸν ἀγῶνα πόθος. eo fere ſenſu, ni fallor, quem expreſſit *Propert.*
L. I. I. 34.

> *Vos remanete, quibus facili deus annuit ore,*
>   *Sitis et in tuto ſemper amore pares.*
> In me noſtra Venus noctes exercet amaras,
>   Et nullo vacuus tempore defit Amor.

Wyttenbach, in Bibl. crit. II. 2. p. 6, ἄλγεα, ἃ μὴ κραίνῃ κακὸς ἀλέγτι πόθος, interpretatione non addita. Nullus me Anthologiae locus minori cum fructu gravius exercuit. Ponam tamen ex variis conjecturis eam, quae mihi et contextui et poëtae ingenio maxime videtur consentanea:

και νέαι ἐξ Ἀφροδίτης

ἄλγεα ἐμοὶ, κνιδῶν κνισμὸν ἄγων τε πόθος.

Semper mihi novus aliquis a Venere dolor, et urticae morsibus afficiens desiderium nascitur. κνιδῶν κνισμὸν in re amatoria non ineptum judicabunt comparantes Ep. *Arsemonis* II. p. 79. in puerum: ἄλλοτε μειδιόων, ὁτὲ δ' οὖ φίλον ἦρα μελιχρόιον Ἐρμοῦ καὶ κνίδης καὶ πυρὸς ἡμίεθα. Urticam pro irritamento libidinis posuit *Juvenal.* Sat. XI. 165. *Irritamentum Veneris languentis, et acres Divitis urticae.* Pro quavis cupidine id. Sat. II. 128. ubi vide Intpp. Cf. *Foes.* in Oecon. Hipp. κνίδωσις p. 208.

¶. 48.] IX. Cod. Vat. p. 584. Neminem scio, qui hoc carmen ante *Br.* ediderit. „Vereor, ut integrum sit hoc „carmen. Post πεπονημένη in v. 3. reliqui distichi pars et „sequentis initium deesse videntur. Tum scribendum „ἄλλ' ἀθερίζει seu potius ἀθερίζει." *Br.* In Vat. Cod. junctim κλλαθερίζει. Huic lectioni si unius literae mutatione subveneris, non opus erit de carminis integritate dubitare. Scribendum puto:

ἀλλ' ἀθερίζει.

labores et aerumnas, τοὺς τοῦ Ἔρωτος πόνους, *contemnit.* Junguntur ἄλγεα et ἄθλα in carmine T. III. p. 146. XVIII. —Jam reliqua videamus. ὁ Πόθος animam vinctam spinis imponit, ignem ei subjiciens. ὁ Μουσῶν τέττιξ anima est Musarum artibus probe instructa. Poëtae cicadis comparantur propter cantus suavitatem. Cf. Epigr. 409. CCCCLXVIII. Εἰ κόκκυξ τέττιγος ἀρεῖ λιγυρώτερος εἴναι, Ἴσα ποιεῖν καὶ ἐγὼ Παλλαδίῳ δύναμαι. — καιμζειν θέλεις

i. e. fpinis tanquam lecto imponit. Comparandus inprimis, qui paſſim poëtas epigrammatarios compilavit, Euſtathius de Hyſm. L. III. p. 84. καὶ νὴ τὸν Ἔρωτα τὴν στρώμνην ἀκάνθινον εἶχον καὶ ὡς ἐπὶ πυρᾶς ἐκτούμενος πυκνὰ στρεφόμενος ἦν. Erat poëmae genus ap. veteres, huic, quod *Poſidippus* deſcribit, haud abſimile, fecundum *Platon.* in Polit. X. p. 519. D. τὸν δὲ Ἀρδιαῖον καὶ ἄλλους συμποδίσαντες χεῖράς τε καὶ πόδας καὶ κεφαλὴν · καταβαλόντες καὶ ἐκδείραντες, εἷλκον παρὰ τὴν ὁδὸν ἐκτὸς ἐπ᾿ κεφαλάθω κάμπτοντες. Vide *Rubnken.* ad Tim. p. 160. — Ceterum in Vat. Cod. τῶν M. τέτιγγα habetur. — V. 3. βίβλοις. Cod. Color eſt, ut in Epigr. ἀδεσπ. XLVII.

- τὸν γὰρ ἐπαυδήσαντα πόνοις καὶ Ἔρωτι δαμέντα
  οὐδὲ Διὸς τεύχει πῦρ ἐπιβαλλόμενον.

Animum in philosophorum ſcriptis probe exercitata, labores ab Amore ipſi impoſitos nihili pendit. Maxim. Tyr. DiſſI. XIII. 5. ἡ μὲν οὖν ἀγαθὴ ψυχὴ καὶ διατεθρυμμένη καὶ νεακμένη ἀμελεῖ καὶ ὡς τάχιστα ἐφίεται γυμνωθῆναι. *Syneſius* in Dione p. 62. B. τῷ τοῖς ἀδιορθώτοις τῶν βιβλίων ἐγγεγυμνᾶσθαι.

X. Cod. Vat. p. 595. Edidit *Reiske* in Not. ad Anth. p. 246. et hinc *Warton* ad Theocrit. II. p. 156. — V. 1. Poëta in compotatione miniſtrum jubet duo pocula in Nannus et Lydae honorem, totidemque in honorem Antimachi et Mimnermi infundere. ἔγχει δύο Ναννοῦς. ut ap. *Meleagr.* Ep. XCIX. ἔγχει τᾶς Πειθοῦς. Notiſſima Napno, Mimnermi amaſia, de qua vid. *Rubnk.* ad Hermeſ. v. 37. p. 291. De Lyda, cujus nomine Antimachus carmen inſcripſit, cf. not. ad *Aſclepiad.* Ep. XXXVI. — In exitu verſus καὶ φερεκάστου Vat. Cod. Hanc lectionem *Reiskium* pro genuina habuiſſe miror, dum vertit: *cum ſeorſim cujusque ſingula.* Nec tamen *Brunckii* emendatio ferenda eſt. Epitheton *Antimachi* nomini additum oſtendit, Mimnermum quoque epitheto a poëta fuiſſe ornatum. Scribendum puto:

καὶ φιλακρήτου

Μιμνέρμου, καὶ τοῦ σώφρονος Ἀντιμάχου.

Hoc epitheton poëtam decere apparet, qui *fine amore
jocisque nil jucundum* cenfebat, ut eft ap. *Horat.* I.
Epift. VI. 65. De eodem *Hermefianax* El. v. 35. in
loco depravatiffimo:

Μίμνερμος δὲ, τὸν ἡδὺν ὃς εὗρετο, πολλὸν ἀνατλὰς,

ἦχον, καὶ μαλακοῦ πνεῦμ' ἀπὸ πενταμέτρου,

καίετο μὲν Ναννοῦς, χαλῶ δ' ἐπὶ πολλάκι κώλῳ,

κνημωθείς, κώμους στεῖχ' ἀνακαιρανόμην.

Sic haec fortaffe legi debent. Poëtae comiffationes agen-
ti tribuitur κᾶλον χαλὸν propter numeros impariter jun-
ctos, quibus ille primus ufus effe dicitur. Notus *Ovidii*
locus L. III. El. I. 8. *Venit odoratos Elegeia nexa capillos;
Et, puto, pes illi longior alter erat.* Tribuuntur nonnunquam fcriptoribus. quae ipforum operibus propria funt.
Ut *Horatius* Dorfenni in fcribendo negligentiam notans,
Adfpice, ait, *Quam non adftricto percurras pulpita focco.*
II. Epift. I. 174. Sed haec obiter. — V. 3. ἐμὸν Cod.
ἐμοὶ Reisk. Pro ἑαυτοῦ, quod *Brunckii* inventum effe
videtur, membranae iterum ἕκετον exhibent. An fait:

τὸν δ' ἕκτον λίτου.

in fequenti autem verfu:

εἴπας, ὅντιν' ἐρῶν ἔτυχες.

*Sextum poculum deliciis tuis infunde, ejus, quem deperis,
nomine appellato. Theocrit.* XIV. 17. ἔδοξ' ἐπιχεῖεσθαι
ἄκρατον, Ὧτινος ἤθελ' ἕκαστος· ἔδει μόνον ὥτινος εἰπήν. —
V. 7. 8. „Hoc diftichon, quod ita in Cod. fcriptum
„eft, ut id exhibui, manifefto corruptum eft. Con-
„jecturam meam in textum inferre nolui, quam hic
„proponam: Κύπρι· σοὶ γὰρ ἐραστὴς Νήφων τ' οἰνωθείς τ'
„εὔχαρις ἐστιν ὁμῶς.“ *Br.* Sed, hac conjectura admiffa,
poftremum diftichon cum praecedentibus vix coit. Adde,
quod relinquitur difficultas in verbis μεστὸν ὑπὲρ χείλευς
θλῖμμι, Κύπρι· quae ad quod poculum referenda fint, non

facile dictu est. Si ad praecedens, cur Venerem alloquitur? fin Veneris poculum, fignificare voluit, aliquid
ad fermonis integritatem requiritur. Hinc fufpicor, in
κύπρι τἀλλα latere κύπελλα, et poëtam huic fenfum voluiffe efficere: Jam Amoris pocula non, ut cetera, nu-
merabimus. Huic fenfui verba carminis accommodare
conatus fum, fic fcribens: .

　　— — Μνημοσύνης δίκωτον· ·
μεστὸν ὑπὲρ χείλους· πτοίω· τὰ κύπελλα δ· Ἔρωτος
οἰνωθέντ᾽ ἀριθμεῖν νύχι· κίην ἔχαρι.

Amoris pocula ebrios numerare, nimis ineptum foret.
Plurima igitur ei fe fufurum effe, nullo calculo inito,
fignificat. Non tamen tantum huic conjecturae tribuo,
ut eam pro genuina poëtae manu haberi velim. Viderint alii.

　　XI. Cod. Vat. p. 106. Edidit *Wolf* in Fragm.
Sapph. p. 232. *Dorville* ad Char. p. 371. *Reisk.* in Mifc.
Lipf. IX. p. 144. nr. 322. Oblitus philofophorum de
recte vivendo praecepta, vino et amori indulgere fibi
proponit. — V. 1. Κεκροτὶ λέγουσι. lagena fictilis. Vafa
fictilia, quae ap. Atticos fiebant, (ὁ Ἀττικὸς κέραμος *Athen.*
L. I. p. 28. C.) in magno ap. veteres honore fuiffe,
monuimus ad *Leonid. Tar.* Ep. LXXXVII. — πολύχροεν.
toruleutum Bacchi laticem. *Simonid.* Ep. LIV. in Anacreontem: καί μιν κεὶ τέγγοι μετερή ἀρόσος. — V. 2. βαῖνα.
Cod. Vat. — συμβολική. Erat convivium, ubi de fym-
bolis coenabant. — V. 3. ενύσθω *Wolf.* qui inepte
corrigit ενιεθω. — Zenon ὁ σοφὸς κύκνος. Ergo non poëtae tantum, fed alii quoque fcriptores cum oloribus
comparantur. *Reiskius* tamen de cauitie Zenonis poëtam
cogitaffe fufpicabatur. πολύχρους κύκνος eft ap. *Euripid.*
in Bacch. 1361. et chorus fenum in Herc. fur. 692.
κύκνος ὣς, γέρων ἀοιδὸς Παλλᾶν ἐκ γενύων Κελαδήσω. In fimili
ad potandum exhortatione item Zeno cum Cleanthe
　　　　　　　　　　　　　　　　　　　　　　　jun-

jungitur, in Ep. *Marci Argent.* XIX. Εἰ δέ σοι ἀθάνατος
σοφίης νόος, ἴσθι Κλεάνθης Καὶ Ζήνων ἀίδην τὸν βαθὺν ὡς ἔμο-
λον. *Erat* autem Cleanthes, *Zenonis auditor, quaſi ma-*
jorum gentium Stoicus. *Cic.* Acad. Qu. L. IV. 126. Hinc
Claudianus de Fl. Mallii Theod. Conſ. 88. Stoicos
Cleantheam turbam appellat.

XII. Vat. Cod. p. 114. Ποσιδίππου καὶ αὐτὸ κώμου καὶ
ἀσυρλίας μεστόν. *Reisk.* in Miſcell. Lipſ. T. IX. p. 321.
nr. 347. *Meleagri* nomine inſcripſit, cujus poëtae Epigramma praecedit in Codice. Ex *Dorvillii* ſchedis protulit *Burmann.* ad Sicul. T. II. p. 556. Convivium
poëta inſtruens, puerum mittit, qui majorem vini copiam potaturis ſuppeditet. Conf. *Aſclepiad.* Ep. XXVII.
et XXVIII. — V. 2. γινομένοις. Cod. — Pro ἐν Χῖον
Brunckius verbis transpoſitis Χῖον ἐν legendum cenſet.
In Χῖος enim, contracto ex Χίϊος, priorem ſyllabam ſemper produci. *Suidae* locum v. Ἀθήναιος· Ὁ Χῖος Ἴων τρα-
γῳδίαν νικήσας Ἀθήνῃσιν ἑκάστῳ τῶν Ἀθηναίων ἔδωκε Χῖον κερά-
μιον, *Reiskius* quoque laudavit. Ductus eſt ex *Athen.* L. I.
p. 3. F. — V. 3. Ἀρίστιον. oenopolam puta. — V. 4.
Cod. ἡμιδαἡς. Noſtram lectionem *Poſidippo* reſtituit *Reis-*
kius ex *Suida* T. II. p. 60. Ἡμιδαἡς· ἡμίκαυτος. ἡμιδαἡς
δὲ πίθος, ὁ τοῦ ἡμίσεως αὐτοῦ ἔνδειαν ἔχων. ἐν Ἐπιγράμματι·
ἡμιδεἡς π. . . . . In Schedis Dorvill. praeterea ἔνεσι erat.—
V. 6. ὥρας πέμπτης. De die igitur potaturi erant. Vulgo,
quod *Reiskius* ad h l. monuit, hora nona demum com-
potationum fiebat initium. *Horat.* l. Ep. VII. 71. Qui
prius accumbebant, *de die convivia facere* dicebantur, ut
eſt ap. *Catull.* XLVII. 6. ubi vide cl. *Doering.* p. 143.
Potores liquidi media de luce Falerni ingenioſe emendavit *Bentlejus* ad *Horat.* l. Epiſt. XVIII. 91. quem
conſule.

§. 49.] XIII. Servavit Planud. p. 346. St. 486. W.
In Lyſippi Sicyonii Occaſionem. Nobiliſſimam hanc ſtatuam deſcripſit *Calliſtratus* c. VI. Cf. Exercitatt. crit.

T. II. p. 37. ſqq. Veterum loca collegit *Junius* in Cẵtal. ict.p. 114 *Politianus* in Miſc. c. XLIX. *Wernsdorf.* ad *Himer.* Eclog. XIV. p. 240. ſq. In *Auſonii* Ep. XII. quod ex carmine, huic noſtro ſimillimo, converſum eſt haec ſtatua perperam Phidiae tribuitur.

, *Cujus opus? Phidiae, qui ſignum Pallados, ejus,*⋅ ⋅ ›
Quique Jovem fecit, tertia palma ego ſum.

— V. 3. ἐπ᾽ ἄκρᾳ β. *Himerius* l. c. ἔμβον a ſtatuariø fictum eſſe ait, περιττὸν τὰ σφυρὰ, οὐχ ὡς μετῆρσιον ὑπὲρ γῆς ἄνω κυφίζεσθαι, ἀλλ᾽ ἵνα, δοκῶν ἐπιψαύειν τῆς γῆς, λανθάνῃ κλέπτων τὸ μὴ κατὰ γῆς ἐπερείδεσθαι. — V. 5. ξυρόν. *Phaedrus* L. V. 8. in deſcriptione Occaſionis, *curſu,* ait, *volucri pendet in novacula.* Proverbialis locutio ἐπὶ ξυροῦ ἀκμῆς ἑστηκέναι ſculptorem commoviſſe videtur,—ut deam *novacula* inſtrueret. εἴδμεον ſimpliciter vocat *Himerius.* Hujus autem rei nec *Calliſtratus* meminit nec *Auſonius.* — Ceterum ὀξὺς paſſim de tempore adhibetur. Vide *Dorvill.* ad Charit. p. 663. qui laborantem diſtinctionem verſ. 7. 8. emendavit. Nam in Plan. verba νὴ Δία interroganti tribuuntur, nunc, ut ap. *Brunckium,* Occaſioni. Sed cl. *Sonntag* in Hiſtor. Poëſ. brev. voculas νὴ Δία ab hoc loco alienas eſſe cenſens, καίρια legendum eſſe ſuſpicabatur; cui emendationi cave fidem habeas. Non ſine elegantia et gravitate νὴ Δία in hunc modum poni ſolet; et vim habet fere hanc: Quid eſt quod quaeras? nullam ob aliam, ut apparet, cauſam, niſi ut obviam facti coma apprehenſa me retineant. — *Phaedrus* l. c. *Quem ſi occuparis, teneas; elapſum ſemel Non ipſe poſſit Jupiter reprehendere.* — In fine v. 10. Cod. Vat. in quo hoc carmen recentiore manu paginis in fronte agglutinatis adſcriptum eſt, ἐξαπίσθεν et v. 11. τοῖσι ὁ τ. με διδὼ πλᾶσιν legit; poſterius, ut in Planud. unde procul dubio deſcriptum eſt. Emendavit errorem *Dorvill.* l. c. — ἐν προθύροις. in templi veſtibulo me poſuit, ut mortales docerem.

XIV. Planud. p. 314. St. 454. W. Legebatur olim
hoc Epigramma, vel faltem pars ejus ap. *Himerium*
Orat. XIV. 14. p. 634. Οὐ γὰρ δὴ Λυσίππῳ ὄνομά τε ἐδίδου
καὶ δόξαν Ἀλέξανδρος ὑπ' ἐκείνου πλαττόμενος, ὡς καὶ αὐτὴν
τὴν ποίησιν σφόδρα θαυμάσῃ τὸ φιλοτέχνημα. Ἡ οὐκ ἀκούετε
τὸ Ἐπίγραμμα τὸ ἐπὶ εἰκόνος τῆς Ἀλεξάνδρου λεγόμενον, τὸ·
Λόσιππε πλάστα Σικυώνιε .... χεὶρ. Fuit, qui lacunam
voce δαιδαλέη implendam cenferet; quod non fatis caute
probavit *Wernsdorfius*, quod poëta artificem ab artificio
potius quam ab audacia commendare deberet. Sed folent
artificibus, poëtis, fcriptoribus ea tribui, quae ipforum
operibus propria funt. Epigr. ἀδέσπ. CCXCV. in Ajacem
Timomachi, ὁ γράψας εἶδέ σε μαινόμενον, Καὶ συνελυσσήθη
χεὶρ ἀνέρι. Recte igitur Lyfippo, qui *animofa figna* finge-
bat (*Propert.* III. 7. 9.) χεὶρ θαρσαλέη tribuitur. Comparandum inprimis Epigr. *Archelai* I. et Ep. ἀδέσπ.
CCCIX. — V. 2. πῦρ δρᾷ. De Hercule *Euripides* in
Syleo fr. IV. εἰ δ' εἰςορῶν Πᾶς τις δέδοικεν· ὄμμα γὰρ πυρὸς
γέμεις, Ταῦρος λέοντος ὡς βλέπων πρὸς ἐμβολήν. — V. 4.
βουσί. non pro convicio habendum. Etiam taurus fortis
et robuftus, fed nihil ad leonem.

XV. Servavit *Athen.* L. X. p. 412. E. Θεαγένης δ'
ὁ Θάσιος ἀθλητὴς ταῦρον μόνος κατέφαγεν, ὡς Ποσείδιππός φησιν
ἐν Ἐπιγράμμασιν· καὶ περὶ .... Hinc *Eustathius* ad Odyss.
p. 206. 36. Θεαγένης γοῦν, φασίν, Θάσιος αὐλητὴς (l. ἀθλητὴς)
ταῦρον κατέφαγε μόνος· ὃς καὶ φησι παρά τινι ποιητῇ, ὡς ἔφα-
γον Μηδονίων βοῶν, ἤγουν Λυδδν, πάτρη γὰρ βρώμην οὐκ ἂν ἔπισχε
Θάσος. Illuftris fuit ille incredibili palmarum multitudine, quas in variis certaminibus acceperat. Mille et
quadringentas fuiffe, narrat *Paufan.* L. VI. 11. p. 478.
Mille et ducentas numerat *Plutarch.* T. II. p. 811. D.
unde μυριάσθλος vocatus eft ab Oraculo, quod fervavit
Dio Chryfoft. Or. XXXI. Tom. I. p. 617. *Reisk.* Quae
ap. *Paufaniam* de Theagene narrantur, eadem *Suidas*
de Nicone pugile narrat T. II. p. 625. — In noftro

. carmine fententiarum nexus aut nullus eft, aut certe
parum perfpicuus; quare penitus adfentior cl. *Heynio*,
qui illud integrum effe dubitabat in-Comment. T. X.
p. 103. — V. 1. Καίπερ vulgo, quod *Cafaubon.* emendavit. Devoravi quondam ex pacto bovem Maeonium.
Idem fecerat Hercules, ταυροφάγος propterea appellatus;
idem et alii. Exempla voracitatis congeffit *Cafaubon.* .
p. 704. — V. 2. οὐκ ἀν ἰπίσχε. Haec indicare videntur,
Theagenem, quod patria ipfi non fufficerét ad victum,
in peregrinas terras abiiffe. Quare γὰρ ad Μηόνιον referendum. Theagenem vitam mendicando fuftinuiffe,
quod *Cafaubonus* ait, his quidem verbis minime efficitur. — Quae fequuntur, ἄσσα φαγὼν, ἔτ' ἱπήτεεν, non
magis mendici conditionem fignificant. Senfus eft, ejus
famem nunquam fuiffe expletam; nam, toto bove devo-
rato, plura tamen petebat. Hinc fortaffe factum eft, ut
manu porrecta fingeretur. — V. 3. Θευγένει et εἵνεκεν
vulgo. — Plures ftatuas χεῖρας προίσχομένων ex antiqui-
tate recenfet *Heynius* l. c. — Ceterum Theagenis ftatuae, quae ap. Thafios erat, vis aegrotos fanandi tri-
buebatur, quod, praeter *Paufaniam*, *Lucianus* narrat
in Deor. Conc. §. 12. T. III. p. 534.

    Ex T. II. p. 528.] *XV*. Servavit hoc Epigramma
Tzetza in Chil. VII. 662. p. 133. unde emendatum
dedit *Voffius* de Hiftor. gr. p. 187. in Oper. T. IV.
Tzetza Pofidippo auctore tradit, in Libycorum draconum capitibus lapides inveniri δρακοντίας, in quibus modo
currus modo alius rei figura infculpta videretur; nec
tamen figuram apparere prius, quam lapidem in ceram
imprefferis. *Philoftratus*, ubi dracones Indicos defcribit,
in Vit. Apollon. L. III. 8. p. 100. lapidum quoque illorum virtutes commemorat; fed nihil de figuris; ut nec
Plinius H. N. XXXVII. 57. p. 789. *Dracontites five*
Draconia e cerebro fit draconum: fed nifi viventibus
abfciffo nunquam gemmefcit, invidia animalis mori fen-

tientis. Igitur morientibus amputant. — *Esse autem colore
translucido, nec postea poliri aut artem admittere.* Attigit
hunc locum *Salmas.* ad Solin. p. 275. D. — V. 1. ο*ὐ*
πor. Non in fluminis litore, sed in capite draconis hic lapis repertus est. — εὐπώγων. γένεια βοστρυχώδη draconi-
bus Indicis tribuit *Philostratus.* — V. 2. κεφαλῇ *Tzetz.*
et mox λευκᾷ, quod Intpr. latinus cum κεφαλῇ junxit;
et sensu et metro refragante. λευκὰ adverbii vicem implet. λευκὰ φαληριόωντα, lapidem albescentem. *Eustath.*
Il. p. 321. 52: πέτρη φαληριόωσα, παρὰ Λυκόφρονι, ἡ λευκὴ
νῆσος. καὶ κύματα παρ' Ὁμήρῳ φαληριόωντα, τὰ λευκά. Il. v.
799. κυρτὰ, φαληριόωντα. — Parum eleganter τὸ γλυφὲν
ἅρμα ἐγλύφετο, ut facile suspiceris, aliud olim epitheton
hic lectum fuisse. — V. 4. λυγκείου. Hoc poëta videtur
dicere: Currum in hoc lapide latentem non iis, quibus
sculptores vulgo utuntur, instrumentis factum, sed quasi
lyncei oculi obtutu intus in ipsis lapidis visceribus
sculptum esse. — V. 5. Colon non in hexametri fine,
sed post γλύμμα ponendum erat. Obscurum distichon.
ψεῦδος χειρὸς accipio de ejusmodi fallacia, quales prae-
stigiatores et psephopaectae observantibus struunt, dum
spectatores videre cogunt, quod non videant, contra,
quae videant, non cernere. Hujusmodi igitur fallaci ludo similem videri ait imaginem in interiore parte lapidis; in ipsa enim ejus area non conspici. — πρόβολος
πλατὺ, lata lapidis superficies. Ignoro, an πρόβολος eodem
sensu occurrat alibi; nec tamen linguae analogia hanc
significationem respuit. — V. 7. εἰ καί. *Tzetz.* — πῶς
ὁ λιθουργός. Hoc mirabile, quomodo oculi, qui intenta
acie hanc imaginem intra lapidem tam artificiose elabo-
rarunt, tantam intentionem ferre potuerint.

    XVI. In Cod. Vat. p. 416. prostat cum lemmate:
Ποσειδίππου, οἱ δὲ Πλάτωνος τοῦ Κωμικοῦ. In Plan. p. 16. St.
27. W. titulus est: Ποσειδίππου, οἱ δὲ Κράτητος τοῦ Κυνικοῦ.
Sic quoque in *Stob.* Tit. XCVI. p. 530. Gesn. 411. Grot.

Vere igitur ἄδηλον eſt. Poëta varias vitae conditiones
recenſens, omnibus multum malorum admixtum videt;
ut igitur optimum ſit, aut omnino non naſci, aut quam
primum mori. Parodiam hujus carminis dedit *Metrodo-*
rus Ep. I. T. II. p. 476. *Julian. Aeg.* Ep. XLIII. *Aga-*
thias Ep. III. *Aeſchines Socr.* in Axiocho c. XI. τοίαν δέ
τις ἐλλμανας ἐπιτηδεύειν ἢ τέχνην οὐ μέμψεται· καὶ τοῖς παροῦσι
χαλεχανεῖ. Imitatus eſt hoc carmen *Auſonius* Eid. XV.
cujus initium et finem adſcribam.

> *Quod vitae ſectabor iter? ſi plena tumultu*
> *Sunt fora: ſi curis domus anxia: ſi peregrinos*
> *Cura domus ſequitur: mercantem ſi nova ſemper*
> *Damna manent: ceſſare vetat ſi turpis egeſtas:*
> *Si vexat labor agricolam, mare naufragus horror*
> *Infamat, poenaeque graves in coelibe vita,*
> *Et gravior cautis cuſtodia vana maritis:*
> *Sanguineum ſi Martis opus: ſi turpia lucra*
> *Foenoris, et velox inopes uſura trucidat.*
> *Omne aevum curae: cunctis ſua diſplicet aetas.*
> *— — — — — — —   Ergo*
> *Optima Grajorum ſententia: quippe homini ajunt*
> *Non naſci eſſe bonum, natum aut cito morte potiri.*

— V. I. τέμοι. vulgo et in Vat. Cod. νόμη corrigit
Brunck. ad *Ariſtoph.* Plut. 438. p. 291. e cod. regio
Stobaei. — T. 50.] V. 4. ἔχεις. Vat. Cod. — V. 5. οὐκ
ἐπίμεμνος. *Terent.* Adelph. V. 4. 13. *Duxi uxorem;*
quam ibi miſeriam vidi! Nati filii; alia cura! — V. 6.
ζῆς ἐπ' ἐρημότερον. *Steph.* cum Ed. pr. et Ald. pr. In Cod.
Aldi, quem Ald. ſec. et tertia ſequutae ſunt, ἐρημότερος
legitur. Sic quoque Vat. Cod. ζῷον *Br.* recepit ex marg.
Stobaei. In ed. Trincav. ζῆς ἐπ' ἐρημότερος. Apud *Metro-*
dorum quoque l. c. ζῆς ἐπ' ἐλαφρότερον. — V. 9. τοῖν
δυοῖν. Plan. et Vat. Cod. — ἢ τὸ γενέσθαι Μήποτε ἢ τὸ θα-
νεῖν α. Vat. Cod. — Apud *Stobaeum* ἢ ἄρα τῶν πάντων

τόδε λώϊον ηδ γ. Μήποτε ή θανέειν. In Plan. sic est, ut Br.
exhibuit. *Sophocles* ap. *Stobaeum* Tit. CXIX. τὸ μὴ γὰρ
εἶναι κρεῖσσον ἢ τὸ ζῆν κακῶς. cujus generis multa collegit
Wesslen. ad N. T. H. p. 264. sq. Vide not. ad *Bacchyl.*
fr. VII. p. 281. ἐννοίας, quam *Posidippus* his verbis expressit, auctorem *Silenum* facit *Cicero* in Tusc. Qu. I. 48.
*Non nasci homini longe optimum esse; proximum autem
quam primum mori.* Vide *Harduinum* ad *Plin.* L. VII.
Prooemium T. I. p. 369.

XVII. Athenaeus L. X. p. 414. E. Ἡράκλειτος ἐν τῷ
ξενίζοντι. Ἑλένην φησί τινα γυναῖκα πλεῖστα βεβρωκέναι. — Πο-
σείδιππος δὲ ἐν Ἐπιγράμμασι Φιλόμαχον. εἰς ὃν καὶ τόδε ἐπέ-
γραψεν· Φιλόμαχον . . . . Hoc Epigramma, quod in-
signiter depravatum est ap. *Athenaeum, Brunckius* edidit
ad mentem *Toupii* in Epist. crit. p. 121. Statim in primo carminis limine nomen viri depravatum est. Scribendum Φυρόμαχον, ut legitur in antiquissimis libris et in
Epitome. Phyromachum cum Corydo, et ipso helluone,
jungit *Athen.* L. VI. p. 245. E. Ejusdem familiae est
Euphanes ap. eund. L. VIII. p. 343. B. ubi vulgo de-
pravate legitur:

Τίς ἐκ μέσου τὰ θερμὰ δεινὸς ἀρπάσαι;
Ποῦ Κόρυδος ἢ Φυρόμαχος ἢ κεῖλου βία;

Manifestum est, latere nomen tertii alicujus helluonis.
Fortasse:

ἢ Διοκλέους βία.

De Diocle vide p. 344. B. sive:

ἢ Κλιοῦς βία.

ut significetur nobilis illa ὀψοφάγος, de qua diximus ad
Hedyli Epigr. IV. (T. II. p. 527.) Alius est Phy-
romachus, de quo *Alexis* in Tarentinis loquitur L. IV.
p. 161. C. — κορώνην παννυχίην *Toupius* interpretatur
cornicem noctivagam, quae noctu vescitur. *Artemidor.* IV.
 τὰ δὲ νυκτερινὰ καὶ μηδὲν ἐν ἡμέρᾳ πράσσοντάς τι, μοιχοὺς

K 4

ἢ κλέπτας ἢ νυκτερινὴν ἔχοντας ἐργασίαν. ὡς γλαὸξ — καὶ κορώνη, καὶ τὰ ὅμοια. Sed fic nihil hoc epitheto frigidius. *Salmafius*, qui hoc Epigr. protulit ad Solin. p. 858. E. πανδοχικὴν (vulgo enim παννυχικὴν legitur) emendat: *cornicem tabernariam*. *Salmafii* veſtigiis inſiſtens corrigendum ſuſpicor:

     Φυρόμαχον, τὸν πάντα φαγεῖν βόρον, οἷα κορώνην,
         πανδοχίου τ' ἄτην, ἡωγὰς ἔχει κάπετος.

Homo vorax et helluo, qui omnia rapit et deglutit, *macelli peſtis et pernicies* vocatur, πανδοχίου ἄτη. ut ap. *Horat.* I. Epiſt. XV. 31. *Maenius — Pernicies et tempeſtas barathrumque macelli, Quidquid quaeſierat, ventri donabat avaro.* Verba οἷα κορώνην ad voracitatem hominis referenda ſunt. Vir doctus ap. *Huetium* p. 80. παννυχὶ κὴν αὐτῇ -, quod graecum eſſe merito dubitabat doctiſſimus Praeſul. Ipfe corrigit: οἷα κορώνην πάννυχον, ἐν ταύτῃ ἡωγὰς ἔχει κάπετῳ. *Weſton* denique in Hermeſian. p. 32. in *Toupii* concedens ſententiam, παννυχίην ἄκτῃ inepte tentat, quod cornices nocturnae ad mare degant. Cf. *Homer.* Od. ι. 67. — ἡωγὰς κάπετος eſt cavitas, rima terrae, forte exorta, cujus opportunitate uſi erant ad Phyromachum, viliſſimum hominem, ſepeliendum. ἡωγάδος ἐκ πέτρης eſt ap. *Apollon. Rhod.* L. IV. 1448. Vide *Arnaldi* Lect. gr. p. 233. — V. 3. ἐν τρύχει *Cafaub.* reſtituit pro εὐτρύκει. lacero panno penulae Pellenicae, quas penulas craſſas fuiſſe conſtat ad arcendum frigus. Ap. *Pindarum* Ol. IX. 146. ejusmodi veſtis ψυχρᾶν ἐσθίανον φάρμακον ἀνδρᾶν vocatur. Intus floccis lanae inſtructae erant. *Pindar.* Nem. X. 82. ἐκ δὲ Πελλάνας, ἐπιεσσάμενοι νῶτον μαλακαῖσι κρόκαις. Cf. *Polluc.* L. VII. 67. *Schol. Ariſtoph.* Av. 1421. *Suidas:* Πελληναῖος χιτών. ἐπὶ τῶν παλαιὰ (fort. παχία) φορούντων ἱμάτια. — V. 4. καὶ χρεία εἰς τήνην vulgo. Noſtra lectio eſt ex emendatione Viri docti ap. *Huetium.* Nec aliter emendavit *Salmaſius*, qui totum hoc diſtichon fic reſtituit, ut *Br.* dedit. Seq. enim

verſu *εἰπόντες οἱ προκύων* legitur. Stela foſſae fuit impoſita,
quam poëta ab Attico quodam inungi coronarique vult.
Cauſam adjicit: *εἴ ποτε σοι προκύων συνεκώμασι*, ſi quando
tecum comiſſationibus interfuit. Paraſitum, qui, dum
viveret, regem ſuum ubique comitatus erat, illius *pro-
cyonem* ſive anteambulonem vocat. Non acquievit in
hac emendatione *Weſton*, ſed corrigere conatur: *καὶ
γράφε εἰς θήκην, Ἀττικὲ, καὶ στ. Εἴποτε σοὶ προφαγώνσ.* „Sed
„tu, Attice, inſcribe hujusce conditorium titulo et co-
„ronam adde, ſi quid ante alios comedens, ſi helluo
„iſte tecum unquam comiſſatum iverit.“ Inepte. —
ἦλθε. Jam ipſe homo deſcribitur. *ἀμαυρὰ βλέψας.* **Paul.
Silent.** Ep. L. *ἐπὶ χρόνῳ ἐκκριμὲς ἤδη Ἦλθε κατ᾽ ὀφθαλμῶν
ῥυσσὸν ἐπισκύνιον.* — *ἐκ πελίων ἐπισκ.* liventibus ſuperciliis,
aetate fortaſſe, fortaſſe etiam plagis. — *Salmaſius* ſcripſit *ἐκ πολιῶν.* — V. 7. 8. Nihil his verſſ. corruptius.
Ὁ τριχὶ διαφθείρας et in fine *ληναϊκὴν ἦλθ᾽ ὑπὸ Καλλιόπης*
Caſaubonus tentavit: *ὦτα διαφθείρας — τῶν τότε ληναϊκῶν
ἤ. ὑ. τὰν κάπετον.* *fractis auribus* (ut pugil: vide *Winkelmann. Anmerkungen zur Geſch. der K.* p. 55. et paſſim.)
*et plagis conpertus ex Lenaïcis ludis recta in foveam
deſcendit.* Putabat nimirum *Caſaubonus,* Phyromachum
pugilem fuiſſe, et *ἀγῶνας ληναϊκοὺς* proprie de certaminibus in Bacchi honorem habitis accipiebat. Quod mihi
ſecus videtur. Ludi illi lenaïci ſive Bacchici, quos poëtas ſignificat, compotationes ſunt, in quibus etiam certamina, *ἀγῶνες,* ſed potandi, non pugnandi, inſtituun-
tur. In ejusmodi compotatione paraſitus noſter exſpira-
verat. Quod ſi igitur in praec. verſu *πελίων* de oculis
plagarum impetu lividis accipiendum eſt, de plagis cogitare debemus, quibus paraſiti in conviviis ſolebant
affici. — *Weſton* conjecit *ὦτα διαφθείρας,* de oculis e
caeſtus contuſionibus ſugillatis cogitans. *Toupius* ad
ſuam emendationem firmandam *Lucianum* comparavit
in *Tim.* 8. T. L p. 115. *σιαλλίτης καὶ διφθερίας, ὡς ὁρᾷς,*

ἀπολιπὼν ὑπ' αἰσχύνης τὸ ἄστυ, μισθοῦ γεωργεῖ, μελαγχολῶν τοῖς κακοῖς. Quae quamvis ingeniosa sunt, non tamen propterea *Salmasii* emendatio penitus rejicienda videtur, qui ἄθριξ, εὔφθειρος scribendum censebat. Prius certe vocabulum propius abest a vulgatae ductibus, quam *Toupii* ἄχρός. — μονολήκυθος is est, qui nihil praeter lecythum habet; quo sensu etiam αὐτολήκυθος dicitur. Inprimis huc facit *Erymol. M.* Αὐτολήκυθος ὁ πένης ἀπὸ τοῦ ἑαυτοῖς τοὺς ληκύθους φέρειν εἰς τὰ βαλανεῖα, οἱ δὲ ἔσωτοι παρὰ τὰς συμβαλὰς ἐν τῷ ληκύθῳ ἔχειν καὶ περιφέρειν εἰς τὰ συμπόσια, ᾗ ὡς αὐτὸ τὸ λήκυθον μόνον ἔχοντες. Vide *H. Valefium* ad *Harpocr.* p. 102. et *T. H.* ad *Polluc.* X. 62. p. 1221. — In fine carminis *Salmasius* corrigit ἠλὼ ὑπὸ γαῖον vel ὑπόγειον ὀπήν. Felicius *Toupius* ὑπὸ κοῖλον ὀπήν — quam emendationem age exemplis adstruamus. *Sophocl.* in Antig. 1323. νυμφεῖον ᾄδου κοῖλον εἰςεβαίνομεν. in Ajace 1403. ἀλλ' οἱ μὲν κοίλην κάπετον Χερσὶ ταχύνετε. *Philoftras.* in Vit. Apoll. VI. 11. p. 249. χθόνιοι βόθρους ἐκπέζονται καὶ τὰ ἐν κοίλῃ τῇ γῇ δρώμενα. *Babrius* ap. *Suidam* T. III. p. 633. φωλάδος κοίλης. *Aratus* ap. *Plutarchi* de Sol. An. T. II. p. 967. ἢ κοίλης μύρμηκος ὀχῆς.

XVIII. In membranis Vat. bis legitur: p. 231. Ποσιδίππου. p. 283. sq. Καλλιμάχου. In Planud. p. 220. St. 321. W. uni *Posidippo* tribuitur. Legitur etiam in Collect. Epigr. *Callimachi* nr. LXIX. p. 331. Scriptum est in puerum trimum, qui cum in puteo imaginem suam vidisset, in aquam delapsus est, postea tamen in matris sinu exspiravit. — V. 1. τριετῆ Vat. utroque loco. — Ἀρχιάνακτα. Vat. loco pr. Ἀρχεάνακτι loco sec. In Planud. Ἀστοάνακτα. — V. 2. μορφῆς. Vat. loco pr. *Vifae correptus imagine formae Rem sine corpore* (κωφόν τι χρῆμα) *amat.* Ovid. Metam. L. III. 416. — δι' ἐσδέσατο. Vat. utroque loco. — V. 3. ἕρπωσι et σκεπτομένη. Idem loco pr. — V. 5. γεόνους. Vat. pr. loco. — V. 6. κεκαινθείς

Ibid. — *Sophocl.* Eleɑr. 510. τοντιεθεὶς Μέρτιλος ὕκαν
μέθη. Vid. *Valcken.* ad Hipp. p. 314. D.

¶. 51.] *XIX.* Cod. Vat. p. 246. Plan. p. 245. St.
355. W. Naufragus fe prope mare fepultum effe conqueritur; nihilominus tamen iis, qui ipfum fepelive-
rint, gratias agit. — V. 1. ἄνευθε. Vat. Cod. — V. 2.
Brunckius νχυηγῷ τλήμονι legendum cenfet; fine caufa
idonea. Licuit poëtae epitheton τοῦ νχυηγοῦ ad ejus tumulum transferre. Decebat vos miferum nauffragi tumulum procul a mari erigere. — V. 3. καὶ αὕτως. Vat.
— V. 4. „Corruptum eſt οἰκτίρετε, quod arguit Codd.
„varietas. Vat. οἰκτίρετε. Planud. reg. optimus οἰκτίρετε.
„Scribendum ἰκτέρετε. Eſt aoriſtus 2. verbi κτερέω, unde
„κτερεΐζω. Verbum in aoriſto effe debet.‟ *Br.* Hanc
emendationem jam *Brodaeus* commemorat. Etiam *Jof.*
Scaliger in not. mſtis ἰκτέρετε five ἰκτέρετε legit. In Ed.
Flor. Ald. pr. et tertia οἰκτίρετε. Vulgata οἰκτίρετε in
Ald. fec. primum reperitur. Non acquiefcebat in *Brun-*
ckii emendatione *Gilbertus Wakefield*, qui in Addendis
ad Bion. et Mofch. II. 36. φικτέρετε corrigit.

XX. Servavit *Athen.* L. XIII. p. 596. C. unde *Wol-*
fius retulit in Fragm. Sapph. p. 102. *Athenaei* verba
haec funt: Εἰς δὲ τὴν Δωρίχαν τόδ' ἐποίησε τὸ ἐπίγραμμα Πο-
σείδιππος, καί τοι ἐν τῇ Αἰθιοπίᾳ πολλάκις αὐτῆς μνημονεύσας·
ἔστι δὲ τόδε· Δωρίχα . . . . . *Pofidippi* Aethiopia an alibi
commemoretur, dubito. Vide *Fabricii* Bibl. Gr. T. II.
p. 490. Fuit Dorica meretrix Naucratitis, quam Charaxus, Sapphus frater, deperibat, unde Sappho eam διὰ
τῆς ποιήσεως διέβαλλε, ὡς πολλὰ τοῦ Χαράξου νοσφισαμένην,
quae *Athenaei* funt verba. Maxime huc facit *Strabo*
L. XVII. p. 1161. D. pyramidem defcribens: Λέγεται
δὲ τῆς ἑταίρας τάφος γεγονὼς ὑπὸ τῶν ἐραστῶν, ἣν Σαπφὼ μὲν ἡ
τῶν μελῶν ποιήτρια καλεῖ Δωρίχαν, ἐρωμένην τοῦ ἀδελφοῦ αὐτῆς
Χαράξου, γεγονυῖαν, οἶνον κατάγοντος εἰς Ναύκρατιν Λέσβιον κατ-

ἐμπορίαν· ἄλλοι δ᾽ ὀνομάζουσι Ῥοδόπην. (Ῥοδῶπις eſt ap. *Hero-dot.* L. II. 135. p. 168.) Ad Charaxi amores et ſua in Doricam carmina reſpicientem facit poëtriam *Ovidius* Heroid. XV. 63.:

> Arſit inops frater, victus meretricis amore,
> Miſtaque cum turpi damna pudore tulit.
> Factus inops agili peragit freta caerula remo;
> Quasque male amiſit, nunc male quaerit opes.
> Me quoque, quod monui bene multa fideliter, odit,
> Hoc mihi libertas, hoc pia lingua dedit.

De Rhodopide vide *Perizon.* ad Aelian. V. H. XIII. 33. — Difficile ſit cum his de Dorica narrationibus noſtrum carmen conciliare, quod *Brunckius* ad *Toupii* (Epiſt. crit. p. 121.) mentem emendatum dedit. — V. 1. ε᾽ ἁπαλὰ κοσμήσατο δεσμῶν vulgo. Noſtra lectio *Caſaubono* debetur. Male Gallicus *Athenaei* interpres T. V. p. 127, vertit: *le noeud qui liait ſes cheveux, et une robe qui ex-halait des parfums exquis, faiſaient jadis la parure de ſa perſonne.* Nec tamen primum hunc verſum *Ca-ſauboni* conjecturis perſanatum eſſe crediderim, quibus ſententiarum nexus ſubabſurdus exſiſtit: Jamdiu quidem vittae crinales et pectoralis faſcia tua oſſa ornaverunt; ſed adhuc Sapphus carmina manent. Niſi dicere voluit: Tu quidem jamdudum periiſti, ſed adhuc Lesbiae illius poëtriae carmina florent. Depravatam ap. *Athenaeum* ſcripturam ὀετία μὲν σαπαλὰ κοσμήσατο δεσμῶν — ſic for-taſſe paulo audacius licebit refingere:

Ἀμφίκα, ἰς στοδιὼν στατάλη μὲν ἐβήσατο δεσμῶν.

Vittae crinales illae, quibus te olim ornaſti (στατάλη), *in cinerem quidem abierunt.* Hoc contextui ſaltem aptiſſi-mum. Ductus color ex *Callimachi* Ep. XLVII. — ἀλλὰ σὺ μὲν που, ξεῖν᾽ Ἀλικαρνησσεῦ, τετράπαλαι σποδιή· Αἱ δὲ τεαὶ ζώουσιν ἀηδόνες. Quod autem ſcripſi στατάλη δεσμῶν, et a vulgata proxime abeſt, nec elegantia caret.

Agathias Ep. III. μαχλάδος οἰμώξεις χρυσομανῆ σπατάλην.
Id. XXVII. χεῖρα περισφίγξω χρυσοδέτῳ σπατάλῃ. *Macedo‑*
nius Ep. V. τὴν χρυσοκροτάλῳ σειομένην σπατάλῃ. Etiam ap.
Philodemum Ep. XXII. olim lectum fuiſſe fuſpicor:

> λευκοίων σπατάλην καὶ ψάλματα,

pro vulgato λευκοίνους πάλι δεῖ. — V. 3. ἤποτε. vulgo.—
Mox σύγχρους vulgo inepte vertitur *concolor* (vino nimi‑
rum, quod matutino jentaculo bibebatur) idque ſecu‑
tus eſt Gallicus interpres: *auſſi vermeille que le vin qu'on*
boit dans la coupe du matin, tu enlaçais le beau Charaxus
dans tes bras. Sed σύγχρους hoc loco a χρώς, *cutis*, deri‑
vandum, puellam cum amante cubantem, συγχρωτίζου‑
σαν, ſignificat. χρωΐζειν in hac re uſurpatur ap. *Theocrit.*
Eid. X. 18. Vide *Valcken.* ad Phoen. p. 545. — V. 5.
Σαπφὼ αἱ δὲ vulgo. *Caſaubonus* Σαπφοῦς αἱ δὲ μ. Melius
Toupius Σαπφῶοι, quod formatum ad analogiam τοῦ Λη‑
τῷος a Λητώ. — λευκαὶ σελίδες, *candidae*, i. e. *illuſtres*, *char‑*
tae. λευκαὶ, λαμπραὶ, eſt ap. *Heſych.* in λευκαὶ φρένες.
Vide *Heynium* ad *Pindar.* Pyth. IV. 194. p. 270. —
φθεγγόμεναι. *Catull.* LXVII. 46. *Haec charta loquatur*
anus. ubi vide Intrpp. — Diſtinctionem emendavit
Caſaubonus. Vulgo enim poſt σελίδες comma ponitur.
Deinde v. 7. ὁ N. et v. 8. ἔστ᾽ ἂν μὴ N. v. 8. γεγάνη.
Haec omnia emendavit *Caſaubonus.* — «Haereo in ver‑
bis οὔνομα σὸν μακάριστον. Quî enim poëta Doricae no‑
men, in Sapphus carminibus traductum et laceratum,
felix et beatum praedicare poteſt? Dixeris, *Poſidippum*
aliam quandam traditionem ſecutum eſſe. At res in
Sapphus carminibus diſerte expreſſa eſſe debuit. Nec
ironia locum habere videtur. Num fuit:

> οὔνομα σὸν μέλω πυστόν.

talis enim fama meretrici convenit. Nihil tamen defi‑
nire auſim. — ἔστ᾽ ἂν, tuum nomen manebit, dûm na‑
ves ſecundo Nilo in mare deferentur. Naucratis empo‑

sium Aegypti celeberrimùm, quod Graeci inprimis mercatores frequentare solebant. *Athen.* L. XI. p. 480. E.

XXI. Ex *Athenaei* L. VI. p. 318. D. relatum est in Append. Anth. Plan. p. 520. St. 22. W. *Athenaeus* laudato Epigrammate *Callimachi* XXXI. haec scribit: ἔγραψε δὲ καὶ Ποσειδίππος εἰς τὴν ἐν τῷ Ζεφυρίῳ τιμωμένην Ἀφροδίτην τόδε τὸ Ἐπίγραμμα· Τοῦτο ..... Scriptum in templum Arsinoës Zephyritidis a Callicrate nauta in litore maris exstructum. · Positum erat hoc templum in promontorio haud procul a Nicopoli, (vide *Strabon.* L. XVII. p. 1152. B.) non ad Nili ostium, sed in ipso litore maris. Hinc colligo, poëtam non ποταμῷ scripsisse, sed

Τοῦτο καὶ ἐν πόντῳ καὶ ἐπὶ χθονί — —

haec enim sibi invicem opponi solent. — τῆς Φιλαδέλφου. Ptolemaei Philadelphi, fratris sui, conjux. — V. 5. ἢ δὲ καὶ vulgo. quod *Brunckius* praeter necessitatem mutavit. — V. 6. Ἰκλιπανεῖ. *Ovid.* Heroid. XIX. 159. *Quod timeas non est: auso Venus ipsa favebit: Sternet et aequoreas, aequore nata, vias.* Vide not. ad *Anytes* Ep. V. p. 425. et ad *Addaei* Ep. VL.

PHANIAE EPIGRAMMATA.

---

§. 52.] L. Edidit *Dorville* ad Charit. p. 310. Poëta inter pocula puerum, jam in ipso adolescentiae limine collocatum, hortatur, ut tempore utatur, et severus esse desinat. In Vat. Cod. p. 573. Φανίου inscriptum. — V. 1. καὶ Θύμιν. Cur hanc sibi deam potissimum advocet, ignoro. An pro mera interjectione alibi occurrit, ut νὴ Δία, et similia? — ὦ συσάλευμαι. Conf. ad *Leonid. Tar.* Ep. XXXVII. Tom. II. p. 95. — V. 2. βαιός. Dictum videtur pro: βαιὸν χρόνον ὁ εἰς Ἔρως ἔχει. parum tempo-

ria fupereft, quo amore dignus videri poffis. — V. 3.
»ὑπὸ τρίχα. fic Cod. et Dorvill. Salmafius emendabat
»ὑπόθριξ, quae vox an graeca fit, nefcio: ex analogia
»ὑπότριχος fcribendum effet, quod non admittit metrum.
»Sed proba eft Cod. lectio et nihil mutandum.« *Br.*
μηρὸς ὑπὸ τρίχα. femora pilis quafi victa et fuperata. —
V. 4. λοιπόν. In quibusdam apographis λοιπὸς et verfu
fequ. ἐπ᾽ ἴχνια legi, *Dorvillius* monuit, qui de fignificatione adverbii λοιπὸν nonnulla dedit: *Jam nos Cupido*
ad aliam flammam invitat. — μανίη de vehemente amore ap. *Antip. Sid.* LXXVI. ἡ παίδων ζωροτάτη μανίη. *Phi-*
lodem. Ep. XIV. ἡμετέρης δεσπότιδες μανίης. *Theocrit.* Eid.
XI. 11. ἤρατο - ὀλοαῖς μανίαις. — V. 5. ὅτε δὴ *Dorvill.*
In noftro apogr. δὴ omittitur. — σπινθῆρος. nonnullae
ignis, quo puer nos incendebas, fcintillae. *Strato* Ep.
XXXVIII. ὀφθαλμοὺς σπινθῆρας ἔχεις. ubi vide not. —
ἴχνιον fimili ratione dixit *Ifidorus Schol.* T. II. p. 474.
οὐ σώζει προτέρης ἴχνιον ἀγλαΐης.

II. Cod. Vat. p. 197. Edidit *Kufter.* ad *Suid.* T. II.
p. 319. *Reisk.* in Anthol. nr. 52. p. 319. Callon,
ludimagifter, fenio confectus, profeffionis fuae infignia
Mercurio dedicat. — V. 1. 2. laudat *Suid.* in νάρθηξ
T. II. p. 597. In membranis legitur πρὸ ποδας γονιμάν
τα τε καὶ παρα κεῖται. *Suidas* prius hemiftichium omifit;
in fine τανακεῖταν exhibet. *Salmafius*, qui hoc diftichon
protulit in Diff. de Homon. Hyl. Iatr. p. 5. D. πυροκελ-
ταν pro Cod. lectione venditat. Sic etiam *Kufterus* exhibuit. Probabilem effe hanc emendationem, apparet ex
Martial. L. XIV. 80. *Invifae nimium pueris grataeque*
magiftris, Clara Prometheo munere ligna fumus. νάρθηξ
enim eft *ferula*, quam ob ufum, quem ludimagiftris
praebebat, *minarem* vocat *Columella* X. 119. Idem
v. 21. *nec manibus mites ferulas.* Vide *Bodaeum a Stapel*
ad Theophr. L. VI. p. 582. Adde *Philoftrat.* Vit. Soph.
L. I. p. 483. Ferularum medulla autem igni confer-

vando et alendo inferviebat; unde Prometheus ignem
diis ferulae ope fubduxiffe putabatur. *Schneiderus* in
Per. crit. p. 18. comparat *Nicandri* Alexiph. 272. ʻαἶα
δὲ νάρθηκος νεάτην ἐξαίνυσο νηΐδν, ʻΟστι Προμηθείοιο κλοπὰν
ἀνεδέξατο φώρης. ubi vide ejusdem notas p. 164. Minime
igitur admittenda eft conjectura *Reiskii*, qui πυροκαύτων
legit, ferulam igne duratam et ambuftam fignificari
cenfens, quo fortius feriret fcilicet. — Lorum, ἱμάντα,
quod fimul cum ferula commemoratur, eidem ufui in-
ferviiffe probabile eft. Servos loris effe caefos, nemo
ignorat. — Pro πλάκτορα in antiquis *Suidae* edd.
πλάγκτορα legitur. — V. 3. ap. *Suid.* in κίρκο; T. II. p. 319.
κίρκον ἀτ' εὔολπαν. In membr. Vat. fic legitur, ut ap. *Br.*
Hanc lectionem *Kufterus* interpretatur de vafe oleario
curvo et inflexo, a fimilitudine accipitris dicto, roftrum
aduncum habentis. *Reiskius* εὔρυστ αν conjicit, εὐρεῖαν ὀπὴν
ἔχοντα, annulum intelligens amplo foramine, per quod
funis trajiceretur, quo ludimagifter contumaces pueros
alligaret. κίρκον *annulum* fignificare non dubito. πάντα
τὰ ἐπικαμπῆ κίρκοι λέγονται. Vide *Lennep.* in Origin. T. I.
p. 407. *Herodot.* L. II. p. 120. 8. Hinc κιρκόω, *annulo*
circumdo, ap. *Aefchyl.* in Prom. 74. στέλη δὲ κίρκωσον βίᾳ.
Epitheto εὔολπαν autem quid faciendum fit, non video.
Sinceram effe lectionem, non puto. Si annulus, quem
Callon Mercurio dedicat, eum ipfi ufum praeftiterat,
quem *Reiskius* voluit, fcribendum exiftimaverim:

κίρκον τ' εὔολκον φιλοκαμπέα.

annulum incurvum, attractorium. — μονόπελμον *Suidas*
tuetur hoc diftichon proferens v. συγχίδα T. III. p. 390.
Veteres tamen ejus edd. μονόπελλον habent. In apogr.
Lipf. μονόπελλον habetur.— In membr. et ap. *Suid.* συγχίδα:
Hoc in συκχίδα mutavit *Salmafius*, qui fic exhibet fcriptum ad *Tertull.* de Pall. p. 414. σύκχις id effe videtur,
quod alii σύκχας vocarunt. *Pollux* L. VII. 86. ἡ δὲ σύκχας
κρηπῖδι μὲν ἔοικεν, ὠνόμασται δὲ ἐκ τοῦ συνέχειν τὸν πόδα.
Hefych.

Hefych. Συνχάδες. εἶδος ὑποδήματος. εὔχχοι Φρύγια ὑποδήμα-
τα. — De *σίλμα* alibi diximus. — Fortaſſe etiam *ſolea* ad
puerorum caſtigationem referenda, ſecundum ea, quae
de magiſtrorum in diſcipulos ſeveritate dixit *Crefollius*
in Theatr. Rhetor. V. 6. Theſ. Gronov. X. p. 221. ſqq.
ubi etiam de *ſolea.* — V. 4. στιγανὰν ex *Suida* in contextum veniſſe videtur. In membranis enim στιναγὰν
reperitur. *Reiskius,* accentu mutato, ſcribit στιγάναν, ut
ſit στέγη; κάλυμμα. Ejusdem analogiae eſt στεφάνη. Sed
vide, an poëta ſcripſerit:

> καὶ σκέπανον κρατὸς ἐρημοκόμου.

pileum, calvi capitis tegumentum. Leonid. Tar. Ep. XI.
καὶ πῖλον κεφαλᾶς οὐχ ὁσίας σκέπανον. — V. 5. 6. laudat
Suid. in παῖδειος T. III. p. 66. ubi σύμβολον ἀγωγῆς legitur. Pro παιδείου *Reiskius* παιδείας habet. — πολιῷ καμάτῳ
gravi ſenectutis pondere. *Theaetet.* Ep. II. γήραϊ νουσφ-
φόρῳ βριθομένης παλάμης. Non minus bene ſcripſiſſet *Pba-*
uias: πολλῷ – καμάτῳ. ut *Philipp. Theſſ.* Ep. XXII. ἐν
τρομος ἤδη Δεξιτερὴν, πολλοῖς ἀχθόμενος (ſic ſcribendum, non
βριθόμενος) καμάτοις. ſive δολιχῷ – καμάτῳ, ut Ep. ἐδεσε,
LI. τρομερὴν ὑπὸ γήρκος ὄκνῳ Χεῖρα καθαρμόζων ἐκ δολιχῶν
καμάτων.

III. Vat. Cod. p. 197. ſq. Primus edidit *Kuſterus*
ad Suidam T. II. p. 421. unde illud repetivit et illuſtravit *Schwarzius* de Ornament. Libr. Diſſ. VI. p. 229.
ed. *Leuſchneri, Reiskius* in Anthol. nr. 527. p. 57.
Aceſtondas ſcriba, cum inter vectigalium coactores re-
ceptus eſſet, prioris conditionis inſtrumenta Muſis ap-
pendit. — V. 1. Ἀκευώνδας. apogr. Lipſ. — σμίλαν.
ſcalpellum, quibus calami finduntur. γλόφανον καλάμων,
πλατέος γλωχῖνα σιδήρου appellat *Damocharis* Ep. II. T. III.
p. 69. σμίλαν δονάκων ἀκροβελῶν γλυφίδα *Philipp.* Ep. XVII.
Vide, quae larga manu aſſudit *Schwarzius* l. c. p. 208. ſq.
Salmaſius, ubi κάλαμον γλύφειν et σμιλεύειν illuſtrat, hoc

distichon profert ad Solin. p. 735. B. — V. 2. habet
Suidas in *στέγγος* T. III. p. 364. et in *ψαίστορα* T. III.
p. 701. ubi male *ἔχειν.* Cod. Vat. *ἴχει.* unde ortus error.
Ceterum ap. Lexicographum non minus quam in Cod.
κατὰ Κνιδίων divisim scribitur. *Brunckium* decepit apogr.
Idem vocolam *κατὰ* non ferens, *ψαίστορα τῶν Κνιδίων* corrigendum proponit. Alii tmesin maluerunt statuere
ἀποψαίστορα, praeeunte *Salmasio* ad Solin. p. 917. C.
ubi, de Cnidiis arundinibus agens, hunc versum iterum
excitat. *Plinius* H. N. T. II. p. 26. *Chartisque ferviunt
calami, Aegyptii maxime, cognatione quadam papyri.
Probatiores tamen Cnidii, et qui in Asia circa Anaïsicum
lacum nascuntur.* *Ausonius* Epist. VII. 50. *Cnidiae sulcus arundinis.* Conf. *Vossium* ad Catull. p. 89. et
Schwarz. p. 214. sq. Spongia et abstergendis calamis et
literis in tabula delendis inserviebat; nota res. Vide
Inspp. Martialis ad L. IV. Ep. X. — V. 3. laudat *Suidas* in *εἰλὴς* T. III. p. 297. *κανόνισμα φιλόρθιον* illustrat
Paul. Silent. Ep. LI. *ἡγεμόνα γραμμῆς ἀτλανέος κανόνα.*
Damochar. Ep. II. *κανόνα γραφίδων ἰθυτάτων φύλακα.* — In
fine hujus vers. Cod. Vat. *ἔργματιλσίας σαμοθίτη κ. τ. τό
μέλανε β.* quam lectionem *Reiskius* exhibuit, in versione
latina miram, quam excogitavit, conjecturam expri-
mens: *ἔργμα τ᾽ ἰλαίας ἀμμόδετον κοίτας ἐμμελανοβρυχίδα.*
quod secundum ipsum auctorem significat: *opus palustris
cubilis nodis nexum, atramento mersile.* *Brunckius* πορείας
ex *Salmasii* conjectura exhibuit, quam ipse tamen ejus
auctor non sequitur ad Solin. p. 644. B. ubi h. v. laus
dat. *ἔργμα* ipsius est editoris inventum. Ad *τελείας γραμμῆς* subaudit *Schwarzius*, qui probe intellexit, *σαμόθρις*
scribendum esse. *γραμμικὴ σαμόθετος* foret linea, quae
literarum situm definit. Elegantius est *πορείας*, etsi, vere
sic emendatum esse, affirmare nolim. *Julian. Aegypt.*
Ep. X. *ἐκλίνας γραφίδεσσιν ἀτιθόνοντα πορείας Τόνδε μόλιβδον ἄγων, καὶ μολίβου κανόνα.* — *ἔρμα* valde blanditur.

Cum literae lineâ, quae ope regulae ducitur, quaſi ni-
tantur, *ἐρείδονται*, ipſa regula recte vocatur *ἕρμα* ſive
ἕρμισμα πορείας, fulcimentum itineris, per quod literae
quaſi incedunt. *ᾗς ἔπι ῥιζοῦται γράμματος ἁρμονίη* Paul.
Silent. Ep. LII. — Mox *Kuſterus* ἐν μελάνῳ βροχίδα exhibuit, contra Cod. fidem. — Quid βροχὶς h. l. ſignificet, nemo dixit interpretum. Ap. *Antipatrum Sid.* Ep.
LXII. pro *laqueo* ponitur; quod ab h. l. alieniſſimum
eſt. *Schneiderus* in Lexico Gr. a βρέχειν derivat, et *atra-
mentarium* ſignificare exiſtimat. In reliquis tamen carminibus, ubi inſtrumenta artis ſcriptoriae enumerantur,
cum *regula*, κανόνι, *plumbum*, quo verſus ſignantur, arcte
conjungitur. *Damocharis* l. c. γραμματόκῳ πλήθοντα. με-
λάσματι κυκλομόλιβδον Καὶ κανόνα — -. Paul. Sil. Ep. LI.
τὸν τροχόεντα μόλιβδον, ὃς ἀτραπὸν οἶδε χαράσσειν Ὀρθὰ πα-
ραξύων Ἰθυτενῆ κανόνα. Hoc plumbum *Phaniam* quoque
ſignificaſſe, vix dubito; ſed an depravatum ſit *v.* βροχίδα,
quidve reponendum ſit, non dixerim. — V. 5. *Suidas* in
λεάντειραν T. II. p. 421. ad quem locum *Portus* emendandum cenſebat καρκίνον τε πυρούζον, ſenſu non minus
quam metro reclamante. In apogr. Lipſ. reperitur καρ-
κίνα τ' εὐπαίρου χαλεαντειραν κ. quod *Reiskius* ex *Kuſteri*
exemplo emendavit. *Schwarzius* vertit *forpicem*, quae
ſpiram habet. σπειρούχα vocari, quia duae forpicis partes
forte per ſpiram conjungerentur. At forpicis mentio
in hoc carmine non valde deſiderabatur; magisque arridet conjectura *Salmaſii*, qui τὸν διαβήτην (*le compas*) ſigni-
ficari exiſtimat. Huic ſententiae etiam *Br.* favebat. Aliter *Reiskius*, qui, quia ap. *Heſychium* κάρκινος explicatur
δεσμός τις, κάρκινα σπειρούχα de voluminibus membranae
interpretatur, quae, taeniis decuſſatim ſeſe ſecantibus,
colligata eſſent. In plurimis aliis, quae hinc expreſſa
videntur, ejusdem argumenti carminibus nihil tale
occurrit. — λεάντειρα κίσηρις. pumex membranis laevi-
gandis adhibitus. *Philipp.* Ep. XVII. καὶ τὴν περὶ Ἰῖνα

κίσηριν Αὐχμηρὸν πόντου τρμματθεντα λίθον. Ejusdem eſſet
uſus in acuendis calamis. Vide *Schwarz.* p. 212. —
V. 6. Laudat hunc verſum *Dorvill.* in Vann. crit. p. 148.
ubi de colore καλλαίνῳ agit. Vide, quae notavimus ad
Meleagr. Ep. CXXIII. p. 135. πλινθίδα *Schwarzius* p. 229.
interpretatur de conſpicillo e vitro viridi, quali ſcribae
noſtris quoque temporibus ad tuendos oculos utuntur;
πλινθίδα forte a forma quadrata dici exiſtimans. At *Guie-*
tus ap. *Dorvillium* l. c. *laterculum* ſive *cotem Veneti co-*
loris interpretatur. Quae ſi vera eſt interpretatio, cotem
intellige, qua ſcalpellum obtuſum acuebant ſcribae. —
V. 7. φιλολύχνου corrigit *Schwarzius* vertitque: *Poſtquam te-*
nues panes lucratus eſt quaeſtus lucubratorii. Scribarum enim
quaeſtum φιλόλυχνον eſſe, *lucernarum amantem.* Sed φιλό-
λιχνος μάζα eſt placentá eſu jucunda, qua h. l. victus
paulo lautior ſignificatur, qui ſcribae noſtro, poſtquam
τελώνης factus erat, contigit. — V. 8. ἄρμεν' ἐκέρμαςεν.
Kuſter. Ἰπεκέρμαςεν ſuſpicabatur *Schwarz.* Sed in Cod.
eſt ἀνεκέρμαςεν.

* ¶. 53.] *IV.* Cod. Vat. p. 198. ὀλόσφαλνον. Integrum
carmen primus dedit *Reiskius* in Anthol. p. 58. nr. 529.
unde illud emendatius protulit *Toup.* in Cur. nov.
p. 240. Alcimus, poſtquam, terrae colendae labore fere
confectus, theſaurum invenerat, inſtrumenta Minervae
dedicat. — V. 1. 2. cum particula tertii exhibuit *Ku-*
ſterus ad Suid. T. I. p. 38. verſ. 2. cum parte praecedentis *Suid.* in φάρος T. III. p. 582. — ἀγρείφαν Cod.
Vat. litera ν eraſa; et ſic legitur in apogr. Lipſ. *Suidas*
tamen ἀγρείφραν legit, cujus haec ſunt: ἀγρείφνα· γεωρ-
γικὸν ἐργαλεῖον, δι' οὗ ςυνάγουςι τὸν χόρτον. Ἄλκιμος ἀγρείφραν
καὶ κενοδόντιδα καὶ φιλοδούχου φάρεος ἅμα ςτ. χ. l. *Raſtrum*
dentibus vacuum interpretatur *Kuſterus; Reiskius* autem
raſtrum, cui dentes diſtantes interjectisque vacuis ſpatiis
diſtincti ſunt. Hunc ſequitur *Br.* — In fine verſ. Cod. Vat.
(Gothanum ſaltem apogr.) φιλοδάςου. φιλοδόςου ap. *Sui-*

dam utroque loco. — V. 2. ἅμα Cod. et *Suid.* quod
Reiskius frustra explicare conatur. Veram lectionem in-
dagavit *Toup.* *Said.* ἅμη· ὀροκτικὸν ἐργαλεῖον· ἃ ἡμεῖς
πυράμην λέγομεν οὐκ ὀρθῶς. Vide inprimis *Salmaf.* ad Script.
Hift. Aug. T, II. p. 392. Hujus inftrumenti nonnifi
fruftum (φᾶρσος), manubrio etiam deftitutum, Alcimus
dedicat. De φᾶρσος vide *Toupium* in Em. ad Suid. P. III,
p. 536. ad quem locum *Tyrwhittus* in Not. ad Toup.
Tom. IV. p. 424. fponte fua in ἅμας incidit. — στελεόν.
τὸ τοῦ πελέκυος ξύλον. *Hefych.* — V. 3. „In Cod. feri-
„ptum: ἀρθροπέδαν, στήμον τε. Ap. Suidam legitur στεῖ-
„ρεάν τε. ἀρθροπέδη στερεὰ nihil aliud effe poteft, quam
„validum, *rigidum membrorum vinculum*, quod ab hoc
„loco alienum videtur. μονορύχης ὄρυξ. inftrumentum
„foſſorium unius dentis. gallice *Pic.*" Br. στειρὰν τε exhibuit *Reiskius*, (ex *Suida*, qui h. v. laudat v. ἀρθροπέδαν
T. I. p. 330.) vinculum illud eſſe exiftimans, quo equis
et bobus paſcentibus pedes anteriores conftringuntur,
ne aufugiant. Sed hoc a föſſoris conditione alienum eft.
Toupius κρατερὰν τε legit, compedes, quibus fervorum
foſſorumque pedes conftringuntur, interpretatus. Ad-
Cod. lectionem στήμον τε nihil propius accedit, quam

στιβαρὰν τε.

unde facile στεῖραν fieri potuit. ἀρθροπέδη autem, nifi me
fallit opinio, tabulae funt five aſſeres pedum planta
paulo majores. Hos enim foſſores, ubi folum aequan-
dum eft, pedibus fubnectunt, iisque indúti terram cal-
cant. — εφύραν. mallei genus, quo glebae frangeban-
tur et comminuebantur. — Poft verf. 3. Cod. Vat. legit verfum 5. Epigr. *Leonid. Tar.* XII. quod proximum
a noftro locum occupat. ὄρυξ. λαοξοϊκὸν σκεῦος. *Hefych.*
Gloſſae: ὄρυξ. farculum. ligo. dolabra. obpopa. foſſo-
rium. Epitheton autem μονορύχαν *Toupius* derivat de
ὄρυχη, fuis roftrum, quo terram fodit et fubvertit: hinc
ὄρυξ, unum roftrum five aciem habens. — V. 5. ἐλκυ-

στήσας dedit *Reisk.* Noftrum eft in Cod. Occae intelli-
gendae videntur. — V. 6. ἱκτάς. corbes contextas,
quibus terra egerebatur. — V. 7. ητέχ᾽ ὁ δ. E Salmasii emendatione, quae proba effe videtur, nam particula ἂν jam eft in fequ. verfu. κ᾽εἰς eft pro κεν εἰς Ἀΐδαν,
quod accentus pofitione indicavi. In Cod. fcriptus hic
locus, ut ap. Suidam in κυφαλίω T. II. p. 405. Sin,
fcribendum eft : ἐπεὶ τέχ᾽ ἂν ὁ πολυκαμπὴς ἱξὸς εἰς
Ἀΐδαν.'' *Br.* Legendum, fervato τέχ᾽ ἂν, quod Salma-
fianae emendationi omnino praeferendum :

$$\text{ἱξὸς κ᾽ὴς Ἀΐδαν ᾤχετο κ.}$$

i. e. καὶ ἐς Ἀ. *vel ad Orcum defcendiffet.* De καὶ ἐς in κὴς
coalefcente vide *G. Koen.* ad Corinth. p. 88. — Ceterum hujus loci color ductus eft ex *Cratetis* Fragm. VIII.
στείχεις· δὴ φίλε κόρσαν, Βαίνεις τ᾽ εἰς Ἀΐδαο δόμους κυφὸς διὰ
γήρας.

V. Cod. Vat. p. 198. Edidit *Oudendorp.* ad Thom.
Mag. p. 251. *Reiske* in Anth. nr. 531. p. 59. Emendatius *Toup.* in Epift. crit. p. 104. Mercurio et Minervae, in eadem forte ara pofitis, egenus quidam homo
bellaria quaedam cibique reliquias pro munere offert, —.
V. 1. ''Male in Cod. γεραιοῦ, a quo magis recedit *Tou-*
pii γεαιοῦ.'' *Br.* Quum in apogr. Lipfienfi φᾶρός σοι γεραιοῦ habeatur, *R.* corrigit: τάρρος σοι πεπανοῦ τ. colo-
shus vimineus uvis maturis plenus. Sed verum effe φάρσος,
nos dubitare non finit Epigr. praeced. ubi φάρσος ἄμας
legimus. — V. 2. *Suidas*: Ἰπνὸς ὁ φοῦρνος — Ἰπνισταλδσο
φθείς· τουτέστι πλακοῦντος. T. II. p. 140. quod, nifi hoc
carmine cognito, nemo emendare potuit. In Cod. eft
Ἰπνιόντα: *Reisk.* Ἰπνευτὸν dedit: *fragmentum pinguis pla-*
centae in furno coctum. Ἰπνίτα *Toupius* emendavit in Em.
in Suid. P. II. p. 180. ἄρτου Ἰπνίτου meminit *Athen.* L. III.
p. 109. C. — φθείς placentae genus ex melle et cafeo,
docente *Euftatbio* ad Odyff. x. p. 533. 52. Vide ad *Ad-*
daeum Epigr. I. — V. 3. laudatur a *Suida* in εὔνους.

T. III. p. 392. et iterum cum v. 4. in δρόππα T. I.
p. 630. — „In Cod. ἅτ' ἐφουλκὶς δρόπτα, [ἐφιουλκὶς δρόππα
„potius] quod manifesto corruptum. Emendabat *Salma-*
sius: ἐπιουλὶς, ἐφ' ἧς ἐστιν ἴουλος. *lanuginosa.* Qua ratione labes augebatur potius, quam tollebatur. Quis
„enim unquam in mensa lanuginosas olivas vidit?" *Br.*
Nostrum est ex emendatione *Toupii,* qui eam sic interpretatur: δρόππα sive δροῦπα est vox romana. *Athen. L. II.*
p. 56. Εὔπολις σκπίαι, δρυπετεῖς τ' ἐλάαι. ταύτας Ῥωμαῖοι
δρύππας λέγουσιν. *Phanias* autem τὴν δρύππαν vocat ἐφολκὶ-
δα, i. e. *coenae appendiculam;* olivae enim in mensis secundis. De δρυπετὴς notabimus quaedam ad *Longin.*
Epigr. I. p. 200. — V. 4. „δρύψιλα. Cod. δρόψια. Mihi
„in mentem venerat δρύψια *fragmina* a δρύππα *frango.*
„Sed vox haec auctoritate caret. Vereor-ut δρύψιλα Tou-
„pii hic bene conveniat, qua voce notatur *cortex,* pu-
„*tamen.* Casei frustum deo dicare, pii hominis est, sed
„irrisoris donum est casei cortex. κυκλὰς si vox graeca
„est, juxta analogiam generis est feminini et cum τυρoῦ
„construi non potest. Scribendum forte κυκλιδίου. κυ-
„κλικὸς habet codex noster. Ap. *Suidam* legitur κυκλί-
ω δων. Nec κυκλιὰς nec κυκλίδιος in lexicis reperire est." *Br.*
In Cod. Vat. legitur δρόψια κυκλιάδων. Nec aliter *Ouden-*
dorp. nisi quod δρύψια dedit. *Suidas* interpretatur: τυρoῦ
παρφερoῦς ξύσματα. Non video, quid in Codicis lectione
tantopere reprehendendum sit. δρόψιον a δρύππω (i. e. ἔδω
rado) derivandum, alibi quidem non occurrit; sed
quam multa sunt in his carminibus ἅπαξ λεγόμενα! δρόψιον ramentum est, κυκλιάδων τυρoῦ, de orbe casei dera-
sum, casei itaque formae orbicularis. — V. 5. *Suidas* in
Θαμὶς T. II. p. 201. „κρηταῖς. Sic in Cod. et ap. *Suidam.*
„εὐτρόβιος τ' ἐρεβλύθου praeclara *Toupii* restitutio. In
„Cod. scriptum τι ῥοῖπα. Apud *Suidam* τις . . . . . Θαμuσt.
„Suspicabatur *Salmasius,* vocem ῥοῖπα ex aliquo Cereris
„nomine, quod quaerendum esset, corruptam esse.

»θωμὸς βοείπας ἰΰτριβίος· ἤγουν τῆς Δήμητρος σωρός. ἱὴ νε-
»βεσθαι δυναμένης. Helych. θωμός. σταχύων σωρός."· Βκ.
Toupius hunc locum fic explicat: »κατὰ Κρητικὰς farina
»Cretica, quod vellem non attigiffet cl. Reiskius. Ari-
»ſtippus in Epiſt. ad Antiſth. ap. Allat. p. 25. Τῶν δὲ
»ἰσχάδων ἀποτίθεσο ὧν ἔχεις εἰς τὸ χεῖμα καὶ τῶν ἀλφίτων τὰ
»Κρητικῶν, ita ſcribendus eſt iſte locus. Recte autem jun-
»guntur ἀκτὴ et ἐρέβινθος. Porphyr. in Vit. Pythag. Καὶ
»ἀσφοδέλων ἀνθερικῶν, καὶ μαλάχης φύλλων, καὶ ἀλφίτων, καὶ
»κριθῶν, καὶ ἐρεβίνθων. Quin et turpiculi quid hic videtur
»ſubeſſe. Nam ἐρέβινθος verbum praetextatum eſt." Haec
ille. Qui quod de nequitia latente in his verbis ſuſpicatur, id ab hoc loco alieniſſimum eſt. ἀκτὴ de farina notum. Hoc ſenſu legitur in fragmento Alexidis comici
ap. Atben. L. III. p. 124. A. quod ſic fortaſſe corrigi
debet :

ἀκτῆς δὲ, τῆς καθ' ἡμέραν τροφῆς, πάλιν
γλιχόμεθα τὴν μάζαν, ἵνα παλλευκὴ παρῇ,
ζωμὸν δὲ ταύτῃ μέλανα μηχανώμεθα.

Placentas e farina candidiſſimas eſſe volumus; ex eadem
tamen jus nigrum conficimus. Temere Caſaubonus voca-
lum ἀκτῆς hinc removebat. — In Pbaeniae noſtri carmine
Reiskius lectionem Cod. βοείπα in βοῖπαω mutabat; exiſtimans, punicum malum ἰῦτριβὲς vocari, quia, ad maturitatem perductum, in plures partes-diffinditur. Crinaga-
ras Ep. VI. ἰϋσχίστοις οι βοιῆς Θρύμματα. Sed tum ſaltem
ſcribendum : ἰΰτριβέος τ' ἀπὸ βοιῆς Θ. At nec hoc, nec
Toupii emendationem veram puto. Acutiores videant.—
V. 6. ἐπὶ δορπίδιον. Vat. Cod. Et hujus vocabuli forma
inſolentior eſt, pro ἐπιδόρπιον, ἐπιδείπνιον. — Hic, ut in
reliquo carmine, agnoſcimus imitationem Epigr. Leonidae Tar. XIII. ubi inter alia eſt: καὶ εφενκὰν τόνδ' ὑπε-
πυθμίδιον. —, V. 7. βέζειν. apogr. Lipſ. Seq. verſ. Reiskius
αἰγινόδαν exhibuit. Sana eſt Cod. Vat. lectio. Idem ἀρνο-
πόδης et ἀργίπους. Utitur hoc epitheto de arietibus.

Sophocl. in Aj. 237. *ἀπὸ κρήπιδας ἐριοὺς ἀνελών.* — Qui
haec munera Mercurio et Veneri offert, fe iisdem diis,
ubi haec propitio numine accepiffent, majora olim in
litore oblaturum effe promittit.

VI. Cod. Vat. p. 200. Edidit *Kufter* ad Suidam
T. I. p. 85. *Reiske* in Anth. nr. 535. p. 61. Emendare
conatus eft *Toup.* in Em. in Suid. P. III. p. 450. Carmen fcriptum in Eugathem, tonforem, qui fimilis Alfe-
no illi ap. *Horatium* I. Sat. III. 130. quem item tonforem fuiffe *Bentlejus* docuit, arte relicta, in Epicuri hor-
tos transierat; poftea vero, fame prope confumtus neque fapientior factus, relictam tonftrinam repetivit. —
V. I. *Λαπίθανος* Theffalus. *Λαπίθη. Θεσσαλίας πόλις. Steph.
Byz.* — *ἰσοπτρίδα.* Speculum ubique inter inftrumenta
tonftrinae numerant. *Plutarch.* T. II. p. 42. B. *οὐ γὰρ ἐκ
κουρείου μὲν ἀναστάντα δεῖ τῷ κατόπτρῳ παραστῆναι καὶ τῆς
κεφαλῆς ἅψασθαι, τὴν παρικοπὴν τῶν τριχῶν ἐπισκοποῦντα. Lucian.* T. III. p. 124. *τοὺς κουρέας — ξυρὸν καὶ μαχαιρίδας
καὶ κάτοπτρον σύμμετρον ἔχοντας.* Epitaphium tonforis ap.
Gualtherum in Tab. Ant. Infc. Sic. p. 41.

> *Ars fpeculi, pecten, periere novacula, thecae,*
> - *Et fimul hic mecum cuncta fepulta jacent.*

Seneca de Brev. Vit. c. 12. *Quis eft iftorum — qui non
comtior effe malit quam honeftior? Hos tu otiofos vocas,
inter pectinem fpeculumque occupatos.* — *φιλόθηρον ἐν-
θένε*, nifi in hoc contextu, de linteo capitis velamento
acciperem. Sed h. l. linteum videtur effe, quod in
pectore et circum humeros tondendorum ponitur. Hoc
φιλόθηρον vocatur, quia crines de capite et barba deton-
fos excipit. — V. 2. *φᾶρος ὑπὸ ξύριον* Cod. Vat. *πετασὸν
φᾶρος ὑποξύριον* edidit *Reiskius*, qui *πετασὸν* pro adjectivi
forma habendum exiftimans, *panfilem et explicabilem
pannulam* interpretatur. Vide not. ad *Conftantin.* Ceremon. p. 48. D. — Noftra lectio *Toupio* debetur, qui

τιτάεου φέρος ἐπιξυρίου est fruſtum, reliquiae *pilei ton-*
forii. Tonſoribus tamen petaſos prae aliis uſurpatos
fuiſſe, aliunde non conſtat. — V. 3. *Suidas* in κπίτω
T. I. p. 85. καὶ ψήκτραν ἀκίτιν ἀπέπτυσιν. nec aliter habet
in ψήκτραν T. III. p. 703. et in φάσγανον T. III. p. 582.
ubi hunc verſum cum ſequ. profert. Hac depravata
lectione in errorem inductus eſt *Kuſterus,* ut Codicis ſui
lectionem δονακῆτιν (ſic enim eſt in Vat.) prae illa con-
temneret, et ἀκῆτιν corrigendum putaret. Sed errorem
agnovit et correxit idem in Diatribe Anti-Gron. p. 45.
ubi δονακῆτιν corrigit, comparato loco *Plutarchi* de Lacon.
Inſtit. p. 239. A. στλιγγίσιν οδ σιδηραῖς, ἀλλὰ, καλαμίναις
ἐχρῶντο. quo uſus eſt etiam *Reineſius* in Var. Lect. p. 147.
Schneiderus in Not. mſtis monuit, per *ſtrigilem* medica-
menta in aurem aliasque corporis partes inſtillari et
infundi; iisque veteres ad vinum et aquam hauriendam
uſos fuiſſe, teſte *Ariſtoph.* in Theſm. 556. et *Schol.* ad
Eqq. 580. In tonſtrina tamen τὴν στλεγγίδα adhibitam
eſſe puto ad deradendum ſmegma, quo capillus et barba inungebantur. — λιποκόπου; emendavit *Toup.* cul-
telli manubriis deſtituti. In Cod. λιποκόπτους habetur; ap.
Suid. v. εὐλόυχας T. III. p. 394. λιποκόπους. in φάσγανον
autem p. 582. λιποκόπρους. — V. 4. εὐλόυχας ὄνυχας.
Vat. Cod. et *Suidas.* στόυχας jam *Salmaſius* emendavit,
nec aliter *Reiskius* et *Kuſter.* ad Heſych. v. στόνυξ,
στόνυξ cultellum h. l. ſignificat. Sed quid impedit, quominus et ὄνυχας verum ſit, quod eodem ſenſu uſurparur?
Vide not. ad Epigr. *Antip.* I. Tom. I. p. 422. *Phaniam*
hujusmodi alliterationibus delectatum eſſe, apparet ex
Ep. IV. ubi eſt μονναρόχαν ὄρυγα. — In εὐλόυχας ultima
ſyllaba vi caeſurae producitur. Erat autem tonſorum
ungues et paronychia demere. Unde ὀνυχιστήρια αὐτὰ
inter inſtrumenta tonſorum recenſet *Pollux* L. X. 140.
ad quem locum *Salmaſius* dubitat, utrum haec inſtrumenta εὐόνυχες ſive εὐλόνυχας, an ὄνυχες in Epigrammate

noſtro vocentur. Mire! — V. 5. ἵππως δ᾽ ἐπαλίας ¿. Cod.
Vat. quod *R.* in ιδεταλία mutavit, epitheto et ad θρόνον
et ad ξυρὰ referendo: utrumque enim leve geſtatu eſſe
atque complicatile. Noſtrum eſt ex conj. *Toupii,* qui ſe
veram lectionem vidiſſe exiſtimabat, quia in Epigr.
Philippi XII. reperitur: ἰστὲς δὲ πᾶς ἁλιεθὶν εἰς ἅλα πτύσας.
At nihil eſt inter utrumque locum ſimilitudinis; nec
intelligi poteſt, cur in mare potiſſimum inſtrumenta
ſua abjecérit Eugathes. Tu lege ſine haeſitatione:

ἵππυςι δὲ ψαλίδας, ξυρὰ καὶ θρόνον.

In Codd. ψ ſaepe ſic pingitur ✝; vide *Villoiſon.* in
Anecdot. p. 165. unde facile fieri potuit, ut cum τ com-
mutaretur. Hinc factum δεταλίδας. Eſt autem ψαλὶς, *for-*
fex, inter haec inſtrumenta non ultimum. *Pollux* L. II.
32. ἔλεγον δέ τι οἱ κωμῳδοὶ καὶ κείρεσθαι δισπλῷ ἐπὶ τῶν καλ-
λωπιζομένων. τὴν δὲ μάχαιραν ταύτην καὶ ψαλίδα κεκλήκασιν.
Idem L. X. 140. καὶ ψαλὶς δὲ τῶν κουρίων σκευῶν, ἥν καὶ
μίαν μάχαιραν καλοῦσι, καὶ ξυρὸν . . . . *Julian. Anticenſ.*
Ep. II. in hirſutum: ἀμητὸς πολός ἐστι τὴν κατὰ δάσκιον
ὄψιν· τῷ σε χρὴ δρεπάνοισι καὶ οὐ ψαλίδεσσι καρῆναι. *Heſych.*
ψαλίξαι. κεῖραι. Hinc ψαλιστὸς, *tonſilis,* quod vocabulum
illuſtravit *Salmaſ.* in Script. Hiſt. Aug. T. I. p. 88. —
V. 6. κηπολόγους. Cod. Vat. quae ſi vera eſt lectio, de
Epicuri ſectatoribus accipi debet, qui magiſtri morem
imitati in hortis docebant. ἅλατο εἰς κηπολόγους Ἐπικούρου.
Sive ſcribendum: ἅλατο κηπολόγος. In Epicuri ſe diſci-
plinam commiſit, ut et ipſe *philoſophus ex horto* fieret.
— κηπολόγου ex *Salmaſii* fortaſſe emendatione in nen-
nulla apogr. venit, inter quae apogr. Lipſ. non eſt. —
V. 7. ἥκουεν. Vat. Cod. De paroemia ὄνος λύρας ἀκούων
vide *Erasmum* Chil. I. 4. 35. — V. 8. στέργε. *Kuſter.*
male.

¶. 54.] *VII.* Cod. Vat. p. 199. Planud. p. 62. St.
99. W. Phaniae piſcatorem hortatur, ut, ſi quid deli-
catioris cibi ceperit, de rupe deſcendens, hoc ipſi ven-

dat. — V. 1. καλαμευτὴς, quod ap. *Theocritum* Eid. V.
III. meſſorem ſigniſicat, h. l. de piſcatore uſurpatur,
à κάλαμος, *arundo piſcatoria.* Cf. *Theocrit.* XXI. 43. —
ξορὸν forma Homerica. Odyſſ. *e.* 402. Cf. *Euſtath.* ad II.
p. 24. 35. — πετρας. Vat. — V. 2. λάβευ κεχὰν vulgo.
Nec aliter in Vat. Cod., Eleganter *Toupius* in Epiſt.
crit. p. 16. vocabulis melius diviſis: λάβʼ εὔαρχον. Etymol. M. Εὔαρχος. οὕτως ἐκαλεῖτο ὁ Κόκχος διὰ τὸ ἐπιτυχῶς
καινίσαι τὸ δόρυ τοῦ Ἀχιλλέως. καὶ γὰρ οἱ μετάβολοι εὐφημιζό-
μενοι τοὺς πρώτους ὤνητὰς εὐάρχους καλοῦσι. Idem vocabulum
attigit *Berkelius* ad Steph. Byz. p. 424. — *Caſaubonus*
in Not. mſt. ἐγχὰν πρείκιον ſ. conjecit, — V. 3. μελανουρᾶς
nihil diverſus videtur a μελανούρῳ, qui ex ſparorum eſt
genere, et hodie parvi aeſtimatur. Vide *Camus* Notes
ſur Ariſtotle p. 499. — μορμύρον ſive μορμύλον. Vide
Oppian. Halieut. I. 100. Hic piſcis hodiedum eandem
appellationem ſervat, monente *Duhamel* Traité de Pêches
P. II. Sect. 4. ch. 2. — κίχλην cum σκάρῳ jungit *Leonid.*
Tar. Ep. XCIII. — Is piſcis, quem *Phanias* σμαρίδα appellat, recentiores Graeci *marida* vocant. Magnum hujus
generis numerum Maſſiliae capi, eosque ibi ſale condiri,
notavit *Camus* l. c. p. 775. — V. 5. αὐτὸν αὐξήσεις μετου.
Vat. Cod. Nec hoc plane ſincerum, nec quod vulgo legitur. Naevus videtur haerere in αὐτόν τ'. — Se ὀψοφά-
γον profitetur *Phanias*, qui non carnem, ſed piſces, θα-
λασσαν, magni faciat. Quae ſequuntur, *Toupius* ita accipit, ut poëta ſe mari delectari dicat; quod piſces alat,
cibum jucundiſſimum. ψαφαροῦ κλάσματος ἑκάτην enim
cibum eſſe ſuaviſſimum et delicatiſſimum. Satis probabiliter. Sed hunc ſenſum, cum in ipſis verbis quaerimus,
intelligimus laborare. ἑκάτην pro voluptate, τέρψιν, poſitum illuſtravimus ad *Meleagr.* Ep. II. et *Nicandri* Ep. I.
ψαφαρόν. εὔθραυστον. Suid. Ap. *Heſychium*: ψαφαρόν. ξηρόν.
εὔθραυστον. ἄραιον. διάφορον. Poteſt igitur κλάσμα ψαφ. de-

effa tenui et delicata accipi, quae in lingua posita facile comminuitur et tantum non liquescit; sed vereor, ut contextus hanc explicationem ferat. Est potius h. l. victus aridior (ξηρός); qualis est panis, quem victui de piscibus posthabet Ph. Ut illum igitur quodammodo gratiorem et jucundiorem reddat, se pisces quaerere ait. εἰς ἐπά τιν ψ. κ. ad taedium aridi cibi fallendum et superandum. Utinam teneamus, quomodo Grotius haec verba aut correxerit, aut explicuerit. Vertit ea in hunc modum :

> Nam mare, non carnes cordi mibi: piscis amore
>   Me spectas alios in mare ferre cibos.

Ceterum haud scio, an hoc distichon melius post v. 2. collocetur. Continuatur enim descriptio τοῦ ἱμπολίος, et oppositio est in verbis αἴτε σύ γ᾽ — σμαρίδα et χαλκίδας ἐν δὲ φέρεις, quae melius apparet tertio disticho post primum posito. — Pro ἐπάτιν Cod. Vat. ἐπόταν legit. — V. 7. χαλκίδας. Viliorem fuisse piscem, spinisque horrentem, ex h. l. cognoscitur. Alibi enim nihil de eo reperio, quod cum Phaniae judicio conveniat. Fuerunt, qui eum pro halece haberent. Vide Camus Notes f. A. p. 183. fq. qui rem incertam esse pronuntiat. — Θρίσσος idem est procul dubio, quem alii Θρίσσαν vocant, quod ipsum h. l. reponendum esse existimabat Scaliger in not. mst. et Schneiderus, quem vide ad Aelian. V. H. VI. 32. p. 197. τῶν ἀκανθηρῶν generi annumeratur ap. Aristotelem H. N. IX. 37. — φιλυκανθίδας Cod. Vat. — σύαγρυ. Inter eas est formulas, quibus contemtum significabant veteres; quarum nonnullas explicuit Valcken. ad Hippol. p. 178. B. — λίθιναν φέρυγα. ut vel durissima quaeque deglutire possim; quod voracis est et helluonis.

VIII. In Planud. p. 216. St. 314. W. Θεοφάνους est. Θανίου γραμματικοῦ inscribit Vat. Cod. p. 292. In Mandabel cenotaphium, a patre ipsi exstructum. — V. 1.

πολυκλαύτου ἐπὶ παιδὸς *Brunckius* revocavit ex veteribus
Planudeae editt. cum quibus Vat. Cod. conspirat. Prima edit. Ascens. πολύκλαυστῳ — παιδί, eamque secuta
est *Stephanus*. — V. 2. Λ. ἔχων. vulgo. Nostram lectionem Vat. Cod. servavit. — V. 3. οὔνομα, nihil nisi inane
ipsius nomen sepelivit, cum ipsius viri reliquiae in pa-
rentum manus non pervenerint. Mantitheum naufragio periisse, suspicor; miror tamen, poëtam hoc non
disertius indicasse. Nisi fortasse olim scriptum fuit:

> ἤλυθε ναυηγοῦ λείψανα — — —.

CHAEREMONIS EPIGRAMMATA.

ꝟ. 55.] *I.* Planud. p. 205. St. 298. W. In Vat.
Cod. p. 321. ζτ. ὅτι ἀδιάγνωστόν ἐστι τὸ ἐπίγραμμα. A
Planude, sive etiam a librariis interpolatum videtur. In
Vat. enim Cod. prius distichon sic concipitur:

> τοῖς Ἄργει παρθενίσσαι χέρες, ἴσα δὲ τύχῃ.
>
> συμβόλαμεν· Θυρέᾳ δ᾽ ἦσαν ἄεθλα δορί.

In edit. pr. Plan. χ. ἡμῖν omittitur. Cum hoc Epigramma
scriptum sit in Spartanos et Argivos, qui de agro Thy-
reatico pugnaverunt, nullus dubito, quin in παρθενίσσαι
lateat Σπαρτηθεν ἴσαι. Fortasse igitur scribendum:

> Ἀργόθε καὶ Σπαρτηθεν ἴσαι χέρες — —

Totidem manus eorum fuerunt, qui Spartae, quam eorum,
qui Argis huc venerant; eademque arma commisimus. —
Mox Θυρέᾳ probum est. Non minus enim plurali quam
singulari numero hujus oppidi nomen effertur. *Stepha-*
nus Byz. v. Θυρέα. . . λέγεται καὶ πληθυντικῶς [καὶ] κατὰ
συναίρεσιν Θύρη. Sic scribendus locus, ubi vulgo καὶ deside-
ratur. Sic etiam in *Lentuli* Ep. II. p. 166. *Brunckius*
edidit: Θυρέᾳ δ᾽ ἦσαν ἄεθλα δορός; quamvis ibi Cod. Vat.

Θυρίδ exhibet. — V. 3. ἀπροφλειετα. quovis praetexto,
quo pugna relicta domum reverteremur, abjecto, avibus mortem noftram nuntiandam mandavimus. -

II. Cod. Vat. p. 321. Primus edidit *L. Holften.* ad
St. Byz. p. 141. *Jenfius* nr. 29. (*Reisk.* Anthol. p. 125.
nr. 680.) Ille carminis initium mutilum exhibuit: κλευχ-
ρου τοι μοι ὑπερ —, cum in Vat. Cod. habeatur: κλευάεου
τοιμοικλειος ὑπέρ. In fine idem ἀμφιτεμνόμενος. Hinc *Heringa* in Obff. p. 199. emendare conatus eft: ΚΛΕΥΒΟΥΛ
οἴμοι κλεινὸς — ἀμφιλόγου γᾶς ἐπ᾽ ἀποφθιμένος. *Reiskius*
autem: Κλευᾶς οὔ τυ μοι ἄκλειος ὑπὲρ Θυρέας δ. τ. Κ. ᾽Αμφι-
λόχων γᾶν ἀμφιτεμνόμενος. quae mera eft fcabrities. Cod.
Vaticani lectiones exhibuit *Dorvill.* ad Charit. p. 365.
nihil ipfe correctionis expromens. *Brunckius* carminis
initio expreffit acutam et elegantem emendationem
Rubnkenii in Epift. cr. p. 119. qui pentametrum fic exhibet fcriptum : ᾽Αμφιλόχων γαῖαν ἐπεσσάμενος. Praeferendum ἀμφίλεγον, incertam, cujus gentis effet, multaeque
adeo rixae caufam. Sed in fine verfus *Brunckium* Ruhn-
kenianae emendationi fuam praetuliffe miror. Codicis
lectio μαναμφιτεμνόμενος, plane eo ducit, ut legamus:

γαῖαν ἀφεσσάμενος.

fic enim malim pro ἐπεσσάμενος, ut corruptae lectionis
doctibus quam maxime inhaereamus. *Nicomach.* T. II.
p. 283. ἐρατὰν πέτραν κάμετ᾽ ἐφεσσάμενοι. Vide *Hemfterb.*
ad Hefych. v. ἐπιέσσασθαι γῆν. Nomen *Cleuas* occurrit
ap. *Livium* L. XLIII. 21. 23. ap. *Strabon.* L. XIII.
p. 832. *Etymol. M.* p. 498. l. 32. Κλέης καὶ Κλεύης, καὶ
τρεπῆ Δωρικῆ Κλευᾶς.

III. Cod. Vat. p. 281. „Editum a Du Fresne in
„CP. Chriftiana P. II. p. 193. fine lectionis diverfitate.
„Non videtur ejusdem Chaeremonis effe, qui fuperio-
„rum fuit auctor." *Br.* Athénagoras rhetor commemo-
ratus ap. *Ammian.* Epigr. L. ubi vide nat. Poft Εὐρυκλει

Cod. Vat. δ' inferit. An carminis initium periit? —
ἀσσονα μοίρᾳ. brevis aevi virum.

DEMODOCI EPIGRAMMATA.

¶. 56.] *I.* Cod. Vat. p. 539. In Planud. haec tria
Epigrammata deinceps leguntur p. 168. St. 244. W.
Prius hoc diftichon ductum eft ex Epigrammate *Phocy-*
lidis X. (T. II. p. 522.) quod *Demodocus* leviter immutavit. In fine verf. minoris vulgo καὶ Πρ. δὲ Χῖος. quod
Vat. quoque habet. Sed Χῖος priorem producit. Orta
lectio ex verbis archetypi: καὶ Προκλῆς Λέριος. Ceterum
quid *Demodocus* in Chiis tantopere reprehenderit, difficile fit conjectura affequi. — In eadem Codicis Vaticani
pagina *Demodoco* tribuitur hoc diftichon:

Πάντες μὲν Κίλικες κακοὶ ἀνέρες· ἐν δὲ Κίλιξιν

εἷς ἀγαθὸς Κινύρης· καὶ [Cod. δὲ] Κινύρης δὲ Κίλιξ.

II. Cod. Vat. p. 539. Legitur etiam apud *Conſtan-*
tin. Porphyr. L. I. Themat. 11. p. 7. ed. *Bandur.* una
cum fequente. — Quam viles apud veteres Cappadoces fuerint, quippe quos ad fervitutem natos arbitra-
bantur, fatis conftat. Veterum loca collegit *Brodaeus.*
Demodocus eos h. l. ut malignos et veneni plenos tra-
ducit. — V. 1. καὶ αὐτή. Cappadox ille itaque periit,
fed una cum eo vipera quoque, venenato ipfius fanguine
guftato, exftincta eft. Melius itaque et probabilius nofter, quam *Leſſingius* Epigr. LXXXIII. T. I. p. 50. qui
hoc diftichon imitatus, cum fententiam acutiorem reddere conaretur, aculeum revera retudit.

III. Cod. Vat. p. 539. *Conſtantinus Porph.* l. c.
ultimum diftichon omifit. Vide *Banduri* in Not. p. 8. —
V. 1. Codd. *Conſtantini:* Καππάδοκας φαῦλοι μὲ κ. ζώωσι δ'
εἵνεκα

ἕπεται φ. — ζώνη, cingulum militare, ipſam militiam
denotat. Cappadoces, homines ignavos, in bello etiam
ignaviores eſſe ſolito, ait. — V. 3. δράξωνται ex Ald.
pr. et Aſcenſ. recepit *Stephanus*. Veteres enim edd. reliquae δράξονται. — In interpretatione verborum μεγάλης
κπήνης et *Opſopoeus* a vero aberravit, nec *Brodaeus* verum vidit. Recte *Grotius:*

> *Quod ſi praeterea ſumat bis terve curules,*
> *Ilicet evadit peſſimipeſſimina.*

κπήνη *carrucam* ſignificat, quatuor equis junctam aureis-
que laminis inductam, qua magiſtratus utebantur in-
ſigniores. Jam κπήνη ponitur pro ipſo magiſtratu, fortaſſe praefectura urbium provinciarumque imperio. Vide
Reiskium in Notis ad Conſtant. Porph. Ceremon. p 116.
— Cum vocabulo φαυλπιφαυλότατοι, riſus movendi cauſa
ficto, *Huetius* p. 17. comparat *Nicarchi* λεπτπιλεπτότερος
in. Ep. XVI. — V. 5. μὴ τετράκις. Ne, quaeſo, patere,
Cappadocem quarta vice ejusmodi magiſtratum inire,
ne omne humanum genus paulatim in Cappadocum
mores et indolem delabatur.

HIPPIAE ELEI EPIGRAMMA.

¶. 57.] In lucem protraxit hoc carmen *Gualterus*
in Inſcript. Sic. p. 27. ed. Panorm. p. 6. ed. Meſſan.
Hinc *Muratorius* in Theſaur. p. 748. 4. *Dorvill.* ad
Charit. p. 186. Tractaverunt illud *Placid. Reynam* in
Notit. Urbis Meſſanae P. I. p. 162. et *Leichius* in Miſc.
Lipſ. T. I. p. 500. et iterum in Curis ſecundis p. 51.
Apte *Gualterus* comparaverat *Pauſaniam* L. V. 25. p. 442.
ubi narratur naufragium triginta quinque puerorum
Mamertinorum, qui Rhegium ad feſtum ibi celebran-
dum miſſi, una cum chori magiſtro in illo freto perie-

runt. Horum ſtatuae poſitae Olympiae ἔργα Ἠλείου Κάλλωνος. Antiquum autem Epigramma, eodem *Pauſania* tradente, has ſtatuas ſignificabat ἀναθήματα εἶναι τῶν ἐν πορθμῷ Μεσσηνίων· χρόνῳ δὲ ὕστερον Ἱππίας ὁ λεγόμενος ὑπὸ Ἑλλήνων σοφὸς τὰ ἐλεγεῖα ἐπ᾽ αὐτοῖς ἐποίησεν. Hujus loci auctoritate igitur *Brunckius* hoc Epigramma *Hippiae* tribuendum cenſuit. Conjectura probabilis, quamvis non omnino certa. .Quod ſi tamen *Hippiae* ſunt verſus, *Platonis* carminibus in I. Vol. praeponendi erant. Ceterum cum hoc Epigramma Meſſanae ad Fretum Siculum inventum ſit, *Dorvillius* ſuſpicatur, Meſſanenſes exemplar hujus inſcriptionis, quae Olympiae erat, in ſua civitate collocandum curaſſe. — V. 3. 4. apud *Gualt.* ſic leguntur: αὐτος ἐχει ποθης εν και . . . τευξελυτροιον: ιοις ουτο κιλον κοσμει περικειμενον ουνομα τυμβους ου γλυκυς εσθημιιν καν φθιμενοις ζηνερως. Idem tamen in Omiſſis ſic eundem locum exhibet: αὐτος ἐχει ποθης εν και . . . . τευξε λυγροις μ. . . μετα μυρομεν ου etc. in fine autem: καμφθιμενοισιν ερως. unde *Leichius* p. 51. haec extudit:

αὐτὸς ἐχεις πόθεν ἦν κὰ τόμβον . . . . .
δάκρυσι τεῦξε λυγροῖς ὄμματα μυρομένη.
οὐ τὸ καλὸν κοσμεῖ περικείμενον οὐνομα τύμβους.
οὐ γλυκὸς ἐσθ᾽ ἡμῖν κὰν φθιμένοισιν ἔρως.

Ipſe tenes unde eram et tumulum . . . . . Exſtruxit, triſti-bus lacrymis oculos perfuſa. Non pulcrum appoſitum no-men tumulos ornat, Non dulcis nobis etiam inter mortuos amor eſt. Parum feliciter. *Brunckius* exhibuit correctiones Dorvillii, quae, quamvis ingenioſae, longius tamen abſunt a literarum in marmore ductibus, ut iis confidere queas. Fortaſſe fuit:

πάντας τ᾽ αὐτὸς ἐχει πορθμὸς, καὶ εἰκόνας αὐτὸς
μοίρης τεῦξε λυγρῆς μνήματα μυρόμενος —

Similiter *Schneiderus*, qui minori verſui ſic ſuccurrebat: τεῦξε λυγρῆς μοίρης μνάματα μυρόμενος. — V. 5. Unus has imagines fecit, unus, cujus pulchrum nomen hunc cippum ornat, quemque nos etiam apud inferos amore profequimur. Nomen artificis, quod his verbis circumfcribitur, Κάλλων fuit; hinc οὗ καλὸν οὔνομα. Similes propriorum nominum periphrafes vidimus ad *Meleagr.* Ep. I. 24. et 44. *Dorvillius* comparavit Ep. ἀδέσπ. CXC.

EURIPIDIS EPIGRAMMA.
Vide Tom. I. p. 319.

ARCHELAI EPIGRAMMATA.

¶. 58.] I. Cod. Vat. poft titul. Ἀρχελάου ἢ Ἀσκλη... (Ἀσκληπιάδου). Sic quoque Planud. p. 314. St. 454.W. In ftatuam aëneam Alexandri, Lyfippi opus. Hinc expreffum Ep. Incert. CCCIX. Confulendum Ep. *Pofidippi* XIV. Pofterius diftichon excitat *Plutarch.* T. II. p. 331. A. et p. 335. B. qui locus inprimis huc facit: Λυσίππου δὲ τὸν πρῶτον Ἀλέξανδρον πλάσαντος, ἄνω βλέποντα τῷ προσώπῳ πρὸς τὸν οὐρανὸν, (ὥσπερ αὐτὸς εἰώθει βλέπειν Ἀλέξανδρος, ἡσυχῆ παρεγκλίνων τὸν τράχηλον) ἐπέγραψέ τις οὐκ ἀπιθάνως, αὐδασοῦντι .... Idem in Vita Alexandri c. IV. T. I. p. 666. B. Τὴν μὲν οὖν ἰδέαν τοῦ σώματος οἱ Λυσίππειοι μάλιστα τῶν ἀνδριάντων ἐμφαίνουσιν .... καὶ γὰρ ἃ μάλιστα πολλοὶ τῶν διαδόχων ὕστερον καὶ τῶν φίλων ἀπεμιμοῦντο, τήν τ' ἀνάτασιν τοῦ αὐχένος εἰς εὐώνυμον ἡσυχῆ κεκλιμένου, καὶ τὴν ὑγρότητα τῶν ὀμμάτων, διατετήρηκεν ἀκριβῶς ὁ τεχνίτης. Ex his locis fua haufit *Tzetza* in Chil. XI. 368. — V. 2. Λύει .... χαλκός. Vat. Cod. — V. 3. αὐδάσοντο vulgo. Noftrum eft ap. *Plutarchum.* — αὐδασ ...... χάλκεος. Vat. — V. 4. ἐμοὶ omittit Cod. Vat.

Ex Tom. III. p. 330.] II. Servavit hoc carmen *Antig. Caryft.* c. XCVI. p. 146. ed. Beckm. ἰδίαν δὲ καὶ τοῦτο νεκρῶν τινων, τοῦ μυελοῦ σαπέντος, ἐκ τῆς ῥάχεως ὀφίδια γίνεσθαι, ἐὰν πρὸ τοῦ τελευτᾷν τεθνηκότος ἑλκώσωσι τὴν ὀσμήν κ. τ. λ. Vulgarem hanc ap. veteres opinionem fuisse, apparet ex *Plin.* H. N. X. 66. p. 579. *Anguem ex medullis hominis spinae gigni, accipimus a multis.* Quum Cleomenes Spartanus Alexandriae cruci affixus esset, et serpens prope eum apparuisset, res miraculi loco habita est, populo Cleomenem diis exaequante, ἄχρις οὖ κατέπαυσαν αὐτοὺς οἱ σοφώτεροι, διδόντες λόγον, ὡς μελίττας μὲν βόες, σφῆκας δ᾽ ἵπποι κατασαπέντες, ἐξανθοῦσι, κάνθαροι δ᾽ ὄνων τὸ αὐτὸ παθέντων ζῳογονοῦνται· τὰ δ᾽ ἀνθρώπινα σώματα, τῶν περὶ τὸν μυελὸν ἰχώρων συῤῥοήν τινα καὶ σύστασιν ἐν ἑαυτοῖς λαβόντων, ὄφεις ἀναδίδωσι. *Plutarch.* Vit. Cleom. c. 39. T. V. p. 203. ed. Tubing. — V. 1. *Xylander* edidit σφαργίζεται, quod *Meurs.* in σφραγίζεται mutavit; non satis apparet, quo sensu. Nam nec *signandi* nec *confirmandi* significatio hic locum habet. *Niclas,* V. clar., qui *Antigonum Car.* criticis instruxit et exornavit notis, σφαραγίζεται corrigit; comparans *Hesiod.* Theog. 706. σὺν δ᾽ ἄνεμοι ἔνοσίν τε κόνιν θ᾽ ἅμα ἐσφαράγιζεν. ἠχοῦντες συνετάρασσον. Sensum igitur vult esse: *Aevum omnia perturbare ac permiscere.* At in verbo σφαραγίζεσθαι strependi et sonandi dominatur notio, quae ab h. l. aliena est. Videndum igitur, an pro ταράττειν simpliciter occurrat.— V. 4. ὅς ad νέκυος referendum videtur: qui ex hoc monstro (serpente illo puta, quem hominis medulla progenuit) novum ducet spiritum.. At certe ex ejusmodi serpentibus homines denuo fieri, *Archelaum* dixisse, parum fit credibile. Quare post τέρας incidendum puto, ὅς autem referendum ad ὄφις, qui ex illa medulla (τέρας vocat propter effectum,) novum spiritum sumit, vitalemque naturam ex defuncto ducit.

Ex Tom. III. p. 330.] *III. et IV.* Etiam haec duo disticha servavit *Antigon. Caryst.* c. XXIII. p. 35. Φασὶ δὲ καὶ τὸν κρεοὺδειλον σκορπίους γεννᾷν καὶ ἐκ τῶν ἵππων σφῆκας

γεννᾶσθαι. In alterius diftichi v. 2. Xylander edidit:
σφήκασι δὲ ζώων. quod *Meurfius* emendavit. *Pifides* in
Mundi Opif. v. 1312: Οὐδ' ὡς λέγουσιν ἐκ μὲν ἵππου σήψεος
Σφηκῶν κύησιν, ἐξ ὄνου δὲ κανθάρων, Βοὸς δὲ τὴν μέλισσαν τὴν
φιλεργάτιν. quae derivata funt ex *Aeliano* H. A. II. XXXIII.
p. 62. ed. *Schneid.* Plurimum huc facit *Varro* de R. R.
L. III. 16. p. 236. ed. Bip. *Primum apes nafcuntur par-*
tim ex apibus, partim ex bubulo corpore putrefacto. Ita-
que Archelaus in Epigrammate ait, eas effe βοὸς φθιμένης
πεποτημένα τέκνα. Idem, ἵππων μὲν σφῆκες· γενεὰ, μόσχων δὲ
μέλισσαι.

PHILOXENI EPIGRAMMA.

Cod. Vat. p. 410. Primus edidit *Salmafius* Exerc. in
Plin. p. 648. F. Inter Jenfian. nr. 140. *Reisk.* Anthol. nr.
791. p. 171. *Dorvill.* ad Charit. p. 433. In Tlepolemum
Polycritis filium, qui Mercurii fignum in ftadii carceribus
pofuerat. — *Salmafius,* qui ad repagulum, quo ftadium clau-
debatur, duos hermulas exftitiffe arbitrabatur, qui fune de-
miffo repagulum folverent, ex hoc carmine cenfebat effici,
ut Tlepolemus hermularum in carceribus ponendarum
auctor fuerit. Hunc vero Tlepolemum eundem effe
fufpicatur, qui ap. *Paufaniam* L. V. 6. p. 395. Lycius
fuiffe dicitur. Μόρα enim Lyciae oppidum. — V. I.
ἕρμα. Sic eft in Cod. Junge: Τλῆπ. θῆκεν Ἑρμᾶν, ὥστε
εἶναι τοῖς ἱεροδρόμοις ἕρμα ἀφετήριον. Mercurii fignum, unde
ftadiodromi currendi initium facerent. Haec autem
meta ἕρμα vocatur propterea, quod lapide ibi pofito
fignata erat. Quaecunque enim vel aliis rebus fulcro
funt, vel ipfae aliquo fundamento firmiter nituntur,
ἕρματα appellantur. Sed *Dorvillius* non ἕρμα, fed Ἑρμᾷ
legit, idque longe elegantius offe judicat: Tlepolemus

Mercurium pofuit Mercurio. Ἑρμᾶς enim et ipfum deum
fignificat et ftatuam, feu truncum Hermae, folitum adhiberi pro meta, carceribus, repagulis, initio curriculi. —
V. 2. Ἱροδρόμοι ftadiodromi funt. *Jenfius* Ἰσοδρόμοις conjicit, quam conjecturam *Dorvillius* refutavit. — Nomen
Πολυκρίτω, quod in Cod. eft, *Reiskius* in Πολυκράτω mutavit, fine caufa idonea. *Polycriti* nomen eft ap. *Polybium* L. IX. 34. 10. — V. 3. haereo in verbis ὃ̔ς δὲ κ᾽
ἀπὸ σταδίων, quae *R.* vertit: *ad fpatium viginti ftadiorum;*
fenfu parum expedito. An σταδιον pro νίκη ἐν σταδίῳ pofitum? ut poëta dicat, Tlepolemum poft viginti victorias,
e curfus certamine reportatas, hanc ftatuam pofuiffe?
Alii videant. — ἐναγώνιον cum Ἑρμᾶν jungendum. ἐναγώ-
γιον ap. *Dorvillium*, vitiofe.

D U R I D I S   E P I G R A M M A.

T. 59.] Bis legitur in Cod. Vat. p. 430. fq. 432.
In Planud. p. 101. St. 150. W. ubi Δούριδος Ἐλεάτου legitur. Ἐλαίτου exhibet Cod. Vat. et *Stephan. Byz.* qui
hoc carmen profert v. Ἔφεσος p. 282. Ἡ δὲ πόλις ἐν κοίλῳ
τόπῳ κατοικισθεῖσα, χειμῶνος κατεκλύσθη, καὶ μυρίων ἀποθανόν-
των Λυσίμαχος τὴν πόλιν μετέθηκεν, ἔνθα νῦν· ἐκάλεσε δὲ
Ἀρσινόην αὐτὴν ἀπὸ τῆς γυναικὸς Ἀρσινόης. οὗ τελευτήσαντος
ἢ προτέρα κλῆσις ἀνελήφθη. φέρεται δὲ Δούριδος ἐπίγραμμα
τοῦ Ἐλαίτου εἰς τὸν κατακλυσμὸν οὕτως· Ἥριμι ... Lyfima-
chum poft hanc calamitatem Ephefiis perfuafiffe narrat
Strabo L. XIV. p. 640. ut in novas fedes concederent.
Coëgiffe hunc regem Ephefi incolàs, ut ad maris litus
habitarent, ait *Paufan.* L. I. 9. p. 23. VII. 3. p. 528.
Salmafius vulgatis meliora fe daturum profeffus in Exercit. Plin. p. 569. E. F. pufillam rem in fine emendavit;
in reliquis nihil mutavit. — V. 1. ποιούσαι. Wechelia-

nae vitium fervavit *Salmaf.* Hunc verfum ϵ. 'fequente
laudat *Euſtath.* ad Dionyſ. Perieg. *v.* 828. — V. 2;
ἀστεμφῖ. fatali illa et crudeli nocte. ἀστεμφὶς enim five
ἀστεμβὶς eſt τὸ ἀμετακίνητον, ut interpretatur *Euſtath.* ad
Il. p. 178. 7. τὸ τραχὺ, τὸ χαλεπὸν, fecundum *Hefychium.*
— V. 3. Totam regionem ita devaſtatam fuiſſe ſignificat, ut Libyae potius deſerta referret, quam cultriſſimi
illius agri, quo Ephefus olim confpicua fuerit, praebe-
ret fpeciem. — Pro μακρῶν, quod ex *Salmaſii* emendatione profluxit, vulgo legitur μακάρων, in Plan. ap. Steph.
Byz. et in Vat. Cod. utroque loco. Non offendit haec
lectio *Grotium*, qui vertit — *et fecli tot melioris opes.*
Gravior tamen fenfus evadit ex noſtro: μακρῶν ἐξ ἐτέων
κτέανα, opes inde a multis annis congeſtae et collectae.
— V. 5. σωτῆρες. Diana inprimis tutelare Epheſi numen. ἔτρεπον. Plan. et Vat. Cod. ἄμμα. vulgo in Plan.
ὄμμα legendum eſſe, jamdudum viderant *Brodaeus* et
Opfop. nec aliter habetur in Vat. Cod. et ap. Steph.
Byz. *Jof. Scaliger* tamen in ἄρμα inciderat. — V. 6.
πολλῶν vulgo ap. Steph. Byz. — V. 8. τετταμέναις.
omnes, praeter *Salmaſium.* Vulgata lectio accipienda de
fluminibus extra litora effufis latoque adeo alveo manan-
tibus. Si legis κεῖνα — πεπταμένα, opes funt et divitiae
direptae et per undas difperfae. Aliud quid *Grotium*
in mente habuiſſe, fufpicari licet ex ejus verſione:

 Omnia cum ventis cumque amnibus illa voluta
  In mare fluxerunt, ut levis unda folet.

Legit itaque:

  εἰς ἅλα σὺν ποταμοῖς ἔδραμε σύν τ' ἀνέμοις.

XENOCRATIS EPIGRAMMA.

Anth. Plan. p. 327. St. 467. W. Mercurius conquæritur, quod, palaeſtrae cum praeſit, ſine manibus pedibusque fingatur. — V. 2. τὸ κολοβὸν δηλοῖ τὸ μὴ ἔχον ὁλότητα. Euſtath. Il. p. 917. 18. Apte Brodaeus excitat Plutarch. T. II. p. 797. F. διὸ καὶ τῶν Ἑρμῶν τοὺς πρεσβυτέρους ἄχειρας καὶ ἄποδας, ἐντεταμένους δὲ τοῖς μορίοις δημιουργοῦσιν. Cauſam hujus rei allegoricam affert Cornuſus de N. D. p. 167. πλάττεται καὶ ἄχειρ καὶ ἄπους ὁ Ἑρμῆς - ἐπεὶ (ὁ λόγος) οὔτε ποδῶν οὔτε χειρῶν δεῖται πρὸς τὸ κινεῖν τὸ προκείμενον αὐτῷ. adde Dion. Caſſium LIV.T. I. p. 739. 11. ibique Fabricium. — V. 3. χειρονομεῖν. πυκτεύειν. Suid. quo ſenſu hoc vocabulo uſus eſt Pauſanias L. VI. 10. p. 475. σκιαμαχοῦντος δὲ ὁ ἀνδριὰς παρέχεται σχῆμα, ὅτι ὁ Γλαῦκος ἦν ἐπιτηδειότατος τῶν κατ' αὐτὸν χειρονομῆσαι πεφυκώς. Iniʼio procul dubio hoc. verbum de iis uſurpatum eſt, qui in ſaltatione manus rite moverent; deinde generaliori ſignificatione adhibuerunt veteres. De Hippoclide pedibus geſticulante Herodot. L. VI. p. 498. 7. τὴν κεφαλὴν ἐρείσας ἐπὶ τὴν τράπεζαν τοῖσι σκέλεσι ἐχειρονόμησε. — V. 4. ἀμφοτέρων ἐς βάσιν. utroque, quo ambulem, pede orbaſus, vertit Brodaeus. Vix recte. Junge potius ἱστάμενος ἐς βάσιν (pro ἐν βάσει) ἀμφοτέρων ὀρφανός. cum ſic manibus pedibusque orbatus in baſi collocatus ſim.

PARRHASII PICTORIS
FRAGMENTA.

¶. 60.] I. et II. Servavit Athen. L. XIII. p. 543. D. E. Καὶ Παῤῥάσιον τὸν ζωγράφον πορφύραν ἐμπέχεσθαι, χρυσοῦν στέφανον ἐπὶ τῆς κεφαλῆς ἔχοντα ἱστορεῖ Κλέαρχος ἐν τοῖς

βίοις. οὗτος γὰρ παρὰ μέλος ὑπὲρ τὴν γραφικὴν τρυφήσας, λόγῳ
τῆς ἀρετῆς ἀντελαμβάνετο, καὶ ἔγραφε τοῖς ὑπ' αὐτοῦ ἐπιτελου-
μένοις ἔργοις·

  ἁβροδίαιτος ἀνὴρ ἀρετήν τε σέβων τάδ' ἔγραψε.

καί τις ὑπεραλγήσας ἐπὶ τούτῳ παρέγραψε·

  ῥαβδοδίαιτος ἀνήρ.

ἐπέγραψε δὲ ἐπὶ πολλῶν ἔργων αὐτοῦ καὶ τάδε·

  ἁβροδίαιτος . . . . τέχνης.

ηὔχησε δ' ἀνεμεσήτως ἐπὶ τούτοις, ἅτε οὐκ ἄπιστα τοῖς κλύουσι
λέγων·   •

              φημὶ γὰρ . . . . βροτοῖς.

Ad fubfcriptionem illam, qua Parrhafius utebatur, *Plinius*
refpexit H. N. XXXV. p. 693. 16. *Foecundus artifex, fed
quo nemo infolentius et arrogantius fit ufus gloria artis.
Namque et cognomina ufurpavit, Abrodiaetum fe appel-
lando, aliisque verbis principem artis et eam ab fe con-
fummatam,* De Parrhafii mollitie et delicato cultu quaedam ex *Theophrafto* narrat *Aelian.* L. IX. c. XI. ubi *Perizonius Athenaei* locum interpretatur. — V. 1. Haud
fcio, an melius fcribatur: ἀρετὴν δὲ σέβων. *Vir delicatus
quidem, virtutis tamen amans.* Particula μὲν in priore
membro frequenter omittitur. — V. 3. In verbis ὅς γ'
ἀνέφυες mire inepta mihi videtur particula γε. Fortaffe
fcribendum:

              ὅς νιν ἔφυες.

Quod ἐξελαθόμην praeceffit, huic correctioni non obftat.
Hoc poëta ex fua perfona dicit; de Parrhafio pictore
tanquam de tertio quodam agens. Vulgo diftinctione
hic verfus laborat. — Negat *Valckenar.* ad Herodot.
p. 727. 21. graece dici τὰ πρῶτα φέρειν, dicendum effe
φέρεσθαι. Praeter noftrum tamen fic quoque locutus eft
Euftath. de Hyfm. IX. p. 400. τὰ πρῶτα τῶν ἐν Αὐλικωμίδι
φέρων. — Ceterum primum hujus Epigrammatis verfum *Athenaeus* iterum laudat L. XV. p. 687. 13. ubi
τάδ' ἔγραψεν habetur.

              M 5

Ad II. fragmentum haec notavit *Brunckius:* „Hoc
„fragmentum legitur etiam in Ariſtidis Orat. περὶ τοῦ
„παραφθέγματος p. 386. ex cujus cum Athenaeo compa-
„ratione video primum hexametrum integrum ſuper-
„eſſe et ſic ſcribendum:

„οὐχὶ κλύουσιν ἄπιστα λέγω τάδε· φημὶ γὰρ ἤδη — —

„Legitur enim ap. *Ariſtidem:* ἀλλ' ἐμὲ πρώην ἀνὴρ ἑταῖρος
„— ζωγράφου τι ἐπίγραμμα ἐξεδίδασκε τουτονὶ κἄπιστα κλύουσι
„λέγω τάδε· φημί .. Manifeſtum eſt, verba, quae apud
„Athenaeum et Ariſtidem leguntur tanquam illorum,
„partem eſſe verſiculi Parrhaſii. Zeuxidis pictoris ſimi-
„lis ſententiae elegos, ſed mutilos, ibidem refert
„Ariſtides:

„Ἡρακλεῖα πατρὸς, Ζεῦξις δ' ὄνομ'· εἰ δέ τις ἀνδρῶν
„ἡμετέρης τέχνης πείρατά φησιν ἔχειν,
„δείξας νικάτω . . . . . . δοκῶ δὲ φησιν
„   . . . . . . ἡμᾶς οὐχὶ τὰ δεύτερ' ἔχειν.‟

— In illis ap. *Ariſtidem* verbis verſus initium eſſe,
nec *Palmerium* fugerat in Exercitatt. p. 490. qui tamen vitioſum procudit verſum: Κἄπιστα κλύουσι λ. τ.
Non enim fieri poteſt, ut κλύειν priorem producat. Οὖ
ab initio lectum fuiſſe, ex *Athenaeo* apparet. Sed vide, an
Parrhaſius ſcripſerit:

Οὖ κεν ἄπιστα κλύουσι λέγω τάδε· φημί . . . . . .

— V. 2. τῆς τέχνης ap. *Ariſtidem.*

III. Exſtat ap. *Athen.* L. XII. p. 543. F. 544. A.
de Parrhaſio: τερατευόμενος δὲ ἔλεγεν, ὅτι τὸν ἐν Λίνδῳ
Ἡρακλέα ἔγραφεν, ὡς ὄναρ ἐπιφαινόμενος ὁ θεὸς σχηματίζοι
αὐτὸν πρὸς τὴν τῆς γραφῆς ἐπιτηδειότητα· ὅθεν καὶ ἐπέγραψε
πίνακι· Οἷος . . . . *Plinius* H. N. XXXV. 36. 5. p. 694.
Parrhaſium gloriatum eſſe ait, *Herculem, qui eſt Lindi,*
talem a ſe pictum, qualem ſaepe in quiete vidiſſet.

PHILEMONIS FRAGMENTUM.

¶. 61.] Anthol. Plan. p. 117. St. 169. W. *Vitae Euripidis* hos fenarios addidit *Thomas Mag.* quos *Opfopoeus* ex Philemonis Comoedia ductos fufpicatur. Huic fententiae fuffragatur *Clericus* in Fragm. Philem. nr. LXX. p. 365. — Habentur hi verfus etiam in Vat. Cod. p. 436.

ZENODOTI EPHESII EPIGRAMMATA.

I. Anthol. Plan. p. 38. St. 56. W. Ap. *Stob.* in Flor. T. LXI. p. 289. Gesn. 253. Grot. In Amoris ftatuam prope fontem collocatam. Poëta ante oculos habuit *Antip. Sidon.* Ep. V. Μὴ κλαίων τὸν Ἔρωτα δόκει, Τηλέμβροτε, πείσειν, Μηδ' ὀλίγῳ παύσειν ὕδατι πῦρ ἀκνιές.

II. Anth. Plan. p. 218. St. 318. W. ubi ἄδηλον. Vat. autem Cod. p. 253. Ζηνοδότου, οἱ δὲ Ῥιανοῦ, infcribit. In Timonis tumulum, quem ipfe Timon fentibus obftrui et obduci optat, ne vel avis ad eum accedat. Expreffum videtur ex *Hegefippi* Ep. VIII. ubi vid. Not. T. II. p. 176. — V. I. τρηχείην. Alii contra rogant fuperftites, ut tumulum a vepribus purgare velint. Vide ad *Leonid. Tar.* Ep. LXXXIII. T. II. p. 138. Idem color eft in contraria fententia ap. *Philodemum* Ep. XXXI. Φῦς κατὰ στήλης, ἱερὴ κόνι, τῇ Φιλοβάκχῳ Μὴ βάτον, ἀλλ' ἀπαλὰς λευκοΐων κάλυκας. — V. 2. ἄγρια κῶλα. Plan. et Vat. Cod. σκῶλον. ἕτεροι εἶδος ἀκάνθης φασὶν, ἥτις πυρωθεῖσα εὔτονος γίνεται. *Euftath.* ad Il. p. 923. 7. Etiam pro σκόλοψ ponitur. σκῶλα. ξύλα ὀξυμμένα. *Hefych.* Hoc fonfu vocabulum accepit *Br.* cujus haec effe videtur emendatio: *fera fpinarum impedimenta.* Haec lectio fi ex cod. fluxit, me-

rito in contextum recepta eſt; ſin ex conjeſtura, eam
minime neceſſariam eſſe árbitror. κῶλα pro *pedibus* ſae-
penumero obviúm ap. veteres. Jam vero plantis et ar-
buſtis, quae per terram ſerpunt, pedes poëtae tribuere
ſolent. *Philippus* Ep. XLV. λέθριον, ἐρπυστήν, σκολιὸν πόδα,
κισσὶ, χορεύσας. Sed vide, quae notavimus ad *Simmiae*
Theb. Ep. I. Tom. I. p. 330. ſq. Notanda epithetorum
permutatio, pro σκολιὰ ἀγρίας βάτου κῶλα. Sed ſic ſolent
poëtae. — V. 4. ἐρημάσω eſt in nonnullis editt. —
V. 6. γνώσιος. amatus et deſideratus. Conf. *Reiskium* ad
Conſtant. Ceremon. p. 89.

III. Duſti ſunt hi ſenarii ex *Stobaei* Florileg. Tit. II.
p. 30. Gesn. p. 11. Grot. — V. I. „κηρύσσεται αἰεὶ ἡ
„ἀρετή. *Stob.* Scribendum: κηρύσσετ' αἰεὶ ἡ ἀρετή. In ἡ ἀ —
„fit ſynizeſis. Sic apud eundem *Stobaeum* p. 70. καλ'
„ἡ Φρόνησις ἡ ἀγαθὴ, θεὸς μέγας. et p. 79. ὅτῳ δ' ὀλέθριον
„δεινὸν ἡ κλήθει ἄγει. Vide *Toup.* Cur. Nov. p. 261. (ed.
„Lipſ.)" *Brunck.*

ARCESILAI EPIGRAMMATA.

ψ. 62.] *I.* Servavit *Diogen. Laërt.* L. IV. p. 246.
únde relatum eſt in Append. Planud. p. 527. St. 24. W.
Scriptum in victoriam ab Attalo ex certaminibus Olympicis reportatam. — V. 2. αὐδᾶται. κηρύσσεται. In ſtadio
Olympico, ſimul cum victoris nomine, ipſius patria prae-
çonis voce celebrabatur. — V. 4. πολλὸν ἀοιδοτέρη. aliis
ſcilicet victoriis. — Pro θνατῷ vulgo ap. *Diogen.* θνατὸς
legitur. Illud eſt in Mſc. regio.

II. Ap. *Diogenem* l. c. Εἰς Μηνόδωρον τὸν Εὐδάμου ἑνὸς
τῶν συσχολαστῶν ἐρώμενον. Appendix Planud. p. 527. St.
25. W. — V. I. Thyatira, Macedonum colonia. Vide
Strabon. L. XIII. p. 625. — V. 3. Ἴσα κέλευθα. Anaxa-

gorae hoc dictum tribuitur ap. *Diogen. Laert.* II. 11.
πρὸς τὸν δυςφοροῦντα, ὅτι ἐπὶ ξένης τελευτᾷ, Πανταχόθεν, ἔφη,
ὁμοία ἐστὶν ἡ εἰς ᾅδου κατάβασις. Paulo aliter *Cicero* in
Tufc. Qu. L. I. 43. *Praeclare Anaxagoras: qui cum*
Lampfaci moreretur, quaerentibus amicis, velletne Clazo-
menas in patriam, fi quid accidiffet, auferri, Nihil neceffe
eft, inquit; undique enim ad inferos tantundem viae eft.
ubi vide *Davifium*, et quae notavimus ad *Tymn.* Ep. V.
— V. 4. ὡς ὁτὶν' ὅσσ' ἀνδρῶν correxiffe dicitur *Huetius*
p. 81. fed aliud quid fcripfiffe doctiffimum praefulem
probabile eft. In vulgata fubaudiendum ἔφη. Depravationem fufpicabatur quoque cl. *Wakefield* in Sylv. crit.
T. I. p. 53. ω 'δῖτα, πάντων πάντοθεν μ. — V. 5. Εὐδάμου.
Hujus viri mentionem facit *Plutarch.* in Vita Philopoem.
c. I. Ἤδη δὲ τοῦ Φιλοποίμενος ἀντίπαιδος ὄντος Εὔδημος (vulgo
Ἐκδημος) καὶ Δημοφάνης, οἱ Μεγαλοπολῖται, διεδέξαντο τὴν
ἐπιμέλειαν, Ἀρκεσιλάῳ συνήθεις ἐν Ἀκαδημίᾳ γεγονότες καὶ
φιλοσοφίαν μάλιστα τῶν καθ' ἑαυτοὺς ἐπὶ πολιτείαν καὶ πράξεις
προαγαγόντες. Cum in Εὔδαμος media fyllaba neceffario
producatur, vide, an fcribendum fit:

σῆμα δὲ σ' Εὔδαμος τόδ' ἔρεξεν ἀριφραδὲς, ᾧ σὺ — —

σ' pro σοὶ pofitum. — V. 6. Verba πολλῶν πενεστέων
προςφιλέστερος paroemiae fpeciem prae fe ferre, notavit
Menagius. Senfus effe videtur, Eudamum a Menodoro,
tanquam virum ingenuum et vere amicum, pluris effe
habitum, quam maximas opes; πενέσται enim apud
Theffalos nobiles pars divitiarum erant, ficuti hodie in
Ruffia fervi glebae adfcripti. De peneftis vide *Harpocrat.*
p. 285. et *Valcken.* ad Ammon. p. 192. Servos poëta
viro ingenuo, multos uni opponit.

DORIEI EPIGRAMMA.

ſ. 63.] Relatum eſt in Append. Planud. p. 519. St.
21. W. ex *Athenaeo* L. X. p. 412. F. ubi, poſt quaedam ingentis voracitatis exempla laudata, Φύλαρχος δέ
φησιν, ait, ἐν τῇ τρίτῃ τῶν Ἱστοριῶν, τὸν Μίλωνα ταῦρον κατα-
φαγεῖν κατακλιθέντα πρὸ τοῦ βωμοῦ τοῦ Διός. διὸ καὶ ποιῆσαι
εἰς αὐτὸν Δωριέα τὸν ποιητὴν τάδε· Τοῖος ἔην .... Hoc Epigramma, ni fallor, reſpexit *Solin.* p. 6. B. *Milonem quoque Crotonienſem egiſſe omnia ſupra quam homo valet.
Etiam hoc proditur, quod ictu nudae manus taurum fecit
victimam: eumque ſolidum, qua mactaverat die, abſumſit
ſolus non gravatim. Super hoc nihil dubium: nam factum
elogium exſtat.* Vide *Salmaſium* p. 27. C. D. Quae de
Milone vulgo narrabantur, in Aegonem tranſtulit, nonnullis mutatis, *Theocrit.* Eid. IV. 35. — V. 6. πρόσθεν.
Haec *Athenaeus* interpretatur ſic : κατακλιθέντα πρὸ τοῦ
βωμοῦ τοῦ Διός. Ante Jovis aram et in ipſo Jovis Olym-
pici adſpectu taurum devoravit. — V. 8. Suſpiceris πάντα καθ' ἕν. Sed vulgatam, in qua particula οὖν valde
elumbis eſt, tuetur *Euſtath* ad Od. p. 206. 38. Περὶ δὲ
Μίλωνος τοῦ Κροτωνιάτου φησὶ Δωριεύς, ὅτι, ὃν ἐπόμπευσε βοῦν,
εἰς κρέα τόνδε κόψας πάντα κατ' οὖν μοῦνος ἐδαίσατό νιν.

ARCHIMELI EPIGRAMMATA.

ſ. 64.] *I.* Illatum in Append. Anth. Plan. p. 519. St.
21. W. ex *Athen.* L. V. p. 209. C. Scriptum eſt in
ſumtuoſiſſimam navem, quam, oſtentationis cauſa exſtructam, Hiero Ptolemaeo dono miſit. Hujus navis
ſtructuram et ornamenta accurate deſcripta vide ap.
Athen. l. c. p. 206. C. Similis magnificentiae navem,

Ptolemaei Philopatoris fortaſſe, (conf. *Athen.* I. V.
p. 203. ſqq.) deſcripſit *Maxim. Tyr.* Diſſ. I. 3. in qua
fuiſſe ait πατάδας καὶ εὐνὰς καὶ δρόμους. Noviſſimam vocem ſollicitat *Marklandus*; ſed temere. Satis eam tuetur *Athen.* p. 207. D. κατὰ δὲ τὴν ἀνωτάτω πάροδον γυμνά-
σιον ἦν καὶ περίπατοι, σύμμετρον ἔχοντες τὴν κατασκευὴν τῷ
τοῦ πλοίου μεγέθει. 'Archimeli noſtri carmen magnificen-
tius, quam pro ejus praeſtantia, remuneratus eſt Hiero.
Athen. p. 209. B. Ἱέρων καὶ Ἀρχίμηλον, τὸν τῶν Ἐπιγραμ-
μάτων ποιητὴν, γράψαντα εἰς τὴν ναῦν Ἐπίγραμμα, χιλίοις
πυρῶν μεδίμνοις, οὓς καὶ παρέπεμψεν ἰδίοις δαπανήμασιν εἰς τὸν
Πειραιᾶ, ἐτίμησεν. — V. 3. „ὁρυόχων. trabes erectae cari-
„nam ſuſtinentes, quibus ea imponitur, quando ex-
„ſtruendae navis exordiuntur opus naupegi. *Euſtath.* ad
„Homer. p. 1878. in fin. ubi v. 3. 4. hujus carminis
„laudat." *Brunck.* in Not. ad Ariſtoph.'Theſm. v. 52. —
V. 5. Αἴτνας. *Antip. Sidon.* Ep. LI. χῶμα — Ἀθωέως ἴσον
ἐρίπνᾳ. Quae ſequuntur, ex eodem poëta derivata ſunt:
ἢ ποῖοι χθονὸς υἶες ἀνυψώσαντο Γίγαντες. Haec de mole dicta,
ᵀnemo facile reprehenderit; de nave, eadem longe in-
eptiſſima ſunt. — V. 9. τριπλίκτους. Intelligit triplicem
navis contignationem. Θώραξ. πύργος. *Heſych. Suid.* Sic
Horat. l. Epod. v. 1. 2. *Ibis Liburnis inter alta navium,*
Amice, propugnacula. ubi vide Intpp. — Navis, poëta
ait, ſummis antennis et velis coelum contingit, ipſum
corpus ſuum intra nubes condit. In νεφέων haerebat *Joſ.*
Scaliger, qui ὑψέων conjecit, improbante *Caſaubono.*
Aliter judicat *Brunckius*, cujus haec ſunt: „Parum con-
„gruum eſt epitheton μεγάλων. Quumque jam dixerit
„ἄστρων γὰρ ψαύει καρχήσια, nubium mentio fere inutilis
„videtur. Ideo Scaligeri emendationem probo, repo-
„nentis, ἐντὸς ἔχει ὑφέων, quod hujus loci ſententiae non
„adverſatur. Triplex enim contignatio Terrigenis ad
„coelum ſcanſuris ſcalae inſtar erat. Vide Scaligerum
„ad Catulli Carm. de Nupt. Pel. et Th. v. 10." Emen-

dationis neceſſitatem plane non video. Nubes ſideribus
inferiores; recte itaque poëta ait, antennas ſidera,
ipſum navis κύτος autem nubes attingere; imo ejusmodi acumine, quod in meliore poëta vix tuleris, nihil
verſificatore noſtro dignius. μεγάλων non valde aptum
eſt epitheton; fateor; ſed quid impedit, quominus leniſ-
ſima mutatione unius literae corrigamus:

Θώρακας μελάνων ἐντὸς ἔχει νεφέων.

— V. 11. Anchorae hujus navis funibus nituntur,
quales ii erant, quibus Xerxes Hellespontum junxit.
Hi funes quam craſſi fuerint, diſerte docet *Herodotus*
L. VII. 36. p. 527. 20.   Rem auxit *Tzetz.* Chil. I.
v. 599. — V. 15. Hinc *Caſaubonus* intellexit, navis
inſcriptionem fuiſſe hanc: Ἱέρων Ἱεροκλέους βασιλεὺς Συρα-
κοσίων τοῖς τε ἄλλοις Ἕλλησι καὶ ταῖς νήσοις τοῦτο τὸ σιτηγὸν
πλοῖον. Subaudiendum: κατεσκεύασατο. — V. 16. δορο-
φόρον. *Athen.* In Excerpt. Hoeſchel.: καρπῶν πίονα δωρο-
φόρον. Emendavit *Caſaubonus* δωροφορῶν. Sed prior lectio
videtur verior. Navis ipſa, frumento onuſta, vocatur
πίων δωροφόρος καρπῶν. Tum ad accuſativum ſubaudiendum verbum ἔπεμψε.

II. Cod. Vat. p. 215. Ἀρχιμήδεις. σκωπτικόν. ut
exhibuit etiam *Dorvillius* ad Charit. p. 387. qui primus
hoc carmen integrum edidit. Nam in Planud. p. 274. St.
395. W. poſtremum diſtichon deſideratur, et auctoris
nomen deeſt. Scopticum eſſe, inepte pronuntiat lemmatis auctor, quem medii diſtichi ſenſus fefelliſſe videtur.
In laudem Euripidis ſcriptum eſt, cujus orationem,
quamvis ſpecie facillimam, nemo facile cum ſucceſſu
imitandam ſuſceperit. — V. 1. ἐπὶ βάλλον. Vat. Cod. —
δύςβατον οἶμον. Similiter *Oppian.* Cyneg. L. I. 20. τρη-
χεῖαν ἐπιστείβωμεν ἀταρπὸν, Τὴν μερόπων οὔπω τις ἑῇς ἐπάτησεν
ἀοιδαῖς. — ἀοιδοθέτης formatum ad analogiam τοῦ ὑμνοθέ-
της. de quo vide ad *Meleagr.* Ep. I. T. I. p. 3. —

V. 3

V. 3. δεινὴ μ. γ. l. καὶ ἐπίῤῥοθος. Vat. Cod. Melius hoc
loco *Planudes:* λείη — quod verum eſſe, oppoſitionis lex
et norma evincit. *Diotim.* Ep. VII. λείη μνᾶμα παρὰ τριόδῳ.
Ductus color ex loco celeberrimo *Heſiodi* Ο. et Ð. 290.
μακρὸς δὲ καὶ ὄρθιος οἶμος ἐπ᾽ αὐτὴν, Καὶ τρηχὺς τὸ πρῶτον· ἐπὴν
δ᾽ εἰς ἄκρον ἵκηαι, 'Ρηιδίη δ᾽ ἤπειτα πέλει, χαλεπή περ ἐοῦσα. ——
ἐπίῤῥοθος. Cum, quae vulgo huic vocabulo ſignificatio tribuitur, ad hunc locum nihil faciat, *Dorvillius* eleganter
emendavit ἐπίκροτος: *via frequentata, multum rotis pul-
ſaſa, et ideo adplanata.* Vocem uſurpat *Xenoph.* de Off.
Mag. Eq. c. III. 14. ἐν τῷ ἐπικρότῳ ἐν 'Ακαδημίᾳ ἱππεύειν.
ubi *Brodaeus* tamen ἱπποκρότῳ malit. — Mox Cod. Vat.

η
ἦν δέ τις α. Εἰςβαίνει, et in exitu pentametri σκόπολος. Ad
vulgatam lectionem inprimis facit *Lucian.* V. Hiſt. L. II.
30. Tom. IV p. 289. Bip. ἧς δ᾽ ἐπέβημεν, τοιάδε ἦν· κύκλῳ
μὲν πᾶσα κρημνώδης καὶ ἀπόξυρος, πέτραις καὶ τράχωσι κατε-
σκληκυῖα .... προΐμεν διά τινος ἀκανθώδους καὶ σκολόπων
μεστῆς ἀτραποῦ. *Barneſius* in Vita Euripid. §. XX. σκοπί-
λου legendum conjicit. — V. 4. 5. „Ultimum diſtichon
„δυσνόητον ſane. Videtur Tragoediam Medeae, ut ſummi
„artificii drama laudare. Sed pentameter mihi obſcurus
„manet, licet verba aperta. An manſit in metaphora?
„Et ſi alias quidem Euripidis tragoedias quis velit aemu-
„lari, aſperam inventurus ſit viam, licet appareat levis
„et facilis: at ſi tentet Medeam, praecipitatum iri ta-
„lem poëtam et omni poëtica gloria privatum iri.‟
Haec *Dorvillius.* Vitium videtur haerere in χαράξῃς.
Quid, ſi legeris:

ἦν δὲ τὰ Μηδείης Αἰητίδος οὐ παραθρέξῃς,
ἐμνήμων κείσῃ νέρθεν — —

τὰ Μηδείης eſt Medeae hiſtoria, qualem *Euripides* in celeberrima illa tragoedia expoſuit; ipſam igitur tragoediam ſignificat. Niſi enim Medeam ſuperaveris, ignotus
et inglorius inter umbras verſaberis. Quare tibi ſuadeo,

ut totum illud tragoedias fcribendi negotium omittas.
Facile οὐπαρα in ἄκρα abire potuit. ἀμνήμων κτίση ductum
ex *Sapphus* carmine Fr. X. ap. *Br.* κατθανοῖσα δὲ κτίσεσ ·
οὐδέ τι μναμοσύνα εἴθεν ἔσεσται.

DEMETRII· BITHYNI DISTICHA.

¶. 65.] *I. II.* Duo haec Epigrammata leguntur in
Vat. Cod. p. 477. et in Plan. p. 304. St. 444. W. fine
lectionis diverfitate. Prius diftichon expreffit *Aufonius*
Ep. LXIII.

Me vitulus cernens, immugiet: irruet in me
   Taurus amans: paftor cùm grege mittet agens.

HERODICI BABYLONII EPIGRAMMA.

Servavit *Athenaeus* L. V. p. 222. A. unde *Stephanus*
illud in Appendicem retulit p. 524. Wecheliani idem
inferuerunt Libro II. c. X. p. 199. et iterum repetive-
runt in Append. p. 23. In Grammaticos, nugarum
captatores, invehitur. Facit ad fenfum hujus carminis
locus in *Wolfii* Prolegg. in Homer. p. CCXXXV. „Poft-
„quam Zenodoti et aliorum in optimos verfus et uni-
„verfa carmina graffantium, libidinem nimium fenfiffent
„vetufta monumenta, ars ifta jure coepit in crimen et
„reprehenfionem modeftorum et prudentium incurrere,
„notarique a multis cenforia infolentia et acerbitas et
„frigida cura rerum minutiffimarum." Conf. inprimis
`Antiphan.` Epigr. V. *Philippi* Ep. XLIII. XLIV. ——
V. 1. φεύγετ'. Ex Homero haec ducta. II. ρ. 159. Ἀργεῖοι
φεύξονται ἐπ' εὐρέα νῶτα θαλάσσης. In verf. fq. fortaffe re-

fpicitur *Alc. Meff.* Ep. XXII. 6. — V. 3. γωνιοβόμβυκες.
qui in angulorum tenebris et fordibus verfantur. *Lucian.*
in Pfeud. 24. Tom. III. p 181. de verbis obfoletis
agens: ποῦ γὰρ ταῦτα τῶν βιβλίων εὑρίσκεις; ἐν γωνίᾳ που
τάχα τῶν λαλίμων τινὸς ποιητῶν κατορωρυγμένα, εὑρῶτος καὶ
ἀραχνίων μεστά. — V. 4. τὸ σφὶν καὶ σφῶΐν. vulgo ap.
Athenaeum. καὶ τὸ σφῶν correxit *Pierfon.* ad Moer. p. 340.
— V. 5. δυσπέμφελοι. δυςάρεστοι. δύςκολοι. δυςμετά-
πεμπτοι. ut *Euftath.* interpretatur ad Il. p. 1111. 41.
laudans *Hefiod.* in Ἐ. καὶ Ἠ. 722. Cf. Il. π. 748. —
V. 6. ὑᾶς Wechel. Ἑλλᾶς. Herodicus fe Ariftarcheis illis
praeponit feque dignum judicat, ut, illis ex Graecia re-
legatis, in eadem terra maneat floreatque.

PTOLEMAEI REGIS EPIGRAMMATA.

¶. 66.] *1.* Saepe hoc carmen eft editum. Primus
dedit *Fulvius Urfinus* in Virgilio c. Gr. coll p. 15. ed.
Valck. Emendatius ex fuis conjecturis *Victorius* ad calcem commentarii Isagogici Eratofthenis f. Hipparchi
εἰς τὰ Φαινόμενα. unde id fumfit *Fabricius* in Bibl. Gr.
T. IV. p. 92. ed. nov. *Fellus* in Vita Arati fol. 3 ª.
Scaliger ad Manil. ubi graecos Phaenomenorum auctores
recenfet, p. 7. Cum Grotii verfione *Burmann.* in Addend. ad Anth. Lat. T. II. p. 729. — Arati carmen
Hegefianactis et Hermippi operibus ejusdem argumenti
longe praeferendum effe judicat poëta. — V. 3. σκοποῦ
δ᾽ ἄπο πάντες ἅμαρτον Ἀλλά γε λεπτόλογος ε. Ἄρατος ἔχει.
Urfin. Sic, ut hic legitur, hoc diftichon exftat ap. *Fellum*
et *Scaliger.* cum in notis ad Manil. tum in iis, quas edidit *Villoifon.* Epp. Vinar. p. 79. — τὸ λεπτολόγου ἐκη-
ετρον. acutae fubtilitatis principatum Aratus obtinet. In
hoc enim poëmatum genere, quod in artium tractatione

verfatur, praecipue laudatur τὸ λεπτὸν five ἡ λεπτοσύνη, *fubtilis tenuitas.* Cf. Not. ad *Callim.* Ep. XXXV. T. II. p. 290.

II. Cod. Vat. p. 455. Planud. p. 67. St. 96. W. Sufpicabatur *Stephanus,* in titulo fcribendum effe Εἰς Πτο- λεμαῖον. Deinde haec notavit: *Synefius* in libello περὶ δώρου (ad Paeonium p. 311. D. ed. Petav.) hujus Epi- grammatis mentionem faciens, τὸ μὲν ὕστερον, ait, τὸ τε- τράστιχον, ἀρχαῖόν ἐστιν, ἀπλούστερον ἔχον Ἀστρονομίας ἐγκώ- μιον. οἶδ᾽ ὅτι .... — V. 1. In Catal. Codd. Bibl. Laurent. T. I. p. 489. hic verfus fic legitur: οἶδ᾽ ὅτι θνητὸς ἔφυν καὶ ἐφήμερος. — θνητὸς etiam Cod. Vat. — V. 2. πυκνάς. Cod. Laur. ἰχνεύω πυκινάς. *Synef.* Utroque loco in v. 3. ordine inverfo legitur: ἐπιψαύω γαίης ποσί. — V. 4. διο- τρεφέος. Plan. διοτροφέος. Synef. ζηνὶ θεοτροφέος. Cod. Laur.

III. Cod. Vat. p. 252. Plan. p. 218. St. 317. W. Timon tumulum fuum praetereuntibus mortem impre- catur. Expreffum ex Ep. quod *Leonidae Alexandrino* tribuit *Br.* nr. XXXIX. T. II. p. 198. fed quod aut *Tarentini* aut *Antipatri* eft.

ZENODOTI STOICI EPIGRAMMA.

¶. 78.] Ex *Diogene Laërt.* L. VII. 30. p. 383. ubi diferte *Zenodoto* tribuitur, relatum eft in Append. Plan. p. 527. St. 25. W. *Suidas,* qui poftremum diftichon profert v. Κάδμος Μιλήσιος T. II. p. 217. tanquam *Zeno- nis* laudat. — Exftat in Vat. Cod. p. 224. — Lauda- tur Zeno, rigidae virtutis veraeque libertatis inter ho- mines auctor. Facit huc *Varro* ap. *Nonium* v. *Defubu- lare,* quem locum, praeeunte *Lipfio* in Antiq. Lect. I. p. 19. fic corrigo: *Viam veritatis Zenon moeniffe, duce*

virtute; banc effe nobilem; alteram Carneadem defubulaffe,
bona corporis fecutum. — V. 1. ἐκτίσω. Vat. Cod. a pr.
man. Vett. *Diogen.* editiones κτήσας. — Frugalitatis,
paucis iisque, quae natura flagitat, contentae, fundamenta pofuifti. De αὐτρρκεία vide *Gatacker.* ad Antonin.
p. 24. et p. 85. — V. 3. λόγον. Sapientiam virilem
- primus invenifti. Zenonis philofophia eorum fententiae
opponitur, qui finem bonorum non in virtute, fed in
voluptate ponebant. — ἐνηθλήσω *Stephano* debetur;
vulgo ἀνεθλήσω legitur. *Meibomius* ἀναθλήσω. Vir doctus
in Cod. Scalig. ap. *Huetium* p. 81. κεθλήσω. Ipfe *Huetius*
ἀνετλήσω. Poft προνοία incidendum effe, monet *Lennep.*
ad Phalar. p. 149. Cui obtemperans, neceffe eft, αἴρεσιν
cum λόγον arcte conjungas. Si verba recte intelligo,
ἐνηθλήσω προνοία fignificant: tu providentiae propugnafti,
quam Stoici inprimis divinae naturae folebant adjungere.
— Zenonis autem difciplinam poëta μητέρα ἐλευθερίας
vocat, quandoquidem fapiens *folus recte liber* vocatur,
*nec dominationi cujusquam parens, neque obediens cupidi-
tati: recte invictus; cujus etiam fi corpus conftringatur,*
animo tamen vinculis nulla injici poffint; ut Cicero ait de
Stoicorum philofophia agens, de Finib. L. II. 75. Non
omittendum, lectionem ἐνηθλήσω confirmari a *Suida,* qui
h. l. laudat v. ἄτρεστος T. I. p. 374. — ἐλευθερίης. Vat.
Cod. et *Suid.* (In ed. Lipf. corrige: αἴρεσιν, ἀτρέστου.)
— V. 5. ὃν καὶ Κάδμ. *Suidas* vitiofe v. Κάδμος T. II.
p. 217. *Menagius* legendum fufpicabatur ἔνθεν ὁ κ. —
Negat *Lennep.* l. c. formulam τίς ὁ φθόνος eo fenfu, quo
hic ponitur, ufurpari. Legendum itaque: εἰ δὲ πέτρα
Φοῖνιξ, οὐδεὶς φθόνος· ἦν καὶ — —. *Si patria Phoenix, nil*
refert, erat etiam Cadmus (Phoenix), *ille, a quo* etc.
Jo. Goropius Becanus, tefte *Pantino* ad Mich. Apoftol.
p. 378. correxit: ἔστι πάτρα Φοίνισσα· τ. ὁ. φ. εἰμὶ δὲ
Κάδμος. — — Ceterum color, ut ap. *Meleagr.* Ep. CXXVII.
εἰ δὲ Σύρος, τί τὸ θαῦμα; μίαν, ξένε, πατρίδα κόσμον Ναίο-

μεν. — Pro κεῖνος *Meibomius* κλεινὸς tentat, citra necessitatem.   Vulgata etiam gravior.

CORNELII SYLLAE EPIGRAMMA.

Ex Lect. p. 267.] „Servavit *Appian.* de Bell. civ.
„L. I. p. 411. Cornelius Sylla Veneri coronam aut
„securim dedicat.   In τόνδε intelligitur στέφανον, vel
„πέλεκυν; nisi forte olim τούςδε, ad utrumque referen-
„dum, scriptum fuerit." *Brunck.* Huic conjecturae patrocinatur latina inscriptio ap' *Pithoeum* L. IV. p. 146.
et in Anthol. Lat. T. I. p. 39. LXIV.

> *Haec tibi, diva Venus, deponit munera Sylla,*
> *Ut somno monitus, Martis armatus in armis,*
> *Pugnantem atque acies armatas inter agentem.*

Grosii versionem pretulit *Burm.* ad Anth. Lat. T. II.
p. 705. — Sylla se sub singulari Veneris tutela esse
existimabat, quare tropaea inscripsit: Κορνήλιος Σύλλας
'Επαφρόδιτος. *Plutarch.* T. II. p. 318. D.

ARTEMONIS EPIGRAMMATA.

.. T. 79] I. Edidit *Dorville* ad Chariton. p. 196. In
formosum puerum, sive Demum sive Echedemum appellatum, quem poëta Apollini comparat. In Cod. Vat.
p. 576. lemma est: ἄδηλον, οἱ δὲ 'Αρτέμωνος. — V. I.
Apollo in insula Delo, Echedemus Athenis imperium
habet. — αὐχένα. De locis altis et montosis, quae per
angustum tractum porriguntur. Conf. *Wesseling.* ad Herodot. L. I. p. 35. 86. — V. 3. „Scriptura Codicis est:
„Κευρεπίαν δ' ἔχε Δῆμος. Divisas sic voces in nomen pro-

„prium 'Εχέδημος conjungi nolebat·Buberius, qui car-
„men hoc in Athenienfem Δῆμον factum cenfebat, Pyri-
„lampis filium, de quo videndus Meurſius Attic. Lett.
„IV. 5. Nihil eſt in ipſo carmine, quod huic opinioni
„adverſetur; at obſtat ſequens, in quo idem nomen
„'Εχέδημος occurrit.“ Brunck. Lett. p. 318. Idem in
Notis ad Ariſtophanis Veſp. 98. T. II. p. 205. ἔχε Δῆμος
exhibuit, Vaticanas quoque membranas ſic exhibere
affirmans; In quo fallitur. Codex habet, ut Dorvillius
edidit, 'Εχέδημος, quam ſcripturam ſequens Epigr. confirmat. Echedemi nomen Athenienſibus non incognitum
fuit. Cf. Livium L. XXXVII. 7.— ἔχε ex ſuperioribus
facile ſuppleri poteſt. — V. 4. Hunc verſum reſpexit
Alberti ad Heſych. v. ἀβρεοκομᾷ.— ἰλαμψεν. vi transitiva
poſitum, ἔδωκε λαμπρὸν ἄνθος. ut ap. Antip. Theſſ. Ep. XIII.
λάμψω φέγγος ἠκουσίθιον. — V. 5. Athenae, quae virtute
et armis mari et terra regnabant, nunc pulcritudinis
quoque imperium exercent. Julian. Aegypt. Ep. III. 'Ελλάδα νικήσασαν ὑπέρβιον ἀσπίδα Μήδων Λαῒς θῆκεν ἑῷ κάλλεϊ
ἀγλαΐην. — In fine Vat. Cod. ὑπαιγάγετο.

IL Cod. Vat. p. 587. ἄδηλον, οἱ δὲ 'Αρτέμωνος. Primum hujus carminis diſtichon edidit Warton. ad Theocr.
T. II. p. 103. Argumentum, propter medii diſtichi depravationem, obſcurum eſt. — V. 1. λάθρη et παρὰ
φαιὴν Cod. Vat. Bene emendatum παρὰ φλιήν. Warton.
φλιῆς dedit. Finge tibi puerum in angulo prope januam
latentem furtimque proſpicientem interdum. — V. 3.
„In Codice valde depravata eſt hujus diſtichi ſcriptura:

   „δειμαίνων καὶ γάρ μοι ἐνύπνιος ἦλθε φαρέτρην
   „αἰταίων καὶ δοὺς ᾤχετ' ἀλεκτρυόνας.

„quod dedi, e Salmaſii conjectura eſt. Sed in verſ. quarto
„αἰτῶν nihili eſt. Scribo αἴρων, i. e. φέρων. Tum mallem:
„καὶ δοιοὺς ἤγετ' ἀλεκτρυόνας. ducebat, comites habebat.“ Br.
At haec nec Salmaſio nec Brunckio digna. Si inſomnium

vidit poëta, quid, quaefo, in eo inerat, quod ipfius animum timore percelleret? Si vero puer pharetram gerens gallosque gallinaceos fecum ducêns, fecundum philofophiam ὀνειροκριτικὴν aliquid mali portendebat, id a poëta difertius explicandum erat. Sed non opus eft, diu in his conjecturis refutandis immoremur. — Rem ipfam fpectemus. Ea, de quibus hoc carmine agitur, in patria Echedemi domo facta effe videntur. Puer, a patre cuftoditus, ut fe tamen amanti morigerum gereret, cuftodiam fallens, defcenderat ad januam, ibique latens. non fine gravi timore, partem noctis cum amante transegerat. Hoc argumentum fi probabiliter a nobis fingitur, verba depravatiffima fic reftituenda fufpicor :

δειμαίνων· παῖς γὰρ μεσονύκτιος ἦλθε ΘΤΡΕΤΡΟΝ,
εἶτ' ἐκων κελάδους ἄχετ' ἀλεκτρυόνος.

Haec, ni fallor, fenfum efficiunt valde commodum, et a Codicis fcriptura proxime abfunt. δειμαίνων cum praecedentibus arcte jungendum eft. *Tibull.* I. El. VI. 59. *Haec mibi te adducit tenebris, multoque timore Conjungit noftras clam taciturna manus.* Conf. *Marc. Argent.* Ep. XIII. — μεσονύκτιος, ut *Theocrit.* XIII. 69. ἑσπία δ' ἤϊθεοι μεσονύκτιον ἐξεκάθαιρον. Cf. Eid. XXIV. 11. et quae collegit *Wetften.* ad N. T. I. p. 624. Θύρετρον pro Θύραν, forma apud poëtas obvia. *Homer.* Il. β. 415. *Tibull.* I. Eleg. IX. 43. *Saepe infperanti venit tibi munere noftro* (puella) *Et latuit claufas poft adoperta fores. Propert.* L. II. VII. 92. *Furtim mifero janua adoperta mibi.* — εἶτ' ἐκων. Vix quidquam poterit reperiri, quod propius accedat ad Cod lectionem αἰταίων; quantillum autem interfit inter ΚΑΙΔΟΤΣ et ΚΕΛΛΔΟΤΣ, in oculos incurrit. Vocabulum κέλαδον de galli cantu recte dici poffe, nullus dubito, cum non folum de quovis ftrepitu, verum etiam de fono mufico ufurpetur. κέλαδον ἱπτατόνων κόρας. *Euripid.* Iphig. T. 1129. — Puer, audito galli-

gallinacei cantu, in thalamum rediit. Multa his fimilia
ap. veteres exftant; fed unum laudaffe fuffecerit *Lucia-*
num T. III. p. 42. Puella εἰςελθοῦσα περιβάλλει τὸν Γλαυκίαν,
ὃς ἂν ἐμμανέστατα ἐρθεα, καὶ συνῆν ἄχρι δὴ ἀλεκτρυόνων ἠκού-
σαμεν ἀδόντων. — Ille autem puer minus conftanti erat
animo, fed modo arridebat amanti, modo infeftum in
eum monftrabat animum: ἄλλοτε μειδιόων, ὁτὶ δ' οὐ φίλος.—
Pro ἄρα in Cod. Vat. eft ἀνά. In marg. apographi Lipf.
ἀλλὰ legitur. — Amorem fuum poëta apium examini,
urticae et igni fimilem dicit, quandoquidem animum
tranquillum effe non patiatur. De libidinibus, quae animum irritant et exftimulant, *Juvenal.* Sat. XI. 165.
Irritamentum Veneris languentis et acres Divitis urticae.

DIODORI ZONAE EPIGRAMMATA.

¶. 80.] *I.* Vat. Cod. p. 513. cujus auctoritate
Diodoro tribuitur; nam in Plan. p. 180. St. 264. W.
ἄδηλον eft. Senfus perfpicuus. Poftulat poëta, fibi dari
poculum teftaceum, qualia in Attica praefertim (vid. ad
Leonid. Tar. Ep. LXXXVII.) et in Samo fingebantur. —
V. 2. γενόμην. Plan. Vat. Cod. — ὀφ' ᾦ. Vat.

II. Cod. Vat. p. 159. Edidit *Kufter.* ad Suidam
v. λυτρή T. II. p. 474. *Reiske* in Anth. nr. 409. p. 6.
Toup. in Em. ad Suid. P. II. p. 255. Heronax, macri
agelli poffeffor, Cereri et Horis primitias quasdam offert. — V. 1. 2. 3. laudat *Suid.* in λικμαία T. II. p. 447.
V. 2. et 3. iterum in ὀλιγηροσίη T. II. p. 676. — Ceres
λικμαίη, quae grana ventilantibus praeeft. — ἐν αὐλακο-
φοίτισιν divifim Vat. et *Suid.* — Pro πενιχρῆς, quae eft
Cod. lectio, ap. *Suid.* in λικμαίη legitur πενιχρῶν, unde R.
πενιχρὰν fecit. Idem ὀλιγηρουσύνης edidit. Sed vera eft
lectio, quam Cod. praebet, ὀλιγηροσίη, de agro angufto

finibus circumscripto. — V. 3. „ἀλωρήταις͵ Sic docte et
„vere Reiskius, qui simul Suidam emendat, cujus forte
„in integrioribus Codd. exemplum hoc reperiretur: nam
„verisimile est admodum, eum huc respexisse in hac
„glossa, quae sic scribenda est: ἀλωρήται. οἱ τὰς ἀλως.
„φυλάσσοντες. Male legitur: οἱ τοὺς ἄλας. In apogr. Bu-
„heriano scriptum ἀλωρήται. In margine haec notata:
„In Msc. est ἀλωεῖται. Forte legendum ἀλωῖτα, genitivus
„doricus ab ἀλωίτης: ἀλωίτας στάχυς. ἀλωίτα στάχυος.
„Suum ἐωρεῖται sibi habeat Toup, quo omnino carere
„possumus: nam in his. dedicatoriis Epigrammatibus
„nihil frequentius ellipsi verborum donandi, dedicandi,
„consecrandi etc. quod ipse alicubi etiam vir doctissi-
„mus observavit.“ Br. In Cod. Vat. est ἀλωεῖται. ap.
Suid. ἀλοεῖται. Kusterus conjecit: μοῖραν ἀλεόρην καὶ —
primitias farinae et spicarum; ipse huic conjecturae dif-
fidens. Tyrwhitt in Not. ad Toupii Emend. T. IV.
p. 420. ἀλωεινᾶς conjicit. Secundus Ep. II. ἵπποις ἀλωεινᾶῖς.
— V. 4. δὲ πρὶν Vat. Cod. δὲ πρὶν Kuster. ὄσπρια Reiskii
inventum est: ὄσπρια πάντων σπερμάτων. legumina ex omni
genere feminum prognata. Suidas: ἡ ἐκ τῶν ὀσπρίων μίξις.
— Haec munera ponit ἐπὶ πλακίνου τρίποδος, in tabula
marmorea, tribus pedibus fulta. —. V. 5. πέπατο. Vat.
in marg. γρ. πέπαετο. quae scioli sunt emendationes, de
metro male solliciti. — V. 5. 6. Suidas in γεώλοφον.
ὄρος. ὕψωμα γῆς. T. I. p. 475. in λυπρὰ T. II. p. 474. in
πέπατο T. III. p. 76. Reiskius, cum in apogr. Lips. de-
scribentis vitio γεωφιλίν reperisset, γεωφιλίν edidit, quod
ipse a φελλὸς derivat. Unice vera est scriptura Codicis.

III. Vat. Cod. p. 144. nomen auctoris adscriptum
non habet. Zonae tribuitur auctoritate Planudea p. 430.
St. 564. W. Priapo primitiae quaedam ex horto con-
secrantur. Expressit hoc carmen Philipp. Ep. XX. —
V. 1. excitat Suidas in ἀρτιχάνη Tom. I. p. 339. —

malum punicum paulo ante ruptum, quod maturitatis
fignum. εὔσχιστον ῥοιὴν vocat *Crinagor.* Ep. VI. — ἀρ-
τίχνουν. Infra Ep. VI. μάλων χνοῦν ἐπικαρπίδιον. Quod nofter χνοῦν appellat, ap. *Philipp.* l. c. λεπτὴ ἄχνη vocatur.
De malis lanatis five cydoniis agitur, quae λασιόμαλα dicuntur. *Hefych.* λασιόμαλον· μᾶλον τὸ ἔχον χνοῦν. 'Vide *Bod.*
a *Stap.* ad Theophr. L. IV. p. 340. Ubi de malis cydoniis agit *Athen.* L. III. p. 82. A. B. *Nicandri* locum laudat ex Ἑτεροιουμένοις ·

αὐτίχ' δγ' ἐκ Σιδόεντος ἠὲ Πλείστου ἀπὸ κήπων
μῆλα ταμὼν χλοάοντα τόπους νωμήσατο Κάδμου.

Scribendum puto χνοάοντα. De Acontio videtur agi, qui
ad decipiendam Cydippen cydonio malo ufus efle dicitur ap. *Ariftaenet.* L. I. Ep. X. p. 23. In eadem pagina corrigendi funt verfus *Antigoni Caryftii:*

ἦν δέ μοι ὡραίων πολὺ φίλτερος ἢ λασιμήλων
πορφυρέων, Ἐφύρῃ τάπερ αὔξεται ἠνεμοέσσῃ.

Vulgo: ἠχί μ. ὡ. π. φ. ἠδ' ἀριμήλων. Fraudi fuit librariis genitivus poft comparandi particulam, quae in hoc fche-
mate abundat. Vide *Abrefch.* Auct. Diluc. Thucyd.
p. 414. — V. 2. ap. *Suid.* in ῥυτὶς T. III. p. 272. ἐπ'
ὀμφάλιον divifim Vat. Cod. ᾿ ἐπομφάλιον non eft *rotundum,*
„ut Brodaeus explicuit, fed *umbilicum habentem.* Nican-
„dri Schol. in Alexiph. 348. ὀμφαλόεσσαν, ἢ τὴν τῷ ὀμ-
„φαλῷ προσειζάνουσαν, ἢ τὴν ἐκ σύκων τῶν ὀμφαλοῦς ἐχόντων,
„τὰ γὰρ σῦκα κάτω ὀπὰς ἔχουσι δίκην ὀμφαλοῦ, δι' οὕπερ ὁ
„ὀπὸς αὐτῶν ῥεῖ.“ *Br.* Ficum cum pediculo lectam interpretatur *Schneider.* ad Nicandr. p. 188. De ficuum um-
bilico vide etiam *Bodaeum* ad Theophr. L. IV. p. 332.
— V. 3. laudat *Suid.* in πιδακίων T. III. p. 112. ubi
συκνοῤῥῶγα. quod *Br.* reftituendum cenfet. In Planud.
edit. voll. πυκνοῤῥῶγαν. In Afcenf. πυκνορρῶγον. Cod. Vat.
πορφυρέαν τε β. μεθυπήδεκα πυκνοῤῥῶγα. — Uvam purpu-
ream, fucco tumentem, abundantem acinis. De μεθυ-

αἴβακα vide ad *Philodemi* Ep. XVIII. 7. — V. 4. Ap.
Suid. in ἀντίδορον T. I. p. 222. τὸ τοῦ δέρματος δέρμα. ἐν
'Επιγρ. καὶ κάρυον χλωρῆς ἀντίδορον λ. Sic plane legitur in
Cod. Vat. et hinc *Br.* χλωρῆς fumfit pro vulgato λιπτῆς.
Philipp. Ep. XX. καὶ κάρυον χλωρῶν ἐκφανὲς ἐκ λεπίδων. ἀρτί-
δορον effet *recens excoriatum*; fed in Planud. et ap. omnes
alios ἀντίδορον legitur. Quam vim praepofitio in hac compofitione habere poffit, non video; an fuit ἀμφίδορον? —
V. 5. ap. *Suid.* in ἀγροιώτης T. I. p. 41. una cum v. 6.
in Πρίαπος T. III. p. 172. In Vat. Cod. ἀγροιῶτα. »μο-
»νοστόρθυγγι. Hoc ad Priapi veretrum referri non poteft.
»Inepta eft Brodaei explicatio. μονοστόρθυγξ eft μονόξυλος,
»*ex uno ftipite dolatus* — Quis Horatii Priapum ignorat
»*e ficulno trunco factum?*" *Br.* In Vat. Cod. fuperfcriptum μονόποδι, et in marg. ἐπὶ ἑνὶ ποδὶ ἱστάμενος. στόρθυγξ δὲ λέγεται πᾶν εἰς ὀξὺ λῆγον· καὶ ὁ τῆς συὸς ὀδούς. Λυ-
κόφρων· στόρθυγξ ὀδόντι· τὸν κτανόντ' ἠμύνατο· Recte *Scho-*
liaften explicuiffe v. στόρθυγξ, apparet ex verfu *Sophocl.*
ap. *Aelian.* H. A. VII. 39. cerva attollens κεράσφορους
στόρθυγγας εἴρπεν ἔκηλος. De Priapo bene peculiato locum
interpretatur *Salmaf.* ad Scr. Hift. Aug. T. I. p. 813.
qui *Huetium* in errorem induxit, ut p. 41. fufpicaretur
fcribendum effe ὀνοστόρθυγγι· nam Priapum partis
obfcoenae magnitudine cum afino certare.

IV. Bis in Cod. Vat. legitur, p. 161. et p. 191.
Planud. p. 434. St. 568. W. Telefon, venator, Pani
belluae exuvias cum clava dedicat, ut ipfi venanti in
pofterum faveat, rogans. — Expreffum eft carmen ex
Leonid. Tar. Ep. XXXIV. — V. 1. τοῦτό τοι Vat. loco
fec. — ἀγρειάδος. Vat. loco pr. ἀγρείης πλατάνου eft ap.
Leonidam· Primum hoc diftichon laud. *Suidas* in ὑλαιή-
της T. III. p. 528. v. fecundum idem in λυκτρβαιεστης
T. II. p. 469. ubi τιλίφων. male. Utroque loco ed.
Mediol. ἐκρέμασε T. recte fcribit. In edit. Anthol.
Aldin. pr. et fec. nomen Τελέσων penitus defideratur. —

¶. 81.] V. 3. 4. *Suid.* in κότινος T. II. p. 356. Clavae
ex oleaftro folebant fieri. Cf. Not. ad *Leonid. Tur.* Ep.
XI. — V. 4. χερός. Vat. loco pr. — V. 5. βουνείτα.
Vat. utroque loco. Πὰν βουνίτης, qui in collibus colitur.
Conf. *Euftath.* Il. λ. p. 831. 32. et *Valcken.* ad Herodot.
IV. p. 352. 4 t. — V. 6. *Brunck.* hunc verfum fic edi-
dit, ut in Plan. legitur. Vat. Cod. fcriptura difcrepat.
Loco pr. habetur: εὔαγρει τῷδε πέτασσον ὄρος. Loco fec.
εὔαγρῃ τῷδε πέτασσον ὄρος. Fuitne igitur:

   καὶ εὔαγρον τῷδε πέτασσον ὄρος.

ai montem feris refertum pande. Vulgatam tamen praetulerim.

  V. Cod. Vat. p. 408. Plan. p. 26. St. 40. W.
Vetat Epigramma, ne quis quercus, unde primum hominum genus prodierit, excidere velit. — V. 1. τῶν
βαλ. Plan. τὰν β. τὰν μ. Vat. Cod. — V. 4. πρῖνον ἢ κόμαρον. Haec paffim junguntur. *Amphis* ap. *Athen.* L. II.
p. 50. F. φέρει Ὁ πρῖνος ἀκύλους, ὁ κόμαρος μιμαίκυλα. *Eupolis* ap. *Macrobium* Saturn. L. VII. 5. capras induxerat de
victus copia jactantes, πρίνου κόμαρον τε πτόρθους ἁπαλοὺς
ἀποτρώγουσαι. De κομάρῳ nonnulla collegit *Bod.* a St. ad
Theophr. L. III. p. 242. — V. 5. A quercu fecurim
prohibe, nam majores noftri tradiderunt, nos e quercubus procreatos effe. Hominum ex quercubus originem attigit *Virgil.* Aen. VIII. 315. *Haec nemora indi-
genae Fauni Nymphaeque tenebant, Gensque virum truncis
et duro robore nata.* *Juvenal.* Sat. VI. 12. *Homines, qui
rupto robore nati Compofitive Juto,nullos habuere parentes.* κοκκόαι. (vulgo κοκκίαι.) οἱ πάπποι καὶ οἱ πρόγονοι. *Hefych.* Ionicum effe vocabulum, notavit *Etymol. M.* *Suidas* v. κοκκόαι. οἱ πρόγονοι. κφ᾽ ὑμέων κοκκύησι καθημένῃ κε-
χαίνει. quem locum *Toupius* tentavit in Emend. P. II.
p. 232. parum feliciter. In voculis κφ᾽ ὑμέων auctoris
nomen latere videtur, fortaffe Εὐφορίων. — In Plan.

κοκυαὶ, accentu in ultima pofito. — Pro ἐπὶ Cod. Vat.
ἄντι.

   VI. Cod. Vat. p. 392. fq. Planud. p. 85. St.
124. W. Apes exhortatur, ut diligenter mella conficiant. Comp. *Niciae* Ep. VII. *Antiphili* Ep. XXIX. —
V. 1. Εἰ δ' ἄγετε. Plan. — V. 2. ᾖ θυμί. Vat. Cod. ᾖ θό-
μων. Plan. male; nam θόμος priorem corripit. Pro πε-
ρικυΐδια Ed. pr. τεκνΐδια. Huic vocabulo quis fenfus tri-
buendus fit, non conftat: *rugofos ramufculos* vertit
Opfop. furculos *Brodaeus*; quae hariolatio eft. περικυΐ-
δια a κυΐζειν derivatum antepenultimam debet producere,
ut κυΐδη, quod metri leges in hoc verfu non patiuntur.
Depravata videtur fcriptura, nec tamen probabilem
emendationem reperio. — V. 3. μάκωνος ᾖ ἀσταφειτιδι-
καρῶγα Vat. Cod. — V. 5. ἄγγεα. Pro alvearibus pofuit
Phocylides v. 163. fi vera eft emendatio *Rubnkenii* fcri-
bentis:

> κάμνει δ' ἠερόφοιτος ἀριστοπόνος τε μέλισσα
> ἢ κοίλης πέτρης κατὰ χοιράδος ἢ δονάκεσσιν,
> ἢ δρυὸς ὠγυγίης κατὰ κοιλάδος, ἔνδοθι σίμβλων
> σμήνεσι μυριότρητα κατ' ἄγγεα κηροδομοῦσα.

— V. 6. μελισσοσύας. Cod. Vat. — ἐπικυψέλιος, a κυψέλη.
Pan apium cuftos. ut et Pan partem fuam accipiat, et
is, qui mel alvearibus eximet, et vobis quoque pars re-
linquatur. — καπνώεας. *Si quando fedem auguftam fer-*
vataque mella Thefauris relines; prius. hauftu fparfus
aquarum, Ora fove fumosque manu praetende fequaces.
Virgil. Georg. IV. 228. — βλιστηρίδι χειρί. ἀπὸ τοῦ βλίττειν. Vide ad *Antip. Sid.* Ep. LXXIX. Male *Stephanus* ex
Afcenf. recepit βλυστηρίδι. Vera lectio eft in Ed. Flor.
et Ald. pr.

   Ex Tom. III. p. 331.] *VIª.* Cod. Vat. p. 451.
Elegantiffimum hoc Epigramma *Br.* primus edidit. Pan
Nymphas rogat, an Daphnin lavantem viderint, et an

ipfis pulcher fit vifus. — V. 1. In Cod. Vat. non eft,
ut *Br.* ait, ναρκίδαες, fed Νηρηίδες, et in marg. δινηίδες.
Illud reponendum. Lectio marginalis ipfa illius fcripturae veftigia habet clariffima.— De forma vocis Νηρηίδες
vide *Valckenar.* ad Ammon. p. 163. fq. — V. 2. χθιζὸν
ἐ. ὡς ἐ. κόμην. In marg. κόνιν. „ἐπαχνίδιαν fi rectum eft,
„de quo forte quis ambiget, quum nullibi, quod fciam,
„haec vox reperiatur, fignificabit, lanugini cutis adhae-
„rentem. ἄχνη enim eft lanugo. Pronum effet reponere
„ἐπωμαδίαν." *Br.* Tum vero κόμην revocandum. Sed
ἐπαχνίδιος mihi quidem longe videtur elegantius. Eft
autem κόνις ἐπαχνίδια, pulvis, tanquam ἄχνη, five lanugo
quaedam, corpori inhaerens. — V. 3. σειρόκανθος invenit *Br.* in apogr. fuo. At in noftro σειρόκαντος eft, nec

fequenti verfu μᾶλλα παρηίδα reperio, fed μάλα παρηίδα.
Hinc *Schneiderus* fufpicatur καλὰ παρηίδια. *Rufin.* Ep.
XI. φοινίσσετο χιονέη σάρξ. *Mufaeus* v. 58. ἄκρα δὲ χιονέων
φοινίσσετο κύκλα παρειῶν. — V. 5. ἐγὼ Vat. Cod. et mox
μοῦνον ἐγνώσθην et κραδίην. Senfus eft: Dicite mihi, an
vobis pulcher fuerit vifus? an ego, ficuti pedibus ince-
do hircinis, fenfu quoque et judicio, non humano, fed
hircino fim praeditus?

VII. Cod. Vat. p. 259. Edidit *Reiske* in Anth. nr. 593.
p. 82. Charontem poëta monet, ut Adonidi, delicato
puero, ad inferos defcendenti manum porrigat. —
V. 1. Ἀΐδη Cod. Vat. et fic *R.* edidit, qui Charontem
defignari cenfet, nifi forte vertendum fit: Invife, non
confpiciende mortalibus. *Br.* ἀϊδῇ edidit, hanc vocem
cum βᾶριν jungendam effe ratus: κελαινὰ Χάρων, ὃς κα-
τεύεις ἀϊδῇ βᾶριν νεκύων ἐλαυνομένην ἐν τῷ ὕδατι κ. λ. Nam
ἐλαυνομένην quoque ex conjectura dedit, pro ἐλὼν εὐδόησε.
Salmafius conjiciebat αἰδοῖ' (αἰδοῖε Χάρων) et ἐλαυνόδυνον.
Aliam viam, hand paulo meliorem, inftitit *Schneiderus*
in not. mff. ubi et ἀΐδες et in fine pentametri ἰδὼν εἰδόνας

τοῦ κ. corrigendum proponit. *Leonidaſ. Taq.* Ep. LIX.
᾿Αΐδεω λυτηρὲ διηκόνε, τοῦτ᾿ ᾿Αχέροντος῾ Τδωρ ὃς πλώεις πορθμίδι
κυανέη. *Archias* Ep. XXXIV. ἄϊδος ὦ νεκυηγὰ κεχαρμένε
δάκρυσι πάντων, ῝Ος βαθὺ πορθμεύεις τοῦτ᾿ ᾿Αχέροντος ὕδωρ, —
Non omittendum, quod Vat. Cod. a pr. man. κωπεύη habet, et v. 3. ἐκβαίνοντι. v. 4. Χάρον. v. 5. θῆνοι. —
Reiskius verba ἔχων ὀδύνας, ſic enim exhibuit, ad Charontem refert, qui cymbam non ſine ſudore impellat;
memor fortaſſe querelarum laborioſiſſimi ſenis in Con-
templ. §. 1, *Luciani* Opp. T. III. p. 31. ed. Bip. Deinde
idem ſcribit τὸν Κινύραν. In proximis *Reiskium* ſcriptura
apogr. Lipſ. πλέτει in errorem induxit, ut θραύει corrigeret; eidem mox debetur θεῖνοι. Quamvis fortaſſe acquieſcendum eſt in *Schneideri* emendatione, nondum
tamen me poenitet conjecturae, olim propoſitae in
Emendatt. in Epigr. Gr. p. 24.

"Αΐδος ὃς ταύτης καλαμώδεος ὕδατι λίμνης
κωπεύεις νεκύων βᾶρω, ἔχοντι δύας
τῷ Κινύρου τὴν χεῖρα βακτηρίδος· ἐμβαίνοντι
κλίμακος ἐκτείνας, δέξο κελαινὰ Χάρων.

Ad v. καλαμώδεος conf. *Propert.* II. El. XX. 71. *Jam licet
et ſedeat Stygia ſub arundine remex.* ubi vide Intrpp. et
Rubnkenium ad Hermeſian. v. 5. p. 286. — In ἔχοντι
δύας finge tibi puerum delicatulum, qui nec ſandalia
ferre, neque nudis pedibus per litoris arenam incedere
poteſt. Inprimis huc facit *Philoſtrat.* Epiſt. XXII. μαλακώτερον διετέθης ὑπὸ τοῦ σανδαλίον. θλίβει σε, ὡς πέπεισμαι.
δεινὰ γὰρ δακεῖν σάρκας ἀπαλὰς αἱ τῶν δερμάτων κανότητες.
et paulo infra: τί οὖν οὐκ ἀνυπόδητος βαδίζεις; τί δὲ τῇ γῇ
φθονεῖς; λαύτια (l. βλαύτια) καὶ σανδάλια — νοσούντων ἐστὶ
φορήματα. — δύη pro dolore, aerumna, paſſim ap. poëtas obvium. V. *Suidam* in κακοπάθεια. *Aeſchyl.* Prom. v.
524. δύην ὀμβρηγει βαρεῖαν. *Apollon. Rhod.* L. I. 120. —
V. 3. βατηρίδος — κλίμακος, quae verba cum ἐκτείνας jungenda ſunt, idem quod τῆς ἀποβάθρας, *ſcalae navalis.*

Dor-

Dorvill. ad Charit. p. 597. *Manum a scala porrige in gratiam filii Cinyrae, eumque in cymbam accipe.* — Simili humanitate Charontem excepturum esse Glauciam puerum, auguratur *Statius* II. Silv. I. 186. *quin ipse avidae trux navita cymbae Interius steriles ripas et adusta subibit Litora, ne puero dura ascendisse facultas.*

¶. 82.] *VIII.* Cod. Vat. p. 214. Διοδώρου. Nusquam antea editum carmen in Aristophanis cippum scriptum est. Ipse poëta comicus μνᾶμα ἀρχαίης χοροστασίης, monimentum veteris comoediae, vocatur.

IX. Cod. Vat. p. 267. Ζωνᾶ Σαρδιανοῦ. εἴς τινα ἔμπερον ναυηγήσαντα καὶ ἐπὶ ψάμμου ταφῆς εὐμοιρήσαντα. In Plan. p. 254. St. 368. W. Ζανοῦ est in lemmate, quod *Fabricius* Bibl. Gr. T. II. p. 726. in Ζωνᾶ mutandum esse monuit. Pius quidam viator, naufragi cadaver in litore offendens, illud parvo pulveris munere impertit. — V. 1. ἐπ᾽ ἀμήσομαι. Cod. Vat. In talibus ἐπαμήσασθαι aggerere, congerere significat. Ulysses Od. ι. 482. εὐνὴν ἐπαμήσατο χερσὶ φίλῃσιν Εὑρεῖαν. Vide *Eustath.* p. 353. 4. *Apollon. Rhod.* L. I. 1305. Τήνῳ ἐν ἀμφιρύτῃ πέφνε καὶ ἀμήσατο γαῖαν Ἀμφ᾽ αὐτοῖς. Vide inprimis *Valckenar.* ad Herodot. L. VIII. p. 630. 12. et *Dorvill.* ad Charit. p. 366. sq. — *Wakefield.* in Sylv. crit. T. II. p. 100. corrigit: ψυχρά σοι κεφαλά. — V. 3. σου Vat. Cod. — V. 4. „Αλεξάντη. Corruptelae suspicione non vacat. „ἀλιξάντων in Vat. Cod. scriptum. Mirum est eum, qui „hominis incogniti cadaver fluctibus in litus ejectum „sepulturae mandat, hominis, hujus matrem nomine „compellare posse. Forte scribendum: οἶδεν ἀλιξάντου τὸν „μόρον εἰνάλιον. Sed neque hoc placet. Pro οἶδεν Flor. „εἶδεν [et sic Vat. Cod.] in duobus Planudeae codd. et „iam observatum.“ *Br. Wakefield* l. c. corrigit: εἶδεν ἀλιξάντῳ σοὶ σορὸν εἰνάλιον. *Curabat tibi tumulum litoralem.* Comparat idem *Euripid.* Rhes. v. 199. ubi ἐπιοῦν

curandi et prospiciendi significatione occurrit. Sed hujus loci diversa est ratio. Mihi olim in mentem venerat
scribere:

> οὐ γάρ σευ μήτηρ ἐπιτύμβια κωκύουσα
> εἶδεν ἀλίξαντον σῶμα τόδ' εἰνάλιον.

Non enim matri tuae, ad cenotaphium tuum ploranti, con-
tigit, ut hoc fluctibus laceratum et in undis jactatum cor-
pus videret; sed jaces in deserto litore — —. Elegia ad
Liviam v. 95. *At miseranda parens suprema nec oscula*
fixit. Frigida nec fovit membra tremente sinu. Non ani-
mam apposito fugientem excepit hiatu, Nec traxit caesas
per sua membra comas. ἀλίξαντον σῶμα, ut λείψανον ξανθὲν
ὑπὸ σπιλάδι in Epigr. *Antip. Sid.* XIV. Vide, quae de
hoc vocabulo collegit *Markland.* ad Suppl. p. 150. et
Toup. ad Suid. P. III. p. 375. — V. 5. „ἠϊόνες. Sic
„Vat. Cod. et Planudeae regius optimus. Editiones
„ἠϊόνος Unde probabiliter *Reiskius:* δέξοντ' Αἰγαίης γεί-
„τονες ἠϊόνος. quod aliis lectionibus praeferendum cen-
„seo, modo scribatur: δέξαντ'. πλαταμῶνες ipsa litora
„non sunt, sed ὕφαλοι πέτραι, ὁμαλοὶ πέτραι ὀλίγον ἐξέχουσαι
„τῆς θαλάσσης, *litorales rupes*; ut exponunt Grammatici
„veteres. Eae ἠϊόνες dici non possunt. Tum quid sunt
„ἠϊόνες γείτονες γαίης, tanquam si litus terra non esset?‟ *Br.*
In conjecturam, qua *R.* textum sanavit, inciderat etiam
Jos. Scaliger in not. mst. Huic non praeferenda suspi-
cio cl. *Wakefield: δέξονται γαίης γείτονος ἠϊόνες.* In Vat.
autem Cod. a pr. quidem manu ἠϊόνες legitur, sed deinde ἠϊόνος correctum. — V. 7. μόριον βραχύ. *Horat.* I.
Carm. XXVIII. *Pulveris exigui prope litus munera.* —
πολύ. Cod. Vat. — Pro ἴχε μὲν Plan. conjunctim ἰχέμεν.
i. e. ὥστε σε ἔχειν. Praeferenda scriptura Vat. Cod.

　　Diodoro nostro Vat. Cod. tribuit Epigr. *Heliodori*
T. II. p. 306.

PHILODEMI EPIGRAMMATA.

¶. 8?.] I. Cod. Vat. p. 595. Edidit *Dan. Heinſius*
de Sat. Horat. II. p. 224. et ex eo *Sam Petitus* in obſſ.
L. I. p. 93. Ex *Dacierii* Verſione Horatii idem repetivit *La Monnoye* in Menagianis T. III. p. ?71. Poëta
meretricis et ingenuae puellae amore inflammatus. hanc
ſibi magis deſiderabilem videri ait. — V. 5. „Δημάριον.
„in Cod. Quod variis emendationibus et expoſitionibus
„locum dedit, quibus ſenſus et venuſtas carminis perit.
„Petitus demonſtravit ſcribendum eſſe Δημαρίου. Δημͻ
„et Δημάριον idem nomen. Hoc ὑτοκοριστικόν. Λέξω τὴν
„παρθένον Θέρμιον ποθεινοτέρην Δημκρίου." *Br.* *Moneta* in
Menagianis l. c. ἢ γὰρ ἕτοιμα ſuſpicatur legendum : *para-*
tam Venerem amo, ſed magis deſidero diu negata gaudia.
Nihil hic mutandum. Sententia eſt, qualis apud *Ovi-*
dium II. Amor. XIX 3.

> *Quod licet, ingratum eſt; quod non licet, acrius urit.*
> *Ferreus eſt, ſi quis quod ſinit alter amat.*

Callimach. Epigr. I. μισέω καὶ περίφοιτον ἐρώμενον — σικχαίνω
πάντα τὰ δημόσια. Idém Ep. XI. χαῦμὸς Ἔρως τοιόσδε· τὰ
μὲν φεύγοντα διώκειν Οἶδε, τὰ δ' ἐν μέσσῳ κείμενα παρπέταται. —
Quod ap. *Philodemum* τὸ φυλαςςόμενον vocatur, *Horatio*
ſunt *interdicta, valle circumdata* quae matronarum amantem *inſanum reddere* ait. I. Serm. II. 96.

II. Cod. Vat. p. 104. Planud. p. 469. St. 610. W.
Quatuor ſe puellas amaſſe ait, nomine Δημοὺς appellatas,
unde ſibi Philodemi nomen fatale eſſe ſuſpicatur. —
V. 3. Pro Ἀσιακῆς Cod. Vat. ὑτιακῆς legit, quod ſuſpicionem facit, aliud quid in hoc verſu olim lectum fuiſſe.
Nomen urbis vel provinciae deſideratur. Plura conjici
poſſunt. Fortaſſe:

κal πάλι Τημαρινῆς Δημοῦς ςρίτον.

Demus fortaffe Hyccarica; ut Laïs. Vide *Athen.* L. XIII.
p. 588. B. C. et *Burmann.* ad *Propert.* II. El. 5. p. 249. —
V. 5. Ipfae igitur Parcae me Philodemum appellarunt, ut
me nunquam non Demus cujusdam teneret defiderium.
Et femper caufa eft, cur ego femper amem. Sive ita nafcen-
ti legem dixere forores, Nec data funt vitae fila fevera
meae. Sappho in Epift. ap. *Ovid.* XV. 80. Protefilao
Parcas hoc nomen tribuiffe, ut futurum ejus cafum
fignificarent, dixit *Aufonius* Ep. XX. 4. *Protefilae tibi*
nomen fic Fata dederunt, Victima quod Trojae prima fu-
turus eras. Cum *Philodemo* cf. *Meleagrum* Ep. XXXI.
Vide Not. T. I. p. 51. fq.

III. Cod. Vat. p. 95. Edidit *Reiskius* in Mifc. Lipf.
IX. p. 114. nr. 291. Poëtae cum meretrice perquam
humana colloquium. — V. 1. καὶ σύγχαιρι. apogr. Lipf.
— Mox in puellae refponfo Cod. Vat. non τί δὲ, ut *R.*
fed εἰ δὲ exhibet. Haec et quae proxime fequuntur,
obfcuriora funt. *Reiskius* vertit: *Quo nomine oportet te*
citare? — Quid vero hoc ad te? Nondum hoc quaere. —
Seria es? — Neque tu efto ferius. Sed haec non bene
cohaerent. Verborum ordo fortaffe nonnihil turbatus
eft. Certe nihil obfcuritatis remanebit, fi fcripferis:

<blockquote>
α. τί δεῖ σε καλεῖν; β. σὺ τί τοῦτο;
α. μὴ σὺ φιλόσπουδος. β. μήτε σύ.
</blockquote>

A. *Quo nomine appellanda es?* B. *Quid hoc quaeris?*
A. *Ne tu tantopere feftines.* B. *At nec tu.* Finge tibi
puellam porro euntem; quare amator eam retinet verbis μὴ σὺ φιλόσπουδος. Eadem illa retorquet: nec tu tam
feftinanter agas. Elegans in his ambiguitas, qualem
diverbia amant. Feftinatio viri in eo fe declaraverat,
quod ftatim poft primam falutationem puellam rogaverat nomen. — V. 3. αἰεὶ τὸν φιλέοντα. eum femper habeo, qui me habere cupiat. — V. 4. εὖτ' ἀπὸ σοῦ τ.
apogr. Lipf. unde *R.* εἴτ' ἀπὸ σοῦ. vertens: *anne vero*

fponte tua venies? Optime *Vulckenar.* in Diatr. p. 286. B.
εἶτα πόσου παρέσῃ; quo mihi pretio aderis? Eodem modo,
praepofitione fuppreffa, *Antip. Sid.* Ep. VI. δραχμῆς Εὐ-
ρώπην τὴν Ἀτθίδα — ἔχε. *Strato* Ep. LXXVI. οἶδα τὸ ποῦ,
καὶ πῶς, καὶ τίνι, καὶ τὸ πόσου. *Machon* ap. *Athen.* L. XIII.
p. 580. D. μειράκιον ὁ καλός, φησί, πόσου ἔστης, φράσον. ut
eleganter correxit *Lennep.* ad Phalar. p. 95. 1. Lectione
Vat. Cod. εὖγε fervata *Schneiderus* in Per. crit. p. 105.
hunc verfum fic correxit, ut ap. *Br.* legitur.— V. 5.
Viro puellae aliquid arrhabonis offerente, id illa recufat;
quod cum hic admiretur, ut rem a meretricum confuetudine alienam, puella illecebris artibusque fuis confifa,
tantum fibi pretii pacifcitur, quantum ipfi poft rem
peractam fuerit vifum. — V. 7. ποῦ γίνῃ. ubi habitas,
mittam, qui te arceffat. καταμάνθανε. *Reisk.* haec fic accipit, quafi puella amanti domicilium fuum digito indicet.
Si res Londini, Parifiisve ageretur, meretriculam viro
tabellam porrigere dixeris, in qua et nomen et manfio
perfcripta effet. — V. 8. πρόαγε. De puero nimis mo-
rigero *Strato* Ep. XXVI. ἐπίνευσον Ὀφρύσι, καὶ φανερῶς αὐτὸς ἐρεῖ, πρόαγε, Οὐ γὰρ ἀνάβλησις.

V. 84:] *IV.* Hoc carmen *Philodemo* tribuitur auctoritate *Planud.* p. 470. St. 611. W. Vat. Cod. p. 140.
τοῦ αὐτοῦ infcribit (i. e. Ἀντιφίλου, cujus carmen praeceffit) ἢ μᾶλλον Φιλοδήμου.— V. 1. τί τοι Plan. — V. 3.
μετὰ σοῦ. aliquem, qui te arceffat. Sed hoc fenfu praepofitio μετὰ cum accufativo jungitur. Vide *Brunck.* ad
Apoll. Rh. I. 4. Quare *Scaliger* in not. mft. σ᾽ οὖν correxiffe videtur. At hoc languet. Interpretare igitur:
mittam tecum, cui domum monftres. — V. 4. ὑγίαινε.
Dicebatur, ut χαῖρε, fed eo difcrimine, ut hoc matutino
potiffimum tempore, illud vefpertino adhiberetur. Vide
Thom. Mag. v. Χαίρειν p. 909. Hinc *Strato* Ep. XIX.
Ἑσπερίην Μοῖρίς με, καθ᾽ ἣν ὑγιαίνομεν ὥραν — ἠσπάσατο —
οὐδ᾽ ὑγίαινε λέγεις. *nec falutem quidem reddis?* Hoc imita-

tus eſt *Serato* Ep. XXVIII. ubi ſuperbientem deſcribens
puerum, ἄχρι τίνος ταύτην τὴν ὀφρύα τὴν ὑπέροπτον, Μέντορ,
τηρήσεις, μηδὲ τὸ χαῖρε λέγων. — V. 5. πρὸς ἐλεύσομαι. Vat.
Cod. — οἶδα μαλάσσειν. et te duriores emollire ſcio,
pecunia ſcil. data. *Marc. Argent.* Ep. X. ἀλλ' ἔμπης αὐτὴν
ἐγγεύσομεν, ἣν ἐπιπέμψω Κύπριδος ἰχνευτὰς ἀργυρέους σκύλακας.
V. Cod. Vat. p. 104. Φιλοδήμου εἰς τὴν ἑαυτοῦ μοιχαλ-
λίδα νυκτὸς πρὸς αὐτὸν ἐλθοῦσαν. *Reiske* in Miſc. Lipſ. IX.
p. 137. ur 316. Mulier loquitur, quae, conjuge relicto, nocte intempeſta ad inertem amaſium venerat. —
V. 1. τὴν ἐὸν κλέπτουσα edidit R. Schedae Lacroz. ἐμὸν,
ut eſt in Vat. Cod. unde etiam κλέψασα. Hunc verſum
profert *Alberti* ad Heſych. in συνεύνιον. — V. 2. Depravata lectione verſus praecedentis in errorem inductus
Reiskius ἦλθεν dedit. Deinde πυκνῇ τι ψεκάδι. In Cod.
Vat. eſt πυκινῇ τ. ψακάδι. Nihil hic intereſt, ψακὰς an ψακὰς ſcribatur. Vide *Intrpp. Moeridis* p. 419. Retinenda
igitur ſcriptura Codicis. *Tibullus* de artibus agens, quas
Venus amantes doceat, L. I. El. II. 23. *Nec docet hoo
omnes, ſed, quos nec inertia tardat, Nec vetat obſcura
ſurgere nocte timor. — Non mihi pigra nocent bibernae
frigora noctis, Non mihi. cum multa decidit imber aqua.*
— V. 3. „Bona eſt verſus tertii ſcriptura; non reti-
„cenda tamen Salmaſii conjectura: τοὔνεκεν ἄπρηκτοι κε-
„τακείμεθα, quod, ob verbi praeſertim ſigniſicantiam,
„praeferendum videtur.“ Br *Reiske* dedit ἐν εὐπρήκτοισι.
quod merito repudiavit *Toupius* in Em. in Suid. P. III.
p. 456. qui tamen, omiſſo in fine interrogandi ſigno,
parum recte haec verba interpretatur ſic: dicit puella,
ſe media de nocte ad Philodemum clam marito veniſſe,
ſed ita frigore et pluvia defatigatam, ut nihil agerent.
— Eſt potius vir, qui ἄπρηκτος jacet, de quo puella conqueritur: Hanc igitur ob cauſam noctis pericula, frigus
et pluviam non extimui, ut nunc ſegnes et inertes jace-
remus, et minime ſic, ut amantes decet? Deſidero ta-

men in hac interrogatione particulam ἄρα. Fortaſſe
fuit: .

τοὔνεκ' ἐν ἀπρήκτοις ἄρα κείμεθα;

ἐν ἀπρήκτοις pro ἀπρηκτοι. Apte *Toupius* comparat *Diogen.*
Laërt. IV. 2. 3. de Phryne: καὶ τέλος πολλὰ ἐκλιπαροῦσα,
ἄπρακτος ἀναστῆναι. Similem reprehenſionem Cynthiae
ſuae refert *Propert.* L. II. El. XII. 5. *Illa* meos somno
lapſos patefecit ocellos Ore ſuo, et dixit: Siccine lenta
jaces? Idem II. XI. 13. *Nec mihi jam faſtus opponere*
quaerit iniquos Nec mihi ploranti lenta jacere poteſt. i. e.
ἄπρηκτος. Hoc vocabulo de ſegnibus et inertibus utitur
Manetho L. IV. 517. νωχελίες τε πέλουσι καὶ ἄπρηκτοι καὶ
ἄτολμοι. Plura, quae huc pertineant, collegit *Dorvill*
in Charit. p. 159.— Verba ὡς εὕδειν - ἀd λαλεῦντες, non
ad totam enuntiationem referenda ſunt. Amantes ſe
invicem verbis et grata loquacitate juvare decet. *Ovidius*
III. Amor. XIV. 24. *Illic nec voces, nec verba juvantia*
ceſſent. Art. Am. II. 705. *celeberrima verba loquentur,*
Nec manus in lecto laeva jacebit iners.

VI. Cod. Vat. p. 140. Planud. p. 467. St. 607. W.
In amantem (qualem ſe Petala habere ait ap. *Ariſtaenet.* I.
Ep. XXXVI. p. 162. ἐγὼ δὲ ἡ τάλαινα θρηνῳδὸν, οὐκ ἐραστὴν
ἔχω) qui, poſtquam multis et precibus et lacrymis a
puella id, quod petierat, confecutus eſt, iners et cuncta-
bundus ſedet, nec occaſione ſibi oblata fruitur. —
V. 1. περίεργα θεωρεῖς. In re amatoria paſſim. *Strato* Ep.
XVII. τίς καλοὺς οὐ περίεργα βλέπει; *Achilles* Tat. p. 9.
περιεργότερον ἔβλεπον τὸν Ἔρωτα. Idem p. 50. ἤδη δὲ καὶ
αὐτὴ περιεργότερον εἰς ἐμὲ βλέπειν ἐθρασύνετο. *Philoſtrat.*
Epiſt. LIII. p. 940. meis oculis συνέγνωκα δεινὴν περιερ-
γίαν. *Ariſtaenet.* L. II. Ep. XXI. p. 105. περίεργος διατελῶ
πρὸς τὰ γύναια πανταχῇ, οὐχ ἵνα τούτων ἅψαιμι. — V. 3.
ταῦτα μέν ἐστιν ἐρῶντος. *Xenoph. Epheſ.* L. III. 2. p. 54.
καὶ τὰ πρῶτά γε τοῦ ἔρωτος ὁδοιπορεῖ φιλήματα καὶ ψαύσματα
καὶ πολλὰ παρ' ἐμοῦ δάκρυα. *Ariſtaenet.* L. I. Ep. XXVIII.

O 4

p. 68. τότε μὲν ἐρώσης ἄπαντα πράττει, καί μοι τὸν πόθον
ὑφάπτει πολύν. — V. 4. Quum dico, en, tecum cubo, tu
autem iners jaces, tum profecto nihil amantis habes.
Et Planud. et Cod. Vat. μένεις ἀπλᾶς. ἀπλους Br. recepit
ex conjectura *Toupii* in Em. in Suid. p. 433; 'Meleager
Ep. LXIX. συμπείθει πάντας ἐρωτοπλόειν·' πλέειν, ἐρόττειν et
alia verba de re nautica petita paſſim ad rem veneream
transferuntur. Vide Not. ad *Antiphili* Ep. I.

VII. Cod. Vat. p. 84. Edidit *D. Heinſius* in Carmin. Gr. p. 143. *Wolf* in Fragm. Sapph. p. 250.
Reiske in Miſcell. Lipſ. IX. p. 139. nr. 318. Poëta
noctem cum puella transigens, lunam rogat, ut Veneris
- myſteria radiis ſuis illuſtrare velit. — V. 2. δι' εὐτρήτων
θυρίδων. Veteres feneſtras lignis vermiculatis claudere
ſolebant. Habebant tamen etiam feneſtras lapide ſpecu-
lari clauſas. Vide *Salmaſ.* ad Solin. p. 770. ſq. quem
fugit locus illuſtris ap. *Philonem* in Leg. ad Caj. p. 599.
15. — V. 4. ἀθανάτη. Cod. Vat. quod poſitum ex more
poëtarum pro εοι. *Brunckius,* cui fortaſſis generalis
enunciatio huic loco accommodatior videbatur, ἀθανάτοις
dedit. Hoc jam *Heinſio* obverſabatur, qui vertit: *aman-
tum Haud pudor eſt magnos furta videre deos.* — V. 4.
,,Scriptum in Cod. ὀλβίζεις καὶ τήνδε καὶ ἡ. Salmaſii emen-
,,dationem recepi.'' *Br.* At haec emendatio nullius aſſis
eſt. Senſus eſt in ſcriptūra Codicis: Scio, Luna, te et
hanc (puellam) et me felices praedicare. Non enim
ignara es horum furtorum et voluptatis, quae inde per-
cipitur. Nam tuum quoque pectus inflammavit Endy-
mion. Leander ap. *Ovidiam* Epiſt. XVIII. 59.
> *Luna fere tremulum praebebat lumen eunti,*
>   *Ut comes in noſtras officioſa vias.*
> *Hanc ego ſuſpiciens, Faveas, dea candida, dixi;*
>   *Et ſubeant animo Latmia ſaxa tuo.*
> *Non ſinat Endymion ſe pectoris eſſe ſeveri.*
>   *Flecte, precor, vultus ad mea furta tuos.*

VIII. Cod. Vat. p. 105. Φιλοδήμου τωθαστικὸν ἐπί τινι
ἐρῶντι σαπρῷ καὶ πολλὰ παρεχομένῳ ταῖς ἑταίραις. Edidit
Reiske in Mifc. Lipf. IX. p. 140. nr. 319. — V. 1.
Falſum eſt lemma graecum, quod primum hoc diſtichon
de meretricum ſectatore interpretatur. De moecho
potius agitur, qui in matronas infanit, nec ſolum, ut
eas corrumpat, multum impendit pecuniae, verum etiam graviſſima quaeque pericula ſubit. βινεῖ φρίσσων.
Horatius I. Serm. II. 38. de moechis agens, audire eſt,
ait, operae pretium,　　　•

ut omni parte laborent:
utque illis multo corrupta dolore voluptas.
Atque haec rara, cadat dura inter faepe pericla.

In eodem argumento verſatur fragmentum *Xenarchi* ap.
Atbenae. L. XIII. p. 569. C. quod ſic ſcribendum eſt:

Καὶ τῶνδ᾽ ἕκαστόν ἐστιν ἀδεῶς, εὐτελῶς,
μεθ᾽ ἡμέραν, πρὸς ὁσπέραν, πάντας τρόπους.
τὰς δ᾽ οὔτ᾽ ἰδεῖν ἔσθ᾽, οὔθ᾽ ὁρῶντ᾽ ἰδεῖν σαφῶς.
ἀεὶ δὲ τετρεμαίνοντα καὶ φοβούμενον
δεδιότα τ᾽ ἐν τῇ χειρὶ τὴν ψυχὴν ἔχονθ᾽,
ὅπως ποτ᾽, ὦ δέσποινα ποντία Κύπρις,
βινεῖν δύνανται, τῶν Δρακοντείων νόμων
ὁπόταν ἀναμνησθῶσι παρατετιλμένοι.

Vide *Valckenar.* in Diatr. p. 208. E. — καὶ, μὰ τόν. De
hac ellipſi alibi dictum eſt. — ¶. 85.] V. 3. δραγμᾶς
τ. δ. τῇ Λ. Vat. Cod. Duodenos amplexus quinque
drachmis emo, et praeterea pulchriorem puellam habeo, et palam id facio, *nec vereor, ne, dum futuo, vir*
rure recurrat. *Horat.* I. Serm. II. 127. Bene praecepit
Diogenes Cynicus ap. *Pfeudo-Plutarch.* T. II. p. 5. C.
εἰςελθὸν εἰς πορνεῖόν που, ἵνα μάθῃς, ὅτι τῶν ἀναξίων τὰ τίμια
οὐ διαφέρει. — V. 6. κείνου. moechi illius. διδύμους. Vide
ad *Murc. Argensar.* Ep. XVI. *Clemens Alex.* Cohort
p. 13. 30. ὁ Ζεὺς τοῦ κριοῦ τοὺς διδύμους ἀπεσπάσας.

Horatius l. c. *Quin etiam illud Accidit, ut cuidam testes caudamque falacem Demeteret ferrum.*

IX. Hoc Epigr. *Reiskius* reperit in apogr. Lipf. in fine Sepulcralium nr. 651. (p. 111.) et in Schedis La-crozianis. In has unde venerit, penitus ignoramus; a Vat. enim Cod. abeft. Nec in aliis apographis effe vide-, tur, cum illud et *Heinfium* et *Bentlejum* latuerit, utrum-que in Horatii elegantiis ex graecorum Epigrammatum fontibus illuftrandis admodum fedulum. Fraudem re-centioris graeculi fufpicatur *Chardon de la Rochette* in Mufeo Encyclop. Ann. IV. T. l. p. 563. Elegans ta-men Epigramma, nec vetere poëta indignum. — Phi-lodemus, qui fimul Romanam puellam paulo feverioris ingenii et Corinthiam lafciviffimam amare fingitur, me-retriculam matronae praeferendam exiftimat. — V. 4. ἀπὸ κεκρυφάλου. Immutavit poëta locutionem paroemia-cam ἐς πόδας ἐκ κεφαλῆς, qua plures poft *Homerum* ufi funt. ' *Talos a vertice pulcher ad imos.* Horat. II. Ep. II. 4. — V. 5. χύδην παρέχει. Hinc *Strato* Ep. XLII. τὸν εὐθὺ θέλοντα καὶ παρέχοντα χύδην. Proprie de meretricibus et pueris meritoriis παρέχειν. — V. 6. πλεετουργ. Idem de muliere impudica *Tibullus* I. El. IX. 63. *Illa nulla queat melius confumere noctem, Aut operum varias difpofuiffe vices.* Lufus in Priap. III.

> Obfcoenis rigido deo tabellas
> Ducens ex Elephantidos libellis,
> Dat donum Lalage: rogatque, tentes,
> Si pictas opus edat ad figuras.

Quae hic *figurae* funt, apud *Philodemum* τόποι vocan-tur. De Elephantide ejusque libro vide *Intrpp. Suetonii* ad Tiber. XLIII. *Fabric.* Bibl. Gr. T. VI. p. 811. — V. 7. τί δὲ μίαν. Sched. Lacroz. ἃ dedit *Reisk.* quod cum ἐπιτέλλεις foloecum eft. εἰ correxit *Toup.* in Em. in Suid. P. II. p. 158. — Ἀειῶν αἰρεῖν. apogr. Lipf. πεῖσόν μ'

αἱρεῖν. Schedae Lacr. Hoc merito probavit *Toupius* prae
Reiskii μ' αἱρεῖν. Pifo autem, quem hic poëta alloquitur,
Lucius ille Pifo eft, in quem *Ciceronis* exftat oratio.
cf. cap. XXVIII. — V. 8. εἰν Ἐφύρῃ. Corinthiam mihi
puellam fumo. γ' ἄλλος apogr. Lipf. In marg. Γάλλος. et
comparatio loci Horatiani I. Serm. II. 120. Eandem
notam Lacroz. fchedae exhibent. Haec lectio, fateor,
levem fraudis fufpicionem excitare poffit; certe, qui
fraudem infucare voluiffet, non aliter egiffet. Nemo
ignorat *Horatii* verba:

Illam, poft paulo; fed pluris; fi exierit vir;
Gallis hanc, Philodemus ait; fibi, quae neque magno
Stet pretio, neque cunctetur, cum eft juffa venire.

Inepte *Toupius* dubitat, an Venufinus poëta mentem
Philodemi recte ceperit; fibi enim lectionem apogr. Lipf.
τὴν δ' ἄρα γ' ἄλλος ἔχοι veriorem videri. In quo neminem
fibi affentientem habebit, qui fruges a glandibus discer-
nere didicerit. Sed fic nonnunquam vir acutiffimus ipfo
acumine fuo in transverfum rapitur. —. Ceterum hoc
loco reperto — modo fincerum fit carmen — refellitur
et eorum conjectura, qui ap. *Horatium, Philo, demus, ait,*
legendum putarunt, et *Bentleji* opinio, qui majorem
diftinctionem poft *Gallis* ponebat. Similis color ap. *Mar-*
tialem L. IX. 33.

Hanc volo, quae facilis, quae palliolata vagatur:
Hanc volo, quae puero jam dedit ante meo:
Hanc volo, quam redimit totam denarius alter:
Hanc volo, quae pariter fufficit una tribus.
Pofcentem nummos et grandia verba fonantem
Poffideat craffi mentula Burdigali.

X. Cod. Vat. p. 104. fq. Εἰς Φιλόννιον ἑταίραν. Planud.
p. 469. St. 610. W. In puellam, amantibus, faepe
nulla mercede accepta, in omnibus morigeram. —
V. 1. 2. 3. laudat *Suidas* in μαγστέρα T. II. p. 480.

Puellae nomen incertum. In Vat. Cod. hoc verfu legitur Φιλένιον, ut in lemmate; verfu quinto autem Φιλαίνιον. Planud. utroque loco Φιλαίνιον, quod nomen paffim occurrit in Anthol. Vide Indicem. — Parvam quidem et fubnigram puellam effe ait; eandem tamen haec vitia multis virtutibus compenfare. — σελινων. Cod. Vat. σελίναν verum eft. τὸ οὖλον apio* tribuitur ap. Philoſtratum II. Icon. VI. p. 818. κότινοι καλοὶ καὶ κατὰ τὴν τῶν σελίνων οὐλότητα. De crinibus crifpis cogitaffe videtur Philodemus. Theocrit. Eid. XX. 23. χαῖται δ᾽ οἷα σέλινα περὶ κροτάφοισι κέχυντο. Lucian. in Imag. §. 5. T. VI. p. 31. ed. Bip. ποιητῶν — οὔλους τινὰς πλοκάμους ἀναπλεκόντων, καὶ σελίνοις τοὺς μηδὲ ὅλως ὄντας εἰκαζόντων. Similis eft comparatio ap. Alciphron. L. III. 1. p. 274. βοστρύχους ἔχει βρύων οὐλοτέρους. Crifpis capillis praeditum Archilochus τρίχουλον, Telefilla οὐλοκίκινναν appellavit fecundum Pollucem L. II. 23. — V. 2. „καὶ μνοῦ. Sic Suidas in μνοῦς. »(T. II. p. 569.) Male in Anthologia legebatur καὶ »ἀμνοῦ, quod Salmafius jam emendaverat, et poftea vidit »etiam fagaciffimus Toup. ad Suidam. P. II. p. 269. »Lipf. — Quod autem Kufterus in Suida v. μαγώτερα »ediderit κἀμνοῦ, id mirari fubit. Si e Mfc. cod. petita »haec lectio, monere debuiffet; fin, fupinam negligen- »tiam prodit: nam Suidas in hoc loco ex altero corri- »gendus erat, aut repraefentanda Mediolanenfis editio- »nis lectio, quae habet καὶ μου." Br. μνοῦς eft lana prima, pilus tenerrimus. Suid. μνοῦς. ἡ ἀπαλὴ θρίξ. Hefych. ἔριον ἀπαλώτατον, καὶ ἡ πρώτη τῶν ἀμνῶν καὶ πώλων ἐξάνθησις· καὶ τὸ λεπτότατον πτερόν, κυρίως δὲ τῶν χηνῶν. Pollux L. X. 38. εἴποις δ᾽ ἂν οἶμαι καὶ χνοῦν καὶ μνοῦν ἐπὶ τῶν μαλακῶν. ubi vide Jungermannum. — V. 3. κιστοῦ. quae quum loquitur, tot habet illecebras, ut Veneris cingulum induiffe videatur; vel cujus voces etiam plus philtri habent, quam Veneris κεστός. Alciphron L. I. Ep. 38.

p. 178. ὅσαι ταῖς ὁμιλίαις αὐτῆς. σειρῆνες ἐνίδρυντο. ὡς δὲ ἤδη
τι καὶ ἀκήρατον ἀπὸ τῶν φιλημάτων νέκταρ ἔσταζεν. ἐπ' ἄκροις
μοι δοκεῖ τοῖς χείλεσιν αὐτῆς ἐκάθισεν ἡ Πειθώ. ἅπαντα ἐκείνη
γε τὸν κεστὸν ὑπεζώσατο. Hinc hortulos fuos irrigavit *Ariftaenet.* L. I. I. p. 4. *Plutarcb.* T. II. p. 141. C. ἄμαχον
οὖν τι χίνεται — ἡ γυνή - ἂν ἐν αὐτῇ πάντα θεμένη καὶ προῖκα
καὶ γένος καὶ φάρμακα καὶ τὸν κεστὸν αὐτὸν, ἤθει καὶ ἀρετῇ
κατεργάσηται τὴν εὔνοιαν. *Himer.* Or. III. §. 3. p. 440.
οὐδ' εἰ τὸν κεστὸν ἔχων τὸν Ὁμήρου φθέρξαιτο. — V. 4. ταυτὶ
fufpicatur *Joſ. Scaliger* in not. mſt. male. "Non hoc laudat *Pbilodemus*, quod Philaenium omnibus, ſed quod
ſibi omnia, quaecunque popoſcerit, praebeat. Rem.ex-
tra dubium ponit *Macedon.* Epigr. IV. πείθει' ἐμοὶ ξύμ-
παντα, καὶ οὐκ ἀλέγιζεν ἐμεῖο Κύπριδι παντοίη σώματος
ἁπτομένου. — "καὶ αἰτήσει πολλάκι φειδομένη. Ridiculi
"ſunt vulgati interpretes, quorum explicatione nihil
"ineptius. Alter, *prius dans quam rogetur.* Alter, *preces
"minime expectans.* Immo, *pecuniam minime poſcens.*
"*Gratis faepiſſime copiam corporis fui faciens.*" Br. De
verbo αἰτεῖν, in hac re uſurpato, cf. not. ad *Aſclepiad.*
Ep. I. T. II. p. 21. — ἄχρις ἄν. Se non ſemper eam
amaturum promittit, ſed usque dum aliam hac etiam
perfectiorem repererit.

XI. Cod. Vat. p. 91. Φιλοδήμου εἰς Ἡλιοδώραν τὴν
ἐταῖραν. Plan. p. 468. St. 608. W. Quamvis utroque in
loco *Philodemo* hoc carmen tribuitur, Heliodorae tamen
nomen et totus ſcribendi character efficit, ut illud *Meleagri* eſſe fufpicer. — V. 2. τοὺς πρίν. cruciatuum, quos
olim perpeſſa eſt, probe memor.

¶. 86.] XII. Cod. Vat. p. 511. Neminem ſcio,
qui hoc carmen ante *Br.* ediderit. De virium fuarum
deminutione conqueritur. — V. 3. οἴμοι καὶ τοῦτο. Vat.
Cod. et ſic ſchedae Lacroz. ex quibus *Reiskius* hoc carmen in
ſuas ſchedulas retulit, φθίνει μοι corrigens. Ex R. igitur

conjectura sic edidit *Brunckius*, (vide Praef. noftr.
p. XXIII.) quam nec certam, nec verifimilem exiftimo.
Continuandam puto orationem, et fortaffe corrigendum:

− − ἐς ἠέλιον·

οἴμοι καὶ τοῦτ' αὐτὸ μάλα βραδύ − − −

Sic haec bene cohaerent: *et femel tantum, et lento ma-
tu; quin faepenumero ne ad finem quidem res perducitur.*
— V. 4. „τὸ τερμόριον. Sic ζod. τὸ τοῦ τέρματος μεθόριον.
„Nifi forte τερμόνιον legendum eft. Pro ἡμιθανὲς, quod
„genuinum non videtur, reponendum cenfeo ἡμιτελές.«
Br. Utinam vera lectio tam clare appareat, quam fenfus loci. Significare voluit poëta, fe in medio nonnunquam Veneris ftadio corruere, (ἥμισυ κελεύθου κυπριδίης
ἀνύσας. *Paul. Sil.* Ep. XII. 4.) quum olim puella offi-
cium fuum tota nocte valere experta fuerit, ut *Propertius* loquitur L. II. XVIII. 24. *Rufinus* Ep. V. ἔκλυτος
ὑπναλέῳ γυῖα κέκμηκα πόνῳ. Quare vide, an fcribendum fit:

πολλάκι δ' ἤδη

ἡμιτελὲς θνήσκει, οὐδ' ἐπὶ τέκμαρ ἱκόν.

Poftrema haec probabilitate non carent. τέκμαρ. πέρας.
τέλος. *Hefych.* In his omnibus fubaudiendum τὸ βινεῖν.
Martial. l. III. Ep. LXXIX. *Rem peragit nullam Serto-
rius, inchoat omnes; Hunc ego, cum futuit, non puto
perficere.* — V. 5. Similes querelas *Ovidius* fundit Amor.
III. El. VII. 17. cum iners juxta amicam jacuiffet:
*Quae mihi ventura eft, (fiquidem ventura) feneïtus, Cum
defit numeris ipfa juventa fuis?* et mox: *Exigere a nobis
angufta nocte Corinnam, Me memini numeros fuftinuiffe
novem.*

XIII. Cod. Vat. p. 106. Plan. p. 469. St. 610. W.
Animae fuae a Xanthippe, jam pubefcere incipiente,
magnum auguratur incendium. — V. 1. λαλιῇ. Vat.
Cod. male. — κωτίλον ὄμμα. oculi diferti et loquaces.
λαμυρὰ ὄμματα vocat *Meleager* Ep. L. — πῦρ καταρχόμε-

νον. *Haec eft venturi prima favilla mali.* Propert. L. I. IX.
17. Couf. Ep. XV. — V. 3. ἐκ τίνος. ex qua caufa.
Plane huc facit idem Propert. II. El. I. 75. *nec caufam,*
nec apertos cernimus ictus, Unde tamen veniant tot mala,
caeca via eft.

XIV. Cod. Vat. p. 513. unde emendatum et auctori fuo vindicatum edidit *Dorville* ad Charit. p. 529.
Nam in Plan. p. 180. St. 264. W. ἀέσποτον eft et mutilum. In edit. pr. plane defideratur. Infequentes edd.
illud ex Lectionibus Aldinae pr. receperunt. — Poëta,
jam medio vitae fuae fpatio peracto, fe amori adhuc et
voluptatibus indulgere fatetur. — V. 2. βιότου. Vat.
Cod. Notanda locutio βιότου σελίδες, *vitae pagina,* pro
vitae fumma. Ducta videtur metaphora a tabella, in
quam rationes referuntur. — V. 3. Similis color ap.
Tibull. L. I. El. I. 71. *Jam fubrepet iners aetas, nec ama-*
re decebit, Dicere nec cano blanditias capite. — Hunc
verf. omittit Planud. — V. 4. συνετῆς. Hinc Apollonid.
Ep. I. ἀλλ᾽ ἄγ᾽ ἐπείγου ῾Η συνετὴ κροτάφων ἅπτεται ἡμετέρων.
Sera et fapientior aetas ap. Ovid. I. A. A. 65. — V. 5.
μέλλοντι. Aldinae edd. — Mox veteres quaedam edd.
ἐπλείστη. — V. 7. 8. defiderantur in Planud. αὐταὶ
fufpicatur Br. in Lect. p. 318. κορωνίδα γράφειν dicuntur fcribae, cum librum ad finem perduxerunt; eft igitur finem imponere. Optat Philodemus, ut Mufae,
fub quarum tutela vitam agit, Xanthippes amorem fibi
coronidis loco fcribant, in eoque ipfum definentem fa-
ciant. De locutione κορωνίδα γράφειν five ἐπιτιθέναι difputavit *Schwarz* de Ornam. Libror. p. 76. fq. — Μοῦσαι
θεσπ. μαν. Propert. L. I. El. IX. 41. *Sunt igitur Mufae,*
neque amanti tardus Apollo: Queis ego fretus amo.

XV. Cod. Vat. p. 105. Planud. p. 468. St. 608. W.
In Lyfidicen, puellam tenera aetate adhuc, fed jam
omnibus fplendentem veneribus. — V. I. κάλυκες funt

rofae, quae h. l. vernantem puellae pulcritudinem fignificant. γυμνόν. quia fe nondum penitus prodit, nondum
tota e calice prorupit. — βότρυς. Nigrefcit uva, cum ad
maturitatem pervenit. Lyfidiceh igitur viro nondum
maturam effe ait. Saepiffime ab uvis metaphorae ad
aetatem fignificandam traducuntur. *Oneftes* Ep. I. puellam, quam velit, defcribens, εἴη, ait, μήτ' ὄμφαξ. μήτ' ἀστα-
φίς. Similiter in Ep. ἀόσπ. LXIX. ὄμφαξ οὐκ ἐπένευσας
ὅτ' ἦς σταφυλὴ, παρεπέμψω. De πρωτοβολῶν dictum eft ad
Ep. *Platonis* VI. 4. — V. 3. τόξα. Pro *fagittis* paffim. —
¶. 87.] V. 5. Fugiamus, dum Amores fpicula nondum
impofuerunt nervo. — Mox pro μεγάλης, quae eft Cod.
Vat. lectio, Planud. πολλῆς legit. Res eodem redit. —
Plato Ep. VI. ἃ δειλοὶ, νεότατος ὑπαντιάσαντες ἐκείνης Πρω-
τοβόλου, δι' ὅσης ἤλθετε πυρκαϊῆς. Obverfabatur hoc carmen *Antiphilo* Ep. II.

XVI. Cod. Vat. p. 91. Plan. p. 468. St. 608. W.
Poëta quamvis fe in Cydillae amore nullis non periculis
obnoxium effe fciat, amoris tamen impotentiae refiftere
nequit. Cydilla igitur matrona fuiffe videtur. Cf. not.
ad Ep. VIII. *Pfeudo-Plutarcb.* T. II. p. 5. B. de juvenum perditorum flagitiis agens, ἤδη δέ τινες, ait, καὶ τῶν
νεανικωτέρων ἅπτονται κακῶν, μοιχεύοντες καὶ καταφθοροῦντες,
καὶ μίαν ἡδονὴν θανάτου τιμώμενοι. — V. 1. ὑποκόλπιος. *Theocrit.* Eid. XIV. 37. ἄλλος τοι γλυκίων ὑποκόλπιος. — V. 3.
παρὰ κρ. Vat. Cod. — παρὰ κρημνὸν πόρον τέμνειν paroemiae
fpeciem habet de iis, qui caput magnis periculis obji-
ciunt. *Non ego per praeceps et acuta cacumina vadam.*
Ovid. A. A. I. 381. — τέμνειν πόρον eleganter, ut *viam
fecare* ap. Latinos. *Lucian.* T. VI. p. 50. ed. Bip. οὐδὲ
ἐγὼ πρῶτος ταύτην ἐτεμόμην τὴν ὁδόν. *Eurip.* Phoen. v. 1.
ἃ τὴν ἐν ἄστροις οὐρανοῦ τέμνων ὁδόν. Conf. *Gottleber.* ad
Thucyd. II. 100. p. 407. *Elsner.* Obff. Sacr. T. II.
p. 311. fq. — κύβον ῥίπτειν et ἀναῤῥίπτειν plures illuftrarunt. Vide not. ad *Antip. Sid.* Ep. XCIII. et *Dorvill.*
ad

ad Charit. p. 88. — Hunc verſum cum parte praecedentis laudat *Suid.* v. κύρος T. II. p. 589. — V. 5. οὖν,
quod me in vulgata magnopere offendit, a Vat. Cod.
abeſt, quod corruptelae ſuſpicionem auget. Fortaſſe legendum :

ἀλλὰ τί μοι πλέον ἐστίν; ἄγαν θρασύς — —

*Quanta incurram pericula, non ignoro. Quid autem? ni-
mis audax, nimis violentus eſt amor, qui, cum amantem
aliquo trahat, nullum prorſus timorem novit.* — V. 6.
πάντοτ᾽ Ἐ. et φόβου. Plan. et Vat. Cod. — φόβον praebet
Ed. Flor. pr. ἐρχὴν adverbialiter eſt poſitum, quod fraudi
fuit librariis. Vide *Lennep.* ad Phalar. p. 82. ſqq. —
οὐδ᾽ ὄναρ. Graviter negat. Cf. notas ad *Callim.* Ep. XV.
T. II. p. 272.

XVII. Cod. Vat. p. 88. Φιλοδήμου εἰς Φιλαινίδα τὴν
νεωτέραν. Plan. p. 467. St. 608. W. ubi ultimum diſtichon deeſt. Elegans carmen. Philaenida ancillam, lu-
cerna accenſa, exire jubet poëta ex thalamo, in quo
cum puella cubat. A verſu quinto ipſam puellam alloquitur. — V. 1. τὸν σιγῶντα — λύχνον. μύστην λύχνον vocat *Pompejus* Ep. II. p. 105. Hinc *Meleager* Ep. LXXI.
λύχνον συνίστορα dixit, ubi vide notas. Adde *Burm.* ad
Anthol. Lat. T. I. p. 684. — τῶν ἀλαλήτων, eorum, quae
ſilentio premi et occultari volunt, qualia ſunt Amoris
myſteria. Hoc ſenſu vocabulum ἀλαλήτων accipiendum
eſſe, contextus docet; nec etymologia obſtat. *Tibull.* I.
El. II. 33. *Parcite luminibus, ſeu vir, ſeu femina fiat.
Obvia: celari vult ſua furta Venus.* — V. 2. ἐκμεθύσασα,
affundens oleum. μεθύειν dicuntur, quae repleta ſunt et
ſaturata. *Homer.* Il. XVII. 390. βοείην — μεθύουσαν ἀλοιφῇ.
Attigit *Toup.* in Not. ad Heſych. T. I. p. 255. —
V. 4. τυκτήν. Vulgo. πυκτήν. Vat. Cod. Hoc in κτυκτήν
mutandum videtur. Intelligitur janua valvata, δικλίς.
στόχις autem ſunt tabulae, quibus janua operitur. Vide

Salmaf. in Plin. p. 651. F. — Nec tamen spernenda Br. emendatio πηκτὴν Θύραν, quod nititur auctoritate *Hefychii:* πηκταὶ Θύραι, καὶ εὔπηκτοι καὶ εὔθυροι. Confer *Rufin.* Ep. XXVII. τὸ πρόθυρον σφήνου. — In fine versus Θύρην. Vat. Cod. — V. 5. φίλη et φιλεράστρι' ἄκοιτις Vat. Cod. — Hunc verfum a *Br.* penitus emendatum esse, valde dubito. Quid enim est ξανθᾷ? quo senfu accipiendum est? Vix verbum reperiri poterit, quod apte suppleatur. Deinde hoc me male habet, quod puella, in cujus amplexus poëta fe ruere fingit, bis appellatur. Pro meo senfu oratio ad ancillam continuatur, usque ad verba: σὺ δ' ὦ φ. κ. Quare vide, an poëta fcripferit:

καὶ σὺ φύλαξ ἂν δῶμα . . . Σὺ δ' ὦ φ. κ.

Et tu quidem, o Philaeni, cuftos in domo maneas. — *Tu autem* —. Ancillae excubias in limine agentes paffim obviae. — Jam his omnibus dispofitis puellam ad peragenda Veneris myfteria exhortatur. τὰ λειπόμενα. *Cetera quis nefcit? laffi requievimus ambo. Ovid.* I. Amor. V. 25.

XVIII. Cod. Vat. p. 89. „Hujus Epigrammatis duo „tantum difticha, primum et tertium, in vulgata Anthol. „leguntur. p. 468. St. 609. W. Philodemo valde in„fenfus fuit Planudes. Secundum integrum exftat ap. „Suidam in λόγδινα (T. II. p. 465.), quod unde decerptum „effet, mirum non eft ignoraffe Kufterum; et partim „in κωνοειδές. (T. II. p. 365.) Hinc corrigendus Suidas, „ap. quem male legitur: περιτρομώδες.“ *Br.* Charito, fexaginta annorum mulier, fed adhuc multis veneribus confpicua, hoc carmine laudatur. — V. 1. Vulgo corrupte in Plan. λυκάβαντος ἐς ὥρας. *Jof. Scaliger* in notis mft. ἰώρας emendavit, nefcio quo fenfu. *Huetius* p. 46. triplicem proponit conjecturam: five τελεῖ λυκάβαντας ἐς ὥρας. five πέλει λυκάβαντος ἐ. ὠ. five πελᾷ λ. ἐ. ὠ. Veram lectionem Vat. Cod. dedit. Vulgatae tamen patrocinatur *G. Wakefield* in Sylv. crit. T. III. p. 57. qui hanc

locutionem τελεῖ ἰς ὥρας, *venit ad sexaginta anni tem-*
pestates, exquisitae venustatis eſſe affirmat. Dicitur enim
τελεῖν ἰς, ut ἀνύειν, omiſſo ὁδὸν, quod *W.* illuſtrat in *Sylv.*
trit. T. II. p. 2. *Musgr.* ad Hippol. 750. et *Markland.*
ad Suppl. 1142. — In mulieris nomine eſt diverſitas
leƈtionis. Cod. Vat. Χαριτῶ. In Edit. Fl. et Ald. pr. Χαρι-
κλώ. Reliquae Ald. Χαριτώ. — V. 3. 4. omittit Plan.
pudori conſulens. — κὲν Vat. Cod. — λύγδινα. Vide ad
Antip. Sid. Ep. XXIV. *Lucilius* ap. *Nonium* v. *Stare:*
Hic corpus ſolidum invenies, hic ſtare papillas Peƈtore mar-
moreo. quem locum apte comparavit *Toup.* in Cur. nov.
p. 249. ubi tria priora hujus carminis diſticha ex Cod.
protulit. *Paul. Silent.* Ep. VIII. quod et ipſum in vetulam venuſtam conſcriptum eſt: μαζὸν νεαρῆς ὄρθιον ἡλικίης.
Sororiantibus papillis conſpicuam mulierem uno vocabulo ἱλαρόμασθον appellavit *Rufín.* Ep. XIX. — V. 4. ἕστηκε.
Vel nullo ſtrophio papillas ambiente et erigente, ſtant
tamen firmae et ſolidae. Ejusmodi μαστοῖς oppontntur
mammae inclinatae, ut ap. *Propert.* L. II. El. XII. 21.
Necdum inclinatae probibent te ludere mammae. Cf. *Bur-*
mann. ad Anth. Lat. T. I. p. 516. — περιδρομάδος eſt in Vat.
Cod. περιτρομάδος *Suid.* quod *G. Wakefield* in περιτρο-
χάδος mutat. Acquieſcendum eſt in leƈtione Codicis. —
V. 5. ἀμβροσίη. Ed. Fl. Ald. pr. et tertia et Vat. Cod. Ed.
Aſcenſ. ἀμβροσίην. — V. 6. πέσας. Edd. vett. praeter
Stephan. quae πᾶσιν exhibet. πᾶσαν (ſic) Vat. Cod. πᾶσαν
etiam *Wakefield* legendum ſuadet, jungens τυιθὼ πᾶσαν,
totam, qualis quantaque ſit, ſuadelam. — ἐπιστάζει. Ald.
pr. et Aſcenſ. In marg. Vat. Cod. γρ. ἀπό. Suavior eſt
vulgata leƈtio et gravior. — V. 7. 8. abſunt a Planud.
„Ultimi diſtichi hexameter valde corruptus eſt in mem-
„branis, quarum ſcripturam hic repraeſentabo, ut de
„mea emendatione judicent eruditi, et meliorem affe-
„rant, quibus mea non placuerit; talia autem eſt: ἀλλὰ

„τιθθης ὀργῶντας ὅσοι μὴ φλέγετ' ἐρασταί. Cetera e Cod.
„Vat. meliora dedi." *Br.* In apogr. Gothano non τιθθης,
fed πόθους legitur. In Brunckiana lectione primum me
offendit particula γε, quam in hoc loco nemo facile de-
fideraverit; deinde ὀργῶσας, quod, fic nude pofitum,
mihi quidem non fatis commodum videtur. Jejunus
enim evadit fenfus, fi *fucci plenas* verteris, (quis enim
non fucculentum corpus macilento praetulerit?) fin
prurientes et libidinofas, vereor, ne hoc contextui parum
conveniat. Perfpicaciffimus *Wakefield* corrigit:

ἀλλὰ τιτθοὺς ὀργῶντας ὅσοι μὴ φεύγετ' ἐρασταί,
δεῦρ' ἴτε τρεῖς ἐτέων ληθόμενοι δεκάδας.

Metro fe non timere fcribit; poffe enim priorem in
τιτθοὺς corripi, aut τιθοὺς emendari; idem enim τιθὴ et
τιτθὴ, τιθὰς et τιτθός. At fi hac ratione fanandus fit locus, faltem fcripferim:

ἃ τιτθοὺς ὀργῶντας — —

Ceterum eadem emendatio fefe obtulerat cl. *Eichftaedt*,
qui eam mecum per literas communicavit. Hoc unum
mihi in hac lectione displicet, quod poëta fic ad fingu-
lam partem venerum Chariclus delabitur, cum jam antea et hujus et aliarum partium mentionem fecerit.
Optime fic res procederet, fi tertium diftichon abeffet;
fed cum poëta poft papillarum commemorationem etiam
ambrofium cutis odorem, oris fuadelam, reliquasque
innumeras mulieris gratias praedicaverit, mirarer, fi
nunc iterum de papillis fermonem faceret. Quare re-
conditius quiddam latere fufpicor. Fortaffe in lectione
codicis, ἀλλὰ ποθουοργῶντας ὅσοι μὴ φλεγιτερεσταί, latent
haec:

ἀλλὰ μεθυσκαργῶντας ὅσοι μὴ φεύγετε ῥᾶγας.

Vetulam, fucci plenam, cum acino uvae, bacchico li-
quore turgente, comparat. Supra Ep. XV. de puella:
οὐδὲ μελαίνει βότρυς ὁ παρθενίους πρωτοβολῶν χάριτας. Gala-
team fuam Cyclops ap. *Theocrit.* Eid. XI. 21. φιαρωτέραν

esse ait ὄμφακος ὠμᾶς. In ipsa igitur imagine nihil est,
quod a *Philodemi* nostri elegantia abhorreat. Jam sin-
gula verba videamus. ῥάγες sunt uvarum acini. Hi ubi
tument, σπαργᾶν dicuntur et ὀργᾶν. *Aristaen.* L. I. Ep III.
p. 19; βότρυς δὲ οἱ μὲν ὀργῶσιν, οἱ δὲ περκάζουσιν. *Pollux*
L. I. 230. ἐπὶ φυτῶν καὶ δένδρων καρποφόρων ἐρεῖς ἀκμάζειν,
ὀργᾶν, σπαργᾶν. Vide *Rubnken.* ad Tim. p. 234. Recte
autem μεθυσπαργῶν, *uva mustis sumens* (*Ovid.* I. Amor.
XV. 11.), ut ap. *Diodor. Zon.* Ep. IiI. πορφύρεόν τε βότρυν, μεθυπίδακα, πυκνόῤῥαγα. Ipsa vitis ἡμερὶς μεθυτρόφος
ap. *Simonid.* Ep. LIV. Acinum turgentem *ebriosum*,
μεθύοντα, appellat *Catullus* XXVII. 3. *Postbumiae ebriosa
acina ebriosioris.* — Ut autem hoc loco mulier juvenili
vigore florens et succulenta eum uva tumente comparatur, sie contra vetula *uvis aridior passis* est in Lusibus
XXXIII. ubi *Burmannum* consule.

¶. 88.] *XIX.* Cod. Vat. p. 103. Planud. p. 468. St.
609. W. Poëta, canis admonitus, pristinam licentiam
relinquit, et ludum incidit. — V. 2. ἀλλ' ἐμένην. Haec
paulo gravior reprehensio; sed facile repellitur, culpa
in Amorem conjecta. Sic poëta in Anth. Lat. L. III.
Ep. CXVII. *Institit et stimulis ardentibus, institit actum,
Sive fuit fatum, seu fuit ille deus.* — Non omittendum, in
Plan. κεκώμακε legi, pravaqué verborum distinctione omnem
hujus distichi tolli elegantiam. — V. 3. ἐφίλθω. *Brodaeus*
supplet ἔρως, in quo *Opsopoeum* sibi consentientem habet.
— μελαίνη θρὶξ. Juvenilem aetatem indicat. *Horat.* I. Ep.
VII. 25. *reddes Forte latus, nigros angusta fronte capil-
los.* Male in Plan. post θρὶξ distinguitur. — συνετῆς.
Idem dixit Ep. XIV. 4. — V. 5. παίζειν ὅτε καιρός. Sic
Latini *ludere*, ut *Horat.* I. Ep. XIV. 35. *Nec lusisse pu-
det, sed non incidere ludum.* Ad sensum facit idem II.
Od. III. 13. *Huc vina — ferre jube — Dum res et aetas
et sororum Fila trium patiuntur atra.* — V. 6. λωτέργι.
Vulgo.

XX. Cod. Vat. p. 102. qui *Philodemo* hoc carmen
vindicat, quod in Planud. p. 484. St. 628. W. ἄδηλον
eft. Puellae, a fe relictae, priftinas, quibus fruftra ufus
fuerit, minas in mentem revocat. — V. 1. φιλεῖν πέλι
conjecit *Jof. Scaliger* in not. mft. Eadem eft fententia
in Ep. ἄλ... XXXVII. Eft hoc ex viri boni officio, amicis et benevolis omni ratione bene facere, hoftes contra quovis modo laedere. De Thefpefio *Plutarch*. de S.
N. V. p. 85. ed. *Wyttenb*. οὔτε γὰρ δικαιότερον περὶ τὰ
συμβόλαια γινώσκουσιν ἕτερον Κίλικες ἐν τοῖς τότε χρόνοις γινόμενον, οὔτε πρὸς τὸ θεῖον ὁσιώτερον, οὔτε λυπηρότερον ἐχθροῖς,
ἢ βεβαιότερον φίλοις. Conf. *Luzac*. in Exercitt. Academ.
Spec. III. p. 153. fq. — τόν με δακόντα. eum, qui me
laeferit. *Mufonius* ap. *Stobaeum* XIX. p. 170. 25. καὶ
γὰρ δὴ τὸ μὲν σκοπεῖν, ὅπως ἀντιδήξηταί τις τὸν δάκνοντα καὶ
ἀντιποιήσῃ κακῶς τὸν ὑπάρξαντα, θηρίων τινὸς, οὐκ ἀνθρώπου
ἐστίν. — V. 3. λίην. Plan. et Vat. Cod. — μηδ' ἐρέθιζε,
majore diftinctione in verfus fine pofita, et v. feq.
μὴ θέλε Planud. legit. Anonymus Bibl. Bodl. emendavit:
ἐρεθίζειν τ. β. μοι θέλε. five ἐρέθιζε· τ. β. μηθ' ἕλε. Veram
lectionem ex fchedis Tryll. reftituit *Schneider*, in Per-
crit. p. 10. Similiter *Propertius* perfidae puellae minatur L. II. El. IV. 3. ubi fcribo:

> *Haec merui fperare? dabis mihi, perfida, poenas,*
>   *Nobis Archilochi, Cynthia, virus erit.*
> *Inveniam tamen e multis fallacibus unam,*
>   *Quae fieri noftro carmine nota velit,*
> *Nec mihi tam duris infultet moribus, et te*
>   *Vellicet: heu fero flebis amata diu.*

Pro στέργοντα Schedae Tryll. στέργοντε. male. — V. 5.
ταῦτ'. Plan. — ἴσα πόντῳ. Horat. III. Od. VII. 21. Sco-
pulis furdior Icari voces audis. Euripides Medea v. 28.
ὃς δὲ πέτρος ἢ θαλάσσιος Κλύδων ἀκούει νουθετουμένη φίλων. Si-
milia· vide ap. *Valcken*. in Hippol. p. 196. C. — V. 7

τῷ γάρ. Vat. Cod. qui etiam in fine verſus vitioſe habet
βαύζοις et v. ſq. ἡμέραι ναιάδος. Nulla caufa erat, cur *Br.*
vulgatam βαύζεις lectioni Codicis poſtponeret. Non enim
optative haec efferuntur, ſed indicative. Id, quod poëta
puellae jamdudum minatus erat, jam factum eſt: ipſe
in alius puellae amplexibus haeret, illa autem κλαίουσα
βαύζει. Canum proprium eſt vocabulum βαύζειν.
Theocrit. Eid. VI. 10. Conf. *Valcken.* ad Ammon.
p. 231. 13. Translatam ſignificationem illuſtravit
Stanlei ad Aeſchyl. T. II. p. 765. — ἐν κόλποις ἡμίθα.
Tibull. I. El. IX. 79. ad delicias ſuas: *Tunc flebis ſ cum
me vinctum puer alter habebit, Et geret in gremio regna
ſuperba ſuo. Ovid.* Amor. L. II. 2. 62. *in gremio judicis
illa ſedet.*

.   *XXI.* Cod. Vat. p. 106. Planud. p. 469. St. 610. W.
Puellae opicae veneres mente admiratione perculſa celebrat. — V. 1. ὦ Vat. Cod. per totum hoc carmen;
male. Haec fortaſſe obverſabantur *Horatio* I. Serm. II. 92.
*ne corporis optima Lynceis Contemplere oculis, Hypſaea
caecior illa, Quae mala ſunt, ſpectes: O crus! o brachia!
Verum depygis* —. *Ovid.* I. Amor. V. 19. *Quos humeros, quales vidi tetigique lacertos! Forma papillarum
quam fuit apta premi! Quam caſtigato planus ſub pectore
venter! Quantum et quale latus, quam juvenile femur!*—
V. 2. κτενός. *Pollux* L. II. 174. αἰδοῖα καὶ τῶν γυναικῶν·
ὧν τὸ μὲν σύμπαν κτής, ἐπίσιον. *Clemens Alex.* Coh. ad
Gent. T. I. p. 36. κτεὶς γυναικεῖος· ὅ ἐστιν εὐφήμως καὶ
μυστικῶς εἰπεῖν, μόριον γυναικεῖον. — V. 3. ὤμοιν. Vat. Cod.
— V. 5. ὦ κατὰ τεχ. Vat. Cod. Veram lectionem ſervavit. *Planudes.* Hinc *Automedon* Ep. III. ὀρχηστρίδα τὴν
κακοτέχνοις Σχήμασιν ἐξ ἁπαλῶν κινυμένην ὀνύχων. Talem in
ſe laſciviam a Phaone laudatam eſſe ait *Sappho* ap. *Ovid.*
Her. XV. 45. *Haec quoque laudabas: omnique a parte
placebam, Sed tum praecipue, cum fit amoris opus. Tunc
te plus ſolito laſcivia noſtra juvabat, Crebraque mobili-*

sas, aptaque verba joco. — V. 5. περὶ ἄλλων. Vat. Cod. —
κλώμεθα ex *Brodaei* emendatione in contextum venit.
In vett. editt. κλῶμαι legitur; in fola Afcenf. κλέομαι,
unde *Canterus* Nov. Lect. IV. 27. p. 234. κάομαι emendandum propofuit. Quum in Vat. membranis ἀ τῶν θύομε
φ. legatur, majoris corruptelae oritur fufpicio. — V. 7.
„Codd. et libri excufi εἰ δ' ὀπικὴ καὶ φλωρά. ὀπικὴ vox eſt
„latina, quam graece ufurpavit Philodemus. φλωρὰ nec
„graecum nec latinum eſt. χλωρὰ etiam fcripfiſſe video
„Martinium in Lex. philol. quem vide in *Opicus.*" *Br.*
χλωρὰ eſt ex emendatione *Brodaei*, qui apte comparat
Ovid. Heroid. XV. 35.

   Candida fi non fum, placuit Cepheïa Perfeo
    Andromeda patriae fufca colore fuae.

ubi *N. Heinfius Philodemi* verfus excitavit. Idem II. A.
A. 643. *Nec fuus Andromedae color eſt objeɕus ab illo,*
Mobilis in gemino cui pede penna fuit. τὸ χλωρὸν eſt in
vitiis coloris. *Theocrit.* Eid. II. 88. καὶ μευ χρὼς μὲν ὁμοῖος
ἐγίνετο πολλάκι θάψω. χλωρός. ξανθός. Tamen hoc ipfum
vitium amantibus nonnunquam placere ait *Plutarch.*
T. II. p. 84. F. οἱ ἐρῶντες καὶ τραυλότητας ἀσπάζονται τῶν
ἐν ὥρᾳ καὶ ὠχρότητας. — Pro φλωρὰ *Huetius* p. 46. φλαῦρα
dubitanter proponit. Et in hoc fortaſſe vocabulo recon-
ditius quid latet. — *Opicum* inter convitia fuiſſe, quibus Graeci Romanos peterent, apparet ex loco *Catonis*
ap. *Plin.* H. N. XXIX. 1. 7. *Nos quoque dictitant barba-*
ros, et fpurcius nos quam alios Opicos appellatione vocant.
Juvenal. Sat. III. 207. *divina Opici rodebant carmina*
mures. ubi Schol.: Ὀπίζειν *Graeci dicunt de iis, qui im-*
perite loquuntur. Alii Opicos dicunt eos, qui foedam vo-
cem habent. Idem Sat. VI. 455. de muliere putide docta:
Nec curanda viris opicae caſtigat amicae. Schol.: *Imperite,*
male pronuntiantis.

   ¶. 89.] XXII. Cod. Vat. p. 512. Poëta fe caras
illas delicias, quibus opulenti utuntur homines, vinum

Chium, unguenta pretiofa, meretricem magna mercede
conductam, et quae his funt fimilia, relinquere ait, viliori
voluptate nec care emenda contentum. — V. 2. laudat
Salmafius in Exerc. Plin. p. 745. E., et 747. F. qui
utroque loco fic exhibet, ut eft ap. *Br.* In Cod. tamen
legitur: και π. δη σμ. ἔχειν Συρίην. Haeremus in voce
λευκοίνους, quam in λευκοῖον mutandam effe puto. Idem
fufpicabatur cl. *Schneiderus*, cui nec λευκοίους displiceret,
i. e. στεφάνους. Nec δεῖ hic locum habet, fed δη fcribendum, ut verfu feq. Si audaciori effe liceat, fcripferim:

Λευκοίων σπατάλην, και ψάλματα — —

Vide ad *Pofidippum* Ep. XX. Sed erunt fortaffe, qui illud πάλι, in fequentibus toties repetitum, nec hoc loco
obliterandum effe exiftiment. Ceterum τὸ λευκοῖον, quod
eft e praeftantioribus floribus coronariis, opponitur τῷ
ναρκίσσῳ verf. 5. flori viliori. Infra Ep. XXXI. φῦε — τῇ
φιλοβάκχῳ Μὴ βάτον, ἀλλ' ἀπαλὰς λευκοίων κάλυκας. Lycidas
ap. *Theocrit.* Eid. VII. 62. amici reditum celebraturus
ἀνήθινον ἢ ῥοδόεντα Ἢ καὶ λευκοίων στέφανον περὶ κρατὶ φυλάσ-
σων. *Theophraftus* ap. *Athen.* L. XV. p. 680. E. στεφα-
νωματικὰ δὲ ἄνθη καταλέγει Θεόφραστος τάδε᾽ ἴον, Διὸς ἄνθος,
Ἴφυον, φλόγα, ἡμεροκαλές. πρῶτον δὲ τῶν ἀνθέων ἐκφαίνεσθαι
τὸ λευκοῖον. — Vinum Chium reliquis omnibus antepo-
nunt cum alii, tum *Hermippus* ap. *Athen.* L. I. p. 29. E.
ubi de vino Thafio:

τοῦτον ἐγὼ κρίνω πολὺ πάντων εἶναι ἄριστον
τῶν ἄλλων οἴνων μετ᾽ ἀμύμονα Χῖον ἄλυπον.

— V. 2. σμύρνα Συρίη eft ex pretiofiffimis unguentis.
Vide *Salmaf.* l. c. et p. 367. D. — V. 3. και ἔχει. Vat.
Cod. — διψάδα πόρνην, five bibulam, five cupidam et
rapacem. Verbum διψᾶν de appetitu vehementiore ufurpatum illuftravit *Alberti* in Obff. phil. p. 29. et *Wetften.*
ad N. T. I. p. 288. Maxime huc facit *Artemidor.* Oneirocr. I. 68. τὸ μὲν γὰρ διψᾶν οὐδὲν ἄλλο ἐστὶν ἢ ἐπιθυμεῖν.

P 5

δίψα Ἀφροδίτης de voluptatis deſiderio dixit *Oppian.* Hal.
L. III. 56. δίψα γυναικῶν ἔχει σι. *Erycius* Ep. VI. —
V. 5. πλαγιαύλων γεύσατε. Notanda locutio. Proprie γεύειν
dicuntur, qui alicujus rei guſtum praebent. vide *Valcken.*
ad Herodot. p. 532. 77. Si igitur vera eſt lectio, πλαγιαύλων γεύσατε vertendum: tibiarum mihi cantum per-
cipiendum date. Inſolentius tamen dictum. — V. 6.
κροκίνοις μύροις. Crocinum igitur unguentum, *Philodemi*
quidem aevo, inter viliora numerabatur. — V. 7. πνεύμονα τέγξατε. Vide not. ad *Eratoſtb.* Ep. I. T. II. p. 312.
— V. 8. φωλάδα. meretricem e lupanari. Reptilia, quaeque ſub terra latent beſtiae, ἐν μυχοῖς γῆς φωλεύειν dicuntur. αἱ τοιαῦται δὲ φωλάδες λέγονται, ὅτι φωλοῦσιν. *Euſtatb.*
ad Od. λ. p. 431. 49. Vide ad *Antip. Sid.* Ep. XXXVII.
Horatius II. Od. XI. 21. *Quis devium ſcortum elicies
domo Lyden.* — Loca autem, ubi volutantur ferae, (φωλεοὶ)
et meretricum diverticula a Latinis eodem vocabulo
luſtra appellata eſſe, nemo ignorat.

XXIII. Cod. Vat. p. 512. De convivio, ubi de ſym-
bola coenabatur. Cum ſervo loqui videtur poëta, cui, et
quid adſit apparatus, et quid praeterea comparandum
ſit, indicat. — V. 2. βολβίσκους. Hanc vocem lexica
ignorant. Diminutivum eſſe videtur vocis βολβός. Bul-
bos inter alia olera in coenae apparatu commemorat
Ammian. Ep. XX. ϑρίδακες, πράσα, βολβοί. Sed vide inprimis *Atben.* L. II. p. 63. ſq. ubi *Alexidis* locus eſt ſic
leviter corrigendus:

> πίννας, κάραβον,
> βολβοὺς, κοχλίας, κήρυκας, ὦᾶ, ᾽κροκώλια,
> τοσαῦτα τούτων ἄν τις εὕροι φάρμακα,
> ἐρῶν ἑταίρας, χἄτερα χρησιμώτερα.

— V. 3. ἡπάτιον. jecur, anſerinum fortaſſe, quod magni
faciebant veteres. *Plin.* H. N. X. 27. T. I p. 555. ubi
vide *Harduinum. Atben.* L. IX. p. 384. — V. 5. ὠόν.

Ovis veteres coenam auspicatos esse et terminasse, do-
cent Intrpp. *Horatii* l. Serm. III. 6. Conf. Nat. ad
Asclepiad. Ep. XXVII. 8. — σάμβαλα i. e. σάνδαλα (vid.
Hesychium v.) in coenae apparatu non facile exspectas-
ses. Sed tenendum, Romanos, ad quorum mores *Philodemus* sese compofuisse videtur, *soleas* non gestasse, nisi
in tricliniis et coenaculis. Vide *Turneb.* Adverf. XXIV. 17.
Hanc ob caufam tribulis ap. *Horatium* L. I. Ep. XIII. 15.
ad coenam properans foleas fub ala portat. Cf. *Gellium*
L. XIII. 21. — V. 6. τῆς διχ. ex *Reiskii* emendatione
recepisse videtur *Br.* Sic enim ille in Schedis correxit,
cum in Cod. καὶ legatur. Hora decima igitur convenire
statuerant. Vide ad *Posidipp.* Ep. XII. 6. ὥρας γὰρ πέμπτης
πάντες ἀθροιζόμεθα.

XXIV. Cod. Vat. p. 493. Plan. p. 41. St. 60. W.
Venerem poëta precatur, ut ipfum fluctibus agitatum
in portum deducat. — V. 1. γαλαναίη. Plan. et in fine
verf. δικαίοις. Utrumque ex Vat. Cod. mutatum est. —
V. 3. κροκαίων. Vat. Cod. Se νεόνυμφον coactum esse ait
fponfam et thalamum relinquere. Miror, *Jof. Scaligerum*
pro κροκέων tentasse ῥοδέων. Thalamus ap. veteres croco
fpargebatur. *Antip. Sidon.* Ep. XCVIII. Ἤδη μὲν κροκόεις
— παστὸς ἕεω θαλάμων. Obverfabatur poëtae locus de Protefilao, a quo καὶ ἀμφιδρυφὴς ἄλοχος Φυλάκῃ ἐλέλειπτο Καὶ
δόμος ἡμιτελής. — V. 4. νειφόμενον. Cod. Vat. — Hunc
verfum dubites, utrum proprio fenfu accipias, an alle-
gorico. Fortasse poëta unum ex nobilibus Romanis in
Galliam fecutus erat; quare illius regionis frigus ipfum
animum fuum penetrasse ait. At χιόνες Κελτικαὶ paroemiae
vim habent. Frigidi cujusdam fcriptoris orationem defcribens *Lucian.* de Hift. Scr. §. 19. T. IV. p. 181. Bip.
τοσαύτη ψυχρότης ἐνῆν ὑπὲρ τὴν Κασπιακὴν χιόνα καὶ τὸν κρύσταλλον τὸν κελτικόν. *Petron.* c. XIX. ubi Encolpius, terrore perculfus gravi, *Afcyltos quidem,* ait, *paulifper ob-
ftupuit: ego autem frigidior hieme Gallica factus, nullum*

potui verbum emittere. ubi recte comparant *Theocrit.*
Eid. II. 106. πᾶσα μὲν ἐψόχθην χιόνος πλέον. — In hunc
fenfum *Schol.* in edit. Wech. *Philodemi* verſum accepit:
δεδοικότα. οἱ γὰρ φοβούμενοι φρίττουσι καὶ ῥιγοῦσι. Finge tibi
poëtam in medio mari verſantem et tempeſtatibus vexa-
tum. — V. 5. „κωφά. *ſtulte. inepte.* Non is erat Philo-
„demus, qui gloriaretur nihil tale dixiſſe. Scribendum
„κεῦφα, i. e. *ſuperbe.* οὐδενὶ pro οὐδὲν e Cod. Vat. re-
„poſui.“ *Brunck. Antiphil.* Ep. XLIII. κοῦφον ἔπος, dictum
temerariae confidentiae, qua nihil eſt quod deorum
iram magis excitet. *Tibull.* I. El. II. 79. *Num! Veneris*
magnae violavi numina verbo, Et mea nunc poenas impia
lingua luit. — In *Mefomedis* Hymno I. Nemeſis τὰ κοῦ-
φα φρυάγματα θνατῶν ἐπέχειν dicitur. — V. 6. σέο πελάγει.
Sub Veneris enim tutela mare. Duplicem interpretationem dedit *Schol.* alteram allegoricam, quandoquidem
amantes paſſim dicuntur in Veneris undis verſari. Cf.
Epigr. ἀδέπ. XXXI. Not. ad *Meleagri* Ep. XXIX.
Simplicior et, ut mihi quidem videtur, verior eſt eorum
interpretatio, qui ipſum mare intelligunt. — V. 8.
Ῥωμαϊκούς. Romam itaque revertitur poëta, neſcio ex
quibus regionibus. At vulgata lectio minus certa eſt.
In Cod. enim Vat. legitur: ναίκακους ἤδη δεσπότη. In qua
lectione quidvis potius quam ῥωμαϊκούς latet, quod *Planu-*
dis fortaſſe inventum eſt. Lubrica in ejusmodi locis conjectura; ſed vide, an ſcribi poſſit:

ἐκτιακοὺς ἤδη, δεσπότι, πρὸς λιμένας.

Philodemo nimirum ex Italia in Graeciam proficiſcente.
Actium in Acarnania jam antiquitus nobilis propter portum urbs. Vide *Strabon.* L. X. p. 693. B.

¶. 90.] XXV. Cod. Vat. p. 206. Edidit *Dorville*
ad *Charit.* p. 181. *Reiske* in Anth. p. 66. nr. 546.
Deos maris rogat, ut ſe ſalvum in Piraeeum condu-
cant. — V. 1. γλαύκη. Vat. Cod. quod *Reisk.* in γλαυκοῦ

mutavit. Noftrum dedit *Dorvillius.* — Pro *σύ τε* apogr.
Lipf. *σὺ δέ.* — V. 3. Νηρηίδων. Cod. Vat. in quo vocabulo aut fynizefin admittendam aut Νηρηίδων fcribendum exiftimat *Dorvill.* — V. 5. φορεῖτε *Doru.* — φυ-
γόντα. proficifcentem; nihil amplius. — V. 6. γλυκὸν
ᾗ. Πειραέος. Vat. Cod. In marg. ap. Lipf. γρ. γλαυκήν.
ζωὸν ἐπὶ γλυκεράν. *Dorvill.* et *Reisk.*

XXVI. Cod. Vat. p. 549. *Philodemo* hoc carmen
vindicat. In Plan. p. 132. St. 191. W. ἄδηλον eft. Scriptum in aftrologum mollem, ineptum et gulofum. —
V. 5. „ὀχευτής. Hoc pertinet ad arietem, quod animal
„ftolidum eft et falax. μαλακὸς ad Geminos, quorum con-
„junctio mafculam Venerem notat. ὀψοφάγος ad pifces,
„qui voraces et ipfi proprie ὄψα vocantur.“ *Huetius*
p. 14. — V. 6. μαλακὸς ἐστί. vitiofe Vat. Cod.

XXVII. Cod. Vat. p. 186. Φιλοδήμου, οἱ δὲ Ἀργεντερίου.
Soli *Philodemo* tribuitur in veteribus Planud. edd. et in
Steph. p. 412. In Wechel. autem p. 547. auctoris nomen omiffum eft. Charmus, Lycini fil., victoria in ludis
Ifthmicis parta, Neptuno frena, phaleras, et quae alia
ad equorum ufum pertinent, dedicat. — V. 1. 2. laudat *Suidas* in κημὸς T. II. p. 308. verfum fecundum iterum in στέργοις T. III. p. 372. φιλορράθωνα κημὸν hinc
profert *Heinfius* ad Hefych. in ῥάθανες. μυκτῆρες. Quid
fit κημὸς, diferte docuit *Euftath* ad Od. ω. p. 833. 21.
Circumligabatur equorum aliarumque beftiarum ori, ne
morderent; nonnunquam etiam homines fibi κημοὺς alli-
gabant, quando opus faciendum erat fumma cum mun-
ditie. Conf. *Xenophon* de Re Equ. V. 3. p. 116. ed.
Zeun. et *Schol. Ariftoph.* Equ. 1147. Hoc inftrumentum,
quod Latini *capiftrum* vocant, quia nares ambit, φιλορ-
ράθων appellatur. — V. 2. ὀδοντοφόρον. Fuiffe videtur lorum, dentibus diftinctum, pectora equi ambiens, quale

ornamentum' et hodie equis adhiberi folet. — V. 3.
'και ευίνην ράβδον. Plan. *Brunckius* exhibuit emendationem *Salmaſii*, quam *Brodaeus* occupavit κολονίνην legens;
ολουίην *Joſ. Scaliger* quoque in not. mſtis. Idem tamen
ap. *Huetium* p. 38. και ειβόνην και ράβδον. In Cod. Vat.
ita legitur, ut in Planud. — V. 5. ψήκτραν. *Sophocles* in
Oenomao ap. *Polluc.* L. X. 56. in fragmento a *Brunckio*
omiſſo, quod ſic emendandum videtur:

> διὰ ψήκτρας ς' ὁρῶ
> ξανθὴν καθαίρονθ' ἵππον αὐχμηρὰς τρίχας.

— V. 7. Λυκείνου. Vat. Cod. Fortaſſe idem eſt Lycinus,
cujus mentionem fecit *Pauſanias* L. V. 2. p. 454. Spartanus fuit: ἀγαγὼν δ' ἐς Ὀλυμπίαν πώλους καὶ οὐ δοκιμασθέν-
τος ἑνὸς ἐξ αὐτῶν, καθῆκεν εἰς τῶν ἵππων τὸν δρόμον τῶν τελείων
τοὺς πώλους καὶ ἐνίκα δι' αὐτῶν. Commemoratur etiam Lycinus, qui in pugilatu victoriam inter pueros retulit;
Pauſan. VI. 7. p. 470.

XXVIII. AnthoL Plan. p. 337. St. 477. W. Scriptum eſt in ſtatuam, quae ſimul Pana, Herculem et
Mercurium referebat. *Winkelmann.* Monim. Ined. T. II.
p. 48. hoc non de una, ſed de pluribus ſtatuis accipiebat,
(un groppo) in quo ſibi non aſſentientem habet *Heynium*
in Comment. X. p. 90. qui animadvertit, hoc ſignum
male cum Hermerote confundi ab *Harduino* ad *Plinium.*
H. N. XXXVI. 4. 10. De more veterum plurium deorum ſigna in unum conflandi egit *Huetius* ad h. l. p. 32.
Huic mori fortaſſe locum dedit nobiliſſima ap. *Homerum*
deſcriptio Il. β. 479. μετὰ δὲ κρείων Ἀγαμέμνων, Ὄμματα
καὶ κεφαλὴν ἴκελος Διὶ τερπικεραύνῳ, Ἄρεϊ δὲ ζώνην, στέρνον
δὲ Ποσειδάωνι. — T. 91.] V. 5. Eſt, quae ad homines
invitandos valeat, commoditas, quod uno ſacro tres ſibi
deos faventes reddere poſſunt.

XXIX. Cod. Vat. p. 504. *Philodemo* vindicat carmen, quod in Plan. p. 122. St. 175. W. ἄδηλον eſt. Te-

nebris fenfum hujus carminis involvit depravata primi
verfus. lectio, τὴν πρότερον Θυμέλην, quam *Brodaeus* de
deliciis et veluti fcenico apparatu (tabulae), aut etiam
de magno illo quaeftu, quem is, de quo agitur, olim
fortaffe in fcena feciffet, interpretatur. Sed hoc hariolari
eft, non interpretari. Θυμέλης, *fcenae*, ab hoc loco prorfus
aliena eft mentio. *Jofeph. Scaliger* in notis mft. de puella Θυμέλη cogitaffe videtur; fic enim hoc vocabulum,
initiali majore, fcribi jubet. At nec hoc ad rem facit.
Scribendum puto:

　　Τὴν πρόϊμον φίβαλιν μήτ' ἔμβλεπε, μήτε παρέλθῃς.

Divites praecoces amare fructus, et, quae fuo tempore
nummo emturi effent, ante tempus auro emere, fatis
conftat. Haec ftultitia hoc carmine tangitur. *Caricas*
praecoces ne adfpicias, nec praetereas, ne eorum adfpectus
falivam moveat. πρόϊμον in hac re fere folemne eft. *He-*
fych. πρόϊμον, σῦκον προακμάζον. τῶν φιβάλεων σύκων multi
veterum mentionem fecerunt. Vide *Athenaeum* L. III.
p. 75. B. C. *Ariftoph.* in Acharn. v. 802. τί δαί; Φιβά-
λεως ἰσχάδας; ubi Schol.: τόπος Μεγαρίδος. ἄλλοι Ἀττικῆς.
γένος δὲ συκῆς ἡ φίβαλις. *Hefych.* φιβάλεα. εἶδος σύκων, καὶ ἡ
συκῆ ὁμωνύμως. τινὲς δὲ ἰσχάδας. Caricas Atticas cum aliquando vidiffet Xerxes, juravit, fe non prius praeftan-
tiffimas has φιβάλεις guftaturum effe, quam terra, quae
tales fructus ferret, potitus effet. Quare *Eufebius* in
Chron. L. I. p. 53. 14. Ὁ Μηδικὸς πόλεμος ἐπαύσατο, διὰ
φιβάλεις ἰσχάδας συετὰς Πέρσαις καὶ Ἀθηναίοις καὶ πᾶσιν Ἕλλησιν ἀπ' αὐτοῦ. Φιβάλεις δὲ δῆμος τῆς Ἀττικῆς. Confer *Da-*
ferum ad Clem. Alex. Paedag. L. II. p. 164. 7. 8. De
voce φίβαλις quaedam collegit *Bod. a Stap.* ad *Theophr.*
L. IV. p. 387. — V. 2. Ad macellum mittitur homo
inops, ubi famem omafo, drachma emto, expleat. δραχμῆς, ὤνια fcil. — κολοκορδόκολα. ἡ χολὰς καὶ ἔντερα καὶ
κορδὰς *Schol.* Obfcurum vocabulum, a κόλον derivandum,
quod inteftina fignificare apparet ex *Hefych.* v. κόλον. Sed

. quae fint κορδόκολα, penitus ignoro. Fortaffe hoc vocabulum labis non immune; fortaffe faltem χορόβκολα fcribendum a χορβαι, quod *Schol.* fignificat. — V. 3. Hic
procul dubio cum *H. Stephanio* et *Jof. Scaligero* fcriben-.
dum ἐν γίνεται. Totum autem verfum propter antithefin,
quae eft in verbis ἥν δ' ἀναμείνης, fic concinnaverim:

'νῦν σῦκον δραχμῆς ἐν γίνεται.

Nunc una ex illis praecocibus ficubus drachma emitur;
quod fi exfpeĉtaveris, mille eodem pretio emes. —
V. 4. τοῖς πτωχοῖς. Haec paroemiae habent fpeciem. —
Deum τὸν Καιρὸν *Menander* dixerat, fecundum *Pallad.*
Ep. CXVIII. εὖγε , λέγων τὸν Καιρὸν ἔφης θεὸν, εὖγε, Μέναν-
δρε. *Sophocl.* Eleĉtr. 179. χρόνος γὰρ εὐμαρὴς θεός. `

XXX. Cod. Vat. p. 428. Plan. p. 53. St. 76. W.
Ex poëtae fodalitio Antigenes et Bacchius fubitanea
morte exftinĉti erant. Hoc tam inopinato cafu graviter
affliĉtus, fe epularum apparatu non deleĉtari ait, nec.
ad litus epulandi. caufa, ut antea, iturum effe. Perperam *Opfopoeus* exiftimavit, poëtam fodales dehortari, ne .
in litus ad epulandum defcendant, quod heri duo ex
amicis fuis fraĉto litore perierint. — V. 1. Ineft in his veris
defcriptio, quod anni tempus potiffimum ad fruĉtum
vitae invitat. — καυλεῖο male Vat. Cod. καυλοὺς κράμβης `
cum lente et cochleis commemorat *Automed.* Ep. VI.
Martial. L. X. 48. in defcriptione . apparatus coenae:
Et faba fabrorum, prototomique rudes. Columella L. X.
3 60. *Sed jam prototomos tempus decidere caules.* Cf. *Bod.*
a *Stap.* ad Theophr. L. VII. p. 775. — V. 3. ζαλαγεῦσα,
Vat. Cod. et Plan. *Jof. Scalig.* in not. mft. σελαγεῦσα
corrigit; *Stephanus* λαλαγεῦσα et ζαγλαγεῦσα legi monet;
pofterius vocabulum. derivat a ζα et γλάγος. λαλαγοῦσα
legendum vidit *Lafcaris*, qui tamen μαίνη pro herbae
genere habuit, quae feĉta fonum quendam ederet. μαίνη
nihil diverfa videtur a μαινίς, qui pifcis eft e fparorum
genere.

genere. Vide *Gesner.* de Aquatil. p. 612. *Schneider.* ad
Aelianum H. A. XII. 28.' p. 394. Sunt quidam piſces,
qui ſonum putantur edere, quorum nonnullos recenſet
Aelian. X. 11. — ἁλίτυρος. caſeus bene ſalſus et vixdum
coactus. — V. 4. 9ριδάκων. lactuca ſativa, quae diſtin-
guitur a 9ριδακίνη. Vide *Salmaſ.* in Plin. p. 896. *Bod. a*
Stapel ad Theophr. VII. p. 778. Hujus folia cur ἀφρο-
φυῆ appellentur, non ſatis apparet ; *Schneiderus* malit
ἀρτιφυῆ. — V. 5. ἀκτῆς. Homines gulae et voluptatibus
dediti, in litore convivari ſolebant. Inter voluptatis
inſtrumenta *actae* commemorantur ap. *Ciceron.* c. Coe-
lium §. 35. *Accuſatores quidem libidines, amores, adul-*
teria, Bajas, actas, convivia, commeſſationes, cantus,
ſymphonias, navigia jactant. Magis etiam illuſtris eſt locus
in Verrinis Or. V. §. 96. *Ac primo ad illa aeſtiva prae-*
toris accedunt, ipſam illam ad partem litoris, ubi iſte per
eos dies, tabernaculis poſitis, caſtra luxuriae collocarat.
Actas et voluptates conjungit *Cicero* Epp ad Famil. IX. 6.
—.Hunc verſum cum ſequente laudans *Salmaſ.* ad Scr.
Hiſt. Aug. T. I. p. 157. ἄποψιν de zeta interpretatur,
quae proſpectum maris habeat. — ὡς ἀλλ. ut olim, eodem anni tempore, nunquam non ſolebamus facere. Niſi
fallor, in fine hujus diſtichi interrogandi ſignum ponendum eſt. Quod ſi feceris, ſenſus exſiſtet fere hic : Tempus anni nos ad priſtinas voluptates renovandas invitat.
Quid eſt igitur, quod non ad actam properemus ibique
in locis amoenis epulemur, ut antea? Non ceſſare debet,
ſi quis vita frui cupiat. Ipſa vitae brevitas et rerum vi-
ciſſitudines nos admonent, ut ne fruendi opportunitatem
nobis patiamur elabi. Habemus exempla, eaque non
longe quaerenda, quae nos fragilitatis noſtrae admo-
neant, Antigenem et Bacchium, qui heri (paulo ante)
luſerunt, hodie ſepeliuntur, — Hanc poëtae mentem
eſſe, *Brodaeus* quoque exiſtimaſſe videtur, cum ſcribit :

ἐχθὲς ἔπαιζον. *paucis ante diebus. Quum brevis fit vitae humanae curfus, cur voluptates aspernamur?*

: **XXXI.** Vat. Cod. p. 240. Εἰς Τρυγόνιον ἐπκῖραν τοῦ Σαβακῶν ἔθνους ὁρμωμένην. Plan. p. 226. St. 329. W. Nihil falfius lemmate Vat. Codicis. Scriptum eft in mortem Trypherae, puellae, dum viveret, delitatiffimae. In ejus tumulo fuaviffimos flores poëta nafci optat. — V. 1. laudat *Suidas* v. ἤθος T. III. p. 255. ubi recte legitur Τρυφέρας pro τρυφερῆς, quod eft in Plan. et Cod. Vat. *Tryphera* eft puellae nomen ap. *Meleagr.* Ep. LXVIII. *Afclepiad.* Ep. XXVIII. Ep. ἀλλοτ. DCCXXI. — Quod autem fequitur vocabulum τρυγόνιον, ab interpretibus pro nomine proprio habitum, *Toupius* in Em. in Suid. P. III. p. 406. ex amantium blanditiis efle docuit. *Plaufus* Afin. III. 3. 103. *Dic igitur me anaticulam, columbulam, vel catellum.* — V. 2. habet *Suidas* T. III. p. 272. σαβακῶν. διονυσιακῶν. Ibidem σαλμακίδων interpretatur ἐπαιρῶν. Diceretur igitur Tryphera *flos meretricum Bacchicarum.* Quid Baccho, Σαβαζίῳ, cum meretriculis fit commercii, non fatis apparet. Vix enim, et ne vix quidem admittenda eft *Brodaei* explicatio, *quae Thyadum inftar παροινεῖν atque debacchari confueverunt, fefe coagitantium.* Veriorem Interpretationem nobis fuppeditat *Hefych.* Σαβακός. ὁ σαθρός. Χῖοι, ubi Intrpp. noftrum locum afferre non neglexerunt. Jam vero τὸ σαθρὸν non folum de rebus, quae propter vetuftatem labuntur et corruunt, fed omnino de marcidis et languefcentibus ufurpatur, ut *putris* ap. *Latinos*, quod τῷ σαθρός ad amuffim refpondet. — ἄνθεμα pro ἄνθος pofitum fatis adftruxit *Brodaeus*; *Dorvillius* tamen ad Char. p. 717. pro ἀνάθεμα accipere malit. In quo fallitur. Graeci rem eximiam et inter alias excellentem ἄνθος, ἄωτον, (vide *Fifcher.* ad Anacr. Fragm. I. 4. p. 328.) non ἀνάθεμα appellare folent. — V. 3. ἢ Κυβέλη καὶ δεῦτρε ἐνέρξετεν. Sic Salmaf. ad Hift. Aug. p. 493. (T. II. p. 823.) pro cor-

„rupto δοῦμος recte δοῦπος repofuit, quae emendatio mul-
„to probabilior eft ea, quam Toup. ad Suid. III. 115.
„(p. 406.) protulit. Sed librorum omnium καλύβη mu-
„tandum non erat. Hoc quidem perperam interpreta-
„batur Scaliger ad Copam, quem jure reprehendit Sal-
„mafius; fed ideo genuina lectio ejicienda non erat,
„quam etiam in vetuftiffimis membranis repererat, et
„quam ipfe recte exponit. Καλύβη eft παστὰς feu θάλαμος
„Matris Deûm, circa quam faltabant hujuscemodi mu-
„lieres miniftrae et θαλαμηπόλοι Cybeles cum tympanis
„et crotalis caputque jactabant bacchabundae. Repo-
„nendum itaque ᾗ καλύβη καὶ δοῦπος ἐνέπρησεν. Jam eft in
„feq. verf. Κυβέλη, nam ea eft μήτηρ θεῶν. Depravata eft
„etiam lectio Ep. VI. Satyrii Thyilli, quod fuo loco vi-
„debitur." Br. δοῦπος correxit etiam Jof. Scaliger in
not. mft. ᾗ Κυβέλη καὶ δοῦπος dubitanter Brodaeus. ᾗ Κυβέλη καὶ κῶμος Toupius, qui fe fic eleganter correxiffe
gloriatur. καλύβαι aediculae erant in interiore et fecre-
tiore aedium parte, in quibus deorum fimulacra et pul-
vinaria erant. Vide not. ad Diofcorid. Ep. VII. — Mox
Planud. ᾗ Φιλοπαίγμων Στωμυλίη μήτηρ. ἣν ἐφίλησε θέων.
et fic Vat. Cod. — Interpretes cogitabant de Theone,
fophifta, hominum mordaciffimo. — Nihil hac lectione
ineptius. θεῶν ad marg. Cod. fui emendavit Jof. Scaliger. — V. 5. ἀμφὶ γυναικῶν Toupius effe vult feorfim a
mulieribus; Trypheram enim Veneris facra non in con-
ventu mulierum, fed clanculum cum commilitone fuo
celebraffe. Quae vix vera interpretatio. Junge potius
τὰ ὄργια ἀμφὶ γυναικῶν, quae eft periphrafis facrorum,
quae mulieres celebrant. ὄργια. τὰ τῆς Ἀφροδίτης ὄργια
dixit Ariftoph. Lyfiftr. 832. — V. 6. ἀψαμένα. Vat.
Cod. a pr man. Trypheram venuftate et illecebris proxime ad Laïdem acceffiffe ait. — V. 7. 8. Similia vota
paffim. Ex noftro fortaffe expreffum Ep. kt. DCCV.

Ex Lect. p. 144.] *XXXII.* Cod. Vat. p. 454. Hoc carmen, quod *Brunckius* fic exhibuit, ut in Cod. eft, praeterquam quod ibi non μυρόχροι, fed μυρόχροι habetur, *Schneiderus* in Schedis fic ingeniofe reftituit:

> ξανθή, κηρόπλαστε, μυρόχροε, μουσοτρέσωπε,
> εὔλαλε, διπτερύγων καλὸν ἄγαλμα Πόθων,
> ψάλλον μοι χερσὶν δροσίναις μόρον· ἐν μονοκλίνῳ
> δεῖ με λιθοδμήτῳ, δέσποτι, πετρίδῳ
> εὔδειν ἀθανάτως πουλὸν χρόνον· ᾆδε πάλιν μοι,
> ξανθάριον, ναὶ, ναὶ, τὸ γλυκὺ τοῦτο μέλος.

Cum his verfibus conjungendum eft diftichon, quod *Br.* dedit in Lect. p. 145. (in ed. Lipf. p. 79. nr. XXXIV.) tanquam peculiare carmen; in Vat. autem Cod. non feparatim, fed conjunctum cum illo carmine legitur.

> οὐκ ἀίεις, ἄνθρωπε, τοκογλύφος; ἐν μονοκλίνῳ
> δεῖ σ᾿ ἄβιον ναίειν, δύςμορε, πετρίδῳ.

Hoc Epigramma fic ex *Schneideri* mente emendatum, fcriptum eft in puellam Xantharium, quam poëta rogat, ut fibi carmen canat, quo avari et foeneratores futuri fati admoneantur. Videamus fingula. — V. 1. puella vocatur κηρόπλαστος, tanquam e cera formata, (ut ap. *Sophocl.* ξανθῆς μελίσσης κηρόπλαστον ὄργανον, in *Schol.* ad *Eurip.* Phoen. 116. et *Clem. Alex.* Strom. VI. p. 565. fq.) propter pulcritudinem. Imaginibus ex marmore cerave fictis pulcri pulcraeque comparantur. Fortaffe etiam ad colorem folum refpicitur. Pro μυρόχροε, cujus cutis unguentis uncta eft, *Br.* μυρόπνοε fufpicabatur. Cod. lectionem haud facile mutaverim; μυρόχρους idem, quod ἁδύχρους; nam quodcunque fuave et jucundum eft, μῦρον vocatur. — Etiam epitheton μουσοπρόσωπε ad puellae pulcritudinem non minus quam ad doctrinam cithariftrine referendum videtur. — V. 2. εὔλαλε. ἡ λαλιὰ, jucunda garrulitas, nonnunquam in laudem dicitur. *Ruhnken.* Ep. cr. II. p. 297. — καλὸν ἄγαλμα. alatorum Cupi-

dinum decus et ornamentum. In hunc fenfum vocem
ἄγαλμα acceperim, ut in *Mufaeo* v. 8. λύχνον Ἔρωτος
ἄγαλμα. ubi vide *Heinrich*. p. 41. fq. — V. 3. Quum
forma δρόσινος alibi non occurrat, fufpiceris, fcriptum
fuiffe δροσίμαις, five

χερσὶ ῥαδιναῖς.

ut ap. *Theognid*. v. 6. φοίνικος ῥαδινῆς χερσὶν ἐφαψαμένη.
Ovid. I. A. A. 622. *teretes digitos*. Sed nolim huic conjecturae multum tribuere. δροσερὸν et δρόσιμον de rebus
delicata teneritate infignibus ufurpatur. Vide *Spanhem*.
ad Ariftoph. Nub. 974. *Strato* Ep. L. ἡ τρυφεροῖς σφίγξει-
περὶ χείλεσιν, ἡ κατὰ μηρῶν Ἑλήσει δροσερῶν. ubi fibi invicem refpondent epitheta. — ψάλλον μοι μόρον. Fatum
mihi fatale, i. e. carmen de morte cane. Nifi forte fuit:
ψάλλον μοι χ. δ. μέλος. Quae fequuntur, pro carmine ipfo
habenda funt. Fortaffe etiam fcribendum:

ψάλλον μοι χερσὶν δροσίμαις μύρῳ ἐν μ. — —

manibus unguento delibutis. Hoc fimpliciffimum. —
V. 4. πετριδίῳ. De fepulcro in rupe excifo mox dicemus.
— V. 7. 8. (Ep. XXXIV. in ed. Lipf.) *Br*. edidit ex
emendatione *Salmafii* in Plin. p. 850. A. qui tamen τόκων γλόφος legit. In Vat. Cod. fic habetur:

οὐ καὶ εἰς, ἀνθρωφοτοκονγλυφος ἐν μονοκλίνῳ
δεῖ σε βίου καὶ δύσμορε πετριδίῳ.

Philodemus non fine gravitate ad foeneratores converti-
tur, et ab iis quaerit, an illius carminis fententiam recte
perceperint, quae ejusmodi eft, ut mortales ab omni
divitiarum colligendarum ftudio deterreat. Fortaffe nulla
fere mutatione legendum:

οὐκ ἀίεις, ἄνθρωφ᾽ ὃ τόκων γλόφος — —

Audisne, homo, te appello, qui foenus computas digitis? — τοκογλύφαι five τόκων γλόφοι comica fuiffe videtur appellatio foeneratorum. Vide *Bergler* ad *Alciphr*.
L. I. 25. p. 162. Vide ad *Pallad*. Ep. LXXXVI.

Q 3

Longè diverfam viam in hoc Epigrammate emen-
dando inſtituit Vir doꞔus, qui *Philodemi* noſtri opus de
Muſica ex Voluminibus Herculanenſibus edidit, in Præ-
legg. p. 5. 6. qui illud in hunc modum corrigere conatus eſt:

Κάνθ᾽, ὦ κηροπλάστα, μυροῤῥόε, μουσοτρβσωτι,
εὔλαλε, διπτερύγων καλὸν ἄγαλμα Πόθων,
ψίλου μοι χερσὶ δροσίμαις μύρον, ἐν μονοκλίνῳ
δεῖ με λιθοδμήτῳ δέ ποτε πετριδίῳ
εὕδειν ἀθανάτως πουλὺν χρόνον· ᾆδε πάλιν μοι
ξανθάριον, ναὶ ναὶ, τὸ γλυκὺ τοῦτο μέλος.
οὐκ ἀΐεις, ἄνθρωπε τοκογλόφος; ἐν μονοκλίνῳ
δεῖ σ᾽ ἄβιον ναίειν, δύσμορε, πετριδίῳ.

Auꞔor harum emendationum toto hoc carmine poëtam
verba ad apem facere exiſtimat, in qua opinione et ipſe
olim fui, antequam elegantes *Schneideri* correꞔiones
videre contigerat.   Huic ſententiae leꞔiones accommo-
davit ille. — V. 1. Apis vocatur κηροπλάστης, mellis ſive
cerae opifex. πλάττειν proprie de apibus. *Antipat. Sid.*
XLVIII. ξουθὸς περὶ χείλεσιν ἐσμὸς Ἔπλασε κηρόδετον, Πίνδαρε,
σεῖο μέλι. Idem vir doꞔus proponit ξανθοῦ κηροῦ πλάστα.
quod minime elegans. ξανθαὶ et ξουθαὶ paſſim vocantur
apes; ut in fragm. *Sophoclis* ſupra laudato, ap. *Theocrit.*
Eid. VII. 142. *Platon. Ep.* XXIX. — μυροῤῥόε. quae unguentum fundis. Unguenti autem nomine τὸ μέλι ſigni-
ficari, arbitratus eſt V. D. — μουσοτρβσωτι ſic tuetur:
„Si toti Epigrammati eam tribueris ſententiam, quam
„ſupra adſcripſimus, continuo fatearis oportet, noſtrum
„poëtam novam ſibi apis formam procudiſſe. Quam
„enim tantum βομβεῦσαν Theocritus dixit, ipſe εὔλαλον
„appellat, ejusque bombum, revera ineptum et mole-
„ſtum, non modo γλυκὺ μέλος dicit, ſed et παραμυθητικὸν
„ſibi eſſe affirmat. Quid porro mirum, ſi tam bene apte-
„que ſibi canentem μουσοτρβσωτον vocet? Quid cerebroſo
„facies poëtae?“ Ad hanc explicationem confirmandam

laudat Meleagr. Ep. CXII. ubi locuſta ἀγουραίη Μοῦσα vocatur; ejusd. Ep. XC. ubi culex φιλόμουσος occurrit; et
Mnaſalc. Ep. X. — Imaginem, qua poëta in pentametro utitur, V. D. non attigit; etſi haec quoque probabiliter exornari poſſit. ἄγαλμα Πόϑων in hoc contextu non
foret, ut ſupra.haec verba interpretati ſumus, *ornamentum,* ſed *imago, ſimulacrum Cupidinum.* Quis non meminerit carminis Theocritëi XIX. 7. τὸ δ' οὐκ ἴσον ἐσσὶ μελίσσαις; Ὃς τυτϑὸς μὲν ἐὼν, τὰ δὲ τραύματα ἁλίκα ποιεῖς; et
Meleagri Ep. CVIII. *Straton.* Ep. LXXXVIII. Similitudo
eſt in eo, quod et apis et Amor ſpiculis vulnerat. —
V. 3. ψίλου. Nihil vetare ait emendationis auctor, quominus hoc verbum, quod vulgo *denudare, deglabrare*
ſignificat, pro *attenuare* accipiatur. Unguenti autem
majus fuiſſe pretium, cum attenuatum eſſet. At, ſi nihil
aliud, uſus dicendi vetat, ne ſic legamus. Nunquam
veteres verbo ψιλόω hac ſignificatione uſi ſunt. Mox recte
V. D. ἀροσίμαις, quod nos ſupra ab eo mutuati ſumus. —
Brunckius, quod ſupra monere negleximus, pro ψίλου
conjecit επεῖσον, poſt hoc vocabulum aliquid excidiſſe
putans. Recte monuit academicus Neapolitanus, fieri
non poſſe, ut apis unguentum roſcidis manibus fundere
dicatur. Fingere autem poëtam, ſibi audito apis bombo
ſuccurriſſe, ejusdem miniſterio mel ad cadaver ſuum
condiendum apparari: qua recordatione ipſum minime
perterritum, quinimo exhilaratum, utpote cui mors
nihil poſſet ſurripere, eam rogare, ut feſtinet ipſi unguentum elaborare. Deinde docere inſtituit, τὸ μόρον
h. l. vel abſolute mel eſſe, vel certe unguenti genus,
quod melle inprimis conſtaret. Quasdam autem gentes
melle ad condienda cadavera uſos eſſe, conſtat ex *Lu-
cretio* L. III. 904. De Aſſyriis *Strabo* L. XVI. T. II.
p. 1082. B. ϑάπτουσι δὲ ἐν μέλιτι κηρῷ περιπλάσαντες. Ju-
daeos autem, in quorum terra *Pbilodemus* degebat, ſe-
pulcris in ſaxo exciſis uſos fuiſſe, nemo ignorat, niſi

qui hiſtoriam de Chriſti ſepultura ignorat. — V. 5; *eu-*
δειν αθανάτως *Brunck.* illuſtrat allato verſu *Lucretii* L. III.
882. *mortalem vitam mors quoi immortalis ademit.* Majorem in hoc vocabulo emphaſin fruſtra quaerebat Neapolitanus editor, qui vertit: *immortalium deorum inſtar,*
qui itidem in marmoreis loculis inertes nullaque re in-
digentes ſedent. Poëtam igitur apem hortari, ut bombum ſuum iteret, quem ſibi gratum eſſe affirmet, quandoquidem mortem laborum finem in animum ſibi revo-
cet. Propterea eum quaſi *ἐπιμυθευόμενον* ad foeneratorem ſeſe convertentem rogare, cur ipſe hujusmodi ſu-
ſurrum non exaudiat, qui memoriam illius temporis ipſi
refricet, cum ſibi tantopere pecuniae inhianti, omnibus
vitae commodis orbato in arca lapidea habitandum ſit. —
Male excuſum eſt in v. 4. *δέ ποτε,* cum V. D. procul
dubio *δή ποτε* voluerit dari. — V. 8. praeter Salmaſianam lectionem aliam profert, quae propius accedit ad
ſcripturam Codicis; *δεῖ σε βιοῦν αἰεί.* Sed verbum *βιοῦν*
huic contextui minus accommodatum.

Ex Lect. p. 145.] *XXXIII.* Hanc carminis parti-
culam *Brunckius* repetivit ex *Salmaſii* Not. in Hiſtor.
Aug. T. II. p. 633; Integrum carmen, quod exſtat in
Vat. Cod. p. 513. primus protulit editor Neapolitanus
Philodemi de Muſica in Praef. p. 10. In Codice ſic
habetur:

> Αὔριον εἰς λιτήν σε καλιάδα, φίλτατε Πείσων,
>
>   ἐξ ἐνάτης ἕλκει μουσοφιλὴς ἕταρις,
>
> εἰκάδα δειπνίζων ἐνιαύσιον· εἰ δ' ἀπολείψῃς
>
>   οὔθατα καὶ Βρομίου χιογενῆ πρότοσιν,
>
> ἀλλ' ἑτάρους ὄψει παναληθέας, ἀλλ' ἐπακούσῃ
>
>   Φαιήκων γαίης πουλὺ μελιχρότερα.
>
> ἢν δέ ποτε στρέψῃς καὶ ἐς ἡμέας ὄμματα Πείσων,
>
>   ἄξομεν ἐκ λιτῆς εἰκάδα πιοτέρην.

Philodemus Piſonem invitat, ut ſecum viceſimum menſis
diem coena celebret. Praeclare monuit Neapolitanus

editor, agi hoc carmine de anniverfario fefto, quod
Epicurei in magiftri fui natalibus celebrare folebant,
unde Εἰκαδισταί appellati funt. Sed non folum natalem
fuum, fed vicefimum quemque lunae diem epulis celebrari per teftamentum jufferat. *Cicero* de Fin. L. II.
§. 101. *Quaero autem, quid fit quod, cum diffolutione fen-*
fus omnis exftinguatur — tam diligenter tamque accurate
caveat et fanciat, ut Amynomachus et Timocrates, bere-
des fui, de Hermachi fententia dent, quod fatis fit ad
diem agendum natalem fuum quotannis, menfe Gamelione:
itemque omnibus menfibus vicefimo die lunae dent ad eo-
rum epulas, qui una fecum philofophati fint, ut et fui et
Metrodori memoria colatur. Vide inprimis *Menagium* ad
Diog. Laert. X. 18. p. 454. Philodemum vero ex Epi-
cureorum fuiffe familia, novimus ex *Ciceronis* Or. in
Pifon. c. 28. et 29. — Domum fuam five coenaculum
καλιάδα vocat; fic enim appellantur aediculae ex ligno
exftructae, quae eaedem funt καλιαί. Vide not. ad *Apol-*
lonid. Ep. IX. — Pro ἕταιρις editor ἕταρος corrigit. —
Invitat autem eum, ut *bora nona* coenatum veniat, quo
tempore negotiofi homines et fobrii inibant coenam.
Conf. *Salmafium* ad Scr. Hift. Aug. l. c. — V. 3. ἀπολείψεις.
Vix fincerum. Saltem fcribendum ἀπολείψει, et feq. verf.
προποσεις. Quod fi fumina et Chium vinum deerit, amicos invenies finceros et acroamata exaudies, Phaeacum
acroamatis longe jucundiora. οὔατα. Quanti Romani
fumina fecerint, multa veterum loca declarant. Vide
Interpp. Martial. L. XIII. 44. — V. 5. ἐπακούσεις legendum. — V. 6. Φαιήκων. Comparat editor *Homer.* Od. θ.
248. αἰεὶ δ᾽ ἡμῖν δαίς τε φίλη, κίθαρίς τε χοροί τε.— V. 7. 8.
Editor in his verbis praederaftici quid fibi animadvertere
vifus, efflagitationem illam τοῦ τρέπειν ὄμματα εἰς αὐτὸν
(nam edidit τρέψις) nihil aliud offe putabat, nifi turpis
rei modeftam follicitationem. Inepte. Philodemus, Grae-
culus, Pifonem, virum nobilem eumque Romanum ad

coenam invitat; qui fi venerit, poëtamque, *qui aquam
praebet*, placidis adfpexerit oculis, ille fibi coelum digito
attigiffe videbitur.　Senfus eft igitur, quem ille in verfione latina minus recte reddidit: Si in me converteris
oculos, illud anniverfarium non exiguum et tenue, fed
pingue et opimum feftum a nobis celebrabitur.　In his
igitur verbis fummae eft reverentiae, qualis clientem
erga patronum decet, fignificatio *).

ARCHIAE EPIGRAMMATA.

¶. 92.] *I.* Cod. Vat. p. 97.　Edidit *Reisk.* in Mifc.
Lipf. IX. p. 124. nr. 300.　Optat, ut Amor omnia tela
in fe unum effundens, poftea non habeat, quomodo
alios configat.　Haec fortaffe ante oculos habuit *Lucian.*
in Amor. §. 2. T. V. p. 257. Bip. Ἔγωγ' οὖν ἅπασαν αὐτῶν κενὴν ἀπολελεῖφθαι φαρέτραν νομίζω, κἂν ἐπ' ἄλλον τινὰ
πτῆναι θελήσωσιν, ἄνοπλος αὐτῶν ἡ δεξιὰ γελασθήσεται. *Propert.*
L. II. El. X. I. *Non tot Achaemeniis armantur Sufa fagittis, Spicula quot noftro pectore fixit Amor.* —— V. 1.
τὸ κρήγυον. Vat. Cod.　Superfcriptum γρ. τὸ κήρινον.　Male
Reiskius hunc verfum diftinxit, puncto poft πορθμεῖς με
pofito. —— τὸ κρήγυον eleganter pro κρηγύοις, i. e. ἀληθῶς.
Vide *Valcken.* in Decem Eid. Theocr. p. 68. —— V. 3.
ἕλης corrigit *Br.* —— V. 4. ἔχεις Cod. Vat.　Fuiffe, videtur ἴλαος et ἴχοις.　*Reiskius* tamen ἔχης ex apogr. Lipf.
protulit. —— Ad fenfum conf. *Paul. Silent.* Ep. XX.

*) His fcriptis in manus mihi venit liber bonae frugis pleniffi-
mus, *Magafin encyclopédique*, qui Parifiis prodit cura Viri
cl. *A. L. Millin.*　In ejus Tomo V. nr. 20. noftrum carmen
edidit et illuftravit Vir eruditiffimus *Chardon de la Rochette*
p. 483. fqq. qui ultimum diftichon fic, ut nos, interpretatur,
Neapolitani editoris fententia repudiata.

II. „In Planud. p. 481. St. 624. W. hoc diftichon
„fubjungitur alteri, quod cum eo nullam fententiae
„rationem habet. Duo diverfa funt Epigrammata, fin-
„gula unius diftichi. Alterum eft Capitonis et' legitur
„infra p. 199.“ *Br.* In Vat. Cod. p. 101. infcriptum:.
ἄδηλον. εἰ δὲ 'Αρχίου. Peculiare hoc carmen effe, intellexit *Jof. Scaliger.* Nihil fibi loci relictum effe ait ad
nova Amoris tela recipienda. Sed hoc diftichon diftinctione laborare, vix dubito. σκοπὸς ipfe eft poëta five
illius animus. Jam, quaefo, quid eft, quod dicat: Para,
Venus, tela et ad me vulnerandum accede. *Alium*
enim vulneris locum non habeo. Diftinguendum 'videtur:

> καὶ εἰς σκοπὸν ἥσυχος ἐλθὲ
> ἄλλον· ἐγὼ γὰρ ἔχω τραύματος οὐδὲ τόπον.

Suadet igitur Veneri, ut alium tandem fcopum figat.
Propert. L. II. IX. 18. *Si pudor eft, alio trajice tela tua.*
— V. 2. ἐγὼ γὰρ. Sic fere Hercules ap. *Eurip.* in Herc.
Fur. 1245. γέμω κακῶν δὴ, κοὐκέτ' ἐσθ' ὅπη τιθῇ. Similis
color in Ep. *Macedonii* VIII.

> Λῆξον, Ἔρως, κραδίης τε καὶ ἥπατος· εἰ δ' ἐπιθυμεῖς
> βάλλειν, ἄλλο τι που τῶν μελέων κατάβα.

III. Cod. Vat. p. 97. *Archiae* vindicat. In Plan.
p. 486. St. 631. W. fine auctoris nomine legitur. Expreffum videtur ex Ep. *Leonid. Tar.* LIII. — ,V. 1. δεῖ
' τὸν Cod. Vat.

IV. Cod. Vat. p. 175. 'Αρχίου γραμματικοῦ. Edidit
L. Holften. ad Steph. Byz. p. 145. *Reisk.* Anth. p. 20.
nr. 452. „Expreffum eft ex *Tymnis*· Ep. I. Inde hic
„verfu 2. recte fcriptum Μίκκος. Hîc Codex habet Πελ-
„λαναῖος, at in Tymnis carmine Πελλαναῖος. Utrum ex
„altero emendandum fit, dicat, qui Miccum hunc
„aliundo fibi notum fciverit, cujas fuerit, quod ego
„prorfus ignoro. Utroque in loco Πελλαναῖος fcribendum

„effet, fi de gentilibus nominibus vera tradidiffet Ste-
„phanus in Πελλήνη, quem redarguit Holftenius." *Br.*
Vide not. ad Ep. Tymn. J. ¦In apogr. Lipf. hoc quoque
loco Παλλαναῖος fcribitur. De diverfitate orthographiae
in hoc vocabulo vide *Weffeling.* ad Diodor. Sic. T. I.
p. 572.— V. 2. ἀριβρεμέταν. Vat. Cod. a pr. man. ubi
pro nomine viri εμικρὸν legitur, ex gloffa procul dubio,
quam ante *Br.* correxerat *Reiskius. Holftenius* Νικκός.—
V. 3. ᾧ ποτε. Vat. Cod. — In fine verf. ap. Lipf. ἔμελπε.
— V. 4. στοναχᾶς. pugnae fignum canens. εὐνομίης. pacis. Vide *Verbeyk.* ad Anton. Liber. IV. p. 24. ubi εὐνο-
μίη opponitur πολέμῳ, ἔριδι, στάσει. *Antip. Sidon.* Ep. XI.
in eodem argumento: Ἀ πάρος αἱματόεν πολέμου μέλος ἐν
δαὶ σάλπιγξ Καὶ γλυκὸν εἰράνας ἐκπροχέουσα νόμον.

 V. Cod. Vat. p. 178. Edidit *Kufter.* ad Suid. v.
κεκρύφαλον T. II. p. 292. *Reiske* in Anth. p. 25, nr. 461.
et hinc *Toup.* in Ep. crit. p. 98. Expreffum eft ex Ep.
Antipatri Sid. XXI, cum quo illud in fingulis comparavit cl. *Ilgen* in Opufc. phil. T. II. p. 80. fqq. Quatuor
Ariftotelis filiae Veneri munera afferunt. — V. 1. Male
in Ed. Lipf. βίτιννα. Majori initiali fcribendum. — In
Cod. Vat. πολύπλαγκτόν τε Φ. *Kufter.* et *Reisk.* πολύπλεκτον.
Sed fic χαίτας eft fine epitheto, quod *Toupius* ei tribuit
πολυπλέκτου fcribendo, ex *Antip. Sid.* i. c. φιλοπλέκτοιο
κόμης σφιγκτῆρα. — Noftrum ante oculos habuiffe videtur Auctor Ep. κδ'σπ. CXV. τόν τε κόμας βότορα κεκρύφαλον. — V. 2. laudat *Suid.* in κεκρύφαλον T. II. p. 292.—
V. 3. In contextu Cod. Vat. omittuntur verba inde a
νόθον usque ad Ἡράκλεια τόδε, quae tamen in marg. leguntur antiqua manu fcripta. In nonnullis apogr. defiderantur, ut in eo, quo *Kufterus* ufus eft. — νόθον
πτόθουσαν ὄημα. Vat. κεύθουσα νέημα. ap. Lipf. unde *Reiskius* τεύχουσαν ἄημα dedit. Hujus veftigiis infiftens *Toupius* noftrum invenit. Ducta eft flabelli defcriptio ex
Diofcorid. Ep. XII. ῥιπίδα τὴν μαλακοῖσιν καὶ πρηεῖαν ἀήταις.

Cum .νίθη ἀήματι, vento facticio, comparandus Nonn.
Dionyf. L. III. p. 108. ubi nutrix pallio moto ventum
facit infantibus, καὶ ἔσβεσε καύματος ὁρμὴν Ἀντίτυπον φύσημα χέων ποιητὸς ἀήτης. — V. 4. ἀμυνομένην. Vat. Cod.
Doricam terminationem fervat Suid. in μαλερὸν T. II.
p. 486. — §. 93.] V. 5. προκαλ. προσ. velum tenuiffi-
mum, tanquam ab aranea textum. Antipater Sid. l. c.
ἔργον ἀραχναίοις νήμασιν ἰσόμορον. — ἀρπεδόνες, quod de
laqueis paffim occurrit, de reti hoc loco accipiendum
eft. Apollonid. Ep. XV. ἀρπεδόνην καὶ στάλικας jungit. De
ferum filis Paufan. VI. 26. p. 519. τὰ δὲ ἄλλα εἴκασται
ταῖς ἀράχναις — ῥήγνυταί τε ὑπὸ πλησμονῆς καὶ ἀποθανόντος
οὕτω τὸ πολὺ τῆς ἀρπεδόνης εὑρίσκουσιν ἔνδον. Hunc
verf. cum praeced. laudat Suid. in ἀρπεδόσι T. I. p. 336.
— V. 7. καὶ δέ. Ap. Lipf. σπείρημα. Vat. Cod. — Quo
fenfu verba περισφυρίοιο δράκοντος accipienda fint, vide ad
Antip. Sid. l. c. — V. 8. ἐνεικαμένα. Ap. Lipf. — V. 9.
10. Ad verba Herodoti L. II. p. 169. 79. φιλέουσι δὲ καὶ
ἐν τῇ Ναυκράτι ἐπαφρόδιτοι γινέσθαι αἱ ἑταῖραι — Weffelin-
gius hoc diftichon excitat fic ut ap. Kufterum et Br.
fcriptum. In Vat. Cod. legitur: αἱ γυάλων Ναυκρατίδες.

VI. Cod. Vat. p. 172. Plan. p. 432. St. 566. W.
Argumentum hoc carmine tractatum primus tractaffe
videtur Leonidas Tar. Ep. XIX. Carmina, quae in eodem
verfantur argumento, recenfuit Ilgen in Opufc. phil.
T. II. p. 65. fqq. — V. 1. Θαλάσσας a man. fec. Vat.
Cod. — V. 3. Πίγρις. Idem a man. pr. — V. 5. χιφ-
φαλαισιν. Idem. — V. 6. πλωτρίς. Plan. — Ἀγρεύς. b Πάν.
Hefych.

VII. Cod. Vat. p. 143. Plan. p. 431. St. 565. W.
Primum diftichon laudat Suidas v. σκοπιήτης T. III. p. 335.
— V. 1. In ed. Lipf. vitiofe σύναιμα pro σύναιμοι excu-
fum. — V. 2. λινοστασίης. Plan. et Vat. — τρισσῆς.
Plan. et Suid. — V. 3. δάμις et Πίγρις. Vat. — πατυ-

νῦν. Idem. — V. 5. ἐς αὖθις. Idem. — τὸν δ᾽ ἔτι. Vat.
et Plan.

VIII. Cod. Vat. p. 172. Plan. p. 432. St. 566. W.
— V. 1. 2. laudat Suidas T. I. p. 432. βιαρκέος. τῆς εἰς
τὸ ζῆν ἐπαρκούσης. — V. 3. Πίγεις. Vat. a pr. man. —
δειραχθίς. Vat. Plan. et Suid. qui h. v. excitat T. I. p. 534.
in δειραχθὲς. τὸ τὴν δειρὴν ἀλγῦνον. Brunckius tamen δει-
ραγχὲς genuinum effe cenfebat. Philipp. Ep. VIII. καὶ
πάγας δειραγχέας. Antip. Sid. Ep. XVII. ἀνασπαστούς τε
δεράγχας. — πετανῶν. Vat. — V. 4. ὑλανόμων. Cod. Vat.
— V. 5. αἴθρης. Plan. — V. 6. καὶ πελάγεις καὶ γᾶς.
Vat. Cod.

[¶. 94.] IX. Cod. Vat. p. 173. Plan. p. 432. St.
566. W. — V. 1. οὐρεσίοι καὶ κ. Vat. — V. 2. vulgo
σοὶ τάδε Π. ἰ. Nec aliter eft in Vat. Cod. γέρα igitur ex
Brunckii correctione legitur. Haud facile dixeris, quid
olim hic lectum fit; nam totum hoc hemiftichion, σοὶ
τάδε Πᾶν ἔθισαν, ductum effe videtur ex Ep. Alexandri
Aetoli I. — V. 3. Πίγεις. ut fupra, Vat. Cod. — V. 4.
ἔπορεν. Vulgo et in Vat. — V. 5. ὑερίοισιν Vat. — V. 6.
αἰὲν ὁ δ᾽ ἐν π. ἄρκυν εὐστοχον ἄρκυν ἔχοι. Vat. Vulgo ἄγρκ?.

X. Cod. Vat. p. 174. fq. ἀνάθημα τῷ Πριήπῳ παρὰ
Φιντύλου. Edidit Kufter. ad Suid. T. I. p. 462. Reisk.
Anth. p. 19. nr. 450. Phintylus piscator, fenectute
confectus, inftrumenta artis Priapo ponit. Expreffum
ex Leonid. Tar. XXV. Similia plura funt in Planud.

L. VI. c. 3. — V. 1. δικαία Πριήτῳ. Vat. Cod. Kufter.
comparavit Ep. ἀδέσπ. CXXVIII. δύξο σαγηναίοιο λίνου τε-
τριμμένον ἅλμῃ λείψανον. — V. 2. ἐκρέμασεν. Vat. — V. 3.
4. laudat Suidas in γάμψον T. I. p. 462. ubi ἱππείγει eft,
ut in Vat. Cod. — Reisk. ex ap. Lipf. ἱππείοισι dedit.
In Ep. ἀδέσπ. fupra laudato: καὶ βαθὺν ἱππείης πεπεδημένον
ἅμματι χαίτης — λιμνοφυῆ δόνακα. — V. 5. Suid. in τριτώ-

νυστον T. III. p. 506. Arundinem *admodum longam* significare videtur. Reliqua hujus verficuli cum v. 6. idem
excitat in φελλὸς T. III. p. 591. et in βολὶς T. I. p. 440.
Totum hunc verfum fibi vindicavit Auctor Ep. Incert.
fupr. l. — βόλον h. l. aut rete aut naſſam eſſe, in aqua
depreſſam, fimilium locorum docet comparatio. Suberi-
ni enim cortices naſſis et retibus aptabantur, ut, in
aquae fuperficie natantes, illorum in fundo fedem in-
dicarent. *Philipp.* Ep. XXII. ἀπαγγελτῆρα δὲ κύρτου φελλόν.
Idem Ep. XXIII. τὸν ἀεὶ φελλοῖς κύρτους ἐλεγχομένους. *Julian. Aeg.* Ep. VI. φελλοὺς κύρτων μάρτυρας εἰναλίων. *Plutarch.* T. II. p. 592. ὥσπερ τοὺς τὰ δίκτυα διασημαίνοντας
ἐν τῇ θαλάσσῃ φελλοὺς ὁρῶμεν ἐπιφερομένους. Ex his locis
fimul apparet, quam temere *Reiskius* textum immuta-
verit, legens : φελλὸν, ἁλικρυφίων σῆμ' ἀναδόντα βόλων,
jactuum undis abditorum furfum edens indicium.

XI. Cod. Vat. p. 147. Plan. p. 423. St. 557. W.
Tres Xuthi et Melitae filiae artis textoriae inſtrumenta,
quibus pauperem vitam diu fustentaverant, Minervae
dedicant. Expreſſum eſt hoc carmen ex *Leonidae Tar.*
Ep. IX. *Antip. Sid.* XXVI. — V. 1. καὶ Εὔκλεια Vat. Cod.
a pr. man. — V. 2. ξούθου͡ν. Vat. Cod. — V. 3. *Suidas*
laudat in ἀράχνειον νῆμα T. I. p. 309. et cum v. 4. in
ἄτρακτον T. I. p. 373. et in μίτος T. II. p. 567. *Leonid.
Tar.* l. c. τὸν μιτόεργον ἀειδίνητον ἄτρακτον. — Fufos fimul
cum longa colo. ἠλακάτη pars ἀτράκτου, ut videtur. —
V. 5. *Suidas* Tom. III. p. 147. in πολυσπαθής· ὁ πλειστάκις
ὑπὸ σπάθης ἐνεργηθείς. — πέπλοι πολυσπαθεῖς funt concutes,
bene condenfatae veftes. Vide *Salmaf.* ad Scr. Hiſt. Aug.
T. II. p. 410. — V. 6. τριτάτη. Vat. Cod. — V. 8. σοὶ
in Vat. Cod. lineae fuperfcriptum. Parum fuaviter ad
aures accidunt haec: ταῦθ' αἱ καὶ σοὶ, quorum fortaſſe
olim reperietur emendatio.

.: V. 95.] *XII.* Bis exftat in Planud. L. IV. t. 7. et
c. 11. utroque loco fine auctoris nomine. Scire velim,
qua auctoritate a *Brunckio* tributum fit *Archiae*; nam
a Cod. Vat. abeft hoc carmen cum omnibus aliis, in
quibus artis opera defcribuntur. Si unus ex Planudeae
Codd. quibus cl. editor ufus eft, *Archiae* nemen adfcriptum habuit, id indicandum erat. — Scriptum eft
in aprum Calydonium ex aere. — V. 1. ἤνυσι, vulgo. —
V. 3. Θηκτόν. omnes veteres edd. praeter Stephan. quae
θνητόν habet, quod Wechel. receperunt. Poëta expref-
fifte videtur locum *Hefiodi* in Scut. 388. Θήγει δέ τε
λευκόν ὀδόντα Δοχμωθείς, ἀφρὸς δὲ περὶ στόμα μαστιγόωντι
Λείβεται; ὄσσε δέ οἱ πυρὶ λαμπετόωντι ἔικτην, Ὀρθὰς δ' ἐν
λοφιῇ φρίσσει τρίχας ἀμφί τε δειρήν. Similis eft apri defcriptio ap. *Homer.* II. ν. 473. φρίσσει δέ τε νῶτον ὑπερθεν·
Ὀφθαλμώ δ' ἄρα οἱ πυρὶ λάμπετον· αὐτὰρ ὀδόντας φεύγει. Cf.
II. λ. 415. *Philoftratus* I. Icon. XXVIII. p. 803. Ὀρῶ
δὲ αὐτὸν καὶ τὴν χαίτην φρίττοντα, καὶ πῦρ ἐμβλέποντα, καὶ οἱ
ῥόοντε; αὐτοῦ παταγοῦσιν ἐφ' ὑμᾶς. — V. 5. δεδευμένα. Vulgo. — οὐκ ἔτι. Plan. — Non amplius mirandum, cum
tam terribilis fuerit aper Calydonius, fi defectorum juvenum turbam perdidit. Secundum *Homer.* II. ι. 546.
πολλοὺς δὲ πυρῆς ἐπέβησ' ἀλεγεινῆς.

, *XIII.* In Planud. p. 326. St. 465. W. In Apellis
Venerem Anadyomenen. Expreffum ex *Leonid. Tar.*
Ep. XLI. et *Antip. Siden.* XXXII. ubi vide not. —
V. 2. γυμνήν. Sic in Ep. *Platoni* tributo nr. IX. τοῦ
γυμνὴν εἶδε, μα Πραξιτέλης; — V. 4. De puellae capillis
Ouid. I. Amor. XIV. 33. *Illis confulerim, quas quondam
nuda Dione Pingitur humenti fuftinuiffe manu.*

XIV. Anth. Plan. p. 321. St. 460. W. Λουκιανοῦ,
οἱ δὲ Ἀρχίου. Confer cum eleganti hoc carmine Ep. αδεσπ.
CCLXXIV. — V. 2. ἐντίτυπον φθογγήν. Satyr. Thyill.
Ep. II. μέλπετ' Ἀχὼ Ἀντίθρουν — ὅπα. *Julian.* Epift. LIV.
, P. 441.

p. 441. ὅτι ἐστὶν ἠχὰ φωνῆς ὡς ἀέρος πλῆξιν ἀντίτυπος ἠχὰ, πρὸς τοὔμπαλιν τῆς ἀκοῆς ἀντανακλωμένη. Vide *Elsnerum* in Obff. facr. T. II. p. 407. fq. — ᾀδομένην eft in ed. pr. et Afcenf. ᾀσομένην in Aldinis. — V. 3. Variarum vocum vocalem *imaginem;* ut *Virgil.* Georg. IV. 50. *Pfittacus* — *loquax*, *humanae vocis imago.* *Ovid.* II. Amor. VI. 37. Locus montanus πάντων τῶν λεγομένων μιμητὴν φωνὴν ἀπεδίδου. *Longus* L. III. p. 87. 20: — V. 4. ὅσα λέγεις. *quae audita reportat,* ut ait *Ovid.* III. Metam. 369. Epigr. κόλεπ. her. XXIX. p. 149. ὁπποῖόν κ' εἴπῃσθα ἔπος, τοῖόν κ' ἐπακούσαις.

XV. Cod. Vat. p. 362. Ἀρχίου, οἱ δὲ Παρμενίωνος. Uni Archiae infcribitur in Plan. p. 50. St. 73. W. Ingeniofe Echo docet, fua lingua nullam aequiorem eſſe. — V. 1. γλώσσῃ vulgo. τὰν λ. Vat. Cod. et Plan. Conf. *Ovid.* III. Metam. 356. *Vocalis Nymphe, quae nec reticere loquenti, Nec prior ipfa loqui didicit, refonabilis Echo.*

¶. 96.] XVI. Cod. Vat. p. 490. Plan. p. 76. St. 111. W. Priapus in Bosporo Thracico collocatus, fe nautis, qui numen implorent fuum, praefens auxilium ferre et propterea ab iisdem nunquam non donis et honoribus coli gloriatur. — V. 1. κυμοπλῆγος. Vat. Cod. — V. 4. κατὰ πρύμνης. ventum fecundum, πόμπιμον, a puppi flantem, quem inde πρυμναῖον appellabant; cui oppofitus πνεῦμα ἐκ πρώρας, ut ap. *Sophocl.* Phil. 640. Cf. *Dorville* ad *Charit.* p. 115. — V. 5. ὠάκνισον. Sic Vat. Cod. per-„peram. Scripturam hanc temere et inconfiderate fe-„cutus fum. Frequentiffime in veteribus libris occurrunt „κνῖσα et compofita, unico σ et producto ι. Defendi pof-„fet auctoritate Herodiani Grammatici ap. Euftathium „cum alibi; tum p. 1819. l. 39. ἡ δὲ κνίσσα, κοινότερον μὲν „διὰ δύο σ γράφεται. Ἡρωδιανὸς δὲ ἰθέλει ἀπὸ μέλλοντος αὐτὴν „γενομένην τοῦ κνίζω κνίσω, δι' ἑνός τε γράφεσθαι σ, καὶ ἐκτα-„σιν λαβεῖν τοῦ ι. Sed falfum eft. Cum enim futurum

„κνίση primam corripiat, κνίσα inde deductum eundem
„fyllabae modulum fervare debet. Recte itaque Etymol.
„M. Auctor: κνίζω, κνίσω, κνίσα. τὸ κνὶ βραχύ. τὰ γὰρ
„διὰ τοῦ ιζω ῥήματα τὸ ι βραχὺ ἔχουσι. Hinc ubi metri lex
„fyllabam productam requirit, κνίσσα fcribendum eft.
„Producitur ı in κνίδη, deducto a praefenti κνίζω. " *Brunck.*
— V. 7. Aram meam nunquam non odoribus et victi-
mis ornatam videbis. Eadem fibi fieri narrat Priapus
ap. *Catullum* nr. XIX. 10. *Florido mibi ponitur pica
vere corolla Primitu', et tenera virens fpica mollis arifta.
— Sanguine banc etiam mibi, fed tacebitis, aram Barbatus linis birculus, cornipesque capella.* — Mox vulgata
ἐν δ' ἑκατόμβῃ, quae fenfum non habet, emendata eft ex
Cod. Vat. qui paulo ante v. 6. ἡμῶν legit. — τιμή. Idem
ait Thanatos ap. *Eurip.* in Alceft. 54. Vide *Valck.* ad
Hippol. p. 161. D.

XVII. Cod. Vat. p. 490. Plan. p. 57. St. 82. W.
Priapus rudi arte elaboratus, fe pifcatoribus et nautis
opem ferre ait, nomenque fuum adeo operibus potius
quam forma manifeftum fieri. — V. 1. ἐπ' αἰγιαλίτιδα
divifim Plan. et Vat. Cod. — χηλὴ proprie portus brachia, fed faepe etiam, fignificatione paulo generaliore,
aggeres, moles, curvamine quodam in mare productae,
five natura five artis opera, quae verba funt *Dorvillii*
ad Charit. p. 116. fq. —, V. 2. αἰθυίας οὔποτε ἀντιβίαα
Vat. Cod. et Plan. nifi quod hîc ἀντιβίης legitur; quod
Brodaeus de mergis nunquam in Priapi, falce eos deter-
rentis, adfpectum venientibus interpretatur; et fic *Grotius: Cujus in adfpectu mergus adeſſe timet.* His nimirum
obverfabantur haec *Tibulli* I. El. I. 17. *Pomofisque ruber
cuftos ponatur in hortis, Terreas ut faeva falce, Priapus,
aves.* Sed non fatis apparet, cur Priapus in litoris arena
pofitus, ubi nulla pomorum cura, mergos terrere dicatur. Quare melior fenfus ex *Brunckii* lectione emergit,
ubi deus Hellespontiacus fe in hac regione avibus

infeftum effe negat. Jam litora mergi inprimis frequentare folent. Paulo aliter *Jof. Scaliger* in not. mift.
αἰθυίαις οὔποτε ἀντιβίην. Si quid mutandum, noftram lectionem praeferendam cenfeo. — V. 3. φοξός. capite fafti-
giato, ut fere in monimentis confpicitur. *Homer.* Il. β.
219. φοξὸς ἔην κεφαλήν. Cf. *Euftath.* p. 156. 44. —
ἄτκους οἴονεκιν. vitiofe Vat. Cod. et mox ξίσσεια. *Ego baec,*
ego arte fabricata ruftioa, Ego arida, o viator, ecce popu-
lus. Catull. XX. 1, 2. Lufus in Priap. LXIV. 9. *me ter-*
ribilem deum fufte Manus fine arte rufticae dolaverunt.
Ejusmodi enim deorum figna *properanti falce dolaban-*
tur, ut *Propertius* de Vertumno ait IV. 2. 59. —
V. 6. πνοιᾶς. quovis vento pernicior. Comparatio paffim
obvia. Vide *Valcken.* in Diatr. p. 108. B. — V. 7. τὰ
θέοντα. De pifcibus funt qui accipiant. Quod fecus videtur.
Opis, quam pifcatoribus Priapus affert, fatis in praecedentibus facta eft mentio; idem vero praeterea nautis
opitulari folet. Quare τὰ θέοντα καθ᾽ ὕδατος naves effe
videntur, per omne mare quae *currunt. Leonid. Tar.*
Ep. XC. Λιβυκοῦ μέσσα θέων πελάγευς. — V. 8. γνωστὸν
τόπον. Deorum indoles ex eorum operibus cognofcitur.
τόπος eft fignum, quo quid cognofcitur; veftigium alicni
rei impreffum; nonnunquam etiam rudis rei delineatio,
quam fibi defcribit artifex. Vide *Alberti* Obff. phil.
p. 428. θεῖον τύπον, *divinam fpeciem,* dixit *Rufin.* Ep. XI.
κραδίη γνωστὸς ἔνεστι τόπος. *Meleag.* Ep. LIII. ubi vide not.
p. 70. De charactere accipiendum in locutionibus τὸν
τόπον νοεῖν, ἰχνοεῖν, de quibus nonnulla dedit *Toup.* ad
Longin. p. 308. fq.

    XVIII. Cod. Vat. p. 227. fq. Planud. p. 237. St.
344. W. Continetur his verfibus laus Ajacis, cui, cum
fumma virtute pro Graecis pugnaffet, virtutis praemium,
Achillis arma, fato jubente, detracta effe poëta affirmat. — V. 1. ἀναιρομένγειν corrigere tentat. *Opfopoeus*
et *Brodaeus*, qui hanc vocem cum ηηνεὶ conjungit ter-

titque, *quas ab incendio servavit.* Similiter *Jos. Scaliger* in not. mst. ἀναιρομέναισιν. Jam ἀναίρειν de rebus usurpari, pro *perdere*, docet locus in Odyss. T. 263. μηκέτι νῦν χρόα καλὸν ἀναίρεο. ubi *Eustathius* hoc verbum per ἀφανίζειν, αἰσχύνειν interpretatur. Vix tamen putaverim, hac emendatione opus esse. οἱ ἀναιρόμενοι Achivi sunt a Trojanis caesi, pro quibus Ajax, ne a Trojanis spoliarentur, propugnavit. Hoc autem fiebat potissimum scuto prae-tento. Jam lege Il. ρ. 132. Αἴας δ᾽ ἀμφὶ Μενοιτιάδῃ σάκος εὐρὺ καλύψας Ἑστήκει. Ad hunc locum respexit *Archias.* In *Sophocl.* Ajace 1269. Teucer conqueritur, quod Agamemnon beneficiorum, quae ab Ajace acceperit, plane sit immemor — οὗ σὺ πολλάκις Τὴν σὴν προτείνων προὔκαμες ψυχὴν δορί. — Jam versu secundo alterum lau-dis argumentum est illustris pugna ad naves, ubi solus Ajax naves ab Hectoris impetu defendebat. Conf. Il. XV. 415. sqq. Rem tragico spiritu persequitur *Sophocles* in Aj. v. 1273. sqq. — Pro ὑπέρμαχον Vat. Cod. ὑπέρ-μαχος; versu sq. autem αἰὲν (cum Plan.) et ἄρην. *Suidas,* qui hoc distichon excitavit v. ἀναίρειν T. I. p. 740. αἰὲν quoque legit. Nihil hac vocula in hoc contextu langui-dius; nec fieri posse puto, ut herois, qui hoc carmine celebratur, nomen in decem versibus ne semel quidem ponatur. Probanda igitur *Brunckii* lectio, cujus fontem, ut multis aliis in locis, hic quoque indicare neglexit.— Ceterum ἄρην, quod membranae Vat. offerunt, non respuendum. Vide *Maittaire* de Dial. p. 361. C. — V. 3. ὥσεν. Vat. Cod. — Laudat h. v. *Suidas* in χέρμα-δια T. III. p. 664. — V. 5. προβλῆς. προβλῆτι. τότε προβεβλημένῳ καὶ προνενευκότι εἰς τὴν θάλασσαν. *Etym. M.* Ducta fortasse comparatio ex Il. ο. 618. ἴσχον γὰρ πύργῳ ἴσον ἀρηρότες, ἠΰτε πέτρη Ἠλίβατος, μεγάλη, πολιῆς ἁλὸς ἐγγὺς ἐοῦσα. Conf. *Virgil.* Aen. X. 693. *Sophocl.* in Aj. 1212. καὶ πρὶν μὲν οὖν ἐννυχίου Δείματος ἦν μοι πρόβολα καὶ βελέων θούριος Αἴας. — V. 6. ἰδρυθείς. Vat. Cod. — λαῖλαπι.

Tempeftatibus fimiles pugnae. Multa hujus generis ex
yett. collegit *Klotz.* ad Tyrt. IV. 8. — ¶. 97.] V. 7.
De hac ὅπλων κρίσει, in qua Ajax Ulyffi, fortior verfu-
tiori, cedebat, veterum loca collegimus ad *Tzetzae* Poft-
homer. v. 481. fqq. — V. 9. τάδ᾽ ἤμπλακεν. Peccavit
quidem, fed fato jubente peccavit. ἄμπλακεν. Vat. Cod.
Idem mox ἐὸ ᾗ pro vulgato τῇ. Nemo dignus erat,
qui de tali viro referret victoriam; hinc factum, ut fe
ipfe occideret.

XIX. Anth. Plan. p. 350. St. 489. W. In annulum ex jafpide viridiffimo, cui boves infculpti. In Vat.
Cod. p. 479. τὴν ἴασπιν legitur. χλοηκομέειν. quafi her-
bam pafcentibus fubjiciens. Conf. Ep. Platonis XVII.

XX. Cod. Vat. p. 371. Ἀρχίου νεωτέρου. Edidit *Jenfius* nr. 108. *Reiske* p. 157. nr. 759. — V. 1. membranae Κωρυκίον. *Reiske* Κωρύκου emendavit. Nam Cory-
cum effe nomen urbis in Cilicia; Corycium effe promontorium et antrum urbi vicinum. Poffe quoque Κω-
ρυκίαν, πόλιν fc. legi. Priorem hanc conjecturam metri
lex refpuit; nam in Κωρόκου media corripitur. Optima
eft *Br.* lectio Κωρυκίων, *Coryciorum urbem.* Vide *Steph.
Byz.* p. 499. ed. Berk. — V. 2. Ad ὀσίη in marg. fcribitur νῦν τῇ Θυσίη. Quam gloffam *Reiskius* ex conjectura
in textu pofuit. *Suidas :* Ὀσίαν, κηδείαν, τὴν ἐπὶ νεκροῖς τι-
μήν. — λιτῇ ὀσίη eft igitur *boner modicus, parvum mu-
nufculum* deo ab homine, ut fufpicari licet, paupere
allatum.

XXI. Cod. Vat. p. 413. Ἀρχίου Μιτυληναίου. Planud.
p. 30. St. 46. W. *Stobaei* Floril. T. IX. p. 99. Gesn.
59. Grot. In corvum a fcorpione, quem rapturus erat,
percuffum. — V. 1. μελαίτερος. Gesn. „μελάμπτερος. Sic
„ap. *Stobaeum* legitur in Florilegio *Grotii.* Perperam
„Planudea μελάντερος. Vat. Cod. μελάντερον. unde genui-
„nam lectionem effe credo μέλαν πτερόν. numeri enallage
„νωμᾶν τὰ μέλανα πτερὰ ἐν αἰθέρι." *Brunck.* In μελάμπτερος

inciderat etiam *Jos. Scaliger* in not. mst.' et *Musgrav.*
ad Euripid. Alcest. 846. — Pro νωμῶν Ald.'pr. et Junt.
νομῶν. *Soter* in Epigr. quae ex Planudea excerpta dedit
10. 1525. ναίων, procul dubio ex conjectura. — V. 2.
εἶδε. *Steph.* 'male. Aldinae omnes εἶδε legunt. — V.'3.
μάρψας. Ed. Fl. Ald. pr. et Junt. μάρψων ex Lect. Ald. pr.
in 'contextum venit. Et sic Vat. Cod.' Conatus indicatur, non factum. — V. 4. ἐν κέντρῳ. vitiose Vat. —
V. 5. ζωᾶς μέν. Idem. — ἰδ' ὅσσον. Plan. ᴇt Vat. C. —
Inepta lectio, cui nihil respondet in altero enuntiationis
membro. Quare *Br.* leni mutatione — nam ex Codd.
profectam esse emendationem dubito — ὡς ὃν scripsit.
Eandem conjecturam in *Jos. Scaligeri* schedis reperio.

XXII. Cod. Vat. p. 316. Ἀρχίου Μιτυληναίου. Planud.
p. 220. St. 321. W. Nymphae Marsyam in pinu suspen-
sum lugent, quod dulcem tibiae cantum, quo ipsas olim
delectaverit, non amplius auditurae sint. Frustra Interpretes 'in hoc carmine ironiam quaesiverunt. Quos falsa,
'quam de Marsya imbiberant, opinio fefellit. Non con-
temnendus ille musicus, quamvis nihil ad Apollinem.
Hygin. Fab. CLXV. *quas* (fistulas) *Marsyas, Oeagri filius*
(*Hyagnis fil.* corrigit *Seldenus* ad Epoch. Gr. p. 1496.
Si quid mutandum, *Olympi* potius scripserim.) *pastor,*
unus ex Satyris invenit; quibus assidue commeletando,
fonum in dies suaviorem faciebat. De Marsya vide not.
ad *Dioscorid.* Ep. XV. — V. 1. αἰπεῷ. Marsyae pellis
Celaenis in acropoli monstrabatur suspensa, ubi Marsyae
fluvii fontes. *Herodot.* L. VII. 26. p. 523. 99. ἐν τῇ
καὶ ὁ τοῦ Σιληνοῦ Μαρσύεω κακὸς (ἐν τῇ πόλει omittendum
judicat *Valcken.*) κυνκρίματος. Conf. *Perizon.* ad *Aelian.*
V. H. XIII. 21. et *Zeunium* ad Xenoph. Ἀ. κ. L. I. 2. 8.
p. 11. Locis, quos hi attulerunt, adde *Agathiam* L. IV.
p. 128. ed. Vulc. κρεμασθὲν αὐτῷ τὸ δέρμα καὶ ἐπὶ δένδρου
ῤερημένον. Anthol. Lat. T. I. p. 100. Ep. CXXXVIII. *Atrio*
victus dependet Marsya ramo, Nativusque probat pectora

cenfa rubor. — V. I. Θήριον *l. δέσμας.* Vat. Cod. —
Θήριον *δέμας.* Satyri enim Θῆρες. — V. 3. αἰώρῃ. Vat. Cod.
— ἀνάρσιον ἔριν. gravem et fatalem. Vide *Euſtath.* ad
Il. p. 1489. 33. *Ruhnken.* ad Tim. p. 39. — V. 4.
Κελαινήτην. Vat. Cod.— πεδνα. Rupem illam procul dubio,
ubi *Nymphas Marſyae amore recentas conſidere* poëtae
dixerant, tradente *Curtio* L. III. I. 2. — V. 6, τὰς
δα
σκρος et in fine πευσόμενον. Vat. Cod.

¶. 98.] *XXIII.* Cod. Vat. p. 414. Plan. p. 84. St.
124. W. Hiſtoria de merula ſimul cum turdis in laqueos
incidente, ſed liberata. Expreſſum ex Ep. *Antip. Sid.*
LXII. ubi vide not. — V. I. „In Planudea legitur αὐ-
ηταῖς, quod nihil ſignificat, et depravatum videtur ex
διτταῖς, unde διεσαῖς ſcripſi.‟ *Br.* αὐταῖς etiam membr.
Vat. Vix vera *Brunckii* emendatio. In talibus enim αὐταῖς idem eſt, quod ἅμα, niſi plane abundare dixeris.
Homer. Il. ι. 194. ταφὼν δ᾽ ἀνόρουσεν Ἀχιλλεὺς Αὐτῇ σὺν
φόρμιγγι. *Xenoph.* Κ. Π. L. II. p. 46. ὁ δὲ νεανίας ἐκεῖνος
εἵπετο τῷ λοχαγῷ αὐτῷ σὺν τῷ θώρακι. *Athen.* L. XIII.
p. 575. E. καταλιπὼν ἔν τινι τόπῳ αὐτῷ ἅρματι τὸν ἁρματη-
λάτην. Plane abundat αὐταῖς ap. *Theocrit.* Eid. VII. 70.
αὐταῖσι κυλίκεσσι καὶ ἐς τρύγα χεῖλος ἐρεῖδεν. — V. 2. νε-
φέλης. λίνου νεφοειδῖ κόλπῳ dixit *Paul. Silent.* Ep. LXXII.
νεφέλαι et νέφεα, retia tenuiſſima. Vide *Huetium* p. 10. —
V. 3. Θώμιξ. Vat. Cod. — Θώμιγξ. λεπτὸν σχοινίον. Θώμιγ-
γος, δεσμοί. ὁρμιαί. σχοινία. χορδαί. σπαρτία. κανάβινα. *Heſych.*
Primitus retis limbum deſignaſſe, ſuſpicatur *Arnaldus* in
Lect. gr. p. 185. Vide *Fiſcher.* ad Anacr. p. 359. *Scaligerum* ad Feſtum v. *Thomices.* — V. 4. αὖ μεθῆκε. Vat.
Cod. αὖθι μεθῆκε. Plan. — V. 5. ἱερόν. Vat. — ἔτυμον
Vat. et vett. edd. omnes. ἐτόμως Steph. — In fine verſ.
πολλή. Vat. Cod. — *Antipater* l. c. ἣν ἄρ᾽ ἀοιδὸν σπειδὶ κὴν
κυφαῖς, ξεῖνε, λινοστασίαις. — πτηνῶν. Vulgo.

XXIV. Cod. Vat. p. 361. Ἀρχίου Μιτυλην. .Planud.
p. 45. St. 65. W. Equi fortem poëta conqueritur, qui,
poſt multas victorias ex gymnicis certaminibus reportatas, molam agere cogebatur. — V. 1. κελλοπόδων. Ex
Simonid. ap. Ariſtot. Rh. L. III. 2. χαίρετ' κελλοπόδων θύ-
γατρες ἵππων. Similia collegit *Bochartus* in Hieroz. II.
c. IX. p. 161. — Ἀλέτος. a pedum pernicitate. *Oppian.*
Κυν. L. I. 280. de equis Hispaniae: κείνοισιν τάχα μοῦνος
ἐναντίον ἰσοφαρίζοι Ἀλετὸς αἰθερίοισιν ἐπιθύνων γυάλοισιν. Dē
nominibus equorum vide T. I. P. l. p. 405. — V. 2.
κῶλα. Equorum itaque in certaminibus pedes taeniis
ornabantur. Vide *Brodaeum.* — V. 4. πτανοῖς. Harpyiae,
equi, ap. *Heſiod.* Theog. 268. αἵ ῥ' ἀνέμων πνοιῆσι καὶ
οἰωνοῖς ἅμ' ἔπονται 'Ωκείης πτερύγεσσι. *Apollon.* Rhod. L. IV.
220. Ἀλήτης ἵπτοισι μετέπρεπεν, οὓς ol ὅπασσεν Ἥλιος π.οιη-
σιν ἐειδομένους ἀνέμοιο. Hujus et ſimilium comparationum
fons eſt in *Homer.* Il. XVI. 149. XIX. 415. —
V. 5. νεμέη. vitioſe Vat. Cod. — V. 7. δειρῇ et χαλινὸν
Cod. Vat. — κλοιῷ. Loco freni nunc ligneo collari inſtructus ſum. κλοιὸν (vide ad *Antip. Sid.* Ep. XVII.) itaque hujusmodi equi in cervicibus gerebant, unde lora,
ni fallor, alligabantur. — V. 8. Vulgo ἐλᾷ et ὀκρυόεντι.
Vat. Cod. ἐλαῖ, quod eodem redit. ἐλεῖ *Cafaubonus* emendavit in not. mſt. et *Jo. Pierſon.* ad Moer. p. 18. ὄνοι
ἐλοῦντες ſunt ap. *Aelian.* in H. A. XII. 34. *Plutarch.*
T. II. p. 157. τῆς ξένης ἤκουον ᾀδούσης πρὸς τὴν μύλην, ἐν
Λέσβῳ γενόμενος· ἄλει, μύλα, ἄλει. Huc facit *Aeſopi* Fab.
CXCIII. γέρων ἵππος ἐπράθη πρὸς τὸ ἀλήθειν· ζευχθεὶς δὲ ἐν
τῷ μύλωνι στενάζων εἶπεν· Ἐκ ποίων δρόμων ἐς οἵους καμπτῆρας
ἦλθον. Haec pro recepta lectione afferri poſſunt. Non
tamen valde offendor vulgata ἐλᾷ. Proprie quidem lapis
molaris ἐλαύνεται, quo facto fruges ἀλήθονται, *franguntur.*
Jam igitur poëtae licebat dicere: καρπὸν ἐλᾷ λίθη, pro
λίθον ἐλαύνων τὸν καρπὸν ἐλεῖ. Sic folent poëtae. — V. 9.
ἴσαν. Vat. — Elegia in Maecen. v. 69. *Impiger Alcide,*

multo defuncte labore, Sic *memorans curas te posuisse tuas.*
Conf. *Ovidii* Heroid. IX. § 4.

XXV. Hoc carmen, quod idem argumentum, sed longe brevius et elegantius, enarrat, in Planud. p. 48. St. 69. W. Λεόντεως inscribitur. In Vat. Cod. p. 36 r.. auctoris nomen non additur; sed lemma est: Εἰς τὸ αὐτὸ ὁμοίως. Qua igitur commotus auctoritate *Brunckius* hoc carmen inter *Archiae* poëmata retulerit, non constat; sed conjecturam potius quam Codicis cujusdam auctoritatem secutus esse videtur. *Ilgen* Vir. cl. qui in Opusc. philol. T. II. optime de *Archiae* carminibus meruit, p. 73. *Archiae Antiocheno* illud tribuere malit; nisi potius pro Λεόντεως Λεοντίου, vel etiam Λεωνίδου corrigendum sit. Hoc enim poëta dignum, ejusque nomen cum *Leonis* nomine confundi; verisimile denique, ex hoc exemplari superius carmen expressum esse. Jam vero, *Archiam Leonidae* inprimis scrinia compilasse, ex multis exemplis patere. — V. I. ὦ 'νερ, ὁ τὸ πρὶν Διὸς. Vulgo. Et sie in Vat. Cod. ubi τὸ lineae superscriptum. Nec hoc placet, nec *Brunckianum*. Loco vocabuli ἄνερ, quo facile carere possumus, equi nomen lectum fuisse probabile est. Longe sine dubio elegantior foret lectio sic:

Ὁ πρὶν ἐπ' Ἀλφειῷ στεφανηφόρος Ἀετὸς, ὁ πρὶν — —

Vix tamen putaverim, librarios tantopere a veritate aberrasse. Quare vide, an corrigi possit:

Ὁ πρὶν ἐπ' Ἀλφειῷ στεφανηφόρος, ἱερὸν ὁ πρὶν
διοσάκι κηρυχθεὶς Κασταλίης πὰρ' ὕδωρ.

Junge ἱερὸν πὰρ' ὕδωρ. Vocabulum ἱερὸν primam syllabam modo producit, modo corripit. Recte autem et ex poëtarum consuetudine Castaliae aqua vocatur *sancta*. *Senec.* Oedip. 276. *Frondifera sanctae nemora Castaliae.* Idem 220. *Sancta fontis lympha Castalii fluxit.* — V. 4. πτηνοῖς. Vat. et Plan. Non dubito, quin legendum sit: ὁ πρὶν πτανοῖς ἴσα δραμών τ' ἀνέμοις.

R 5

Duplex eſt comparatio, altera alterâ gravior, cum equus
primum aves, deinde etiam ventos currendo aequare
dicatur. Sic plane *Heſiod.* in Ţheog. 268. quem locum
ſupra laudavimus. — V. 6. στεφάνων ὕβριν. Vulgo. Noſtrum eſt in Vat. membranis.

¶. 99.] *XXVI.* In Plan. p. 120. St. 173. W. hoc
carmen cum alio in Medeam, quod *Br.* retulit inter
Ep. *Leonidae Alex.* nr. XXXI., *Archiae* inſcribitur, ſed
falſo. In Vat. Cod. p. 414. utrumque *Leonidae* eſt illius, et quidem *Ισόψυφον*, quo luſuum genere ille ob-
lectabatur. Error inde ortus, quod in Anthol. Conſtantini, unde Planudes ſuam excerpſit, *Archiae* Epigramma (nr. XXIII.) proximo loco praeceſſit. — Scriptum in
hirundinem, quae in tabula Medeae imaginem exhi-
bente nidum conſtruxerat. — V. 2. γραπτῆς νεοσστρο-
φεῖς πυκτίδι, Vat. Cod. — νεοσσοτροφεῖς. Ald. pr. — *Suid.*
πυκτίον. τὸ βιβλίον. τὸ πυκκίδιον. Idem πυκτίς. tabula. *Joſ.*
Scaliger tamen mallet πυξίδι. πυξίδα. δίπτυχα. *Heſych.* —
V. 3. Sperasne, fore, ut, quae ne ſuis quidem liberis
perpercerit, ea tuis pullis praeſtet fidem? — Idem
argumentum, ſed diverſa ratione, tractavit *Philippus*
Ep. LIII.

    XXVII. Plan. p. 308. St. 448. W. Ἀρχίου nomen
omiſſum in Ed. *Jani Laſcaris*, acceſſit in Ald. pr. unde
in ſqq. edd. pervenit. — Monentur agri Nemeaei incolae, leone interfecto ne amplius timeant. Tum ad
Herculem converſus poëta, eum, ut Junonis iram placare
pergat, hortatur. — V. I. ταυροβόροιο. Frequens ap. poëtas leonum epitheton. Conf. *G. Wakefield* in Delect.
Trag. T. II. p. 195. — Quum Hercules, leonis quae-
rendi cauſa, in agrum Nemeaeum veniſſet, οὐδὲ μὲν ἀν-
θρω... τις ἔην ἐπὶ βουσὶ καὶ ἔργοις φαινόμενος —. Ἀλλὰ κατὰ
σταθμοὺς χλωρὸν δέος εἶχεν ἕκαστον. Carmen inter *Theocrit.*
XXV. 218. ſqq. — V. 4. ἀγχόμενος. Fauces leoni prae-

cludens Hercules paffim in prifcae artis monimentis
occurrit. Auctor carminis modo laudati v. 266. ἠγχυν
δ' ἐγκρατίως, στιβαρὰς σὺν χείρας ἐρείσας 'Εξόπιθεν. — V. 5.
Jam licet greges iterum in pafcua educi. Comparanda
fimilis imago regionis ab hoftium incurfionibus libera-
tae ap. *Theocrit.* XVI. 88 — 93. — V. 7. πάλιν. Haec
non fatis perfpicua funt. ῥινὸς poteſt effe fcutum, quo
nonnulli Herculem armaverunt. Vide not. ad Ep. *Theocriti* XIX. Sed pronum eft de leonis exuviis cogitare,
quibus thoracis loco utebatur. Tum fenfus: Iterum atque iterum arma fume, (clavam, arcum, leonis pellem)
novisque femper facinoribus editis Junonis novercae
iram placare ſtudeas. Hác enim arte *vagus Hercules
Enifus arces attigit igneas,* ap. *Horat.* III. Carm.III. 9. 10.
XXVIII. Cod. Vat. p. 235. Planud. p. 264. St.
380. W. In picae loquaciffimae mortem. — V. 1. 2.
Suidas T. I. p. 231. in ἀντίφθογγον, ὅμοιον, hoc diſtichon
proferens, legit ἡ πάρος ἐ. ἀποκλάγξασα, ut Vat. Cod. In
idem incidit *Jof. Scal.* in not. mſt. Hoc reſtituendum.
II. κ. 276. ἐρωδιοῦ — κλάγξαντος ἄκουσαν. Il. μ. 207. αὐτὸς
δὲ κλάγξας πέτετο. — Pica paftoribus, pifcatoribus et
lignariis refpondens et quodammodo cum iis certans
fingitur. Similiter *Theocr.* XVI. 94. ἁλίκα τέττιξ Ποιμένας
ἐνδίους πεφυλαγμένος, ἔνδοθι δένδρων 'Αχεῖ ἐν ἀκρεμόνεσσι. —
V. 3. ἡ πολλάκι δὲ — fic codices, Florentina, et Suidae
princeps editio, apud quem integrum hoc diſtichon
legitur v. κερτόμος. (T. II. p. 302.) ubi male pro
κρέξασα legitur κρέξασα. Nefcio an non melius fcribe-
retur: οἶά τις ἀχὼ κέρτομος." Br. — V. 3 - 6. *Suidas*
iterum laudat v. ἀντωδὸν T. I. p. 232. et v. 5. 6. in
ὑμνωδία T. I. p. 31. Si quid mutandum fit, malim
equidem:

πολλάκι δὲ κρέξασα, πολύθρους οἶά τις ἀχὼ,
κέρτομον ἀντωδοῖς χείλεσιν ἁρμονίαν.

quae epithetorum ſtructura poëtarum confuetudini et

elegantiae accommodatiſſima. Vulgo πολλάκι ἀ legitur.
In Vat. Cod. ἀντ' ᾠδοῖς. — V. 5. *Suidas* neglecto do-
risino μιμητὴν ζῆλον ἀνγναμένη. — μιμητὴς ζῆλος, illud voces
cum hominum tum beſtiarum imitandi ſtudium. *Ovid.*
II. Amor. VI. 1. *Pſittacus Eois imitatrix ales ab Indis.*
ex 23. *Non fuit in terris vocum ſimulantior ales, Red-*
debas blaeſo tam bene verba ſono. *Statius* II. Sylv. IV. 2.
Humanae ſolers imitator; pſittace, linguae — affatus etiam
meditataque verba Reddideras: at nunc aeterna ſilentia
Lesbet Ille canorus habes.

. XXIX. Cod. Vat. p. 238. Planud. p. 265. St.
382. W. In cicadam a formicis confectam. In prioribus
duobus diſtichis color ductus ex Ep. *Meleagri* CXI. et
Mnaſalc. Ep. X. — V. 1. χλοεροῖς. Vulgo. — πεύκης.
Vat. Cod. a pr. man. — ϑ. 100.] V. 3. 4. excitat
Suid. v. ἴξον. T. II. p. 120, qui ἀχέτα legit, ut eſt in Ed.
Flor. et Aldin. omnibus. ἠχέτα Steph. dedit ex Aſcenſ.
— V. 4. τερπνότερον. Vat. Cod. *Suidas* et Plan. Nec temere ſpernenda haec lectio. Neutrum τερπνότερον ad totam enuntiationem referendum eſt: κεῦθε τὸ κρίκων
μολπὰν οἰονόμοις τερπνότερον χάλκος. Similis eſt generis enallage ap. *Ariſtoph.* in Acharn. 1115. πότερον ἱερὸς ἥδιον
ἔστιν ἡ κίχλαις. — V. 6. *Suidas* v. ἀπροϊδής T. I. p. 304. —
ἀμφ' ἐκάλυψε. Cod. Vat. — V. 7. 8. *Suidas* in Μαιονίδας
T. II. p. 512. Cicadam, voce muſica pollentem, cum
ſummo poëtarum comparat. συγγνωστάν. Non tam in-
digne hoc fatum ferendum eſt. — κοίρανος ὕμνων. *Anti-*
pater *Theſſ.* Ep. XXIV. ὕμνων σκᾶπτρον 'Ομήρος ἔχει. *Her-*
meſianax El. v. 28. ᾔδιστον πάντων δαίμονα μουσοπόλων.
Propert. I. El. VII. 3. *Atque ita ſim felix, primo conten-*
dis Homero. — Fabula de Homeri morte ſatis nota.
Vide ad *Alc. Meſſen.* Ep. VII. — V. 8. ἔθανεν. Vulgo et
in Vat. Cod.

XXX. Cod. Vat. p. 238. ſq. Bis *Kuſterus* exhibuit
ad *Suidam* T. III. p. 230. et p. 459. *Reiskius* Anth.

p. 76. nr. 574. Lemma in Cod.: Ἀρχίου εἰς δελφῖνα ἐκβρασθέντα ἐκ θαλάσσης ἐν τῇ χέρσῳ. — Imitatus est auctor Ep. *Anytes* XII. — V. 1. ἀκμὰς ex correctione legit Vat. Cod. — Mox *Kuſteri* et apogr. Lipſ. vitioſam lectionem ποιήσεις optime emendavit *Reiſk.* πτοιήσεις; quod nunc ipſae membranae confirmant. *Erycius* Ep. VII. αὖνες ἀνεγέρμονες ἱππίασαν Θρηξ μέγαν. Interpretationis loco est *Oppianus* Hal. V. 433. οἱ δ᾽ ἔκτοσθεν ἐπαίσσοντες ὑμπρτη Δελφῖνες φοβέουσι. — V. 3. οὐδὲ πρὸς εὐτρήτοιο. #Sic recte Reiſkius. Scriptum in Cod. οὐδὲ πολυτρήτοιο. „Oppian. ἀλ. ἱ. 455. de delphino: καὶ κελαδεινῇ τέρπεθ᾽ ὕμνος σύριγγι χλιαίνετο πώεσιν αὐτοῖς μίσγεσθαι. Plinius: „Delphinus non homini tantum amicum animal, verum et „muſicae arti; mulcetur ſymphoniae cantu et praecipue „hydrauli ſono.“ Br. Vide, quae notavimus ad *Arionis* Hymnum, Vol. I. P. I. p. 179. ſq. — V. 4. Εναρρίψαις; Vat. Cod. — V. 5. 6. laudat *Suidas* in πρῆνές T. III. p. 171. ſic: ἢ Γέργαρον ἴσον πρηῶνι Μαλείης, ᾧ ἐκυκήθη κῦμα πολυψάμμους ὥσιν ἐπὶ ψαμάθους. Sic pentameter legitur in Cod. Vat. Initio hexametri autem idem legit εἰ, quod in ᾖ mutandum, ut *Kuſterus* loco priore edidit. ἴσον πρηῶνι. *Lucian.* T. III. p. 254. καὶ τὸ κῦμα πολλάκις αὐτῷ ἐπομένγεθες τῇ σκοπέλῳ. — V. 6. „Scriptum in Cod. κῦμμα „πολυψάμμους ὥσιν ἐπὶ ψαμάθους. quod manifeſto corru-„ptum. Emendabat Salmaſius πολυψήφους ὥσε σ᾽ ἐπὶ ψαμά-„θους. Quum non mala eſſet Toupii lectio, ab ea diſce-„dere nolui. Plurimis tamen modis emendatio tentari „poterat, et quod mihi optimum videtur proponam: „πολυψάμμους σ᾽ ὥσιν ἐπ᾽ αἰγιαλούς. Conf. Anytes Ep. XII. „ex quo hoc expreſſum.“ Br. Reiſkius dedit πολυψάμμου σ᾽ ὥσιν ὶ. ψαμάθου. quod ſecundum ipſum auctorem litus planctuoſum ſignificat. *Toupius* πολυξάντου; ſcripſit, litus a maris fluctibus verberatum, ex *Qu. Maecii* Ep. VIII. ἀλιξάντοισι ἀκτῇσι. At hoc epitheton, quod rupibus egregie convenit, quas unda verberando excavat et tantum

non lacerat, arenae litoris minus accommodatum videtur. Certe in tanta rei incertitudine tam incerta conjectura admittenda non erat. — V. 7. 8. laudatur a
Suida in Τϑϑς T. III. p. 459. ubi, haud aliter ac in
Cod. Vat. ἀφρητὰ habetur. ἄφρητα apogr. Lipf. quod
Reisk. pro ἄφραστα, i. e. ἀφράστως, positum autumans,
Toupius induxit, ut ἄφραστα fcriberet idque cum πέρατα
jungeret: *usque ad fines incognitos oceani.* His fomniis
longe exquifitiorem effe lectionem Codicis, ferius intellexit cl. editor, cujus haec funt: „Non eft autem,
„quod ridicule fomniabat Kufterus, vox compofita
„ἀφρητὴς, ab ἀφρὸς et ἔδω: fed nomen verbale ab ἀφρέω,
„ut ἀρχιστὴς ab ἀρχέω; et ficut hoc non fignificat *coleos*
„*edentem*, ita nec illud *fpumam edentem.* Spuma maris
„non vefcuntur delphini, fed minoribus pifcibus, quos
„praedantur: at lafcivientes aquam fpargunt et fpu-
„mam excitant. Poft κείρων delendum comma et ponen-
„dum poft νώτοις.“ In ed. Lipf. hujus loci lectio et in-
terpunctio ad *Br.* mentem emendata eft. — Pro Νη-
ρηΐδας Cod. Vat. Νιρηΐδας. Delphini ἀθύρματα Nereïdum
vocantur ap. *Arion.* in Hymn. v. 9. Thetis coerula *pifce*
frenato vecta nota ex *Tibull.* L. I. El. V. 46. ubi vide
ill *Heynium.* *Mofchi* Europa v. 114. Νηρεΐδες δ' ἀνέδυσαν
ὑπ' ἐξ ἁλὸς, αἱ δ' ἄρα πᾶσαι Κητείοις νώτοισιν ἐφήμεναι ἐστι-
χόωντο. Conf. elegantem *Lenzii* commentarium ad *Ca-*
tulli Epithal. v. 14. p. 95.

XXXI. Cod. Vat. Ἀρχίου Μιτυλ. In Plan. p. 16.
St. 27. W. gentile non additur. Laudat poëta morem Thracum infantes recens natos lugendi, defunctos contra felices praedicandi. Facit huc inprimis
Herodot. L. V. 4. p. 374. τὸν μὲν γινόμενον περιιζόμενοι οἱ
προσήκοντες ὀλοφύρονται, ὅσα μιν δεῖ, ἐπείτε ἐγένετο, ἀναπλῆ-
σαι κακά, ἀνηγεόμενοι τὰ ἀνθρωπήϊα πάντα πάθεα· τὸν δ' ἀπο-
γινόμενον παίζοντές τε καὶ ἡδόμενοι γῇ κρύπτουσι, ἐπιλέγοντες,
ὅσων κακῶν ἐξαλλαχθεὶς ἐστὶ ἐν πάσῃ εὐδαιμονίῃ. Ad quem

locum docta notavit *Valckenarius.*   In hanc sententiam
Plutarch. T. II. p. 107. C. τοιούτου δὲ τοῦ βίου τῶν ἀνθρώπων ὄντος, πῶς οὐκ εὐδαιμονίζειν μᾶλλον προσήκει τοὺς ἀπολυ-
θέντας τῆς ἐν αὐτῷ λατρείας ἢ κατοικτείρειν τε καὶ θρηνεῖν,
ὅπερ οἱ πολλοὶ δρῶσι δι' ἀμαθίαν. Versus *Euripidis* ex Cres-
phonte, in quibus eandem sententiam persequitur, latinos fecit *Cicero* in Tusc. Qu. I. 48. *Nam nos decebat
coetus celebrantes domum Lugere, ubi esset aliquis in lucem
editus, Humanae vitae varia reputantes mala: At qui labores morte finisset graves, Hunc omni amicos laude et
laetitia exsequi.*   Ex his fontibus *Archias* Epigramma
suum derivavit. — V. 4. Μόρος. idem qui Θάνατος. Hic
μάρπτει mortales — *omnibus obscuras injicit illa manus.* — V. 6. φθίμενος Vat. Cod. a pr. man.

   XXXII. Cod. Vat. p. 224. Ἀρχίου Μακεδόνος. Plan.
p. 239. St. 346. W. In Hectoris cippum. — V. 3. πατὴρ
μὲν Πρ. Vat. Cod. — V. 4. ὦ ξεῖν' vulgo. Sed omnes
edd. vett. praeter Ascens. ξεῖν' legunt.

   ¶. 101.] *XXXIII.* Cod. Vat. p. 247. sq. Ἀρχίου
Βυζαντ. Plan. p. 257. St. 371. W. Naufragus conqueritur, quod, cum in litore maris sepultus sit, ne defunctus quidem quiete fruatur, maris sibi infesti nunquam
non exaudiens strepitum. In simili argumento versatur
Antip. Thess. Ep. LXIX. et *Posidipp.* Ep. XIX. — V. 2.
ἄγρυπνοι ἠϊόνες, litora, in quibus primum inhumatus ja-
cuerat, dulcis illius somni, qui humatis contingit, expers. At etiamnum, postquam sepulturam nactus est, in
eadem sibi conditione videtur, qua tum fuerat. Sic
haec explicanda videatur; quamvis fatear, vel sic aliquid difficultatis superesse. Fortasse pro ἠϊόνων aliud
quid olim lectum fuit. Quanto expeditior esset sensus,
si legeretur:

        ἀγρύπνου λήσομαι Ἰονίου.
Ne defunctus quidem maris obliviscar, quo perii, cujus
nimirum strepitus usque aures meas implet. Sic *Antipa-*

ter Theff. l. c. καὶ νέκυν ἀπηύῦντος κνήσει με θάλασσα. Quod
hic ἀπηύῦντον mare appellat, illi est ἄγξυπνον. — Ἰονίου,
πόντου scil., ut ap. *Theaet. Schol.* Ep. II. ἄτρομος Ἰονίου
τέρμα θαλασσόπβρει. *Diodor.* Ep. XVI. ἔρχις, Ἰονίοιο πολυ-
στοίητι θάλασσα. — V. 3. Vulgo ποτὶ χοιράσιν. ut in Ep.
Qu. Maecii VIII. Nostrum est in Vat. Cod. δειράδες. οἱ
τραχώδεις τόποι τῶν ἐρῶν. *Suid.* Etiam de rupibus prope
mare. *Eurip.* Iph. T. 1090. παρὰ τὰς πετρίνας πόντου δει-
ράδας. et 1240. ἀπὸ δειράδος ἐναλίας. *Antipater* l. c.
ἐρημαίη κρυπτὸν ὑπὸ σπιλάδι. — V. 4. ξείνου. Vat. Cod. —
V. 5. Junge κίω καὶ ἐν νέκυεσσι. — V. 6. δοῦπον ἐπερχό-
μενον. Vulgo. Longe gravior est Vat. lectio. — V. 7. με
κατ' ἐναυσιν. Vat. Cod. Ne mors quidem me liberavit a
molestiis. — V. 8. θανῶντ' λείη. Sic membranae Vat. unde
Brunckius emendavit τελέη.

XXXIV. Cod. Vat. p. 217. fq. cujus auctoritate
Archiae tribuitur. Nam in Plan. p. 284 b St. 420. W.
sine auctoris nomine prostat. Expressum est hoc carmen
ex *Leonid. Tar.* Ep. LIX. ubi vide not. — V. 3. laudat
Suid. in καμόντων T. II. p. 236. εἴδωλα καμόντων dixit
Homer. Od. λ. 475.

Ex Tom. II. p. 528.] XXXV. Hoc carmen, quod
in Vat. Cod. p. 226. et in Plan. p. 239. St. 347. W.
auctoris nomine caret, tanquam incognitum dignumque,
quod Anthologiae insereretur, ex Cod. Msc. in quo
Archiae tribuitur, *Barnesio* prolatum est ad Il. ω. 729.—
Trojam poëta ait cum Hectore, Pellam cum Alexandro,
concidisse. Urbes et terras igitur virorum gloria, non
viros patria sua celebrari. — V. 1. Τροία Vat. — χείρας
ἑῶν. Non amplius Danaorum impetum sustinuit. —
V. 3. εὖν ἐπάλιστο. Vat. Cod.

TULLII LAUREÁE EPIGRAMMATA.

¶. 102.] *I.* Cod. Vat. p. 572. Duo priora hujus carminis difticha *Reiskius* protulit in Notit. Poët. p. 226.fq. Poëta, cum Polemo puer, quem in deliciis habebat, fe in iter daret, vota ad Apollinem fecerat, fi puer rediif- fet falvus. Ille barbatus rediit; quare fe voti damnatum effe negat ille. In eodem argumento verfatur *Flaccus* Ep. II. et *Strato* Ep. XII. XIII.   Ex his carminibus *Br.* fcribendum cenfet v. I. ἀνῆλθεν, v. 3. ῥέζειν. v. 6. ἦλθεν ἔχων. De re perfecta enim fermonem effe: ἦλθε δὲ σὺν πώγωνι. Aliter temporum rationem non conftare. —— V. 1. *Reisk.* χαρτόσυρος. In verfu minore lacuna eft in Cod. Vat. οιοσα   κοίρανε πεμπόμενος (fic). Hanc inepte explevit, qui Buherianum Cod. fcripfit: οἶος ἀφ' ἡμείων κ. In Gaulmini apogr. margine οἶος ἀπόλλω σοι κ. *Brunckius Salmafii* conjecturam recepit. *Reiskius* legit: οἶος ἀπῆρε, νεῶν κοίρανε. Quae omnia valde jejuna funt. Felicius res fucceffit *Schneidero*, qui in fchedis fic corrigit:

Εἴ μοι χαρτὸς ἐμὸς Πολέμων καὶ σῶος ἀνέλθοι,
   οἶος ἔην, Δήλου κοίρανε, πεμπόμενος,
ῥέξειν, οὐκ ἀπόφημι, τὸν ὀρθροβόην ἐπὶ βωμοῖς
   ὄρνιν, ὑπ' (malim ἐν) εὐχωλαῖς ὠμολόγησα, τεοῖς.

—— V. 5. ἢ ante πλέον in Cod. omittitur. Supplevit *Reisk.* in apogr. fui margine. —— V. 7. 8. In apogr. Lipf. hoc diftichon hoc loco omiffum, infertum eft Epigrammati *Scythini* I. (poft verfum fecundum), quod in membranis in eadem pagina legitur. *Klotzius,* qui *Scythini* carmen edidit ad *Tyrtaeum* p. 79. non intellexit, quam alienum hoc diftichon ab illo carmine effet. In Vat. Cod. τὴν θυσίην πρὸς ἐε legitur, quod recte emendatum eft in marg. apogr. Gaulmini. *Klotzius* prorfus inepte: πρὸς θεὸν εὐξάμενος.

II. In Flan. p. 247. St. 358. W. Στατυλλίου inſcribitur. Cujus erroris cauſa praeclare patet ex Vat. Cod.
p. 250. ubi legitur: Τατυλλίου Λαυρέα. De piſcatore,
qui, cum tempeſtate in undis periiſſet, paulo poſt manibus abroſis inˇlitore inventus eſt. — V. 1. ἀλίτρυτος.
De hominibus paſſim. ἀλιτρύτοιο γέροντος Theocr. Eid. I.
45. H. I. de cymba, fluctibus multum quaſſata. Notanda
vox κύμβη, hac ſignificatione rarius obvia. *Athen.* L. XI.
p. 482. E. ὅτι δὲ καὶ πλοῖον ἡ κύμβη, Σοφοκλῆς ἐν Ἀνδρομέδα
φησίν· Ἵπποισιν ἢ κύμβαισι ναυστολεῖς χθόνα; ubi vide *Brunck.*
et *Intpp. Heſych.* in κύμβη, νεὼς εἶδος. — V. 3. ἐκ abeſt
a Cod. Vat. — κατ' ἐδυσε. Vat. —. V. 4. Idem mare,
eundem mane ejecit in litus. — κροκάλην vulgo. Accen-
tum mutavit *Br.* ut hoc vocabulum adjectivi vim indue-
ret, de quo jam *Huetius* p. 23. cogitavit, cui primo ἠιόνος
arridebat.

¶. 103.] *III.* Cod. Vat. p. 210. Plan. p. 279. St.
404. W. Sappho loquitur. Tumulum ab hominibus ſibi
exſtructum brevi deletum iri; mortalia enim opera diu
durare non poſſe; ſed carmina, quae ab ipſis Muſis accepiſſet muneri, nomen ſuum ad omnem poſteritatem
propagatura eſſe. — V. 3. 4. laudat *Suid.* in ληθεδών
T. II. p. 438. — V. 5. Μουσάων αἰτήσης χ. Vulgo. *Ste-*
phanus, ut metro ſuccurreret, Μουσέων ſcripſit. Noſtrum
eſt in membranis. Quod ſi pretium mihi ex honore, a
Muſis mihi habito, ſtatueris, facile intelliges, me Orci
tenebras effugiſſe. — ἐννεάδι. Ex hoc uno loco, ni fallor,
conſtat, Sapphus carmina lyrica in novem libros deſcripta fuiſſe. Octavum τῶν μελῶν librum laudat *Photius*
in Bibl. Cod. CLXI. p. 176. Ceterum color idem, qui
in Epigrammate in Herodotum ἄδεσπ. DXXXII. Ἡρόδοτος
Μούσας ὑπεδέξατο· τῇ δ' ἄρ' ἑκάστη Ἀντὶ φιλοξενίης βίβλον
ἔδωκε μίαν. — V. 7. κίδα σκότος. Vulgo. Similia paſſim
poëtae de gloria, praeſtantiſſimo laborum ſuorum prae-
mio. *Ovid.* I. Amor. XV. 7. *Mortale eſt quod quaeris*

opus: mibi fama perennis Quaeritur, in toto femper ut orbe canar. Vel illuftriffima monimenta *Concutiet, fternetque dies, quoque altius exftet Quodque opus, boc illud carpet edetque magis. Carmina fola carent fato, mortemque repellunt; Carminibus vives femper, Homere, tuis.* Anthol. Lat. III. p. 448. *Martialis* L. X. Ep. 2. *At chartis nec furta nocent, nec fecula praefunt, Solaque non norunt baec monumenta mori.*

SCYTHINI TEII EPIGRAMMATA.

¶. 104.] I. Cod. Vat. p. 572. Σκυθίου. Ex apogr. Lipf. edidit *Klotz.* ad *Tyrtaeum* p. 79. Quum ad poëtam veniffet puer pulcherrimus et venuftiffimus, ille fibi graviffimos ex amoris, quo fe correptum fentit, flamma cruciatus auguratur. — V. 1. ἦλθέν μοι. Vat. — Pro ᾿Ηλίσσος *Br.* in not. ad *Apollon. Rbod.* I. 215. p. 14. ᾿Ιλισσὸς legendum fufpicatur; nomen pueri ductum de nomine amnis in Attica celeberrimi. Hoc ipfum *Reiskius* monuit in apogr. fui margine. — V. 3. Sedecim annos natus, quae aetas ad amores pueriles accommodatiffima. *Strato* Ep. IV. ἐξωτικαιδέκατον δὲ θεῶν ἔτος. — V. 4. πάσας καὶ μ. Vat. Cod. et *Klotz.* — V. 5. Haec omnia poëta ἐν ἤθει proferre videri debet. Laudat vocem mellitam; labia ad ofculandum veluti formata, et ἄμεμπτόν τι πρὸς τὸ ἔνδον λαβεῖν. His verbis lucem affundit *Stratonis* Ep. XCVII. — Ex verbis καὶ πρὸς ἀναγνῶναι fufpiceris, Iliffum puerum Scythino magiftro fuiffe traditum, qui eum legere et recitare doceret. Quam faepe Grammatici opportunitate ipfis oblata ad flagitia abufi fint, plures veterum dicunt. Conf. *Straton. Ep.* XXIX. — V. 7. Formulam *εἰ μάλα;* εἰ τί ἦνε πάθω; illuftravit *Valcken.* ad *Phoeniff.* p. 335. *Brunck.* ad *Arift.* Lyfiftr. 884. —

§ 2

Quae fequuntur, φασὶν γὰρ ὁρᾷν μόνον, ad puerum referenda videntur: dicunt enim, eum amantibus nihil nifi adfpectum concedere, eum amantes nonnifi intueri. Fortaffe tamen aliquid latet. — V. 8. χειρομαχῶν. Satis
facete rem turpem et flagitiofam expreffit.

II. Cod. Vat. p. 604. Nemo, quod fciam, ante Br.
edidit. — Comparandus Ovid. III. Amor. VII. 65.
Noftra tamen jacuere velut praemortua membra Turpiter,
befterna languidiora rofa. Quae nunc ecce rigent inrem-
peftiva valentque, Nunc opus expofcunt militiamque fuam.
Quin iftac pudibunda jaces, pars peffima noftri? Lufus in
Priap. LXXXIII. Silente nocte candidus mibi puer Tepente
cum jaceret abditus finu, Venus fuit quieta, nec viriliter
Iners fenile penis extulit caput. Strato Ep. LVIII. Νῦν
ὀρθᾷ, κατάρατε, καὶ εὔτονος, ἡνίκα μηδέν· Ἡνίκα δ᾽ ἦν ἐχθές,
οὐδὲν ὅλως ἐνέπνεις. — V. 2. ἐντέταο᾽ αἰδὼς ἄν. Vat. Cod.
In apogr. Lipf. ἐντέτασαι δ᾽ ὡς ἐάν. — V. 3. μοι abeft a
Cod. — V. 4. Malim ἂ ᾽θελον. — V. 5. 6. In apogr.
Lipf. hoc diftichon a fuperioribus fejunctum eft. In
eodem vitiofe: ἕλεος χ. ἐπ᾽ ἡμετέρης.

POMPEJI JUNIORIS EPIGRAMMATA.

¶. 105.] I. Cod. Vat. p. 362. Πομπηΐου, οἱ δὲ Μέμ-
μου νεωτέρου. Eandem infcriptionem habet Plan. p. 99. St.
146. W. De Mycenis, temporis vetuftate dirutis et
everfis. Ipfa urbs loquitur. Quantum olim valuerit,
Trojae ruinas indicare et Homeri teftimonium. Conf.
Alphei Ep. VIII. Munatii Ep. T. II. p. 240. — V. 2.
ἀμαυροτέρη σκ. rupe nuda obfcurior et ignotior. ἀμαυροῦν,
imminuere, pulchritudine et fplendore detracto, ap.
Simonid. Ep. XVI. — V. 3. ἧς ἐπάτησα τείχεα. Proprie
de victore, qui pede fuperbo dirutae urbis cineres et rui-

nas calcat. *Horat.* Epod. XVI. 11. *Barbarus heu cineres insistet victor, et Urbem Eques sonante verberabit ungula.* Omnino autem verbis πατεῖν et καταπατεῖν adhaesit contemnendi et despiciendi notio. *Hesych.* πατέουσι, καταφρονήσουσι. Vide *Fischer.* ad Anacr. p. 101. — V. 6. Μαιονίδη. Homeri, tanti praeconis, testimonium mihi sufficit. Vide *Wasse* ad *Thucyd.* L. II. p. 423. ed. Bip. qui hoc distichon, sed vitiose scriptum, laudat.

II. Cod. Vat. p. 240. Plan. p. 225. St. 328. W. In Laïdis tumulum. — V. 1. τὸ καλὸν ἀνθ. Sic *Theocrit.* Eid. III. 3. ubi vide *Valcken.* — V. 2. laudat *Suidas* in λείρια T. II. p. 437. Mulier, cui praestantissima a Gratiis munera obtigerant, τῶν Χαρίτων λείρια δρέψασθαι dicitur. Similiter poëtae Musarum flores dicuntur decerpere; cujus generis nonnulla collegimus ad *Nossid.* Ep. XI. T. I. P. I. p. 420. — V. 3. „δρόμον in omnibus libris „est. *Suidas* (in χρυσοχάλινον T. III. p. 694.) aut memo-„ria lapsus, aut pravo deceptus Cod. habet φάος in χρυ-„σοχάλινον, quam vocem inepte interpretatur λαμπρὸν, „τερπνόν. Versum vertit Kusterus: *non amplius aureum* „*adspicit lumen solis.* χρυσοχάλινες δρόμος est *cursus, qui* „*aureis equorum frenis regitur.* Epitheton hoc cum δρό-„μον bene, cum φάος neutiquam conjungi potest." *Br.* Epitheton χρυσοχ. quod proprie ad ἡελίου pertinet, more poëtarum ad alterum substantivum translatum est. — V. 5. 6. profert *Suidas* in ζηλώματα T. II. p. 7. et in κνίσματα T. II. p. 335. Utroque loco *Kusterus* ποθούντων exhibuit. At in Ed. Mediol. et in Anthol. edd. omnibus ποθεόντων legitur. — μύστην λύχνον. nocturnae Veneris clandestinum testem. Sic *Meleager* Ep. CXIV. λύχνον, Κύπρι φίλη, μύστην σῶν θέτο παννυχίδων. Vide ad *Meleagri* Ep. LXXI. p. 87.

AELII GALLI EPIGRAMMATA.

¶. 106.] *I.* Vat. Cod. p. 95. τοῦ Διχαίου Γάλλου ἐπίγραμμα ἀδικώτατον. Edidit *Reiske* in Mifcell. Lipf. IX.
p. 117. nr. 293. Hinc *Toup.* in Epift. crit. p. 79. ——
Meretrix loquitur, *quae pariter fufficiat una tribus,* ut
eft ap. *Martial.* IX. 33. — V. 1. Apogr. Lipf. *εἰ τρισί.*
δυσὶ emendavit *Reiske.* ἢ *Schneiderus* in Peric. crit. p. 7.
quod Cod. Vat. confirmat. — πρὸς ἓν τάχος;. Cod. λέχος
Toup. —— *Brunckius* de hujus verfus lectione totiusque
carminis fenfu in hunc modum disputat: „In cod. fcri-
„ptum ἢ τρισί), contra manifeftum epigrammatis fenfum.
„Lyde haec tres fubibat perfonas, quas tribus meretri-
„cibus, fingulis fingulas, partitus eft Lucianus Ep. I.
„Hic autem φιλυβριστὴς is eft, quocum rem habebat
„Lucianea Laïs, quae quaeftum faciebat ὑπ᾽ οὐρανίων.
„Recte diftinctus eft in cod. tertius verfus. In primo
„cl. Toupii emendationem recepi. In altero difticho,
„quod planum et perfpicuum eft, fatebatur vir piae
„memoriae, fe nihil intelligere: divinarat tamen τρισὶ
„librario deberi, qui ipfe nihil in hoc carmine viderat,
„cujus hic eft fenfus, oratione fin eleganti, faltem pu-
„dica expreffus: Haec ego, quae duobus operam do,
„habeo aliquid adhuc, quo tertium, fi venerit, deti-
„neam. Tria enim haec praeftare poffum. Itaque fi
„feftinans duobus comitatus acceffecis, non ideo fubfifte:
„tertio locus eft. — τῷ μὲν — τῷ δὲ in fecundo verfu δυσὶ
„in primo adftruunt.“ *Br.* —— Priorum hujus carminis
verborum mutatio nititur opinione de finceritate fcripturae in verf. 2. At haec in cod. paulo discrepat ab ea,
quam *Br.* dedit:

τῷ μὲν ὑπὲρ νηδὺν, τῷ δ᾽ ὑπὸ τῶι ὄπισθεν,

unde in apogr. Lipf. τῷ δ᾽ ὑπὸ τὸ ὄπισθεν. Schedae Tryl-
litfch. ὑπὲρ τῶν ὄπισθεν. *Brunckius Reiskii* emendationem

recepit; temere, ut mihi quidem videtur. Minima mutatione *Tyrwhitt.* in Not. ad *Toupii* Em. in Suid. T. IV.
p. 426.

τῷ μὲν ὑπὲρ νηδὺν, τῷ δ' ὑπὸ, τῷ δ' ὄπιθεν.

Sic tres-funt, quae Veneri operantur in una muliere.
Primus eſt ὁ φιλυβριστὴς, qui partes fuperiores petit, τὰ
ὑπὲρ τὴν νηδὺν (quae ultra ventris limites funt poſita);
alter legitimae Veneri litat, ὑπὸ τῆς νηδύος; tertius denique τὰ ὄπιθεν ſibi vindicavit. Hinc efficitur, ut vera
ſit cod. lectio: ἡ τρισὶ λειτουργοῦσα. — Jam vero fecundum diſtichon mihi non tam ſincere fcriptum videtur,
quam *Br.* Feſtinationis enim nulla caufa; unde verba
εἰ σπεύδεις in mendo cubare exiſtimo. Nec *Schneiderus* in
lectione Codicis acquiefcebat, fed legendum propoſuit
in Per. crit. p. 8. εἰ σπεύδεις ἐθέλων, σὺν δυσὶ ἧκε τάχος.
Sed ne ſic quidem difficultas tollitur. Paulo audacio-
rem proponam conjecturam, probabilitate tamen, ut
mihi quidem videtur, non deſtitutam. Legam:

εἰ δ' ἀπιθεῖς, ἐλθὼν σὺν δυσὶ, δεῖγμα δέχου.

*Quod ſi mihi denegas fidem, cum duobus aliis veni, ut, me
vera praedicare, experimento edoctus intelligas.* Quantillum interſit inter εἰσπεύδεις; et εἰαπιθεῖς, inter ΜΗΚΑΤΕ-
ΧΟΥ et ΔΕΙΓΜΑΔΕΧΟΥ, fponte apparet. Similis color ap.
Lucian. T. III. p. 292. πάρεχε γοῦν, ὦ Λίαινα, εἰ ἀπιστεῖς,
καὶ γνώσῃ οὐδὲν ἐνόεουσάν με τῶν ἀνδρῶν. — Voce δεῖγμα hoc
fenfu ufus eſt *Eurip.* Suppl. 354. λαβὼν δ' 'Αδραστον
δεῖγμα τῶν ἐμῶν λόγων. *Electra* v. 1174. τρόπαια δείγματ'
ἀθλίων προςφθεγμάτων. Ut autem nofter dixit δεῖγμα δέχου,
ſic idem Tragicus in Or. 245. τὸ πιστὸν τόδε λόγων ἐμῶν
δέχου.

II. Anth. Plan. p. 307. St. 447. W. In Tantalum
fcypho infculptum, quem, cum vinum fcypho infufum nunquam usque ad ejus labia afcenderet, ad perpetuam
fitim damnatum effe poëta ait. Hoc igitur fymbolo
filentium mortalibus commendari docet. Noti verfus

Ovidiani II. Amor. II. 43. *Quaerit aquas in aquis et poma fugacia captat Tantalus: hoc illi garrula lingua dedit.*

MYRINI EPIGRAMMATA.

¶. 107.] *I.* Cod. Vat. p. 161. Edidit *Kuster.* ad Suid. v. κράντορες T. II. p. 369. *Alberti* ad Hesych. v. θυήπολος. *Reiske* in Anthol. nr. 413. p. 9. Diotimus Panas, sacro facto, rogat, ut greges ipsius augere velint. — V. 2. laudat *Suid.* v. βουχίλου T. I. p. 450. et in κράντορες l. c. Temere *Guyetus* βουθήλου tentavit. In Cod. Vat. βουχείλου. — Est Arcadia boves nutriens, a χιλός. Vide *Eustath.* ad Il. α. p. 12. 4. — Versu praec. Cod. Vat. χαροπαϊκτοι, quod in nonnullis apogr. emendatum est. — Πᾶνες plurali numero dixit etiam *Columella* X. 427. et *Propert.* III. El. XV. 34. *Capripedes calamo Panes hiante canent.*

II. Cod. Vat. p. 190. Edidit *Kuster.* ad Suid. in θέριστρον T. II. p. 187. *Reiske* Anth. nr. 504. p. 47. *Brunckius* hoc carmen dedit scriptum ad mentem *Toupii* Em. in Suid. P. III. p. 539. Est in Statyllium, hominem mollem, qui, cum ad inferos descensurus erat, apparatum mollitiei suae Priapo dedicavit. — V. 1. Στατύλλιον ἀνδρόγυνον. Recte intellexit *Reiskius,* hominem pathicum significari, qui, quia muliebria patiebatur, ἀνδρόγυνος vocatur. ἀνδρογύνους ἔρωτας dixit *Lucian.* Amor. 28. Tom. V. p. 290. ed. Bip. Hoc hominum genus quali ornatu fuerit, et quam impudenter mollitiem suam jactaverit, ex multis veterum locis apparet. *Petron.* c. XXI. *Ultimo cinaedus supervenit, myrtea subornatus gausapina, cinguloque succinctus.* et mox de eodem c. XXIII. *Perfluebant per frontem sudantis acaciae rivi, et inter rugas malarum tantum erat cretae, ut putares, de-*

tectum parietem nimbo laborare. — Eundem hominem,
qui in Veneris finiftrae fervitio confenuerat, Παφίης ὀρῦν
μαλακὴν appellat *Myrinus;* Graecis, enim quicquid anno-
fum ὀρῦς appellatur, monente *Reiskio* et *Toupio.* Hic
laudat *Artemidorum* II. 25. ὀρῦς δηλοῖ καὶ πρεσβῦτην διὰ τὸ
πολυετές. De vetula *Horat.* IV. Carm. XIII. 9. *Amor* –
importunus transvolat aridas quercus. — V. 3. 4. profert *Salmaf.* in Plin. p. 193. B. et inde *Bod. a Stapel* ad
Theophr. L. III. p. 239. Idem habet *Suidas* in Θέριστρον.
Θερινὸν ἱμάτιον᾽ τὸ ἐκ κόκκου βαφὲν καὶ ὑ. Θ. Καὶ τοὺς ἀνδρολιπεῖς &. π. Idem T. III. p. 567. ὑετινος. βάμμᾶτος εἶδος᾽ τὰ
κόκκοιο βαφέντα καὶ ὑετίνοιο Θέριστρα. In Cod. Vat. legitur
τἀκκόκκου β, κ. ὑετίνοιο (man. rec. corr. ὑσγίνοιο) — et v.
feq. τοὺς ἀνδρολιπεῖς. Emendatiorem lectionem *Kufter.* et
Reisk. in apographis fuis. repererunt. — Θερίστρια, ut eft.
ap. *Theocrit.* Eid. XV. 69. five Θέριστρα, tenuia vefti-
menta fuerunt, quae per aeftatis calorem induebantur.
Harpocrat. Σείριον ἐκάλουν λεπτὸν ἱμάτιον ἀσπάθητον, οἷον Θέριστρον. Eadem nihil fortaffe a Ταραντινιδίοις diverfa fuiffe,
fufpicatur *Valcken.* in Adoniaz. p. 368. C. — ὑσγίνοιο.
Fuit color hysginus e coccino purpureoque commiftus.
De purpura agens *Plinius* IX. 65. p. 528. *Quin et ter-*
rena mifcere coccoque tinctum Tyrio tingere, ut fieret
hysginum. ubi vide *Harduinum,* et *Salmafium* l. c. —
V. 4. ναρθολιπεῖς. Optima depravati vocabuli ἀνδρολιπεῖς,
emendatio, quam *Salmafio* deberi fufpicor. — Ceterum
hominem muliebris elegantiae crines fuppofititios
geftaffe, non miraberis. Talibus Galli quoque ἀνδρόγυνοι
inftructi fuerunt. — V. 5. *Suid.* T. III. p. 588. φαικά-
ἐν Ἐπιγράμματι᾽ φαικὰ δ᾽ αὖτ᾽ εὖτ. ubi Lexicographum
prava Codicis fui lectione in errorem inductum fuiffe
apparet. φαικὰς *Toupius* idem fuiffe putat, quod φαικάσιον.
Eratofth. ap. *Polluc.* L. VII. 90. Πέλμα τετιλ-... νεἡ νεν
ἐλαφροῦ φαικασίοιο. — V. 6. τρυτοδόκην κ. παμβακίδων. Cod.
Vat. et depravatius etiam *Kafter.* κεντίδα. *Reiskius,* qui

recte κοιτάδα dedit, haec poëtica licentia exiſtimabat
dicta, pro κοιτὰς ἢ δοχεῖον παμβακίδων τρυτῶν. Intelligi autem lintea carpta, quibus chirurgi in vulneribus obli-
gandis utuntur. His autem Statyllium uſum fuiſſe ad
condendas in illis tibiarum ligulas, quae a vi quacunque
paulo majore laedi potuiſſent. Toupius γρυτοδόκην emendat, arculam interpretatus, in qua mulieres ſuppellecti-
lem ſuam aſſervabant: nam Graecos ejusmodi morcimo-
nia γρύτην appellare. Vide Salmaſ. ad Scr. H. A. T. II.
p. 535. Heſychius: Γρυμαία. ἐσθής. καὶ ἀγγεῖον, σκευοθήκη,
ἐν ᾧ ἡ γρύτη· ἤδη δὲ καὶ τὰ λεπτὰ σκευάρια, ἃ καὶ γρύτην λέγομεν. Schol. ad Ariſtoph. Plut. v. 17. γρύτη· τὰ λεπτὰ
σκεύη. καὶ γρυτοπώλης, ἔπερ οὐκ εἴρηται παρὰ τοῖς παλαιοῖς,
ἀλλ' ἀντὶ τούτου ῥωποπώλης. — Ceterum Suidas T. I.
p. 414. βάμβαξ. ἢ πάμβαξ. καὶ παμβακίς. τὸ παρὰ πολλοῖς
λεγόμενον βαμβάκιον· ἐν Ἐπιγρ. καὶ τὴν γρυτοδόκην κοιτίδα
παμβακίδων. Eadem repetit in πάμβαξ T. III. p. 11. Idem
denique T. III. p. 513. γρυτοδόκη. ἡ θήκη τῆς γρυτίνης.
Vocem βαμβακίδων ſic interpretatur Toupius: „Eſt βάμμα
„ſive βάμβα fucus muliebris ſive tinctura, qua homines
„molliuſculi et elegantiores in capillis colorandis et cute
„curanda uti ſolebant. Heſych. βάμβα. τὸ χρῶμα καὶ μύρου
„τι γένος. βάμβα Κυζικηνόν. Κυζικηνοὶ διὰ τὸ Ἴωνες εἶναι ἐκω-
„μῳδοῦντο ἐπὶ μαλακίᾳ. βάμμα Σαρδιανικόν. τὸ Φοινικοῦν. διά-
„φορα δὲ ἦν τὰ ἐν Σάρδεσι βάμματα. Etymol. M. βάμμα
„Κυζικηνόν. τὴν ἀκάθαρτον ἀσχημοσύνην Ἀττικοὶ λέγουσιν. διὰ
„τὸ τίλημα. (l. τίλμα) ἐσκώπτοντο γὰρ ἐπὶ μαλακίᾳ. τίλλειν
„in obſcoenis eſt. Atque hinc βαμβακίδες, mulieres tinctri-
„ces et depilatrices, quae a cute et capillis erant ſcilicet.
„Βαττείας vocat Eupolis ap. Polluc. VII. 1. Idem βαμβα-
„κίδες et βαμβακεύτριαι, ut φαρμακίδες et φαρμακεύτριαι.
„Heſychius: βαμβακεύτριαι. μαγγανεύτριαι. οἱ δὲ φαρμακίστριαι.
„τὸ δὲ βαμβακείας χάριν, φαρμακείας χάριν. Vulgo βαμβακίας
„legitur. Quare per κοιτίδα βαμβακίδων nihil aliud intel-
„ligendum quam ciſta tinctoria ſive arcula, qua mulie-

„res iftae tinctrices' pigmenta, unguenta et reliquam
„fuam fupellectilem, quam γρύτην Graeci appellant, re-
„condebant.“ Haec *Toupius.* — V. 7. ἐταιρίοις. Vat.
Cod. — ἐπὶ προθύρων. in veftibulo facelli, Priapo facri.
III. Cod. Vat. p. 318. Planud. p. 283 ᵃ. St. 410.W.
Tabulae pictae argumentum hoc carmine enarrari fufpicor. Thyrfis, qui Nympharum greges folebat pafcere,
in pini umbra dormit; prope adftat Amor, pedoque
fumto, paftorem agit. Pro Amore follicitus poëta Nymphas monet, ut Thyrfidem expergefaciant, ne Amor
ferarum praeda fiat. — V. 1. ὁ τὰν ν. Vat. Cod. —
V. 3. οἰνοπότη Vat. et τὰν πίτυν. — V. 4. Dii nonnunquam paftoribus adeffe eorumque munera finguntur
fuscipere. *Anton. Liber.* c. XXII. p. 142. de Terambo,
mufico praeftantiffimo: ἐγίνετο δὲ αὐτῷ θρέμματα πλεῖστα,
καὶ αὐτὰ ἐποίμαινεν αὐτὸς, Νόμφαι δὲ συνελάμβανον αὐτῷ, διότι
αὐτὰς ἐν τοῖς ὄρεσιν ᾆδων ἔτερπεν. — V. 5. Apud *Hefych.*
ex hoc loco pro λυκοθραεὴς *Toupius* Em. in Hefych. T. IV.
p. 335. corrigit: λυκοθαρσής. θρασύς. — V. 6. γένηθ' ὁ
ᵉ. Vulgo.

¶. 108.] *IV.* Vat. Cod. p. 518. Plan. p. 134. St.
193. W. Vetulae, quae juvencula videri volebat, con-
filium dat poëta, quomodo repueraſcere poſſit. *Martial.*
I. 101. comparat *Leſſing.* de Epigr. Tom. I. Opp.
p. 298. ſq.

Mammas atque tatas habet Afra: fed ipfa tatarum
Dici et mammarum maxima mamma poteſt.

— V. 1. ῦ τετραχόσι' ἐστί. ῦ eft interjectio admirantium,
docente *Schol.* ad *Ariftoph.* Plut. v. 896. unde *Suidas:*
ῦ, ἐπίβρημα θαυμαστικόν. Jam finge tibi vetulam, infan-
tium in morem omnia admirantem, ore balbutiente et
blaefo. Quae cum frequenter illa interjectione ῦ, ῦ,
utatur, poëta hoc maligne interpretatur fic, ut eam annorum fuorum numerum clamare dicat. Litera τ autem

inter numeros defignat CCCC. In Cod. Vat. τετριηκόσι'
legitur. — V. 2. τρυφερὴ Λαΐ. tu, quae mollis, delicata,
tenera, et altera Laïs videri cupis. Sic malim, vetulam
à poëta Laïdem vocari, ut eam irrideat; fi quis tamen
exiftimaverit, illud ipfum vetulae nomen fuiffe, non
valde refragabor. — κορὼν ἑκάβη. Vat. Cod. cui debetur
optima lectio Λαΐ, cum in Plan. legatur: τρυφερὴ πεντα-
κόρων' Ἑκάβη. ἔλαφος τετραχόβωτος eft in fr. Hefiodi ap.
Plutarch. T. II. p. 415. C. unde plures profecerunt, quos
comparavit Ruhnken. in Ep. crit. l. p. 112. fq. inter alios
Alciphr. I. Ep. XXVIII. τρικόρωνον καὶ ταλάντατον γερόντιον,
ut emendavit Dorvill. ad Charit. p. 444. probante
Valcken. in Praef. ad Phal. Ep. XII. — Nova nec infi-
ceta compofitione nofter κορωνεκάβη, cujus anni ad cor-
nicis et Hecubae annos accedunt, vel Hecubarum de-
crepitiffima. — V. 3. μάμη. Vat. Cod. Euftath. ad Il. ξ.
p. 457. 41. οἱ παλαιοὶ ἀκύρως μάμμην καὶ μαῖαν. μάμμην
γὰρ Ἀττικοὶ καὶ μαμμαῖαν τὴν μητέρα καλοῦσι. — Similiter
de vetula in Lufibus nr. LVIII. 3. Quae forfan potuiffet
effe nutrix Tithoni Priamique Neftorisque, Illis ni pueris
anus fuiffet. Martial. L. X. 39.

  Confule te Bruto quid juras, Lesbia, natam?
    Mentiris; nata es, Lesbia, rege Numa.
  Sic quoque mentiris. Namque, ut tua fecula narrant,
    Ficta Prometheo diceris effe luto.

Idem L. X. 67.

    Pyrrhae filia, Neftoris noverca,
    Quam vidit Niobe puella canam,
    Laërtes aviam fenex vocavit,
    Nutricem Priamus, focrum Thyeftes;
    Jam cornicibus omnibus fuperftes — —.

— V. 4. λέγε πᾶσι Τατᾶ. Commode Brodaeus advocavit
Nonium II. 97. Quum cibum ac potionem buas ac papas
vocant, matrem mammam, patrem tatam. Plures hanc

vocem illuftrarunt; quos vide ap. *Gesner.* in Thef. *v.*
Tata. Adde *Scaligerum* in Lect. Aufon. L. I. c. 29. et
Fabric. in Bibl. Gr. T. III. p. 58. ed. nov.
Effe eam
puerorum balbutientium et nutricularum, cum infantibus blaefo ore loquentium, fponte apparet. Quare vetulae noftrae Myrinus fuadet, ut omnes viros patres,
idque balbutiendo appellet, quo magis puella et juvencula videatur. Balbutire autem moris fuiffe inter puellas elegantiores, ex *Ovidio* conftat III. A. A. 293. ubi
de puellarum artibus agit:

> *Quid? cum legitima fraudatur litera voce,*
> *Blaefaque fit juffo lingua coacta fono:*
> *In vitio decor eft, quaedam male reddere verba,*
> *Difcunt poffe minus, quam potuere, loqui.*

Conf. not. ad *Afclepiad.* Ep. VI. Tom. II. p. 25.

ARISTOCLIS EPIGRAMMA.

Servavit hos verfus Aelian. in H. A. XI. 4. Vide
Meurfii Graeciam feriatam in χθόνια. *Gronovii* Thefaur.
Antiq. T. VII. p. 865. fq. et *Schneider.* ad *Aelian.* l. c.
p. 347. Hermionae, nobili Argolidis urbe, (vide *Waffe*
ad *Thucyd.* T. II. p. 438. ed. Bip.) Ceres Chthonia colebatur multis cum caeremoniis, quas defcribit *Paufan.*
II. 35. p. 194. fq. Hic fcriptor inter alia haec habet:
τοῖς δὲ τὴν πομπὴν πέμπουσιν ἕπονται θήλειαν ἐξ ἀγέλης βοῦν
ἄγοντες διειλημμένην δεσμοῖς τε καὶ ὑβρίζουσαν ἔτι ὑπὸ ἀγριό-
τητος. ἐλάσαντες δὲ πρὸς τὸν ναὸν, οἱ μὲν ἔσω φέρεσθαι τὴν βοῦν
ἐς τὸ ἱερὸν ἀνῆκαν ἐκ τῶν δεσμῶν, ἕτεροι δὲ ἀναπεπταμένας
ἔχοντες τέως τὰς θύρας, ἐπειδὰν τὴν βοῦν ἴδωσιν ἐντὸς τοῦ ναοῦ,
προςέθεσαν τὰς θύρας, τέσσαρες δὲ ἔνδον ὑπολειπόμεναι γραῖς
αὐταὶ τὴν βοῦν εἰσιν κατεργαζόμεναι. Cum igitur *Aelianus*
ex *Ariftocle* noftro narrat, Cereris Chthoniae facerdo-

tem bovem, quem nec decem viri domare poffint, ad
aram ducere minime relu&antem, eumque folam con-
ficere, id de tauro poft pompam intra templum inclufo
accipiendum eft. Boni ominis habebatur, victimám fa-
cerdotem fponte fequi et ad aram properare. *Aelianus*
de hoftiis narrans, quas Indi ad Plutoiils antrum macta-
re folebant, H. An. XVI. 16. τὰ δὲ ἄγεται οὔτε δεσμοῖς
ἐπαγόμενα, οὔτε ἐλαυνόμενα ἄλλως, ἑκόντα δὲ τὴν ὁδὸν ταύτην
ἀνύει, ἕλξει τινὶ καὶ ἴϋγγι ἀποῤῥήτῳ. εἶτα ἐπιστάντα τῷ στομίῳ
ἑκόντα ἐμπηδᾷ. Illuftre illud Cereris Chthoniae templum
dirutum eft a piratis, Pompeji aetate mare Aegaeum
infeftantibus. *Plutarch.* Vit. Pomp. XXIV. p. 165.
Noftrum carmen ex *Aeliano* repetivit *P. Leopardus*
Emend. V. 19. p. 193. — V. 2. παρ' Ἐρεχθείδαις.
propter myfteria Eleufine celebrata. — ἐν δὲ τι . . . μέγα
Aelian. claudicante metro. *Gesnerus* τοῦτο addidit, quod
tuetur *T. Hemfterbuf.* ad *Lucian.* T. I. p. 230. ed. Bip.
ubi formulam μέγα τι explicat, qua Graeci rem memora-
bilem et admirandam fignificabant. θαῦμα debetur *Gro-
novio.* — V. 3. κραίνετ' malit *Brunckius.* — ἀφειδῆ ταύ-
ρον, non parcentem viribus, indomitum. — V. 8. κλᾶρος. ex Cod. Medic. Vulgo κλῆρος. Rogat poëta Cererem,
ut Hermionenfium agros florentes et frugiferos reddat.
De κλᾶρος vide ad *Diotimum* Ep. II. T. II. p. 159.

PISONIS DISTICHON.

Cod. Vat. p. 567. Planud. p. 168. St. 244. W.
ubi Ἀντιόχου infcribitur. Ex Galatia horum verfuum
auctor ne flores quidem decerpendos effe ait, cum ex
illius regionis finu Erinnyes enatae fint. μηδ' ἄνθεα.
quandoquidem flores effe putantur, qui, coronis intexti,
capiti noceant, de quibus inter Graecos fcripferant Mne-

-fitheus et Callimachus, tradente *Plinio* L. XXI. 9. T. II. p. 235. Quid fit autem, quod Pifo in Gallograecia tantopere vituperet, ignoro equidem. *Brodaeus* ad *mel rabidum*, τὸ μαινόμενον μέλι, putat refpici, quod etiam *Ponticum* vocatur. Vide *Beckmann*. ad *Ariftot*. Mir. Aufc. 17. p. 43. fq. — V. 2. ἀνθρώπων vulgo. In Vat. ἀνθρώπους.

ANTIPATRI THESSALONICENSIS
EPIGRAMMATA.

Უ. 109.] *I.* In Vat. Cod. p. 510. τοῦ αὐτοῦ, Praeceffit autem *Antipatri Sid.* Ep. I. In Plan. contra p. 173. St. 253. W. ubi *Theffalonicenfis* Epigr. XLV. praeceffit, etiam τοῦ αὐτοῦ infcribitur. Vini Italici (Αὔσονος) in hoc carmine commemoratio animum fere ad Theffalonicenfem auctorem inclinat. Nec tamen hoc momentum fatis grave. — Scriptum carmen in Heliconem, pincernam, cujus fe unum poculum pluris facere ait, quam mille pocula aquae ex fonte Heliconio. — V. 1. ὕδωρ εὐεπές. *canorum laticem*, qui canendi facultatem infpirare putabatur. Similiter *pallidam Pirenen* Perfius dixit in Prolog. 4. quae pallidos doctosque facit. — V. 4. ἀμεριμνοτέρης. Quia poëtae, ut Heliconis fcopulos fuperent, multum difficultatis fuperare debent. — V. 6. Ante ἢ fupplendum μᾶλλον, ut in *Meleagr.* Ep. VI. ubi quaedam de hac ellipfi notavimus.

II. Cod. Vat. p. 92. Plan. p. 480. St. 623. W. Eximie ap. Homerum Venerem appellari auream; auro enim omnia in amore impedimenta tolli; nihil ferentibus omnia claufa effe. Similis lufus ap. *Ovid.* II. A. A. 278. — V. 1. καλός. vett. edd. usque ad Afcenf. — ἵνι vulgo. Male. Omnia quidem praeclare ab Homero dicta, illud autem, quod Venerem vocavit auream,

omnium praeclariffime.— V. 2. Μαιωνίδας. Vat. Cod.—
V. 3. τὸ χάραγμα. nummos.. Vide *Salmaf.* ad Scr. Hift.
Aug. T. II. p. 337. et 518.— φίλος. Pro vocativo habendum eft; de quo dicendi ufu vide *Koen.* ad Gregor.
p. 47. *Valcken.* ad Phoen. v. 1332. — οὔτε 3υρωρὸς ἐν
ποσίν. nec janitor tibi impedimento erit. *Ovid.* III.
Amor. VIII. 31. fqq. *Me probibet cuftos: in me timet
illa maritum. Si dederim, tota cedet uterque domo.* Ap.
Propert. IV. El. V. 47. lena puellam fraudem dolosque
docens, *Janitor,* ait, *ad dantes vigilet: fi pulfet inanis*
(ὁ οὐδὲν φέρων), *Surdus in obductam fomniet usque feram.*
— Ad noftrum autem locum inprimis facit *Tibullus*
L. II. 4. 30.   Poftquam tenues veftes lapidesque pre-
tiofi in honore effe coeperunt,

> *clavem janua fenfit,*
> *Et coepit cuftos januis effe canis.*
> *Sed pretium fi grande feras, cuftodia victa eft,*
> *Nec probibent claves, et canis ipfe tacet.*

De canibus, quos veteres in aedium cuftodiam nutrire
folebant, nonnulla dedit *Cafaubon.* ad Theophr. Char.
IV. p. 55. noftri loci non immemor, ut nec *Gatacker.*
in Adverf. mifc. pofth. 38. p. 827. Ap. *Ariftopb.* in
Thefm. 414. mulier conqueritur, quod viri, Euripidis
in mulieres conviciis incenfi,

> — ταῖς γυναικωνίτισιν
> σφραγῖδας ἐμβάλλουσιν ἤδη καὶ μοχλοὺς,
> τηροῦντες ἡμᾶς, καὶ προσέτι Μολοττικοὺς
> τρέφουσι, μορμολυκεῖα τοῖς μοιχοῖς, κύνας.

In *Antipatro* noftro *Br.* pro δέδεται malit ὑλάει. Hoc plane conveniret cum loco *Tibulli:* — *et canis ipfe tacet.*
Nec tamen neceffaria emendatio. δέδεται pofitum pro
ἐστί. Quod fi canis poftibus alligatus eft, nihil tamen pro-
hibet, quominùs adulterum latrando abigat. — V. 5.
ἑτέρως. Si fine muneribus veneris, ipfum reperies Cer-
béruum.

berum. — Lectio πλιονέκται οἱ πλούτου mihi parum videtur elegans. Legerim:

ὦ πλιονέκται

πλούτου, τὴν πενίην· — —

Poſtrema haec optime expreſſit *Grotius*, cujus verſio-
nem *Burmannus* protulit ad *Propert.* p. 798. *facitis quot
mala pauperibus!* Nec admittenda Opſopoei conjectura,
Παφίην pro πενίην legentis: qua mutatione omne hujus
dicti acumen perit.

III. Cod. Vat. p. 92. ὅτι πάσας τὰς ὕλας ἡ ἡδονὴ
ἀσπάζιται, καὶ χωρὶς χρυσοῦ ἑταίρα οὐχ ἁλίσκεται. Edidit
Reiske in Miſc. Lipſ. IX. p. 106. nr. 183. unde *Toup.*
in Cur. nov. p. 286. Senſus carminis eſt, quem his
verbis incluſit *Tibullus* II. 3. 49. *Heu, heu, divitibus
video gaudere puellas; Jam veniant praedae, ſi Venus
optat opes.* — V. 1. ἀργύριον. Ap. Lipſ. vitioſe. — V. 2.
τὰ νῦν. Cod. Vat. — V. 5. Νέστωρ. Neſtorem quendam
poëta alloquitur. Cauſa non eſt, cur haec lectio vitioſa
videatur. *Toupius* tamen corrigit: καὶ τοὺς ἀργυρέους οὐ
ποτ᾽ ἀποστρέφεται. Νέστορας ἡ Παφίη. ſenes bene nummatos.
Huic conjecturae calculum adjicit *Br.* eamque in textu
ponendam cenſet; in qua ſententia a ſe discrepantem
habet *Thomam Tyrwhitt* in Not. ad Toup. Em. in Suid.
T. IV. p. 429. Et ſane *Toupii* lectio aliquid infert,
quod ab argumento hujus carminis alienum eſt. Hodier-
nae puellae, ait, et aurum accipiunt, et argentum et
quodvis denique nummorum genus. Senes ſint, juve-
nesve, qui pecuniam afferant, hoc loco non quaeritur.
Inter alia praecepta, quibus lena puellam imbuit ap.
Propert. IV. 5. 53. etiam hoc eſt: *Aurum ſpectato, non
quae manus adferat aurum.* Aliter tamen ſentiebat illa
ap. *Ariſtaenetum* L. I. Ep. XVIII. p. 46. τοὺς πρεσβύτας
[ſ. καὶ π.] παντελῶς ἀτερπεῖς καὶ πόρρωθεν ἀποφεύγεις· κἄν τις
γέρων προτείνοι Ταντάλου θησαυρούς, οὐχ Ἱκανὸν ταῦτα παρα-

μίθιον.κρίναις πρὸς ἀναφρόδιτον πολιάν. Qui locus mihi alium
in mentem revocat ejusdem fcriptoris L. I. Ep. X. p. 27.
Ἀκόντιος οὐκ ἂν ἠλλάξατο τὸν Μίδου χρυσὸν, οὐδὲ τὸν πάντα
πλοῦτον ἰσοστάσιον ἡγεῖτο τῇ κόρῃ. Nihil inficetius verbis τὸν
πάντα πλ. poſt Midae inprimis aurum. Repone: τὸν Ταντάλου πλοῦτον. Vide Paroemiographos in Ταντάλου τάλαντα.
— V. 6. χρυσοῦ Vat. Cod. — Danaës fabulam in eundem modum interpretatur Horatius III. Carm. XVI.

¶. 110.] IV. Cod. Vat. p. 550. Ἀντιπ. Θεσσαλ. —
Alterum diftichon protulit Valcken. in Adon. p. 210.
ubi pro γοῖ, γοῖ, legendum cenfet τοργοῖ, quam conjecturam merito repudiat Brunckius, e cujus longiore nota
ea adfcribam, quae ad rem faciunt. „Lectorem docere
„debuiſſet vir doctiſſimus, quare hic τοργοῖ ſcribendum
„ſit, et unde pendeant illi in primo diſticho accufativi.
„Ni mutilum eſt carmen et diſtichon deeſt, quo inchoa-
„batur, integrum autem eſſe credo, mordicus retinendi
„ſunt adverbia deteſtandi et abominandi γοῖ, γοῖ, quae
„ſi graeca non ſunt, aut in his, quae ad nos pervene-
„runt, graecorum ſcriptis non occurrunt, forte ſunt
„Syriaca, graece ab Antipatro adhibita, ut σελομ et
„αυδονις in Meleagri Ep. CXXVI. Hoc extra controver-
„ſiam eſt, recepto τοργοῖ nullam in his conſtructionem
„fore, nifi hic γοργοῖ interjectio fuerit feu adverbium,
„cujus exempla proferenda eſſent.“ Haec Brunckius,
qui hoc carmen Sidonii eſſe fufpicatur. Abominandi
particulas eſſe γοῖ γοῖ, etiam Lacrozius judicavit, qui
lectores remittit ad Amirae Gramm. Syr. p. 449. —
V. 1. τὴν ξηρὴν ἑ. ν. Locuftae ad inftar, cui Apollonid.
Ep. XXV. ἄσαρκα νῶτα tribuit. Conf. Theocrit. Eid. X.ς.ς.β.
— V. 3. αἰπόλος. quod paftorum genus infimum ėt for-
didiſſimum. Sed ne talis quidem, quamvis ebrius, cum
Lycaenide rem habere velit. παροιμιακῶς haec dici, apparet ex verbo φαſί. De caprariorum immoderata lafcivia
notus locus eſt Theocrit. Eid. I. 86. fqq. ubi Schol. ei

δὲ αἰπόλοι λάγνοι. Huc fpectat etiam proverbium αἰπόλος ἐν
καύματι, ap. *Suid.* v. Λυδὸς ἐν μεσημβρίᾳ.

    V. Cod. Vat. p. 8.8. 'Αντιπ. Θεσσ. Plan. p. 480. St.
624. W. Poëta cum Chryfilla cubans Aurorae irafcitur
et gallo gallinaceo, quod ipfum e puellae amplexibus
abigant. Comparandum Ep. *Meleagri* LXXIJ. *M. Ar-
gentarii* VIII. — V. 2. φθονερήν. Plan. et Vat. Cod. —
V. 3. φθονερώτατος. Vat. Cod. — V. 4. εἰς – ὀάρους. Haec
vix aliter poffunt accipi, quam de puerorum coetu, qui
poëtae fcholas frequentabant. *Ovid.* I. Amor. XIII. 17.
ad Auroram: *Tu pueros fomno fraudas tradisque magiftris.* ubi et haec occurrunt cum proximis comparanda:
cum refugis (Tithonum), *longo quia grandior aevo, Surgis
ad invifas a fene mane rotas; Cur ego plectar amans, fi
vir tibi marcet ab annis?* — A noftro tamen Tithonus
conjugem primo mane e lecto nuptiali exturbare fingitur.

    VI. Cod. Vat. p. 374. 'Αντιπ. Θεσσαλ. Plan. p. 50. St.
72. W. Quum aftrologi poëtae praedixiffent, eum fex
et triginta annos impleturum effe, ille triginta annorum aetatem fibi fufficere ait. Expreffum carmen ex Ep.
ἄδεσπ. CCCCVII. quod archetypum effe nullus dubito.
— V. 1. τρεῖς. Vat. Cod. — V. 3. βιοτῆς ὅρος. Hunc
terminum natura ftatuit verae vitae, quae juvenilis
aetatis tempore continetur. Sic Ep. ἄδεσπ. l. c. ὁ γὰρ
χρόνος, ἄνθος ἄριστον ἡλικίης. Refpicitur autem ad vulgarem
opinionem de γενεαῖς. Vide *Schol. Homeri* Il. α. 250.
Alberti ad *Hefych.* v. γενεά. *Weffeling.* ad Herodot. L. II.
p. 173. 16. — Verba οἱ δ' ἐπὶ τούτοις Νέστορι mihi obfcuriora effe fateor. οἱ videntur effe οἱ ἄνθρωποι, ἐπὶ τούτοις, βιοῦντες, fcil. qui illum vitae terminum fuperant,
Νέστορι, εἴκελοι εἰσι. Sed hoc quam durum fit, apparet.
Fortaffe interpretatio melius fuccedet, fi ad οἱ fubaudias
χρόνοι, quae illos annos fequuntur tempora: Νέστορι refpondet τῷ ἀνθρώποις in praecedente enuntiatione. Sic
Grotius haec verba videtur accepiffe: *Hoc fatis, haec*

hominum vita eft, quae tempora reſtant, Neſtoris; ad ma-
nes ivit et ille tamen. Quo jure autem *Antipater* annos,
qui tricefimum annum five primam aetatem excurrunt,
Neſtoreis annis annumeret, ipfe viderit. Auctor incert.
L. c. verius et elegantius:

ἀρκοῦμαι τούτοισιν· ὁ γὰρ χρόνος, ἄνθος ἄριστον
ἡλικίης· ἔθανε χ'ὦ τριγέρων Πύλιος.

cum quibus comparandus *Propert.* II. El. X. 45. *Nam
quo tam dubiae fervetur fpiritus borae? Neſtoris eſt vifus
poſt tria fecla cinis.*

VII. Cod. Vat. p. 537. Ἀντιπάτρου. Nec Planud.
p. 143. St. 207. W. gentile addit. Argutum carmen in
hominem impuri oris, fed quod ab Interpretibus minus
recte acceptum eſt. Nec Planudes verum fenfum per-
fpexit, qui illud in caput εἰς δυσώδεις retulit. Longe majus flagitium Pamphilo noſtro objicitur. — οὐ προσέχω.
non quidem fidem habeo iis, qui te fpurcum effe dicant,
quamvis fide non indigni fint. Male *Cafaubonus* in fchedis οὐ φιλέω tentavit, quo hujus loci acumen perit. Ad
καίτοι πιστοί τινες fubaudi λέγουσι. — Facetum hoc, quod,
cum fe illi rumori fidem habere neget, Pamphilum tamen impenfius rogat, ne eum ofculetur. Lufus eſt in
ambigua fignificatione verbi φιλεῖν. Simile eſt *Nicarchi*
Ep. XXV. Conf. *Lucian.* T. III. p. 179. fq. ed. Reitz.

VIII. Cod. Vat. p. 566. Ἀντιπάτρου ἢ Νικάρχου. In
Plan. p. 143. St. 208: W. ἀπόσοτον eſt. *Nicarcho* potius
tribuendum effe judicabat *Schneiderus.* Illius eſt hoc
(XXIV.): Οὐ δύναμαι γνῶναι, πότερον χαίνεις, Θεόδωρε, Ἢ βδεῖς·
πνεῖς γὰρ ἴσον πνεῦμα κάτω καὶ ἄνω. — V. 3. Cum fpiras,
pedere, nec ex ore, fed ex inferiori regione vocem videris emittere. — V. 4. τὰ κάτω ἄνω γέγονε. Solemnem
locutionem de rerum converfione et confufione apte et
facere ad rem ridiculam fignificandam convertit. Vide
Wefſeling. ad Herodot. p. 194. 58. *Abrefch.* ad Aefch.
T. II. p. 94.

¶. 111.] *IX.* Anthol. Plan. p. 300. St. 440. W.
Ἀντιπάτρου. Cotyn regem poëta Jovi potentia, Phoebo
pulchritudine, Marti virtute comparat. Plures hujus
nominis reges fuerunt in Thracia. Vide *Fabricium* ad
Dion. Caſſ. T. I. p. 749. 33. Hoc loco is videtur intelli-
gendus eſſe, quem *Suidas* ex *Polybio* narrat virum fuiſſe
κατὰ τὴν ἐπιφάνειαν ἀξιόλογον καὶ πρὸς τὰς πολεμικὰς χρείας
διαφέροντα. Is Cotys Perſeo favebat Macedoniae regi, cum
bellum adverſus Romanos inſtrueret circa Ol. CLII. 1.
Cf. *Liviam* L. XLII. 29. et *Diodorum* T. II. p. 577.
qui eum inſignibus ornat laudibus. Qui hunc aliosque
hujus nominis reges commemorarunt, laudat *Fabric.* ad
Dion. Caſſ. T. I. p. 749. et *Schweigh.* ad Polyb. T. VII.
p. 600. *Reiskius* in Not. Poët. p. 189. eum malit intelligi, quem Caligula Armeniae praefeciſſe dicitur ap.
Dion. Caſſ. T. II. p. 915. ubi vide *Fabric.* — V. 1. Cotys
regum progenies diisque ſimilis. Obverſabatur poëtae
locus celeberrimus de Agamemnone ap. *Homer.* Il. β.
478. ſq. — Verba εὐκταίη εὐτοκίη non bene cum reliquis
coëunt. — V. 3. Quaecunque regibus ornamento ſunt,
tibi fata larga manu impertiverunt. — V. 4. ἔργον. materia, in qua poëtae ſeſe exercerent. — V. 5. 6. Quae
illi dii ſingula habent, eadem tibi contigerunt cuncta.

X. Cod. Vat. p. 203. Ἀντιπάτρου. Edidit *Boivin.* in
Mém. de l'Acad. des Inſcr. T. III. p. 357. *Kuſter.* ad
Suid. T. II. p. 284. in κανσίη, ubi Lexicographus primum diſtichon excitat, ut et in σκέπανον T. III. p. 327.
unde illud laudavit *Potter.* in Archaeol. L. III. 4.
p. 445. *Gronov.* Ap. *Reisk.* Anthol. p. 64. nr. 451.
ἄδηλον inſcribitur. — Piſoni, Thracibus bellum inferen-
ti, cauſia offertur dono. Eſt is L. Calpurnius Piſo, qui,
Thracibus in arma accenſis, bellum intra biennium pro-
fligavit et provinciae Macedoniae ſecuritatem reddidit,
circa A. U. 743. Vide *Fabric.* ad Dion. Caſſ. T. I. p. 765.
— V. 1. 2. Ex Suida hoc diſtichon profert *T. H.* ad Polluc.

T 3

X. p. 1347. et *Gataeker* in Mifc. adv. posth. p. 692. E.
ubi multa de causia. Pilei genus erat, cum latis umbel-
lis, folem arcentibus. Macedones eam folebant gerere,
et qui folis radiis expositi erant. Hinc *Plaut.* MiL glor.
IV. 4. 42. *ornatu nauclerio causiam habeas ferrugineam.*
Vide *Valck.* in Adon. p. 345. B. Regum Macedoniae
causia diademate cincta fuit, unde *Duris* ap. Athen.
L. XII. p. 536. fq. τὴν καυσίαν ἔχουσαν· τὸ διάδημα τὸ βασι-
λικόν. *Eustath.* Od. α. p. 30. 50. Plura, quae huc faciunt, dedit *T. H.* ad Lucian. T. III. p. 358. Caracalla,
qui fe ad Alexandri M. habitum componebat, προῄει ἐν
Μακεδονικῷ σχήματι, καυσίην τε ἐπὶ τὴν κεφαλὴν φέρων καὶ
κρηπῖδας ὑποδούμενος. *Herodian.* L. IV. 8. 5. — V. 2.
quae et nives a capite arceat et galeae loco fit. Idem
color ef. in fragm. *Callimachi* CXLII. de leonis exuviis:
τὸ δὲ σκύλον ἀνδρὶ καλύπτρη Σιγνόμενον, νιφετοῦ καὶ βελέων
ἔρυμα. Idem de pileo fr. CXXIV. εἴλης ἀμφὶ δὲ οἱ κεφαλῇ
νέον Αἱμονίηθεν Μεμβλωκὸς εἴλημα περίτροχον ἄλκαρ ἔκειτο. ut
haec restituerunt duumviri, *Valcken.* ad Adon. p. 344. B.
Toup. ad Suid. p. 357. — V. 3. τιεῖν. *Lucret.* IV. 1122.
vestis — fudorem exercita potat. — V. 4. Ἡμαθίας. fic Vat.
Cod. — ἤλθον est in membranis, et ap. *Boivin.* *Kufter.*
ἤλθεν. — V. 5. κρόκες. A nominativo κρὸξ formatur κρόκα
ap. *Hefiod.* Ε. κ. Ἡ. 538. Hoc loco κρόκες ipfam figni-
cant causiam ex lino textam. *Suidas:* κρόκη. ῥοδάνη καὶ
κροκύφαντος, ὅτι διὰ κρόκης ὑφαίνεται. — V. 6. ὑπ᾽ ἐξόμεθα.
Vat. Cod.

XI. Bis exstat in membranis p. 186. et 479. ut
etiam in Plan. p. 362. et 444. St. 501. et 577. W.
Nusquam gentile *Antipatri* nomini additur. Pylaemenis
galea Pifoni dono offertur. Pylaemenes is esse videtur,
quem Paphlagonum ducem fuisse ait *Homer.* Il. β. 851.
Hujus enim milites, post Trojam eversam, antequam in
Venetiam penetrassent, in Thraciam venisse narrat *Strabo* L. XII. p. 819. B. Hujus igitur herois galeam, nescio

ubi fervatam, dignum Pifone munus exiftimat *Antipater*.
— V. 1. κύρις. Cod. Vat. — V. 2. φόβος, i. e. φοβερά. —
V. 3. ἔπρεπε δ' ἄλλαις. Vat. et Plan. altero loco. — V. 4.
χαιταις. Vat. Cod. loco pr. — κόμη. Idem loco fec.

XII. Cod. Vat. p. 450. Ἀντιπάτρου fine gentili.
Jenfius nr. 49. Anth. Reisk. nr. 729. p. 146. Alexandri
gladius, e ferro Macedonico conflatus, Pifoni traditur.—
V. 1. τὰ πρὸς ἑ. i. e. ἄλκιμος εἶναι διδασκόμενος ἀπὸ τῆς
Ἀλεξάνδρου χειρός. — V. 3. τοῦτο δὲ φωνῶ χαίρων, δ. *Reiske.*
Prava diftinctio. Sed φωνεῶ eft in Cod. — Gaudet gla-
dius, quod ex fortiffimi viri hacreditate in fortis viri
manum pervenerit.

¶. 112.] *XIII.* Cod. Vat. p. 187. Ἀντιπάτρου. Plan.
p. 426. St. 561. W. Pifoni poëta in Saturnalibus ce-
reum dat muneri. Hoc pauperes clientes feciffe, conftat
ex *Macrob.* Sat. I. c. 7. *Inde mos per Saturnalia miffitan-
dis cereis coepit.* *Varro* de L. L. IV. p. 19. ed. Bip. ubi
Scaliger hoc Epigr. profert et explicat. — V. 1. κηροχί-
τωνα. candela cero quafi induta. Prius diftichon excitavit *Suid.* in τυφήρεια. τυφωνικήν. T. III. p. 520. et in πα-
πόρω p. 23. *Toupius* Em. in Suid. P. III. p. 505. λύχνον
τυφήρεια interpretatur lychnum ἐκ τύφης factum. Ut a
κλίνη κλινήρης, fic a τόφη τυφήρης. Eft autem τόφη herba
paluftris, quae lucernis faciendis inferviebat, de qua
Strabo L. V. p. 346. τύφη δὲ καὶ πάπυρος ἀνθήλη τε πολλὴ
κατακομίζεται ποταμοῖς εἰς τὴν Ῥώμην. Vide Intrpp. — Verba λεπτῇ παπύρῳ accipienda funt de fcirpi cortice, e quo
candelae fiebant, tefte *Plin.* XVI. 37. T. II. p. 30.
*Scirpi fragiles paluftresque, ad tegulum tegesesque, e qui-
bus detracto cortice candelae luminibus et funeribus ferviunt.* Naturam papyraceam hic cortex habebat, qui
femper intelligi debet, ubi de papyro lychnis adhibito
agitur, docente *Salmaf.* ad Solin. p. 705. G. et ex eo

T 4

Bod. a Stapel ad Theophr. L. IV. p. 430. et p. 454.
Schol. Juven. Sat. I. 155. Nero Chriftianos *taeda; papy-ro, et cera fuperveftiebat, et fic ad ignem admoveri jube-bat,. ut melius arderent.* Recte *Burmann.* noftrum carmen admovit carminibus duobus in Anth. Lat. T. II. p. 462.

> *Lenta paludigenam veftivit cera papyrum,*
>   *Lumine ut accenfo dent alimenta fimul.*

et: '

> *Ut devota piis clarefcant lumina templis,*   '
>   *Niliacam texit cerea lamna budam.*

Ceterum παπόρφ h. l. mediam corripit. Latini eandem fyllabam conftanter producunt, Atticorum in eo confue-tudinem fecuti, fi fides *Moeridi* p. 311. — V. 3. ἤν δὲ μ' ἀν. quod fi me accendens preces ad Saturnum fun-det. Hoc veteres dicebant *lucem Saturno facere*, inter-prete *Scaligero* l. c. — Vulgo ἀκουσόθεον legitur, quod jam *Scaliger* in ἀκουσίθεον mutavit. Idem voluiffe *Hue-tium* p. 40. ubi ἐκουσίθεον legitur, nullus dubito. Niti-tur autem haec lectio auctoritate membranarum et *Sui-dae* T. I. p. 89. ἀκουσίθεον. τὸ εἰς θεοῦ ἀκοὰς ἐρχόμενον. ἤν δὲ . . . . Male ibi εὔχηται. — φέγγος ἀκουσίθεον flammam boni ominis effe puto, quae preces, coram candela con-ceptas, ad deorum aures perveniffe indicabat.

XIV. Cod. Vat. p. 431. 'ΑΝΤΙΠ. ΘΕΣΣ. In Plan. p. 35. St. 52. W. gentile non additur. *Jof. Scaliger*, qui hoc car-men tanquam *Sidonii Antipatri* opus profert ad Hieron. Chron. p. 152. fcriptum putabat in M. Lucullum, qui hujus poëtae aetate de Beffis triumphavit. *Opfopoeus* autem de *Philippo* putabat agi, Demetrii filio, quem item bella cum Beffis geffiffe conftat. Nihil ftatuebat *Huetius* p. 6. Sed recte monuit *Brunckius* poft *Reiskium* Not. Poët. p. 188. hoc quoque carmen in L. Calpurnium Pifonem fcriptum effe, de quo vide ad Ep. X. Nec reli-quorum carminum comparatio nos de hujus conjecturae

veritate dubitare patitur. — V. 1. Ipfum poëma loquitur, quod *Antipater* de rebus a Pifone geftis compofuiffe
videtur. Quae enim v. 3. 4. dicuntur, vix aliter quam
de carmine epico explicari poffunt. Nec aliter accepit
Reiskius L c. et *Huetius*. — Θεσσαλονίκη, μήτηρ – –. Huc
faciunt verba *Strabonis* in Excerpt. L. VII. p. 509. B.
ὅτι μετὰ τὸν Ἀξιὸν ποταμὸν ἡ Θεσσαλονίκη ἐστὶν πόλις, ἢ πρότερον Θέρμη ἐκαλεῖτο· κτίσμα δέ ἐστι Κασσάνδρου· ὃς ἐπὶ τῷ
ὀνόματι τῆς ἑαυτοῦ γυναικὸς, παιδὸς δὲ Φιλίππου τοῦ Ἀμύντου,
ὠνόμασε· μετώκισε δὲ τὰ πέριξ πολίχνια εἰς αὐτήν. Hanc ob
caufam pro metropoli Macedoniae habenda urbs. Vide
Spanh. de Ufu et Praeft. Num. T. I. p. 653. — V. 5.
ἀλλά μοι. Plan. et Vat. Ut dii mortales, fic tu quoque
preces meas audire digneris. Quis enim tam occupatus
eft, qui Mufis aurem non praebeat?

XV. Cod. Vat. p. 448. fq. Ἀντιπάτρου εἰς ποτήριον.
Plan. p. 67. St. 96. W. Theogenes Pifoni bina pocula
mittit fphaerica, in quorum altero borealis, altero auftra-
lis fphaerae ftellae expreffae erant. — V. 1. Διογένης
Vat. Cod. a pr. man. *Brunckius* haec refert ad Theoge-
nem Apolloniatam mathematicum, de quo *Sueton.* in
Vit. Aug. p. 457. — V. 3. σφαίρῃ τετμήμεθα. Vat. Cod. —
In fine verf. ἡμῶν, ut in Plan. — V. 4. τὰ B. Vat. Cod.
— V. 5. „Inepte et contra Epigrammatis fenfum in
„Plan. legitur μηκέτ' ἐς ἄρκτον ἐπίβλεπε. Lectionem Vat.
„Cod. dedi, quam probavit Holftein ad Stephanum
„p. 301. cui fruftra obloquitur vir doctiffimus ad Calli-
„machi Epigr. XXXV. Falfum eft quod ait primam in
„nomine proprio Ἄρατος fyllabam longam effe. Immo
„natura brevis eft. Theocritus ipfum hunc de quo hic
„agitur, Aratum Solenfem plus femel compellat, cor-
„repta femper prima fyllaba : Eid. VI, 2. VII. 102.
„122. Supra in Ptolemaei Epigrammate : ἀλλὰ τὸ λεπτο-
„λόγου σκῆπτρον Ἄρατος ἔχει. Quandoque etiam producitur

„prima, tum ob licentiam, in nominibus propriis con-
„ceffam, tum vi literae *ρ*, quae in pronunciando gemi-
„natur, et fic praecedentem vocalem brevem afficit.
„Sic in nominibus Ἀραβίη, Ἀράβιος faepe prima produci-
„tur, ubi minime necefle eſt, Ἀῤῥαβίη et Ἀῤῥάβιος fcri-
„bere. Diverfa ratio eſt appellativi ἀρητὸς ab ἀράομαι et
„ἀρὰ, in quibus prima femper et ubique producitur.“
Brunck. Holſtenius hoc diſtichon addiderat Epigrammati
Callimachi XXXV. cum quo nulla ratione coire poteſt;
quidquid dicat Clericus in Silv. phil. p. 242. — In
fine verfus vulgo δηὶὰ δ' ἐν ἀ. In Vat. Cod. δησὰ γὰρ ἀ.
Quod fi verum, fequente verfu neceffario legendum
ἀθρεῖς. — τὰ φαινόμενα. Refpicitur ad carmen notiffimum
Arati, quo figna coeleſtia enumerantur. Utrumque poculum ebibens, ait, omnia figna videbis, nec necefle
erit, Aratum de ſtellis confulas. Inepte hunc locum interpretatur Huetius p. 8. fic: Ita cerebro commoveberis
ex vino, ut coelum cum aſtris omnibus fis viſurus, etiam
media luce; vel, ut fert gallicum adagium, mille lam-
pades meridie viſurus fis.

XVI. Hoc carmen, quod abeſt a membranis Vat.
in Plan. p. 327. St. 466. W. Sidonio tribuitur Antipatro.
Sed Piſonis commemoratio efficit, ut veram efle pute-
mus conjecturam Boivinii in Mém. de l'Acad. T. III.
p. 383. qui illud Theffalonicenſi adfcribit, cujus poëtae
ſtilum fibi videbatur agnofcere. Certe acumen in fine
carminis plane idem, quod eſt in Ep. XI. — Scriptum
eſt in Bacchi ſtatuam, in Piſonis aedibus collocatam. —
V. 1. συνασπιστής. A bellis enim minime alienus Dionyfus. Conf. Intrpp. Horatii II. Carm. XIX. 25. Epigr.
ἀδέσπ. CCLI. in Bacchum et Herculem: ἀμφότεροι Θήβηθε
καὶ ἀμφότεροι πολέμισται. Caufam, cur Piſo Bacchum fibi in
bellis faventem putaret, ex Dione Caſſ. T. I. p. 764.
fufpicari poffumus. Is, qui Beffos ad feditionem incen-
derat, Vologefus fuit, Bacchi facerdos, qui fe deo opitu-

lante bellum gcrere volebat videri. Quum vero Pifonis
et Romanorum copiis refiftere non poffet, verifimile eft,
Graeculos finxiffe, Bacchum, barbari illius partibus re-
lictis, cum Pifone fuiffe.

¶. 113.] *XVII.* Cod. Vat. p. 371. Ἀντιπατρ. Σιδων.
fed fuprafcriptum Θισσαλ. Planud. p. 39. St. 58. W.
gentile non addidit. *Theffalonicenfis* eft, qui patrono
fuo Pifoni, natales celebranti, verficulos mittens, eum
rogat, ut exiguum munusculum, unius noctis laborem,
ferena fronte excipere velit. — V. 3. λοιδόν. In Plan.
et Vat. Cod. Hoc non mutandum erat. αἰνεῖν h. l. fignificat *contentum effe*, ut in *Euripid.* Alc. 2. Θεσθαν τράπεζαν αἰνέσαι. Nec *dedignare poëtam*, *Grotius* vertit. —
V. 4. male. vulgo diftinguitur. In edd. Aldin. μέγας
ὡς. — Pro πειθόμενος in Cod. Vat. σπεισόμενος habetur.
Sed tum faltem fcribendum: Ζεὺς μέγας ὡς, ὀλίγῳ σπεισά-
μενον λιβάνῳ. Praeferendà vulgata. Deos muneribus gaudere parvis, modo piis manibus oblata fint, paffim in-
culcant poëtae et philofophi. *Horat.* III. Carm. XXIII.
17. fqq. *Tibull.* L. IV. El. 1. 14. *Parvaque coeleftes pa-
cavit mica; nec illis Semper inaurato taurus cadit hoftia
cornu. Hic quoque fit gratus parvus labor, ut tibi poffim
Inde alios aliosque memor componere verfus.* *Philoftrat.*
Vit. Apoll. VI. 11. p. 243. Θεοῖς ἤδια φαίνεσθαι μικρὰ θύ-
σαντα ἢ οἱ προχέοντες αὐτοῖς τὸ τῶν ταύρων αἷμα. Alia vide
ap. *Burmann.* in Anth. Lat. T. I. p. 37.

XVIII. Cod. Vat. p. 494. Ἀντιπάτρου. Edidit *L.
Holften.* ad Steph. Byz. p. 241. Scriptum hoc carmen
eo tempore, quo poëta, Pifonem fecutus, in Afiam pro-
ficifcebatur. Rogat proinde Apollinem Panormitanum,
ut felicem ipfi navigationem praebeat. Verifimile eft,
de illa navigatione agi, quam Pifo inftituit, cum Pam-
phyliam peteret, cui eum praefuiffe circa ann. 743.
narrat *Dio Caff.* T. I. p. 765. 65. — Κεφαλλήνων. Apol-

linem in Cephallenia peculiari honore fuisse habitum,
an aliunde constet, ignoro equidem. De Panormo, illius insulae portu, videndus *Holstenius* l. c. Pluribus
portubus hoc nomen commune fuit. — τρηχείης. *Ithacae
scopulos. Virgil.* Aen. L. III. 272. κραναὴν passim appel-
lat· *Homerus.* — V. 5. τὸν ἐμὸν βασιλῆα. Tiberium Pisoni
propitium, eundemque meis, carminibus faventem
reddas.

XIX. Cod. Vat. p. 366. Ἀντιπάτρου.– Gentile nec in
Plan. additur p. 71. St. 104. W. „Mirum est argumen-
„tum: quatuor signorum anaglyphum in fastigio aedium
„C. Caesaris, Augusti nepotis e filia, quatuor Victorias
„exhibens, quatuor numina, Minervam, Venerem, Her-
„culem et Martem, in coelum evehentes. Putes deos
„deasque saltem in bigis a Victoriis vehi; sed verba satis
„declarant humeris Victoriarum eos insedisse. Anagly-
„phum fastigii potius fuisse censeo quam statuas; cum
„propter verba σεῖο κατ᾽ εὐθροφον γραπτὸν στέγος, tum quod
„quatuor, non tria sunt signa.“ *Heynii* verba sunt viri
ill. in Commentatt. T. X. p. 110. Aliter sentiebat *Salmasius*, qui hoc carmen tractavit in Script. Hist. Aug.
T. II. p. 628. de statuis in fastigio domus ex aere vel
gypso factis interpretatus. — Victoriae binae binis aqui-
lis insidentes in porticu arcis ap. Spartanos vidit *Pausan.*
L. III. 17. p. 251. — V. 1. αἱωροῦσιν τὰν πτερύγων.
vitiose Vat. Cod. et vers. seq. νίκα κᾴ. Victoria alata nihil frequentius in monimentis veterum. χρυσοπτέρυγον
eam vocat *Himerius* Orat. XIX. 3. p. 716. ubi vide
Wernsdorf. Plures Victoriae auratis alis (χρυσοπτέρυγες)
incedebant in splendida illa Ptolemaei pompa, quam de-
scribit *Athen.* L. V. p. 197. F. — V. 3. πολεμοδόκον ex
Ascens. venit in Steph.; Aldinae omnes πολεμαδόκον. ut
etiam *Huetius* correxit p. 9. De hoc epitheto vide ad
Niciae Milef. Ep. I. Vol. I. P. II. p. 153. — V. 4. τὰν
Ἀλ. Vat. Cod. — ἅ δ᾽ ἀμφίβοντον. Idem. Voluit ἀμφιβόη-

τον. — V. 5. κατευόροφον. Junctim vulgo. Hoc jam *Ste-*
phan. emendavit, et poſt eum *Salmaſius.* — γρακτὸν
τέγος. picturis nonnunquam aedium faſtigia ornata fuiſſe,
apparet ex *Pauſan.* L. I. 18. p. 43. καὶ οἰκήματα ἐνταῦθά
ἐστιν ὀρόφῳ τε ἐπιχρύσῳ καὶ ἀλαβάστρῳ λίθῳ, πρὸς δὲ ἀγάλμασι
κεκοσμημένα καὶ γραφαῖς. *Euripides* in Hypſip. ap. *Galen.*
T. V. p. 615. 20. Ἰδοὺ πρὸς αἰθέρ᾽ ἐξαμιλλῶνται κόραι
Γρακτοὺς ἐν αἰετοῖσι πρὸςβλέπειν τύπους. ut hunc locum eleganter correxit *Valckenar.* in Diatr. p. 214. Β. —
V. 6. „Γαΐς. Cajus is eſt Agrippae filius, Auguſti e Julia
„nepos, quem avus adoptavit et ſucceſſorem imperii ſibi
„deſtinavit." *Br.* Omnes edd. vett. usque ad Steph.
Γάις. — V. 7. ὁ βουφάγος. Hercules. — ει omittit Vat.
Cod.

XX. Cod. Vat. p. 406. Ἀντιπάτρου. Edidit *Boivin*
dans les Mém. de l'Ac. T. III. p. 387. *Jenſius* nr. 17.
Reisk. in Anth. nr. 667. p. 118. Scriptum videtur in
apparatum belli contra Parthos, quo effectum eſt, ut
Parthi ſigna legionum Romanarum, quae cum Craſſo
perierant, redderent. Quod factum A. U. 734. Vid.
Dio Caſſ. L. LIV. p. 736. et *Bentl.* ad *Horat.* I. Epiſt.
XVIII. 55. — V. 1. ἀπ᾽ Εὐφρ. vitioſe Vat. Cod. —
Ζηνὸς τέκος. Divum Julium interpretatur *Reiskius.* Auguſtus enim ex Graecia in Aſiam transiens Parthis bellum
illaturus eſſe videbatur. — V. 2. αὐτομολεῦσι. *Boivin.*
Non enim adventum exſpectabunt tuum, ſed ultro pa-
cem rogaturi venient. Pro ἤρι *Reiskius* ſuſpicabatur Ἱπ-
πεῖοι, quia Cod. lectio ipſi languere videbatur. At quam
inepti *equeſtres Parthorum pedes* forent! — V. 3. ἄησις.
Vat. Cod. — κεκλασμένα. *Boiv.* male. — V. 4. πατρῴων.
Haec cum ſequentibus non ſatis expedita ſunt. Quid
eſt, quod oriens vocetur πατρῷος? An ad Trojanam ab
Aenea originem reſpicitur? — ¶. 114.] V. 5. Haec
fortaſſe ſic expedienda: Romani imperii, quod jam ab
omnibus partibus oceano terminatur, fines usque ad

folis ortum proferas. Quod Romanorum imperium
πάντοθεν, undique, ab oceano circumflui dicitur, in poëta domino adulante non urgendum. — σφραγίσαι. obe
fignes, claudas, termines. — In fine Vat. Cod. ἠελίῳ.

XXI. Cod. Vat. p. 175. Ἀντιπ. Θεσσ. Plan. p. 440.
St. 573. W. ubi nonnifi duo priora difticha leguntur
fine auctoris nomine. Mutilum effe animadvertit *Tonp.*
in Em. in Suid. III. p. 500. ex *Suidae* Lexico, ubi v.
τοῖιν .T. III. p. 514. verf. quartus cum initio v. quinti
alieniffimo loco legitur. Integrum carmen primus *Brun-*
ckius edidit. — Lycon Phoebo primam barbam cum
votis offert. Vide de hoc more ad *Apollonid.* Ep. VIII.
— V. 1 — 3. laudat *Suid.* in ἰουλος T. II. p. 126. —
ἄρσενας. *virilis aetatis circa genas nafcentia figna.* —
V. 3. πρῶτον γέρας. Hic *Apollonidas* fortaffe invenerat
fcriptum — πρῶτον θέρος, ut ex ejus imitatione fufpicari
licet:

ἡδὺ παρηιάδων πρῶτον θέρος ἤματι τούτῳ
κείρεο καὶ γενύων ἠιθέους ἕλικας.

— V. 5. τοῖιν ἀλλ' ἐπίνευε. *Suid.* l. c. Fruftra *Toupius*
tentabat ἀπὸ κροτάφοιν τοῖινδε. Hic locus fortaffe obverfabatur *Crinagorae* Ep. XII. δαίμονες ἀλλὰ ἐέχοισθε, καὶ αὐτίκα τῶνδ' ἀπ' ἰούλων Εὐκλείδην πολιῆς ἄχρις ἄγοιτε τριχός. —
ὡς πρ. Ut eum usque ad virilem aetatem perduxifti, ità,
quaefo, eundem ad fenectutem perducas. — νιφόμενον.
capitis nives dixit *Horat.* IV. Carm. XIII. 12.

XXII. Cod. Vat. p. 178. fq. Ἀντιπάτρου. Sequitur
Epigr. *Ansip. Sidonii* XXIV. cum lemmate τοῦ αὐτοῦ. At
p. 419. noftrum carmen iterum legitur cum lemmate:
Ἀντιπ. Θεσσαλ. In Plan. p. 441. St. 547. W. auctoris
uomini gentile non additur. Paulo obfcurius argumentum carminis. In pictam tabulam fcriptum effe arbitra-
bar, in qua mulieres trinae trina dona manibus tenen-
tes, una cum Veneris templo et fimulacro repraefenta-

tae erant. *Heynius* autem Vir cl. in Comment. T. X.
p. 116. tres illas meretriculas Veneri templum et statuam, Ariftomachi opus, dedicare cenfet. Huic interpretationi inprimis favent verba ἄνθεμα δ᾽ αὐτῶν ξυνὸν,
quae optime ad proxima verba referuntur. Eadem tamen nec noftrae fententiae adverfantur. — V. 1. ἃ δί.
Vat. loco fec. Et fic v. 2. — V. 3. δ᾽ ὁ νεώς. Vat. loco
fec. et Plan. — V. 4. ᾿Αριστομένους. Cod. Vat. loco fec.
Ariftomacbus ftatuarius *Junio* in Catal. p. 30. aliunde
notus non erat; fed *Ariftomenem* pictorem nobis excitat
ex *Vitruvii* Prooem. L. III. Qui apud hunc fcriptorem
Tbafius vocatur, idem *Strymonius* vocari potuit a poëta,
cum Thafos infula non longo intervallo a Strymonis
oftiis pofita fuerit. — V. 5. πᾶσαι δ᾽ ἀσταί. Vat. Cod. loco
pr. Lectio, quam *Br.* recepit, eft loco fec. — V. 6. εὐ-
κρήτου. Vulg. εὐκρίτου Vat. loco pr. εὐκταίης loco fec. —
νῦν ἑνὸς εἰσι μία. Refpexit poëta legem, quam ad Cecro-
pem referre folebant Attici, ap. *Atben.* L. XIII. p. 555. D.
ἐν δὲ ᾿Αθήναις πρῶτος Κέκροψ μίαν ἑνὶ ἔζευξεν, ἀνέδην τὸ πρότερον οὐσῶν τῶν συνόδων καὶ κοινογαμίων ὄντων. *Diog. Laërt.*
II. 5. nr. 10. quem correxit *Toup.* ad Suid. P. II. p. 221.
ubi plura vide. Nos quoque nonnulla hujus generis notavimus ad Ep. *Afclepiad.* V. T. II. p. 24.

  XXIII. Cod. Vat. p. 362. ᾿Αντιπατρ. θεσσ. Plan.
p. 91. St. 133. W. In novem poëtrias, quae in Graecia floruerunt. — V. 1. ἔθρεψε ὕμνοις. carminibus aluit,
carmina ipfis infpiravit, quandoquidem canendi facultas
ex fonte caballino hauritur. — V. 3. Praxilla, Sicyonia,
cujus Scolion dedimus T. I. p. 90. XIII. Vide *Fabricii*
Bibl. gr. T. II. p. 135. ed. Harl. — Pro vulgato Μυρὼ
Vat. Cod. Μοιρώ. quam fcripturam fequitur etiam *Atben.*
p. 490. E. et veriorem judicat *Salmaf.* de Modo Ufur.
p. 42. — ᾿Ανύτης στόμα. Eadem circumlocutione *Vellejus*
utitur L. I. 18. p. 73. *nifi Tbebas unum os Pindari inlu-
minaret.* ubi *Rubnken.* comparavit *Plin.* H. N. II. 12.

Stesichori et Pindari sublimia ora. Supra *Dioscorid.* Ep.
XVII. de Aeschylo: ὦ στόμα πάντων δεξιὸν, ἀρχαίων ἦσθέ
τις ἡμιθέων. *Antip. Sidon.* Ep. LXVIII. Ὅμηρον ἀγήραντον
στόμα κόσμου Παντός. — Anyten poëta θῆλυν Ὅμηρον appellat, ut eam ad Homeri praeftantiam afcendiffe indicet. Simile quid de Sappho dixit *Antip. Sid.* LXXI. —
V. 5. Telefilla Argiva, ἡ Σπαρτιάταις ἀνθωπλισμένη, ut ait
Lucian. Amor. 30. T. V. p. 292. cur ἀγακλὴς appelletur,
apparet ex *Plutarch.* T. II. p. 245. C. D. Poëtriam
Agaclen hinc procudit *Gyraldus* in Dial. III. p. 170. —
V. 6. θοῦριν. Fuit igitur inter Corinnae carmina unum,
quod Minervae fcutum celebrabat. Ex nobiliffimis fuiffe,
hic locus docet. — V. 7. Μύρτιν. Hanc *Pindari* magi-
ftram fuiffe, narrat *Suidas* in Πίνδαρος, ubi nihili eft conjectura *Pearfonii.* Eadem Corinnam inftituit, eodem
auctore in Κόριννα. Eam cum Pindaro in certamen defcen-
diffe, apparet ex fragm. *Corinnae* ap. *Apollon. Dyfc.* de
Pronom. μέμφομαι ἰώνγα τὰν λιγουρὰν Μυρτίδα, μέμφομαι, ὅτι
βάνα φοῦσα ἔβα Πινδάροιο ποτ᾽ ἔριν. — V. 8. Poëtriae carminum immortalium (σελίδων) ἐργάτιδες, fere ut ap. *Antiphil.* Ep. XXIX. apes αἰθερίου νέκταρος ἐργάτιδες. — V. 9.
Olympus novem Mufas progenuit, totidem terra edidit.
Verifimile eft, eos, qui poëtriarum cyclum condiderunt,
in numero conftituendo Mufarum habuiffe rationem;
praecipue cum de poëtis quoque lyricis nonnifi novem
in ordinem redacti fint.

¶. 115.] XXIV. Cod. Vat. p. 268. Ἀντιπ. Θεσσ.
Edidit *Salmaf.* ad Scr. Hift. Aug. T. I. p. 154. Ex Man-
tiffa Anthologiae Grotianae idem profert *Burm.* ad Propert. p. 471. Scriptum eft in laudem Antimachi, quem
uni Homero cedere, reliquis autem poëtis praeftare
affirmat *Antipater.* De judiciis veterum de *Antimachi*
ingenio vide not. ad *Crat. Gramm.* Ep. T. II. p. 3. —
V. 1. ἀκαμάτου. Cod. Vat. καμάτου. *Salmaf.* et *Burmann.*
— ὄρριμος στίχος et ad heroici carminis materiam et
ad

ad dicendi genus fublime et elatum referendus videtur.
Tumidum ei fcribendi genus exprobrat *Catullus* XCV. 10.
At populus tumido gaudeat Antimacho, ubi *Salmafio* memoria fuppeditabat *mundo Antimacho*, quod a *Catulli*
mente alienum. Ut hic Antimacho, poëtae epico, ὄβριμος στίχος tribuitur, fic *Horat.* I. Serm. X. 44. *Forte epos
acer, Ut nemo, Varius ducit. Tibull.* IV. El. XV. 3.
> *Ne foret aut elegis molles qui fleret amores,*
>   *Aut caneret forti regia bella pede.*

— V. 2. ὀφρύος. Dignitatem gravitatemque heroum fignificat. ὀφρὺν καὶ τῦφον junxit *Lucill.* Ep. CXIX. ὀφρύες καὶ
γαῦρα φρονήματα. *Rufin.* Ep. XXVII. *Supercilium* fic paffim ap. Latinos. Lufus in Priap. Praef. *Conveniens Latio
pone fupercilium.* ubi vide Intrpp. — V. 3. χαλκευτόν.
Du&um ex *Antip. Sid.* Ep. LXXIX. τὸν εὐαχέων βαρὺν
ὕμνων Χαλκευτὸν — Πίνδαρον. ubi vide not. — εἰ τορὸν οὖας.
fi *ieretes aures* na&us es, ut *Salmafius* quidem interpretatur in Plin. Exerc. p. 502. E. ubi h. v. excitat. Latí-
norum *teres* cognatum éfle vocabulo τορὸς, animadvertit
etiam *Lennep.* in Origin. T. II. p. 1291. — V. 4. εἰ
εὐαλοῖς. *Burm.* In ἀγέλαστον ὄτα *Antipater* refpexit for-
tafle di&um Heracliti ap. *Plutarchum* T. II. p. 397. A.
Σίβυλλα μαινομένῳ στόματι, καθ' Ἡράκλειτον, ἀγέλαστα καὶ
ἀκαλλώπιστα καὶ ἀμύριστα φθεγγαμένη. *Antimachum affe&i-
bus et jucunditate deftitui*, judicavit *Quintil.* Inft. Or. X.
1. 53. qui totus locus comparari meretur. — V. 5.
ἄτριπτον. Cod. Vat. male. — Si ipfe per iter ab aliis
non tritum ad laudem graffaris. — V. 6. εἰ δ' ὕμνων.
Color idem, qui ap. *Horatium* IV. Carm. IX. 5.

> *Non, fi priores Maeonius tenet*
> *Sedes Homerus, Pindaricae latent,*
>   *Ceiaeque et Alcaei minaces*
> *Stefichorique graves Camoenae.*

Cicero in Orat. I. 4. *Prima enim fequentem honeftum eft
in fecundis tertiisque confiftere. Nam in poëtis non Ho-*

*mero soli locus est, ut de Graecis loquar, aut Archilocho,
aut Sophocli, aut Pindaro; sed horum vel secundis vel infra secundos.* — V. 6. σκῆπτρον. tanquam rex. *Parentem
eloquentiae, deum* appellat *Maeonium, Columella* L. I.
Praef. δαίμονα μουσοπόλων *Hermesianax* El. 28. —
.V. 7. κρέσσων. Vat. Cod. qui etiam supra v. 4. τὰν k. ἄ,
habet. — V. 9. ὑπέζευκται. Homero uno minor, ceteris
omnibus praeferendus.

XXV. Hoc carmen, quod in Plan. p. 93. St. 136. W.
ἄδηλον est, *Antipatro Thess.* vindicat Vat. Cod. p. 386.
In Aristophanis carmina et Bacchici spiritus et venustatis
plenissima. — V. 2. ἔσεισε Vat. Cod. et omnes vett.
edd. usque ad *Stephan.* qui ἔτεισε habet. Illud verum
esse, vidit *Huetius* p. 12. Color hujus loci ductus est ex
Ep. *Simmiae Theb.* l. de Sophocle, cui πολλάκις ἐν θυμέλῃσι καὶ
ἐν σκηνῇσι τεθηλὼς Κισσὸς Ἀχαρνείτης βλαισὸς ἔρεψε κόμην. —
.V. 3. Διόνυσος. Vat. Cod. — Vide, ut Bacchicum enthu-
siasmum carmina spirent! Aristophanes ut Bacchi τεχνίτης laudatur. Spiritus poëticus passim a Baccho repeti-
tur. *Philostrat.* Vit. Soph. L. l. p. 511. ἡ δὲ ἰδέα τῶν
λόγων τοῦ μὲν ἀρχαίου καὶ πολιτικοῦ ἀποβέβηκεν, ὑπόβακχος γὰρ
καὶ διθυραμβώδης. ubi vide *Olear.* Cf. *Wernsdorf.* ad
Himer. p. 181. — V. 4. φοβερῶν χαρίτων. *Demetr. Phal.*
§. 130. p. 55. ed. *Schn.* Homerus, ait, καὶ παίζων φοβε-
ρώτερός ἐστι, πρῶτός τε εὑρηκέναι δοκεῖ φοβερὰς χάριτας. unde
apparet, hanc dictionem inter artifices artis dicendi receptam fuisse. Attigit eam cl. *Ernestus* in Lex. Techn.
Rhet. p. 2376. Thucydidis κάλλος φοβερὸν Herodoti ἱλαρῷ
κάλλει opponit *Dionys.* Hal. Epist. ad Pompej. p. 773. —
V. 5. καὶ Ἑλλάδος ἤθεσα ἴσα vulgo et in Vat. Cod. Nullam omnino mutationis causam video, nec eam consulto
factam esse puto. — Sales et facetias Comici laudat,
facetis Graeciae moribus congruentes, i. e. Graecorum
ingenio dignas. — V. 6. στίξας. Plan. Nostrum est in

Vat. Cod. qui etiam ἄξιι legit pro ἄξια. Hǣreo in hac voce, nefcio quomodo, quae mihi poſt ἴσα abundare videtur. Vide, an corrigendum ſit:

καὶ στύξας ἀστικὰ καὶ γελάσας.

urbanus, ſive rideas, ſive laceſſas. Veteres quanti fecerint Ariſtophanis ἀστεῖσμὸν, inter omnes conſtat. Vide, quae de verbis ἀστεῖος et ἀστείζεσϑαι docte disputavit Pierſon. ad Moerin p. 74. ſqq. Discrimen, quod Ammonius eſſe ſtatuit inter ἀστικὸς et ἀστεῖος, vanum eſſe, multis exemplis docuit Rubnkenius ad Longin. p. 259. cujus praeclara eſt emendatio Alciphronis L. III. 43. p. 368. ἀνάπαιστα εὔκροτα ἐπιλέγοντες, αὐτοσκωμμάτων ἀστικῶν καὶ αὐτοχαρίτων Ἀττικῶν καὶ αἱμυλίας γέμοντα.

XXVI. Cod. Vat. p. 291. Ἀντιπ. Θεσσ. Edidit Kuſter. ad Suidam T. I. p. 319. Jenſius nr. 98. Heringa in Obſſ. p. 268. et Rubnkenius Ep. crit. p. 69. Hiſtoria de Damatrio Lacedaemonio, quem, e proelio reverſum, mater interemit. Expreſſit Antipater Epigramma Tymnis IV. — V. 2. κοίλαν. Vat. Cod. Suidas, qui h. v. laudat T. I. p. 319. in Ἄρης, κυρίως ὁ σίδηρος, legit βαψαμένη κοίλαν. Eurip. in Phoen. 157.0. χαλκόκροτον δὲ λαβοῦσα νεκρῶν πάρα φάσγανον, εἴσω σαρκὸς ἔβαψε. — V. 3. μάτηρ, ἅ σ᾽ ἔτεκεν. Plane ſic Eurip. in Alc. 16. γεραιὰν ϑ᾽, ἥ σφ᾽ ἔτικτε, μητέρα. — Laudat h. v. cùm ſeq. Suidas T. III. p. 644. in φόρδην, συγκεχυμένως. ubi male φόνον exhibetur. — V. 5. Suid. in ἀφρίσεν T. I. p. 398. et in κόναβος T. II. p. 345. Pro ἐπιπρίουσα Leichius ἐπικρίζουσα fuſpicabatur: inepte. Weſſeling, qui hoc carmen ex Jenſio repetivit, ἐπιβρύχουσα dedit, ut eſt ap. Tymn. l. c. ἰδόντα Ὀξὺν ἐπιβρύκουσ᾽, οἷα Λάκαινα γυνά. — V. 6. Suid. in λοξῇ T. II. p. 457. Kuſterus οἷα λέαινα reponendum cenſet, eique aſſentitur Rubnkenius comparans Callimach. Hymn. in Cer. 51. τὰν δ᾽ ἅρ᾽ ὑπωροφίης γαλεπώτερον ἠὲ κυναγὸν Ὦρεσιν ἐν Τμαρίοισιν ὑποβλέπει ἄνδρα λέαινα Ὠμοτόκος, τᾶς φριτὶ

U 2

πέλειν βλοσυρώτατον ὄμμα. *Salmafius* λύκαινα malebat. Nihil
mutandum cenfet *Brunckius*. Vide not. ad *Tymnem* l. c.
— V. 7. 8. *Suid.* in Εὐρώταν T. I. p. 907. ubi dorifmo
neglecto legitur: οἶσθα φυγὴν τελίθειν. — φυγὴν cum
omififfet *Jenfius*, viri docti, integrum verfum a *Kuftero*
editum effe ignorantes, lacunam explere conati funt.
Vide *Leichium* ad Carm. Sepulcr. XIII. — *Reiskius*, cui
locutio εἰδέναι φυγὴν fufpecta erat, legendum propofuit:
ἀνίκα δειλᾶν Οἶσθα φυγών — —. Effe δειλᾶν idem,¡ quod
δειλιᾶν. Nemo facile hanc conjecturam lectioni Cod.
praetulerit. Nec video, quid in illa lectione tantopere
displicere poffit. Variavit poëta locutionem οἶσθα δειλῶς
φυγεῖν, quod idem eft ac δειλῶς ἔφυγες. Nam οἶδα cum
infinitivo pofitum eleganti periphrafi non minus infer-
vit, quam Latinorum *novi*. Vide *Barth.* ad *Claudian.*
p. 892. *Abrefch.* ad *Ariftaenet.* p. 396.

¶. 116.] *XXVII.* Anth. Plan. p. 363. St. 502. W.
Scriptum in laudem Pyladis, qui Bacchum faltaverat. Eft
hic Pylades nobiliffimus mimicae faltationis inventor,
de quo vide *Suidam* in Πυλάδης Κίλιξ et *Athen.* L. I.
p. 20. E. ubi inter alia: ἦν δὲ ἡ Πυλάδου ὄρχησις ὀγκώδης,
παθητικὴ τε καὶ πολύποσος· ἡ δὲ Βαθύλλειος ἱλαρωτέρα. ubi
Salmafius ingeniofe corrigit καὶ πολυπρόσωπος, ex *Plutar-*
chi Sympof. Probl. VII. c. 8. (T. II. p. 711. E.) Vid. Not.
ad Scr. Hift. Aug. T. II. p. 828. fqq. Augufti aetate
illam artem inventam effe, teftatur *Zofimus* L. I. 6. p. 11.
ἥ τε γὰρ παντόμιμος ὄρχησις ἐκ ἐκείνοις εἰσήχθη τοῖς χρόνοις,
οὕτω πρότερον οὖσα, Πυλάδου καὶ Βαθύλλου πρώτων αὐτὴν με-
τελθόντων. Conf. *Lucianum* de Saltat. c. XXXIV. *Dion.*
Caff. LIV. 17. p. 747. Pyladem Bacchum faltantem vehementer probaffe videntur Romani. Conf. Ep. *Boethi*
p. 127. — V. 1. αὐτόν. Hunc locum expreffit auctor
carminis inter ἄδεσπ. CCCLIII.

Αὐτὸν ὁρᾶν Ἴοβακχον ἐδόξαμεν, ἡνίκα ληνοῖς
ὁ πρέσβυς νεαροῖς ἦρχε χοροιμανίης.

— V. 3. τερπνὸν ὅτος. Plan. vitiofe. Emendavit *Salmaf.*
ad Scr. H. Aug. T. II. p. 835. — V. 4. ἰπλησα. Tanquam verus Dionyfus totam urbem divino fuo numine
implevit. Enthufiafmum, eumque plane eximium (ἄκρητον) fignificat. ἄκρητον μανίην. Ep. ἀδέσπ. XXV. ἄκρητον
καῦμα. *Antiphil.* Ep. XII. Hunc ufum vocabuli ἄκρητος,
quo *vehementiam* fignificat, illuftravit *Gatacker.* in Adv.
Pofthum. p. 450. fq. — V. 5. Bacchus ille Thebanus
igne eft editus: ille vero, quem nos loquacibus digitis
editum vidimus, vere coeleftis eft. Frigidum acumen.
Ceterum *loquaces* pantomimorum *manus* paffim ap. veteres laudantur. Ep. ἀδέσπ. DCCXLIV.

'Ιστορίας δείξας καὶ χερσὶν ἅπαντα λαλήσας,
ἔμπειρος Βρομίοιο ςοφῆς ἱερῆς τε χορείας.

Demetrius Cynicus cum pantomimum (Hylam fortaffe,
Pyladis difcipulum, ut probabile fit ex *Macrob.* Saturn.
II. 7.) videret, fabulam de Marte et Venere egregie
faltantem, ἀκούω, clamavit, ἄνθρωπε, ἃ ποιεῖς, οὐχ ὁρῶ
μόνον, ἀλλά μοι δοκεῖς ταῖς χερσὶν αὐταῖς λαλεῖν. *Lucian.* de
Salt. c. 63. Anthol. Lat. T. I. p. 622. *Ingreffus fcenam,
populum faltator adorat, Sollerti fpondens prodere verba
manu* — —. *Tot linguae, quot membra viro; mirabilis
ars eft, Quae facis articulos ore filente loqui. Caffiodorus*
Var. IV. Ep. 51. *His funt additae orcheftrarum loquaciffimae manus, linguofi digiti, clamofum filentium, ex-
pofitio tacita.* Idem I. Ep. 20. *Hanc partem muficae difci-
plinae mutam nominavere majores, fcilicet, quae ore claufo
manibus loquitur.* — Noftri loci non immemor fuit, ubi
de loquacibus pantomimorum manibus agit *Rigaltius* ad
Artemidor. p. 37.

XXVIII. Cod. Vat. p. 445. Ἀντιπ. Θεσ. Plan. p. 14.
St. 24. W. In Glaphyrum tibicinem. — V. 1. σὺ δ'
Ὀρφέα. Tu Orpheum moves, ut te fequatur et audiat. —
V. 2. τὸν Φρύγα. Marfyam. — Deinde σοὶ δὴ καὶ μελπομένα

U 3

γλάφυρε. Vat. Cod. „ΓΛΑΦΥΡΑ. Planud. Codd. meliores
„ΓΛΑΦΥΡΕ. Glaphyri tibicinis, qui fub Augufto floruit,
„meminit Juvenal. Sat. VI. 77. *Accipis uxorem, de qua*
„*citharoedus Echion, Aut Glaphyrus fiat pater, Ambro-*
„*fiusque choraules.*" *Br.* Hujus viri nomen reponendum
effe, jam *Scaliger* viderat in not. mft. — V. 3. ὄνομα
τέχνης. quandoquidem hujus viri cantus *concinnus* erat;
fuavis et *elegans.* Transfertur enim τὸ γλαφυρὸν ab artis
operibus, quae magna cum elegantia elaborata funt,
(unde σῶμα γλαφυρὸν) ad cantum et orationem. Vide inprimis *Euftathium* ad Odyff. p. 11. 23. et *Erneftum* in
Lex. Techn. Rhetor. p. 61. — V. 4. ἔρριψεν αὐλούς. in
marg. Vat. Cod. *Alcaeus Meffen.* Ep. X. de Marfyae tibiis: λωτοὶ δ' οἱ κλάζοντες ἴσον φόρμιγγι μελιχρόν. — V. 5.

ποικιλότερπε· σάφ' ὑπνώσαι. Plan. ποικιλότερπες ἀφ' ὑπνώσα.
fic Vat. Cod. Qua lectione praeclare confirmatur eximia
emendatio *Huberti van Eldick* in Sufpic. Spec. c. V. p. 27.
quam *Br.* auctore non indicato recepit: *Somnus ipfe,*
fuaves bos numeros audiens, in Pafitheae ulnis expergifce-
retur. — Elegans converfio et meliore poëta non indigna.

    XXIX. Vat. Cod. p. 400. Ἀντιπάτρου εἰς Μαρσύαν τὸν
αὐλητὴν διά τι γλαφυρὸν καὶ ἐμμελὲς αὐλεῖν. Ineptum lemma.
In Plan. p. 13. St. 23. W. *Philippo* tribuitur; haud fcio,
an rectius. — Scriptum eft in eundem Glaphyrum,
quem poëta Minervae tibiis uti affirmat. — V. 2. γλα-
φύρᾳ. vulgo. γλαφύρῳ Aldus reperit in Cod. et fic legitur
in Aldina fec. et tert. et in Vat. Cod. In vulgata lectione fruftra lufum quaerebat *Huetius* p. 5. De Glaphyro,
tanquam de homine eximie ap. Romanos probato, loquitur *Martial.* L. IV. Ep. V. 8. — V. 3. Mentitus es,
Marfya, cum te Minervae tibias reperiffe gloriatus es.
— V. 5. „Antipater eos auctores fequitur, qui Hyagni-
„dem Marfyae patrem fuiffe tradiderunt, quos laudat

„Munkerus ad Hyginum p. 278. Juxta alios Hyagnis
„ipfe tibias invenerat; ut fupra ad Dioscorid. Ep. XV.
„notatum. Alcaeo X. Marfyas Nymphae filius: νυμφογενὲς
„σάτυρέ. Patrem vero habuit Olympum, juxta Apollo-
„dorum p. 11. cujus in his rebus magna auctoritas.
„Alii tamen Olympum Marfyae difcipulum et amafium
„faciunt, quos fequitur Ovid. Metam. VI. 392. ubi
„vide Intrpp. Heinfium et Burmannum.“ *Br.*

XXX. Cod. Vat. p. 371. Ἀντιπ. Θεσσ. ἐπὶ φιλοξενίᾳ
τινὸς σοφοῦ, ὃς τῷ ξενίσαντι ταῦτα προσεῖπε τὰ μέλιτος γλυκερώ-
τερα ἔπη. Plan. p. 94. St. 137. W. Viro cuidam, quem
non nominat, promittit, fe ipfi carminibus benefacta
retributurum effe. — V. 1. *Philoftrat.* Epift. XVII.
p. 921. poëtam eroticum amico commendans, cum lo-
cuftis eum comparat. Tum addit: ὡς δ᾽ ἂν μὴ δρόσῃ, ἀλλὰ
σιτίοις τραφείη, πεπίστευκά σοι μελήσειν. Mollem quendam
et delicatum rhetorem ξένον τι φάσμα, δρόσῳ καὶ ἀμβροσίᾳ
τρεφόμενον, appellat *Lucian.* T. III. p. 12. — V. 4. Pauca
accipiens, multa remuneratur poëta, carminibus illum,
a quo accepit, celebrans. — ¶. 117.] V. 5. 6. Hoc
diftichon fic. legit Vat. God. Τοῦνεκα σοι (fic tres Aldinae.
σὺ Afcenf. et Steph.) πρώτως μὲν ἀμειβομένην· (fic Planudeae omnes.) δ᾽ ἐθέλωσιν Μοῖσαι (fic Cod. Aldi. vulgo Μοῖ-
σαν.) πολλάκι μοι (μου vulgo.) κείσεται (fic Ed. Flor. et omnes
Aldinae. κείσεται Afc. et Steph.) ἐν σελίσιν. *Bruntkius* hoc
diftichon conftituit fecundum emendationes *Salmafii.*
Eadem ratione emendavit *Jof. Scaliger* in not. mft. —
κείσεται etiam *Opfopoeus* vidit legendum effe. σὺν πρώτοις
tentavit V. D. ap. *Huetium* p. 12. *Toupius*, qui hoc carmen profert in Animadv. in Schol. Theocriti p. 212.
emendandum exiftimabat: τοῦνεκα σὺ πρώτως μὲν, ἀμειβο-
μένην· ἀλλὰ φιλοῦσι Μοῦσαι. amant alterna Camoenae. quae
Brunckianis longe deteriora funt. — πολλάκι μοι κείσεται
ἐν σελίσι. Dictum, ut ap. *Evenum* Ep. XIV. πάντων δ᾽ Ἑλλήνων κείσομαι ἐν στόματι. ubi vide not. p. 327.

XXXI. Anth. Plan. p. 319. St. 458. W. Ἀντιπάτρου
Μακεδόνος. In Medeae imaginem, in qua furor cum mi-
fericordia mixtus confpiciebatur. Multa fimilia in hoc
Planudeae capite leguntur. τὸ μὲν, τὸ δὲ, non ad ὄμμα referendum, fed per *partim, partim, cum, tum,* explicandum cenfet *Heynius* in Comment. X. p. 113. Fieri tamen poffit, ut *Antipater* nofter, non magni judicii homo, quod alii de duplici affectu in eodem vultu com-
mifto dixerunt, ita acceperit, ut, ficut in quibusdam
perfonis tragicis (vide not. ad *Callim.* Ep. XXVIII.
p. 281.) alterum Medeae oculum liberorum amorem,
alterum iram et furorem ostendiffe putaret.

XXXII. Vat. Cod. p. 453. Ἀντιπάτρου. Nec in Plan.
p. 39. St. 57. W. gentile appofitum. *Sidonio* igitur tribuendum videri, afterifco appofito indicavit *Br.* Scriptum in
Antiodemiden, mimam, ut videtur, quae, Graecia relicta, in Italiam transierat. — V. 2. κροκύδων. Vat. Cod.
quod *Brunckius* pro vero habet. κρόκυδες, *flocci, tomentum;*
unde κροκυδίζω. Molliffimam et delicatiffimam lanam,
cui Antiodemis, ut columba nido, incubuerit, intelligendam effe apparet. — V. 3. λεύσουσα. Vat. Cod. —
ταπεραῖς κόραις. *Berglerus,* ubi τὸ ταπερὸν βλέπειν egregie
illuftrat, ad *Alcipbr.* L. I. 28. p. 117. noftrum quoque
verfum laudat. μαλακὸν βλέμμα noftro dicitur μαλακώτερον
ὕπνου, quod ductum ex *Theocrit.* Eid. V. 51. εἴρια – ὕπνω
μαλακώτερα. XV. 125. πορφύρεοι δὲ τάπητες ἄνω, μαλακώ-
τεροι ὕπνω. ubi vide Intpp. *Clemens Alex.* in Paedag. II.
c. 9. chriftianos habere vetat χλαίνας ἐφόπερθεν οὔλας καὶ
τὰς εὐνὰς μαλακωτέρας ὕπνου. *Somno mollior berba. Virgil.*
VII. Ecl. 45. His omnibus audacior *Antipater* ipfis oculis
puellae obtutum fomno molliorem tribuit. — V. 4. Λόσιδος ἀλκυών. Fruftra haec verba explicare conatus eft
Brodaeus, qui λόσιδος cum μέθης conjungit. ἀλκυών vocari
videtur ob mollem, fuavem et jucundam vocem, quae
huic avi a poëtis tribuitur. Conf. *Tymnes* Ep. II. et *Dor-*

vill. in Charit. p. 253. Quare λύσιδος ἁλυὼν h. l. idem
effe, quod λυσιῳδὸς, equidem vix dubitaverim. Dicti funt
λυσιῳδοὶ a Lyfide, obfcoenorum carminum auctore, ut
ait *Salmaf.* ad Solin. p. 76. G. quae fententia niti videtur loco *Strabonis* L. XIV. p. 959. A. B. ubi *Lyfis* τὸ
κιναιδολογεῖν primus dicitur in lyricam invexiffe poëfin.
Athenaeus L. XIV. p. 620. E. Ἀριστόξενος δέ φησι, τὸν μὲν
ἀνδρεῖα καὶ γυναικεῖα πρόσωπα ὑποκρινόμενον μαγῳδὸν καλεῖσθαι·
τὸν δὲ γυναικεῖα ἀνδρείοις λυσιῳδόν. τὰ αὐτὰ δὲ μέλη ᾄδουσιν καὶ
τἄλλα πάντα ἐστὶν ὅμοια. quem locum exfcripfit *Euftath.*
ad Odyff. p. 806. 49. Conf. *Bergler.* ad Alciphr. p. 66.
—— Puella, quae libidinofa et mollia cantabat carmina;
veluti ii, qui ex Lyfidis difciplina profecti ἐκιναιδολόγησαν,
probe ἁλκυὼν Λύσιδος vocari potuit. Quod fi recte
ftatuimus, fcribendum :

Λύσιδος ἁλκυὼν – – –.

——. V. 5. ὑδατίνους. molliculas et delicatas manus, interprete *Toupio* Ep. de Syrac. p. 341. qui fallitur in eo,
quod comparat *Theocrit.* Eid. XXVIII. 11. ubi ὑδάτινα
βράκη de braccis viridantis five coerulei coloris accipienda funt. Apte ad noftrum locum *Dorvill.* in Charit.
p. 163. excitavit *Ariftaenet.* L. I. Ep. I. p. 4. οὕτω μέντοι
σύμμετρα καὶ τρυφερὰ τῆς Λαΐδος τὰ μέλη, ὡς ὑγροφυῶς αὐτῆς
λυγίσασθαι τὰ ὀστᾶ τῷ περιτυπωμένῳ δοκεῖν· τοιγαροῦν ταῦτα
μικροῦ γε ὁμοίως δι' ἁπαλότητα συναπομαλάττεται τῇ σαρκί. ——
Erat autem tam molli corpore membrisque tam lentis
et flexibilibus, ut *offa habere* non videretur, ἧ μόνη ὀστοῦν
οὐ λάχεν. Vide *Interpp.* Lucretii L. IV. 1266. et *Herald.*
ad *Arnobium* L. VI. p. 245. —— Quam ob caufam poëta eam cum lacte in calathis coagulato comparat. τούν
ταλάροισι γάλα. In calathis lac coactum fervatum effe, apparet ex *Calpurn.* II. Ecl. 76. *Paufan.* L. VI. 7. p. 470.
Quod ad comparationem ipfam attinet, plures ea ufi
funt. *Ovidius* Metam. XIII. 796. *Mollior et cygni plu-
mis et lacte coacto.* qui locus obverfabatur *Martiali*

L. VIII. Ep. 64. *Vincis mollitie tremente plumas, Aut maſ-ſam lactis modo alligati.* Ap. *Alciphron.* L. I. Ep. XXXIX. p. 188. puella per veſtem bombycinam τρέμουσαν οἷόν τι νεότηκτον (ſic *Bergler.* vulgo μελίτηκτοι. Vir D. in Miſc. Obſ. V. p. 62. οἷον πιμελὴ ἢ πηκτὸν) γάλα τὴν ὀσφῦν ἀνεκάλυφε. *Appulej.* Metam. X. p. 226. *Tam lucida, tamque tenera et lacte et melle confecta membra duris ungulis am-plecti.*— V. 7. Romam profecta eſt Antiodemis, ut molli ſua venuſtate bellicoſum Romanorum animum emolliret.

XXXIII. Cod. Vat. p. 450. Ἀντιπάτρου. Edidit *L. Holſtenius* ad Steph. Byz. v. Νικόπολις p. 225. *Jenſius* nr. 79. *Reiske* p. 146. nr. 70. In urbem Nicopolin, ab Auguſto in earum urbium, quas bellum everterat, locum exſtructam. Auguſtum in hanc urbem, ad ſinum Ambracium contra promontorium Actiacum a ſe condi-tam (*Sueton.* V. Aug. 18.), incolas ex pluribus Acarna-niae urbibus deduxiſſe, narrat *Strabo* L. X. p. 691. A. Idem L. VII. p. 501. A. Ambraciam aliasque vicinas urbes, ait, cum Auguſtus Romanorum et Macedonum bellis tantum non deſertas vidiſſet, εἰς μίαν συνῴκισε τὴν ὑπ᾽ αὐτοῦ κληθεῖσαν Νικόπολιν ἐν τῷ κόλπῳ τούτῳ. Conf. *Pau-ſan.* V. 23. p. 437. VII. 18. p. 569.— V. 1. ἐρίβωλος vocatur *Ambracia* ob priſtinas divitias: quare poëtae magnam de hac urbe inter deos contentionem fuiſſe finxerant; ut ex *Nicandri* Ἑτεροιουμένοις narrat *Antonin. Lib.* c. IV.— V. 2. Θυρρείου. De hujus nominis ortho-graphia vide *Berkelium* ad Stephan. v. Θυρέα p. 405. — V. 5. In Vat. Cod. δείχνυται legitur; et ſic *Jenſius*, ap. quem δείκνυται, lectio Holſteniana, in margine poſita eſt. Revocanda membranarum ſcriptura. Nicopolis Apollini ſacra fuit; quare Apollo eam pro auxilio, quod Auguſto in pugna navali cum Antonio tulerit, accepiſſe dicitur. Pugnae Actiacae eventum Apollini a poëtis tribui, con-ſtat vel ex *Virgil.* III. Aen. 274. ubi *Servius: Leucate eſt mons altiſſimus, prope peninſula in promontorio Epiri, juxta Ambraciam, finum et civitatem; quam Auguſtus Nicopolin appellavit, victis illic Antonio et Cleopatra; ibi et templum Actiaco in promontorio Apollini conſtituit et ludos Actiacos.* Conf. *Propert.* IV. El. VI. 19. ſqq. *Burmann.* ad Anth. Lat. T. I. p. 263. *Fabric.* ad *Dion. Caſſ.* T. I. p. 631.

ι *XXXIV.* Vat. Cod. p. 318. Ἀντιπάτρου. ζήτει τὸ ἐπίγραμμα, ὅτι δυσνόητον καὶ ἐσφαλμένον. Edidit *L. Holſtenius* ad Stephan. v. Ἀμφίπολις p. 33. Ex apogr. regio *Boivin.* in Mém. de l'Acad. T. III. p. 388. *Bentlej.* ad *Callimacb.* p. 567. ed. Erneſt. et ad *Horatium* III. Carm. XXV. 9. *Weſſeling.* ad Hieroclis Synecd. p. 604. ubi Phyllidis caſus et quae ad Lacedaemoniorum cum Athenienſibus de Amphipoli rixam faciunt, exponuntur. — V. 1. πιπολεμένον. Vat. Cod. et Holſt. et v. 2. iidem Ἀμφιπόλει. *Bentlejus* altero loco πεπολισμένῃ Ἀμφιπόλει legit; altero fic, ut *Br.* dedit. πεπολισμένον ſervavit *Reisk.* in Anthol. p. 129. nr. 688, recte, ut mihi quidem videtur. Amphipolis pro monimento Phyllidi exſtructo habetur. — .V. 3. Αἰθιόπης – νηῷ. Vat. Cod. et fic *Holſt.* nifi quod vitioſe Αἰθιόπης. ibi excuſum. νηῷ. Jenf. ἠοῦ emendauit *Weſſeling.* qui hoc diſtichon profert ad *Diodor. Sic.* T. II. p. 260. 37. ubi templum Dianae Ταυροπόλου commemoratur; et *Toup.* qui integrum carmen dedit in Em. in Suid. P. III. p. 376. Αἰθοπίης debetur *Bentlejo.* Vide Not. ad *Sapphus* Ep. II. p. 183. ſq. — Diana Brauronia eadem, quae Taurica. Vide *Pauſan.* L. I. 33. p. 80. *Euripid.* Iph. in T. 1463. — λοιπὰ in hoc contextu vim ſententiae imminuit. Non parum juvabitur ioratio, fi mecum legeris:

λεπτά τοι Αἰθοπίης Βραυρωνίδος ἴχνια νηοῦ

μίμνει — —

Tenuia ſuperſunt veſtigia. Exigua ingentis retinet veſtigia famae. Anth. Lat. T. I. p. 454. ἴχνη ἀμαυρὰ καὶ ἀσαφῆ dixit *Lucian.* T. III. p. 9. οὐ σώζει προτέρης ἴχνιον ἀγλαΐης.

Isidorus in Epigr. T. II. p. 474. *Philostrat.* Vit. Apoll.
VI. 4. p. 233. στήλαν παρερχόμενα τρύφη και τειχῶν ἴχνη. —
¶. 118.] V. 5. 6. Separatim hoc diftichon exhibetur
in Vat. Cod. cum lemmate: ἄδηλον ἔν τινι. Proximum tamen locum a praecedentibus occupat diftichis. αἰγειλίεσ-
σιν. Cod. et fic fere Holft. *Boivin*, cum in apogr. fuo
λιγήδεσιν reperiffet, correxit 'Αργιλίοις, ad *Thucydidem*
remittens L. IV. 103. Αἰγειδέων *Bentl.* legit ad *Horatium*
l. c. Αἰγειδαις ad *Callimachum.* Huic emendationi affen-
titur *Toupius.* — *Aegidae* h. l. funt Athenienfes ab
Aegeo vocati. Alibi idem vocabulum de tribu Atticae
ufurpatur. Vide *Harpocrat.* v. Αἰγεῖδαι p. 16. — μεγάλην
ἔριν. Similiter de Athenis in Ep. Anth. Lat. T. I.
p. 455. II. — *quae veteris famae vix tibi figna dabunt:
Hasne dei, dices, coelo petiere relicto? Rixane* (fic lege
cum *T. Hemfterb.* pro *Regnaque; partitis haec fuit una
deis? — ἁλιανθές* apogr. regii *Boivin* in ἁλιανθές mutavit.
ὡς ἁλινηχές τρόχος in mentem venerat *Bentlejo: tanquam
laceros pannos poft naufragium in litus ejectos. Toupio*
placuit: ὡς ἁλι ξενθεν τε. quod ipfi auctori valde arridet.
Vulgatae patrocinatur *Weffeling* ad Itih. Hierol. p. 604.
ubi ἁλιανθές explicat per ἄνθει ἁλός ἠνθισμένον. ἁλιανθεῖ
κόχλῳ eft ap. *Paul. Silent.* Ep. XXII. — In fine cod.
ἠίοσιν.

XXXV. Cod. Vat. p. 427. fq. 'Απολλωνίδου, οἱ δε 'Αλ-
τιπάτρου. Idem lemma invenit Aldus in Cod. fuo, cum
in edit. pr. foli *Antipatro* infcriptum fit. Anth. Plan.
p. 81. St. 118. W. *Alpheus Mit.* Ep. X. ad hoc Epigr.
refpiciens, *Antipatrum* ut ejus auctorem nominat; cujus
auctoritate quin *Antipatro* recte vindicatum fit, dubitari
nequit. Sed Sidonii fit poetae an Theffalonicenfis, minus
certum eft. Quum enim ille circa Ol. CLXIX. claruiffe
exiftimetur, nihil vetat, judice *Dorvillio* in Mifc. Obff.
Vol. VII., quominus Ol. CLXXIII. carmina confcripfe-
rit, qua Olympiade Delos vaftata eft. At in hoc carmine

non tam de recenti clade, quam de vetere agitur.
Quare verifimilius Theffalonicenfi tribuitur. De Deli
expugnatione *Paufan.* L. III. 23. p. 269. Μηνοφάνης Μι-
θριδάτου στρατηγὸς — ἅτε ἰούσης ἀτειχίστου τῆς Δήλου καὶ
ὅπλα οὐ κεκτημένων ἀνδρῶν, τριήρεσιν ἐσπλεύσας — αὐτὴν εἰς
ἔδαφος κατέβαλε τὴν Δῆλον. — Poëta infulam facit optan-
tem, ut nunquam floruèrit; cum poft illas opes, quibus
olim confpicua fuerit, vaftitas fibi fua et folitudo into-
lerabilis videatur. — V. I. ἔτι πλάζεσθαι. *Propert.* L. IV.
6. 27. *Delos - tulis iratos mobilis ante Notos. Anthol.
Lat.* T. I. p. 460. VII. *Delos jam ftabili revincta terra,
Olim purpureo mari natabat, Et moto levis hinc et inde
vento Ibat fluctibus inquieta fummis.* Quaedam alia vide
ap. *Barth.* in Adverf. XLIX. 5. p. 2289. — V. 2. κλωσ-
μένην. Vat. Cod. — V. 4. ὅσσαις. Hoc derivatum ex *Callimach.* H. in Del. 315. τίς δέ σε ναύτης Ἔμπορος Αἰγαίοιο
παρήλυθε νηὶ θεούσῃ. — V. 5. ὀψὲ πῇ ἥει. Vulgo. ποιηρῇ
Vat. Cod. — *Salmaf.* qui hoc carmen illuftravit ad
Tertull. de Pall. p. 150. ὀψὲ σοι dedit; quod tamen pro
operarum peccato habendum. — V. 6. Λητοῦς, ob Le-
tonam receptam. Verbis accufandi, condemnandi, ar-
guendi enim jungitur genitivus rei. Male igitur *Huëtius*
p. 10. Λητοῖ corrigit.

XXXVI. Cod. Vat. p. 450. Ἀντιπάτρου. Plan. p. 81.
St. 118. W. eidem auctori tribuit. Apud *Salmafium* tamen in Tertull. p. 151. *Alpheo Mitylenaeo* infcribitur:
temere. Infula Tenos cum Delo comparatur. Tenos una
e Cycladibus, non longe ab Andro et Delo, quam ob.
aquarum abundantiam Hydruffam vocari ait Ariftoteles,
fecundum *Plin.* L. IV. 22. p. 211. ubi vide *Hardninum.*
Parvam effe urbem, fed templum Neptuni habere cum
luco, dignum, qui fpectetur, ait *Strabo* L. X. p. 488. —
V. I. κεινήν. Vat. Cod. et Edd. vett. usque ad Afcenf.
quae κλείνειν habet. κλεινὴν emendavit *Opfop.* et *Jof.
Scalig.* in not. mft. Sic jam *Steph.* edidit. — V. 2. ΔΗΜ.

Vat. Cod. in marg. Τῆνε. — Βορηϊάδα. Vulgo, quod cum
στηνοὶ non congruit. Quare *Scalig.* in mſt. not. Βορηϊάδαι
emendavit; quod membranae confirmant. — Ap. *Apol-
lonium Rhod.* L. I. 1304. filios Boreae, Zeten et Calaïn,
in patriam revertentes, Hercules

Τῆνῳ ἐν ἀμφιρύτῃ τέφνε, καὶ ἀμήσατο γαῖαν
ἀμφ' αὐτοῖς, στήλας δὲ δύω καθύπερθεν ἔτευξε.

Conf. *Heynium* ad *Apollodor.* L. III. 15. 2. p. 855. ſq.—
V. 3. Ὀτρυγίη. Delos eſt. Vide ad *Noſſid.* Ep. III. *Plin.*
L. IV. 22. p. 212. De hujus infulae gloria omnia plena
funt. — Ὑπερβορέων. Ῥιπαία. ὄρος Ὑπερβορέων. *Stephan. Byz.*
Ab Hyperboreis autem *Apollinem Delphos adveniſſe fe-
runt.,* fecundum *Ciceron.* de N. D. III. 23. Hinc primitiae adferebantur Delum:

πᾶσαι δὲ χορούς ἀνέγουσι πόληις,
αἵ τε πρὸς ἠοίην, αἵ θ' ἕσπερον, αἵ τ' ἀνὰ μέσσην
κλήρους ἐστήσαντο καὶ οἱ καθύπερθε βορείης
οἰκία θινός ἔχουσι, πολυχρονιώτατον αἷμα.

Callim. H. in Del. v. 279. ſq. ubi vide *Intrpp. Valckenar.*
ʾad *Herodot.* L. IV. 33. p. 295. *Weſſeling.* ad *Diodor.*

Sic. T. II. p. 159. — V. 5. ζωῆς. Vat. Cod. — Urbes
dicuntur *vivere* et *mori*, quod multis exemplis, noſtro
loco non omiſſo, illuſtravit *Gatacker.* ad *Antonin.* L. IV.
p. 130.

XXXVII. Cod. Vat. p. 430. Ἀντιπ. Μακεδ. Edidit
L. *Holſten.* ad Steph. v. Φολέγανδρος p. 348. *Jenſius* nr. 3ʹ
Reiske Anth. nr. 654. p. 113. Infulas maris Aegaei,
Deli infulae exemplum fecutas, vaſtitate ſqualere ait.—
V. 1. ἐρημαῖοι. *Reisk.* — τρύφεα χθονός. *continentis fruſta.*
Partem rupis a Neptuno avulfam τρύφος appellat *Homer.*
Od. δ. 517. ἤλασε Γυραίην πέτρην, ἀπὸ δ' ἔσχισεν αὐτήν· Καὶ
τὸ μὲν αὐτόθι μεῖνα, τὸ δὲ τρύφος ἔμπεσε πόντῳ. Similiter
Demades rhetor Samum infulam ἀπορρῶγα τῆς πόλεως vo-

cat ap. *Atben.* L. III. p. 99. D. — V. 3. Siphnos, una
e Cycladibus, cujus res Polycratis tyranni aetate fatis
florebant, tefte *Herodoto* L. III. 57. p. 224. Siphnorum
thefaurum Delphis commemorat *Paufan.* L. X. II.
p. 823. —. Φολέγανδρος. una e Sporadibus: ἣν Ἄρατος
σιδηρείην ὀνομάζει διὰ τὴν τραχύτητα. *Strabo* L. X. p. 484.
Hefychius: Φολέγανδρος (vulgo male Φλέγανδρος), νῆσος ἐρήμη. Minimo honore fuiffe, apparet ex verfu *Solonis* ap.
Diogen. Laërt. L. I. 27. p. 48. Εἴην δήποτ' ἐγὼ Φολεγάνδριος
ἢ Σικινίτης Ἀντὶ γ' Ἀθηναίου. — V. 4. k. δ' ὠλέσατ' *Reisk.*
— V. 5. ἕνα τρόπον. Vat. Cod. et Jenf. quod in ἑὸν mutavit *Heringa* in Obff. crit. p. 184. eumque fecutus
Reiskius. — In fine verfus ἣ τότε λευκὴ Vat. Cod. ποτε
correxit *Heringa*, κλιτιὴ *Reiskius.* — V. 6. ἐρημαῖος δαίμων. Delos, quae prima, iniquo fato jubente, folitudine
et vaftitate laborare coepit.

XXXVIII. Cod. Vat. p. 400. Ἀντιπ. Θεσσ. Edidit
Berkelius ad Stephan. in Κρήτη p. 479. *Jenfius* nr. 197.
Reisk. in Anth. nr. 788. p. 169. Hiftoria de cane Cretenfi, quae vix cervo, quem perfequuta fuerat, interfeɑo, novem catulos uno partu edidit. Eandem hiftoriam narrat *Aelian.* V. H. VII. 12. Κύων θηράσασα, λαγὼς
δὲ ἦν τὸ ἄγρευμα αὐτῇ, καὶ ἱκύει ἡ κύων, ἐπεὶ δὲ τῆς σπουδῆς
τῆς προκειμένης τετύχηκε, τῷ μὲν δεσπότῃ τοῦ θηράματος ἀπέστη·
ἀναχωρήσασα δὲ, ἐννέα, φασὶ, σκύλακας ἀποκυήσασα, εἶτα ἐξέθρεψεν αὐτούς. — V. I. κατίχνιος junɑim dedit *Reiskius*,
quia graece non κατ' ἴχνιος, fed κατ' ἴχνος, quarto cafu,
diceretur. Hoc reɑe animadverfum; et fortaffe revera
fcriptum fuit κατ' ἴχνος ἔδραμε, brevi fyllaba produɑa,
cujus licentiae non unum exemplum apud veteres. Vide
G. *Wakefield* in Sylv. crit. I. p. 81. *Hermann.* de Metr.
p. 71. fq. — Γόργη exhibuit *Berkel.* et *Reisk.* In Cod.
eft γοργή. Nomen proprium, quod Br. monuit, foret
Γοργώ. Hoc nomen fuit uni canum Aɑaeonis ap. *Hygin.*
Fab. CXXXI. p. 253. *Munk.* — V. 3. ἡμιφοτέρην Ἄρτεμιν.

et venationis deam et Lucinam. — Y. 119.] V. 3.
Ἐλευθοί. (Ἐλθὼ vitiose *Berkel.*) Ilithyia. Vide *Intrpp. He-*
sychii v. Ἐλευθοί. — V. 6. τοκάδων. Cod. Vat. *Berk.* et
Reisk. Hic etiam διδασκόμενα dedit pro lectione membranarum διδασκόμεναι. *Bernardus* ad Thom. Mag. p. 201.
δεδιδκόμεναι corrigit. Sed verior est emendatio *Reiskii.*
Fortasse tamen praeterea emendandum:

> φεύγετε Κρήσσας,
> κεμμάδες, ἐκ τοκάδος τέκνα διδασκόμενα.

Fugite, cervi, fugite catulos, ab hac Cretensi matre venan-
di artem edoctos. Non igitur Cretensibus solum, sed
omnibus, quotquot sunt, cervis fugam poëta suadet; et
recte nobis scripsisse videmur Κρήσσας τοκάδος, *Cretensis*
puerperae; quod non sine gravitate dictum; fortissimum
enim Cretenses canum genus. *Pollux* L. V. 37.

XXXIX. Cod. Vat. p. 429. hoc carmen eidem
Antipatro tribuit, cujus est Ep. LXIV. inter Epigrammata *Antipatri Sidonii.* Primus edidit *Salmasius* ad Scr.
Hist. Aug. T. I. p. 857. et post eum *Boivin.* in Mémoir.
de l'Acad. T. III. p. 391. *Jensius* nr. 2. *Reisk.* nr. 653.
p. 112. Agit poëta de inventione rotarum in molis
aquariis adhibitarum. Vide *Salmas.* ad Solin. p. 416. B.
— V. 1. ἀλετρίδες. mulieres, quae molam manibus mo-
vent. μυλωροί. Vide *Callimach.* H. in Del. 242. et *Span-*
hem. p. 526. *Schol. Aristoph.* Pac. 258. *Eustath.* ad
Odyss. p. 273. 25. et 724. 31. Nonnullos τὴν μυλακρίδα
vocare ἀλετρίδα notavit *Pollux* VII. 19. — V. 2. προ-
λίγει. Cod. et Jens. Soloecismum *Salmas.* sustulit. — V. 3.
In posterum non manibus opus est ad molam agendam,
cum Ceres Nymphis hoc negotium tribuerit. — χορῶν
Boivinus dedit, cum in Cod. esset χορῶν. Illud etiam
Heringae Obss. p. 184. in mentem venerat; sed *Reiskius*
alteram ejusdem conjecturam κορῶν praetulit. Quae
doctus hic vir praeterea tentavit, memoratu indigna
                                                        sunt.

fant. — V. 4. ἀλλόμενον. Cod. Vat. ἀλλόμεναι Boivin.
Idem voluiſſe videtur *Salmaſius*, ap. quem ἀλλόμεναι perperam excuſum. Deinde *Reiſk.* κατ' ἀκροτάτης τροχιῆς in
contextu exhibuit; non negans tamen, codicis lectionem fortaſſe ſervandam fuiſſe. Hoc dubitari nequit,
ſecundum caſum cum recepto uſu praepoſitionis κατὰ
melius convenire. — V. 5. δινεύειν. Vat. Cod. Apographa
δινεύουσιν. — Aqua in rotam molarum decidens axem
agit; rotâ autem (hanc circumſcribit verbis ἀκτίνεσσιν
ἑλικταῖς, *radiis circumactis*) quatuor lapides molares mo-
ventur. Pro ἑλικταῖς *Reiſk.* poſuit ἑλιχθείς. *axis una cum*
radiis circumactus. — V. 6. στρεφθᾷ π. Cod. Vat. —
V. 7. Redit priſca aurea aetas, cum Cereris frugibus
ſine labore frui liceat. Reſpexit poëta *Heſiodi* 'Ε. κ. 'Η.
114.

ἐσθλὰ δὲ πάντα

τοῖσιν ἔην· καρπὸν δ' ἔφερε ζείδωρος ἄρουρα

αὐτομάτη πολλόν τε καὶ ἄφθονον.

Pro εἰ δίκα *Bernardus* in Epiſt. ad Reiſk. p. 506. ᾖ δίκα
μ. tentat; quod non capio. Fortaſſe voluit ᾖ δ. *ubi lice-*
bat. Sed nihil mutandum. Particula εἰ non ſemper rem
dubiam et incertam indicat, ſed cauſam reddit. Vide
Bud. in Comm. L. Gr. p. 519. *Markland* ad Lyſiam
p. 670. *Reiſk. Hoogeveen* de P. L. Gr. p. 227. ſq.
ed. *Schütz.*

XL. Cod. Vat. p. 403. 'Αντιπ. Μακεδ. Edidit *Jen-*
ſius nr. 153. *Reiſke* in Anthol. nr. 804. p. 175. Viatores poëta rogat, ne laurum quandam, prope viam, ut
videtur, poſitam, frondibus privare velint; prope adeſſe varia arbuſtorum genera, unde, quibus opus ſit,
petitum eant. Simile eſt Epigramma *Antipatri*, quod ex
Cod. Vat. edidimus in Exercitatt. crit. T. II. p. 81. —
V. 1. εἴπατε δάφνης φείλεσθε ὁμοίων χερσὶν ἐρεμετόμοις. Vat.
Cod. — Sic etiam *Reiſk.* ex *Jenſio*, niſi quod ibi φεί-
εσθαι habetur. Hac una emendatione admiſſa, non vi-

deo, quid in membranarum lectione reprehendi queat, quidve commoverit *Brunckium*, ut tam multa in hoc disticho immutaret. Fingit sibi poëta viatorem, eum servorum comitatu iter facientem, qui sub lauri umbra, in loco amoeno, morari cupiens, servos fortasse frondes lauri, ad stratum faciendum, decerpere jubet. Nisi hoc ita se haberet, δρυτόμων χερσὶν legendum dicerem. Vulgaris autem dicendi ratio ferret, εἴπατε δμωσὶν φείσασθαι δάφνης. Ceterum hic locus fortasse obversabatur *Nonno* in Dion. L. II. p. 46. Ὑλοτόμοι, τάδε δένδρα παρέλθετε, μὴ φυτὰ δάφνης Τέμνετε δειλαίης τετμημένα, φείδεο, τέκτον. — V. 3. κομάρου. Herbae genus hoc loco esse videtur ἡ κόμαρος, ut passim ap. *Theocritum*. Cf. *Schreberum* ad Eid. V. 129. *Salmas.* in Hom. H. I. c. V. p. 6. — De τερέβινθος vide *Geopon.* X. 73. XVI. 65. *Bod. a Stap.* ad Theophr. L. III. p. 229. et L. V. p. 519. — V. 4. χθαμαλὴν ἐς (sic Vat. Cod.) χύσιν. i. e. ἐς χαμεύναν. Comparandus *Theocr.* Eid. XIII. 33. sqq. — V. 6. ὕλη πανθηλής. unde viatores, quibus cubile ad ripam placet, frondes decerpere possunt. Fluvius a nostra lauro, sive laureto, tria plethra, ab illo autem loco, ubi ὕλη πανθηλὴς (cujusvis generis materia) nascebatur, nonnisi duo remotus erat.

XLI. Cod. Vat. p. 365. Ἀντιπ. Μακεδ. In Anth. Plan. p. 40. St. 59. W. Καλλινίου inscribitur, quod nomen inter auctores Anthologiae non occurrit. Ab Ed. Flor. et Ald. pr. lemma plane abest. — Historia de muliere coeca et sterili, quae eodem tempore et peperit, et visum accepit. — V. 3. τίκτε γὰρ εὐθύς. Recte animadvertit *Br.* absurdam esse lectionem Plan. et Cod. Vat. εὐθὺς, nec μετ' οὐ πολὺ simul stare posse. Hanc ob causam υἱὸν ex conjectura posuit. Audacter sane. In εὐθὺς nomen mulieris latere videtur. Fortasse:

τίκτε γὰρ Ἀτθὶς ἄελπτα μετ' οὐ πολύ.

— Deinde in Plan. et Cod. Vat. περιπόθητον· sed in

membranis praetèrea φάος pro φάους. — V. 5. „Scriben-
„dum ἐπήκοος. Infra *Addaeus* Ep. IV. μούναις οὔτι γυναιξὶν
„ἐπήκοος· Significatio vocis ἐπήκοος hic locum non habet.”
Br.— V. 6. ἡ ἐελ. Vat. Cod. ἡ Plan. ex correctione. Vett.
edd. ¶. Illud *Brodaeus* verum cenfebat. Dubito, an *Br.* recte
mutaverit vulgatam. — Ceterum memorabile hoc, quod
Diana illam mulierem non folum in puerperio adjuviffe,
fed ei etiam oculorum lumen tribuiffe dicitur.

¶. 120.] *XLII.* Cod. Vat. p. 400. fq. *Antipatro*
Theffalonicenfi carmen vindicat, quod in Plan. p. 74. St.
108. W. tanquam *Philippi* legitur. — Continet hiftoriam de Antagòra et Pififtrato, quorum ille, cum, naufragio facto, alterum de tabula in undas dejeciffet, a
cane marino devoratus eft, dum Pififtratus falvus e
fluctibus enatavit. — Mihi hoc carmen *Philippi* potius
quam *Antipatri* ingenium fpirare videtur. — V. 1.
ὕδασι vulgo. — V. 4. ἣν γὰρ ὑπὲρ ψυχῆς. ἐγὼν fcil. Qui
de vita certant, dicuntur περὶ ψυχῆς τρέχειν, κινδυνεύειν,
ἀγωνίζεσθαι, quae illuftrat *Valckenar.* ad Herodot. L. VII.
p. 537. 43. *Weffeling.* ad L. VIII. p. 653. 92. — Αἰκη.
Vat. Cod. et edd. vett. usque ad Afcenfianam. Fortaffe
recte. Nam μέλειν non folum *curae effe* fignificat, fed
etiam *curam gerere*, φροντίζειν. *Dorville* ad Charit.
p. 252. — V. 5. νήχε δ' Vat. Cod. et mox κύων ἁλὸς
πανάλ. Χηρῶν. Vat. Cod. Vulgo ἁλιος τε χηρῶν. Aldina fec.
χείρων vitiofe. Qui ineptam lectionem fibi interpretan-
dam fumferunt, ad ineptias confugere neceffe habuerunt. *Huetius* p. 9. χηρῶν pro χάρων exiftimabat fcriptum.
Recte *Brodaeus* emendavit κηρῶν. Sed vel fic hoc diftichon penitus emendatum effe dubito. Nam in hexametro numori elumbes funt; et poftrema enuntiatio cum
praecedentibus nullis compagibus conjuncta eft. Quare
leni mutatione, membranis praeeuntibus, lego:

νήχεθ' ὁ μὲν, τὸν δ' εἷλε κύων ἁλός· ἡ πανάλαστως
κηρῶν οὐδ' ὑγρῇ παύεται ἐν πελάγει.

Facile omitti potuit H ante Π. Frequenter autem Epi-
grammatògraphi enuntiationes, quae acumen quoddam
continent, cum particulis ή, ή ἄρα fubjiciunt. *Antip. Sid.*
Ep. LXIV. 5. *Callimach.* Ep. LV. 3. Nofter Ep. XLIV. 5.
Philipp. Ep. LXXIII. 7. — Eadem ratione fcribere
poffis, non majore mutatione:

  — κύων ἁλὸς· ἢ ἄρ' κλάστωρ —,

De cane marinò vide *Aelian.* H. A. I. 55. *Camus* Notae
ad Ariſtot. H. A. p. 221.

   XLIII. Vat. Cod. p. 369. Ἀντιπ. Θεσσ. Plan. p. 116.
St. 167. W. ubi infcriptum: Ἀριστανος ἢ Ἑρμιοδώρου.
Juno Jovis et Ganymedis amoribus ad iram incenfa Trojae ruinam minatur. — V. I. Πριομένα, Epigr. XXVI. 5.
μοναβγόδν ἱππείουσα. γένειον. *Babrius* ap. *Suid.* v. πρίων. —
ηάκεῖνος εἶπε τὰς σιαγόνας πρίων. ἀντὶ τοῦ βρύκων. *Hefych.*
ἐιεπρίοντο. ἐθυμοῦντο. ἔτριζον τοὺς ὀδόντας. πρίεσθαι ad internum animi affeⷥum fpeⷥare, exemplis allatis docuit
Gataker. Adv. Mifc, c. XLVII. p. 916. fq. Adde *Wet-*
ſten, ad N. T. II. p. 487. — V. 2. θυμοββόρον ex Vat.
Cod. receptum pro vulg. θυμοβόρου. — V. 3. ἔτεκεν. Vat.
Cod. — Ep. ἀόργα. III. πηρεοὶ ἄρσγιες. Ep. IX. ἄρσενα
θερμὸν, (fic Vat. Cod. non θεσμὸν, ut Br.) — V. 4. Πάριν.
belli flammam incenfuram Paridem. *Horat.* III. Od. III.
18. fqq. — ἐπὶ Τρῴαν. vulgo. — V. 5. ἀετός. non aquila, ut ad Ganymedem rapiendum, fed vultures, ad
pafcenda cadavera. — V. 6. ἐπ' ἄν. Vat. Cod.

   XLIV. Cod. Vat. p. 359. Ἀντιπ. Θεσσ. Plan. p. 60.
St. 87. W. Hiſtoria de polypo, qui aquilam, cujus unguibus raptus erat, cirris fuis conſtriⷥam in undas traxit.
Eandem hiſtoriam ita narrat *Aelian.* H. A. VII. 11. ut
noſtrum carmen expreſſiſſe videatur. — V. I. εἰναλίη.
Cod. Vat. — V. 2. πολλὸν πόδα. Oⷥo pedibus inſtruⷥi
funt. *Ariſtotell.* H. A. IV. 1. Fortaſſe etiam hoc epitheton ad pedum longitudinem referri debet. Polypi pedes

enim nonnunquam ad ingentem excrefcere longitudinem, et *Ariftoteles* narrat, et *Plin.* H. N. IX. 48. p. 517.
— Non igitur opus eft emendatione *Jof. Scaligeri* πιλ-
λὸν. — ἠελίῳ ψύχειν. μέλκ ἀεμένως ὑπεθέλπετο. *Aelian.* —
V. 3. πέτρῃ ἴκελος. σὺ μὲν ἑαυτὸν εἰς τὴν χρόαν τῆς πέτρας
ἐκτρέψας ἤδη ἦν. *Aelian.* *Ovidius* Halieut. v. 30. At contra *fcopulis crinali corpore fegnis Polypus haeret, et hac
eludit retia fraude, Ut fub lege loci fumat mutesque colorem, Semper ei fimilis, quem contigit.* Ut hunc loc. conftituit *T. H.* ad *Lucian.* Dial. Mar. IV. 3. Loca veterum
de polypo colorem mutante multi collegerunt, quos
vide ap. *Gataker.* ad M. Anton. p. 13. *Lennep.* ad Phalar. p. 196. — V. 4. ὀξὸς ἔμαρψιν. *celeriter defcendens
corripuit.* ὀξὸς cum ἰδὼν conjunxiffe videtur *Aelianus*:
ἰδὼν οὖν ὀξὺ μὲν, ἑαυτῷ δὲ οὐκ ἀγαθὸν τὸ θήραμα κετός. —
V. 5. πλοχμοῖς, *cirris,* πλεκτάναις, ἕλιξι. (*Antiphil.* Ep. XXIII.)
Aelianus: πλόκαμοι δὲ ἄρα Ἰχθύος ἐκείνου περιβάλλουσι τῷ
ἀετῷ σφᾶς ἑαυτοὺς, καὶ κτρὲξ ἐχόμενοι, εἶτα ἕλκουσι κάτω τὸν
ἰχθιστον. — V. 6. ἀμφοῖν emendat *Jof. Scaliger.* in not.
mft.

XLV. Cod. Vat. p. 510. Ἀντιπ. Θεσς. Plan. p. 173.
St. 252. W. Poëta Archilocho et Homero facra factu-
rus, verfificatores illos, qui ingenium, quo deftituti
fint, obfcura eruditione compenfare ftudeant, faceffere
jubet. — V. 1. Φεύγετ' ὅσοι. Vat. Cod. — Vos, qui verbis obfoletis et obfcuris utimini; cujusmodi verborum
quaedam laudat, illis forte familiaria. — λόκκας *calvas*
interpretatur *Brodaeus.* *Hefychius:* λοκός. λουρός. φαλακρός.
quo loco, ubi funt, qui λόκκος legant, *D. Heinfius* noftrum locum affert. Ap. eundem pro λοκμὴ *Salmafius*
λόκκην legendum cenfebat. Hac emendatione admiffa
λόκκην foret χλαμός. — λοφνίδες. παρὰ Λυκόφρονι οἱ ἐξ ὄρους
μονόξυλοι λαμπάδες. *Euftath.* Il. ψ. 1431. 29. et ad Od. κ.
p. 389. 36. Κλείταρχος δὲ ἐν ταῖς γλώσσαις λοφνίδα φησὶ
καλεῖν Ῥοδίους τὴν ἐκ τοῦ φλοιοῦ καὶ ἀμπέλου λαμπάδα. *Athen.*

X 3

XV. p. 701. A. Conf. *Etymol. M.* et *Intpp. Hefychii* ν. λοφνίς. — καμασύνας pifces appellaverat *Empedocles* ap. *Athen.* L. VIII. p. 334. B. Vide *Cafaubon.* p. 581. *Plutarch.* T. II. p. 685. — Poëtas in ejusmodi gloſſarum fenticetis verfantes ἀκανθολόγους vocat *Antipater.* Similiter de Grammaticis *Antiphanes* Ep. V. ἀτυχεῖς σῆτες ἀκανθοβάται. Cacozeliam, qua multi illa aetate laborabant, gloſſis vel in communi fermone utendi *Lucianus* perſtrinxit in Lexiphane, et *Athenaeus* L. III. p. 97. fq. Facete hoc diſtichon vertit fummus *Grotius:*

> *Qui canitis topper, qui betere, quique cerufes,*
> *Vates impliciti fentibus, ite procul.*

— V. 3. λελυγισμένον. Cod. Vat. Sic fcribendum pro λελιγυσμένον. Debet enim eſſe a verbo λυγίζειν. Intelligo carmina ultra modum laevigata et munda, ita ut omnis orationis vis et robur quaſi fractum et comminutum fit. De mollibus ufurpatur λυγίζεσθαι. *Themiſt.* Or. XX. p. 238. C. τὸν αὐχένα λυγίζοιτο ὑπὸ τρυφῆς τε καὶ ἀκραsίας. Idem p. 249. B. πολλὰ καμπτόμενοί τε καὶ λυγιζόμενοι. *Ariſtophanes* in Ran. 775. de fractis Euripidis numeris agens: οἱ δ᾽ ἀκροώμενοι τῶν ἀντιλογιῶν καὶ λυγισμῶν καὶ στροφῶν, 'Υπερεμάνησαν, κἀνόμισαν σοφώτατον. Vide *Intrpp. Hefychii* v. λυγίζει. — Ejusmodi poëtae nonniſi exiguum hauſtam ex facro fonte traxiſſe videntur. — ¶. 121.] V. 5. Hodie Homeri et Archilochi, qui fe largis ex Mufarum fonte hauſtibus invitarunt, celebramus diem; unde jejunos et in verbis tantum componendis occupatos poëtas excludimus. Proximum poſt Homerum locum, ex veterum criticorum fententia, Archilochus occupabat; eumque illi, ſi in eodem genere elaboraſſet, principatum forfaſſe erepturum fuiſſe exiſtimabant. In hunc fenfum accipiendum Epigramma *Hadriani* V. p. 286. *Dio Chryfoſt.* Or. XXXIII. p. 397. A. δύο γὰρ ποιητῶν γεγονότων, ἐξ ἅπαντος τοῦ αἰῶνος, οἷς οὐδένα τῶν ἄλλων ξυμβαλεῖν ἄξιον, 'Ομήρου τε καὶ 'Αρχιλόχου. Cf. Orat. LV.

p. 559. C. *Vellejus Paterc.* L. I. 5. 2. *Neque quemquam alium, cujus operis primus auctor fuerit, in eo perfectissimum praeter Homerum et Archilochum reperiemus.* Lyricum illum poëtam a rhapfodis non minus quam Homerum et Hesiodum recitari et explicari solitum esse, apparet ex *Platonis* Ione T. I. p. 531. A. 532. A. Conf. *Visconti* in Museo Pio-Clement. T. VI. p. 32. — V. 6. κρατήρ. Cod. Vat. — ὑδροπότας. homines frigidos, invita Musis operantes Minerva, secundum illud *Horatii* I. Epift. XIX. 3. *Nulla placere diu, nec vivere carmina possunt, Quae scribuntur aquae potoribus.* Cf. *Erasmum* Paroem. II. Chil. VI. Cent. 2. Lamprus musicus, abstemius, cum obiisset, *Phrynichus* dixit, eum λέρους θρηνεῖν, cum fuisset ὑδατοπότας, μινυρὸς, ὑπερσοφιστὴς, μουσῶν σκελετὸς, ὕμνος (f. σκόμνος) ἔδου. ap. *Athen.* L. II. p. 44. D.

XLVI. Cod. Vat. p. 372. 'Αντιπάτρου. Plan. p. 108. St. 159. W. gentile addit. *Stob.* Flor. Tit. V. p. 64. Gesn. 39. Grot. Pater moribundus puellam, ut piam castamque vitam agat, hortatur. — V. 2. νεύματος εἰς 'Αΐδαν. Vat. Cod. — V. 4. ἕλκειν κτῆμα in *Stobaeo Grotii.* Vertit tamen : *cara sequetur Te colus : hoc tenuis sat sibi vita putet.* — V. 5. ,,'Αχαΐδος nomen proprium esse ,,videtur et sic accepit *Grotius : probitatem ab Achaïde* ,,*matre exprime.* Aliter intelligebat *Salmasius :* ἀχαΐδος, ,,ἐριουργοῦ, ab ἀχαιὰ, ἔρια μαλακά.`` Br.

XLVII. Cod. Vat. p. 361. fq. 'Αντιπάτρου. Nec Planud. p. 74. St. 109. W. gentile adjicit. Archippus, agricola, cum moriturus esset, hortatur filios, ut paternum agrum colere pergant, maris autem periculis abstineant. — V. 2. ἕρπειν conjecit *Jos. Scaliger* in not. mft. quod blanditur. — V. 3. υἱήεσσιν ᾧ φ. Ed. Flor. Ald. pr. et sec. υἱέεσσιν ᾧ Ald. tert. υἱέεσιν Asc. et hinc Steph. qui in notis ad versum stabiliendum υἱήεσιν ἐοῖς, φ. corrigit. Hoc assensu suo probabat *Jos. Scaliger.* —

X 4

Br. lectio ex Vat. membranis fluxit. In particulam *ἰώ*, huic loco non valde accommodatam, nemo facile incidisset. — V. 4. ἀροτρίτην. Cod. Vat. — V. 6. ἀτειρῆς. Idem. — V. 7. 8. *Alciphron* L. I. Ep. III. p. 14. χρη-
στὸν ἡ γῆ καὶ ὁ βῶλος ἀκίνδυνον· οὐ μάτην γοῦν ἀνηςιδώραν ταύτην ὀνομάζουσιν Ἀθηναῖοι, ἀνιεῖσαν δῶρα, δι᾽ ἂν ἐστι ζῆν καὶ σώζεσθαι. χαλεπὸν ἡ θάλαττα καὶ ἡ ναυτιλία ἐπιψοκίνδυνον.
Terra homines alens, mari opposita, matri similis; eadem ratione regio, ubi quis natus et educatus est, cum matre, ubi exul aut inquilinus vivit, cum noverca comparatur. Illustris vox Scipionis ap. *Plutarchum* T. II. p. 201. E. ἐμὲ οὐδέποτε στρατοπέδων κλαλαγμὸς ἐθορύβησεν, οὔτιγε συγκλύδων ἀνθρώπων, ἂν οὐ μητέραν τὴν Ἰταλίαν, ἀλλὰ μητρυιὰν οὖσαν ἐπίσταμαι. Fontem dicti aperuerunt *Gronovius* in Obss. L. III. c. XI. p. 406. ed. Lips. et *Rubnken.* ad *Vellejum* L. II. 4. 4. p. 85.

XLVIII. Hoc carmen, quod in Plan. p. 232. St. 337. W. ἄδηλον est, Vat. Cod. p. 231. *Antipatro Thessalonicensi* vindicat. — Temere et in suam perniciem mulieres sobolem sibi precari, Polyxo ait puerpera, quae, trinis filiis uno partu editis, in ipsis obstetricis ulnis animam reddidit. — V. 1. Πολυξώ. Plures Graecae antiquitatis mulieres, quibus hoc nomen fuerit, recenset *Spanhem.* ad *Callim.* H. in Cer. 79. p. 797. — V. 3. μαίης. Illustrat hanc vocem, nostro quoque carmine laudato, *Burmann.* ad Anth. Lat. T. II. p. 231. — V. 4. ἄρξενες. Vat. Cod. — V. 5. 6. Similis color in Ep. *Martialis* de Spectac. XIII. de sue, partum ex vulnere edente: *confossa vulnere mater Sus pariter vitam perdidit atque dedit.* — ἔτερον. Vat. Cod.

¶. 122.] XLIX. In Vat. Cod. ubi p. 308. praecedit Ep. *Antipatri Sid.* CVIII. lemma est: τοῦ αὐτοῦ. Quum in priori illo carmine auctoris nomini gentile non sit additum, incertum est, utri horum poëtarum

φιανύμων utrumque carmen tribui debeat. — Noftrum
edidit *Dorville* ad Charit. p. 599.' *Jenfius* nr. 85.
Reisk. in Anth. nr. 736. p. 149. — Pyro quidam,
malacia in mari regnante ventisque torpentibus, a piratis
captus, mare quietum fibi non minus infeftum habuit,
quam alii tempeftates. — V. 1. Μύρωνι fcribendum cenfet *Heringa* in Obff. crit. p. 267. — V. 2. πουλῆς. Vat.
Cod. πολλῆς. apogr. Jenf. Ipfe editor πολλὰ conjecit.
πουλὺ dedit *Dorvillius*. — γαληναίη. idem quod γαλήνη.
— V. 3. In Cod. Vat. fcriptum νῆα γὰρ ἁλιπλόη πεπεδημένην ἵ. ναύταις. ut *Jenfius* edidit. Nam quae *Br.*, tanquam Cod.' lectiones, profert, ἁπλόιη πεπεδημένον, ex interpolato fluxerunt apographo. πεπεδημένου *Dorvill.* et in
fine νηός. Hoc fenfum facit probabilem: νῆα Πυρῶνος πεπεδημένου ἀπλοίη ἔφθασε νηῦς ληϊστῶν. quamvis repetitio
ejusdem vocabuli in eodem verfu parum habet elegantiae. Tentabat *Heringa*: νηὸς ἀπλοίη γὰρ πεπεδημένον ἵ.
ναύτην. ἀπλοίαν ipfe emendationis auctor explicat per
navis ad velificandum ineptitudinem, quae nautae huic
inimica erat, eumque piratas remigio infequentes effugere vetabat. *Reiskius*, nulla metri ratione habita, inepte
fcripfit: νῆα γὰρ ἀπλοίη πεπεδημένην ἔφθασεν ἀκτὶς Λ. Mihi
videbatur, praeeunte *Dorvillio*, fcribendum effe:

νῆα γὰρ ἀπλοίη πεπεδημένον ἔφθασε κώπαις
ληϊστέων ταχινὴ δίκροτος ἐσσυμένη.

κώπαις a ναύταις proxime abeft, et ad fenfum egregie
facit. Pyro, qui velis utebatur, ventis filentibus, navi-
gare non poterat, dum piratae parvum navigium fuum
remis impellebant. δίκροτος, quae a duobus remigibus
impellitur. *Xenoph.* Hift. Gr. L. II. 1. 28. αἱ μὲν τῶν
νεῶν δίκροτοι ἦσαν, αἱ δὲ μονόκροτοι, αἱ δὲ παντελῶς κεναί. Ne-
gabat tamen *Morus* ad h. l. navigii genus intelligi. Sed
vide *Dorvillium* l. c. — Ceterum haec obverfabantur
Ifidoro Aeg. Ep. IV. p. 474.

X 5

Οὐ χεῖμα Νικόφημον, οὐκ ἄτρων δύσις, •
ἀλὸς Λιβύσσης κύματ' οὐ κατέκλυσεν·
ἀλλ' ἐν γαλήνῃ, φεῦ τάλας, ἀνηνέμῳ
πλόου πεδηθεὶς, ἐφρύγη δίψευς ὕπο.

— V. 5. γαληναίῳ ὑπ' ὀλέθρῳ "Εκτανεν. Vat. Cod. ἐπ' ὀλέθρῳ edidit *Dorv*. Iterum metro infeſtus *Reiskius* γαλήνῃ
αἰνῷ ὑπ' ὀλέθρῳ "Εκτανεν. *Brunckius* ſuas conjecturas in
textum invexit. *Iſidori* imitatio efficit, ut exiſtimem,
latere aliquid, quod commiſerationem ſignificet. Fortaſſe:

> χεῖμα δέ μιν προφυγόντα, γαλήνη 'τὸν πανόλεθρον
> ἔκτανεν — .

*Hunc, qui tempeſtatum pericula effugerat, hunc, hominum
infeliciſſimum, malacia peremit*. Scribitur πανόλεθρος et
πανώλεθρος. Duplici ſignificatione gaudet; indicat modo
pernicioſum et *exitialem;* ut in *Sophocl*. Phil. 322. τοῖς
πανωλέθροις 'Ατρείδαις· modo *perditum*, ut ap. eund. in
Electra 1009. πρὶν πανωλέθρους τὸ πᾶν 'Ημᾶς ὀλέσθαι. *Eurip*.
Androm. 1226. πανώλεθρόν μ' ὄψεαι πιτνοῦντα πρὸς γᾶν. —
Vox κακορμισίη Lexicis addenda. *Infauſtam navium ſta-
tionem* indicare videtur. Sed ſunt quaedam in hoc vocabulo, quae me morentur. Prius, idque minoris mo-
menti, quod ad hoc ſubſtantivum epitheton λυγρῆς plane
abundat; cujusmodi tamen abundantiae exempla in
compoſitis vocabulis paſſim reperiuntur: alterum, quod
Pyronis navis non per ſtationis, quam teneret, conditionem, ſed ventorum ſilentium periit. *Iſidorus*, qui
hoc carmen, ut ſupra vidimus, imitatione expreſſit,
haec habet in fine:

> καὶ τοῦτ' ἀητέων ἔργον. ἆ πόσον κακὸν
> ναύταισιν ἢ πνέοντες ἢ μεμυκότες!

Haec dum reputo, fere adducor, ut ſcribendum putem:

> ἆ λυγρῆς, δειλ', ἀνέμων μύσιος.

Vae triſte illud ventorum ſilentium! μύειν dicuntur, qui
labris compreſſis ſilent; μύσις igitur labiorum compreſſio.

Hoc vocabulum, ab ἱμύεα, μύεας derivandum, priorem
modo producit, modo corripit, ut verbum, unde derivatur. *Antip. Sid.* Ep. CIX. πνεύμονα δὲ ψυχθεῖσα κατήμυσε.
Pallad. Ep. XVI. ἴσθις, πῖνε, μύσας ἐπὶ πένθεσι.

L. Vat. Cod. p. 239. 'Αντίπ. Θεσσ. inscribit carmen,
quod ἄδηλον est in Plan. p. 241. St. 350. W. Delphinus,
fluctibus in litoris arenam delatus ibique sepultus, de
maris perfidia conqueritur. Vide *Anytes* Ep. XII. *Archias* Ep. XXX. — V. 1. ἱευρεν. Vat. Cod. a pr. m. —
V. 2. ξείνοις. Vat. Cod. et edd. vett. *Brodaeus* ξείνης emendavit, idque recepit *Stephanus.* ξυνῆς malebat *Opsopoeus*
et *Casaubonus* in not. mst. Mihi non displiceret:

ξείνης καινὸν ὅραμα τύχης.

— V. 3 – 6. *Suidas* proferens in τόπος T. III. p. 488.
ἀλίου habet. ἴλεω quaedam e vett. ἰλίῳ Vat. Cod. —
V. 4. Hunc versum *Br.* ex Vat. Cod. et *Suida* emendatiorem dedit. *Stephanus* cum Ascens. εὐθὺς πρὸς τύμβον μ'
ἔστεφον εὐσεβέες. In vetustioribus edd. εὐθός με πρὸς τ.
ἔστεφον ε. *Casaubonus* in ἔστενον incidebat. — V. 5. νῦν
δέ. Vulgo et in Vat. Cod. et *Suid.* Aliquid latere videtur. — V. 6. σὺν τροφ. Vat. Cod.

LI. Vat. Cod. p. 369. 'Αντίπ. Θεσσ. Plan. p. 68. St.
100. W. Historia de Ione quodam, qui, in ipso portu,
ebrius e navi in pontum excussus periit. — V. 1.
πιστεύετε. Vat. Cod. — In Ed. Ald. sec. μηδ' ὅδ' ἐπ', quae
vitiosa lectio *Jos. Scaligerum* induxit, ut corrigeret:
μηδέ τ' ἐπ' ἅ. — V. 2. ἔχοι. Vat. Cod. — V. 3. ἐς δέ.
Vinum impedivit eum, quominus manibus uteretur ad
natandum. — V. 5. χοροιτυπίην. convivia et ebrietatem.
— ἰχθρός. Postquam Bacchus Tyrrhenos in delphinos
mutavit, pontus Baccho infestus fieri coepit.

LII. Cod. Vat. p. 390. 'Αντίπ. Μακεδ. Idem lemma
in Plan. p. 73. St. 106. W. De Cleonice quadam, Dyr-
rhachio oriunda, quae, cum sponsi conveniendi causa Hel-

lespontum trajiceret, naufragio periit. — V. 1. και.
Vat. Cod. — V. 2. Κλεονίκης. Idem. — V. 4. ἐπεπλώσατο. Vat. Cod. ἀπεπλώσατο. Plan. In marg. Wechel. γε.
ἀπεεκλάσατο, eamque five lectionem five conjecturam
V. D. probat ad marginem exempl. Aldinae fec. quod
in Bibl. Götting. affervatur. Vera videtur Brunckii emendatio ἀπεπλώσατο. Hoc fenfu Antiphilus Ep. XXII. mus
oftrea captus αὐτοφόνον τύμβον ἐπεπλώσατο. Palladas Ep. XV.
πολλῶν μωρῶν ἔχθραν ἐπεσπασάμην. — Hero ap. Ovid. in
Epift. XIX. 127. de Hellesponto: Non favet, ut nunc
eft, teneris locus ifte puellis; Hac Helle periit, hac ego
laedor aqua. — ¶. 123.] V. 5. Ἡρώ. Vulgo. In Vat.
Cod. ambiguum eft, utrum ἡρωῖ an ἡνοῖ fcriptum fit. —
V. 6. ἐν ταύροις σταδίοις. De Hellesponti latitudine vide,
quae collegit Brodaeus ad h. l. et Burm. ad Ovid. Heroid.
XIX. 142.

LIII. Cod. Vat. p. 407. Ἀντιπάτρου. Plan. p. 53. St.
76. W. In Hermonacten, apum confectum aculeis.
Conf. Bianor. Ep. XV. — V. 2. κόνις. propter crudeli-
tatem et ἀναίδειαν. — ἐρπυστήν. Cod. Vat. et Plan. Non
fatis video, cur Br. vulgatam lectionem prae conjectura
reliquerit. Non dubitari poteft, quin a verbo ἐρπύζω
recte derivetur ἐρπυστής. Ejusdem eft originis ἐρπυστής,
ut ἐρπυστήρας ὄφεις, Oppian. Cyneg. L. III. 411. Noftrum
locum fortaffe in mente habuit Suid. T. I. p. 863.
ἐρπυσμός. ἐρπυστής. ἐρπυστικός. ὁ ἕρπων. In Antiphili Ep.
XXII. παμφάγος, ἐρπυστὴς — μῦς. ubi Br. iterum ἐρπυστὴς
dedit, accinentibus tamen membranis. — Puerum tibi
finge, nondum pedibus valentem, fed ad alvearia ar-
repentem. Bianor l. c. κοῦρον ἀποπλανίην ἐπιμάζιον. —
V. 3. ἐψισμένον. Vat. Cod. — V. 4. κέντροις δ' οἶδ' ὀφ.
Vat. Cod. οἶδ' ὀφ. Plan. Praeclare Brodaeus emendavit
οἶδ', quod huic contextui unice convenit. — Cum vos
in homines tam crudeliter agentes videamus, quid eft,
quod ferpentibus et ferpentum luftris exprobremus? —

V. 5. Amyntor et Lyfidice Hermonactis parentes. — μελίσσαις. Cod. Vat. — **V. 6.** μέλι. Apum enim mella non femper dulcia, fed nonnunquam amara funt; ut hic mellis cupiditas puero mortem intulit. — Ineptum acumen, quod tum demum locum haberet, fi Hermonax, melle guftato, ipfius mellis vitio periiffet. Vide igitur, an *Antipater* fcripferit:

κἀκείναις πικρὸν ἔνεστι βέλος.

βέλος in Codd. fcribitur ut μέλος. Jam, quam crebro in poftremis verborum fyllabis a librariis peccatum fit, nemo ignorat. — Poëta apes cum ferpentibus comparat; utrisque enim perniciofa et exitialia arma a natura tributa funt.

LIV. Cod. Vat. p. 312. Ἀντιπ. Θεσσ. Plan. p. 217. St. 317. W. Poëta lectores per regiones Leandri et Herus amoribus celebratas circumducit. — **V. 1.** Λεάνδροιο. Vat. Cod. — **V. 2.** μὴ μούνῳ. qui non Leandrum folum, fluctibus merfum, fed puellam quoque, quam amabat, perdidit. — **V. 3.** τὰ πύργου λείψανα. Herus turris *Mufaei* interpretibus negotium creavit. Sed πύργοι non folum aedes excelfiores arteque munitae, fed feparatae quoque ab aliis et folitariae aedificationes vocantur. Jam Herus turris, ab urbe remota, in litoris folitudine exftructa erat. *Mufaeus* v. 32. Ἡρὼ — πύργον ἀπὸ προγόνων παρὰ γείτονι ναῖε θαλάσσῃ. Timon, quum fe ab hominum confortio coepiffet abducere, in turri habitaffe dicitur ap. *Paufan.* L. I. 30. p. 76. κατὰ τοῦτο τῆς χώρας φαίνεται πύργος Τίμωνος, ὃς μόνος εἶδε μηδένα τρόπον εὐδαίμονα εἶναι γενέσθαι, πλὴν τοὺς ἄλλους φεύγοντα ἀνθρώπους. *Lucian.* T. I. p. 110. ed. Bip. αὐτὸς ἤδη πᾶσαν πριάμενος τὴν ἐσχατιὰν, πυργίον οἰκοδομησάμενος ὑπὲρ τοῦ θησαυροῦ, μόνῳ ἐμοὶ ἱκανὸν ἐνδιαιτᾶσθαι. — Thalamum, quem Acrifius filiae exftruxerat, ut omnes ab ejus commercio arceret, *turris* vocatur ap. *Horat.* III. Carm. XVI. 1, Nec minus Caf-

fandra, propter vaticinia ab hominum familiaritate fe-
creta, πύργον habitaſſe dicitur ap. *Lycophron.* v. 349. et
1460. — V. 5. κοινός. Vat. Cod.

LV. Cod. Vat. p. 290. 'Αντιπ. Θεσσ. Plan. p. 217. St.
316. W. Niobe cum liberis ſuis, ab Apolline et Diana
interfeƈtis, in Charontis cymbam recipi poſtulat. —
V. 2. Ταντάλίδης. Vat. Cod. — V. 4. σκύλλα. Idem.

LVI. Cod. Vat. p. 210. 'Αντιπ. Θεσσ. Plan. p. 275. St.
398. W. In Alcmanis, ſive Lydii, ſive Spartani, tumu-
lum. Conf. *Alexandri Aet.* Ep. III. et *Leonid. Tar.* LXXX.
— V. 1. 2. Hujus diſtichi partem excitat *Suidas* v. λιτός
T. II. p. 452. De Pompejo Anthol. Lat. T. I. p. 709.
Nempe manet magnos parvula terra duces. — V. 3. 4.
Suidas v. ἐλατὴρ T. I. p. 799. et iterum in εἰδήσεις T. II.
p. 19. — λύρας ἐλατὴρ vocatur Alcman, ut Ep. ἐδεσσ.
DXXXVIII. Timotheus κιθάρας δεξιὸς ἡνίοχος. — V. 4.
Μουσέων. Vat. Cod. — quem novem Muſae tenent,
i. e. amare ſignificant, praeclara carmina tribuendo.
Niſi forte argutiori ſenſu haec diƈta ſunt. Novem fue-
runt Lyrici, numero, ut videtur, ad Muſarum numerum
concinnato. Vide ad Epigr. XXIII. 9. Quem igitur
Grammatici in hunc novenarium numerum retuliſſent,
eum fortaſſe ἀριθμὸς Μουσῶν ἔχειν, *numerus Muſarum ha-*
bere poterat dici. — ¶. 124.] V. 5. διδύμοις. Vat. Cod.
ἠπείραις. Ed. Flor. — Vitioſe *Suidas* in Λυδοὶ T. II.
p. 466. ἴρισεν δ' ὄγε Λ. Idem tamen in pentametro cum
Vat. Cod. πολλαὶ μητέρες, quod a *Br.* ſpretum eſſe miror.
Reƈte enim judicavit *G. Wakefield* Sylv. T. IV. p. 170.
parum credibile eſſe, librariorum ſocordiam tam feliciter erraviſſe. — De Homero *Alpheus Mit.* Ep. V. ὃν
οὐ μία πατρὶς ἀειδὸν Κοσμεῖται, γαίης δ' ἀμφοτέρων κλίματα.

LVII. Cod. Vat. p. 214. 'Αντιπ. Θεσσ. Plan. p. 273.
St. 393. W. In Aeſchylum in Sicilia, longe a patria
Eleuſine, ſepultum. — V. 1. 2. *Suidas* laudat v. πυργώ-

σας T. III. p. 242. ubi ὦ τρ. legitur. πυργώσας. ὑψώσας.
αὐξήσας. μεγαλύνας. ἐπὶ τὸ σεμνότερον ἀγαγὼν τὰ ποιήματα.
Ducta funt haec ex *Ariftopb.* Ran. 1004. qui item de
Aefchylo: ἀλλ᾽ ὁ πρῶτος τῶν Ἑλλήνων πυργώσας ῥήματα
σεμνὰ καὶ κοσμήσας τραγικὸν λῆρον. Dedimus quaedam de
verbo πυργόω in Exercitt. crit. Vol. I. c. 26. p. 199. —
Etiam ἡ ὀφρυόεσσα κοιδὴ eidem Comico debetur in Ran.
953. ῥήματ᾽ ἂν βόεια δώδεκ᾽ εἶπεν Ὀφρῦ; ἔχοντα καὶ λόφους
δεῖν᾽ ἄττα μορμορωπά. Recte *Scboliaft.* ῥήματα ὑψηλὰ, ὑπερή-
φανα. In hujus loci imitationem *Plutarcb.* T. II. p. 68. D.
ὁ κινῶν ἐν παιδιᾷ λόγον, ὀφρὺν ἀνασπῶντα καὶ συνιστάντα τὸ
πρόσωπον. Similiter *Philoftratus* Epift. XIII. p. 919.
Critiam et Thucydidem ait a Gorgia τὴν ὀφρὺν κεκτημέ-
νους. — V. 2. εὔπη. Vat. Cod. — V. 4. „Ταιναρίην
„male in Planudea legitur. Sic primo fcriptum fuerat
„in Cod. *Jani Lafcaris:* fed in textu et ad oram ab,
„eadem manu. repofitum Τρινακρίην. Sic etiam in marg.
„Vat. Cod. Sed fcribendum Τρινακίην.'' *Br.* Veriorem
lectionem etiam *Scaliger* vidit in not. mft. *Euftatb* ad
Dionyf. Perieg. 467. p. 197. ὅτι τὴν παρ᾽ Ὁμήρῳ Θρινακίαν,
Τρινακίαν οὗτός φησι, τουτέστι τὴν Σικελίαν. Vide de hujus
nominis orthographia *Dorvill.* in Sic. T. I. p. 163.

LVIII. Defideratur in Cod. Vat., in noftro faltem
apographo, quod quam plenum, quam accuratum fit,
faepius demonftravimus. *Brunckius* tamen fe hoc diftichon Vat. Cod. auctoritate *Antipatro* ait tribuere. In
quo ne erraverit, vereor. In Plan. p. 203. St. 295. W.
Anytes eft. Inter *Anytes* carmina retulit *Wolfius* in Fr.
Poëtr. p. 98. Themiftoclis tumulum poëta monimentum malevolentiae et invidiae Graecorum effe ait. Carmen non fatis perfpicuum. Themiftoclis offa ex Magne-
fia Athenas effe translata, narrat *Paufan.* L. I. 1. p. 3. —
V. 1. κίχωντω tentavit *Cafaub.* in not. mft. — V. 2.
„κακοτροπίης. In Vat. Cod. quo auctore Antipatro tribu-
„tum hoc carmen, κακοκρισίης, fed ex correctione: aliud

„quid fuit antea`, quod Salmafius discernere non po-
„tuit.“ κακοτροπία. ποικίλη καὶ παντοδαπὴ πανουργία. Ammon. de D. V. p. 80. De verbo κακοτροπεύεσθαι vide
Budaei Comment. L. Gr. p. 26, 24.

LIX. Cod. Vat. p. 306. Ἀντιπάτρου. In Plan.
p. 288ᵃ. St. 417. W. gentile non magis additur. Poëta
in Athenienſes propter Socratis judicium invehitur. —
V. 3. νηλειες a pr. m. Vat. Supra correctum νηλις et νη-
λεις. — In fine verſus idem οὐδὲ ἐν αἴδου. Vulgo οὐδὲν
ἐν ᾅδου. In marg. Wechelianae notatum: ἴσως εἶδαρ ἐν
ᾅδου. πάντως τι τοιοῦτον. νοεῖ δὲ τὸ κάνειεν. Inepta conjectura. Joſeph. Scaliger in not. mſt. οὐδενὶ αἰδώ, quod
non ſatis perſpicuum. Depravatam eſſe lectionem, quam
Brodieus fruſtra interpretari conatur, recte intellexit
Opſopoeus; quod moneo, quia ſe raro tam perſpicacem
ostendit bonus Vincentius. — Br. unde praeclaram ſuam
lectionem petiverit, non indicavit. — V. 4. Br. exhibuit lectionem Planud. In Vat. Cod. δόντες· οἱ τοσσοῦτοι
π. κ. — Ceterum Antipater reſpexit, in ſecundo praeſertim verſu, locum Euripidis de Palamede ap. Diog.
Laërt. II. 44. ἐκάνετ᾽ ἐκάνετε τὰν Πάνσοφον, ὦ Δαναοὶ, τὰν
οὐδέν᾽ ἀλγύνουσαν Ἀηδόνα μούσαν, τῶν Ἑλλάνων τὸν ἄριστον.
quae verba ad Socratem referre ſolent veteres. Vide
Valcken. in Diatr. p. 190. ſq.

LX. Cod. Vat. p. 234. Ἀντιπ. Θεσσ. Plan. p. 261. St.
377. W. In ſervam Libycam, quae, dum viveret, a domina ſua filiae in locum habita, defuncta, liberam ſe-
pulturam nacta eſt. — V. 1. Ῥώμας. Vat. a man. ſec. —
V. 4. κλαυσαμένα. Vat. Cod. — τύμβῳ ἐλευθερίῳ. Ex poëtarum dicendi conſuetudine haec verba nihil aliud ſignificant, niſi ἐλευθέραν ἔθηκεν ἐν τύμβῳ. Servae libertatem
conceſſerat domina; non igitur, ut ſerva, ſed libera ſepulta eſt. Ceterum ſervos ſervasque non concrematos
eſſe conſtar, id quod ipſis cum pauperioribus commune
fuit.

fait. — V. 5. πῦρ ἕτερον. faces nuptiales, non rogi
flammam. Pompeja igitur hanc fuam fervam creman-
dam curavit. — ꞵ τὸ δ᾽ ἐφθασεν. ante nuptias perii. τὸ,
i. e. τὸ τῆς πυρκαῆς πῦρ. Similia vide in notis ad Meleagr.
Ep. CXXV. — V. 6. ἀμετέραν ἤψεν λ. Πιρε. Vat. Cod. —
Φερσεφόνη. Plan. et Vat. a man. fec.

LXI. Cod. Vat. p. 249. 'Αντιπάτρου. Plan. p. 246. St.
357. W. gentile non addit. Scriptum in naufragum,
cujus carnes pifces comederant, offa fluctus in litus eje-
cerant. — V. 1. θάλαττα. Vulgo.

ꝗ. 125.] LXII. Cod. Vat. p. 249. 'Αντιπ. Μακεδ.
Plan. p. 246. St. 357. W. In naufragum, quem, cum
in terram enataffet, lupus ad Penei oſtia interemit. Expreſſum carmen ex Leonid. Tar. Ep. XCiV. — V. 3.
μούνιος λύκος. Vide notata ad Leonid. Tar. Ep. VI. —
θορῶν Edd. vett. θορων tamen Aldus jam in ed. pr. correxit. — V. 4. „In Plan. ὡ γ. κ. πικρότερα. contra fen-
„fum. Sic etiam in Vat. Cod. fcriptum; fed fupra cor-
„rectum ab eadem manu πιστότερα, quod verum eſt. " Br.
Nullum correctionis fignum in apogr. Goth. fed in contextu πιστότερα habetur, fine ulla rafurae nota. Leonid,
Tar. l. c. ὡ τάλαν, ὅστις Νηραΐδων Νύμφας ἔσχες ἀπιστοτέρας.
Nofter Ep. L. τίς παρὰ πόντῳ Πίστις, ὃς οὐδ᾽ ἰδίης φείσατο
συντροφίης. Apollonid. Ep. XIII. ὡς κρίνοι χέρσον ἀπιστοτέρην.
Haec igitur lectio unice probanda. Dorvill. ad Charit.
p. 316. corrigebat: πραότερα. van Eldick in Sufpic. p. 27.
ὡ γαίης κύματ᾽ ἀπικρότερα.

LXIII. Cod. Vat. p. 325. 'Αντιπάτρου. Edidit Salmaſius ad Solin. p. 17. C. Hermocratea, undetriginta
liberorum mater, fe nullius eorum mortem vidiffe gloriatur, fuamque felicitatem cum Niobes clade comparat.
— V. 1. Ἑρμοκράτεια. Salm. — V. 2. ηύγασα μὲν θ. Wakefield fcribendum cenfet in Sylv. crit. T. II. p. 114.
Neceffitatem emendandi non video. αὐγάζομαι, termina-

tione media, dixerunt plures. *Homer.* Il. ψ. 458. ἰσῶς
ἐγὼν ἵππους αὐγάζομαι, ἠὶ καὶ ὑμεῖς; *Callimach.* H. in Diam.
129. οὓς δέ κεν εὐμειδής τε καὶ ἵλαος αὐγάσσηαι. H. in Cerer. 5.
τὸν κάλαθον μηδ' ὑψόθεν αὐγάσσησθε. — Similis felicitatis
exemplum propofuit *Martial.* X. 63. in matrona, quae
— *nihil extremos perdidit ante rogos. Quinque dedit pueros, totidem mihi Juno puellas: .Clauserunt omnes lumina
noftra manus.* Adde *Propert.* IV. El. XI. 97. fq. —
V. 4. ἥλι. Vat. Cod. Emendavit *Salm.* — V. 5. ἀ μέν.
Vat. Cod. „Mallet quis forte ἡμῶν ὠδῖνα θυγατρῶν. Ulti-
„ma vox fubauditur." *Br.* Sed fic manca eft oratio; nec
ferenda ellipfis, hoc praefertim loco, ubi antithefis expreffam rei oppofitae commemorationem poftulat. *Wakefield* l. c. corrigit: ἡμὴν ὠδῖνα μ. *meum partum,* i. e. *meas
liberos.* At etiam οἱ ἄρρενες Hermocrateae funt liberi.
Ceterum fic, ut cl. *Wakefield,* hunc verfum laudat *Werften.* ad Nov. Teft. II. p. 467. Mihi hic verfus emen-
datricem manum paffus effe videtur. Nihil impedimenti
foret, fi legeretur:

> ἔμπαλι δ' ἡ μὲν θηλυτέρων ὠδῖνας ἔλυσε,
> Φοῖβος δ'. εἰς ἥβην ἄρσενας ἠγάγετο.

Sic jufta eft antithefis. — V. 6. ἥβαν et ἐγάγετο. Vat.
Cod. — V. 8. παισὶ καὶ γ. Cod. παισί τε καὶ γλ. mallet
Br. Sic *Salmafius* dedit et *Wakefield.* — Ταυταλίδη. Vat.
Cod.

LXIV. Cod. Vat. p. 260. Ἀντιπάτρου· εἰς νυμφίον τινὰ
ἐπὶ τῆς παστάδος τελευτήσαντα. Edidit *Leich.* in Sepulcr.
p. 22. *Reisk.* in Anth. nr. 595. p. 93. — V. 1. λέγει
Cod. Vat. In marg. apogr. Lipf. λέγω, (quod *Leichius* recepit) et λέγοις. Verior eft conjectura *Reiskii* λέγειν, infinitivo pro imperativo pofito. — V. 2. ἀμβλὺ νέφος. caligo, quae oculorum aciem hebetabat. — V. 3. ὄμμασι δὲ
πυ. εὖν ἀκτεάβεσι μ. ἰδόντες. Vat. Cod. ἰδόντες habetur in
marg. apogr. Lipf. qua lectione fpreta, *Reiskius* ἰδόντ' ἐ-

in textum invexit. Junge: τοῦτο τὸ νέφος (caligo illa ex animi deliquio orta) σὺν ὄμμασι (simul cum oculorum lumine) ἀπέσβεσε πνοιήν, (ipsam animam exftinxit Egerii) αὐτοῦ ἰδόντος μόνον τὴν κόρην. (qui puellam viderat tantum, qui nonnisi adfpectu puellae fructus erat.) — V. 4. κούρον. Cod. Vat. quod in κόρεὰν mutavit R. — Θευμορίης. Vide de hac voce ad Callimachi Ep. III. p. 255. — Ἡλι. Conf. Eurip. Epigr. T. II. p. 57. (Ed. Lipf. T. I. p. 96.) — V. 5. σέλας. facis, quae nuptae praeferebatur. Hujus adfpectus cum Egerio mortem videretur attuliffe, Orcus eam incendiffe dicitur. Cf. fupra Ep. LX.

§. 126.] LXV. Cod. Vat. p. 266. Ἀντιπάτρου. Εἰς Λυσιδίκην γραῦν, ἣν ἡ οἰκία πεσοῦσα ἔκτανε. Alberti ad Hefych. v. βυρμός p. 780. Leich. in Sepulcr. p. 24. Reisk. in Anth. p. 90. nr. 607. — V. 1. Θριγκοῖσι. apogr. Lipf. — Nix circa pinnas muri collecta et liquefacta, effecit, ut murus aedium concideret et Lyfidicen vetulam ruina perimeret. — V. 3. ὁμόλακες. lectio eft cod. nequaquam follicitanda. Salmafius ὁμήλικες." Br. Apollon. Rh. L. II. 396. Βόζηρες ἐπὶ τοῖσιν ὁμόλακες. Schol. ὅμουροι. ἄλλα μια γὰρ τὴν αὔλακα, Δωρικῶς. Idem L. II. 787. ὁμόλακας ἀρούρας. — V. 4. πύργον. ipfas domus ruinas in tumuli locum exftruxerunt. Turrem, πύργον, vocat domum folitariam. Vide ad Ep. LIV. Temere hanc lectionem follicitavit five Guyetus five Salmafius, qui βυρμὰν corrigebat. Hefych. βυρμός. σταθμός. i. e. ὅρμος, ſtatio navium, ut recte Voffius, quo nihil ab h. l. magis alienum eft.

LXVI. Vat. Cod. p. 248. fq. Ἀντιπ. Θεσσ. Plan. p. 253. St. 366. W. Nifi Vat. Cod. hoc carmen, in hominem Tyrium conferiptum, diferte noftro Antipatro tribueret, Sidonii effe putarem. — V. 1. μιμ. πόντι. mari debitus; cui quodammodo fatale fuit, ut in undis perires. — V. 5. Tantae tuae divitiae te a morte redimere non potuerunt. Comparandus locus nobiliffimus ap. *Petronium* c. CXV. *Ubi impotentia tua? Nempe piscibus belluisque expositus es, et, qui paulo ante jactabas vires imperii tui, de tam magna nave ne tabulam quidem naufragus habes. Ite nunc, mortales, et magnis cogitatioibus pectus implete. Ite, cauti; et opes, fraudibus captas, per mille annos disponite.* Adde *Horat.* II. Carm. 18.36.

LXVII. Cod. Vat. p. 264. 'Αντιπ. Plan. p. 216. St. 315. W. fine gentili. — In Apollodorum, ftadiodromum, cum Pifa abiret, fulmine percuffum. — V. 2. αὕτη. Ad hujus montis radices Apollodorus fepultus eft. — V. 3. πισσηθεν. Vulgo. — ἄρης. Vat. Cod. — V. 5. „Αἰβυαντης. Scribendum Αιαντης. ut recte a *Brodaeo* emen„datum.“ *Br.* Sic quoque *Jof. Scaliger* emendavit in not. nift. Aeane et Beroë Macedoniae urbes. — V. 6. „Vox Διὸς ad fenfum et metrum neceffaria, quae „in Planudea deeft, e Vat. Cod. repofita eft. Verfus „funt Phalaecii Hendecafyllabi.“ *Br.* Varia tentarunt viri docti, ut verfum explerent. *Huttius* p. 21. v. 6. ἀρτι ερθε καθεόδει. *Anonymus* Bibl. Bodl. νιχ. σταδιοδρόμος κ. five νιχ. ὁ δρ. κει χ. *Jof. Scaliger* in not. mft. ὑβρῳ καθεόδει.

LXVIII. Cod. Vat. p. 316. 'Αντιπάτρου. οἱ δὲ Φιλίππου Θεσσ. Edidit *Jenf.* nr. 134. *Rejske* in Anth. nr. 785. p. 168. In Glyconem athletam, quem Augufti aetate vixiffe credibile eft ex *Horat.* I. Ep. I. 28. *Nec quia desperes invicti membra Glyconis, Nodofa corpus nolis prohibere podagra.* quem locum *Reisk* non neglexit comparare. Conf. *Lessing* de Epigramm. Tom. I. Opp. p. 324. fqq. — V. 2. κεραυνός. propter vim et celeritatem. *Paufan.* L. I. 16. p. 38. Πτολεμαιος — ἄλλως δὲ τολμησαι πρόχειρος, καὶ δι᾽ αὐτὸ κεραυνὸς καλούμενος. Idem eundem Ptolemaeum fic appellatum effe ait διὰ τὸ ἄγαν τολμηρόν. L. X. 19. p. 843. — V. 3. 'Ατλας. Vide ad *Antip. Sid.* Ep. XL. — V. 4. τὸν δὲ πρ. quod in ἔργον

τοιόνδε πρ. mutavit *Reisk.* — Deinde membr. οὖτ' ἐν
'I. οὐϑ' 'Ε. τὸ πρ. οὖτ' ἐν 'Α. Haec fenfum praebent minime ineptum: Talem virum nunquam nec inter Italos,
nec inter Graecos, nec inter Afiaticos denique Orcus,
omnia vincens, proftravit. — Multo minus perfpicuus
fenfus in lectione Brunckiana. Male tamen etiam in illa
lectione πρόϛϑν et τὸ πρῶτον junguntur. Vide, an corrigendum fit:

ἔῤῥοντι· τοῖον δὲ σϑένος οὖτ' ἐν 'Ιταλοῖς,
οὐϑ' 'Ελλάδι τὸ πρῶτον, οὖτ' ἐν 'Αείδι,
ὁ πάντα νικῶν 'Αίδης ἐνέτραπε.

— V. 6. laudans *Wesflen.* ad N. T. II. p. 174. apte
confert *Luciani* Contemp. §. 8. ὑπὸ τοῦ ἀμαχωτάτου τῶν
ἀνταγωνιστῶν καταπαλαισϑείς, τοῦ ϑανάτου. *Eufehius* de Laud.
Conftant. 7. p. 621. C. αἰ μηκέτ' ὄντες μετὰ ϑάνατον, νικη-
τὴν ἀπάντων καὶ μέγαν ϑεὸν τὸν ϑάνατον ἀνηγόρευον.

Ϛ. 127.] LXIX. Cod. Vat. p. 249. 'Αντιπάτρου.
Planud. p. 256. St. 371. W. In Lyfin, naufragum, in
litore fepultum. Comp. *Archiae* Ep. XXXIII. — V. 3.
οὔατι. Vat. Cod. et Plan. — V. 5. „τὸν οὐκ ἔτι φορτίδι νηΐ
„ἔμπορον. Forte Lyfis hic dives fuerat mercator, qui ad-
„verfam fortunam expertus eo redactus fuerat, ut *non
„amplius magna opus haberet navi*, ad vehendas merces
„fuas; ficque οὐκ ἔτι commodam interpretationem ac-
„cipit. At probabilius fcriptum fuiffe olim οὐκ ἐπὶ φ.
„ἔτι et ἐπὶ faepe permutantur.“ *Br.* Debetur haec conjectura, five emendatio potius, *Schneideri* acumini. Mari
avaritia paffim exprobratur. Jam igitur hoc in maris in-
vidiam dicitur, quod Lyfin, quamvis parvo navigio
vectum exiguisque inftructum copiis, tamen fubmerfe-
rit. — V. 7. ματεύων ζωήν. *Theocritus* ap. *Arben.* L. VII.
p. 284. A. καί τις ἀνὴρ αἰτεῖτ' — εὐαγρεσίαν τε καὶ ὄλβον, 'Εξ
ἁλὸς ᾧ ζωή, τὰ δὲ δίκτυα κεῖνα ἄροτρα. prout haec emendavit *Toup.* in Add. ad Theocr. p. 408. Conf. Eid. XXI.
65. fqq.

Ex Lectt. p. 155.] *LXX.* Cod. Vat. p. 460. Ἀντι‧
πάτρου. *Sidonio* fortaſſe tribuendum. Scriptum videtur
in tabulam pictam, quinque Bacchas, in variis rebus
occupatas, exhibentem. — V. I. Διονύσοιο. Vat. Cod. —
Poſtremas hujus verſiculi voces *Br.* in σαώτεω contrahen‧
das recte cenſuit. Idem tamen tentat: αἶδε σαώτῃ Ἐντί‧
νουει θιῷ. quod nihili. Scribendum videtur:

αἶδε σαώτεω
ἐντύνουει θοῆς ἔργα χοροςταςίης.

Sic jamdudum correxeram, cum *Schneiderum* quoque
ἐντύνουει legiſſe viderem. *Callim.* H. in Apoll. 8. οἱ δὲ
νέοι μολπήν τε καὶ ἐς χορὸν ἐντύνεσθε. Vide *Rubnk.* Ep. crit. II.
p. 130. Verum quoque θοῆς, quod Vat. Cod. firmat,
ubi non θεαῖ, ſed θεᾶς legitur, i. e. θοᾶς. *Quintus Maec.*
Ep. XI. αὐτὸς ἄναξ ἔμβαινε θοῷ σκηδήματι. — Repraeſen‧
tabatur igitur chorus Bacchi Servatoris. Erat ap. Troe‧
zenios templum Διονύσου, κατὰ δή τι μάντευμα ἐπίκλησιν
σαώτου. *Pauſan.* L. II. 31. p. 184. Item prope Amymo‧
nen, fluvium Argolidis, Διόνυσος erat σαώτης, καθήμενον
ξόανον. *Pauſan.* L. II. 37. p. 198. — V. 3. ἐεργάζουσα.
Vat. Cod. — V. 6. ἁ δὲ πέμπτα. Vat. Cod. — V. 7. 8.
„Nullus ex ultimo diſticho ſenſus expiſcari poteſt. Cor‧
„rupta verba, quae vide an ſic ſanari poſſint:

„πᾶσαι φοιταλέαι τε, παρηβρίόν τε νόημα
„ἐκπλαγέες, λύσσᾳ δαίμονος εἴλαδε.“

Brunck. Tam facilis tamque egregia emendatio non de‧
bebat dubitanter proponi. In cod. eſt λύσσαι, i. e. λύσσᾳ.
Idem παρήορος et παρήριος. *Homer.* Il. ψ. 603. ἐπεὶ οὔτε
παρήορος, οὐδ᾽ ἀεσίφρων Ἤεθα πάρος. *Archilochus* ap. Stob.
p. 561. Gesn. νόου παρήορος. Vide *Etym.* M. p. 683. 49.
et inprimis *Valckenar.* ad Adon. p. 241. ſqq.

———————

BOETHI EPIGRAMMA.

Cod. Vat. p. 397. βοήθου τοῦ ἐλεγειογράφου. Plan.
p. 13. St. 23. W.   Scriptum in Pyladem, pantomimum,
qui Bacchum faltaverat. Conf. *Antip. Theff.* Ep. XXVII.
Scio, hoc carmen illuſtratum eſſe a *Bened. Averanio* T. L
Diſſ. XVI. p. 49. fqq. fed liber non ad manus eſt. —
V. 3. ὀρχήσατο. Vat. Cod. — Pro κεῖνον ὀρθὰ κατὰ τρ.
Scaliger in not. mſt. et ad *Eufebium* ann. 1995. p. 169.
ὠρχήσατο κινῶν Κόρδακα καὶ τρ. cui conjecturae ſpeciem facit *Suidas* in Πυλάδης Κίλιξ . . . . . ἔγραψε περὶ ὀρχήσεως,
ἥτις ὑπ' αὐτοῦ εὑρέθη, ἀπὸ τῆς κωμικῆς καλουμένης ὀρχήσεως,
ἥτις ἐκαλεῖτο κόρδαξ, καὶ τῆς τραγικῆς, ἥτις ἐκαλεῖτο σίκιννις,
καὶ τῆς σατυρικῆς, ἥτις ἐμμέλεια. *Scaligeri* tamen conatui
obviam ivit *Salmaf.* ad Scr. Hiſt. Aug. T. II. p. 836.
qui cod. lectionem ſic interpretatur: Pylades Bacchum
faltavit fecundum rectas leges et inſtituta tragicorum
ὀρχηστοδιδασκάλων. ſive νομίμως ὠρχήσατο, ut Seleucus dixit
de Bathyllo ap. *Atben.* L. I. p. 20. E. quem locum comparavit *Cafaubonus* ad *Perfii* Sat. V. p. 174[b].

ALPHEI MITYLENAEI
EPIGRAMMATA.

§. 128.] I. Cod. Vat. p. 571. *Menagius* edidit in
Obſ. ad *Taffonis* Amintam p. 184. qui liber mihi non
ad manus eſt. Primum diſtichon protulit *Bernard.* ad
Thom. Mag. p. 89. ubi vim verbi ἀνέραστος exponit. In
ſchedis Tryll. Ἀλκαίου infcribitur. In membranis eſt
Ἀλφειοῦ Μιτυλ. — Amor non fugiendus, fed fectandus
eſt, quippe qui defidiam et fegnitiem ex animo excu-
tiat. — V. I. τλήμονες. *Horat.* III. Carm. XII. I. *Mife-*

rarum eſt neque amori dare ludum. Ad totius carminis
argumentum praeclare facit *Ovidius* I. Amor. IX. 31.
*Ergo deſidiam quicunque vocabit amorem, Deſinat, ingenii
eſt experientis amor.* et in fine: *Qui nolet fieri deſidio-
ſus, amet.* — V. 3. καὶ γὰρ ἐγώ. Sic plane idem l. c. v. 41.
*Ipſe ego ſegnis eram discinctaque in otia natus: Mollie-
rant animos lectus et umbra meos. Impulis ignavum for-
moſae cura puellae.* — V. 4. ξεινόφιλον. Vat. Cod. Hoc
cur mutatum ſit, non video. Nomen ξεινοφίλου tuetur
Simonides Ep. LVIII. p. 137. — V. 6. ψυχῆς ἀκόνη.
quae animum impellunt et exercent, dicuntur ἀκονᾶν
τὰς ψυχὰς, ut ap. *Xenophont.* Oecon. 21. 3. et παρακονᾶν,
ut in Cyropaed. VI. 2. Paulo audacius res ipſa, quae
impellit et acuit, ἀκόνη vocatur; cujus audaciae illuſtre
exemplum ! eſt ap. *Pindar.* Ol. VI. 141. quod nuper
praeclare tractavit *Heynius* p. 79. Oppidum, quod Lacedaemoniis multum negotii fecerat, cum quidam ex eorum regibus vaſtare vellet, Ephori dixerunt: μηδαμῶς
ἀφανίσῃς, μηδ᾽ ἀνέλῃς τὰν ἀκόναν τῶν νέων. *Plutarch.* T. II.
p. 233. D. Inter recentiores hac imagine uſus eſt *Torqu.
Taſſus* in Gieruſ, liber. XX, 114. *Tale ei ſuoi ſdegni
deſta, ed alla cote D'amor gli aguzza ed alle fiamme
avviva.*

II. Vat. Cod. p. 173. Ἀλκαίου Μιτυλ. Hoc tamen
lemma in membranis a ſec. manu eſſe, *Brunckius* aſſe-
rit, cum prius Ἀλφειοῦ fuerit. In noſtro apogr. nullum
correctionis veſtigium. *Alpheo* tribuitur in Planud. p. 433.
St. 567. W. ubi compares magnam ejusdem argumenti
carminum multitudinem. — V. 1. ἄλλης ἐπ᾽ ἄλλης. Vat.
Cod. Miror, praepoſitionem ἐπὸ bis poſitam doctiſſimo
editori ſtomachum non moviſſe. Verba ἄνθετο ἐπ᾽ ab
imperito librario, qui yerſum mutilum reperiebat, addita eſſe puto, cum *Alpheus* fortaſſe dediſſet:

Θῆκε τόδ᾽ οἰκείης σόμβολον ἐργασίης.

Conf. *Archiae* Ep. VI. VII. VIII. IX. — V. 3. ἀπὸ μοίρας.

Vat. Cod. — V. 4. ᾿Ιθυτόνων. Vat. et Suid. qui h. v. excitavit v. στάλικας T. III. p. 368. — V. 5. ᾧ μὲν Plan.
— V. 6. Ap. Suid. v. ὠφελείας T. II. p. 773. ὥδε νέμοις.
quod emendavit Toup. Em. in Suid. P. II. p. 301.

III. Planud. p. 332. St. 472. W. Amori dormienti
poëta facem et pharetram eripere conatur; fed faevum
puerum vel dormientem timens a conatu abstinet. Expreffit hoc carmen Statyll. Flacc. Ep. VIII. — V. 1.
χεφὸς omittit Ald. pr. et fec. lacuna relicta. καὶ inferuit
ed. fil. Aldi. χεφὸς primus Afcenfius dedit. Ab ed. Flor.
pr. hoc carmen plane abeft. — V. 3. εὐνομίῃ. εἰρήνῃ Suid.
Philippus Ep. XXIX. Καίσαρος εὐνομίῃ; χρηστὰ χάρις· ὅπλα
γὰρ ἐχθρῶν Καρποὺς εἰρήνης ἀντεδίδαξε φέρειν. — ¶. 129.]
V. 5. Sed vel fic, dolofe, timeo, ne quem mihi dolum
ftruas, fomniumque, mihi infeftum, mente concipias.
Ex δολοπλόκε ad κεύθῃς fubftantivum δόλον affumendum
eft. — πικρόν. ἐχθρόν. Vide Schol. Sophocl. Phil. 254.
Valckenar. ad Phoen. p. 352. — Statyll. Fl. l. c. ἐγὼ δ᾽,
ἀγέρωχε, δέδοικα, Μή μοι καὶ κνώσσων πικρὸν ὄνειρον ἴδῃς.

IV. Cod. Vat. p. 374. Planud. p. 14. St. 25. W.
Animum, praefentibus aequum, omnibus divitiis praeferendum effe. — V. 1. βαθυληίους. agro fegete longe
lateque tectos. τέμενος βαθυλήϊον Homer. Il. ς. 550. —
V. 2. „Ex Archilochi verfibus (Fr. X.), quos fibi imitan-
„dos propofuiffe Alpheus videtur, fummus Criticus
„Rich. Bentl. ad Horat. p. 132. fcribendum cenfet, οὐκ
„ὄλβον, πολύχρυσος οἷα Γύγης. Nihil muto. Quum ἀρούρας
„epitheton habeat, fic fubftantivo ὄλβον bene jungitur
„πολύχρυσον et utrumque ad Gygen refertur, qui fuit di-
„ves et agri et auri.“ Br. In eandem fententiam, colore
non abfimili, Horat. III. Carm. XVI. 39. Contracto melius parva cupidine Vectigalia porrigam, Quam fi Mygdoniis
regnum Alyattei Campis continuem. Tibullus L. III. El. 3.
29. Nec me regna juvant, nec Lydius aurifer amnis, Nec
quas terrarum fuftinet orbis opes. Haec alii cupiant. Li-

ceat mihi paupere cultu Secure cara conjuge posse frui.
Ut Gygae et Croesi divitiae pro magnis opibus paroe‑
miace dicuntur, sic Tantali quoque talenta passim oc‑
currunt. Ap. *Aristaenetum* L. I. 10. p. 27. olim lectum
fuisse suspicor: Ἀκόντιος οὐκ ἂν ἠλλάξατο τὸν Μίδου χρυσὸν,
οὐδὲ τὸν Ταντάλου πλοῦτον ἰσοστάσιον ἡγεῖτο τῇ κόρῃ, cum
vulgo legatur τὸν πάντα πλοῦτον, perquam inficete. Vide
Zenobium in Prov. VI. 4. p. 152. ibique *Schottum.* —
V. 3. Macrinum, quem Alpheus h. l. alloquitur, Macri‑
num imperatorem esse putavit *Fabric.* in Bibl. Gr. Vol. II.
L. I. 12. p. 14. sine causa idonea, ut monuit *Dorville*
in Misc. Obss. T. VII. p. 70. — **V. 4.** τὸ μηδὲν ἄγαν.
De auctore hujus dicti vide *Schol. Eurip.* Hipp. 265. et
Epigr. kdésw. DVIII.

V. Cod. Vat. p. 372. Planud. p. 90. St. 132. W.
Gloria Trojae rerumque sub Trojae moenibus gestarum
memoria per Homeri carmina adhuc viget et durat. —
V. 3. „ὑπὸ στεφάνῃ τε πόληος. Haec est Codd. omnium
„et editionum veterum lectio, quam primus mutavit
„H. Stephanus ob corruptum ἢ δὲ τὸν initio sequentis
„versus. Hoc corrigendum erat et illud retinendum." *Br.*
Stephanus dedit: ὑπὸ στεφάνῃσι π. Ἡ δὲ τόν. Optima est
Brunckii emendatio. Sequitur *Alpheus* eos, qui Hecto‑
rem ab Achille circa moenia raptum dicebant. *Euripid.*
Androm. 107. Ἕκτορα, τὸν περὶ τείχη Εἴλκυσε διφρεύων ταῖς
ἅλιας Θέτιδος. Vide *Heyn.* Excurs. ad Aen. I. 483. XVIII.
p. 161. sq. — **V. 5.** ἓν. quo vate non una quaedam
urbs, sed utriusque mundi, Orientis non minus quam
Occidentis, plaga gloriatur.

VI. Cod. Vat. p. 371. Edidit *Jensius* nr. 109.
Reisk. Anth. nr. 760. p. 157. Poëta ex Syria Romam
profecturus Neptunum secundam navigationem rogat. —
V. 1. ἵππιε. Notus Neptunus ἵππιος, rei equestris prae‑
ses. — **V. 2.** „Εὐβοίης ἀμφ. σκόπελον. Ad hunc scopulum

„naufragium fecit *Reiskius*. Loquitur poëta de Caphareo,
„quem praeternavigabant, qui Italiam e Syria pete-
„bant. Infra p. 161. οδλόμμναι νήσσσι Καφηρίδες." *Br.*
Hunc fcopulum *Reiskius* certe non ignorabat, cum ad
hoc carmen dubitaret, quod faxum Euboeae poëta fignificare voluerit. Qui Italiam e Syria petebant, Caphareum
promontorium praeternavigabant quidem, fed ingenti
intervallo, ita ut poëtam hujus potiffimum rei caufa
Neptunum invocaffe vix crediderim. Commemorari folent in deorum invocationibus loca, ubi maxime colun-
tur et habitare putantur. Jam Neptuni regia circa Eu-
boeam fuit. Apud *Homer.* Il. v. 20. Neptunus, Samo-
thracia relicta, τρὶς μὲν ὀρέξατ᾽ ἰών· τὸ δὲ τέτρατον ἵκετο
τέκμωρ, Αἰγάς· ἔνθα δέ οἱ κλυτὰ δώματα βένθεσι λίμνης Χρύσεα
μαρμαίροντα τετεύχαται. Conf. *Strabon.* L. VII. p. 592. —
Hanc domum in fundo maris fignificare videtur *Alpheus*
verbis ἀμφικρεμῆ σκόπελον, rupem fluctibus exefam, antrum, undique faxis dependentibus circumdatum. · In
Cod. Vat. Εὐροίβης legitur. — V. 3. Simili modo precatur *Philodemus* Ep. XXIV. 7. 8.

VII. Cod. Vat. p. 447. Planud. p. 8. St. 15. W.
Expreffum eft carmen ex Epigr. *Alcaei Meff.* XIII. Ru-
manorum arma terram et mare fubegerunt; nihil jam
fupereft praeter coelum. Quare Jovam poëta monet, ut
portas Olympi claudat. Ex poftremis verbis οὐρανίη οἶμος
ἔτ᾽ ἔστ᾽ ἄβατος, *Opfopoeus* inepte fufpicatur, hoc carmen
in Romanorum contumeliam fcriptum effe; fignificari
enim, Romanos coelo indignos effe. — V. 4. οὐρανίη δ᾽
ὁμῶς. Cod. Vat. In marg. γρ. οἶμος.

¶. 130.] *VIII.* Cod. Vat. p. 373. cujus auctoritate
Alpheo Mitylenaeo tribuitur, in Planud. enim p. 99. St.
146. W. *Antipatro Theffalonicenfi* infcriptum eft. Heroum, Trojano bello illuftrium, patrias fere everfas effe. *
Mycenarum quidem nec ruinas confpici. *Euftath.* ad

II. β. p. 219. 30. ἐταπινώθησαν δὲ, φησὶ, μετὰ τὰ Τρωϊκὰ αἱ Μυκῆναι· καὶ οἱ τὸ Ἄργος ἔχοντες εἶχον καὶ Μυκήνας συντελούσας εἰς ἕν. χρόνοις δ᾽ ὕστερον κατεσκάφησαν ὑπ᾽ Ἀργείων, ὡς μηδ᾽ ἴχνος εὑρίσκεσθαι τῶν Μυκηναίων πόλεως. Hoc et sequens Epigramma imitatione expreſſit *Antonius Argivus* T. II. p. 240. — V. 1. μὲν ὀνόματι. Vat. Cod. Fuit fortaſſe ἐν ὄμματι. — V. 2. πολλῶν. Vat. et Plan. Male. Vera eſt *Brunckii* lectio, quamvis ejus auctoritatem penitus ignoramus. Librarii metro timentes πολλὸν in πολλῶν mutaverunt. Breves ſyllabas in hac pentametri parte nonnunquam produci paſſim monuimus. — V. 3. παρερχόμενός τι Μυκήνην omnes editt. veteres. *Stephanus* γε ſcripſit. — Comparandus illuſtris *Sulpicii* locus ad *Ciceronem* Epiſt ad Div. L. IV. 5. — Μυκήνη legendum eſſe, vidit *Joſ. Scaliger* in not. mſtis. — V. 5. αἰπολικὸν μήνυμα. De loco plane deſerto, μηλοβότῃ, ubi caprarum greges paſcentes conſpiciuntur. *Huetius* p. 12. comparat Epigr. ſeq. ubi item de urbibus dirutis δείκνυσθ᾽ εὐμύκων αὔλια βουκολίων. Sed miror, poëtam eandem rem bis dixiſſe, idque iisdem prope verbis. Quare verſu praec. αἰπολίου deberi ſuſpicor librario, qui ad αἰπολικὸν oculis aberraverat. Scribe:

— ὄγνων, ναὶ σκοπέλου παντὸς ἐρημοτέρην.

quam emendationem commendat et lenitas mutationis, et locus *Pompeji* Ep. I. p. 105. quem noſter ante oculos habuit:

Εἰ καὶ ἐρημαίη κέχυμαι κόνις ἔνθα Μυκήνη,
εἰ καὶ ἀμαυροτέρη παντὸς ἰδεῖν σκοπέλου.

— V. 5. Senes tantum urbem hoc loco fuiſſe meminerunt. — Κυκλώπων. Vide notas ad *Antip. Sidon.* Ep. LI. *Interppr. Thucyd.* L. VIII. p. 243. ſq.

IX. Cod. Vat. p. 373. Planud. p. 100. St. 147. W. Urbes, unde Trojae victores prodierint, everſas jacere, Trojam contra ſtare et ſupereſſe. — Magis poëtice

quam vere hoc dici monuit *Dorvillius* in Misc. Obss.
T. VII. p. 71. 'quum *Strabo* quidem L. VIII. p. 578.
Argos et superesse et primum post Spartam locum ob-
tinere dixerit. — Ἑλλάδος. Fuerunt inter veteres, qui
Ἑλλὰς ap. *Homer.* Il. β. 681. pro urbis nomine haberent; nec, ut videtur, injuria. Vide *Strabon.* L. IX.
p. 659. C. Cf. *Schönemann* de Geogr. Homeri p. 72.
Alpheus certe Achillis patriam significare voluit. —
V. 2. χρυσίη κηρ. Mycenae, quam urbem *Homerus* τὴν
πολύχρυσον appellare solet. Hinc Perseus ortus. Praecla-
rus locus est *Pausaniae* L. VIII. 33. p. 668. de fortunae
impotentia, in grandia aeque ac in exigua grassantis,
ubi etiam Mycenarum fortunam commemorat: Μυκῆναι
μέν γε τῶ πρὸς Ἰλίω πολέμου τοῖς Ἕλλησιν ἡγησαμένη — ἠρή-
μωνται πανώλεθροι. — V: 3. ἴαρσος' ἡρώων emend. *Jos.*
Scaliger in not. mstis. *Exstincta est gloria heroum,*
quorum virtute Trojae conciderunt moenia. — Hoc ab
Alpheo dici miror, qui Epigr. V. recte dixerat, heroum,
in bello Trojano illustrium, nomen et gloriam ad omne
aevum durare. Nec id profecto hoc loco agitur, heroum
illorum nomina utrum floreant, an in oblivionem abie-
rint, cum nonnisi urbium, unde victor Graecorum exer-
citus prodierat, fatum cum Trojae fortuna comparetur.
Quae cum ita se habeant, *Alpheum* non sic scripsisse
puto, ut vulgatur, κείνων κλέος, sed potius:

ἰσρίσαθ' ἡρώων κείνων ἴδος.

Sedes et patria heroum. *Hesych.* Κυκλώπων ἴδος. ἐπειδὴ Κύ-
κλωπες ἐτείχισαν τὰς Μυκήνας. *Pindar.* Ol. β. 22. ὦ Κρόνιε
— ἴδος Ὀλύμπου νέμων. Isthm. α. 42. ἐν Ἀχαιοῖς ὑψίπεδον
Θερκτας οἰκέων ἴδος. *Euripid.* Orest. 1247. κατὰ Πελασγὸν
ἴδος Ἀργείων. Iphig. in Aul. 1527. δολόεντα Τροίας ἴδη.
De deorum sedibus et templis ἴδος eleganter usurpatur,
docente *Ruhnk.* ad Tim. p. 93. — Ne cui vero durior
videatur metaphora in verbis ἰσρίσατο ἴδος, verbum ἱδρύ-
νημι simili ratione passim occurrit pro *evertere, finire, ex-*

cidere; et in paſſivo pro *ceſſare; evaneſcere.* Ep. λδίσσε.
T. III. p. 146. XX. εβίννυντο δὲ πηγαί. exaruerunt fontes, non ſolis aeſtu, ſed ſerpente aquam potante. Ibid.
p. 141. II. Tereus γλῶσσαν ἐμὴν ἐθέρισσε, καὶ ἐσβεσεν Ἑλλάδα φωνήν. T. III. p. 284. DCXXIX. εβιννώντας ποτὲ τούςδε
τυραννίδα. — V. 4. ἤρψαν. Cod. Vat. — V. 5. ἐστὶν πόλις
Vat. Cod. Troja a Julio Caeſare et Auguſto agro, liber-
tate et immunitate operum donata. Vide *Strabon.*
L. XIII. p. 889. et *Intpp. Horatii* III. Carmin. III. 60.
Ad ſenſum facit Epigr. Anth. Lat. T. I. p. 456. II.
Idem Agamemnonias dices cum videris arces: Heu victrix
victa vaſtior urbe jaces. — V. 6. εὐμήκων. Ex Lectt. Ald.
pr. in Ald. 2. et tertiam venit. εὐμόκων reſtituit *Aſcenſius.*

X. Cod. Vat. p. 372. Planud. p. 81. St. 118. W.
Antipatrum Theſſalonicenſem reprehendit, quod Ep.
XXXV. Delum inſulam de vaſtitate ſua conquerentem
induxerit. Vide, quae ibi notavimus. Tractavit hoc carmen *Dorvill.* in Exercit. Del. p. 68. — Lemmati hujus
carminis adſcripſit *Joſ. Scaliger* καὶ τοῦ Ἀντιπάτρου. quod
quid ſibi velit, non aſſequor. Certe hoc carmen pro *An-*
tipatri opere haberi nequit. — V. 1. κεκλευτον. Vide,
quae congeſſit *Wernsdorf.* ad *Himer.* Or. IV. 2. p. 457. ſq.
— κρονίδης. Neptunus fortaſſe, qui Jovi hoc praeſtitiſſe
dicitur ap. *Lucian.* Dial. D. Mar. X. — V. 3. θεὸς ap.
Stephanum, typographi fortaſſe vitio. Veteres enim edd.
omnes τιθὸς legunt. Per Apollinem et Dianam poëta
jurat. — Membr. Vat. μὰ τίου — δαίμονος. — V. 6.

Ἄρτεμι' οὐκ ἆ, ἡ σε λέγει. ſic Cod. Vat.

XI. „E *Pauſania* L. VIII. p. 706. Non exſtat in
„Planudeae codicibus, ideo ab omnibus editionibus
„abeſt. A Stephano in Appendicem relatum, et licet ibi
„repetitum ſit in Wecheliana p. 9. qui hanc editionem
„curavit, hoc Epigr. addidit L. III. capite εἰς ἀνδρείους.
„Hoc loco in Vat. Cod. videtur eſſe; nam in Salmaſii

„editione adſcriptum eſt auctoris nomen; quod ap. Pau-
„ſaniam non legitur, et additae variae lectiones, qui-
„buscum Pauſanias concinit.“ *Br.* Unde *Salmaſius* habeat, hoc carmen *Alphei* eſſe, fruſtra quaeſiveris. In
Vat. membranis non magis legitur, quam in Planudea.
Alcaeo Meſſenio tribuendum eſſe, ſuſpicabatur *Schneiderus.*
Inſcriptum erat ſtatuae Philopoemenis Tegeae. Statuam
equeſtrem eidem Delphis poſitam commemorat *Plutarch.*
T. II. p. 451. ed. Tubing. — Valde hoc Epigramma
torſit *Huetium* p. 21. qui id ap. *Pauſaniam* emendatius
quam in Wecheliana legi non meminerat. — V. 2.
ποιησαμίνου. Wech. — πολλὰ μὲν ἁλεαῖς —. Idem de ſuo
heroë Godofredo Italorum Virgilius: Molto egli oprò
col ſenno e colla mano. — V. 3. αἰχμητά. Wech. —
¶. 131.] V. 5. τροπαὶ κτετυγμίνα. Wech. — Praeclarum
belli ducem fuiſſe Philopoemenem, evincunt duae de
duobus Spartae tyrannis reportatae victoriae. Macha-
nidam et Nabin poëta ſignificat. *Plutarch.* in Vit. Philop.
c. X. et XIV. — V. 6. Wech. omiſſo Στάρτας legit τὰν
αὐξανομίναν. Eadem v. 7. ἕνεκ᾽ αὔτε γία. ubi parum abfuit
quin *Huetius* veram lectionem conjectando aſſequeretur.

XII. Cod. Vat. p. 372. Planud. p. 119. St. 172. W.
In gallinam, quae, cum pullis incubaret, nive obruta
eſt. — V. 1. χειμερίαις vulgo. — παλυνομίνη τιτθάς. Vat.
Cod. — παλόνειν inſpergere paſſim. Ap. *Homerum* Od. ξ.
429. παλόνας ἀλφίτου ἀκτῇ. Il. λ. 560, λευκ᾽ ἄλφιτα πολλὰ
πάλυνον. De nive *Apollon.* *Rhod.* L. III. 69. νιφετῷ δ᾽ ἐπα-
λύνετο πάντα. — τιθὰς ὄρνις, τιθαὶ ὄρνιθες. *Aratus* Dioſem.
228. Vide *Arnald.* Lect. gr. p. 128. — V. 3. οὐράνιος
Vat. Cod. a pr. man. — V. 4. αἰθέρος οὐρανίων π. Vat.
Cod. et Plan. *Brunckii* lectio ex ipſius editoris conjectura fluxiſſe videtur. Corruptelae ſuſpicionem movet tautologia in verbis νεφέων οὐρανίων αἰθέρος, et ejusdem vocabuli repetitio. Quamvis hanc paſſim admiſerunt Epigrammatarii. Fortaſſe ſcribendum:

— ἢ γὰρ ὅμαινεν

αἰθρίος, εὐρανίων ἀντίπαλος νεφέων.

αἴθριος idem, quod ὑπαίθριος. Sub divo manfit, frigori
expofita, tempeftatem a pullis prohibens. αἴθριος. ὑπὸ τὸν
ἀέρα. Hefych. αἰθρία. ἔξω ὑπὸ τὸν ἀέρα. λέγεται δὲ καὶ ὑπαί-
θρον. — αἴθρια στέφῃ. τὰ ἐξ Ὑπερβορέων κομιζόμενα· ὡς καὶ
ἐν ὑπαίθρῳ τιθέμενα. αἴθριον καὶ αἴθριος ὁ ὑπὸ τὸν ἀέρα. Suidas. Conf. inprimis Salmaf. ad Tertull. de Pall. p. 137.
— Pro νεφέων autem fi quis νιφάδων fcribendum duxerit,
me non valde refragantem habebit. Antip. Sidon. Ep.
LXI. κρυεράν ἀντίπαλον νιφάδων, ubi vide not. — V. 5.
Πρὸκνη κ. M. qui liberos veftris manibus obtruncaftis. —
ἐρνιθ. Color, ut xp. Callimach. Fragm. CXXIX. αἱρέων
ἔργα διδασκόμενος.

APOLLONIDAE SMYRNAEI

EPIGRAMMATA.

¶. 132.] I. Cod. Vat. p. 510. Planud. p. 173. St.
295. W. Dormientem convivam poëta excitat, eumque,
quam cito mors omnibus inftet, monens ad potandum
hortatur. — V. I. ὑπνώης. Vat. Cod. ὦ ἑταῖρε. Plan. et
Vat. ὦ 'ταῖρε legendum effe, monuit Cafaub. in not. mft.
— V. 2. μοιριδίη μελέτη. Somnum mortis quafi meditatio-
nem vocat, ut imaginem mortis alii. Vide Scheffer. ad
Aelian. V. H. II. 35. p. 136. — V. 4. ἄχρις. merum
bibe, usque dum genua titubent. Cf. not. ad Leonid.
Tar. Ep. XXXVIII. 2. T. II. p. 97. — V. 5. ὅτ' οὐ corrigendum, ut Plan. et Vat. habent. — Pro πολὺς χρόνος
membr. Vat. πολὺς, πολὺς, omiffo χρόνος, quod fortaffe
verum eft. — Deinde eaedem ἀλλ' ἀγ' ἐπείγου pro ἀλλά
γ' ἐπ. quod vel fine codicibus corrigendum erat. —
V. 6. ἡ πολιή. vulgo. Longe elegantior Cod. Vat. lectio

ἡ συν-.

ἡ συνετή. *Philodem.* Ep. XIX. πολλὴ γὰρ ἐπείγεται ἐντὶ μέ-
λαίνης Θρὶξ ἤδη, συνετῆς ἄγγελος ἡλικίης. Cf. ejusd. Ep.
XIV. 3. 4.

II. Hoc et fequens Epigr. in Leonem, puerum formofum, Rhodenfem, non legitur in Mufa puerili, quam
quidem hodie habemus in Vat. Cod. Planudes igitur
exemplo copiofiore ufus eft. Vide Prolegg. p. LXXXVI.
Servata enim in Plan. p 294. St. 433. W. — V. r.
Κινύρην. Formofiffimus mortalium, Affyriorum rex, fecundum *Hygin.* Fab. CCLXX. et CCXLII. Cypriorum
regem eundem vocat, et Apollini in deliciis fuiffe narrat *Pindar.* Pyth. II. 27. fqq. ubi vide *Schol.* Conf.
Heynium in Apollodor. III. 14. 3. p. 825. et *Munkerum*
ad Anton. Lib. c. XXXIV. — Φρύγας ἄμφω. Ganymedem
et Paridem. — V. 3. Κερκαφίδη. Vid. Ep XIV. et *Strabon.* L. XIV. p. 654. — V. 4. ἢ τόσῳ λάμπεται ἠελίῳ.
Formofi pueri cum fole comparantur, ut ap. *Meleagr.*
Ep. XXXV. ubi vide not. p. 55. Simul autem, quod
Brodaeus bene monuit, ad Solem, tutelarem infulae
deum, refpicitur. — Pro ἱστ' Ed. Flor. pr. ἱσσ' et verfa
feq. λάμπται. Prius Aldinae omnes et Afcerif. fervarunt;
alterum inepte commutarunt cum λάμπεται. Si vera eft
noftra lectio, pro καὶ Ῥόδος legerim ἢ Ῥόδος.

III. Planud. p. 294. St. 434. W. Lufus in nomine
Leonis. — Pro Ἀλκίδεω, quae eft omnium editt. lectio,
Br. Ἀλκείδεω corrigit. — τὸ δωδέκατον. Victoria de leone
non inter duodecim Herculis certamina foret, fi ejusmodi ipfi leo obviam effet factus. In formofos enim et
formofas non nimis fortem fuiffe Herculem, omnis cla-
mat antiquitas.

IV. Cod. Vat. p. 325. Edidit *Jenfius* nr. 42. *Reisk.*
in Anth. p. 131. nr. 692. In mulierem, quae, cum
oculorum lumine privata effet, binos enim pueros folem
jam pluribus quam antea oculis adfpicere videretur. —

V. 1. τεὸν. Vat. quod *Reisk.* in τιῶν mutavit. Nec hoc valde elegans; non tamen editoris, fed poëtae vitio, φίλον φάος magis foret e poëtarum confuetudine. οὐκέτι, non amplius oculis privata dici poteris. — V. 2. δυστέκῳ. *Jenf.* δυστόκῳ. Cod. Vat. Hoc utrum in διεστόκῳ commutandum fit, an cum *Brunckio* in δοιοτόκῳ, difficile fuerit judicatu. — V. 3. ἐν abundat, ut faepe. περιθαλπὶς. Vat. Cod. — *Jenfius* et *Reisk.* περικαλλὶς. — V. 4. τελειοτέρη. Perfectior et quodammodo integrior dicitur mulier, quae peperit; cum contra fterilis mulier praecipua quadam honoris fui parte carere videatur. Cf. *Propers.* IV. 11. 60. — Hanc poëtae fententiam effe, nullus dubito. *Reiskius* de initiatione in myfteria Orphica cogitans, totius carminis argumentum mire pervertit.

¶. 133.] V. Cod. Vat. p. 185. Edidit *Kufter* ad *Suidam* v. ἀπάρχεσθαι Tom. I. p. 248. *Reisk.* Anthol. nr. 486. p. 37. Euphron, parvi agri, nec majoris vineae poffeffor, deo, nefcio cui, parva ex parvis munera offert, largiora promittens, fi major ipfi copia contigerit. — Viri, qui loquens inducitur, nomen in Cod. Vat. Εὔφρων eft. Σώφρων *Kufterus* exhibuit, eumque fecutus *Reiskius,* licet in apogr. Lipf. Εὔφρων repererit. Revocanda membranarum lectio. *Euphronis* nomen occurrit ap. *Heraclid. Sinop.* Ep. I. 5. T. II. p. 261. Omiffo viri nomine hunc verfum *Suidas* laudat in πολυκόλακος, fequentem in τελυγλεύκου Tom. III. p. 143. — βότρυος πολυγλ. uvae multum fundenfis muftum, pro magna vinea. — V. 3. ἐπὶ κυίζοντι. Vat. ἐπινίζοντι apogr. Lipf. — V. 4. ψιδάκα. Cod. Vat. Idem a pr. man. ῥωγὸς exhibet. De vocabulis ῥὰξ et ῥὼξ, eorumque discrimine vide *Intrpp. Thomae M.* p. 774. fq. ubi *Bernardus* hunc verfum excitavit. Conf. not. ad *Philodemi* Ep. XVIII. 7. — V. 5. εἰμὶ δ' ἔξ. Var. et *Suid.* qui hoc diftichon profert T. I. p. 248. σοὶ νῦν, quod *Kufterus* in apogr. Bigot. reperit. *Brunckius* in Bu-

heriano, ex *Salmasii* libro profluxiffe videtur. Non igitur erat, cur *Br. Reiskium* reprehenderet, qui et ipfe
emendationem periclitatus, ἐστὶ μὲν ἐξ ὅ. fcribendum putavit. Proxime ad membranarum lectionem accederet:

ᾗ μὲν ἴδ᾽ ἐξ ὀλίγων ὀλίγη χάρις —   —

five:

ἦδε μὲν ἐξ — ⸍.

— V. 6. ἀπ᾽ ἀρξόμεθα. *Leonidas Tar.* Ep. VIII. τῆδε πε-
νιχραὶ Ἐξ ὀλίγων ὀλίγην μοῖραν ἀπαρχόμεθα.

VI. Cod. Vat. p. 185. Edidit *Kufter* ad *Suidam* v.
Θαλάμη T. II. p. 161. *Reisk.* in Authol. nr. 487.
p. 37. *Goens* ad *Porphyr.* de Antr. Nymph. p. 105.
Clito mellis ex alvearibus primitias diis offert. — V. 1. 2.
laudat *Suidas* in σμήνη T. III. p. 342. ubi ἀντινομαίων legitur. Vocem divifit *Toupius* Em. in Suid. P. III. p. 427.
ἀντὶ νομαίων, *victimarum loco.* Nempe Clito nec hoedum,
nec ovem, fed quae in promtu erant, offerebat dona.
νομαία, ἡ ἐκ τῆς νομῆς. *Suid.* T. II. p. 629. In Cod. Vat.
ἀμφινομων legitur. ἀμφινομαίων *Goens.* *Reiskius* incidit in
ἀνθονομαίων, *flores depafcentium.* — Nomen dedicantis ap.
Suidam eſt ΚΛΕΙΤΟΣ. — V. 3. 4. *Suidas* in τηλοπέτους, τῆς
πόθεν πετομένης, T. III. p. 461. ubi δῶρον ἀφ᾽ ἱμάντου, fine
fenfu. *Kufterus* in fuo apographo ἀκημάντου inveniens,
veram lectionem facile detexit. — V. 5. 6. *Suid.* in
Θαλάμη T. II. p. 161. ubi edd. vett. σκηνοπαγεῖς legunt.
Idem v. 5. profert in Θεσμοτόκον, τὰς μελίσσας φησὶ διὰ τὸ
εὔτακτον. T. II. p. 190. In Vat. quoque junctim legitur
Θεσμοτόκον, quod *Suidas* igitur accepit de apibus, quae
magnis agitant fub legibus aevum. Virgil. Georg. IV. 154.
Sed noli dubitare, quin recte fcripferit *Br.* δ᾽ ἐσμοτόκον.
Kufter. et *Goens* δ᾽ omiferunt. — Mox ἐκ δὲ μ. ex *Suida*
affumtum eſt. In Cod. enim Vat. εὖ legitur. — νέκταρος.
Eurip. in Bacch. 142. ῥεῖ δὲ μελισσᾶν νέκταρι. Virgil.
Georg. IV. 163. *aliae puriſſima mella ſtipant, et liquido*

distendunt nectare cellas. — κηροπαγὴς θάλαμος eſt ap. *Niciam* Ep. VII. μελισσῶν ἄπλαστοι χειρῶν αὐτοπαγεῖς θαλάμαι. *Antipbil.* Ep. XXIX.

VII. Cod. Vat. p. 161. Planud. p. 415. St. 550. W. Menis, piſcator, Dianae dapes pro paupertate ſua apponit, ut largam ipſi capturam praebeat, precatus. — V. 1. *Suidas* h. verſum cum particula ſequentis profert in λιμενῆτιν T. II. p. 447. Idem integrum diſtichon laudat in τρίγλης T. III. p. 502. et in φυκίδα T. III. p. 642. In his omnibus locis λιμενῆτιν legit, quae eſt Vat. Cod. lectio. Sed λιμενῖτιν legendum eſſe contendit *Toup.* ad Suidam P. III. p. 491. Πρίακος λιμενίτας eſt ap. *Leon. Tar.* Ep. LVII. Sed fortaſſe ne ſic quidem vera lectio reſtituta eſt, cum legendum ſit:

καὶ φυκίδα σοί, λιμενῖτι

'Αρτεμι — — —

ſibi, o Diana, quae in portubus coleris. unde λιμενοσκόπος ap. *Callimacb.* H. in Dian. 259. qui etiam v. 39. 'Jovem Dianae munia tribuentem inducens, καὶ μὲν ἀγυιαῖς, ait, 'Εσσῃ καὶ λιμένεσσιν ἐπίσκοπος. Hinc poëta divam interrogat v. 183. Τίς δὲ νύ τοι νήσων, ποῖον δ' ὄρος εὔαδε πλεῖστον; τίς δὲ λιμήν; — τρίγλην ἀπ' ἀνθρακίης. mullum in carbonibus toſtum et adhuc calentem. Vide de τρίγλη *Camus* Notes ſur Ariſtote p. 788. Mullus Dianae ſacer, ut alii dicunt, propter nomen: vide *Pburnut.* de N. D. p. 232. *Atben.* L. VII. p. 325. Alii ludicram cauſam afferunt; ut poëta ap. *Atben.* L. I. p. 5. D. Τρίγλη δ' οὐκ ἐθέλει θύρσων ἐπιφανὲς εἶναι. Παρθένου 'Αρτέμιδος γὰρ ἔφυ καὶ στόματα μισεῖ. — φυκίδα. Vide *Aſclepiad.* Ep. XXVIII. — V. 2. Qui hic Μῆνις vocatur, ap. *Suidam* et in Plan. Θῆρις eſt. In Planudeae tamen Codd. Μῆνις. — V. 3. *Suidas* T. II. p. 15. ζωρότερον. ἀκρατώτερον. ἐν ἐπιγράμματι· καὶ ζωρότερον κεράσας ἰσοχειλέα. καὶ 'Όμηρος εἰκών, ζωρότερον κέρασον. — Ἰσοχειλέα. usque ad ſcyphi marginem. Xé-

noph. Exp. Cyri L. IV. 5. 19. οἶνος κρίθινος ἐν κρητῆρσιν·
ἔπ̔ιεαν δὲ καὶ αὐταὶ αἱ κριθαὶ ἰσοχειλεῖς. — Particulam hujus verſus cum ſequente integro laudat Suid. in αὖον
T. I. p. 382. — V. 5. αἰόν. Plan. Vat. — λίνα, tibi,
Diva, omnia retium, i. e. venationis genera tributa ſunt.
Dianae autem piſcatus, non minus ac venationis, primitiae offerebantur. Spanhem. ad Callim. H. in Dian. 39,
p. 197.

VIII. Cod. Vat. p. 493. Plan. p. 35. St. 51. W.
Cajum, Lucii filium, primam barbam detondentem, poëta, ceteris aurea munera ferentibus, carminibus celebrat. Expreſſum hoc carmen ex Antip. Theſſ. XXI. De
more diem, quo juvenes barbam comamque ponebant,
celebrandi vide Raderum ad Martial. L. IX. 17. Bar-
thium ad Statii Sylv. III. 4. p. 326. et quos laudat
Fabric. ad Dion. Caſſ. T. I. p. 551. De Cajo, in cujus
honorem noſtrum Epigramma conſcriptum eſt, conjecturas protulit Reiskius in Not. Poët. p. 194. de quibus
tum dicemus, ubi de Apollonidae aetate disputabimus.—
V. I. παρηΐδων πρᾶτον. vulgo. πρῶτον eſt in Aldinis. Cod.
Vat. vulgarem formam παρειῶν poëticae ſubſtituit. —
θέρος. primam meſſem, primum proventum. Epigr. VI.
ὀμήνιος ἐκ με ταμών, γλυκερὸν θέρος. Poëta refpexit Callimach. H. in Del. 298. παῖδες δὲ θέρος τὸ πρῶτον Ἰούλων
Ἄρσενες ἠϊθέοισιν ἀπαρχόμενοι φορέουσιν, quod Rubnkenius
monuit Epiſt. crit. p. 163. — ἕλικας. Strato Ep. IX.
τρυφεραὶ κροτάφων ξανθοφυεῖς ἕλικες. — Pro κύρσο Ald. ſec.
vitioſe κύρσο. — V. 4. Λεύκιον. Cod. Vat. Aldus in Codd.
invenit Ἰούλων Λεύκιον. quod in Ald. ſec. et tert. receptum
eſt. — ¶. 134.] V. 5. χρυσέοισιν. In eundem ſenſum
Horat. IV. Carm. VIII. 9. – non haec mibi vis: nec sibi
talium Res eſt aut animus deliciarum egens. Gaudet carminibus : carmina poſſumus Donare et pretium dicere
muneri.

Z 3

IX. Planud. p. 338. St. 478. W. In Priapum, Phy-
lomachi opus, qui, non procul a Gratiis collocatus, se
in genua concidisse ait. Genubus innixus Priapus con-
spicitur ap. *Montefalconium* Suppl. T. I. P. II. Planche
180. — V. 3. „Φυλόμαχος. Sic Vat. Cod. Triplici modo
„scriptum occurrit hujus statuarii nomen: Φιλόμαχός in
„Polybii fragm. ap. *Suidam* v. Πρόυσίας. Φυλόμαχος et Φυ-
„ρόμαχος. Hoc ultimum verum est. Vide Diodori Ex-
„cerpta p. 588. Primo modo hoc nomen efferri debere,
„frustra contendit P. Leopardus Emend. III. 21. Plus
„semel a Plinio memoratus, cui Pyromachus audit. Vide
„*Harduin*. T. II. p. 656. not. 145. Florebat circa
„Olymp. CXX. Falsus est circa hunc artificem Junius
„in Catal. qui duos ex uno facit.“ *Br.* Hoc carmen si
in Vat. Cod. legitur, meam diligentiam effugit; sed
cum ad artium opera spectet, equidem in illo codice
reperiri dubito. — V. 3. Χαρίτων καλήν. μίαν τῶν Χαρίτων,
καὶ ταύτην καλήν. Sed depravata videtur vulgata lectio et
sic emendanda:

$$\text{Χαρίτων δέ μοι ἄγχι καλήν}$$
ἀδρήσας — —.

Prope Priapum illum Phyromachi Gratiarum sacellum
fuit. Hinc poëta supplicantem dei statum ingeniose interpretatur: Gratiarum sacellum in propinquo conspicatus, ne quaeras, cur sic in genua procubuerim. καλιά),
tuguria, (vide *Graevii* Lect. Hesiod. XI. p. 57.) passim
deorum sacella significant. *Hesych*. καλιαί. νοσσιαὶ ἐκ ξύ-
λων· καὶ ξύλινά τινα περιέχοντα ἀγάλματα εἰδώλων. δηλοῖ δὲ
καὶ σκηνὴν οἰκείαν. *Crinagor*. Ep. VII. Πανός τ' ἠχήεσσα πι-
τυοστέπτοιο καλιή. Idem Ep. XV. Ἑκάλης φιλοξείνοιο καλιήν,
de Hecales tugurio, ut *Leonid. Tar*. Ep. LV. et *Apollon*.
Rhod. L. I. 170. μυχάτη καλιῆ.

X. Planud. p. 337. St. 477. W. Pan, deus agrestis,
sibi ex aureis poculis, vino pretioso, majoribusque victi-
mis litari nolit. — V. 2. Ἰταλοῦ. e longinquo arcessiti.

Finge tibi poëtam, cum haec fcriberet, in Smyrnae
aliusve oppidi Afiae agro verfantem. Recenfum vinorum
Italiae ex *Galeno* dedit *Athenaeus* L. I. p. 25. fq. —
V. 3. γυρούς τένοντας. Fortaffe de torofis taurorum tervi-
cibus accipi debet. τένοντα pro ipfa cervice pofuit *Lucian.*
in Tyranno §. 19. T. III. p. 199. ed. Bip. ἀνέβαινε οὖν
καὶ τὸν τένοντα τοῦ ἀκτηρίου κατεπάτει. Fortaffe etiam de
incurvatis tauri cruribus. Conf. *Foefium* in Oec. Hipp. v.
τένοντες p. 370. — πέτρυ. De ara interpretantur. Vide,
an fcriptum fuerit πτόλη, five πτελέη, *ulmo,* in cujus umbra Panis fignum collocatum fuit fcilicet. Cf. not. ad
Anytes Ep. VII. p. 426. — V. 5. ἡ αὐτόξυλος, μονόξυλος.
„Vide Hefychii Intrpp. in hac voce. Idem eft, quod μο-
νοστρέφυγξ fupra in Diodori Ep. III. p. 80." *Br.* Optima eft obfervatio *Euftathii* ad Il. ψ. p. 1457. 34. plurimis vocabulis, quae cum αὐτὸς compofita funt, recenfitis: αὐτόξυλον ἔκπωμα παρὰ Σοφοκλεῖ (Philoct. 35.) καὶ
ὅλως ὅσα ἔργα οὐκ εἰς κάλλος ἐσκεύασται. Eodem fenfu *Philippus* Ep. VII. κύψας ἐκ φηγοῦ σε τὸν αὐτόφλοιον ἔθηκε Πᾶνα
Φιλοξενίδης. — ἀγνεαθείνης. agna contentus, taurum mihi
immolari nolo. — V. 6. ἐγχθονίου κόλικος. vini domeftici,
in ipfo agro nati, pocula. *Brodaeus* mallet καὶ ἐκ χθονίου,
ut fit muftum ex fictilibus poculis. Non placet. Quamvis in hoc difticho nihil eft, quod opponatur χρυσέοις
δετάσσει verf. I., non tamen fic in ordinem cogendi funt
poëtae, ut eos ad feveram dialectices normam exigere
conemur.

XI. Cod. Vat. p. 398. fq. Planud. p. 88. St. 129. W.
Fons, cui nomen *puri*, manare defierat, ex quo latro
ibi cruentas manus abluerat. Huc facit *Paufan.* L. IX. 30.
p. 769. de amne Helicone agens, quem Diatae olim
aperto alveo manaffe narrabant: τὰς γυναῖκας δὲ, αἱ τὸν
Ὀρφέα ἀπέκτειναν, ἐκπονίψασθαί οἱ θελήσαι τὸ αἷμα· καταδῦναι δὲ ἐπὶ τούτῳ τὸν ποταμὸν εἰς τὴν γῆν, ἵνα δὴ μὴ τοῦ φόνου
καθάρσια τὸ ὕδωρ παράσχηται. — V. 1. ἡ καθαρή. Var. Cod.

et Plan. Nec mutanda erat lectio. Junge: ἡ καθαρὴ ‑
οὐκέτι βλύζω. Paulo longior verborum ambitus, fed
propterea non vitiofus. Quin Brunckiana lectione ad-
mifla omnis contextus elegantia penitus tollitur, poftremo difticho, paralytici membri inftar, mifere pendente.
— V. 2. κρήνη. Ed. pr. tres Ald. et Afcenf.— V. 3.
παρακλήτορες. Vat. Cod.— Latro viros quosdam ad hunc
fontem recubantes interemerat.— Expreffit hoc carmen
Antiphanes Ep. VII. p. 205.

XII. Cod. Vat. p. 242. Planud. p. 199. St. 290. W.
Scriptum in Aelium, militem fortiffimum, qui gravi et
incurabili vexatus morbo, gladio incubuerat, ne quis
eum a morbo fuperatum dicere poffet. Imitatus eft hoc
carmen Philippus Ep. XXV. p. 218. — V. 2. σαρσόσαρ.
multis aureis coronis, quas virtutis caufa acceperat, cu-
mulatus. Non de coronis proprie dictis, quas inter mili-
tum Romanorum praemia fuiffe nemo ignorat, fed de
torquibus aureis agi videtur, quae item fortibus dona-
bantur. Vide Taciti Annal. II. 9. Quintil. Inft. Or. VI.
3. 79. — Philippus l. c. ὁ ψελιώσας Αὐχένα χρυσοδέτοις ἐκ
πολέμου στεφάνοις.— αὐχένας ὁπλοφ. fuam cervicem, armo-
rum pondere gravatam.— ¶. 135.] V. 3. τέρμα ἄφυκτον.
quam extremam neceffitatem vocat Salluftius Fragm.
p. 940. Cort. qui neminem, nifi qui muliebri ingenio fit,
illam exfpectare pronuntiat. — Hunc verfum cum fequ.
laudat Suid. in ὑπάτη T. III. p. 533. ubi οἶδεν exhibetur, quod a vulgata nihil differre temere judicat Toupius
Em. in Suid. P. III. p. 513. — „In Planud. κρισταίην
ηἀμφανὲς εἰς ἰδίην. At codd. quatuor, vett. editiones et
„Suidas habent ἰμφανὲς, quod genuinae lectioni propius
„accedit, quam a Reiskio fagaciter detectam recepi.
„Mallem ἰφθασεν. Nam ἰφθανεν eft imperfectum, in quo
„α longum. Corripiunt tamen Attici. Vide Clark. ad
„Il. β. 43. Hunc morem Epigrammatarii faepe fequun-
„tur. Vide infra Bianoris V. 6. et Leonidae IV. 3.“ Br.

ἐμφανὴς habet Ed. pr. et Afcenf. ἐμφανὴς Aldinae. Vitium notavit, Toupius l. c. qui ἀριστείην ἔδραμεν εἰς ἰδίην correxit ex Ep. Philippi: τηξιμελῆ νούσῳ κεκολουμένος ἔδραμε θυμῷ Ἐς προτέρων ἔργων ἀρετὰ μαρτυρίην. Huic conjecturae calculum adjecit Gilb. Wakefield in Sylv. crit. T. I. p. 163. ubi praeterea pro νοῦσον ὅτ' εἰς — tentat, νόσσαν ὅτ' εἰς δ. quod Philippi imitatione refellitur. — V. 5. θιώσκων. Vat. Cod.

XIII. Cod. Vat. p. 401. Planud. p. 73. St. 107. W. Maris perfidiam et rapacitatem poëta increpat, quod Ariftomenem ipſis halcyoniis diebus fubmerſerit. — V. 1. „In Planudea corrupte legitur καί ποτε δινήεις. Verbum δινάω adſtruit Spanhem. ad Callim. p. 329. editionis no- „viſſimae." Br. In antiquis edd. omnibus δινήης habe- tur. In Vat. Cod. δινήεις, et fuperfcriptum a rec. man. θεῖσα Βόσπορος; fortaſſe pro δινηθεῖσα Βόσπορος. quod nihil eſt. Pro meo tamen fenfu Brunckiana emendatio lan- guet. Verbo carere poſſumus, ſi legatur:

καὶ πότε δὴ νήεσσ' ἄφοβος πόρος — — —

nec, ſi literarum fpeétaveris duétus, haec leétio illa mi- nus videbitur probabilis. Lollius Baff. Ep. V. ὀλλύμεναι νήεσσι Καφηρίδες. — V. 2. ἐν omittit Vat. De diebus halcyoniis multi dixerunt. Vide Intrpp. Lucian. T. I. p. 444. ed. Bip. — αἷς πόντος. Quod poëta mare in hal- cyonum gratiam facere ait, id Theocritus ipſis halcyo- nibus tribuit Eid. VII. 57. Ἀλκυόνες στορεσεῦντι τὰ κύματα, τάν τε θάλασσαν — Ἀλκυόνες, γλαυκαῖς Νηρηΐσι ταί τε μάλι- στα Ὀρνίχων ἐφίλαθεν, ὅσαισί περ ἐξ ἁλὸς ἄγρα. — στηρίξατε. ἐστόρεσει. ἔθηκε. firmum et tantum non immobile reddi- dit, ita ut vel ipſa terra minus videatur fida.— V. 5. νηγαῖα. Inepte. Scribendum μαῖα. Ingenioſa et certiſſi- „ma emendatio Munkero debetur ad Hyginum p. 133. „Sic fupra Antip, Theffal. XXXV. Delum Latonae „μαῖαν vocat." Br. Senfus eſt: ὧ Ipſo tempore, quo

Z 5

te maternos animos sumsisse et halcyonum partibus fa-
vere gloriaris, Aristomenem una cum navi mersisti
fluctibus. Vulgatam ita defendi posse putabat *Huetius*
p. 9. ut γαῖα sit, *cum te alteram terram esse jactas.* *Sca-*
liger tentabat γαῖα καὶ κύσεεν k. in quo felix ejus ingenium desidero. Male etiam *Brodaeus* ἀδίνεσσι *procreatis*
hominibus interpretatur, cum manifestum sit, ad halcyonum ἀδῖνας respici. *Grotius* vertit:

Tempore at hoc, fidum jactas quo parrubus esse,
    Ipsum onus et dominum mergis Aristomenem.

ulcus hujus loci non attingens. Sed *Hieronymus de Boscb*,
Vir clar. hoc tamen loco *Munkeri* emendationem μαῖα
in textu posuit. Hoc vocabulum sensu figurato usurpavit
Dionysius Ep. X. οὐδὲ Κυρήνη Μαῖα σε πατρώαν ἐντὸς ἔδεκτο
τάφων. *Julian* Aeg. Ep. XXXII. Παφίη προύκυψε – Μαῖαν
Ἀπελλείην εὐραμένη παλάμην.

XIV. Cod. Vat. p. 404. Planud. p. 83. St. 123. W.
Historia de aquila, quae, quo tempore Tiberius Nero
Rhodi habitabat, in fastigio aedium ejus confedit. Rem
narrat *Sueton.* Vit. Tiber. c. XIV. *Ante paucos vero quam*
revocaretur (Tiberius) *dies a q u i l a , n u n q u a m a n t e a*
R h o d i c o n s p e c t a , in culmine domus ejus adsedit; cui
loco *Casaubonus* Epigramma nostrum admovit. — V. 1.
Ῥοδίοισιν ἀνέμβατος. *Rhodus aquilam non habet.* *Plin.* H. N.
L. X. 41. Tom. I. p. 560. — ἀνέμβατος insolenter vi
activa ponitur, de eo, qui accedere ad locum non solebat, cum proprie sit *inaccessus.* — V. 2. Κερκαφίδαις.
Vide ad Ep. II. 3. — ἱστορίη. quam nunquam viderant;
quam fando audiverant tantum. — V. 3. ὑψιπετῆ ταρσόν.
alas, quibus summa coeli petit. — ἀερθείς Vat. Cod. —
V. 4. Ἡελίου νῆσον. Rhodum, Soli sacram insulam. Vide
ad *Antiphil.* Ep. XIX. — V. 5. χειρὶ συνήθης. ut ad Jovis,
ita ad Neronis manus accedere consueta. — V. 6.
Ζῆνα τὸν ἐσσόμενον. Hinc intelligitur, Epigramma scriptum

effe demum poft Tiberii adoptionem, tribus annis poft
illud portentum. Nam quo tempore Rhodi verfabatur,
Cajo et Lucio adhuc viventibus, nulla futuri regni fpes
fuit. Poftea, rebus immutatis, illa aquila futurum Tiberii honorem portendiffe videbatur. Simile augurium
narrat *Plutarch.* T. II. p. 340. C.

XV. Cod. Vat. p. 396. Plan. p. 32. St. 48. W. De
cervis, qui, cum nivem in montibus collectam fugientes,
in fluvium defcendiffent, aqua fubito frigore conftricta,
glacie tanquam compedibus capti funt. — V. 3. ἰφόρμι-
σαν ἐλπίδι φροῦδοι. Vat. Cod. cujus lectionis ductu *Pierfon.*
ad Moer. p. 383. correxit ἐλπίσι φροῦδαις, cum vulgo
χρητ̔αῖς legatur. *Spe irrita ad fluvium venerunt.* ἐλπίδες
φροῦδαι. Eurip. Ion. 866. — Verfu fequ. vulgo ἄσθμασιν
legitur; in Vat. Cod. ἄθμασιν. Hoc in νάμασιν mutavit
Rubnkenius ap. *Pierfonum.* Ad fluvium cervi venerant,
ut liquidis aquis genua foverent. Nihil tamen vitii hic
fufpicatus eft *Grotius*, qui vertit: *Spe fubeunte petunt*
fluvios, velocia crura Mitior ut furgens aura tepefaceret.
Pro meo quidem fenfu νοτερὸν ἄσθμα non folum idem dicit, ac *Rubnkenii* emendatio, fed etiam exquifitius.
Ἄσθμα eft aura ex aquis commota, vel in aquis latens,
quae calore quodam artus fovet et penetrat. *Antip. Sid.*
Ep. LXIII. ἥρπεν ἰσχαρίου λάβρον ἐπ᾽ ἄσθμα πυρός. Epigr.
inedit. φυγόντες ὀπωρίνου κυνὸς ἄσθμα. — Pro γόνυ Cod.
Vat. γόνου. — V. 6. χειμερίης. Vat. Cod. — Glacie tanquam in pedica capti funt. — V. 7. Turba agricolarum,
cum cervos fic captos vidiffent, eos occidit praedamque
fine retibus ullove labore (ἐλίνου) partam confumfit. —
V. 8. στέλιχα. Vat. Cod.

T. 136.] XVI. Vat. Cod. p. 405. Planud. p. 97. St.
142. W. De Scyllo, urinatore, qui clam mare fubiens
anchoras, quibus Perfarum naves nitebantur, ampu-
tavit. — V. 1. ηΣκύλλης. Hujus viri nomen triplici me-

„do effertur, Σκυλλίης, Ionice Σκυλλίη, Σκύλλης et Σκόλλης
„Vide Kuhn. ad Polluc. p. 787. Hic in omnibus libris
„fcriptum eft Σκύλλις, in Vat. etiam membrana, ubi
„praefixum hoc lemma:. εἰς Σκύλλον τὸν τὰς ἀγκύρας τῶν
„Περσικῶν νεῶν νυκτὸς ἀποκείραντα. Mutandum non erat ju-
„dice Valckenar. ap. Herodot. p. 622. Sciam aliquan-
„do, quid in Athenaei fcriptis libris fit, ubi forte repe-
„rietur Κυάνης φησὶ τῆς Σκυλλίου." Br. Locus Atbenaei,
quem in animo habebat Brunckius, eft L. VII. p. 296. F.
a Valckenario tentatus ad Herodotum l. c. Αἰσχρίων δὲ ὁ
Σάμιος ἔν τινι τῶν Ἰάμβων, Ἴδ᾽ἡς (Κυάνης) φησὶ τῆς Σκύλλου
τοῦ Σκιωναίου κατακολυμβητοῦ θυγατρὸς τὸν θαλάσσιον Γλαῦκον
ἱρωσθῆναι. Ap. Paufaniam enim L. X. p. 842. Scyllis
(fic enim ibi vocatur) filiam Cyanen docuiffe narratur
καταδῦναι καὶ εἰς τὰ βαθότατα τῆς θαλάσσης. Scylli hujus
δύτου τῶν τότε ἀνθρώπων ἀρίστου, ut Herodotus ait, nobile
facinus, de quo hoc carmine agitur, in tabula picta re-
praefentatum fuiffe docet Plin. XXXV. 39. 32. Andro-
bius pinxit Scyllin ancboras Perficae claffis praecidentem.
Vide Heynium in Comment. X. p. 97. Pofita eft eidem
ftatua Delphis, quam Paufanias vidit, qui inprimis confulendus eft L. X. 19. p. 842. — Σκύλλις Brunckius ex
Brodaei conjectura recepit. — V. 2. ἤλαυνεν. Cod. Vat.
Carere poffumus inutili fulcro, quod etiam abeft ab ed.
pr. tribus Aldinis et Afcenf. κακοῖς ἐλαύνειν hoc fenfu dixit
Euripid. Androm. v. 31. ἐλαύνεται συμφοραῖς οἶκος. Ion.
1619. — εὕρετο. Vat. Cod. Mox idem Νιρῆος et ὑπο-
πλεύσας. — λαθρίοις τενάγεσσι. Ipfe Scyllis clam (λάθριος)
defcendit usque ad fundum maris, qui h. l. τέναγος vocatur, quod proprie locum coenofum fignificat. —
ὅρμον. Idem quod ἕρμα, ipfum ancorae pondus, quo navis retinetur. Paufan. l. c. οὗτοι (Scyllis cum filia) περὶ
τὸ ὄρος τὸ Πήλιον ἐπιπεσόντες ναυτικῷ τῷ Ξέρξου βιαίου χειμῶνος προσεξειργάσαντο σφίσιν ἀπόλειαν, τάς τε ἀγκύρας καὶ
εἰ δή τι ἄλλο ἔρυμα ταῖς τριήρεσιν ἦν, ὑφέλκοντες. —

V. 5. ἐπὶ γῆς. navibus verſus litus pulſis Ferſae perie-
runt. In tálibus ἐπὶ motum ad locum ſignificat. ἐπὶ τῆς
γῆς καταπίπτειν. Xenopb, κ. π. IV. 5. 54. — ὠλίσθανὲ.
omnes edd. vett. Stephaniana, operarum vitio, ὀλίσθανι.
— πρώτη πεῖρα Θεμ. Themiſtoclem igitur Scyllin excitaſſe
putavit Apollonidas, ut illud facinus aggrederetur. Fuerunt ſortaſſe ex Atticis ſcriptóribus, qui rem in The-
miſtoclis laudem traherent; ſicut alii Boream, ab Athenienſibus invocatum, Perſis illam cladem intuliſſe narrabant Vide Herodotum L. VII. 189. ſq. p. 594.

XVII. Cod. Vat. p. 393. Planud. p. 111. St. 162. W.
In Melitinnam, quae, cum nuntium de filii Dionis naufragio accepiſſet, naufragi cujusdam cadaver, ad litus ap-
pulſum, tanquam filii ſui corpus, ſepelivit; cum, ecce, brevi
poſt tempore Dio ſalvus cum nave ſuâ rediit. — V. 1. Μελί-
τεια. Cod. Vat. Μελίτινα vulgo. Prius verum videtur. Μελί-
τειαι his occurrit ap Leonid Tar. Ep. VIII. et IX. — V. 3. 4.
Eleganter Grotius: Conſpicit alterius propulſum corpus ab
undis, Et miſeram proprii movit imago mali. — V. 6. υἱὲ
γαίην. Vat. Cod. et duo Planudeae ἤλυθεν ἐκ γαίης, unde
Salmaſius reponebat Αἰγαίης. Proba videtur vulgata
lectio. Br. Inepta eſt Salmaſii conjectura; ſed vulgata, quae Planudis inventum eſt, itâ languet, ut nefas
ſit dubitare, quin in Vat. Cod. lectione ἐκ γαίης verum
lateat. Scribe:

ἤλυθεν εὐκταίης σῶος κτ' ἐμπορίης;.

Nihil hac emendatione certius. Peregrinatione ex voto
peracta ſalvus rediit mercator. Theo Ep. I. Τ. II. p. 405.
εὐκταίων ἄχρις ἵβην λιμένων. Crinagor. Ep. XII. ἡοῖ ἐπ'
εὐκταίη. Apud Euripidem Med. 169. vulgo legitur:
Θέμιν εὐκταίαν ἐπιβοᾶται — ubi Ἰχναίαν legendum cenſebat
Rubnkenius, probante Pierſono ad Moerin p. 137. ſq.
Fruſtra vulgatam tuetur Musgravius. Sed vide, an ſcribendum ſit:

Θέμιν κυταίαν ἐπιβοᾶται.

quod propius accedit ad *νύκταλον.* Frequenter euim *εν* et *α* in Codd. commutantur. *ἀνταῖος* eſt, quae ſupplicum exaudit preces. Vide *Heſychium* v. *ἀνταία,* et *Ilgen* in Opuſc. Philol. p. 271. — V. 7. Quam diverſae ſunt matrum ſortes! Haec (Melitea) quem nunquam videre ſperaverat, vivum amplectitur; illa (cujus filium Melitea pro ſuo humaverat) ne mortuum quidem videbit filium.

XVIII. Cod. Vat. p. 403. Planud. p. 11. St. 19. W. De equo humanis carnibus veſcente. Ejusmodi equi portentum monſtrabatur Londini ao. 1771. Qui cum forte vincula rupiſſet, hominem devoravit, aliusque laniavit viſcera. Vide *Camus* Notes ſur Ariſtote p. 200. n. 6.

— V. 1. ξυνόν. Vat. Cod. — V. 2. *ὑπ' κ. ε.* φριστομενον. Vat. Cod. φρυάττεσθαι de equo hinniente ſolemnius. Sed propter hanc ipſam cauſam Vatic. Cod. lectionem praetulerim. *Schol. Theocriti* Eid. V. 141. φριμάσσεσθαι ἀπὸ τοῦ ἤχου τῶν αἰγῶν ὠνοματοπεποίηται. λέγεται δὲ τοῦτο καὶ ἐπὶ τῶν ἵππων. *Herodot.* L. III. 87. p. 242. τὴν χεῖρα πρὸς τοῦ Δαρείου ἵππου τοὺς μυκτῆρας προσενεῖκαι. τὸν δὲ αἰσθόμενον φριμάξεσθαι καὶ χρεμετίσαι. *Suidas:* Φριμασσομένη. χρεμετίζουσα, ἀγριουμένη. ἢ ἀτάκτως πηδῶσα. ἡ δὲ ἵππος ἐπισθόρμητα φριμασσομένη ἐχώρει, καὶ ἀδύνατα εἶχεν ἐς τὰ ἄδενδρα (κατάδενδρα. *Toup.* Em. P. III. p. 553.) ἐπιβῆναι. καὶ αὖθις. κτύπου τῶν ὅπλων καὶ φριμαγμοῦ τῶν ἵππων κατακούοντες ἐξεπλήσσοντο. — V. 3. Θρηϊκίης φάτνης, Vetus de Diomedis equis fabula animum ſubit. Vide *Hygin.* Fab. XXX. et quos laudavit *Fiſcherus* ad Palaeph. c. IV. p. 35. — παλεὸς Vat. Cod. pro παλαιὸς, ut videtur; male. Exquiſitae eſt elegantiae illud πολιὸς λόγος, cui ſimilia dedit *Pierſon.* ad Moerin p. 353.

XIX. Cod. Vat. p. 430. Plan. p. 19. St. 31. W. Philinna moribunda maritum Diogenem rogaverat, ut liberorum cauſa ſecundas nuptias ne contraheret. At

ille, conjuge defuncta, promiſſi immemor, uxorem ducere parat. Quo facto, ipſa nuptiarum nocte, cubiculum
gravi ruina dormientes opprimit. — V. 2. επιλεαις, vulgo. Noſtrum eſt in Vat. Cod. Cum his precibus comparanda ſunt, quae Alceſtis Admetum rogat ap. *Euripidem* v. 304.

$$\text{— τούς γε γὰρ φιλεῖς}$$
$$\text{οὐχ ἧσσον ἢ 'γὼ παῖδας, εἴπερ εὖ φρονεῖς·}$$
$$\text{τούτους ἀνάσχου δεσπότας ἐμῶν δόμων,}$$
$$\text{καὶ μὴ 'πιγήμῃς τοῖσδε μητρυιὰν τέκνοις.}$$

— V. 3. ἑταίρην. Vat. Totum hunc verſum omittit
Ald. ſec. — ¶. 137.] V, 4. Mixe haec vertit *Grotius*:
*Tam grave diſſidium prima nam nocte ſubortum eſt, Cer-
neret ut thalami gaudia nulla ſequens.* θάλαμον igitur ſenſu figurato de conjugio accepit, ſtatim a prima nocte
ira quadam (μήνιδι) ſponſorum turbato et dirupto. Neſcio,
quid alii ſentiant; mihi certe haec interpretatio vehementer jejuna videtur. Nullus dubito, quin thalami ruinam ſignificare voluerit *Apollonidas*, qualem caſum de-
plorat auctor Ep. λέεστ. DCLXXIV. ubi ſponſum cum
ſponſa ἔσβεσεν ἐν πρώτῃ νυκτὶ πεσὼν θάλαμος. Tanta autem
ruina fuit, ut altero mane ſol oriens ne lectum quidem
cerneret, omnibus oppreſſis et obtritis ſcilicet. Id autem factum *Philinnae ird*, quae novis nuptis graviter
ſuccenſebat. σχάζειν idem eſt, quod καταλύειν, *ſolvere,*
rumpere. Vide *Foeſium* in Oecon. Hipp. p. 365. Hoc
ſenſu *Crinagor.* Ep. IX. roſae πορφυρέας ἐσχάσαμεν κάλυκας.
Cf. not. ad *Meleagr.* Ep. CXXV. p. 140. — Ne quid
tamen diſſimulem, offendit me nonnihil vocabulum
μῆνις ſine genitivo cauſae poſitum. Fere ſcribendum
ſuſpicor:

$$\text{νυκτὶ γὰρ ἐν πρώτῃ θάλαμον σχάσ' Ἐρινὺς ἄφυκτος.}$$

Ex σχασεριννυς perquam facile. σχασε μηνις fieri potuit.
Furiarum autem uni haec ruina tribuitur, quandoqui-

dem magnae calamitates, ex inimicorum ira et vindicta
exortae, ad Furias referri folebant. Teucer ap. *Sopho-*
clem in Ajace v. 1034. cum fratrem vidiffet gladio,
quem ab Hectore acceperat, percuffum, ἀφ᾽ οὖκ Ἐριννὺς,
inquit, τοῦτ᾽ ἐχάλκευσε ξίφος; Quare imprecationes ipfae
ἐριννόες vocantur. *Eurip.* Phoen. 626. πατρὸς οὖ φεύξεσθ᾽
ἐριννῦς; Ib. 1316. ἄποτμος ὁ φόνος Ἕνεκεν ἐριννύων. Ma-
lus igitur daemon imprecationibus, ira vindictaeque
ftudio excitatus Ἐριννὺς eft. *Eurip.* Med. 1259. κατά-
παυσεν, ἔξελ᾽ οἶκων φοινίαν Τάλαιναν τ᾽ Ἐριννὺν ὑπ᾽ ἀλαστόρων.
ubi recte *Schol.*: τάλαιναν Ἐριννύν φησι αὐτὸν τὸν Μηδείας
δαίμονα, οὐ τὴν Μήδειαν. Hinc fit, ut ipfa calamitas eodem
vocabulo appelletur. *Sophocl.* Trach. 893. de Iole, quae
totam Herculis domum in ingentia mala immerferat:
ὅτεκεν μεγάλαν Ἀ νέορτος ἅδε νύμφα Δόμοισι τοῖσδ᾽ ἐριννύν.

XX. Cod. Vat. p. 396. Planud. p. 29. St. 45. W.
In puerum Ariftippum, qui eodem die, quo flagrantem
effugerat domum, fulmine ictus periit. — V. 3. ὄμφυ-
γαν ed. Flor. pr.

XXI. Cod. Vat. p. 400. Plan. p. 50. St. 45. W.
Aquila, quae Cretenfis cujusdam fagitta confixa erat, de
coelo delapfa, virum ejusdem fagittae cufpide peremit.
Idem argumentum tractavit *Bianor* Ep. X. V. 1. ἰστυ-
πεῖς. Vat. Cod. — V. 3. ξένον pro κεῖνον idem. In his
membranis verfus terminatur fyllaba πάλιν, reliquis
omiffis. — V. 4. ἠέριον — ἴθανεν. Vat. Cod. — V. 5.
Non Cretenfium folum fagittae certiffimae, fed etiam
Jovis tela non facile a fcopo aberrant. Frigida ἔννοια,
quam paulo ingeniofius convertit *Tull.* *Geminus* Ep. IX.
Τόξων (f. Λοξίου) εὐστοχίην θαυμάζομεν, ὃς δὲ (f. γε) κατ᾽
ἐχθρῶν Ἤδη καὶ κιθάρην εὔστοχον ὅπλον ἔχει. — Pro αὐχεῖσθ᾽
Vat. Cod. αὐχεῖσθ᾽ exhibet.

XXII. Cod. Vat. p. 402. fq. Planud. p. 107. St.
158. W. — V. 1. „Λαίλιος. Sic Vat. membr. et lemma:
„εἰς

„εἰς Λαίλιον ὕπατον Ῥωμαῖον. Apollonides ſub Auguſto vixit,
„qua aetate conſules fuerunt A. V. 748. C. Antiſtius
„et Laelius Balbus. Lemmati additum: ζήτει ἔννοιαν τοῦ
„ἐπιγράμματος. Obſcurus nempe ſenſus eſt, ſed quem,
„ut reor, fruſtra quaeſieris; mutila enim haec et hiulca
„mihi videntur." *Br.* Equidem duo carmina diverſi
argumenti, alterum in fine, alterum in capite mutilum
in unum coaluiſſe ſuſpicor. Vide, quomodo *Grotius* ſe
ex his ſalebris expedire conatus ſit:

Vidit ut Eurotam generis lux prima Latini,
   Laelius, o Spartes optima dixit aqua;
  Cumque manu vatum chartas evolveret, omen
   Ad capus en ſtudii vidit adeſſe ſui;
Namque in frondiferis picae convallibus ore
  Edebant varios nos imitante ſonos.
Addidit hoc animos: felix labor ille, poëtae,
  Veſter, ait, quorum verba ſequuntur aves.

Λάλιος habet Stephan. ex Ed. Fl. pr. et Aſcenſ. Aldus in
Cod. ſuo Λάλιος invenit, quod is, qui Ald. ſec. curavit,
in Λαίλιος mutavit. Hoc *Boſchius* quoque recepit. —
ὕπατον vulgo. ὑπάτων in Vat. Cod. a manu ſec. — V. 4.
κορυφῆς. De montis Taÿgeti vertice interpretatur *Brodaeus;* male. Viri illius, de quo h. l. agitur, caput intellige, ſuper quo, in arboribus puta, conſidebant aviculae. — ſύμβολον εὐμαθίης. doctrinae etiam inter aves,
humanam vocem imitantes, ſignum. — V. 5. κίττε. Var.
Vulgo, verborum ſtructura vacillante, κίττας. — πτερόν.
volucris, ut Ep. XXV. 8. βιότου. Humanum genus et hic
et multis aliis in locis notat. Vide *Daviſium* ad *Max.
Tyr.* p. 539. *Phaedrus* Praef. L. I. 4. *quod prudenti vi-
ſam conſilio monet.* ubi vide *Burmannum.* — V. 7. ταῖςδε.
vulgo. — τί δ' οὐ. Quis eloquentiae ſummo ſtudio to-
toque pectore operam dare recuſaverit, cum vel aves
noſtram vocem amare et imitari viderit? Verba γάρυος
ἡμετέρης omittit Vat. Cod.

Vol. II. P. I.   A a

¶. 138.] *XXIII.* Vat. Cod. p. 318. Planud. p. 197.
St. 286. W. De piscatore Menestrato, quem piscis in
guttur delapsus suffocavit. In eodem argumento versatur Ep. *Leonidae Tar.* XCIII. — V. 2. „ἱππείης. Rectum
„hoc videtur: sed ex emendatione est. Nam Codd.
„omnes habent ἰξαμίης et ἰξαμίης. Prius est in Vat.
„Cod." Br. ἱππείης debetur *Brodaeo.* Scholiastes εὔτριχ·:
suspicatur, ἢ καλὰς τρίχας ἐχούσης δόνακος. Pro ἰξ ἀμίης,
sic enim vett. editt. legunt, *Jos. Scaliger* et *Casaubonus*
tentant: ἰξ ἀλίης —. Sed hoc cum verbis ἐκ τριχὸς con-
sistere nequit. *Schneiderus* ἰξαμίτης conjecit, ut sit linea
sex setarum, sive e sex setis contorta. δόνακα τριτάνυστον
dixit *Archias* Ep. X. E setis equinis hae lineae fiunt.
Ep. κδιέϰ. CXXVIII. βαθὺν ἱππείης πεπεδημένον ἄμματι χαίτης, Οὐκ ἄτερ ἀγκίστρων, λιμνοφυῆ δόνακα. *Oppian.* Hal.
L. III. Οἱ μὲν δονάκεσσιν ἀναψάμενοι δολιχοῖσιν Ὁρμιὴν ἵππειον
εὔπλοκον ἀγρώσσουσι. — V. 3. πλάνον et Cod. Vat. et edd.
omnes; nec aliter legi debet. εἶδας, φώϊον πλάνον. escam,
quae pisces fallit et in perniciem adducit. Obversabatur
Apollonidae Theocritus Eid. XXI. 42. καθεσδόμενος δ' ἰδό-
πευον Ἰχθύας, ἐκ καλάμων δὲ πλάνον ὑπτίειμον ἰδωδάν. —
V. 4. ἴθριξι adscripsit *Casaubonus;* quod locum non habet. Verum est ἔφριξε. Piscis hamo inhaerens tremulo
motu lineam concussit, i. e. ἔφριξε. Nihil hoc verbo in
hac re significantius. — V. 5. ἀγρομένη δ' ὑπ' ὀδόντι. Ex
Vat. Cod. in contextum admissum est. Vulgo ἀγνυμένη
δ' ὑποδύντα. Quaedam editiones ἀχνυμένη, unde *Casaubo-*
nus ἀχνυμένη δ' ὑπ' ὀδόνη. ὑφ' ὀδόντα, quod ut diversa
lectio in marg. Wechel. legitur, assensu suo probavit
Jos. Scaliger et *Huetius* p. 20. qui piscatores pisces dentibus solere occidere monet. Sic est ap. *Leonid. Tar.* l. c.
Ἰουλίδα πετρήεσσαν Δακνάζων — Ἔφθιτ'· ὀλισθηρὴ γὰρ ὑπ' ἐκ
χηρὸς κίξασα Ὤιχετ' ἐπὶ στεινὸν παλλομένη φάρυγα. — In fine
duae Aldinae φαρόγγων, quod Aldus in Cod. quodam
reperit.

XXIV. Cod. Vat. p. 308. Edidit *Jenſ.* nr. 64.
Reisk. Anth. nr. 714. p. 139. In Menoetem Samium,
Diophanis filium, qui pia quadam de cauſa navigans,
naufragio faƈto in fluƈtibus periit. Carmen in fine mutilum eſt. — V. 1. δειλοιο Vat. Cod. Cum *Jenſius* δειλοιο
edidiſſet, *Reiskius* emeŋdavit Σύρου καὶ Δήλοιο, ut ſigni-
ficetur inſula Syrus, paulo ſupra Delum verſus ſepten-
trionem ſita; quam l'herecydis natales illuſtraverunt.
Heringa in Obſſ. p. 267. Ἔβρου καὶ Νείλοιο corrigendum
exiſtimabat; quo admiſſo, Menoetes e Thracia in Aegyptum navigaſſe putandus eſt. — V. 3. Pro εἰς ὅσιον
Reiskius dedit εἰς Ἀσίαν; incertus tamen, an reƈte ſic ſcripſerit, εἰς Θᾶσον et εἰς Σηστὸν conjecit praeterea. Habent
leƈtores, quod ſibi eligant. Mihi tutiſſimum videtur,
membranarum leƈtionem tueri. Si ſincera ſunt poſtrema carminis verba, νούσῳ πατρὸς ἐπειγόμενον (Cod. ἐπειγο-
μένοις), Menoetes, cum patrem in morbum incidiſſe cer-
tior eſſet faƈtus, nulla mora interpoſita domum videtur
properaſſe. Hoe poëta ὅσιον τάχος vocat; niſi fortaſſe
ὅσιον τέλος ſcribendum eſt. —. V. 4. *Reiskius* dedit: καὶ
νοῦσοι παῦσαν ἐπειγόμενον. At Menoetes non morbo, ſed
naufragio periit, κλύδων σὺν φόρτῳ κρύψεν αὐτόν.

XXV. Cod. Vat. p. 399. ſq. Ἀπολλωνίδα, οἱ δὲ Φιλίπ-
του. Edidit *Jenſius* nr. 139. *Reisk.* in Anth. nr. 787.
p. 169. Criton auceps cum locuſtam cepiſſet, ex eo
inde tempore, a fortuna deſtitutus, avibus fruſtra dolos
ſtruxit. Conf. *Bianor.* Ep. III. — V. 1. πρῶνας Vat. Cod.
quod *Reiskius* ſervavit. — V. 2. πτερῷ jungendum cum
ἱαπτίζων. Alis commotis locuſtas ſtrepitum illum edere,
ſatis conſtat. Comparandus inprimis, unde noſter colorem duxit, *Nicias* Ep. VIII. οὐκέτι δὴ τανύφυλλον ὑπὸ πλάκα
κλημὸς ἑλιχθεὶς Τέρψομ', ἀπὸ ῥαδινῶν φθόγγον ἱεὶς πτερύγων.
et *Pamphilus* Ep. IL ubi ſcribendum puto:

Οὐκέτι δὴ χλωροῖσιν ἐφεζόμενος πετάλοισιν

    ἀδεῖαν πτερύγων (vulgo μέλπων) ἐκπροχέεις ἰαχάν.

— V. 2. μέσον. Vat. μέσαν νηδὺν dedit *Reiskius*. Longe
elegantior eſt *Brunckii* emendatio. Locuſtas ſole inca-
leſcente maxime ſtrepere, alibi docuimus. — V. 3. δαι-
δαλον. Cod. Apud *Jenſium* praeterea ἰανίζων legitur.
Utrumque eleganter correxit *Reiskius*. — αὐτουργῷ. carmine nativo, non arte, ſed natura edoſtae. Vide ad
Epigr. X. 5. — V. 5. „Πιαλεός. e Pialia, Theſſaliae
„urbe. Vide Stephanum, ad quem miror hoc Epigram-
„ma ab Holſtenio prolatum non fuiſſe.“ *Br.* — πάσης
θήρης. qui omnia avium genera arundinibus capiebat.—
V. 6. Hunc verſum omiſit editio *Jenſiana* et *R.* — In
Cod. legitur ἀσάρκων νῶτα δεων. Locuſta ἄσαρκος, ut ap.
Anacreont. Od. XLIII. 17. ἀναιμόσαρκα. Hinc puellam
macilentam cum locuſta comparat ille ap. *Theocrit.* Eid.
X. 18.— Rem non plane inſolentem fuiſſe, locuſtas
arundinibus captare, intelligitur ex *Ariſtoph.* ap. *Aſben.*
L. IV. p. 133. B. τέττιγα ἱρᾷς φαγεῖν καὶ κερκώπην θηρευσα-
μένη καλάμῳ λεπτῷ. — V. 7. Senſus eſt, ut appara et ex
Bianore l. c. Critonem poſt illud facinus infelix exer-
cuiſſe aucupium. Verba obſcuriora. Sic accipio: κλᾶτοι
σφαλεὶς τὶς τὰς ἦ. π. pro ἐν ταῖς ἤθεσι πάγαις. in conſueto
aucupio ſpe fruſtratus, errat, fruſtra aves, quas aucupe-
tur, deſiderans.

    XXVI. Cod. Vat. p. 316. Edidit *Jenſius* nr. 115.
Reisk. in Anth. nr. 766. p. 160. In tumulum piſcato-
ris prope litus. — V. 1. Nomen γλῆνιν *Reiskio* ſuſpeſtum
eſt, qui in Latinis *Glaucum* expreſſit. Iilud tamen nomen, quod nec ipſum *R.* fugit, occurrit etiam ap. *Suidam*: Γλᾶνις. εἶδος ἰχθύος, καὶ χρησμολόγος, Βάκιδος ἀδελφός.—
Idem poſt primum verſum unum intercidiſſe putabat,
in quo cauſa illius calamitatis, nempe ventus aut verti-
go, expoſita fuerit; nam πικρῇ δίνῃ idem eſſe atque εἰς
δίνην. Hoc mihi ſecus videtur. κύματος δίνη eſt κῦμα δινῆεν,

unda turbine excitata, quae Glenin in faxo prope litus
fedentem in fluctus deturbavit. — V. 2. πικρη Cod. Vat.
— N. 3. De ἀποῤῥὼξ agens *Euftathius* ad Il. β. p. 253.
34. λαμβάνεται δέ ποτε καὶ ἐπὶ πετρῶν ἀποσχισμένων ἐξ ἀλλή-
λων· οὕτω γὰρ ἀποῤῥὼξ πέτρα πηγὴν προβάλλειν λέγεται. *Soph.*
Philoct. 937. καταῤῥῶγες πέτραι. *Plutarch.* in Vit. Syllae
c. XV. φρούριον ἀποῤῥῶγι κρημνῷ περικοπτόμενον. — V. 4.
„Repone, uti recte in Cod. fcriptum eft, **συνεργήτης**. Pra-
„vum **συνεργέτης** ofcitabundus e Reiskio recepi, quod
„verfum perimit. Sunt enim choliambi perfectiffimi.“
Br. At Codicis fcriptura ne graeca quidem eft. Servan-
·da eft *Reiskii* lectio, verbis tamen transpofitis, ne. numeri pereant:

χᾶσαν δέ μ' ὅσσες ἦν συνεργέτης λαβέ.

Ductum hoc ex *Leonida Tar.* Ep. XCI. item in pifcato-
rem: σῆμα δὲ τόδ' οὐ παῖδες ἐφήρμοσαν, οὐδ' ὁμόλεκτρος, Ἀλλὰ
συνεργατίνης ἰχθυβόλων θίασος. — 9. 139.] V. 5. γαλη-
ναίην θῖνα. Litus tranquillum et minime procellofum
pifcatoribus precatur, fui cafus rationem habens. Hoc
aptius, quam ad pifcandi opportunitatem referre verba.

XXVII. Cod. Vat. p. 306. Planud. p. 251. St.
364. W. In Diphilum Diogenis fil. Milefium, qui, naufragio facto, in infula Andro fepultus eft. — V. 1. ὅρμον
omittit Cod. Vat. — Φοιβήϊον. Milefii Phoebum praeci-
puo honore colebant. Celebrabantur ibi Φοίβου ἀποδημίαι,
tefte *Menandro* rhetore de Encomiis c. IV. p. 38. ed.
Heeren. Veterum loca collegerunt *Spanhem.* ad Callim.
H. in Dian. 226. p. 329. et inprimis *Dorvillius* ad Charit. p. 246. qui nec Epigr. noftrum neglexit. — V. 4.
πελάγους vulgo. Noftrum eft in Vat. Cod.

XXVIII. Cod. Vat. p. 262. Planud. p. 207. St.
301. W. ubi hoc carmen exftare ferius animadvertit
Reiskius, qui id recepit in Anth. nr. 598. p. 85. Scriptum eft in Heliodorum et Diogeniam, ejus conjugem,

quae maritum defunctum breviſſimo tempore ſecuta eſt.
— V. 1. „ἔφθανεν. ſic Vat. membr. et Planudeorum re-
„gius optimus in uno loco: bis enim in eo legitur hoc
„carmen. Aldus in ſecunda ἔφθανιν habet, quem ſequi-
„tur Nicolinorum editio. At Florentina et Aldina pr.
„κάτθανιν. De prosodia dictum ſupra ad Ep. XII. " Br.
κάτθανιν ſervavit Aſcenſ. et Steph. Pro οὐδ' ὅσον apogr.
Lipſ. οἱ ὅσον, deſcribentis errore. Nam in Vat. Cod. οὐδ'
legitur. ὥρην Opſopoeus de tempore trimeſtri interpretatur: Brodaeus de horae unius intervallo; hoc verius.—
V. 3. ὡς ὑμέναιον ἐπὶ πλ. vulgo; nec aliter membr. Vat.
Br. recepit conjecturam Toupii in Em. in Suid. P. III.
p. 367. comparantis Ep. λϟόσπ. DCXLIX. ἠδ' ἐγὼ ἡ περί-
βωτος ὑπὸ πλακὶ τῇδε τέθαμμαι. Sub lapide nuptiali, non
ſepulcrali, ut ille interpretatur. Haec lectio, quam Toupius elegantem vocat, mihi et frigida et ſubabſurda
videtur. Utinam ſciam, quid Caſaubonus h. l. tentaverit;
nam quod ex Schedis Bodlej. enotatum reperio, ἀεκε-
ϛεαίνα, depravatum eſt. Tyrwhitt in Notis ad Toupii
Emend. T. IV. p. 420. corrigit: ἄμφω δ', ὡς ἅμ' ἔναιον,
ἐπὶ πλακὶ τυμβϟ. Ambo; ut-olim ſimul habitaverunt, ſic
nunc ſimul ſub eodem cippo ſepulti jacent. — V. 4. In
Vat. Cod. a pr. m. θάνατον pro θάλαμον ſcriptum. In καὶ
τάφον grata eſt emphaſis: etiam de ſepulcro communi
non minus laetantur, quam olim de communi thalamo.
Auſonius in Parental. Ep. III. Aeternum placidos Manes
complexa mariti, Viva iorum quondam, funcla foves' iu-
mulum Idem Ep. XVII. At ſibi dilecti ne deſit cura mariti Funcla colis thalamo nunc monimenta iuo. Hic ubi
primus Hymen ſedes ibi moeſta ſepulcri. Nupta magis
dici quam iumulata potes.

XXIX. Cod. Vat. p 233. Planud. p. 236. St. 342. W.
Servus, cum domino ſepulcrum excavaret, ruente terra
obrutus et exſtinctus loquitur. Nihil hic viderunt Opſop.
et Brod. — V. I. θάνατον. Cod. Vat. Tua mors mihi

vitâ conftitit. —, ἀντὶ δὲ σεῖο. Sepulcrum, quod tibi im‑
plendum erat, ipfe implevi, qui feci. — V. 3. 4. lau‑
dat *Suidas* in ἡρία T. II. p. 75. ubi legitur: ἡνίκα δυσδά‑
κρυτα κ. χ. ἡ. τεύχω ‑. quod minime fpernendum. σεῖ
enim in vulgata prorfus abundat, cum fequatur, ὡς ἂν
ἀποφθιμένου κεῖθι δέμας κτερίσω. Recipienda igitur in po‑
fterum elegantior lectio. — V. 5. ἀμφὶ δέ μ᾽ ὠλισθε
ξυνὴ κ. Plan. non omnino male. Verior tamen videtur
Codicis lectio γυρὴ κόνις, terra fubtus excavata, et inde
ad decidendum prona. — V. 6. Mortem fibi minus
acerbam videri ait, quod fub domini fui tutela etiam
apud inferos fit futurus. Simile fidei exemplum eft in
Ep. *Diofcorid.* XXXV. Ep. ἀδέσπ. DCLXXVI.

XXX. Cod. Vat. p. 264. Planud. p. 287ᵃ. St.
415. W. In Pofidippum, qui, quatuor filiis morte ex‑
ftinctis, flendo privatus eft oculis. — V. 1. Quis eft,
qui unius filii mortem deplorans, non ultimum malo‑
rum fe perpeffum effe exiftimet? Atqui Pofidippus
omnes fuos intra paucos dies pereuntes vidit. Pro κλαιό‑
σας Opfop. fufpicatur θάψας, nullam aliam ob caufam,
nifi quod θάψε fequitur. — V. 2. Ποσιδίππου. Vat. —
ὁ Ποσ. δόμος. ipfe Pofidippus. — V. 3. συνήριθμον ἧμαρ,
quatuor dies quatuor filiis attulerunt mortem. — V. 4.
κειράμενον. Vat. Cod. Et hoc bene; participium referen‑
dum ad ἧμαρ. — V. 5. κατ᾽ ὀμβρηθέντα. Vat. Epigr. ἀδέσπ.
DCLXV. ὀμβρήσας δακρύοις λάρνακα. *Afclepiad.* Ep. IV.
κάτομβρα γὰρ ὅμματ᾽ ἐρώντων. — V. 6. κοινὴ νύξ. illos Orci,
hunc coecitatis tenebrae.

E Lection. p. 159.] XXXI. Vat. Cod. p. 484.
Quantum ex depravata fcriptura conjici poteft, fcriptum
eft hoc carmen in Veneris templum, quod Pofthumus,
quidam in ipfo mari exftruxit. *Schneiderus* cogitabat de
C. Pofthumo Pollione, architecto, qui Apollinis tem‑
plum ftruxerat, ubi hodie ecclefia princeps Torracinen‑

fis. Vid. *Stofch.* in Praef. ad Gemm. cael. p. VIII. —
Mutilum videtur hoc carmen, five ab initio, five poft
verf. fecundum. Pofthumus fe Veneri templum dedicare ait:

> Μητρὶ περιστεφέα σηκὸν, Κυθέρεια, θαλάσσῃ
> κρηπῖδας βυθίας οἴδματι πηξάμενος — —

Sic haec fcribenda videntur et diftinguenda. *Pofthumus
tibi, Venus, templum mari, quod te genuit, circumdatum exftruxit, fundamentis ejus in ipfa maris profundi-
tate pofitis.* — Recte mihi fcripfiffe videor, σηκὸν περι-
στεφέα θαλάσσῃ, de fano, ad quod unda alluebat. *Homeri* Hymn. in Apoll. 410. Πὰρ δὲ Λακωνίδα γαῖαν ἀλιστέ-
φανον πτολίεθρον Ἴξον. Confufum περιστέφει et περιστρέφει
ap. *Callim.* H. in Del. 93. Vide *Dorvill.* ad Charit.
p. 236. — Recte etiam πηξάμενος κρηπῖδας, de eo, qui
fundamentum ponit. *Callim.* H. in Apoll. 58. Τετραέτης
τὰ πρῶτα θεμείλια Φοῖβος ἔπηξε Καλῇ ἐν Ὀρτυγίῃ. *Agathias*
Ep. LVII. hirundo κάρφεσι πηξαμένη θάλαμον. *Himerius*
Orat. XVI. 4. ὅσον ἐπὶ ταῖς ὑμετέραις ῥόαι τοῦ θεοῦ τὴν παστά-
δα πήξασθαι. Idem Ecl. XII. 5. εἴποτέ μοι καὶ Ἀττικὸν πήξαιο
θέατρον. Ex *Nonno* quaedam vide ap. *Rubnk.* Ep. cr.
p. 139. alia ap. *Weiften* in N. T. II. p. 411. — Alterum diftichon fic corrigendum puto:

> χαίρει δ' ἀμφί σε πόντος, ὑπὸ ζεφύροιο πνοῇσιν
> ἁβρὸν ὑπὲρ νώτου κυανέου γελάσας.

Tibi rident aequora ponti. Lucret. L. I. 8. γαληναίη δὲ
θάλασσα Μειδιάει. *Satyr. Thyill.* Ep. VI. Mare igitur laeta-
tur circa divam, eique arridet. — ἁβρὸν γελᾷν, ut ap.
Anacreont. Od. V. 5. πίνωμεν ἁβρὰ γελῶντες. et VI. 3.
Pontus zephyri flatu leniter commotus et crifpatus
videtur ἁβρὸν γελᾷν. *Mofchus* fr. V. Τὰν ἅλα τὰν γλαυκὰν,
ὅταν ἄνεμος ἀτρέμα βάλλῃ, Τὰν φρένα τὰν δειλὰν ἐρεθίζομαι,
οὐδ' ἔτι μοι γᾶ Ἐντὶ φίλα, πείθει δὲ πολὺ πλέον ὄμμα γαλάνας.
ut mihi haec corrigenda videntur. *Lucret.* V. 1003.

Nec poterat quemquam placidi pellacia ponti Subdola pellicere in fraudem ridentibus undis. Fortaſſe huc etiam trahendus *Aeſchyli* Prom. v. 89. π—ντίων δὲ κυμάτων Ἀνήριθμον γέλασμα. — V. 5. *Brunckius* corrigendum eſſe vidit :· νηοῦ 3' ὃν ἐδείματο σεῖο. Poſtremus verſus conclamatus videtur. Niſi audacior eſſe viderer, corrigendum proponerem:

εἵνεκα δ' εὐσεβίης νηοῦ 3', ὃν ἐδείματο, φαιδροῖς
Πόστουμον λεύσσεις ὄμμασιν, ὦ Παφίη.

Vide notas ad *Callimach.* Ep. LXII. 5.— Sed alios ſpero inventuros eſſe, quod propius ad Codicis ſcripturam accedat.

CRINAGORAE EPIGRAMMATA.

¶. 140.] *I.* Anthol. Plan. p. 330. St. 469. W. Vincti amoris ſimulacra paſſim commemorantur in Anthologia. Conf. *Alcaei Meſſ.* Ep. XI. *Antip. Sid.* XLI. *Quinti Maecii* IX. *Satyrii Thyill.* IV. — V. 1. συσφίγγων κ. τ. manus vehementer conſtringens et complodens, ut deſperantes ſolent facere. *Huetius* p. 32. ſic interpretatur: quia, dum manus conatur vinculis exſolvere, eo magis adſtringit eas. Idem tamen legi mallet: εὖ σφίγξον. *Tu vero, o miniſter, colliga pueri manus.* Inepte. Comparatio hujus carminis cum iis, in quibus idem argumentum tractatur, efficit, ut depravationem ſcripturae ſuſpiceris. In omnibus Amoris manus vinculis conſtrictae dicuntur. *Satyrius Thyillus:* τίς - τὰς ἀκυβόλους περιηγέας ἐσφήκωσε χεῖρας; *Alcaeus Meſſ.* τίς πλιγδὴν σὰς ἐνέδησε χέρας; An *Crinagoras* ſcripſit:

καὶ κλαῖε, καὶ στέναζε νῦν, σφιγχθεὶς χεροῖν
Τίνονται — —

ut eſt ap. *Quint. Maec.* l. c. δυσεκφύκτως σφιγχθεὶς χέρας.

Alcaeus Meſſꞏ Ep. X. δὴ γὰρ κλυκτοπέδαις σφίγγῃ χέρας.
Meleager LII. χαλκόδετον σφίγξεν σοῖς περὶ ποσσὶ πέδην.
Auſonius in Amore Cruci aſſꞏ v. 60. *Amorem Devinctum*
poſt terga manus, ſubſtrictaque plantis Vincula moerentem.
— V. 3. ἐλεεὶν ὑποβλέπειν. Elegans hujus verbi uſus ad
ſignificandum obtutum triſtem et ad miſerationem com-
poſitum. Proprie ii, qui limis et furtivis oculis aliquem
adſpiciunt, ὑποβλέπειν dicuntur. Vide *Dorvill.* ad Char.
p. 506. — V. 5. καρδίᾳ vulgo. *Brunckii* lectio ex conjectura videtur fluxiſſe, nec improbabili. — V. 8. πέ-
πονθας, οἱ᾽ ἔρεξας. *Meleager* LVIII. ἄξια πάσχεις, ὧν ἔδρασας.
Idem Ep. XLII. ὡς μόλις, οἱ᾽ ἔδρας πρόσθε, παθαῒν ὁμαθίσῃ
Vide not. p. 61.

II. Cod. Vat. p. 431. Edidit *L. Holſten.* ad Steph.
Byz. p. 166. *Jenſius* nr. 152. *Reisk.* in Anth. p. 175.
nr. 803. Ruella Ariſto Nauplium Graecorum naves face
ſublata perdentem cecinerat; quo cantu audito poëtae
animus amore incenſus eſt. Nauplii ſabula mimorum
illius aevi argumentum fuiſſe, apparet ex *Suetonio* in
Ner. c. 39. *Transeuntem Iſidorus Cynicus in publico clara*
voce corripuerat, quod Nauplii mala bene cantitaret, ſua
bona male disponeret. Cf. *Lucian.* de Saltat. §. 46. T. V.
p. 152. ed. Bip. — V. 2. ἐκ μολπῆς. Expreſſa ſunt haec
ex *Dioſcorid.* Ep. X.

> Ἵππον Ἀθήναιον ᾖσεν ἐμοὶ κακόν· ἐν πυρὶ πᾶσα
> Ἴλιος ἦν, κἠγὼ κείνῃ ἅμ᾽ ἐφλεγόμαν.

— V. 3. ὑπὲρ ν. ταφηρείης. Cod. Vat. Recte hoc emen-
darunt deſcribentes. *Propert.* IV. El. L 115. *Nauplius*
ultores ſub noctem porrigit ignes. Id. III. El. 5. 54. *Saxa*
triumphales fregere Capharea puppes. — Qui hic eſt
ψεύστης πυρσὸς, ap. *Eurip.* Helen. 1142. δόλιος ἀστὴρ vocatur. — V. 4. δύσμορος Cod. Vat. ut et *Reisk.* et *Holſt.*
ediderunt. δυσμόρου ſuſpicatur *Br.* quod elegantius.

III. Cod. Vat. p. 104. Planud. p. 482. St. 625. W.
Per noctem poëta inſomnem de ſolitudine ſua conque-

ritur. — V. I. κὴν ῥίψης. Ex *Homero* fortaffe expreffa
verba Il. ω. 4. οὐδὲ μιν ὕπνος Ἥρει πανδαμάταρ, ἀλλ᾽ ἑστρέφετ᾽
ἔνθα καὶ ἔνθα — Ἄλλοτ᾽ ἐπὶ πλευρὰς κατακείμενος, ἄλλοτε δ᾽
αὖτε Ὕπτιος, ἄλλοτε δὲ πρηνής. quo refpexit *Juven.* Sat.
III. 279. *Ovid.* I. Amor. II. init.

> *Effe quid boc dicam, qued tam mibi dura videntur*
> *Strata, neque in lecto pallia noſtra fedent?*
> *Et vacuus fomno noctem, quam longa peregi;* .
> *Laffaque verfati corporis offa dolent.*

Hinc lux *Propertio* L. II. 13. 59. quem fruftra corrigere
conati funt VV. DD. *Horum ego fum vates, quoties de-*
fertus amaras Explevi noctes, fractus utroque toro. i. e.
laffitudine (κόπω) fractus, cum in lecto volutatus, ἐπὶ
λαιὰ καὶ ἐπὶ δεξιὰ ῥιψάμενος, fomnum fruftra arceffens, in-
gratas noctes exegi. Idem L. II. El. XVIII. 46. *Speran-*
si fubito fi qua venire negat, Quanta illum toto verfant
fufpiria lecto. — V. 3. γέμιλλα. vulgo. — V. 4. κοιμη-
θείς, in lecto compofitus; ne de ipfo fomno accipias.

¶. 141.] *IV.* Cod. Vat. p. 183. Edidit *Kuſter.* ad
Suid. v. κριδαϊ T. I. p. 339. *Reiske* Anth. p. 32. nr. 477.
et hinc *Toup.* in Ep. crit. p. 55. ad cujus mentem a
Brunckio exhibitum eft. — Poëta Proclo natales celebranti calamum fcriptorium mittit dono. — V. 2. δουρατίην Vat. Cod. *Suidas* v. 1. cum parte ultimi excitat.
(T. I. p. 339.) fic: ἀργύρεόν σοι τόνδε γενέθλιον εἰς τεὸν
ἤμας Πέμπω κριδαϊ εὔπνουν ἐργασίη. *Kuſterus,* qui νεόσμηκτον de calamo ufurpari poffe dubitabat, tentavit νεόγλυ-
πτον vel εμιλευτὸν vel νεόκμητον. Neque δουρατίην (fic enim
in apogr.) fincerum effe putabat. Hoc vocabulum in
δουράτιον mutavit *Toup.* qui comparat *Nicetam* in Joann.
Comn. p. 19. ἀλλὰ καὶ δερίτια ἐκ καλάμων κραδαίνοντες ταῖς
τοῦ βασιλέως συμπλέκοντι φάλαγξιν Qui locus quam parum faciat ad *Toupii* conjecturam firmandam, fponte
apparet. *Brunckius* haec notⱥ: „νεόσμηκτον a Kuftero

„sollicitari non debebat. Suidas, qui hoc refpexisse vi-
„detur, exponit νεόθηκτον κὰὶ νεοκάθαρτον. Nescio, an ex
„poëtae conditione et fortuna ἀργύρεος κάλαμος recte di-
„catur ὀλίγη δόσις. Vide sq. carmen. Nec mihi valde
„placet, calamum, scribendi instrumentum, per appo-
„sitionem vocari νεόσμηκτον δουράτιον. δουράτιον est parvum
„hastile, quod cum calamo nihil commune habet, nec
„cum eo comparari potest. |In Cod. scriptum δουρατίην
„[δουρατίην]. Scribendum censeo δουράτιον, et ἀργύρεον
„cum Reiskio referendum ad ἦμαρ. ἀργύρεον ἦμαρ diem
„natalitium vocat, quia eo mittebantur dona pretiosa,
„aurea, argentea etc. Leonidas infra p. 194. ἄλλος μὲν
„κρύσταλλον, ὁ δ' ἄργυρον, οἱ δὲ τοπάζους Πέμψουσι, πλούτου
„δῶρα γενεθλίδια. Sensus est: *Natali tuo die, quo tibi alii
„argentea mittent dona, ligneum huncce calamum ego
„mitto, parvi quidem pretii, sed majori ex affectu.“ Br.
— V. 3. κεράεσσι. κέρατα calami sunt apices, qui calamo
in infima parte fisso exoriuntur, unde iis δισσοὶ ὀδόντες
tribuuntur in Ep. *Pauli Silent.* LI. *Ausonius* Epist. VII.
49. *Nec jam fissipedis per calami vias Grassetur Cnidiae
sulcus arundinis.* Vide *Schwarzium* de Ornam. Libr. vet.
p. 214. sq. et *Salmas.* in Exerc. Plin. p. 735. D. —
V. 4. arundo, quae atramentum in laevem chartam facile effundit. Chartae solebant laevigari, ne calamus
festinans retineretur scabritie. *Cicero* ad Quint. Fr. L. II.
Ep. 14. *Calamo et atramento temperato, densata etiam
charta res agetur,* i. e. dente complanata et laevigata.
Plin. L. XIII. 25. p. 691. — V. 6. κερίδαη εὔμνοον
εὐμαθίη. Vat. Cod. κερίδαῖ ex *Suida* in textum venit,
ubi εὔμνοον ἐργασίη legitur. Non satis video, cur in postrema voce a Codicis scriptura recessum sit. — Ceterum ex hoc versu intelligimus, Proclum puerum fuisse,
qui scribendi artem paulo ante didicerat.

V. Cod. Vat. p. 183. *Reisk.* in Anth. nr. 478. p. 33.
Dentiscalpium poëta Lucio cuidam mittit ex pinna

aquilae factum. *Martial.* L. XIV. Ep. 19. *Lentiscum melius, sed si tibi frondea cuspis Defuerit, dentes pinna levare potest.* Ex lentisco enim et metallo potissimum fiebant dentiscalpia. Vide *Raderum* ad Martial. L. VI. Ep. LXXIV. — V. I. ᾽ἀγκυλόχειλος. Sic cod. Salmasius „reponebat ἀγκυλοχείλων, quod cum Reiskio minime ne„cessarium puto. In Macedonii Epigr. antea inedito „T. III. p. 332. genitivus est ἀφιλοστάχθον, qui ex re-„gula deberet esse ἀφιλοστάχυος: cetera enim composita „στάχυς flexionem simplicis retinent. Contraria ratio-„ne genitivum ῥοδοδάκτυλος protulit Reiskius e Leonis „Philosophi carmine de Mensibus, quod legitur T. III. „p. 130. ubi hanc scripturam retinui, quam praeter „edd. vett. habet etiam cod. Jani Lascaris.« *Br.* αἰετὸν γοργὸν τὸ βλέμμα καὶ ἀγκυλοχείλην τὸ στόμα. *Alciphr.* L. III. p. 422. αἰγυπιοὶ γαμψώνυχις, ἀγκυλοχεῖλαι. *Homer.* Il. ε. 428. — V. 3. μίμνου. apogr. Lips. — μετὰ δόρπιον. Vat. Cod. — V. 4. ἵκνθεαι. Vat. Cod. et *Reisk.* ἱκνθέσαι emendavit *Valckenaer.* ad Herodot. VII. p. 617. 35. — V. 5. βαιόν. ut in praeced. Epigr. ὀλίγην ὀδσίν, ἀλλ᾽ ἀπὸ θυμοῦ πλείονος. — οἷα δεδαπὸς (non δεδαπώς) Cod. Vat. In marg. apogr. Lips. ἃ ἀκιτὸς, unde *Reisk.* fecit: οἷα δὲ λιτὸς — qualia tibi dona venire par est a domino curtae supellectilis; in cujus emendationis gratiam etiam seq. versu δὲε᾽ ἀη ὁπάσσοι dedit. δεδουκὼς est ex emendatione *Salmasii.* — V. 6. δῶρον ὀπάσσ᾽ ἐπὶ σοί. Cod. — Dubito, an in hoc disticho *Crinagorae* manum teneamus.

VI. Cod. Vat. p. 184. Edidit *L. Kusterus* ad Suid. v. γέλγιθες, T. I. p. 471. *Reisk.* Anth. nr. 481. p. 34. Philoxenides quidam Pani et Priapo bellaria affert. — V. I. Profert *Suid.* T. II. p. 668. in οἰνοπέπαντοι. cui vocabulo interpretationem non addidit. De *racemis ma-suris* interpretatur *Kuster.* *Reiskius* vertit: Racemos uva-rum vino maturo plenos. *Epigon. Thess.* Ep. I. uva πετέ-ρων βοτρύων βάγα κομισσαμένη. *Philipp.* Ep. LXVIII. τοὺς ἀπετάντους βότρυας. — V. 2. *Suid.* T. III. p. 383. — στρόβιλος. *nux pinea.* Vide *Bod. a Stapel* ad Theophr. L. III. p. 164. et *Wesseling* ad Herodot. p. 755. 13. — V. 3. *Suid.* T. I. p. 145. ἀμυγδαλῆ. τὸ δένδρον. ἀμυγδάλη δὲ ὁ καρπός. καὶ δειλαὶ δάκνεσθαι ἀμυγδάλαι. *Kusterus* dedit ἀμυγδαλαῖ, contra grammaticorum praecepta. *Reiskius* vero, cum in apogr. Lipf. invenisset scriptum δακρόεσθε, emendandum putavit δειλαὶ δακρυοῦσαι, *miseras ploratrices amygdalas,* propter olei abundantiam; inepta conjectura. *Toupius* Em. in Suid. P. I. p. 26. interpretatur: *amygdalae, quae facile frangi queunt;* a qua interpretatione ipse recessit in Cur. nov. p. 169. ubi δειναὶ δάκνεσθαι corrigit; amygdalas enim ad compotationem promovendam arcendamque ebrietatem aptissimas *esu praestantes* vocari. At vix dubitari potest, quin in δάκνεσθαι ad corticem durum fractuque difficilem respiciatur. Ejusmodi nucibus, duris putaminibus munitis, opponuntur ἀμύγδαλα σιγαλόεντα *Hermippi* ap. *Athen.* L. I. p. 28. *quae sine strepitu manduntur;* si vera est explicatio *Palmerii* Exercitatt. p. 482. — Equidem nuces δειλὰς δάκνεσθαι explicaverim eas, *quae, ne frangantur, timent,* quandoquidem hoc illis imminet. δειλαὶ pro δειλιάζουσαι, δεδοικυῖαι. Sed vide, an in voculis ΚΑΙΔΕΙΛΑΙ lateat ΚΛΡΓΑΛΕΑΙ?

      καρχαλέαι δάκνεσθαι ἀμυγδάλαι — —

nuces fractu difficiles. In Codd. ubi *f* et *δ*, *ει* et *α* saepissime inter se confunduntur, sunt enim simillima, una tantum litera inter se discrepant καρχαλεαι et καιδειλαι. — Pro ἦτε apogr. Lipf. αἶτε. — V. 4. *Suidas* in ποπάδες T. III. p. 152. Ἰτρίναι ποπάδες sunt placentae tenues, ex sesamo et melle confectae, quae alias ἴτρια dicebantur. *Salmasius* ap. *Kusterum* emendat κοπάδες ἰτρινίαι, i. e. τεμάχη ἴτρου ἤγουν ὑπογαστρίου υἱείου. *suminis suilli frustum.* πποπάδες. idem quod πόπανα, πλακούντια πλατία καὶ λεπτά, ἰτρινίαι dicta, quia ex genere τῶν ἰτρίων, ex eadem materia facta, qua ἴτρια. Vide Hesych. v. et Intrpp. praec.

„fertim Foefii Oeconom. Hipp. Haec absque caufa fol-
„licitabat Salmafius." *Br.* — V. 5. γελγίθες. Cod. Vat.
et *Suidas* T. I. p. 471. qui totum locum fic exhibet:
καὶ πότιμοι γέλγιθες· ἠδέ τε ὄγχναι· δαψιλῆ οἰνοτόταις γα-
ντρὸς ἐπεισοδία. *Hefych.* γελγίθες, αἱ τῶν ἐκερδῶν κεφαλαὶ,
Vide *Salmaf.* ad Solin. p. 822. fq. *Schneiderum* ad Nicandri Alex. 432. p. 219. qui et noftri loci mentionem
fecit. — Mox in Cod. legitur ἰδ' ὑελακυκάδες ὄγχναι. Hoc
epitheton *Suidas* omifit et loco laud. et iterum in ἐπεις-
όδιον T. l. p. 798. γέλγιθες καὶ ὄγχναι καὶ ῥοιαὶ καὶ σταφυλαὶ
δαψιλὲς ο. γ. ἐπεισόδιον. — *Reiskius* cum in apogr. Lipf.
inveniffet ὑελονυκάδες, correxit ὑετοκυκάδες. Sic aquofa
pyra appellari poffe putabat. *Toup.* in Cur. nov. p. 169.
ὑελοείδακες tentat: *cyathi ad inftar tumentes.* *Suidas:* ὄ-
δακες. ἃ λεγόμενοι φύληκες. φύληκας οἰδαίνοντας dixit *Ariftoph.* Pac. 1165. — ὄγχνη h. l. pro *pyro fativo* accipiendum, ut paffim. Conf. *Bod. a Stapel* ad Theophr. II.
p. 89. Non inutile fuerit obfervaffe, pyra in conviviis
cum aqua fuiffe appofita. *Athen.* L. XIV. p. 650. C. ὅτι
δὲ τοὺς ἀπίους ἐν ὕδατι εἰσέφερον εἰς τὰ συμπόσια, Ἄλεξις ἐν
Βρεττίᾳ (f. Βρεττίᾳ. vide *Stob.* Flor. CIII. p. 558.) παρ-
ίστησιν διὰ τούτων· εἶδές ποτε Πεινῶσιν ἀνθρώποις ἀπίους παρα-
κειμένας Ἐν ὕδατι πολλῷ. — V. 6. ἐπ' εἰσόδια. Vat. — ἐπεις-
όδια vocari has ad potandum illecebras, quia veluti ac-
ceffio fint potationis, et inter potandum, tanquam aliud
agendo, deglutiantur, recte monuit *Reiskius.* — V. 7.
φιλοσκύπανι. Notandus Pan, baculo inftructus. Intellige
pedum, inftrumentum paftorum. — „εὐστόρθυγξ hic eft
„coleata cufpide pulcre peculiatus; cui obfcoena por-
„rectus ab inguine palus." *Br.*

VII. Cod. Vat. p. 190. Ter hoc carmen *Kufterus*
edidit: T. II. p. 18. in εἴρεσθαι, ubi *Suidas* primum diftichon excitat; T. III. p. 369. in ἐπίληγγες, ubi in contextu verf. 1. habetur; denique T. III. p. 121. in πίτυς.
Reisk. Anthol. nr. 494. p. 41. Hinc *Goens* in Diff. de

Porphyr. c. II. p. XXXII. ubi veterum loca collegit, in quibus aquarum fcaturigines in antris Nympharum commemorantur. — Sofander venator Nymphis, Pani et Mercurio cervorum spolia dedicat. — V. 2. λειβουσαι. apogr. Lipf. Noftrum eft in Cod. Vat. et ap. Suid. in πρεων T. III. p. 170. in πρωνες ibid. p.; 217. et in στή-λυγγες. — σκολιός. flexuofus. — ¶. 142.] V. 3. Suidas in πιτυς vitiofe Π. τειχήεσσα. Vocale et canorum vocatur Panis facellum propter ipfius dei cantum. — De καλιῇ vide ad Apollonid. Ep. IX. — V. 4. Κασσαίης. Vat. Cod. et apogr. Lipf. unde Κρισσαίης fecit Reiskius. Κασπίης Kufterus. — „Κασταλίης. Sic e Salmafii emendatione. „In codice [in interpolato apogr.] Κασπίης. quod metro „quidem non repugnat, fed rei veritati: apud Graecos „Pani habitus honor, nullus autem apud barbaras gen-„tes Cafpii montis vicinas. Melius forte Κωρυκίης repo-„fitum fuiffet. Corycium antrum Nympharum et Panos „facrum erat. Sed quid reponi poffit, facilius eft dicere, „quam quid revera fuerit. Κασταλίη fontis eft nomen, „qui Mufis erat facer, et hic alienum eft." Br. For-taffe fruftra in his loci nomen quaeritur. Scripferim equidem:

τὴν ὑπὸ [τῆς] λασίης ποσσὶ λίλογχε πέτρης.

quam ad radices horridae hujus petrae habet. Agathias Ep. XXIX.

Πανὶ φιλοσκοπέλῳ λάσιον παρὰ πρῶνα Χαρικλῆς
ἀνακὸν ὑπηνήταν τόνδ᾽ ἀνέθηκε τράγον.

Plato Ep. XIV. λάσιον δρυάδων λέπας. *Marian.* Ep. III. ποταμὸς λασίην παραμείβεται ὄχθην. — Pro λίλογχε Vat. vitiofe λίλογχω. — V. 5. ἱερὰ τ᾽ Vat. Cod. quod ipfum defiderabat Br. pro vulgato ἱερὰ δ᾽. — ἀγρευτῆσι. Cod. — πρέμνα γερανδρύοιο. Vetuftum intellige ftipitem, ad quem venatores captarum ferarum cornua aliasque exuvias affigere folebant. Vide *Pafferat.* ad Catull. p. 44. et *Schot-tum*

tum in Obſſ. L. I. c. 12. — γερκνδρυις. al παλαιαι δρύες.
καὶ τὰ παλαιὰ δένδρα γερκνδρυις. *Apollon. Rbod.* L. I. 1118.
πρόχνυ γερκνδρυον. *Erycius* Ep. IX. αὖα ἰκτάμνοντι γερκνδρυα.
Vide *Spanb.* ad Callim. H. in Jov. 22. p. 38. — V. 6.
λιθολογέες. Vat. Cod. et ap. Lipſ. Emendavit *Reisk.* ex
Kuſtero. Cf. *Pierſon.* ad Moer. p. 53. Intelliguntur lapidum acervi, qui Mercurio ſolebant exſtrui, ἑρμαῖα ſive
ἑρμακες appellati. Vide *Schol.* in *Homeri* Od. π. 471.
ad quem locum *Euſtathius* quoque p. 625. 30. multa
de Ἑρμοῦ λόφοις disputat. Qua forma fuerint, intelligitur
ex *Straboue* L. XVII. p. 1173. B. ubi vide *Caſaubonum.*
In ejusmodi lapidum ſtruem ſcriptum Epigr. κδεστ.
CCXXXIV. ubi vid. not. — V. 7. δέχοισθε. Vat. a pr.
man. — V. 8. ἐλαφηβολίης. *Kuſter.* ex interpolato Codice. In membranis ἐλαφοσσοίης legitur. Id ex apogr.
Lipſ. *Reisk.* reſtituit; tanquam longe elegantius. A σόος,
impetus, (*Hefycb.* ἡ ὁρμή.) derivatur σόω et σοίω. Hinc
σοίδες, quod vocabulum *If. Voſſius* praeclare detexit in
gloſſa *Hefycbii:* σοίδες ἤ σοβάδες, διὰ τὸ σεσοβῆσθαι ἐν τῷ
βακχεύειν. σόος γὰρ ἡ ὁρμὴ καὶ φορά. — Sed uno tantum
ς ſcribendum ἐλαφοσοίη, quod ſine metri detrimento
fieri poteſt. Hujusmodi enim literae in pronuntiando
duplicari ſolent.

VIII. Cod. Vat. p. 192. Totum hoc carmen exſtat
ap. *Suidam* in ὄλπη T. II. p. 680. *Reisk.* Anth. nr. 508.
p. 49. Simonis filio, natales celebranti, poëta ampullam aeneam muneri mittit. — V. 1. ὄλπαι, quarum in
palaeſtra erat utilitas, (vide *Intrpp. Theocriti* Eid. II. 156.)
proprie δερματίναι, *coriaceae,* fuiſſe videntur. Sed hoc non
urgendum. *Theocr.* Eid. XVIII. 45. ἀργυρέας ἐξ ὄλπιδος.
Acbaeus ap. *Atben.* L. X. p. 451. D. λιθάργυρος δ᾽ ὄλπη
παρηωρεῖτο χρίσματος. *Steſicborus* in Helena, eodem auctore l. c. λιθαργύριον ποδονιπτῆρα dixit. Hujus fortaſſe materiae *Crinagorae* ampullam fuiſſe ſuſpicatur *Schneiderus.*
Vide eundem in Lexic. crit. v. — Cur appelletur haec

ampulla opus indicum, fc ignorare fatetur *Reiskius.*
Nec mihi quidquam de Indorum in hujusmodi artibus
peritia conftat. — V. 3. Verba *vià* Σίμωνος omittit *Suidas.*

IX. Cod. Vat. p. 205. *Reisk.* Anth. nr. 542. p. 64.
Rofae, media hyeme florentes, ad puellam, natales ce-
lebrantem, miffae loquuntur. — V. 1. ἤνθει μίν. Cod.
Vat. et *Reisk.* — Non fatis caufae erat, cur membranarum lectio rejiceretur. Olim rofae verno tempore florebant; nos autem nunc calices media hyeme reclufimus.
— V. 3. σῷ ἐπὶ μ. γενέθλῃ. Vat. Cod. σῇ improbabat *Br.*
probabat *Schneiderus.* — σῷ ex apogr. Lipf. protulit
Reisk. — V. 4. λεχέων. Defponfata igitur fuit puella, cui
rofae mittebantur et jam nuptiarum dies inftabat. Sic
haec accipienda videntur. — V. 5. καλλίστῃ στεφθῆναι.
Vat. Cod. et apogr. Lipf. unde R. fecit καλλίστης στεφθῆναι. *pulcherrimae mulieris tempora cingere.* Quanto elegantior *Br.* lectio! Videtur autem fcribendum: καλλίστης δ᾽ ὀφθῆναι. unde depravationis fons etiam melius
apparet.

X. Cod. Vat. p. 206. *Reisk.* Anthol. nr. 547. p. 66.
Non fatis perfpicuum carminis argumentum. Scriptum
eft in Demofthenem Milefium, qui, ni fallor, triplicem
inter tubicines victoriam Olympia reportaverat. Nam
σαλπιγκταὶ quoque inter fe certabant, in ara ftantes, quae
Olympiae erat, ἐν ἄλτει. *Paufan.* L. V. 22. p. 434. Cf.
ad Epigr. ἰδίσσ. in Lect. p. 274. (Ed. Lipf. CCCXIIIᵇ.)
Ut de ejusmodi potiffimum victoria hoc carmen explicari
velim, efficit tertium diftichon. — Non tamen tam certa eft haec interpretatio, ut alia locum habere nequeat.
— V. 1. Τυρσηνῆς. Vide not. ad *Tymnae* Ep. I. — V. 2.
στεηνές. τραχέως. De undis rauco ftrepitu ad litus allifis,
paffim. *Apollon. Rh.* L. II. 323. στεηνὲς δὲ πέρι στυφελὴ
βέβμει ἀκτή. *Antip. Theff.* Ep. LXIX. θάλασσα — στεηνὲς
ἀεὶ φωνεῦσα παρ᾽ οὔατα. Vide *T. H.* ad *Hefych.* v. ἀστεηνές.

— V. 3. ὁ πρίν. Paulo contortius haec videntur dicta. Senfum hunc effe puto: Praeteritum tempus tubae fonum in binis victoriis audivit; plures binas o certaminibus victorias reportarunt, five tubâ inter tibicines, five alio certaminis genere, victoriâ ad fonum tubae renuntiatâ. — V. 4. Sic haec leguntur in membr. Vat. ubi verf. fq. Μιλήτου habetur. In apogr. Lipf. τρισσοὺς ἤγαγες ἐν στεφάνοις ά. Μιλήτον. Reisk. ἤγαλες dedit, a verbo ἀγάλλω. — Lectio Cod. Vat. in verfu quinto Μιλήτου efficit, ut fcribendum putem:

εἰ δὲ σὺ καὶ τρισσοὺς ἤλασας εἰς στεφάνους,
ἀστὸς Μιλήτου, Δημοσθένες — —

Quum tu autem usque ad trinas victorias progreſſus fis, fatendum eſt, tubam nunquam graviorem edidiſſe fonum, j. e. nunquam tubicinem tubam fortius inflaſſe, five, metaphorica fignificatione, nunquam ab ullo clariorem victoriam reportatam effe. εἰ caufam indicans fupra illuftravimus. Recte ἤλασας εἰς στεφάνους. Sic Epigr. ἀδέσπ. DCLIII. ἐς γὰρ ἄκρον Μούσης καὶ ἤβης ἦκον ἐλάσσας. Aelian. H. A. X. σοφίας εἰς ἄκρον ἐληλακότα ἄνδρα. Alciphron L. III. p. 280. εἰς ὅσον ἀμηχανίας ἐληλάκειν. Erycius Ep. XI. ἤλασα καὶ μανίης ἐπὶ δὴ τόσον. — Recte etiam ἀστὸς Μιλήτου. — κώδων. idem quod σάλπιγξ. Vide not. ad *Hedyli* Ep. IV. (VIII) p. 338. — V. 6. cum parte praecedentis verfus laudat *Wetſten.* ad N. T. II. p. 155. ubi fimilia de αὐλῶν βόμβῳ collegit.

¶. 143.] XI. Bis legitur in membranis Vat. p. 169. et p. 205. Plan. p. 440. St. 573. W. Marcellus, qui puer in bellum profectus erat, vir factus in patriam rediit. Hoc carmen et Ep. XV. ad Octaviae, fororis Augufti, filium referenda effe monuit *Br.* poft *Dorvillium* in Vanno crit. p. 192. qui de bello Cantabrico circa ann. U. C. 729. confecto agi cenfebat. Qui cum anno 731. e vita exceſſerit (*Dio Caſſ.* LIII. 30. p. 725.),

vicefimo aetatis anno vixdum fuperato (vid. *Vellej. Pa-
serc.* II. 93.), hoc carmen paulo ante ejus obitum fcriptum fit, neceffe eft. — V. 2. ,,κρανασς. Sic libri omnes.
,,At aptius videtur epitheton, quod habet Suidas in
,,σκυλοφορος [T. III. p. 340. ubi prius diftichon excita-
,,tur]. Bis in membranis legitur hoc carmen: uno loco
,,fcriptum τερμα, in altero τελσα. Minus obviae vocis
,,notiorem effe gloffema fufpicari quis poffet. At τελσον
,,in fingulari a poëtis ufurpatum fcio: plurale τελσα le-
,,giffe non memini." *Br.* At quam multa in carminibus Anthologiae occurrunt απαξ λεγομενα! Recentiores
illi Graeculi prifcam linguam faepe immutarunt, vel
novas formas fingentes, vel veteres nonnihil deflecten-
tes, vel denique raro obvias et archaicas formas ex vetuftate eruentes, cujus generis τελσα fuiffe videtur. In
nullo Graecorum, qui fuperfunt, occurrit εντος, cum
εντεα omnes dixerint; nemo tamen dubitabit, quin in
fr. *Archilochi* III. 2. forma fingularis numeri recte a
Brunckio repofita fit. Nec *Hefychii* fofpitator a forma
τελσα abhorruit, cum in gloffa: τελσας. στροφας. τελη.
περατα — fufpicaretur τελσα olim fcriptum fuiffe, litera
ς e concurfu fequentis vocabuli adhaerente. — V. 4.
ουτως. Vat. Cod. utroque loco.

XII. Cod. Vat. p. 186. ,,Edidit *Dorville* ad Charit.
,,p. 30. absque ulla vitii fufpicione; de quibusdam ni-
,,mis anxius eft *Pierfon*. Verifim. p. 90. quae mihi bona
,,et non follicitanda videntur." *Br.* Anth. *Reisk*. nr. 488.
p. 38. Vota facit poëta pro incolumitate fratris Euclidis,
eo die, quo ille primam barbam depofuit. — V. 1. 2.
profert *Wetften*. ad Nov. Teft. I. p. 317. — Ηδε apogr.
Lipf. quod *R.* correxit ex *Dorvillii* exemplo. — V. 2.
ευλοχω corrigit *Pierfon*. ex *Callim*. Ep. XXI. ubi vulgo
ευλοχος legebatur, nunc vero ex Vat. Cod. ες λεχος emendatum eft. Neque hic locus emendatione eget. — Veteres
μειλιχος et μειλιχιος dicebant. *Suid*. Μειλιχια και μειλιχιος.

πρᾶος. χρηστός. *Hefych.* Μείλιχα. ἥδιστα. γλυκέα. προσηνῆ.
ἐπιεικῆ. Diana, quae puerperii dolores mitigat. — V. 3.
ἔτ᾽ ἄχνοος, antequam juvenilem aetatem attingeret; ad
praeteritum tempus verba referenda. — ηὔξατο. *Reisk.*
— V. 4. τὸ πρῶτον ἔαρ. quod *Apollonid.* Ep. VIII. ἠῶ
πχρνίσδων πρῶτον θέρος vocat. — V. 5. δέχοισθε. Cum em-
phafi videtur dictum. Dii, quos benigno animo et pro-
pitii refpiciunt, eorum munera dicuntur δέχεσθαι; fin
aliter, afpernari et rejicere. — Sententia ducta videtur ex *Antip. Theff.* Ep. XXI.

    XIII. Cod. Vat. p. 186. Edidit *Dorville* in Vann.
crit. p. 190. in Obff. Mifc. Nov. Vol. I. P. III. p. 154.
Reiske in Anth. nr. 489. p. 38. Poëtae pro Antonia ad
Lucinam preces. Verf. 6. dubitari non patitur, quin de
Antonia minore, Antonii triumviri ex Octavia filia,
agatur, quam Drufus, Liviae filius, in matrimonio habebat. Vide *Plutarch.* Vit. Anton. T. I. p. 955. F.
Fabric. ad *Dion. Caff.* T. II. p. 885. — V. 1. Ελειθυιῶν.
Vat. Cod. et *Reisk.* Ελειθυιῶν Dorv. Ilithyae plurali numero occurrunt ap. *Homer.* Il. λ. 270. et τ. 119. Earum
mater Juno. Cf. *Euftath.* ad Il. λ. p. 781. 20. Ειλήθυιαι,
τε Ἥρας θυγατέρες. *Aelian.* H. A. VII. 15. et X. 47. —
Ἥρη δέ. Vat. et apogr. Lipf. τε *Dorvill.* — κουρηγὸ, τελείη
ex ingenio fcripfit *Reisk.* Sed poëta Junonem faepius
non fine gravitate compellat. — Junonem τελείην autem,
una cum Jove τελείῳ, Venere, Suadela et Lucina novi
fponfi potiffimum invocabant, tefte *Plutarcho* T. II.
p. 264. B. Quo fenfu illis τῶν τελείων cognomen tributum fit, apparet ex *Aefchyl.* Agam. 982. Ζεῦ, Ζεῦ, τέλειε,
τὰς ἐμὰς εὐχὰς τέλει. Idem in Eumen. 26. τέλειον ὕψιστον
Δία. — V. 2. πατὴρ *Reisk.* qui verfu 1. μήτηρ dedit. —
V. 4. Ἠπιόνης. Nofter Ep. XVI. φάρμακα πεγείης οἶσθα παρ᾽
Ἠπιόνης. Ap. Epidaurios colebatur, ut Aefculapii conjux.
Paufan. L. II. p. 177. Ut mater complurium numi-
num, quae fanitati confervandae praefunt, laudatur ap.

Ariſtidem T. I. p. 46. 3. ed. Oxon. οἷς Ἰασώ τε καὶ Πανάκεια καὶ Αἴγλη σύνεστι καὶ Ὑγίεια, ἡ πάντων ἀντίρροπος, Ἠπιόνης δὴ παῖδες ἐπώνυμοι. ut h. l. egregie emendavit *Valckenar.* in Diatr. p. 290. B. quem vide. — V. 5. γε γηθ. ap. Lipſ. — γεγηθήσειε, tanquam a verbo γεγηθέω, dedit *Reisk.* — πόσις eſt Druſus, Liviae ex Claudio Nerone filius; μήτηρ, Octavia, Auguſti ſoror;. ἐκυρὰ, ipſa Livia.

XIV. Cod. Vat. p. 395. Edidit *Pauw* ad Anacr. p. 3. *Dorvill.* Vann. crit. p. 185. *Jenſius* nr 19. *Anthol. Reisk.* nr. 670. p. 120. Conf. *Fiſcher.* ad Anacr. p. 507. ed. nov. — Antoniae poëta Anacreontis codicem dono offert. — V. 1. βίβλων. R. — V. 2. πεντάς. In quinque igitur libros Anacreontis carmina deſcripta fuerunt, in eo ſaltem codice, de quo h. l. agitur. De numero librorum vide *Dorvillium* l c. et qui ejus veſtigia preſſit, *Fiſcherum* in not. ad Anacr. p. 3. — V. 2. Sic Epigr. XLI. ἣν γὰρ ἅπαντα Δεύτερ' ἀμιμήτων τῶν ἐπὶ ϲοι Χαρίτων. — V. 3. In Cod. Vat. ſic: Ἀνακρέοντος ἃς ὁ Τήιος ἡδὺς πρέσβυς. Sequ. verſu autem verba ἢ ϲὺν Ἰμέροις ἃ recentiore manu ſunt addita. *Dorvillius* in libro interpolato invenit: ἃς Ἀνακρέων ἡδὺς πρέσβυς ὁ Τήιος. quae verba ille ſic transpoſuit, ut *Br.* exhibit. Minori mutatione *Heringa* in Obſſ. crit. p. 193. ἃς Ἀνακρέων ὁ πρέσβυς ἡδὺς Τήιος. Fateor, hos conatus mihi nec valde veriſimiles, nec elegantes videri. Si illis et meam qualemcunque conjecturam adjicere licet, verba ἡδὺς πρέσβυς ex gloſſemate verſui adjecta eſſe arbitror, cum fortaſſe ſcriptum eſſet:

Ἀνακρέων ποθ' ἃς γ' ὁ Τήιος κύκνος.

Vocem κύκνος erat qui per ἡδὺς πρέσβυς interpretaretur. *Cygni* enim vocantur poëtae et ſenes. *Antip. Sid.* LXXVI. Τύμβος Ἀνακρείοντος, ὁ Τήιος ἐνθάδε κύκνος εὕδει. Ἑλικώνιος κύκνος Pindarus vocatur ap. *Chriſtodor.* in Ecphr. p. 470. Sed nota res. Ad utramque notionem, cantoris et ſenis,

facit *Eurip.* in Herc. Fur. 692. — *Reiskius* tamen totum hunc locum, ἃς — Ἵμερος, tanquam novi Graeculi
miferabile fcholion a fua editione exulare juſſit. Exempla diverſorum metrorum, in uno carmine commiſto-
rum, collegit *Dorville* in Vann. crit. p. 186. — V. 5.
Ἀντωνίη, cafu recto, Cod. Vat. et Jenf. — V. 6. ἐνεγκα-
μένην. Idem. Utrumque emendavit *Dorvill.* — ἱερὴ ἠώς.
Dies natalitius eſſe videtur.

¶. 144.] *XV.* Cod. Vat. p. 449. Plan. p. 95. St.
139. W. In Cod. Conſtantini Lafcaris, quem *Iriarte*
defcripfit, nomen Κριναγόρου mutatum in Κλιναγόρου. —
M. Claudio Marcello (vide ad Ep. XI.) puero Crinagoras Hecalen Callimachi dono mittit. — V. 1. 2. Hoc
diſtichon laudans *Schol. Ariſtoph.* Eqq. 753. ὧ 'νὴρ exhibet. — τορευτὸν ἔπος. carmen ſtudioſe expolitum. Similia collegit ad hoc ipſum Epigramma *Bentlejus* in Fr.
Callim. XL. p. 429. ed. *Ern.* — πάντας ἔσεισε κάλως.
(κάλους Vat. Cod.) in quo ſummo cum ſtudio elaboravit.
Proverbialem locutionem illuſtravit, noſtro loco non
neglecto, P. *Leopardus* in Emend. L. X. 8. p. 259. ſqq.
— V. 3. Ἑκάβης. Edd. quaedam veteres, ex prava correctione. ἢ ἀ Ἑκάλης. Vat. Cod. Hecales, quae Theſeum
hoſpitio apud ſe acceperat, hiſtoriam narrat *Plutarch.*
T. I. p. 6. B. Cf. *Politiani* Mifcell. c. 24. Mirari ſubit,
quod *Crinagorae* loci nemo meminerit ad fragm. *Callimachi* ap. *Suidam* in ἐπαύλια, et *Etym.* M. in θάνατος,
quod inter incerta fragmenta relatum eſt, nr. CXXXI.
p. 494. cum, ex Hecale petitum eſſe, hic ipſe locus manifeſtum faciat. Theſeus, hoſpitale Hecales tugurium re-
linquens, haec dixiſſe videtur:

πολλάκι σεῖ', ὦ μαῖα, φιλοξείνοιο καλιῆς
μνησόμεθα· ξυνὸν γὰρ ἐπαύλιον ἔσκεν ἅπασι.

Idem poëta ap. *Schol. Ariſtoph.* ad Acharn. p. 266. τῶν
δὲ ἱ πάντες ὁδῖται Ἡ μα φιλοξενίην· ἔχε γὰρ τέγος ἀκλήιστον.
Hinc ei cognomen τῆς φιλοξένου adhaeſit. *Plutarch.* l. c.

Bb 4

ὅσχι τὰς εἱρημένας ἀμοιβὰς τῆς φιλοξενίας. Perpetuus *Calli-machi* imitator *Nonnus* Dion. III. p. 98. φιλοξείνοιο δὲ Νύμφης. XVII. p. 466. φιλοξείνῳ δὲ νομῆι Ἴλαον ὄμμα φέρων. — V. 4. Μαραθών. Ad taurum Marathonium referendum. Vide *Plutarch.* l. c. — τοὺς ἐκ. π. Plan. et mox νεαρῶν. Utrumque ex Vat. Cod. emendatum. — V. 5. Utinam juvenile robur Thefei, et gloria, quae illius herois illu-ftravit vitam, tibi, o Marcelle, contingat. — V. 6. κεινοῦ *Brodaeus* in fuo exemplo invenit. — Pro εἴη κρίσθαι in marg. Vat. Cod. εἰνάρεσθαι legitur.

    XVI. Anth. Plan. p. 346. St. 485. W. In laudem Praxagorae medici, cujus meminit *Plinius* L. XXVI. 6. p. 391. ubi *Harduinus* hoc Epigramma attulit, et *Cornelius Celfus* in Praef. p. 3. 6. *Post quem* (Hippocratem) *Diocles Caryftius, deinde Praxagoras et Chryfippus, tum Herophilus et Erafiftratus fic artem hanc exercuerunt, ut etiam in diverfas curandi vias procefferint.* — V. 2. παιὼν. Herba panacea (*ipfo nomine omnium morborum remedia promittente,* ut *Plinius* loquitur L. XXV. 11. p. 363. ubi vide *Harduin.*) Aefculapius fibi manus inunxit, iisque in Praxagorae finum demiffis, pectus ejus artis falutiferae fcientia implevit. Sic enim dii fuas virtutes cum hominibus communicare putantur. *Meleagr.* Ep. XXIII. ubi vide not. *Theocrit.* Eid. XVII. 36. Τῆς μὲν Κύπρον ἔχοισα Διώνας πότνια κούρα Κόλπον ἐς εὐώδη ῥαδινὰς ἀπεμάξατο χεῖρας. *Callimachus* ap. *Schol. Pindari* Nem. IV. 12. Gratias rogat, ut manus in ipfius elegis abstergant: Ἔλλετε νῦν, ἐλέγοισι δ' ἐνιψήσασθε λιπώσας Χεῖρας, ἵνα μοι πουλὺ μενῶσιν ἔτος. ubi *Hemfterb.* noftrum locum laudare non neglexit. — κνίαι. Hanc ob caufam omnia febrium remedia, omnemque vulnerum curandorum rationem tenes. — Ἠπιόνης. Vide ad Ep. XIII. — V. 7. 8. Similiter *Magnus Medicus* T. II. p. 304. de Galeno:

    χήρευεν δὲ μέλαθρα πολυκλαύτου Ἀχέροντος,
    σῇ ταμνονίῃ χειρὶ βιαζόμενα.

XVII. Anth. Plan. p. 292. St. 432. W. „Quis hic
„fit Crifpus, nefcio. Si verum eft lemma, locata fuerit
„illius imago in vico, ubi tres Fortunae ftatuae pofitae.
„Verifimilius eft factum carmen occafione trium Fortu-
„nae ftatuarum, aut pictarum imaginum, quibus ornata
„Crifpi illius domus.“ *Br. Banduri* in Antiqq. CP.
T. II. p. 838. de Crifpo, Phocae imperatoris genero,
cogitabat; quem tamen alii Prifcum appellant. T. II.
p. 721. fq. Optime *Schneiderus* in not. mfc.: „C. Crifpus
„iterum Conful A. U. C. 797. fub Claudio ap. Dio-
„nem p. 960. nefcio an idem. Tiberium quosdam fta-
„tuis honoraffe et funere publico mortuos, tradit qui-
„dem Dio p. 869. fed de vivis tacet. Quid, quod ne
„fermo quidem hoc loco eft de imagine Crifpi? Sed
„vivus erat adhuc et fortunae gradus altiores confcen-
„dere cogitabat favore Tiberii.“ — V. 1 - 4. Tam be-
nignus tuus et ad auxilium ferendum promtus animus
multis fortunae copiis indiget, ut ingenitum illud bene
faciendi defiderium explere poffis. — V. 4. μυρίων. Aldinae omnes et Afc. μύριον non de multitudine tantum,
fed frequenter etiam de magnitudine dicitur. μύριος
μόχθος, μύριον κῦδος, μύριον ἄλγος paffim in Anthologia
obvia. — V. 5. κρέσσων. Caefar Fortuna potentior te in
altiore honoris gradu collocet. Nam quae Fortuna, nifi
ab ipfo profecta, fatis firma videri poffit? Sic fere ἄρηρε
explicari malim, quam *placuit.* *Hefych.* Ἄρηρεν. ἰσχυρῶς
ἥρμοσται. Ἀρηρός. ἰσχυρῶς ἡρμοσμένον.

¶. 145.] *XVIII.* Anth. Plan. p. 297. St. 436. W.
Statuae, in lemmate commemoratae, in ipfo carmine
nulla fit mentio. Agitur de Tiberii Neronis expeditio-
nibus in Afiam et Germaniam. Miffus eft ab Augufto
in Armeniam, ut Tigranem (fecundum *Suetonium* Vit.
Tib. c. IX. et alios, quos vide ad *Dion. Caff.* T. I. p. 738.
et *Vellej.* L. II. c. 94.) in regnum reftitueret. *Vellejus*
folus Artavasdis caufa hoc bellum fusceptum effe tradi-

dit, nifi potius cum *Lipfio* legendum eft: *regnum ejus Arfavasdi ereptum Tigrani dedit.* Cf. *Ruhnken.* p. 383. Deinde in Germaniam miſſus egregie bellavit. Vide *Vellejum* L. II. 105. ſqq. *Sueton.* c. 9. *Dion. Caſſ.* p. 801. — V. 1. καὶ τὰ Ν. vulgo. quod an recte mutatum fit, dubito. Nulla eft antithefis. Mundus terminatur oriente et occidente; *etiam* Neronis res geftae utrumque mundi finem attingunt. — V. 4. εἶχε. vulgo. εἶδε correxit *Joſ. Scaliger* in not. mſt. et *Huetius* p. 29. — V. 5. δισσὸν κράτος, i. e. νίκη, ut paſſim ap. poëtas. — εἶδεν. Neronis virtutem experti ſunt, et qui ad Araxem et qui ad Rhenum habitant.

XIX. Cod. Vat. p. 394. Edidit *Jenſ.* nr. 18. Anth. *Reisk.* nr. 669. p. 119. In nuptias regum, neſcio quorum, Aegypti et Libyae, quorum ſocietate has terras in poſterum inter ſe conjunctiſſimas fore, poëta auguratur. *Reiskius* hoc carmen non *Crinagorae,* certe non ei, qui ſub Augufto vixerit, ſed fortaſſe *Callimacho* tribuendum eſſe ſuſpicatur. Reſpici enim ad nuptias Berenices, quae Magae, Cyrenarum praefecti, filia fuit, cum Ptolemaeo Euergeta. Vid. *Juſtin.* L. XXVI. 3. colL *Pauſan.* L. I. p. 17. ſq. Inciderunt hae nuptiae in *Callimachi* aetatem, etſi annus ipſe ignoretur. — V. 2. τέμνει. Nilus ab Aethiopibus in Aegyptum decurrens, Cyrenae incolas et regno Cyrenaico adjunctos populos ab Aegyptiis ſecernit.

XX. Cod. Vat. p. 403. Edidit *Jenſius* nr. 15. *Reisk.* in Anth. nr. 666. p. 118. *Weſſeling.* ad *Diodor. Sic.* T. II. p. 591. et ex eo *Toup.* Em. in Hefych. T. IV. p. 354. Corinthi, a peſſimis civibus habitatae, ſortem poëta conqueritur. Reſpicitur nimirum ad libertinorum coloniam, quae Julio Caeſare quintum Conſule A. U. 710. in Iſthmum deducta eſt. Vide inprimis *Strabon.* L. XVII. p. 833. *Pauſan.* L. II. p. 111. et p. 116.

quos laudat *Fabricius* ad *Dion. Caſſ.* T. I. p. 377. —
V. I. οἴους ἐνθ᾽ οἴων. Sic loquuntur veteres. *Euripid.*
Alceſt. 142. ὦ τλῆμον, οἵας οἷος ὢν ἁμαρτάνεις. *Sophocl.*
Antig. 942. οἶα πρὸς οἴων ἀνδρῶν πάσχω. Plura vide a *Wyt-*
tenbachio collata in Bibl. crit. T. III. P. II. p. 21. —
V. 2. ἀμμορίη. Vat. Cod. — V. 3. „Scriptum in Cod.
„αὐτίκα καὶ γᾶς ἡ χθαμαλωτέρη. corrupte. Utinam mari
„ſubmerſa fuiſſes! Sed ne ſic quidem locus ſanatus eſt:
„nam recta loquendi ratio nomen hic in quarto caſu
„requirit: Κόρινθε, εἴθε σε κεῖσθαι χθαμαλωτέρην πόντου καὶ
„ἐρημοτέρην — quod non patitur verſus. An χθαμαλώτε-
„ρον ſcribendum adverbialiter, et ἐρημοτέρην? aut ſic re-
„fingendus locus?

> „ὤφελες ἢ πόντου χθαμαλωτέρη εἴθε Κόρινθε
> „κεῖσθαι, ἢ Λιβυκῆς ψάμμου ἐρημοτέρη. "

Brunck. Weſſelingius et poſt eum *Toup.* αὐτίκα καὶ γᾶς ἧς.
Sine ſenſu. *Reiske* refinxit: 'Αστυπαλαίας ἡ χθαμαλώτερα
κεῖσαι Κόρινθε, κεῖσαι καὶ Λ. quae *hic jaces humilior Aſty-*
palaea, jaces deſertior arenis Libycis. Recte fortaſſe vidit
vir perſpicaciſſimus, proprium urbis aut regionis nomen
hic deſiderari,. ſed non tanta licentia in membranarum
lectionem graſſandum, multo minus metrum tam graviter laedendum erat. — Minima mutatione legerim:

> αὐτίκα δ᾽ Αἰγιέρας χθαμαλωτέρη — — —.

Perparum intereſt inter καιγας et δαιγιερας. Commemoratur Aegira inter eas urbes, quas mare obruerit. Vide
Joſ. Scaliger. ad Hieron. Chron. p. 123. et not. in *Bia-*
nor. Ep. XII. 7. Sic Helice et Bura, quibus eadem calamitas accidit, paſſim, tanquam παροιμιακῶς, commemorantur. — αὐτίκα cum κεῖσαι jungendum. Ep. XII. καὶ
αὐτίκα τῶνδ᾽ ἐπ᾽ Ἰούλων Εὐκλ. πολιῆς ἄχρις ἄγοιτε τριχός. Ep.
XXVI. 5. ἥξω δ᾽ αὐτίκα που καὶ ἐς ἀστέρας. — V. 5. Pro
διὰ πᾶσα *Reiskius* dedit διάπασμα, ut eſſet *direptum per-*
miſſa. Inutilis et Inepta mutatio. Junge! ἡ πᾶσα διαδ..

θεῖσα θλ. — παλίμπρητοι, *servi nequam et inutiles.* ὁ πολλάκις ἐπ’ ἐμπολῇ μεταβεβλημένος, παλίμπρητος. *Harpocrat.* in
παλίμβολα. *Chryſoſt.* Or. XXXI. p. 321. D. jungit παλίμβολα καὶ παλίμπρατα. Vide *Rubnken.* ad Tim. p. 205. —
θεθεῖσα. Vat. Cod. et Jenſ. — V. 6. Veterum Bacchia-
darum, qui priſcis temporibus Corinthi imperium tenebant, oſſa premere videbatur urbs, habitata civibus,
prioribus illis nobiliſſimae urbis incolis diſſimillimis.
Quid in hac lectione tantopere offenderit *Reiskium,* non
video. Ille tamen dedit: ὄλβιά γ’ ἀρχαίων ὁ. Β.

XXI. Cod. Vat. p. 436. Edidit *L. Holſten.* ad
Steph. v. 'Ερκύνιον p. 116. *Dorville* ad Charit. p. 423.
et iterum in Sicul. T. I. p. 34. *Jenſius* nr. 13. Anthol.
Reisk. nr. 664. p. 117. —. In aquas quasdam in Pyre-
naeis, quae Caeſaris adventu illuſtratae eſſe dicuntur. —
V. I. „Holſtein habet 'Ερκυναῖον e Mſc. cod. cujus ubique
„ſcripturam fideliter repraeſentavit; quam lectionem
„magis probo.“ *Br.* Magis etiam probabat *Heringa* in
Obſſ. p. 191. Sylva Hercynia pro remotiſſima aliqua
regione dici potuit, ſicut Σολόεις. In Palatinis tamen
membranis 'Ορκυναῖον legitur, etiam *Dorvillio* teſte. Nec
fortaſſe male, modo ſcribas, ſpiritu mutato, 'Ορκυναῖον.
ὁ 'Ορκύνιος δρυμὸς eſt etiam ap. *Ptolem.* T. II. Geogr. XI.
p. 57. Dubitat tamen *Dorv.* an non potius 'Ορκαναῖον
ſcribendum ſit, an 'Τρκαναῖον (hoc recepit *Reiskius*), cum
etiam *Agathias* in Prooemio v. 75. Hyrcanum ſive
Caſpium ſinum pro ultimis navigationis finibus poſuerit.
— μυχὸς de receſſu montano non minus bene quam de
ſinu maris dicitur. Vide *Dorvill.* ad *Char.* l. c. — Σο-
λόεντα. Libyae promontorium; vide *Herodotum* L. IV.
43. p. 299. quo promontorio, *Scylace* teſte p. 125.,
navigatio in Oceano Atlantico terminabatur. — V. 2.
ἦλθες. Cod. et Jenſ. ἦλθη. *Dorv.* et *Reisk.* — Ἑσπερίδων.
De Heſperidibus Libyae vide *Salmaſ.* ad Solin. p. 264.
— V. 3. Gloria Auguſtum ſequitur, quocunque iveris

id quod Pyrenaei teſtantur fontes. Quibus enim ne
lignatores quidem, circum eos habitantes, uti ſolebant,
ad hos in poſterum utriusque cóntinentis incolae acce-
dent. — Sic omnia perſpicua, quae antea ob pravam
diſtinctionem intelligi non poterant. *Heringae* conjectú-
ras adſcribere ſuperſedeo. — 'Aquis autem, quibus il-
luſtrem famam auguratur *Crinagoras*, Auguſtus uſus
eſſe videbatur *Dorvillio*, cum, Cantabria domita, deſtil-
lationibus jecinore vitiato, frigida balnea adhibere coepit, Antonio Muſa auctore. Vide *Sueton.* Vit. Aug. 81.
p. 153. ed. Ern. Vereor tamen, ne haec conjectura
concidat, comparato *Dione* p. 720. et 725. ex quibus
locis intelligitur, frigidae aquae medicinam ab Auguſto
nonniſi duobus annis poſt reditum ex Hiſpania fuiſſe
adhibitam. — Ceterum color idem ap. *Nazarium* in
Paneg. Conſtant. XVI. *Nusquam gradum extulifti, quin
ubique te gloria quaſi umbra comitata fit.* — V. 4.
„Πυρήνης. Sic cod. recte. Vetuſtiſſimae regiae membra-
„nae, in quibus Dionyſii Periegeſis, v. 288. habent:
„τοῖς δ᾽ ἔτι Πυρηναῖον ὄρος καὶ δώματα Κελτῶν. In edd. ge-
„minata ρ legitur Πυρρηναῖον. Sic etiam ap. latinos poëtas
„Pyrene prima producta. Infra tamen XXVIII. ubi
„editi libri habent οὔρεα Πυρηναῖα, Vat. Cod. Πυῤῥηναῖα.“
Br. — ¶. 146.] V. 5. 6. Hoc diſtichon ab inepta interpretatione neſcio cujus in Miſc. Lipſ. IV. p. 127.
vindicat *Dorville* ad Char. p. 117.

XXII. Cod. Vat. p. 432. Εἰς πρόβατον τρίτοκον· καὶ
νῦν εἰσι τοιαῦτα πρόβατα οὐκ ἐν Ἀρμενίᾳ μόνον, ἀλλὰ καὶ ἐν
Σκυθίᾳ. Edidit *Salmaſ.* de Homon. H. I. p. 165. *Jenſius*
nr. 154. Anth. *Reisk.* nr. 805. p. 176. — V. 1. ἐντὸς
Ἀράξεο. Cod. Vat. Hoc *Pierſon.* ad *Moer.* p. 422. mutavit in ἔνθα γ᾽ Ἀράξεω. *Reisk.* in ἔνθεν. Initium carminis
deeſſe ſuſpicabatur *Salmaſius.* — Ἀγαῤῥική. *Salmaſius*
Agariam in Sarmatia Europaea quaerebat, quia Ptole-
maeus fluvii Agari et promontorii Agarici in illa regione.

mentionem facit. Putabat itaque, ovium istarum sobolem
ex Agarrica Sarmatiae in Armeniam translatam esse.
Memoratur Agarra in Susiana, prope Eulaeum fluvium,
satis longo intervallo ab Armenia dissita. ·Quum in eadem regione habeatur fluvius *Araxes*, qui ad Hecatom-
pylas ortus in Persicum sinum effunditur, vide, an *Crinagoras*, τῇ ὁμωνυμίᾳ in errorem inductus, ovem, quae
Persicae esset originis ('Αγαῤῥικὴ) et ad Araxen, ·Persiae
fluvium, inveniretur, ad fluvium ejusdem nominis, sed
illo longe notiorem, in Armenia collocaverit. — De
fluviis, qui Araxis nomen antiquitus habuerunt, vide
Buberium in Differt. Herodot. c. XVIII. ¦ p. 190. —
Caeterum *Schneiderus* hoc carmen refert ad Armenicam
Tiberii expeditionem, quem vide ad *Oppian*. Cyneg. I.
378. p. 361. — V. 3. „Recte Salmasius μήλων, licet
„in Cod. scriptum sit μήλοις. Ordo, χαῖται δ' αὐταῖς οὐκ
„εἴσιν ἅτε που ἐπὶ μαλακοῖς μαλλοῖς τῶν μήλων. Simile quid
„de ovium quodam genere habet Oppian. in Cyneg.
„τάχ'· αἰγὸς ἂν ἀντιφερίζοι Τρηχυτάτῃ χαίτῃ δυσπαίπαλος, οὐκ
„ὀλίγοσι.“ *Br.* Cod. Vat. χαῖται δ' οὐ μήλοις. Reiske dedit:
χαῖται δ' οὐ, μήλοις ἅτε που μαλακοῖς, ἐπίμαλλοι· *at coma
non est densa, crispa, mollis, qualis esse solet ovibus deli-
catis.* — De ovibus *Plin.* H. N. VIII. 75. p. 478.
*Istriae Liburniaeque pilo propior quam lanae, pexis aliena
vestibus.* In Britanniae quoque partibus septentrionali-
bus oves pro lana pilos habent, a caprarum pilis parum
diversos. Vide *Küstneri Beyträge zur Kenntnifs von
England*, Fasc. XVI. p. 146. — V. 4. ψεδναί. *raris crinibus iisque asperis.* Homer. Il. β. 219. φοξὸς ἔην κεφαλὴν,
ψεδνὴ δ' ἐπενήνοθε λάχνη. quod certatim expresserunt recentiores. ·Vide *Pierson.* ad *Moerin* p. 421. sq. —
V. 6. οὐ θαλίου. *Jens.* — In contextu Cod. et iterum in
marg. οὐθατίου. — V. 8. ἀλλὰ vitiose in Analectis. ἄλλα
legendum. — De forma γέα pro γαῖα vide *Eustath.* ad
Il. ε. p. 2111. 7.

XXIII. Cod. Vat. p. 451. Edidit *L. Holften.* ad
Steph. v. Φαίαξ p. 338. *Jenf.* nr. 81. Anthol. *Reisk.*
nr. 732. p. 147. Infula quaedam defcribitur, parva,
fed fertilis, multaque incolis commoda praebens. —
V. 1. εἰ καί με. Vat. Cod. et *Holft. Jenf.* εἰ χ᾽ οἵ με π.
ἀρούειν emendavit *Reiske: quamvis me dicens fpatii exi-
guam, qui me forte menfi fuerint.* Hujus veftigia preffit
Toup. in Em. in Suid. P. I. p. 160. ubi h. v. fic conftituit, ut ap. *Br.* habetur. — V. 2. σταδίους. Vat. Cod.
— V. 3. ἐπ᾽ αὔλακα π. ἀρότρου. Vat. Cod. *Holft. Jenf.* —
ἐπαύλ-.κα junctim exhibuit *R.* cui vulgata lectio negotia
fecit: πίερ ἀλεύρου conjecit. Mirum, Homericum locutionem οὐδαρ ἀρούρης viro doctiffimo non in mentem veniffe.
Hunc quoque verf. eleganter correxit *Toupius.* — V. 4.
ἀκροδρύου. Omnes arborei fructus, qui corticem ligneum
habent, ἀκρόδρυα vocantur; quin alii eandem vocem de
quibuscunque fructibus arboreis ufurparunt. Vide *Salmaf.* ad *Solin.* p. 430. C. *Bod. a Stapel* ad Theophr.
L. II. p. 89. 342. — V. 5. ὑπ᾽ ἰχθύσι. Vat. Cod. ἐπ᾽
Jenf. et *Holft.* — εὔαγρος. qui pifcatoribus largam
pifcium copiam affert. — ὑπὸ μαίρη. Cod. Vat. μαίρην
emendavit *R. Hefych.* Μαῖρα. κύων τὸ ἄστρον ἢ καμπιότατον
καῦμα. Sic de patria fua gloriatur *Ovidius* II. Amor.
XVI. 3. *Sol licet admoto tellurem fidere findat, Et mices
Icarii ftella proterva canis; Arva pererrantur Peligna
liquentibus undis.* *Libanius* in Antioch. T. I. p. 283.
ed. *Reisk.* — V. 6. λιμένων τ᾽ ἤπιον. Vat. Cod. recte.
Idem ἀτρεμίη cafu recto. — Vitiofe apogr. Voff. ἀρτεμίη
ap. *Pierfon.* in Verif. p. 226. — V. 8. τῷ ἐπεωρίσθην.
Vat. Cod. *Holft.* — In lectione Reiskiana, τῷ ἐπι ὡρίσθην,
verba fic jungi debent: ἐθέμην τοῦτο τὸ ὄνομα, ἐφ᾽ ᾧ.
ὡρίσθην γελᾶσθαι. *Nomen accepi, unde mihi fatale erat ri-
deri.* Sufpicabatur *Reiskius,* refpici ad Σύβοτα, quod nomen tribus infulis, inter Corcyram et Epirum fitis, com-

mune fuit. Vide *Strabon*. VII. p. 499. A. B. *Thucyd.*
L. I. 47. Sed de una tantum infula in hoc Epigr. agitur, non de pluribus. Et fuerunt in eadem regione
ἄλλαι νησίδες, οὐκ ἄξιαι μνήμης, fecundum *Strabonem* l. c.
quarum una fortaſſe hoc carmine fignificatur.

XXIV. Cod. Vat. p. 452. Edidit *Salmaſ.* in Plin.
p. 597. A. Poëta navigationem in Italiam parans, Me-
nippum geographum compellat, qui ipfum quafi manu
- per regiones peragrandas ducat. Refpicitur hoc carmine
Menippi Pergameni Periplus, quo internum mare tribus libris defcripferat. *Marcianus Heracleota:* Μένιππος
δὲ ὁ Περγαμηνὸς, καὶ αὐτὸς τῆς ἐντὸς θαλάσσης περίπλουν ἐν
τρισὶν ἤθροισε βίβλοις, ἱστορικήν τινα καὶ γεωγραφικὴν ἐποιήσατο
ἐπαγγελίαν. Vide *Dodwell.* in Diff. VII. Tom. I. Geogr.
minorum p. 146. ubi Menippi fragmenta leguntur, hoc
Epigrammate praemiſſo. Conf. *Fabricii* Bibl. Gr. T. IV.
p. 614. not. 99. ed. *Harl.* — V. 3. δηφέω. Vat. Cod.
Notanda forma διφέω pro διφάω. — ἡγητῆρα περίπλοον *Sal-*
mafius interpretatur περιηγητήν. qui per fingula ducat,
memorabilia quaeque ostendens et defcribens. — V. 4.
Σχερίην. *Homer.* Od. ε. 34. Σχερίην ἐρίβωλον, Φαιήκων ἐς γαῖαν.
Eadem, quae Corcyra. Vide *Schol.* ad *Homeri* loc. et ad
Apollon. Rh. L. IV. p. 984. — V. 5. ἀλλὰ σύλλαβέ μοι.
operam mihi navare velis. ἴστορα κύκλον. Periplum illum,
de quo fupra. Vide *Salmafium* Praef. ad Solin. p. 11.
ubi partem hujus diſtichi excitat, et ad *Solin.* p. 596. G.

❡. 147.] *XXV.* Anth. Plan. p. 9. St. 16. W. In
Cod. Vat. p. 324. primo diſticho adfcriptum lemma:
Κριναγόρου. εἰς Ὀθρυάδην τὸν Σπαρτιάτην. Verfui tertio autem hoc: Ἄδηλον. εἰς Ῥωμαῖον στρατιώτην ἀριστεύσαντα
ἐξαισίως. *Scaliger* quoque in not. ap. *Huetium* p. 4. hoc
diſtichon a reliquis feparandum, idque a capite et calce
truncum eſſe cenfebat. Verbum, ut σίγα, vel εὔχεῖς per
interrogationem, fupplendum fufpicabatur *Huetius.*

Qua-

Quatuor haec difticha unius carminis effe, mihi per-
fuafum habeo, nec Vaticani Cod. auctoritatem moror;
qui faepiffime jungenda discerpit et non initio folum
carminum, fed in partibus etiam eorum lemmata ponere folet. Vide ad Ep. *Hegefippi* IV. 5. 6. Vol. I. 2.
p. 173. Quum in Anth. Plan. verf. 2. καλιπτολέμων legatur, *Brunckius* cum Vat. membr. κάλει πολέμων dedit,
ut fenfus effet integer. In idem incidit *Anonym.* Bibl.
Bodl. cui etiam καλυπτόμενος in mentem venerat. Hoc
illi praetulerim, nifi tum πάντων fulcro careret. Vatic.
lectionem etiam *Dorvill.* probavit ad Charit. p. 607.
Sed quo fenfu haec dicta funt? κάλει 'Οθρ. *voca, invoca*
in memoriam sibi revoca clariffima prifcae aetatis facinora? Hoc mihi perquam infolenter videtur dictum.
Deinde, quod etiam gravius, hac lectione et interpretatione admiffa, fententiae hiant, fequentibus diftichis
cum primo nulla ratione coëuntibus. Adde, quod fic vocabulum καλιπτολέμων, quod et elegans eft et fupra librariorum captum, expellitur. Quae cum ita fe habeant,
conjectura hunc locum tentari poffe exiftimo. Quid? fi
fcripferit Mitylenaeus nofter:

'Οθρυάδην ΠΑΡΑΘΕΙ, τὸ μέγα κλέος, ἢ Κυνέγειρον
ναύμαχον, ἢ πάντων ἔργα καλιπτολέμων

"Αῤῥιος αἰχμητὴς 'Ιταλός· παρὰ χεύμασι — —

Arrius Romanus miles omnium, qui unquam claruerunt
bello, Othryadis, Cynegiri, aliorum, facinora fuperas.
Qui cum ad Rheni ripas jaceret, vulneribus tantum non
confectus, et aquilam fuis hoftili manu eripi vidiffet,
contumeliam non tulit, fed exfiliens eum, qui vexillum
tenebat, interfecit aquilamque fervavit. — παραθεῖν pro
fuperare dicitur, ut παριέναι, παρέρχεσθαι. — τὸ μέγα
κλέος, abfolute pofitum, nec ineleganter, ut mihi quidem videtur. Sic poëtae abstractis, quae vocant, pro
concretis uti folent. Qui omnes gloria fuperabat, μέγα
κλέος dici potuit, ut homo malis obrutus συμφορά. Vide

Weſſeling. ad *Herodot.* I. 13. p. 16. Poſſis etiam : 'Οϑρυά-
δου — τὸ μέγα κλέος. — V. 3. ῎Αρεες. Vat. Cod. et Plan.
῎Αῤῥιες debetur *Scaligero* ap. *Huetium* l. c. — Pro 'Ρήνου
in membr. Vat. Νείλου, vulgata tamen lectione ſupra
ſcripta. — V. 8. μοῦνος. Hoc eximium tulit, hoc ei.Toli
contigit, ut, cum interficeretur, non vinceretur.

XXVI. Cod. Vat. p. 392. Plan. p. 46. St. 67. W.
Capella quaedam, quam Caeſar, Auguſtus an Tiberius,
non conſtat, nave ſecum duxerat, ut dulciſſimo ejus
lacte frueretur, ſe inter aſtra relatum iri ſperat. —
V. 3. ἴφει ex *Br.* emendatione, ut videtur. Vulgo et in
Cod. ἴπειτ'. Pro ἐφράσσατο vett. edd. omnes usque ad
Stephanum ἐφράσατο. Sed vide *Clark.* ad Homer. II. α. 140.
et ψ. 126. — V. 4. νηυσὶν σ, εἰργάσατο. Vat. Cod. Hoc
mihi vulgata videtur verius. Certe ἠγάγετο gloſſam redolet. — V. 5. Ut illa, quae Jovem aluit, capella inter
aſtra relata eſt, ſic mihi quoque idem obtingere debet,
cum ille Jove nihilo minor ſit.

XXVII. Cod. Vat. p. 452. In Plan. p. 84. St. 123. W.
hoc carmen *Philippo* tribuitur. Scriptum eſt in pſittacum,
qui, cum e cavea aufugiens in ſylvam rediiſſet, ibi quoque illud ſuum *Ave Caeſar* repetebàt reliquasque etiam
aves easdem voces pronuntiare docebat. — V. 1. λιγο-
τευχέα. Ed. Fl. κύρτος. De *naſſa* paſſim uſurpatum, hoc
loco de *cavea* viminibus contexta dicitur. *Pollux* X. 160.
κύρτη, εἰδηρᾶ ἀγγεῖόν τι, οἷον οἰκίσκος ὀρνίϑιος, παρὰ 'Ηροδότῳ
καὶ 'Αρχιλόχῳ. Magnificam pſittaci caveam deſcribit *Statius*
Sylv. II. 4. 11. *At tibi quanta domus rutila teſtudine
fulgens, Connexusque ebori virgarum argenteus ordo.* —
V. 2. ἐνϑοφυεῖ. variis coloribus picta. *Quem non gemmata
volucris Junonia cauda Vinceret.* *Statius* l. c. v. 26. —
V. 3. ἐκμελετῶν. verba meditatus. *Statius* v. 7. *Martialis*
L. XIV. 72.

> *Pſittacus a vobis aliorum nomina diſcam:*
> *Hoc didici per me dicere: Caeſar ave.*

Hanc potiſſimum ſalutationem pſittacos docebant. Veterum loca collegit *Burmann*. ad Anthol. Lat. T. II.
p. 428. — V. 6. δαίμονι, ſic nude poſitum pro *Caeſare*,
domino, mihi valde videtur inſolens. Mallem :

τίς φθῆναι δύναται ΔΕϹΠΟΤΑ ΧΑΙΡ' ἐνέπειν.

Domine ſalve. — V. 7. οὔρεσιν αισαι δὲ Κ. Vat. Cod. , *ἰς
δὲ σε* Κ. Plan. Aliud quid latere videtur. Fortaſſe :

'Ορφεὺς θῆρας ἔπειθεν ἐν οὔρεσιν' ἴσα δὲ, Καίσαρ,
νῦν ἀκέλευστος ἅπας σ' ὄρνις ἀνακρέκεται.

— V. 8. ἀκέλευτος. Vat. Cod.

¶. 148.] XXVIII. Cod. Vat. p. 403. Crinagorae
tribuit, quod in Plan. p. 6. St. 11. W. Βάσσου inſcribitur. Scriptum in Germanicum multa fortiter in bello
gerentem. Interpretes haec referunt ad Germanicum
Druſi et Antoniae minoris filium, de cujus in Germania
rebus geſtis vide *Sueton*. Vit. Calig. 1. ſqq. *Dion. Caſſ.*
T. II. p. 823. et p. 864. — V. 1. Πυθμναῖα. Vat. Cod.
ſed vide ad Ep. XXI. — βαθυάγγεις. Edd. vett. βα-
θάγκεις. Caſtigavit *Brodaeus*. — V. 3. ἀκτίνων. Germanico, tanquam Jovi alicui, fulgura tribuit. De Glycone
athleta *Antip. Theſſ*. LXVIII. ὁ παμμάχων κεραυνός. Notum *Virgilii* Aen. VI. 842. *geminos, duo fulmina-belli*,
Scipiadas. ubi vide ill. *Heynium*. — V. 4. ἀστράπτων. *Virgil.*
IV. Georg. 560. *Caeſar dum magnus ad altum Fulminat
Euphratem bello*. Hanc metaphoram illuſtravit exemplis
Oudendorp. ad *Lucan*. I. 254. — V. 6. τοιαύταις. *Non
alias quaerunt numina noſtra manus* vertit *Grotius*. —
ὀφείλεσθαι dicitur, ut *deberi*, pro *obnoxium eſſe*. Enyo
igitur et Mars in Germanico majus quoddam numen
agnoſcunt, cui ſuam ipſorum vim et potentiam debeant.

XXIX. Cod. Vat. p. 405. Anth. Plan. p. 6. St. 12.W.
Tutum et immotum Romanum imperium fore auguratur poëta, quamdiu invicta Caeſaris dextra reipublicae
gubernaculum teneat. — V. 1. πλημμύραν. Nec ſi maxi-

mae malorum undae irruerint. Dubito, an πλημμύρα fenfu proprio de oceani fluctibus in terram redundantibus, an de hominum, oceanum accolentium, copia accipiendum fit. Sequenti certe verfu 'ρῆνος de Germaniae copiis dictum videtur. Cogitavit poëta de prodigiofo graecorum fcriptorum commento, qui flumina a Xerxis exercitu exhaufta tradiderunt. *Herodotus* L. VII. 21. p. 520. τί γὰρ οὐκ ἤγαγε ἐκ τῆς 'Ασίης ἔϑνος ἐπὶ τὴν 'Ελλάδα Ξέρξης; κοῖον δὲ πινόμενόν μιν ὕδωρ οὐκ ἐπέλιπε, πλὴν τῶν μεγάλων ποταμῶν; *Diodor. Sic.* T. I. p. 407. φασὶ τοὺς ἐνάους ποταμοὺς διὰ τὴν τοῦ πλήϑους συνέχειαν ἐπιλιπεῖν. Vide, quae de hac re collegit *Wernsdorf.* ad *Himer.* Or. II. p. 408. — V. 4. Major in fine verfus ponenda diftinctio, quae omiffa eft in Ed. Lipf. — V. 5. 6. Eleganter et ingeniofe *Cr.* ufus eft imagine ap. Homer. Il. μ. 132. fqq. quam exornavit *Virgil.* Aen. IV. 441.

> *annofo validam cum robore quercum*
> *Alpini Boreae nunc hinc, nunc flatibus illinc*
> *Eruere inter fe certant: it ftridor et altae*
> *Confternunt terram concuffo ftipite frondes:*
> *Ipfa haeret fcopulis.*

XXX. Cod. Vat. p. 513. Plan. p. 38. St. 56.-W. „Vide Meurfii Eleufinia p. 48. Athenis initiatus fuit „Auguftus, cujus exemplum probabile eft multos Roma-„norum fecutos fuiffe. Quaedam in hoc carmine e Vat. „Cod. emendata." *Br.* Tractavit hoc carmen *Scaliger* ad *Tibull.* p. 168. fq. Initiatus eft Auguftus A. U. C. 723. narrante *Dione Caff* T. I. p. 635. *Suet.* Vit. Aug. c. XCIII. — V. 3. ἐν ἐκείναις. Plan. ἂν ἐκείναις Vat. Cod. — V. 4. Δημήτριος μεγάλας νύκτας. Vat. Cod. Etiam in Plan. μεγάλας. Haec igitur non ex Vat. membranis, fed ex conjectura mutata funt, quod *Br.*, ut videtur, lectores celatum voluit. Et profecto longe acutior et probabilior emendatio *Jof. Scaligeri* in not. mft. et ad *Tibul.*

lum l. c. ὄφρα κ᾽ ἰπαινῇς (poſſis etiam ὄφρ᾽ ἂν ἰπαινῇς) Δ.
μεγάλας ν. Hoc enim epitheton deabus, quae myſteriis
praefunt, tribuitur. De ἰπαινῇ Περεφόνεια vide *Graevium*
in Lect. Hefiod. c. XXIII. ad Theog. 768. p. 116. —
V. 5. κᾳν. vulgo. De myſtarum felicitate, etiam poſt
fata, loca collegit *Brod.* et *Valck.* ad Eurip. Hipp. p. 163.
Ad noſtrum locum inprimis facit *Sophocl.* ap. *Plutarch.*
T. II. p. 21. E. ὡς τρισόλβιοι Κεῖνοι βρετῶν, οἱ ταῦτα
δερχθέντες τέλη Μόλουσ᾽ ἐς ᾅδου· τοῖσδε γὰρ μόνοις ἐκεῖ Ζῆν
ἐστι, τοῖς δ᾽ ἄλλοισι πάντ᾽ ἐκεῖ κακά. quod facete dictis occaſionem dedit, quae narrat *Plutarch.* l. c. et p. 224. E.
— V. 6. ἐς πλεόνων. ad inferos. Vide *Leonid. Tar.* Ep.
LXXIX. 6. *Euſtath.* ad Il. ε. p. 451. 34. *Cafaubon.* ad
Diogen. Laërt. L. I. p. 67.

XXXI. Cod. Vat. p. 402. Plan. p. 51. St. 73. W. —
Hiſtoria de muliere, quae cum ſtans in litore veſtem
ablueret, a fluctu redundante in mare delata periit. —
V. 1. κροκάλησι. vulgo. — ¶. 149.] V. 5. πενίη. Vat.
Cod. Paupertatis onere ſimul cum vita liberata eſt. —
τίς θαρσήσει. Quis, quaeſo, mari confidat, nave conſcenſa,
cum ne ii quidem, qui in terra verſantur, ejus furorem et ſaevitiam effugere queant. οἱ πεζοὶ opponuntur
τοῖς ναύταις, ut in Ep. *Meleagri* LXXX. 6.

XXXII. Cod. Vat. p. 445. cum nota: ἀδιανόητον
παντελῶς. „Carminis hujus ultimum tantum diſtichon in
„Planudea legitur [p. 87. St. 127. W.]. Integrum jam
„dederat Huetius in not. ad Anthol. p. 11. ita ut in
„notis ad Heſychium v. πίαρ T. II. p. 959. non recte
„ineditum dicatur. Ibi prolatus ſecundus pentameter
„absque ulla emendatione, quam nec tentavit *Huetius:*
„foede tamen corruptus eſt; nec ipſe quid reponendum
„ſit excogito. Latet animalis nomen, cujus renium
„adeps gravi odore canes fugat, aut eorum latratum
„cohibet. Quodnam id ſit, dixerint rerum naturalium

»peritiores.ᵃ *Br.*   Artificium narrat, quo Ligures la-
trones ad canes fallendos utebantur. — V. 1. ἔρδοι τὴν
ἔμαθέν τις. Paroemia paffim obvia. *Ariſtoph.*Veſp. 1432.
paulo plenius: ἔρδοι τις ἕκαστος τὴν εἰδείη τέχνην.   *Cicero*
Tuſc. Qu. L. I. 18. *Quam quisque norit artem, in hac ſe
exerceat.* — *Unumquemque hoc agere debere, quod noſſet,*
Alexander Severus ſolebat dicere, ap. *Aelium Lampr.*
T. I. p. 998. Per parodiam *Stratonicus* ap. *Athen.*
L. VIII. p. 351. E. ᾆδοί τις ἣν ἕκαστος εἰδείη τέχνην. Vide
Garacker. de St. N. Inſtr. p. 129. ſq. *Valckenar.* in
Diatr. p. 76. C. et *Lennep.* ad Phalar. p. 246. — Pro
ὅπου ſaltem ὅπως ſcribendum, niſi recdnditior latet lectio.
— V. 4. *Aelian.* H. A. L. I. 37. p. 41. Θηρίων δὲ κλιξι-
φάρμακον ἦν ἄρα πάντων πιμελὴ ἐλέφαντος;, ἣν εἴ τις ἐπιχρίσαιτο,,
καὶ εἰ γυμνὸς ὁμόσε χωροίη τοῖς ἀγριωτάτοις, ἀσινὴς ἀπαλλάττε-
ται. Ad h. l. *Schneiderus* certiſſima emendatione hunc
verſum refinxit ſic:

χρίονται νεβρῶν (ſive νεφρῶν) πῖαρ ἀκεστίνεσον.

comparato *Anatolio* in *Fabricii* Bibl. gr. T. IV. p. 300.
— V. 5. ψευδόμενοι. quo facto fallunt-nares canum. —
V. 6. ῥήτεροι. Vat. Cod. — Λιβύων temere tentabat *Bro-
daeus.* — ἀγαθῶν. Cod. Vat. In marg. ἀγαθόν.

XXXIII. Cod.Vat. p. 394. Plan. p. 107. St. 157.W.
Animum ab inani divitiarum ſpe et cupiditate ad jucundiora Muſarum negotia revocat. — V. 1. ὦ δειλ. vulgo.
ἐπ' ἐλπ. Vat. Cod. — V. 2. πωτηθείς. de animo ſpe me-
tuque ſuspenſo. Quibus parva ſpes relicta, ἐπὶ λεπτῆς
ἐλπίδος ὀχεῖσθαι dicuntur, ap. *Ariſtoph.* Eqq. 1241. quod
illuſtravit T. H. ad *Lucian.* T. I. p. 216. Bip. *Philo* de
Temul. p. 245. C. ἄνθρωποι κεναῖς αἰωρούμενοι δόξαις. Ju-
lius Caeſar paulo ante, quam inimicorum ſuccubuit inſi-
diis, ſibi viſus eſt ἐπὶ τῶν νεφῶν μετέωρος αἰωρεῖσθαι καὶ τῆς
τοῦ Διὸς χειρὸς ἅπτεσθαι. *Dio* Caſſ. T. I. p. 392. I. —
V. 3. Junge ἄλλα ἐπ' ἄλλοις ὄνειρα ἀφένοια διαγράψειν. quo-

usque tibi alia super aliis divitiarum somnia finges? —
ὄνειρα. vana illa vota, cum spe exoptati eventus conjuncta, quibus animum per otium pascimus. — V. 4.
αὐδιέν. vulgo. — Nihil hominibus sponte, absque labo-
ribus et studio, contingit. — Aliam sententiam hoc
loco exspectabam, praesertim cum haec ne per se quidem spectata satis veritatis habeat. — V. 5. ἀμυδρά.
ἀφανῆ. σκοτεινά. *Suid.* εἴδωλον ἀμαυρόν. *Homer.* Od. δ. 824.
— Vana illa et inania somnia, spes et vota. De voce
εἴδωλα vide quae dedit *Elsnerus* in Obss. sacr. T. II. p. 97.
— ἠλεμάτοισι. stultis et ineptis. Cf. *Eustath.* ad Il. p. 484.
38. — μέθαις. Vat. Cod.

XXXIV. Vat. Cod. p. 369. Plan. p. 52. St. 75. W.
ubi auctoris nomen primus restituit *Aldus.* In Ed. pr. et
Ascens. ἀδέσποτον est. De Nicia, Coorum tyranno, cujus
cadaver e terra erutum et mutilatum est. De hoc tyranno, qui sub Tiberii regno Coorum libertatem op-
pressit, tradidit *Strabo,* L. XIV. p. 972. B. et *Plutarch.*
in Vit. Brut. T. I. p. 994. *Perizonius* ejus nomen restituit *Aeliano* V. H. I. 29. p. 42. ubi vulgo Νικίππου legitur. — V. 1. καμοῦσιν. defunctis. — εἴποις et βιοτῆς
vulgo. — V. 2. ζωοῖς. Omnes edd. vett. praeter Steph.
qui ζωῆς habet, sine sensu. — ἕτεραι. Vat. Cod. fortasse
rectius quam ἑτέρων, quae lectio minus exquisita. Comparandus *Aelian.* V. H. IV. 7. οὐκ ἦν ἄρα τοῖς κακοῖς οὐδὲ
τὸ ἀποθανεῖν κέρδος, ἐπεὶ μηδὲ τότε ἀναπαύονται· ἀλλ' ἤ παντελῶς ἀμοιροῦσι ταφῆς, ἤ καί, ἐὰν φθάσωσι ταφέντες, ὅμως καί
ἐκ τῆς τελευταίας τιμῆς, καί τοῦ κοινοῦ πάντων σωμάτων ὅρμου,
καί ἐκεῖθεν ἐκπίπτουσι. — V. 5. μετοχλήσαντες. Vat. Cod.

¶. 150.] *XXXV.* Cod. Vat. p. 434. In Plan. p. 53.
St. 77. W. Ἀντιφίλου inscribitur. In cranium, prope
viam positum. — V. 1. κέλυφος. proprie *putamen,* deinde
omnia excavata. Cymbam significat ap. *Antiphil.* Ep.
XLI. 7. Contra σκάφιον de cranio dixit *Aristoph.* ap. Pol·

Inc. II. 39. ὀστχέων κελόφη *Pollux* VI. 51. — V. 2. ἁρμε-
νίην. Vat. Cod. — V. 3. ἕρκος. Cogitavit de Homerico
ψυχὴ — ἐπεὶ ἄρ κεν ἀμείψεται ἕρκος ὀδόντων. Il. *s.* 408. —
θανάτοιο insolenter dictum pro θανόντος. — V. 4. εἰνόδιον.
quod in via positum praetereuntibus lacrymas elicit. —
V. 5. σὺ omittunt omnes edd. vett. usque ad Ascenf. et
Steph. etiam Vat. Cod. — παρ᾽ ἀτραπὸν, quod *Br.* in
margine libri Salmasiani reperit, est ex membr. Palat.
Vulgo παρὰ πρὸπον. Parum feliciter *Brodaeus* πρῖπον
fufpicabatur. — Pro ἀθρήσαις Cod. Vat. ἀθρήσας. Magnus
Grotius hoc distichon sic vertit:

> Propter iter radice jacens super, aspice, quanto
> Plus habeant, cara est queis sua vita, boni.

Legit itaque παρ᾽ ἀτραπὸν, quod cl. *Boschius* in textum
recepit. In pentametro autem an verum sensum viderit, dubito. Si poëta verba φείδεσθαι βιότου hoc sensu
posuit, homines monere voluit, ne vitam periculis obji-
ciant. Quod praeceptum ut in hoc contextu habeat
locum, fingendum est, cranium, de quo agitur, hominis
fuisse vitae prodigi. Sed unde hoc noverat *Crinagoras?*
ubi id dixit? Teneamus igitur interpretationem, quam
Brodaeus dedit, *quid tandem lucrentur ii, qui victui par-
cant;* quamvis sic minime apparet, quomodo cranium
haec videre et intelligere possit; nec, si intellexerit, quid
inde boni lucretur. Dicam, quod sentio. Antiquitus depravatum fuit hoc distichon, ut monstrant omissio τοῦ σὺ,
numeri in hexametro prorsus elumbes et inepti, ὄφρα
in versus exitu positum, et sensus denique difficultas.
πέλας cum πρέμνοιο jungendum, deleto κατὰ, quod scio-
lus aliquis ad versus vitium quadam ratione tollendum
interposuit. Jam vides, numeros longe elegantius decurrere:

> κεῖσο πέλας πρέμνοιο παρ᾽ ἀτραπὸν, ὄφρα.....

Exitus versiculi intercidit.

XXXVI. Cod. Vat. p. 262. Εἰς Εὐνικίδαν τινα, οὗτινος
ἡ λάρναξ ἀπὸ λυγδίνης πλακὸς ἐχρημάτιζε. Edidit *Bentlej.* in
not. ad Callim. p. 16. T. II. ed. *Ern.* Anth. *Reisk.*
nr. 600. p. 86. — V. 1. Senſus non omnino certus.
Si ſupples ἔστι, fenſus erit: Quamvis hic tumulus mar-
moreo et artificioſe elaborato monimento ornatus eſt,
non tamen boni viri oſſa tegit. Sin ἢν ſubaudis, hoc
dixit *Crinagoras:* Etiamſi ſuperbum monimentum hunc
tumulum ornaret, non tamen propterea is, qui ſub eo
jacet, bonus vir erit. — πλακός. *Leonid. Tar.* Ep.
LXVIII. 2. — V. 3. μὴ λίθῳ τεκμαίρεο. Expreſſit fortaſſe *Antip. Theſſ.* LVI. ἐνέρα μὴ πέτρῃ τεκμαίρεο· λιτὸς ὁ
σύμβος Ὀφθῆναι, μεγάλου δ' ὀστέα φωτὸς ἔχει. Conf. Ep.
kδίετ. DCXIX. *Diodor.* Ep. XI. — V. 4. κωφὸν (χρῆμα)
ἡ λίθος. Lapis fenſu expers, nec mali viri oſſa premere
refugit. Poſt hunc verſum, aliquid excidiſſe fuſpicor.
Nulla enim eſt relatio inter vocabula κωφὸν et ζοφώδης.—
νέκυς ζοφώδης. nigri cadaver hominis, i. e. mali et improbi. Ad mores referendum videtur epitheton; nam μέλα-
νες vocabantur, quibus mores improbi. *Plutarcb.* T. II.
p. 12. D. μὴ συνδιατρίβειν μέλασιν ἐνθρώποις διὰ κακοήθειαν.
Hic niger eſt. Horas. I. Serm. IV. 85. *Reisk.* τῇ πᾶς ζ.
legit. Parum profecto commodum illud καί; ſed fortaſſe
praeceſſit olim aliquid, quo referebatur. — V. 6. τῶλι-
γωπελές. Vat. Cod. In Apogr. nonnullis τῶλιγηπερές. τῶλι-
γηπελὰς emendavit *Bentl.* et *R.* — *Hefych.* ὀλιγηπελέων.
ὀλίγον δυνάμενος. ἀσθενής. ἄτονος. ex *Homcro* Il. σ. 24. Idem
λιγηπελές. Vide inprimis *Valckenar.* in Diatr. p. 283. B.
— ῥάκος. veluti pannus tritus et lacer. Non de cadavere
accipi debet, ut fecit *T. H.* in loco mox laudando; ſed
vivi Eunicidae corpus infirmum, lacerum et turpe fuit,
ut apparet ex ſq. Epigrammate. — De homine nullius
pretii *Lucian.* in Tim. §. 32. T. I. p. 102. Rip. μαλθα-
κὸν, καὶ ἀγεννῆ, καὶ ἀνόητον — ῥάκος ἤδη γεγενημένον. ubi
vide *Hemſterb.* qui et noſtri loci memor fuit. σῆμα ἐ-

κῶλες vetulae tribuit *Rufin.* Ep. XXXII. — V. 7. δ' ὑπό. Vat. Cod.

XXXVII. Cod. Vat. p. 266. Plan. p. 284ᵃ. St. 411. W. In eundem Euniciddm, animo non minus quam corpore turpem. — V. 1. δύσβωλον. terram aridam et fterilem, quae nihil praeter fentes et rubos effert. Vide ad *Zenodot. Ephef.* Ep. II. — V. 3. πλεῖα δόλοιο ex Plan. receptum eft. — Sed longe aliud quiddam olim hic lectum fuiffe, apparet ex Vat. Cod. ubi in contextu habetur τεπεκρεικοντα, fupra fcriptum autem στέρνα τ' ἐπο- κρι6εντα. Vera videtur correctio. Verbum compofitum ἐποκριάω occurrit ap. *Nicandr.* Ther. 790. Hinc derivatum adjectivum ἐποκρι6εις pro ὀκρι6εις. Hoc, quod de lapidibus afperis ufurpari folet, non male ad mores afperos, duros et infuaves transfertur. *Hefych.* ὀκρι6εν. (fic recte emendatum pro ὀκρυ6έν.) τραχύ. σκληρόν. στερεόν. ὀργίλον. Idem: ὀκρι6εντο. ἐτραχύνοντο. ὠργίζοντο. μεταφορικῶς ἀπὸ τῶν ἄκρα πολλὰ ἐχόντων λίθων. Quae gloffa ad noftrum locum praeclare facit. *Tibull.* I. El. I. 63. *non tua funt duro praecordia ferro Vincta, nec in tenero ftat tibi corde filex.* — V. 4. κώλων δούλιον οἰοπέδην. *Brodaeus* membrorum vinculum, compagem, in deferto loco jacentem, interpretatur. At non de membris in univerfum, fed de parte quadam corporis Eunicidae agi, contextus docet. κῶλα igitur funt pedes, ut paffim. *Euripid.* Phoen. 1400. 1421. Bacch. 168. Vide *Kufter.* ad *Ariftoph.* Ran. 1400. Sed quid voci οἰοπέδην facias? οἰοπέδη eft μονοπέδη, quod fortaffe compedum genus fuit. Pedibus Eunicidam laboraffe fufpiceris, ita ut *pedum compedes* dictae fint, quafi *impedimenta pedum* per periphrafin, qui ipfum euntem impedirent magis quam juvarent fcilicet. δούλιος autem additur, quia fervi ejusmodi compedibus (ξύλοις, ποδοκάκῃ, ποδοστράβῃ. vide *Polluc.* VIII. 72.) folebant conftringi. — V. 5. ἄτριχα. calvum, quod non deforme folum, fed etiam ridiculum. Vide not. ad

Luciani Ep. XVIII. — ἡμιπύρωτα. ambuſta membra, de
rogo detracta, antequam combuſta eſſent, negligentiam
et contemtum libitinariorum ſignificant. *Ovid.* in Ibide
v. 633. *Cliniadaeve modo circumdatus ignibus atris Mem-*
bra feras Stygiae ſemicremata rati. Clodium *ambuſtum*
tribunum plebis per contumeliam vocat *Cicero* in Or. pro
Milone 5. 12. et 13. 33. *Tu P. Clodii cruentum cada-*
ver ejeciſti domo — tu infeliciſſimis lignis ſemiuſtulatum
nocturnis canibus dilaniandum reliquiſti. — V. 7. δυς-
νύμφευτε. quae virum tam foedum tamque improbum in
ſinum recipis. — κακοσκήνευς ἀνδρός. gravis ſis cineribus
viri tam deformi corpore. De σκῆνος, *corpus,* vide *Heinſ.*
ad *Heſych.* T. II. p. 1208. Vocem γογγυλόσκηνος (στρογ-
γύλον τὸ σῶμα ἔχων) ſervavit *Etym. M.* — τέφρης. Vulgo
et in Vat. Cod. Fortaſſe ſuit τέφρατς.

XXXVIII. Cod. Vat. p. 307. *Jenſius* nr. 82. Anth.
Reisk. nr. 733. p. 148. In mortem puellae, cui nomen
Selene, quam a Luna ploratam eſſe ait. — V. 1. καὶ
αὐτὴ ἤχλυσεν. Vat. Cod. Hinc *R.* καὶ αὐτὴ δ' ἤχλυσεεν. —
V. 2. πένθος ἐὸν, *Reiskio* interprete, *vultum lugentem* Lunae ſignificat, triſtitiam ſuam luctumque nocte et tenebris occultantis, celantis. Quod vereor ne nimis argutum ſit. — ¶. 151.] V. 3. οὕνεκα δή. Jenſ. In Vat. Cod.
τήν. Luſus eſt in nomine puellae, Selenes, quae cum
ad Orci tenebras deſcendiſſet, Luna (Σελήνη) quoque
tenebris immerſa eſt. *Antip. Sid.* Ep. XCIX. καί ῥ' αὐτὰ
διὰ πένθος ἐμαυρώθεῖσα Σελάνα Ἄστρα καὶ οὐρανίας ἀτραπιτοὺς
ἔλιπε. ubi vide not. — V. 5. κάλλος. Pulchros pulchras-
que cum Luna comparare ſolent poëtae. Venus in An-
chiſae amplexus veniens ὡς Σελήνη Στήθεσιν ἀμφ' ἀπαλοῖσιν
ἐλάμπετο, θαῦμα ἰδέσθαι. Hymn. in Vener. 89. *Muſaeus*
v. 55. Ἡρὼ Μαριμαρυγὴν χαρίεντος ἀπαστράπτουσα προσώπου
Οἷά τε λευκοπάρῃος ἐπαντέλλουσα Σελήνη. ubi vide not. *Hein-*
richii p. 61. ſq. — V. 6. μίξεν. *Reisk.* dedit δεῖξεν ἐν
νέφει. (ſic *Jenſ.* contra Cod. fidem.) Mihi quoque olim

verbum μίξιν displicuit. Scribebam: λόξιν. Lunam plo-
rantem habemus in Epitaphio formofae puellae ap. *Schra-
der.* in Monim. Ital. p. 162. *Flevit Amor, moeſtae Cha-
rites, et Cynthia flevit, Pulcra Venus molles fubfecuitque
comas.* Nunc tamen Codicis lectioni inhaereo. μίξιν refpondet τῷ κοινώσατο in praec. verfu. Ut olim pulcritudinem fuam cum illa communicaverat, ita nunc quoque
tenebras fuas cum illius morte conjunxit. *Antiphil.* Ep.
XL. σεισμῷ δ' ἄλλον ἔμιξα φόβον.

XXXIX. Cod. Vat. p. 307. Edidit *Jenſius* nr. 83.
Anth. *Reisk.* nr. 734. p. 148. Naufragus, cujus cadaver fluctus in litus detulerant, paſtoris vitam felicem
praedicat. — V. I. καὶ οὖ̯ *Jenſ.* κατ' emendavit *Ruhnk.*
in Epiſt. crit. p. 122. Similia, ubi Paeti naufragi mortem luget, *Propertius* L. III. Ep. 5. 67.

> *Quod fi confentus patrio bove verteret agros,*
> *Verbaque duxiſſet pondus habere mea:*
> *Viveret ante fuos dulcis conviva penates,*
> *Pauper, at in terra, nil ubi flere poteſt.*

Poſtrema verba nimis inepta funt. Corrigo in transitu:

> *nil ubi turbo poteſt.*

ubi venti et tempeſtates nihil valent. Vide *Burm.* in *Lucan.* L. IX. 449. — V. 2. „τόνδ' ἀνὰ fcribendum fuiſſet,
„ut jam ab elegantiſſimo Ruhnkenio factum noveram;
„fed corruptum etiam credo λευκόλοφον. Ideo cod. lectio-
„nem intactam reliqui. λευκόλοφος de monte fi dicatur,
„glabrum apicem fignificare debet, cui epitheton ποιηρὸς
„non congruit. Scripferat forte τόνδε πρὸς ἀκρόλοφον." *Br.*
τὸ λευκόλοφον defendit *Reisk.* analogia τοῦ λευκόπετρον
Polyb. L. III. 53. T. I. p. 504. ed. nov. ubi defertam
et nudam petram fignificat. Fingere tibi debes collem
in fuperiore cacumine nudum, circum radices mediam-
que regionem herbofum. — V. 3. „Hic verfus defpe-
„ratus

⸗ratus eſt. Nam Reiskii commentum minime proban-
„dum eſt, nec multo magis placet, quod ipſe conjece-.
„ram, κριοῖς ἀγητῆρσι κατὰ βληχὴν ἀκολουθῶν." *Br. Reisk.*
dedit ποτ᾽ ἐβληχημένα βάζων. *erga arietes, gregis duces,
garriens balatum imitantia.* Et ipſe olim hunc locum
ſine ſucceſſu tentavi. Tutiſſimum eſt ſine dubio ejusmodi ulcera plane non attingere: nonnunquam tamen
audacia ad verum reperiendum prodeſt, niſi tibi ipſi,
aliis tamen, qui, ſi nihil aliud, errores certe vitare
diſcunt. Haec igitur alii fortaſſe olim melius reſtituent;
interim ſic legerim:

     κριοὺς ἀγητῆρας ἰδὼν βληχητὰ βιβάζειν.

arietes videns oves ineuntes. Τὰ βληχητὰ pro ovibuſ uſurpavit *Aelian.* H. A. II. 54. — Eſt autem illud inter
oblectamenta paſtorum. *Theocrit.* Eid. α. 87. ὑπόλος
ἅκκ᾽ ἐσορῇ τὰς μηκάδας, οἷα βατεῦνται. unde emendatum
Ep. ἀδεσπ. XL. τοὶ δὲ τραγίσκοι Εἰς ἐμὲ δερκόμενοι τὰς χιμάρας
ἐβάτευν. — V. 4. ἤπιμηκῇ. Vat. Cod. ἢ πικρῇ emendavit *Rubnk.* πρὶν πικρῇ *Reisk.* — V. 6. „Εὖρος ἐφημίσατο
„in cod. ſcriptum. Salmaſii emendationem recepi. In
„ſuperioribus nihil ſanavit, licet plura medica manu
„indigerent." *Br.* In ed. pr. *Rubnk.* ἐλημίσατο. in altera
magis in Salmaſianam lectionem inclinat. Infeliciter
Reiskė Εὖρος ἐφωπλίσατο, quod ridicule vertit: et circa
hunc arenaceum collem me horſum prorſum jactando
Eurus vim ſuam ostentat. *Bernardus* in Epiſt. ad Reisk.
p. 364. ἐφημίσατο. *eructavit.* ἐπημίσατο voluit.

    XL. Cod. Vat. p. 308. *Jenſius* nr. 84. *Reisk.* Anth.
nr. 735. p. 149. Argumentum in graeco lemmate
diſerte indicatum. — V. 1. ἐπὶ μόρῳ ἀλλαχθέντι. *ad
commutatam liberorum ſortem.* — ἀμφοτέρους, et vivum
et defunctum filium. — V. 3. σέο νέκυν. ejus, qui bona
utebatur valetudine. — V. 4. οὗ σε, eum, qui infirmus
fuerat. — μιτσσευμένον ex conjectura dedit *Reisk.* male.

— V. 6. Veſtra quidem ſors immutata eſt, mihi autem
certus luctus manſit.

XLI. Vat. Cod. p. 102. Εἰς κόρην (male apogr. Lipſ.
εἰς πόρνἡ) καλουμένην πρώτην. Edidit *Reisk.* in Miſc. Lipſ.
T. IX. p. 134. nr. 313. — V. 1. τί δὲ δεύτατον. Vat.
Cod. et *R.* Hoc reponendum. Vid. *Euſtath.* ad Il.
p. 1232. 37. *Heſych.* δεύτατος. ὕστατος. ἔσχατος. μεθ᾽ ὃν
οὐκ ἐστιν ἕτερος. — V. 2. Quum quaeſiſſet,. quomodo
miſeram illam puellam appellet, nihil invenit aptius
quam δειλαίη, quod unicuique calamitatis generi accommodatum. — V. 3. 4. abſunt ab apogr. Lipſ. unde
factum, ut *R.* in reliquis quoque caecutiret. — τὰ ἄκρα,
ut τὰ πρῶτα, φέρεσθαι dicuntur, qui in aliqua re principatum tenent. Vide *Valcken.* ad *Herodot.* IX. p. 724.
Locella ad *Xenoph. Eph.* p. 122. — In Cod. Vat. ψυχῆς
ᾆθος, quod fortaſſe non mutandum erat, quamquam lectio
Br. elegantior. — ¶. 152.] V. 5. Pro σοὶ fortaſſe melius σ᾽ οὖν, i. e. σοὶ οὖν, legas. — V. 6. ἀμιμήτων Χαρ. Cf.
Epigr. XIV. 2.

XLII. Cod. Vat. p. 308. Plan. p. 233. St. 339. W.
In Hymnidis, novem annorum puellae, obitum. — V. 1.
„Protulit ad Charit. p. 130. Orvillius, ubi eruditis
„nugis lectorem detinet. Nihil frequentius permuta-
„tione diphthongorum ει et ει. Perperam in Vat. Cod.
„ſcriptum eſt οἰναέτιν pro εἰναέτιν. εἰνάετες ap. Homerum
„pro ἐννάετες ſaepe.“ *Br.* In Plan. ubi hoc diſtichon
diſtinctione laborat, ἐιναέτιν ſcribitur. De commutatione
hujus vocabuli cum ſimilibus vide *Rubnk.* in Ep. cr. II.
p. 141. — V. 3. „Vat. membr. ἅλιστ᾽. Florent. ἅλιστ᾽.
„Iterum hic librariorum deprehenditur error, quibus
„cum ejusdem ſoni eſſent, ι et η, ſaepe permutatae
„ſunt hae literae. Sed horum uter peccaverit, non facile
„dictu eſt. ἅλιστ᾽ bene ſtare poteſt, quum certiſſimum
„ſit, veteres in compoſitis vocibus liquidas non gemi-

„naffe. Vid. Clark. ad Il. ƒ. 599. Ufitatior eft vulgo
„fcriptura ἄλλιστ'. Ex ἄλιστ' emendari etiam poterat,
„quae Salmafii conjectura eft, ἀλιαστ'. Hefych. ἀλιαστος.
„ἀμετάτρεπτος. Ex ἄλησट', fi ἡ recte pofitum, optima erui
„poteft lectio, quamque alteri praefero, ἄπληστ'. Sic
„Bianor in fententiae fimilis Epigrammate, infra p. 158.
„XVI. πάντα Χέρων ἄπληστε.“ Br. Eandem emendationem propofuit Joſ. Scaliger in not. mft. et Brod. qui
etiam Bianoris locum comparavit. — πρόωρον. πρὸ μοίρας. — ὁ βιαίως ἀποθανών. πρὸ ὥρας. ὁ ἐν νεότητι. Ammon.
D. D. V. p. 120. — V. 4. τὴν π. σοί π. ἐσσομένην. Vat.
Cod. τὴν π. σοῖ π. ἐσσομένην. vulgo. σεῖο dedit Steph.
probante Scalig. in not. mft. — Senfus, qui ap. Euripid.
in Alc. 55.

XLIII. Cod. Vat. p. 260. Crinagorae vindicat hoc
carmen, quod in Plan. p. 55. St. 78. W. ἄδηλον eft.
Illius effe, fponte intellexerat Scalig. in not. mft. —
Scriptum in poëtae fervum, nimio folis aeftu confectum.
— V. I. γῆ μευ. Terra me genuit, terra me defunctum
tegit; nec ea, quae me in finum recepit, illâ, quae me
nutrivit, deterior eft. — Quod is, qui loquitur, terram
pro matre agnofcit, hominem fignificat nullius generis, Terrae filium. Eraſmi Chil. I. VIII. 86. Euripid.
Ion. 542. γῆς ἄρ' ἐκπέφυκα μητρὸς. Epigr. ἄδεσπ. DCLII[b].
γῆς ὢν πρόσθε γένος μητέρα γαῖαν ἔχω. Anth. Lat. T. II.
I. IV. Ep. CCXLVI. Terraque, quae nunc eft mater fibi,
fit levis opto. Vide Burm. T. II. p. 207. — V. 3. αἰεὶ
γὰρ αἰεὶ κείσομαι. Sopbocl. Antig. 76. — V. 4. ἠελίου.
Morbo heliaco itaque five confternatione ex folis ictu
orta periiffe videtur.

XLIV. Cod. Vat. p. 309. Plan. p. 213. St. 310. W.
Scriptum eft in Philoftratum, Academicum, qui, Antonio
et Cleopatra, quorum caftra fequebatur, devictis, omnia
fua amiferat. Vide Plutarch. Vit. Caton. Min. T. IV.

p. 275. Vit. Anton. T. V. p. 146. ed. Bry. Epigramma in eum fervavit *Philoſtratus* Vit. Soph. I. 5. p. 486.

Πανσόφου ὀργὴν ἴσχε Φιλοστράτου, ὃς Κλεοπάτρα
νῦν προσομιλήσας, τοῖος ἰδεῖν ἐφάνη.

quos verſus per parodiam expreſſos eſſe ex *Theognide* v. 215. bene monuit *Olearius.* Cf. *Gataker.* ad *M. Antonin.* p. 13. — V. 1. τοῦ. Ubi, quaeſo, illorum regum potentia et opes, quibus fretus tu quoque beatus eſſe videbaris?— V. 3. „In Stephani edit. typothetae vitio „excuſum ἢ ἐπὶ Νείλῳ, quod ſervavit Wecheliana. „Aliae omnes, ut et Codd. ἢ ἐπὶ — . Qui teretes aures „habent, particulam ἢα, quam inſerui, non damnabunt. „ἐπῃώρησας eſt in omnibus libris, quos vidi. Vir doctus „in uno e Florentinae exemplaribus, quae habeo, ad-„ſcripſit, neſcio unde, οἷσι μετηώρησας.“ *Br.* Qui ſpe ſuspenſi ſunt, ἐπαιωρεῖσθαι dicuntur. *Herodian.* L. II. 9. 1. κούφοις καὶ ἀδήλοις ἐπαιωρουμένου ἐλπίσι. Vide *Bud.* Comm. L. Gr. p. 1173. Qui igitur omnem ſpem vitae in aliqua re collocant, βίον inde ἐπαιωρεῖν probe dici poſſunt. Simile eſt ἀναρτᾶν ἑαυτόν τινι πράγματι, quod illuſtratum dedit *Lennep.* ad Phalar. p. 169. — V. 4. Syllabae κεῖσαι 'Ιου .. Vat. codici a recentiore manu ſunt additae. Eas in nullo Cod. invenit *Br.* nec in duabus princ. edd. habentur. In Ald. ſec. et ceteras receptae ſunt ex Lect. Ald. pr. Sed Aldus eas utrum in Cod. invenerit, an conjectando extuderit, incertum eſt. — Pro ὅροις Vat. Cod. ὄῤῥις. — V. 5. Romani milites copias, tua tibi induſtria comparatas, diripuerunt, cadaver autem tuum tenui teſta conditum jacet. — ὀστράκινῳ, πυέλῳ ſcilicet; quod fuſe expoſuit *Salmaſ.* in Exerc. ad Solin. p. 848. B. ad locum *Plinii* L. XXXV. 46. p. 711. *Quin et defunctos ſeſe multi fictilibus ſoliis condi maluere.* vide *Harduin.*

XLV. Cod. Vat. p. 261. ſq. Plan. p. 213. St. 311. W. In Seleucum Lesbium, juvenem et moribus optimis et

eloquèntia confpicuum, quem' mors immatura in Hifpania oppreſſerat. — V. I. δειλαῖοι. et verſ. ſeq. ατηρου
αἰθόμενοι θανάτου. Vat. Cod. Vulgo ἀτηροῦ αἰσθόμενοι βιότου.
Ex Vat. Cod. lectione fons corruptelae apparet. *Horat.* I.
Carm. IV. 15. *Vitae fumma brevis fpem nos vetat inchoa-*
re longam. *Macedonius* Ep. XXXIX. βροτὸς δ' εὖ οἶδα καὶ
αὐτὸς Θνητὸς ἐών· δολιχαῖς δ' ἐλπίσι παιζόμεθα. — V. 4.
ἄρτιος. inſtructus. Vide *G. Wakefield* in Del. Trag. T. II.
p. 331. — ἐπ' αὐρόμενος;. Vat. Cod. — ¶. 153.] V. 5.
"Ἴβηρσι. in Hifpania, ut inde apparet, quod Seleucus in
maris litore ſepultus eſſe dicitur. Cogitabat *Brodaeus*
de Iberis Afiae, qui hodie Georgiani vocantur. —
Quum eloquentiae ſtudium in Seleuco commemoretur,
fufpicari licet, eum in Hifpania arti dicendi, quae tum
temporis in illis regionibus florebat, dediſſe operam. —
ἀμετρήτων αἰγιαλῶν. Sic Cod. Vat. et plurimae edd. vett.
Ald. pr. αἰγιαλῷ, unde *Opfopoei* conjectura ἀμετρήτῳ.

XLVI. Cod. Vat. p. 306. Plan. p. 260. St. 376. W.
Adfcripta nota marg. Vat. Cod. ζήτει εἰ ἐν τὸ ἐπίγραμμα
εἰς παιδίον παρ' αἰγιαλὸν τεθαμμένον. Agitur de puero for-
moſo, cui nomen Ἔρως. Qui cum in infula nefcio qua
ſepultus eſſet, cupit poëta illam cum circumjacentibus
infulis Ἐρωτίδας vocari. — V. I. ἠρνήσαντο. Exempla
quaedam commutatorum in nobilium hominum gratiam
nominum excitat *Brodaeus.* — V. 3. ἄμμις. Omnes edd.
vett. usque ad Steph. Etiam V. C. ἄμμις. — V. 4. ἕξει
ταύτην. Vat. Cod. ἕξει δὴ ταύτην. Edd. vett. Ed. pr. tamen
ἥξει δὴ τ. quod probat *Joſ. Scaliger* in not. mſt. — δὴ
omiſſum in optimo Plan. cod, quo *Br.* uſus eſt. Aut ἥξει
aut ἀμειψομένας legendum eſſe vidit *Huet.* p. 25. —
V. 5. 6. Similis color in Ep. XXXVIII. 5. 6. — In puerum *Amorem* vocatum exſtat Ep. in Anth. Lat. T. II.
p. 190. CCL. ubi exempla nominis Ἔρως collegit

Dd 3

Burmann. — V. 7. σημχτόεσσχ. terra in tumulum aggelta.

Ex Lect. p. 164.] *XLVII.* Vat. Cod. p. 449. Edidit *Jenf.* nr. 77. Anth. *Reisk.* nr. 727. p. 145. Ab initio mutilum videbatur *Brunckio*, cujus haec funt: „Multa egregia funt et probabilia in Reiskii ad hos „verfus notis. Decantatus Bathyllus pantomimus, Py-„ladis rivalis, de quo legenda erudita Salmafii nota ad „Hift. Aug. p. 496. Philonidis cantoris aut choraulis „qui meminerit, novi neminem. Sed qui hanc profeffio-„nem exercuerunt, non omnium nobis tradita fuerunt „nomina. Scenicum artificem, non poëtam, innuit hic „Crinagoras. Fuit autem poëta comicus, aut ὑποϱχημά-„των auctor, ad quem directum hoc Epigr. cujus initium „deeft. Quae fuperfunt duo difticha ad mentem cl. Reii-„kii fic fcribenda funt:

„Θάϱσει καὶ τέτταϱσι διαπλασθέντα πϱοσώποις
„μῦθον, καὶ τούτων γϱάψον ἔτι πλέοσιν.
„οὔτε σε γὰϱ λείψουσι Φιλωνίδαι, οὔτε Βαθύλλου,
„τοῦ μὲν, ἀοιδάων, τοῦ δὲ, χεϱοῖν χάϱιτες.

„Comicam faltabat Bathyllus, accinente Philonide, qui, „fi quatuor, aut plures in comico dramate perfonae ef-„fent, omnia, quae in eo agebantur, cantu et geftibus „exprimere valebant, uno Bathyllo quatuor, quinque „aut plures fustinente perfonas. Hoc ad Horatii prae-„ceptum in A. P. quod vereor ut vulgati Interpretes „recte acceperint, *nec quarta loqui perfona laboret*, re-„ferendum non eft. Alio enim fpectat nec pantomimis „leges fcripfit Horatius.“ *Br.* A *Brunckii* fententia ab-horrebat *Schneiderus.* Hic enim *Crinagoram* cum poëta loqui exiftimabat. Scriptas enim a poëtis effe fabulas pantomimorum, *Lucianus* teftatur de faltat. §. 84. τοῦ γὰϱ ὁμοίου Αἴαντος αὐτῷ γϱαφέντος. Idem laudat ejusdem fcriptoris locum nobiliffimum §. 66. ubi barbarus qui-

dam ἰδὼν τινὲς πρόσωπα τῷ ὀρχηστῇ παρεσκευασμένα (τοσού-
των γὰρ μερῶν τὸ δρᾶμα ἦν) ἐζήτει, ἵνα ὁρῶν τὸν ὀρχηστὴν,
τίνες οἱ ὀρχησόμενοι καὶ ὑποκρινούμενοι τὰ λοιπὰ προσωπεῖα
εἶεν. Adde Ep. in Vitalem Mimum Anth. Lat. T. II.
p. 18. XX.

> *Fingebam vultus, habitus ac verba loquentum,*
> *Ut plures uno crederes ore loqui.*

Re&te hinc concludit Vir Do&iff. fabulas ab initio in mi-
nores numero partes distributas fuiffe, ita ut pantomimus tres vel fummum quatuor perfonas faltando expri-
meret. Deinde proceffiffe artem ad quinque adeo perfonas, quibus reddendis pantomimi pares effent. Quum
igitur fibi perfuaderet *Schneiderus*, *Crinagoram* cum
poëta loqui, fabulam a pantomimo et cantore redden-
dam fcribente, totum carmen fic refinxit:

> Θάρσει καὶ τέτταρσι διαπλασθέντι προσώποις
>> μύθῳ καὶ τούτων γράψον ἔτι πλέοσιν.
> οὔτε σε γὰρ λείψουσι, Φιλωνίδη, οὔτε Βάθυλλον
>> τὸν μὲν ἀοιδάων, τὸν δὲ χορῶν χάριτες.

χορῶν χάριτες, ipfo au&tore interprete, funt veneres et
gratia in agendo, a&tionis declamationisque decor. *One-*
ftas Ep. II. κῶμον χαρίτων. De Pylade Bacchum faltante
Antipat. *Theff.* XXVII. οἷα χορεύων Δαίμονος ἀκρήτου
πᾶσαν ὅπλησι πόλιν. — Haec quamvis ingeniofa, Reiskia-
nis tamen veriora non puto. χεροῖν χάριτες de manuum
peritia et loquacitate accipio, in qua venuftatem ali-
quam et elegantiam locum habuiffe, vix dubites. Vide,
quae notavimus ad *Antip*. *Theff.* XXVII. 6. οὐράνιος δὲ
οὗτος, ὁ παμφώνοις χερσὶ λοχευόμενος. — Ceterum in his
fabulis alium cecinifle, alium faltaffe, apparet ex *Lucian*.
de Salt. §. 30. Πάλαι μὲν γὰρ οἱ αὐτοὶ καὶ ᾖδον καὶ ὠρχοῦντο·
εἶτ' ἐπειδὴ κινουμένων τὸ ἄσθμα τὴν ᾠδὴν ἐπετάραττεν, ἄμεινον
ἔδοξεν ἄλλους αὐτοῖς ὑπᾴδειν. Quod autem ad initium car-

minis attinet, mihi non tam mutilum quam depravatum videtur. *Crinagoras*, Philonidam et Bathyllum laudaturus, pantomimorum poëtam aliquem, nam certum quendam nominasse minime opus erat, exhortatur, ut peritis hisce artificibus fabulam scribat. Fortasse fuit olim:

Καὶ τρισὶ καὶ τέτταρσι διαπλασθέντα προσώποις
μῦθον καὶ τούτων γράψον ἔτι πλέοσιν.

Finis Partis primae Voluminis secundi.